锅炉节能节水及废水近零排放技术

魏 刚 刘久贵 魏云鹏 等编著

GUOLU JIENENG
JIESHUI
JI
FEISHUI
JINLINGPAIFANG
JISHU

化学工业出版社

·北京·

《锅炉节能节水及废水近零排放技术》公开了一项国家发明的秘密，诠释了 GB/T 29052 的源技术锅炉节能节水及废水近零排放的原理和实施方法，包括锅炉闭路循环运行新工艺开发、系统平衡技术、核态清洗强化技术、加氧防腐阻垢技术、乏汽热及凝结水回收技术、露点腐蚀控制及烟气余热回收技术、锅炉闭路循环运行新工艺的应用等。

本书可作为从事锅炉运行操作、管理的技术人员的培训教材，也可供大专院校锅炉、暖通、能源、环境、材料、化工等专业师生及专业设计人员使用参考。

图书在版编目（CIP）数据

锅炉节能节水及废水近零排放技术/魏刚等编著. —北京：
化学工业出版社，2016.6
ISBN 978-7-122-26812-9

Ⅰ.①锅… Ⅱ.①魏… Ⅲ.①锅炉用水-节约用水②锅炉
用水-废水处理 Ⅳ.①TK223.5

中国版本图书馆 CIP 数据核字（2016）第 078460 号

责任编辑：袁海燕 　　　　　　　　文字编辑：向　东
责任校对：宋　玮 　　　　　　　　装帧设计：王晓宇

出版发行：化学工业出版社（北京市东城区青年湖南街 13 号　邮政编码 100011）
印　　刷：北京永鑫印刷有限责任公司
装　　订：三河市宇新装订厂
787mm×1092mm　1/16　印张 22　字数 584 千字　2016 年 9 月北京第 1 版第 1 次印刷

购书咨询：010-64518888（传真：010-64519686）　　售后服务：010-64518899
网　　址：http://www.cip.com.cn
凡购买本书，如有缺损质量问题，本社销售中心负责调换。

定　　价：98.00 元

《锅炉节能节水及废水近零排放技术》 编写人员

魏　刚　刘久贵　魏云鹏　郭元亮

胡迁林　王骄玲　金广见　李文军

辛岳红　苗金明

▍前言 ▍

锅炉是工业的心脏，是火力发电行业、热力生产和供应行业的核心设备，我国的用量达60余万台。

水是锅炉的工质。但自来水中含有钙、镁等能够导致结垢的物质，含有溶解氧等能够导致腐蚀的物质，存在碱度等可能引起蒸汽污染的物质。为了保证锅炉安全，锅炉用水必须精制到一定标准并在运行中必须排污以除掉残留杂质和腐蚀产物。正如文献描述：锅炉排污是瓦特发明蒸汽机后人们用血的教训换来的经验。排污向来被看成天经地义的工序，保证锅炉运行安全必不可少的措施。

目前锅炉最先进的运行模式是软化（除盐）-除氧-排污技术，即采用软化（除盐）法除去水中的钙、镁等成垢离子以防止结垢，采用除氧法除去水中的溶解氧以防止腐蚀，采用连续排污和定期排污除去锅炉水中过高的悬浮物、碱度和溶解固形物等杂质以防止锅炉腐蚀、结垢和蒸汽污染，保证锅炉水质和工况。

软化（除盐）-除氧-排污工艺使锅炉的安全性、经济性大大提高，同时使锅炉系统在使用过程中需要排放大量废水。我国工业蒸汽锅炉行业用水量的统计数据为每吨蒸汽 $1.4\sim1.8m^3$。这一数据稍高于发达国家，低于发展中国家，且已被包括我国在内的许多国家列入用水量定额，以法规的形式固定下来。我国已发布的用水量定额是每吨蒸汽 $1.5\sim1.7m^3$。国家环境保护总局（现环保部）发布的火力发电行业的废水排放标准为 $3.5m^3/（MW\cdot h）$。

早在 20 世纪 70 年代，美国一些州就制定了限制离子交换废水和锅炉水直排以防止淡水咸化、腐蚀产物污染和热污染的法律。其后，类似法规在发达国家相继出台，锅炉废水近零排放成为业界一直追求的目标，美国、英国、日本、德国、加拿大等国均在致力研究，在水软化（除盐）技术、除氧技术等单项技术上获得了不少成果，但由于零排放技术的难度十分大，技术集成要求高，至今在总体技术上尚未取得重大进展。

"十五"期间，在国家科技部和北京市科技委员会支持下，本课题组完成了"工业蒸汽锅炉节水成套技术开发及应用研究"。该项目突破了锅炉必须排污的观念和传统，首创了废水排放近零的锅炉闭路循环运行新工艺和实施方法，主要技术经济指标显著优于国内外同类技术，解决了锅炉水耗、能耗居高不下等难题，经济社会效益十分显著，对锅炉的安全运行，节水节能，保护环境，提升行业技术水平具有重大意义，于 2007 年获得国家技术发明奖二等奖，以本成果为源技术的新的国家标准（GB/T 29052—2012）已经发布，目前已建立低压锅炉、中压热电联产机组应用示范工程 120 余套，部分技术已在火电厂高压发电机组应用。

《锅炉节能节水及废水近零排放技术》公开了该项国家发明的秘密，诠释了 GB/T 29052的源技术锅炉节能节水及废水近零排放技术的原理和实施方法，包括锅炉闭路循环运行新工艺开发、系统平衡技术、核态清洗强化技术、加氧防腐阻垢技术、乏汽热及凝结水回收技术、露点腐蚀控制及烟气余热回收技术、锅炉闭路循环运行新工艺的应用等。为执行新的国家标准，使科技成果尽快转化为生产力，实现我国锅炉运行技术的更新换代，特将该发明的资料总结成册。全书分为 3 篇 11 章，第 1、4、7 章由王骄玲、郭元亮撰写，第 2、3、6 章由李文军、胡迁林、刘久贵、魏刚撰写，第 5、8、9、10、11 章由魏云鹏、金广见、辛岳红、苗金明撰写，最后由魏刚统筹修改审定。

本书撰写过程中得到国家科技部、国家环境保护部、国家质量技术监督检验局、中国石油和化学工业协会、中国锅炉水处理协会等部门的许多领导的关心和支持，在此表示深切的感谢。

由于作者工作繁忙，本书只能利用业余时间完成，再加上作者水平有限，不妥之处在所难免，望读者批评指正。

编著者

2016 年 5 月

目录

第 1 篇
基础篇

第 1 章　锅炉与锅炉运行技术基础

1.1　锅炉的定义、组成及分类

1.1.1　锅炉的定义

锅炉是一种利用燃料（固体燃料、液体燃料和气体燃料）燃烧释放的化学能转换成热能，且向外输出热水或蒸汽的换热设备。

1.1.2　锅炉的组成

锅炉由"锅"和"炉"两大部分组成："锅"是指汽水流动系统，包括锅筒、集箱、水冷壁以及对流受热面等，是换热设备的吸热部分；"炉"是指燃料燃烧空间及烟风流动系统，包括炉膛、对流烟道以及烟囱等，是换热设备的放热部分。

1.1.3　锅炉的分类

锅炉有多种分类方法，主要的分类方法有：

（1）按用途分类

可分为发电锅炉、工业锅炉和生活锅炉三类。

发电锅炉是指用于火力发电的锅炉。火力发电机组由蒸汽锅炉、汽轮机、发电机三大动力设备构成。锅炉产生的高温、高压蒸汽经过汽轮机做功，使蒸汽的热能转换成机械能，汽轮机带动发电机高速旋转发电，此时机械能转换成电能。

工业锅炉是指锅炉产生的高温热载体（蒸汽、高温水以及有机热载体）供工业生产过程中应用，如酿酒、造纸、纺织、木材、食品、化工等。

生活锅炉是指锅炉产生的热水、蒸汽供人们生活之用，如取暖、洗浴、消毒等。

（2）按压力参数分类

低压锅炉是指出口额定蒸汽压力不超过 2.5MPa 的锅炉。

中压锅炉是指出口额定蒸汽压力为 3.0～5.0MPa 的锅炉。

高压锅炉是指出口额定蒸汽压力为 8.0～11.0MPa 的锅炉。

超高压锅炉是指出口额定蒸汽压力为 12.0～15.0MPa 的锅炉。

亚临界压力锅炉是指出口额定蒸汽压力为 16.0～20.0MPa 的锅炉。

超临界压力锅炉是指出口额定蒸汽压力为 22.1～27.0MPa 的锅炉。

超超临界压力锅炉是指出口额定蒸汽压力超过 27.0MPa 的锅炉。

（3）按介质形态分类

蒸汽锅炉是指输出热载体的形态是蒸汽的锅炉。

热水锅炉是指输出热载体的形态是热水的锅炉。

（4）按介质循环方式分类

自然循环锅炉：在水循环回路中，介质流动的动力来自水与汽水混合物的密度差。

　　强制循环锅炉：在水循环回路中，介质流动的动力除水和汽的密度差外，主要依靠锅水循环泵的压头。

　　直流锅炉：给水依靠给水泵压头在受热面一次通过产生蒸汽的锅炉。因此，直流锅炉也属于强制循环锅炉。

　　（5）按结构形式分类

　　水管锅炉：火焰或烟气在受热面管外面流动加热，介质则在受热面管内流动吸热的锅炉。

　　锅壳锅炉：受热面主要布置在锅壳内，且火焰或烟气在受热面管内流动加热，而介质则在受热面管外吸热的锅炉。

　　（6）按燃料类别分类

　　燃煤锅炉：以煤为燃料的锅炉。

　　燃油锅炉：以石油产品如柴油、重油、渣油为燃料的锅炉。

　　燃气锅炉：以气体燃料如天然气、城市煤气以及工业废气为燃料的锅炉。

　　还有更多的分类方法，不再一一列举。

1.2　锅炉型号

　　这里对型号最为繁多的工业锅炉重点说明。

　　对于额定工作压力大于 0.004MPa 而小于 3.8MPa，并且额定蒸发量不小于 0.1t/h 的以水为介质的固定钢制蒸汽锅炉和额定出水压力大于 0.1MPa 的固定钢制热水锅炉，其型号是由三部分组成的，各部分之间用短横线相连接，如图 1-1 所示。

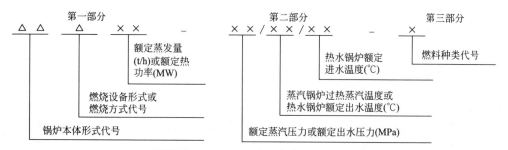

图 1-1　工业锅炉产品型号组成示意图

　　型号的第一部分表示的是锅炉本体形式、燃烧设备形式或锅炉容量和燃烧方式。共分为三段，第一段是用两个大写汉语拼音首字母代替锅炉本体形式，其含义见表 1-1；第二段是用一个大写汉语拼音首字母代表燃烧设备形式或燃烧方式，其含义见表 1-2；第三段是用阿拉伯数字表示蒸汽锅炉的额定量（t/h）或热水锅炉的额定热功率（MW）。各段要连续书写。

表 1-1　锅炉本体形式代号

锅炉类别	锅炉本体形式	代号	锅炉类别	锅炉本体形式	代号
锅壳锅炉	立式水管	LS	水管锅炉	单锅筒立式	DL
	立式火管	LH		单锅筒纵置式	DZ
	立式无管	LW		单锅筒横置式	DH
	卧式外燃	WW		双锅筒纵置式	SZ
	卧式内燃	WN		双锅筒横置式	SH
				强制循环式	QX

　　注：水火管混合式锅炉，以锅炉的主要受热形式是采用锅壳锅炉或水管锅炉本体形式为代号，但在锅炉名称中应注明"水火管"字样。

表 1-2　燃烧设备形式或燃烧方式代号

燃烧设备	代号	燃烧设备	代号
固定炉排	G	下饲炉排	A
固定双层炉排	C	抛煤机	P
链条炉排	L	鼓泡流化床燃烧	F
往复炉排	W	循环流化床燃烧	X
滚动炉排	D	室燃炉	S

注：抽板顶升采用的是下饲炉排的代号。

型号的第二部分表示的是介质参数。对蒸汽锅炉分为两段，中间用斜线相连，第一段用阿拉伯数字表示额定蒸汽压力（MPa）；第二段用阿拉伯数字表示过热蒸汽温度（℃），而当蒸汽温度为饱和温度时，型号的第二部分无斜线和第二段。

型号的第三部分表示的是燃料种类。用大写汉语拼音首字母代表燃料种类，同时用罗马数字代表同一燃料品种的不同类型与其并列，其含义见表 1-3。如同时使用几种燃料，主要燃料写在前面，中间用顿号隔开。

表 1-3　燃料种类代号

燃烧种类	代号	燃烧种类	代号
Ⅱ类无烟煤	WⅡ	型煤	X
Ⅲ类无烟煤	WⅢ	水煤浆	J
Ⅰ类烟煤	AⅠ	木柴	M
Ⅱ类烟煤	AⅡ	稻壳	D
Ⅲ类烟煤	AⅢ	甘蔗渣	G
褐煤	H	油	Y
贫煤	P	气	Q

工业锅炉如为汽水（热水、沸水）两用或三用锅炉，以锅炉主要功能来编制产品的型号，并在铭牌上用中文说明。

【例 1-1】 WNG1　0.7　AⅡ

表示卧式内燃固定炉排，额定蒸发量为 1t/h，额定工作压力为 0.7MPa，蒸汽温度为饱和温度，燃料为Ⅱ类烟煤的蒸汽锅炉。

【例 1-2】 DZL4　1.25　WⅡ

表示单锅筒纵置式或卧式水火管快装（铭牌上用中文说明）链条炉排，额定蒸发量为 4t/h，额定工作压力为 1.25MPa，蒸汽温度为饱和温度，燃料为Ⅱ类无烟煤的蒸汽锅炉。

【例 1-3】 SZS10　1.6/350　YZQT

表示双锅筒纵置式室燃，额定蒸发量为 10t/h，额定工作压力为 1.6MPa，过热蒸汽温度为 350℃，燃料为重油或天然气两用，以重油为主的蒸汽锅炉。

【例 1-4】 SHS20　2.5/400　H

表示双锅筒横置式室燃，额定蒸发量为 20t/h，额定工作压力为 2.5MPa，过热蒸汽温度为 400℃，燃料为褐煤煤粉的蒸汽锅炉。

【例 1-5】 QXW2.8　1.25/90/70　AⅡ

表示强循环往复炉排，额定热功率为 2.8MW，额定工作压力为 1.25MPa，出水温度为 90℃，进水温度为 70℃，燃料为Ⅱ类烟煤的热水锅炉。若采用管架式（或脚架式）结构，可在铭牌上用中文加以说明，以示其锅炉的特点。

供热锅炉的容量、参数，既要满足生产工艺、采暖空调和生活等方面的用热需要，又要便于锅炉房的工艺设计、锅炉配套辅助设备的供应以及锅炉自身的系列化和标准化。表 1-4 即展示了我国工业蒸汽锅炉的额定参数系列，适用于额定压力大于 0.04MPa，但小于 3.8MPa 的工业用或生活用以水为介质的固体式蒸汽锅炉。

表 1-4　工业蒸汽锅炉额定参数系列

额定蒸发量/(t/h)	额定蒸汽压力(表压力)/MPa											
	0.1	0.4	0.7	1.0	1.25			1.6		2.5		
	额定蒸汽温度/℃											
	饱和	饱和	饱和	饱和	饱和	250	350	饱和	350	饱和	350	400
0.1	△	△										
0.2	△	△	△									
0.3	△	△	△									
0.5	△	△	△	△								
0.7		△	△	△								
1		△	△									
0.5			△	△								
2				△	△			△				
3				△	△			△				
4			△	△	△			△		△		
6				△	△	△	△	△	△	△		
8				△	△	△	△	△	△	△		
10				△	△	△	△	△	△	△	△	△
12					△	△	△	△	△	△	△	△
15					△	△	△	△	△	△	△	△
20					△	△	△	△	△	△	△	△
25					△	△	△	△	△	△	△	△
35					△	△	△	△	△	△	△	△
65											△	△

注：工业蒸汽锅炉的额定参数应选用表中所列的参数，其中标有"△"符号处所对应的参数宜优先选用。锅炉设计时的给水温度，分为 20℃、60℃、104℃ 三挡，可结合具体情况来确定。

1.3　锅炉分类

锅炉按其烟气与受热面的相对位置关系，分为烟管锅炉、水管锅炉和烟管水管组合锅炉三类。烟管锅炉的特点是烟气在火筒和数目众多的烟管内流动换热；水管锅炉的特点是水在管内流动，而烟气在管外流动进行换热；烟管水管组合锅炉的特点则是两者兼而有之，介于烟管锅炉和水管锅炉之间的一类锅炉，详细分类见表 1-5。

表 1-5　锅炉详细分类

锅炉类别	分类		
蒸汽锅炉	烟管锅炉	立式烟管锅炉	立式套筒锅炉
			立式烟管锅炉
		卧式烟管锅炉	
	烟管水管组合锅炉		
	水管锅炉	立置式水管锅炉	自然循环锅炉
			强制循环直流锅炉
		纵置式水管锅炉	单筒纵置式水管锅炉
			双筒纵置式水管锅炉
		横置式水管锅炉	
		角管式水管锅炉	

1.3.1　烟管锅炉

烟管锅炉，又称火管锅炉。目前，它广泛应用于蒸汽需求量不大的用户，可满足生产和生活的需要。

烟管锅炉按其锅筒放置方式不同，分为立式和卧式两类。它们在结构上的共同点是都有一个大直径的锅筒，其内部有火筒和数目众多的烟管。

（1）立式烟管锅炉

立式烟管锅炉有竖烟管、横烟管等多种型式。由于它的受热面布置受到锅筒结构的限制，故容量一般较小，蒸发量大多在 0.5t/h 以下，可配置燃气、燃油和燃煤各种燃烧设备。对于燃煤锅炉，通常配置手烧炉，以改善燃烧、节约燃料和减少烟尘对环境的污染，又大多采用双层炉排手烧炉或配置简单的机械加煤装置，如抽板顶升加煤机等。

① 立式套筒锅炉　如图 1-2 所示为一配置了燃油炉的立式套筒锅炉。内筒——炉膛为辐射受热面，而外筒为对流受热面。内外筒之间的两端用环形平封头来围封，从而构成此型锅炉的汽、水空间——汽锅。油燃烧器装置在顶部，燃烧所需要的空气由位于炉顶的送风机切向送入，油燃烧产生的高温烟气在炉内强烈旋转并自上而下流至锅炉底部，然后往位于底部的烟气出口折返，又由外筒和锅炉外壳内侧保温层（炉墙）之间的环形烟道而上，纵向冲刷带肋片的外筒受热面，最后烟气通过上部的出口排于烟囱。为了延长高温烟气在炉胆内的逗留时间和提高火焰的充满度，此型锅炉在炉胆内还设有环形火焰滞留器，使燃烧充分和强化传热。

此种锅炉结构简单，制造方便；水容量相对于其他立式烟管锅炉大，能够适应负荷变化，且对水质的要求也不高，但是烟气流程较短，排烟的温度较高。为提高锅炉的热效率，也有将其外筒所带直形肋片改为螺旋形的，增加烟气的扰动和延长烟气流程以改善传热。

此型锅炉的标准规格为 4 锅炉马力（63kg/h）～100 锅炉马力（1565kg/h）。

② 立式烟管锅炉　如图 1-3 所示为一配置了双层炉排手烧炉的立式横烟管锅炉。水冷炉排管及炉胆内壁的一部分构成了锅炉的辐射受热面；横贯锅筒数目众多的烟管，为锅炉主要的对流受热面。

燃煤由人工通过上炉门加在水冷炉排上，在上、下炉排上经过燃烧后生成的烟气，经炉膛出口进入到后下烟箱，然后纵向冲刷流经第一、第二水平烟管管束，最后汇集于后上烟箱,再由烟囱排于大气。为了进一步降低排烟温度,有在后上烟箱上方增设余热水箱的型式。

此型锅炉除横烟管型式外,也有布置了竖烟管和横水管的组合型式。它们都具有结构紧凑、占地小,无需砖工,便于安装和搬迁等优点。但因为炉膛内置,为内燃式炉子,在燃用低质煤时会由于炉温较低,而难以燃烧和燃尽,导致热效率和出力都将有所降低。因此,此型锅炉仅适宜燃用较好的烟煤。

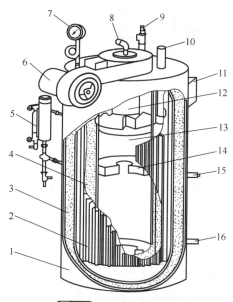 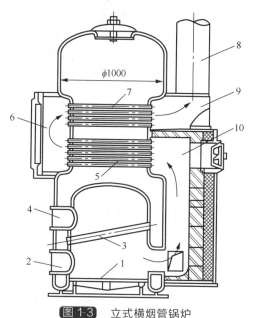

图 1-2 立式套筒锅炉

1—锅炉外壳;2—高效隔热层(炉墙);3—外筒;4—内筒;5—水位表;6—送风机;7—压力表;8—进油管;9—安全阀;10—蒸汽阀;11—烟气出口;12—燃烧器;13—炉膛;14—滞留器;15—进水管;16—排污管

图 1-3 立式横烟管锅炉

1—下炉排;2—下炉门;3—水冷炉排;4—上炉门;5—第一烟管管束;6—前烟箱;7—第二烟管管束;8—烟囱;9—后上烟箱;10—后下烟箱

(2)卧式烟管锅炉

这类锅炉按照炉子所在位置,分为炉子置于锅筒内的内燃式和炉子置于锅筒外的外燃式两种。目前国产的多数为内燃式,配置有燃气炉、燃油炉和链条炉等多种燃烧设备。如图1-4所示为一配置了链条炉排的 WNL4-1.3-A 型卧式烟管锅炉。

卧置的锅筒内有一具有弹性的波形火筒,在火筒内设置了链条炉排。锅筒的左右两侧及火筒的上部都布置了烟管;火筒和烟管均沉浸在锅筒内的水容积里,锅炉的上部大约1/3空间是气容积,炉排以上的火筒内壁是主要的辐射受热面,而烟管是对流受热面。

烟气在锅炉内呈三个回程流动,故也称为三回程锅炉。燃烧后生成的烟气在火筒内向后流动,为烟气的第一回程。烟气经后烟箱导入到左、右侧烟管,向炉前流动,为第二回程。烟气至前烟箱经汇集后,进入火筒上部的烟管并向后流动,即为第三回程,最后经省煤器用引风机排入烟囱。

此种锅炉的容量有 2t/h、4t/h 两种,水容量较大,故能适应负荷变化;对水质的要求也低。由于采用了机械通风,流经烟管的烟速较大,强化了传热,锅炉的热效率可达70%以上。此外,这种锅炉的本体、送风机、链条炉排及变速装置等在底盘上组装整体出厂,结构紧凑,且运输和安装较为方便。

但是,卧式烟管锅炉由于烟管多且长,刚性大,烟管与管板的接口容易发生渗漏;烟管之间的距离小,水垢清除困难。又因烟管水平设置,易积烟灰,妨碍传热,且通风阻力大。再则,由于为内燃式炉子,燃烧条件较差,不适宜燃用低质煤;炉排的装拆和维修也不甚方便。

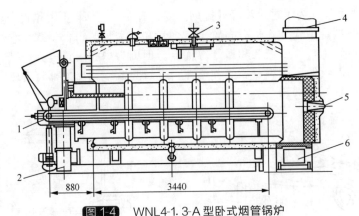

图 1-4 WNL4-1.3-A 型卧式烟管锅炉

1—链条炉排；2—送风机；3—主汽阀；4—烟气出口；5—检查门；6—出渣小车

如图 1-5 所示为一配置了燃气炉或燃油炉的 WNS10-1.25Y（Q）型锅炉，燃烧和运行的工况较为良好。火筒后部采用波形结构以减少刚性。为了强化传热，烟管即采用 $\phi51mm\times3mm$ 无缝钢管碾压而成的双面螺纹管。据试验资料，当烟速为 35m/s 时，双面螺纹管的传热系数为光管的 1.42 倍，阻力为光管的 1.9 倍。

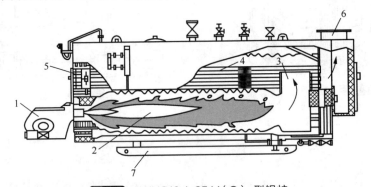

图 1-5 WNS10-1.25-Y（Q）型锅炉

1—燃烧器；2—炉膛；3—后烟箱；4—火管管束；5—前烟箱；6—烟囱；7—锅炉底座

炉膛内为微正压燃烧（约 2000Pa），锅炉可不用引风机。

在炉膛前部，通常采用耐火材料砌筑拱（石旋），来达到蓄热、稳定燃烧和增强辐射的目的。

如图 1-6 所示为一台与众不同的燃油锅炉。第一，同样为三回程，但它的第二回程仅是一根大直径钢管，只作高温烟气由后返前的通道之用。第二，第三回程的对流管是将两根钢管套在一起经热挤压而成，里面的管子以其褶叠的纵向筋条构成了一个 2.5 倍于普通钢管的受热面，因此相比同容量的锅炉，其结构尺寸大为缩小。第三，它装置的燃烧器具有引导烟气再循环的功能（布设在炉板内，不占地方），有效地提高了燃烧效率和减少了污染物的排放。第四，此型的供热锅炉（容量较大）为分体式，燃烧室和对流受热面分别

图 1-6 三回程燃油锅炉

1—燃烧器；2—燃烧室（第一回程）；3—高效隔热层；4—带鳍片多层对流烟管（第三回程）；5—主蒸汽管；6—调节装置操作仪；7—烟管（第二回程）

构建了上下两个圆筒体，可单独搬运，特别适合于空间窄小的场地安装使用。另外，它还有一个带菜单引导的自控、调节操作仪和炉顶行走平台；根据用户的要求，还可以提供带可滑行的燃烧器滑座，以使供热锅炉的安装、维修以及燃烧器的调整非常方便。

1.3.2　烟管水管组合锅炉

烟管水管组合锅炉是在卧式外燃烟管锅炉的基础上发展起来的一种锅炉。如图 1-7 所示，它在锅筒外部增设了左右两排 $\phi663.5mm\times4mm$ 水冷壁管，上、下端分别接于锅筒和集箱。在左右两侧集箱的前后两端，分别接有一根大口径（$\phi33mm\times6mm$）的下降管，与水冷壁管一起构成了一个较为良好的水循环系统。此外，锅炉后部的转向烟道内还布置了靠墙受热面——一排后棚管，其上端和锅筒后封头相接，下端接于集箱；而后棚管的集箱则又通过粗大的短管与两侧水冷壁集箱相接通，从而组成了后棚管的水循环系统。不难看出，烟管构成了该锅炉主要的对流受热面，水冷壁管和大锅筒下腹壁面则是锅炉的辐射受热面。

如图 1-7 所示为一 DZL4-1.3-A 型锅炉，因炉膛移置锅筒的外面，构成了一个外燃炉膛，其空间尺寸不再像内燃式烟管锅炉那样受到了限制，故燃烧条件有所改善。它采用了轻型链带式炉排，由液压传动机构来驱动和调节。炉膛内设有前、后两拱，前拱为弧形吊拱，而后拱为平拱，前后两拱对炉排的覆盖率分别为 25% 和 15%。炉排下设有分区送风的风室，风室间用带有弹簧的钢板隔开。经燃烧形成的高温烟气，由后拱上方左侧出口进入锅筒中的下半部烟管，流动至炉前再经前烟箱导入上半部烟管，最终在炉后汇集经省煤器和除尘装置，用引风机排入烟囱。烟气的流动，亦是经过三个回程。燃尽后的灰渣落入灰槽内，由螺旋出渣机排出；而漏煤则由炉排带至炉前灰室，再由人工定期耙出。

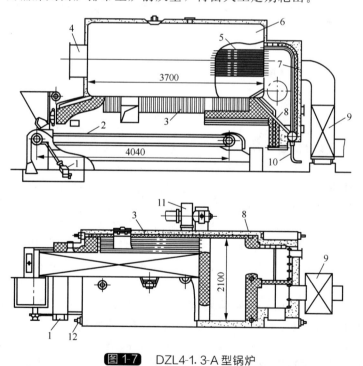

图 1-7　DZL4-1.3-A 型锅炉

1—液压传动装置；2—链带式链条炉排；3—水冷壁管；4—前烟箱；5—烟管；6—锅筒；
7—后棚管；8—下降管；9—铸铁省煤器；10—排污管；11—送风机；12—侧集箱

此种锅炉由于水冷壁紧密排列，故为减薄炉墙和采用轻质绝热材料创造了条件，使炉体结构更加紧凑，可以组装出厂。因此，此种锅炉俗称快装锅炉，容量有 0.5t/h、1t/h、2t/h、

4t/h 等多种规格；它曾占有全国工业锅炉相当大的比例，对我国工业锅炉的技术进步和能源节约起了一定的作用。但是，它毕竟是以众多烟管为主体的一类锅炉，局限于结构等多方面的原因，普遍反映原型锅炉在实际运行中煤种适应性较差，出力不足，运行的热效率偏低；炉拱形式、分段配风、侧密封以及炉墙保温结构等也都还存在一定缺陷。

为克服上述缺点，一种新型的烟、水管卧式快装链条炉排锅炉便应运而生，如图 1-8 所示。它的锅筒偏置，烟气的第二回程是水管对流管束，第三回程则由烟管束组成，尾部布置了铸铁省煤器。燃烧设备采用了大块炉排片链条炉排，分仓送风；炉排传动则采用了双速四档调速装置。同时，该锅炉还配备有超压保护和高、低水位警报等安全保护装置。

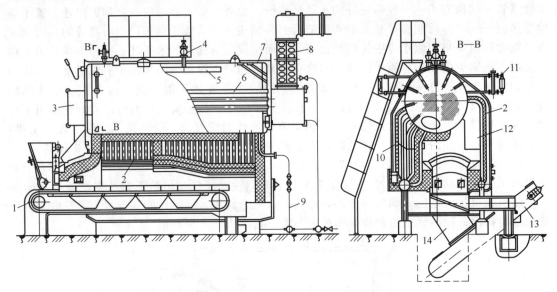

图 1-8 烟、水管卧式快装链条炉排锅炉

1—大块炉排片链条炉排；2—水冷壁；3—前烟箱；4—主蒸汽阀；5—汽水分离装置；6—第三回程烟管管束；
7—锅筒；8—铸铁省煤器；9—排污管；10—第二回程水管对流管束；11—水位表；
12—炉膛烟气出口；13—刮板出渣机；14—落渣管

此型锅炉因采用偏置锅筒的结构型式，加之锅筒底部又设置了护底砖衬，使锅筒下腹筒壁不再受到炉膛高温的直接辐射，从而提高了锅炉的安全性能。在较高大的炉膛内，设置了低且长的后拱（炉排覆盖率大约为 40%）及弧形前拱（炉排覆盖率大约为 25%），煤种的适应性较好。采用大块炉排片，工作寿命延长，且炉排漏煤损失有所减小。此外，由于炉膛容积较大，第二回程又布置了以烟速较低的水管对流管束烟道，使大量的粗粒飞灰沉降其中，从而有助于降低锅炉本体出口的烟尘浓度。此外，此型锅炉的保温结构也做了较大的改进，在水冷壁管的外侧增砌薄型耐火墙，其外再敷以硅酸铝纤维毡，从而改善了炉体的保温和密封性能。

经过多年的运行实践和热工复测结果表明，它结构较为合理，安全可靠性好；燃烧稳定，且能保证出力，运行热效率可达 77%～81%；排烟的黑度和含尘浓度均符合国家的有关规定；而且，煤种的适应能力也较强。但其所不足的是，金属耗量高，大约为同容量的 KZL 型锅炉的 1.5 倍；制造复杂，耗工较多，以致制造成本过高，从而使其推广生产受到一定限制。

1.3.3 水管锅炉

水管锅炉与烟管锅炉相比较，在结构上没有特大直径的锅筒，用富有弹性的弯水管替代直烟管，不但节约了金属，而且为提高容量和蒸汽参数创造了条件。在燃烧方面，可根据燃用燃料的特性自行处置，从而改善了燃烧条件，使热效率有了较大的提高。从传热学观点来看，可尽量阻止烟气对水管受热面做横向冲刷，因为其传热系数比纵向冲刷的烟管要高。此外，由于水管锅炉有良好的水循环，水质一般又都经过严格处理，所以即便在受热面蒸发率很高的条件下，金属壁也不致过热而损坏。再加上水管锅炉受热面的布置简便，清垢除灰等条件也比烟管锅炉要好，因此它在近百年中得到了迅速的发展。

水管锅炉型式繁多，构造各异。按照锅筒数目有单锅筒和双锅筒之分；就锅筒放置形式则又可分为立置式、纵置式和横置式等几种。现就几种常用水管锅炉的结构和特点，于后进行分别介绍。

（1）立置式水管锅炉

① 自然循环锅炉　这是一种锅筒立置，由环形的上、下集箱和焊接其间的直水管组成的燃油锅炉，结构如图 1-9 所示。直水管沿环形的上下集箱圆周布置有内外两层，内层包围的空间为炉膛，而内外两层之间竖直的"狭缝"为烟气的对流烟道。小容量的此型锅炉的直水管为光管，较大容量锅炉的直水管的外侧焊有鳍片。

燃烧器置于炉顶，燃料油由燃烧器喷出后着火在炉膛中燃烧放热，经过与由内圈直管内侧管壁组成的辐射受热面换热后，烟气则通过靠炉前侧的炉膛出口，分左右两路进入对流烟道并环绕向后流动，横向冲刷由内管外侧和外管内侧壁面组成的对流受热面，在炉后汇集进入出口烟箱，最后由烟囱排于大气。

锅炉的给水由下集箱进入，后沿直水管向上，边流动边吸热，汽水混合物进入上集箱，蒸汽由汽水分离器分离后，通过主蒸汽阀送往各用户。分离出来的水则通过下降管道流回下集箱，从而形成水的自然循环回路。

锅炉炉膛内水冷程度大，炉内温度较低，能够抑制和减少 NO_x 的形成，有利于环境保护；对流受热面由于烟气横向冲刷，扰动剧烈，既强化了传热，又有清灰作用；而且结构简单，体积小，占地少，并采用微电脑全自动控制，操作亦十分方便。但因它的水容量小，当外界负荷变化或间断给水时，汽压的变化较大；同时对给水水质的要求较高，除垢清垢困难。

此型锅炉的国产产品有多种规格，蒸发量为 $100\sim4000kg/h$，蒸汽压力为 $0.7\sim1.2MPa$；外形尺寸（长×宽×高），小的为 $0.965m\times0.715m\times1.525m$，大的为 $2.815m\times2.230m\times4.0m$。

② 强制循环直流锅炉　直流锅炉是指给水在水泵压头作用下，顺序依次通过加热、蒸发和过热各个受热面便会产生额定参数的蒸汽的锅炉。当工况稳定时，直流锅炉的给水量等于蒸发量，循环倍率为 1。因此，对给水水质、参数控制和锅炉安全性的要求很高，这也是以往低参数小型锅炉不采用直流锅炉的原因之所在。

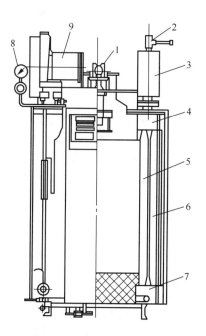

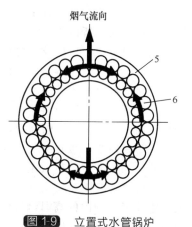

烟气流向

图 1-9　立置式水管锅炉

1—燃烧器；2—主蒸汽阀；3—汽水分离器；4—上环形集箱；5—水冷壁管；6—对流管束；7—下环形集箱；8—压力表；9—送风机

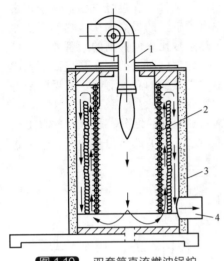

图 1-10　双套筒直流燃油锅炉
1—盘管；2—燃烧器；3—炉壳；4—烟气出口

如图 1-10 所示为一台双套筒直流燃油锅炉，由单根盘管旋绕成的两个直径不同的同心圆筒体构成。内筒的内侧所包围的空间为炉膛，其壁面为该锅炉的辐射受热面；内筒的外侧面和外筒的全部筒壁为对流受热面。

由图可见，此型锅炉烟气为三个回程，置于炉顶的燃烧器向下喷雾燃烧，至炉底为第一回程，烟气折返向上经内外筒之间的通道流至炉顶为第二回程，烟气再次折返向下流经外筒与外壳保温层（炉墙）之间的通道（第三回程）后，最后经下侧出口流出至烟囱。

给水从总体上说是历经先下后上两个回程，即从外筒的上端进入，盘绕向下流至外筒的下端后进入内筒的下端，再盘绕向上流至内筒的上端成为蒸汽流出。此型锅炉的盘管管径为内筒小，外筒大，这样较好地适应了汽水受热膨胀，从而减小其流速和流动的阻力。

不难看到，此型锅炉烟气历经三个回程，流程长，可以自如地布置对流受热面；烟气与给水为逆向流动，强化了对流换热，能够有效地降低和控制排烟温度，提高锅炉的热效率。再则，受热面设计为弹性结构并由盘管组成，承受压力变化和热膨胀的能力大为改观。当然，它也存在直流锅炉共有的缺点，即水质要求高，泵的电耗大。

值得提及的是，此型锅炉也有卧式设计的，炉膛部分仍然为"双套筒"形式，但在炉膛后端的一段圆柱形的空间里，向里和向后多布置了几层（圈）盘管作为对流（部分辐射）受热面，前视则形似盘式蚊香。这些受热面接受了部分辐射热，烟气横向冲刷它们后折返并分左、右两路进入内、外筒组成的烟道，至炉前端再折返进入外筒、外壳保温层组成的烟道，也呈三回程流动。与立式相比较，燃烧器装置于炉前，更便于操作和检修，而且盘管可以从炉前方便地抽出，克服了直式直流锅炉吊出盘管时锅炉房需要有较大高度空间的弊端。

（2）纵置式水管锅炉

① 单锅筒纵置式水管锅炉　如图 1-11 所示为一台 DZD20-2.5/400-A 型抛煤机倒转链条炉排锅炉。锅筒位于炉膛正上方，两组对流管束对称地设置于炉膛的两侧，构成了"人"字形的布置形式，所以也称为人字形锅炉。炉内四壁均布置有水冷壁，前墙水冷壁的下降管直接由锅筒引下，而后墙及两侧墙水冷壁的下降管则由对流管束的下集箱引出；另外，两侧水冷壁的下集箱又兼作链条炉排的防渣箱。

为保证有足够大的炉膛体积和流经对流管束的烟速，同时也方便于运行中的侧面窥视和操作，就设计并制造成对流管束短、水冷壁管长的这种锅炉结构，对流管束下集箱的标高比炉排面高出 1300mm；因高温的炉膛被对流管束所包围，两侧炉墙所接触的烟气温度就较低，这不仅减少了散热损失，还为配置较薄的轻质炉墙提供了可能性。

此型锅炉配置了机械风力抛煤机和倒转链条炉排，新煤大部分被抛向炉膛后部，并于此开始着火燃烧。随着链条炉排由后向前的逐渐移动，煤也逐渐烧尽，最后灰渣在锅炉前端落入灰渣斗中。炉内的高温烟气经靠近前墙的左右两侧的狭长烟窗进入对流烟道，烟气而后由前向后流动，横向冲刷对流管束。蒸汽过热器就布置在右侧前半部对流烟道中，以吸收烟气的对流放热。在炉后的顶部，左右两侧的烟气汇合，折转 90° 向下，依次流经铸铁省煤器和空气预热器，经除尘器最后排入烟囱。

此型锅炉采用了抛煤机，炉内未设置前、后拱，因为燃料在抛洒过程中就已受热焦化，所以燃料着火条件并未明显变坏。相反，在抛煤机的风力作用下，部分细屑燃料悬浮于炉膛内空间燃烧，从而可提高炉排的可见热强度，即可以缩减炉排面积，但是这种细屑的粒径较大，燃烧条件远不及煤粉炉的优越，往往未及燃尽就飞离了炉膛；在对流烟道底部虽然设置了飞灰回收再燃装置，但是把沉降于烟道里的含碳量较高的飞灰重新吹入炉内燃烧，飞灰不完全燃烧使热损失仍旧较大。因此，此型锅炉要求配置高效除尘装置，不然就将会对周围环境造成较为严重的烟尘污染。

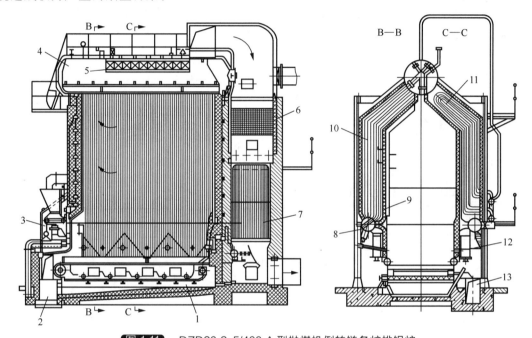

图 1-11　DZD20-2.5/400-A 型抛煤机倒转链条炉排锅炉

1—倒转链条排炉；2—灰渣槽；3—机械-风力抛煤机；4—锅筒；5—钢丝网汽水分离器；
6—铸铁省煤器；7—空气预热器；8—对流管束下集箱；9—水冷壁管；10—对流管束；
11—蒸汽过热器；12—飞灰回收再燃装置；13—风道

　　② 双锅筒纵置式水管锅炉　这种水管锅炉的产品型式繁多，按锅炉与炉膛布置的相对位置不同，可以分为"D"型和"O"型两种布置结构。

　　"D"型锅炉如图 1-12 所示，它的炉膛与纵置双锅筒和胀接其间的管束所构成的对流受热面烟道平行设置，各居一侧。炉膛四壁一般均布有水冷壁管，其中一侧的水冷壁管直接引入上锅筒，封盖了炉顶，犹如一个"D"字。在对流烟道中设置了折烟隔板，以组织烟气流对管束进行横向冲刷。折烟隔板又有垂直和水平微倾布置两种，后者多用于少灰的燃油锅炉。

　　采用双锅筒"D"型布置，除具有水容量大的优点外，对流管束的布置也较方便，只要采用改变上下锅筒之间距离、横向管排数目和管间距等方法，就可以把烟速调整在较为经济合理的范围内，从而节约燃料和金属。此外，"D"型锅炉的炉膛可以狭长布置，有利于采用机械化炉排和燃气炉、燃油炉。2～6t/h 的锅炉一般采用往复炉排、链条炉排等燃烧设备；6t/h 以上的锅炉配置链条炉或燃油炉、燃气炉。

　　如图 1-12 所示为一台配置链条炉的 SZL2-1.25-AⅡ型锅炉。炉膛在右，四周均布有水冷壁，左右两侧水冷壁管的上端直接接于上锅筒，下端则分别接于下集箱，可兼作防焦箱；前后水冷壁管则分别通过上、下集箱与锅筒相连接，构成了四个独立的水循环回路系统。由于锅炉组装出厂，为有效地降低运输高度，前后水冷壁管的上集箱是直接径向插入上锅筒的。

因炉膛偏置一侧，燃烧条件较为优越，更具特点的是在炉膛的后上部专门设置了卧式旋风燃尽室，一个基本上不布置受热面的烟道空间，为从炉膛出来的烟气创造了具有一定温度和逗留时间的空间环境，可使烟气中夹带残存的可燃物质在此得以继续燃烧，降低了不完全燃烧损失。由图可见，燃尽室的后墙是一圆弧形的壁面，这样高温烟气一出炉膛便沿切线方向高速进入燃尽室，既改善了烟气对后墙管排的冲刷，强化了传热，又由于离心力的作用，烟气携带的飞灰粒子沿后墙边缘被甩到了燃尽室下部，经出灰缝隙漏落至链条炉排的灰渣斗。如此，燃尽室在供部分未燃尽的可燃物燃尽的同时，巧妙地完成了炉内的一次旋风除尘，从而使炉子出口的烟气含尘浓度大为降低。

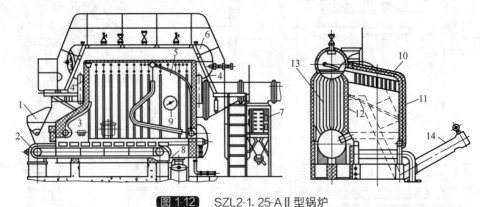

图 1-12　SZL2-1.25-AⅡ型锅炉

1—煤斗；2—链条炉排；3—炉膛；4—右侧水冷壁的下降管；5—燃尽室；6—上锅筒；7—铸铁省煤器；8—灰渣斗；
9—燃尽室烟气出口；10—后墙管排；11—右侧水冷壁；12—第一对流管束；13—第二对流管束；14—螺旋出渣机

高温烟气出燃尽室之后，折转90°自后向前横向冲刷顺列布置的第一对流管束，在前端折回又横向冲刷第二对流管束至锅炉出口，烟气由省煤器上方进入，绕U形烟道之后又从上方引出至除尘器，最后经引风机和烟囱排于大气。

此型锅炉的受热面布置较为富裕，能够保证出力，热效率可达78%～80%。由于炉内设置有卧式旋风燃尽室，降低烟气含尘浓度的效果较为明显，从而可减轻烟尘对环境的污染和危害。

"O"型锅炉的炉膛在前，而对流管束在后。从正面看，居中的纵置双锅筒间的对流管束，恰呈"O"字形。

炉膛两侧布置有水冷壁，当上锅筒为长锅筒时，水冷壁上端直接接入上锅筒，呈"人"字形连接；当上锅筒为短锅筒时，则两侧的水冷壁分别设置上集箱，再由汽水引出管将上集箱和锅筒连通。水冷壁下端分别接有下集箱，与下降管一起构成水的循环流动。

如图1-13所示为一上锅筒采用了长锅筒结构的SZL6-1.3-AⅢ型锅炉。它在制造厂组装为两大部件出厂，以锅炉受热面为主体组成上部大件，而以燃烧设备为主体组成下部大件；省煤器另外布置于锅炉后面。在现场，仅需要在锅炉安装位置上进行拼接就位，接上烟风道、汽水管道以及必要的仪表附件即可以投入运行。

此型锅炉在炉膛四周布置有密排水冷壁，以吸收炉膛的高温辐射热。在其后端，上下锅筒之间布有对流管束。在炉膛和对流管束之间的烟道中，设置了燃尽室。燃烧后的高温烟气从炉膛后侧进入燃尽室，在对流烟道中顺着折烟墙呈"U"形流动，横向冲刷管束，之后引导至尾部单独布置的鳍片式铸铁省煤器，再进入除尘器，最后由引风机经烟囱排于大气。燃烧设备为链条炉排炉，采用了一齿差无级变速齿轮箱驱动，可以任意调节炉排速度，以适应负荷波动的需要。锅炉采用了双侧进风，通风均匀，并且配置有刮板式出渣机以排除灰渣。

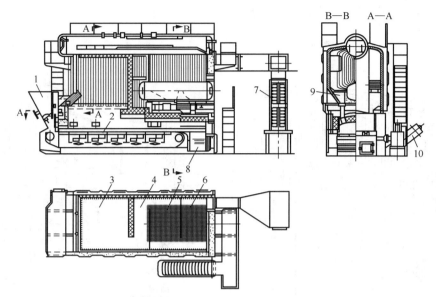

图 1-13　SZL6-1.3-AⅢ型锅炉简图

1—煤斗；2—链条炉排；3—炉膛；4—燃尽室；5—第一烟道及对流管束；6—第二烟道及对流管束；
7—铸铁省煤器；8—灰渣斗；9—对流管束落灰斗；10—螺旋出渣器

　　此型锅炉具有结构紧凑、金属耗量低、水容积大及水循环可靠等特点。它的制造和部件总装均在制造厂里完成，既能够保证质量，又缩短了现场安装周期。此外，它的锅炉房可单层布置，节省了锅炉房的基建投资。

　　（3）横置式水管锅炉

　　如图 1-14 所示为 SHS20-2.5/400-A 型锅炉，是此型锅炉的一种典型式样，它配置有煤粉炉。如果从烟气在锅炉内部的整个流程来看，锅炉本体恰被布置成了"M"形，所以这种锅炉也称为"M"型水管锅炉。

　　这台锅炉的前墙上，并排布置有两个煤粉喷燃器。炉膛内壁全布满了水冷壁管——全水冷式，以充分利用辐射来换热。在炉膛后墙上部的烟气出口烟窗，水冷壁管被拉稀，形成了防渣管。炉底由前、后墙水冷壁管延伸弯制成了冷灰斗。

　　煤粉由喷燃器喷入炉膛燃烧。高温烟气穿过后墙上方的防渣管后进入蒸汽过热器，转 180°再冲刷对流管束。然后顺次经钢管式省煤器、空气预热器离开锅炉本体。炉内烟气中的灰粒，则经冷灰斗粒化后借自重滑落至渣室，再由水力冲渣器除去。

　　双锅筒"M"型水管锅炉，配置煤粉炉较为合适。因为煤粉呈悬浮燃烧需要较大的炉膛空间，在采用"M"型布置时可以不受对流管束的牵制。当然，烧气、燃油也同样适合。

　　如图 1-15 所示为 SHF4-1.3-S 型鼓泡流化床锅炉，燃用粒径为 0～8mm 的石煤、煤矸石等一类低发热量燃料。

　　锅炉本体由流化床、悬浮段、上下锅筒间的对流管束及尾部鳍片式铸铁省煤器组成。锅炉微正压给煤，经可调速皮带给煤机连续输入至流化床，灰渣则由溢流口溢出。为了减少溢流出来的热灰渣的物理热损失，此型锅炉还布置有与流化床串联的二次沸腾冷却室。从溢流口溢出的热灰渣经二次沸腾冷却室的吸热冷却，灰渣温度可从 900℃降至 300℃左右，这不但提高了锅炉热效率，而且还改善了出渣环境和操作条件。

　　（4）角管式水管锅炉

　　角管式水管锅炉通常仅设置一个锅筒，它是利用一个管路系统作为整台锅炉的骨架，由其承受锅炉的全部负荷，所以又称为无构架锅炉。同时，这个骨架又兼作锅炉的下降管和上下集箱之用，并且完成一定程度的汽水分离。

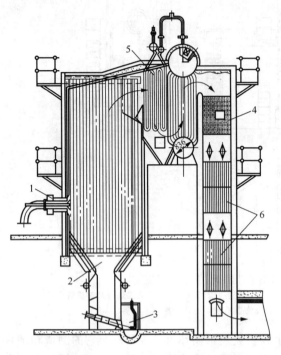

图 1-14　SHS20-2.5/400-A 型锅炉

1—煤粉燃烧器；2—冷炉斗；3—水力冲渣器；
4—过热器；5—省煤器；6—空气预热器

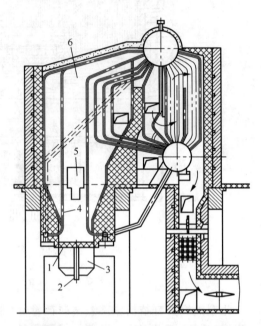

图 1-15　SHF4-1.3-S 型鼓泡流化床锅炉

1—布风板；2—放渣管；3—风室；
4—埋管受热面；5—溢流口；6—悬浮段

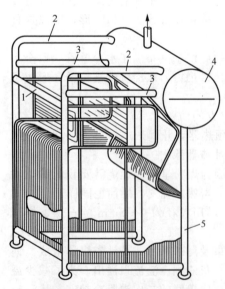

图 1-16　角管式锅炉的管路系统

1—横集箱；2—通汽管；3—纵集箱；
4—锅筒；5—下降管

如图 1-16 所示为一典型的角管式锅炉的管路系统，在锅炉的四角由 4 根大直径下降管组成了锅炉承重的构架。4 根下降管的下端与锅炉受热面的所有下集箱接通，汽水混合物经受热面进入上集箱，且在其中进行汽水的预分离。蒸汽经汽水引出管进入至锅筒的汽空间，分离出的水一部分经过锅筒和前下降管进行循环，而另一部分则通过后下降管供给那些远离锅筒位置的蒸发受热面。一般经过锅筒的水量只占整个循环水量的 40%～60%。因为上集箱均在锅筒的最高水位处接入，进入锅筒的蒸汽并不经过水空间，从而避免了气泡和泡沫的产生，加之在进入锅筒之前已有了汽水的预分离，所以蒸汽的品质大为提高。

此型锅炉采用了膜式水冷壁，炉膛为水冷壁焊成的一个箱体，既可减少漏风，又无需笨重的耐火和保温砖墙。下降管与下集箱连接的供水管以及上集箱与锅炉连接的汽水引出管均采用曲率半径很小的锻制弯头，以使锅炉结构紧凑，外形布置简单。此外，此型锅炉的炉排结构新颖，通风均匀，并且十分重视二次风的应用，能够使煤得到充分的燃烧，确保了锅炉运行热效率不低于 82%，节能效果显著。再者，此型锅炉可以采用新颖的脱硫装置，有利于保护环境免受污染。

1.4 锅炉水处理

1.4.1 锅炉水处理的必要性

不良水质中含有较多的有害杂质，这种水若不经任何处理就进入锅炉，那么水中的杂质即会在锅炉中形成水垢或水渣。因锅炉是一种热交换设备，故水垢的生成会极大地影响锅炉的导热能力。水垢的热导率为钢铁数十分之一至数百分之一。因此，锅炉结垢将会导致炉管过热损坏、燃料浪费、出力降低、消耗化学除垢药剂、缩短锅炉的使用寿命等。水质不良对锅炉的另一危害是腐蚀锅炉金属，使金属件破坏，增加水中的结垢成分，产生垢下腐蚀等。由于不良的水质对锅炉的危害如此之大，因此，对锅炉给水的处理十分重要。

1.4.2 国内外现状

近几十年来，在发达国家，以安全和节能为发展战略的锅炉水处理技术获得了长足进步，许多重大研究开发成果已转化成为一系列技术标准和法规。对于低压锅炉，普遍采用软化水-阻垢剂以防止结垢，采用机械除氧器-化学除氧剂（亚硫酸钠）除氧以防止腐蚀。对于中、高压锅炉，普遍采用去离子水-阻垢剂以防止结垢，采用机械除氧器-化学除氧剂（亚硫酸钠或联氨）除氧以防止腐蚀。对于更高压力特别是亚临界压力和超临界压力锅炉，普遍采用全挥发处理技术。作为必须的安全措施，采用连续排污或定期排污以保证锅炉的水质和工况。这些技术使锅炉的安全经济性大大提高了。

我国自改革开放以来，随着国民经济的快速发展，作为工业心脏的锅炉的数量以相当快的速度增加（图 1-17）。目前，中国是世界上拥有锅炉台数最多的国家之一。2008 年度，全国在用的锅炉总台数达 57.82 万台。其中，工业锅炉 35.02 万台，大约占锅炉总台数的 60.57%；生活锅炉 21.86 万台，大约占锅炉总台数的 37.82%；电站锅炉 0.93 万台，大约占锅炉总台数的 1.61%。因此，中国锅炉水处理的任务十分艰巨。

我国对锅炉水处理采用了与国际上大致相同的先进技术标准和法规，锅炉水处理技术近

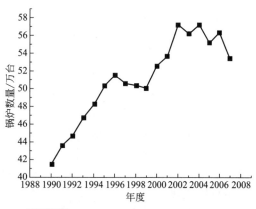

图 1-17　1990～2007 年锅炉数量统计

年有了很大的提高和发展，但还存在着种种问题，与发达国家相比还有较大的差距。表 1-6 是 1990～2007 年我国锅炉爆炸事故统计，说明我国锅炉事故呈大幅度下降趋势。我国设备事故率在 1979 年是发达国家的 30 多倍。在设备数量大量增加的情况下，1999 年的事故率已降到发达国家的 5 倍，基本遏制住了恶性事故的发生，设备安全状况得到较大的改善。2007 年，共发生锅炉爆炸事故 38 起，死亡 29 人，直接经济损失达 118.65 万元。直到现在，由水处理不良引起的锅炉结垢事故和腐蚀事故仍然时有发生。

表 1-6　1990～2007 年我国锅炉爆炸事故统计

年度	锅炉/万台	爆炸事故/起	死亡人数/人	受伤人数/人	万台事故率
1990	41.4	24	17	35	0.59
1991	43.6	15	15	30	0.34

续表

年度	锅炉/万台	爆炸事故/起	死亡人数/人	受伤人数/人	万台事故率
1992	44.7	24	19	42	0.54
1993	46.8	40	37	61	0.86
1994	48.3	34	33	53	0.70
1995	50.4	37	23	60	0.73
1996	51.6	45	41	59	0.87
1997	50.6	41	40	90	0.81
1998	50.4	54	25	130	1.06
1999	50.04	67	44	81	1.34
2000	52.63	74	65	98	1.41
2001	53.67	88	65	144	1.64
2002	57.26	75	58	87	1.31
2003	56.24	66	42	96	1.17
2004	57.27	61	51	88	1.10
2005	55.26	43	42	64	0.78
2006	56.38	36	31	98	0.83
2007	53.41	38	29	—	0.81

1.4.3 离子交换法阻垢技术

离子交换剂是一类具有离子交换作用的功能材料。早在100多年前，沸石类无机离子交换剂就已经被发现并得到应用。后来又出现了性能更好的阳离子交换剂磺化煤。1935年，合成的有机离子交换树脂问世。1945年，苯乙烯系离子交换树脂研究成功。现代大量使用的离子交换树脂有阳离子型强酸性树脂和弱酸性树脂、阴离子型强碱性树脂和弱碱性树脂、两性树脂、螯合树脂及氧化还原型树脂等。

离子交换树脂在水处理上的应用大约占其产量的90%。当原水通过离子交换树脂床时，水中的杂质离子与树脂上的无害离子进行交换，从而把杂质离子从原水中去除，使水质符合锅炉的要求。工业锅炉最常用的是钠型离子交换系统［如图1-18（a）所示］。经过钠离子交换树脂床的原水，其中的钙、镁离子即被除去，其残余硬度可以降至0.05mmol/L以下，甚至可以使硬度完全的消除。为了同时达到降低碱度的目的，可以采用氢-钠、铵-钠、氯-钠、加酸-钠离子交换、部分钠离子交换等离子交换系统。为了获得去离子水或脱盐水，可以采用阳-阴、阳-阴-混离子交换系统［如图1-18（b）所示］。

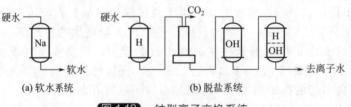

(a) 软水系统   (b) 脱盐系统

图1-18 钠型离子交换系统

目前，离子交换法在我国锅炉房的普及率已经达到90%以上。在离子交换树脂的质量和离子交换系统的功能方面，我国与国外先进水平尚存在一定的差距。美国Autotrol、Fleck等自动软水器，Kinetico公司的水力自动软水器已经纷纷进入我国市场，我国尚无可以与之竞争的国产品牌。

一种习惯性的认识是，原水经软化之后，水的 pH 值提高了，因而水的腐蚀性也降低了。实际上，锅炉钢在原水和软化水中的腐蚀速度都很大，按照锅炉的腐蚀标准，都属于事故性腐蚀级。而且，软化水的腐蚀性比原水更大。原水中含有天然缓蚀剂——重碳酸钙，它是一种阴极性缓蚀剂，当在钢表面与阴极反应产物氢氧根离子相遇时，就生成碳酸钙沉淀而覆盖于阴极表面。因阴极过程被抑制，故钢的腐蚀速度减小。而当原水被软化之后，随着硬度成分被除去，水中原有的天然缓蚀剂就不存在了，因此水的腐蚀性增加了。与此同时，腐蚀产物覆盖于金属表面而成垢的情况变得严重了。因此，对于使用软化水的锅炉，更有必要采取防腐措施。

离子交换法的主要缺点是必须得排放再生废液。再生废盐水可以导致淡水咸化，其排放在一些国家已受到了限制。

1.4.4　膜分离法阻垢技术

膜分离是借助一个膜相对被分离物系中各组分的选择透过能力不相同而实现使物系中各组分分离的过程。膜分离技术发展的时间大致为：20 世纪 30 年代，微滤；40 年代，透析；50 年代，电渗析；60 年代，反渗透；70 年代，超滤和液膜；80 年代，气体分离；90 年代，渗透蒸发。膜分离技术是一门崭新的跨学科的实用化技术。主要的膜分离方法及其特点详见表 1-7。膜分离技术的大致应用范围是：微滤用于过滤细菌，超滤用于截留蛋白质，反渗透用于除去水溶液中的离子和相对分子质量为几百的小分子溶质。

表 1-7　主要的膜分离方法及其特点

种类	推动力	膜类型	分离机理	适用范围
微滤	压差 50～100kPa	对称微孔膜 (0.1～20μm)	筛分效应	悬浮物、细菌、微粒子分离
超滤	压差 100～1000kPa	对称微孔膜（1～20nm）	筛分效应	蛋白质、酶、病毒、乳胶分离
反渗透	压差 1000～10000kPa	不同均聚物非对称膜	在均聚物基体中的溶解或扩散	无机盐、糖类、氨基酸、BOD、COD 分离
透析	浓差	对称微孔膜	在非对流层中扩散	无机盐、尿素、尿酸、糖类、氨基酸分离
电渗析	电位差	离子交换膜	溶液组分电荷不同	离子分离
气体分离	压差 1000～15000kPa	同一均聚物非对称膜	在均聚物基体中的溶解或扩散	气体和蒸汽分离
渗透汽化	压差 0～100kPa	均聚物非对称可溶性膜	在均聚物基体中的溶解或扩散	溶剂和共沸物分离

在锅炉水处理方面较多采用的是电渗析和反渗透。在发达国家，锅炉用水的预处理采用电渗析法已经很常见。虽然反渗透远不及电渗析应用得那么广泛，但是反渗透法作为离子交换的预处理更为有利。膜法预处理的优点是，因除去了大量离子，故可使离子交换的负荷减少，延长了再生周期；因除去了污染物，故可减轻树脂污染，延长离子交换树脂的使用寿命。

膜法的主要缺点是需要较严格的预处理及必须得排放浓缩水。

1.4.5　除氧器-除氧剂法防腐技术

为防止锅炉系统的氧腐蚀，国内外研究开发的重点在于从给水中除去腐蚀剂溶解氧。已经开发了许多设备除氧的方法，例如热力除氧、真空除氧、解吸除氧、钢屑除氧、氧化还原树脂除氧等。热力除氧和真空除氧的除氧效果好，且使用性能稳定，一直是蒸汽锅炉普遍采用的防腐方法。为了保证除氧效果，还应该在机械除氧之后再加入适量的除氧剂。

也可以往软化水中直接加入除氧剂，使其和水中的溶解氧发生反应，除去腐蚀剂溶解氧。已经开发了许多种除氧剂，较重要的有亚硫酸盐、联氨、氢醌、碳酰肼、氨基脲、二乙羟胺、异抗坏血酸、甲基乙基酮肟等。但是，一般认为单独加入除氧剂不如除氧器-除氧剂法经济。

亚硫酸钠是最常用的除氧剂。除可能会使其分解的超高压锅炉外，对普通高压锅炉、中压锅炉和大容量的低压锅炉，最好的防腐方法是：首先利用机械除氧器除去大部分溶解氧，然后加入亚硫酸钠，使系统中的亚硫酸根含量保持在 $2\sim7mg/L$。亚硫酸钠的作用是防止水中的残存氧对系统金属的腐蚀。一旦机械除氧器失灵或操作失误，亚硫酸钠还可以作为防止氧腐蚀的第二道屏障。对没有安装除氧器的锅炉，可以直接采用亚硫酸钠，其用量根据给水的溶解氧含量来计算，然后再稍增加，以保证系统中的亚硫酸根含量。

长期以来，人们试图找到比亚硫酸盐更好的还原剂以克服亚硫酸盐在贮存时容易发生氧化失效等缺点，但是至今尚未发现像亚硫酸盐这样既效果好而又廉价无毒的物质。在走过了漫长之路以后，特别是从不污染环境考虑，人们的兴趣又重新回到亚硫酸盐上来。北京化工大学通过试验研究，查明了亚硫酸盐的氧化机理，研制了稳定的亚硫酸钠，从而为亚硫酸盐贮存失效的问题提供了解决办法。

水合联氨是比亚硫酸钠更好的除氧剂，国内外广泛用于高压锅炉给水的除氧，以作为机械除氧的辅助措施。由于联氨不仅价格昂贵，还有较强毒性，因而中、低压锅炉很少使用。

1.4.6　锅内加药法防腐阻垢技术

这是一种通过向锅内投加某些具有特殊功能的化学药剂来达到防腐阻垢目的的方法。实际上，早在离子交换法问世之前，锅内加药法水处理技术已得到了广泛应用。在离子交换法问世之后，锅内加药法与其配合使用，使其获得了更快的发展。在发达国家，广泛采用离子交换-锅内加药法，也可单独采用锅内加药法，而像我国这样单独采用离子交换法的锅炉非常少见，这可能是我国锅炉寿命较短的主要原因。表1-8列出了锅炉水处理剂的一般种类及其作用，可以根据锅炉结构和水质特点，灵活运用。

表1-8　锅炉水处理剂的一般种类及其作用

种类	药剂	作用
pH及碱度调整剂	氢氧化钠、碳酸钠、磷酸盐、聚磷酸盐、磷酸、硫酸	调整给水、锅水碱度，防止锅炉腐蚀和结垢
软化剂	氢氧化钠、磷酸盐、聚磷酸盐	使水中的硬度成分沉淀
淤渣分散剂	木素磺酸钠、单宁、淀粉、聚丙烯酸、苯乙烯磺酸与马来酸共聚物	使淤渣悬浮分散于水中，易通过排污排出系统
除氧剂	亚硫酸盐、联氨、二乙羟胺、碳酰肼、氢醌、异抗坏血酸、氨基脲、甲基乙基酮肟	除去水中的溶解氧，防止锅炉氧腐蚀
凝结水缓蚀剂	吗啉、环己胺、烷基胺	防止凝结水系统腐蚀

目前，在我国市场上流行把用于循环冷却水系统的防垢剂和缓蚀剂直接出售给锅炉的作法。这种作法无疑有生意上的意义，但是对锅炉的防腐阻垢难起作用。在锅炉条件下，大部分冷却水系统的阻垢剂和缓蚀剂难以达到要求的可能原因是：

① 锅炉系统的水温明显高于冷却水系统，其腐蚀结垢的机理有很大差别。

② 氧的存在是敞开式冷却水系统的缓蚀剂发挥作用的必要条件。在冷却水系统特别是敞开式冷却水系统，水中的溶解氧处于饱和状态，而锅水中的溶解氧含量很低甚至为零，所以不利于这类缓蚀剂的作用发挥。

③ 目前，即使碱性冷却水处理对水的碱性也仍然有比较严格的要求，而锅水的碱性远远超过了这种限制，适合于冷却水系统的酸性处理则对锅炉是十分危险的。

④ 目前，缓蚀性能最好的冷却水处理的配方仍然是铬系配方和低铬配方，由于环保限制而开发应用的非铬系配方，其缓蚀效果均不如前者。文献报道的采用这些配方后金属的腐蚀速度对冷却水系统来说是允许的，而对锅炉来说，属于强烈腐蚀级或事故性腐蚀级。

水处理剂的发展方向是绿色化。文献也探讨了实现绿色化的方法。

1.4.7 凝结水回收技术

凝结水回收技术是将凝结水回收并进行有效利用的技术。因受材料设备等影响，凝结水在很长一段时间内采用的均是开式回收，故凝结水回收效率低下，热量损失严重。随着疏水阀等设备和技术的完善以及世界对能源危机的认识，闭式回收广泛被采用，已成为世界上比较常用的回收方式。在我国，凝结水回收技术发展较晚，尤其是闭式回收系统，20 世纪 80 年代后期才开始，到 90 年代初，凝结水回收率只有 54%，近年来，随着国家节能减排政策的实施，凝结水回收技术才有了快速的发展，但是与供热系统中的锅炉给水处理相比，在技术和管理上都还不够完善，还有很大的发展空间。

1.4.8 停用锅炉的防腐保养

锅炉停用期间的腐蚀甚至比运行时更为严重，大规模的腐蚀损坏和局部腐蚀穿孔往往是由停用腐蚀引起的。表 1-9 列出了停用锅炉的传统保护方法和已开发的现代保护方法。后三种方法比传统方法先进得多，因而已经获得了越来越广泛的应用。

表 1-9　停用锅炉的防腐保养方法

种类	使用药剂	实施方法
传统湿法	亚硫酸钠或联氨	排干锅水；使整个锅炉充满除过氧并加有 200mg/L 亚硫酸钠或 200mg/L 联氨的碱性除氧水，维持锅内水压大于大气压力，封闭锅炉；定期分析检查氧和除氧剂含量，确定是否需要补加药品。效果不够稳定
传统干法	生石灰或硅胶	排干锅水；把锅内表面用除湿机或热气流吹干，最好是用氮气吹干直到露点达到 $-20℃$ 以下；向干燥的锅内放置 $2 \sim 3 kg/m^3$ 生石灰或 $2.7 kg/m^3$ 硅胶，干燥剂放在托盘内，托盘放在汽包内，封闭锅炉；经常在炉膛内用红外灯或电炉加热以防水汽凝结；定期检查干燥剂，确定是否需要更换。效果比湿法好
TH-901 法	TH-901 缓蚀剂	趁热排完锅水，清除水渣及残留物；把 $1 kg/m^3$ TH-901 缓蚀剂放在托盘内，托盘放在汽包内，封闭锅炉；若锅内积水过多，药品用量可加大 $0.5 \sim 1$ 倍。效果比干法好
BF-605 法	BF-605	同 TH-901 法
BF-30T 法	BF-30T	加入 $2 kg/m^3$ BF-30T，循环均匀，封闭系统。效果比干法好

1.4.9 锅炉水处理技术的发展方向

改革开放以来，随着国民经济的发展，我国锅炉水处理技术获得了很大的进步，在许多方面已与国外先进技术接轨，还形成了一些具有自主知识产权的技术。在全新的绿色化学的冲击下，水处理技术正酝酿着重大的突破。面临挑战，研究锅炉水处理技术的现状和发展动向是十分必要的。

绿色水处理技术是以近年提出的"绿色化学"新概念为基础，从始端、终端和中间过程杜绝污染产生的新思路，是能够最大限度地节水和彻底地解决水污染的重大技术，是 21 世纪水处理技术发展的中心战略。绿色水处理技术的理想是零排污水处理技术。

对锅炉水处理来说，在过去很长的一段时间里，环境问题一直被安全问题所掩盖。在环境和安全难以兼得时，国内外普遍采取的做法是舍环境而取安全。由于受到锅炉水处理技术不够先进的限制，过去把环境保护和锅炉安全两者对立起来的观点和做法是可以理解的，但是从可持续发展战略来考虑则是不可取的。锅炉是耗水大户，发达国家的锅炉耗水量一般排第三位，仅次于冷却水和产品处理-清洗用水。锅炉又是环境污染大户，其连续排污、定期排污、冲洗废水排放、离子交换剂再生废水排放以及燃料燃烧废气和粉尘的排放等都在污染着人类赖以生存的环境。从可持续发展战略出发，以近年提出的"绿色化学"新概念为基础，传统的安全和节能战略已不能满足可持续发展的要求，消灭污染源头的绿色锅炉水处理技术和零排污锅炉水处理技术应当成为 21 世纪锅炉水处理发展的中心战略。

零排污技术是当前国外研究开发的热点和重点，难度和风险都很大，改变传统思路非常重要。本书介绍的节水与废水近零排放技术突破了锅炉必须排污的观念和传统，首创了排污近乎为零的新工艺和新方法，实现了工业锅炉更安全、更经济的运行。

锅炉水处理技术是一门综合技术，与离子交换技术、膜分离技术、除氧技术、锅内加药技术、停用保养技术等技术进步密切相关。零排污技术是 21 世纪锅炉水处理技术的发展方向，其研究开发的风险和难度很大，必须加大投入力度，并组织科技力量对传统的、常规的有关技术进行全面地认识和评价，从观念上、理论上和技术上进行创新，才能完成历史赋予我们的任务。

参 考 文 献

[1] 魏刚, 张元晶, 熊蓉春. 工业水处理, 2000, 20 (增刊): 20-22.

[2] Loraine A. Huchler P E. Chem. Eng Prog., 1998, 94 (8): 45-50.

[3] 荒谷秀治. ボイラ研究, 1999, 297: 16-18, 27-29.

[4] GB 1576—1996.

[5] 石家骏. 中国锅炉压力容器安全, 2000, 16 (2): 30.

[6] 徐志俊. 中国锅炉压力容器安全, 2000, 16 (2): 50.

[7] 熊蓉春, 张小冬, 魏刚. 水处理技术, 1999, 25 (2): 94-97.

[8] 熊蓉春, 魏刚. 管道技术与设备, 1995 (5): 8.

[9] 熊蓉春. 环境工程, 2000, 18 (2): 22.

[10] 魏刚, 熊蓉春. 腐蚀科学与防护技术, 2001, 13 (1): 33-36.

[11] 魏刚, 徐斌. 工业水处理, 2000, 20 (3): 1-3.

[12] 魏刚, 熊蓉春. 热水锅炉防腐阻垢技术. 北京: 化学工业出版社, 2003.

[13] 吴味隆. 锅炉及锅炉房设备. 北京: 中国建筑工业出版社, 2006.

[14] 郭奎建. 1999 年度锅炉压力容器安全监察统计分析. 中国锅炉压力容器安全, 2000, 16 (5): 2.

[15] 郭奎建. 1999 年锅炉压力容器压力管道事故情况. 中国锅炉压力容器安全, 2000, 16 (3): 12.

[16] 郭奎建. 2000 年度锅炉压力容器安全监察统计分析. 中国锅炉压力容器安全, 2001, 17 (4): 60.

[17] 郭奎建. 2000 年锅炉、压力容器、压力管道等特种设备事故情况. 中国锅炉压力容器安全, 2001, 17 (4): 57.

[18] 郭奎建. 2001 年度锅炉压力容器压力管道特种设备安全监察统计分析. 中国锅炉压力容器安全, 2002, 18 (3): 15.

[19] 郭奎建. 2001 年锅炉压力容器压力管道特种设备事故通报. 中国锅炉压力容器安全, 2002, 18 (4): 19.

[20] 郭奎建. 2002 年度锅炉压力容器压力管道特种设备安全监察统计. 中国锅炉压力容器安全, 2003, 19 (3): 41.

[21] 赵广立. 2003 年全国特种设备事故报道. 大众标准化, 2004 (4): 32.

[22] 郭奎建. 2003 年特种设备安全监察统计分析. 中国锅炉压力容器安全, 2004, 20 (3): 4.

第 2 章 锅炉腐蚀与防护技术基础

2.1 概述

腐蚀指的是材料在周围环境介质的化学或电化学作用（也包括机械和生物等因素的共同作用）下发生的破坏。

腐蚀所带来的危害是相当惊人的。腐蚀会造成材料的大量损耗。据估计，美国每年因腐蚀而报废的钢铁占了年产量的 40%，其中有 10% 完全变成了无法回收的废物。除材料本身的直接损失之外，腐蚀所造成的间接损失通常比材料本身的损失还要大得多。例如，腐蚀可能导致工厂停车减产，更换和检修受腐蚀的设备会造成人力和物力的浪费；腐蚀会使产品和原料流失，或使产品受到污染而引起质量的降低；腐蚀会使热力设备的效率降低，或造成蒸汽和热水的损失而浪费能量；腐蚀会造成物料泄漏，污染环境并引起公害，甚至会造成中毒、爆炸等事故。在工业发达国家，腐蚀所造成的经济损失高达国民生产总值的 1%~4%。据美国国家标准局 1977 年的统计资料，美国 1976 年的腐蚀损失达 700 亿美元，大大超过了火灾、水灾、风灾和地震等自然灾害所造成的全部损失之和。美国 1995 年公布的分析数据显示，腐蚀损失为 2960 亿美元。据美国能源部下属的阿贡国家实验室称，美国每年因为金属腐蚀而造成的损失占国民经济总产值（GNP）的 4% 左右。据第四届中国国际腐蚀控制大会组委会报道，中国 2008 年由于腐蚀造成的损失高达 1.2 万亿~2 万亿元。

材料的腐蚀规律十分复杂。同一种材料在不同的介质中会有不同的腐蚀规律，不同材料在同一种介质中的腐蚀规律也各不相同，同一种材料在同一种介质中由于内部或外部条件例如材料的金相组织及承受的应力，介质的温度、压力及浓度等的变化，往往也表现出不同的腐蚀规律。

碳钢在稀硫酸中会很快地溶解，但是在浓硫酸中却很稳定；铅耐稀硫酸的腐蚀，但是在浓硫酸中却不能使用；不锈钢在中、低浓度的硝酸中很耐蚀，但是不耐浓硝酸的腐蚀；而铝在硝酸中的腐蚀行为却和不锈钢的大致相反。为了防止锅炉的腐蚀，就要将水中的氧除掉，而为了防止尿素高压设备的腐蚀却要向物料中通入氧气。有些金属的腐蚀（例如碳钢在稀硫酸中）是厚度的均匀减薄，而有些金属的腐蚀（例如奥氏体不锈钢在氯化物水溶液中），虽然厚度变化不大，但是会产生破裂。这些事例表明材料的腐蚀有着错综复杂的规律，腐蚀科学就是研究材料的腐蚀规律及其控制技术的一门学科。

材料腐蚀包括金属腐蚀和非金属腐蚀两种，但主要是指金属腐蚀。工业锅炉的腐蚀通常是指其结构金属的腐蚀。

按照金属腐蚀的机理，通常把金属腐蚀分为化学腐蚀和电化学腐蚀两大类。依据工业锅炉金属所处腐蚀环境的特点，其腐蚀类型主要是电化学腐蚀。因此，本章将重点讨论电化学腐蚀，对工业锅炉可能发生的化学腐蚀仅做一些简要的介绍。

2.2　化学腐蚀

化学腐蚀是金属与周围介质直接发生化学反应而引起的破坏，其特点是腐蚀过程中没有电流产生。此类腐蚀主要包括金属在干燥或高温气体中的腐蚀和金属在非电解质溶液中的腐蚀。对热水锅炉来讲，可能发生的化学腐蚀是其金属在气体中的腐蚀。

2.2.1　金属的高温氧化倾向

金属在高温下和周围环境中的氧作用而形成金属氧化物的过程，称为金属的高温氧化。其反应可用下式表示：

$$2M + O_2 \rightleftharpoons 2MO$$

上述反应能否进行与金属氧化物的分解压力和介质中氧的分压有关。在一定温度下，只有金属氧化物的分解压力小于氧的分压时，金属才能向生成氧化物的方向转化。

空气中氧的分压大约为 0.2atm（1atm＝101325Pa），金属氧化物的分解压力若小于 0.2atm，金属就有可能在空气中发生氧化。

2.2.2　金属的高温氧化膜

金属与氧化性气体介质发生的反应，都是在金属表面上进行的。反应后的产物如果是非挥发性的，就会停留在金属表面上，形成金属的氧化物膜。此膜由于金属的不断氧化而逐渐加厚，使气体较难透过膜，则氧化过程就逐渐减慢。因此，膜本身对金属起了一定的保护作用。这是化学腐蚀的重要特点之一。但是，如果氧化膜是疏松和不完整的，即使留在金属表面上的膜很厚，其保护作用也很小，金属的化学腐蚀就能继续进行。只有生成的膜连续而且致密，气体介质才不容易透过，从而具有保护作用。

如果生成的氧化物分子的体积大于被氧化了的金属原子的体积，则氧化形成的膜就有可能是连续完整的，可用下式表示：

$$V_F/V_M > 1$$

式中，V_F 为氧化物膜分子的体积；V_M 为生成膜所消耗的金属原子的体积。

表 2-1 列出了一些金属的氧化物体积与金属的体积之比（V_F/V_M 值）。

从表 2-1 中可以看出，非常活泼的碱金属、碱土金属，其 V_F/V_M 值小于 1，不能形成连续完整的氧化物膜，所以这些金属会发生剧烈地氧化。

表 2-1　一些金属的 V_F/V_M 值

金属	氧化物	V_F/V_M	金属	氧化物	V_F/V_M
K	K_2O	0.41	Ni	NiO	1.60
Na	Na_2O	0.57	Cu	CuO	1.71
Ca	CaO	0.64	Cr	Cr_2O_3	2.03
Mg	MgO	0.79	Fe	Fe_2O_3	2.16
Ba	BaO	0.74	W	WO_3	3.59
Al	Al_2O_3	1.24			
Pb	PbO	1.29			
Zn	ZnO	1.59			

金属的 V_F/V_M 值大于 1 只是表示有可能形成连续完整的膜，而并不是决定膜的保护性能的唯一条件。膜的保护性能还取决于膜的其他性质，如膜的强度和塑性，与金属的结合

力，与金属的膨胀率的差别等。

不同的金属在不同条件下成膜的厚度随时间的变化一般具有以下几种规律：

① 膜成长的抛物线规律——膜连续生成后，才具有保护作用。

② 膜成长的对数规律——膜很薄时就能强烈地阻止金属继续发生氧化。

③ 膜成长的直线规律——膜对氧化没有任何阻止作用。

一般说来，随着温度的升高，金属的氧化速度将迅速增大。

有些金属例如金和铂，它们的氧化物在高温下的分解压力很大，所以它们在高温下并不会氧化。

2.2.3　锅炉金属的高温氧化

锅炉的结构材料主要是碳钢。碳钢在空气中加热时，在较低的温度（200～300℃）下，表面就已开始出现可见的氧化膜。随着温度的升高，氧化速度逐渐加大，但温度在 570℃ 以下，总的氧化速度仍是比较小的。至 800～900℃ 时，氧化过程发生了突变，氧化速度显著增大，如图 2-1 所示。

碳钢在高温氧化时形成的氧化膜具有较为复杂的结构，而图 2-2 是铁的高温氧化膜结构示意图。

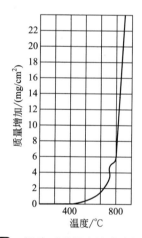

图 2-1　温度对碳钢腐蚀速度的影响

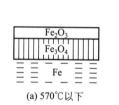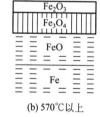

(a) 570℃以下　　　(b) 570℃以上

图 2-2　铁的高温氧化膜结构

除了氧气之外，CO_2、H_2O、SO_2 也会引起高温氧化。其中水蒸气具有特别强的作用，在燃烧气体中，耐热钢的耐氧化性能之所以恶化，主要是因为水蒸气和燃烧气体共存。由水蒸气引起的氧化反应为：

$$Fe + H_2O \longrightarrow FeO + H_2$$

$$3FeO + H_2O \longrightarrow Fe_3O_4 + H_2$$

如果空气中混有少量的上述气体，对钢铁的高温氧化有明显的增强，但是其影响对软钢和 18-8 不锈钢则明显不同，钢铁的氧化量及混合气体的影响见表 2-2。

表 2-2　钢铁的氧化量及混合气体的影响

［900℃，24h，质量增加（mg/cm^2）］

介质	软钢(0.17%C)	18-8 钢(17.7%Cr,8%Ni)	软钢与 18-8 钢之比
纯空气	55.2	0.40	138
大气	57.2	0.46	124

介质	软钢(0.17%C)	18-8钢(17.7%Cr,8%Ni)	软钢与18-8钢之比
纯空气+2%SO_2	65.2	0.86	76
大气+2%SO_2	65.8	1.13	58
大气+5%SO_2+5%H_2O	152.4	3.58	43
大气+5%SO_2+5%H_2O	100.4	4.58	22
纯空气+5%CO_2	76.9	1.17	65
纯空气+5%H_2O	74.2	3.24	23

由表 2-2 可见，SO_2 与 H_2O 共存时，其高温氧化腐蚀变得非常强烈。

在正常情况下，虽然炉膛内燃料燃烧的温度可达 1000℃ 以上，但是由于锅水的冷却，锅炉金属的温度不可能超过 570℃，因而其氧化速度很小。只有当炉管水侧结垢达到一定厚度、缺水或者堵塞而使热量不能及时传走时，才有可能发生严重的高温氧化腐蚀。

2.3 电化学腐蚀

2.3.1 电极电位

2.3.1.1 双电层与电极电位

任何一种金属晶体中均含有金属离子和自由电子。将一块金属放入真空中，为了使金属离子脱离晶格而进入真空，则必须消耗功，以便克服离子与晶格间的结合力，这个功称为在金属中的离子脱出功。

同样，金属离子从水溶液中进入真空时，显然也需要消耗功，称这个功为在水溶液中的离子脱出功。它应当与离子的水化热在数值上相等。

当金属与溶液相接触时，因为金属离子在金属晶格中的最低能级与金属离子在水溶液中的最低能级的高低程度不同，所以金属离子可以由一相转入另一相。有下述两种情况：

一种情况是当金属中金属离子的脱出功小于溶液中金属离子的脱出功（即金属离子在金属表面上的能级比在溶液中的要高）时，金属表面上的金属离子就能够转入水溶液中并进一步被水化而处于位能更低的状态。

$$Me \longrightarrow Me^{2+} + 2e$$
$$Me^{2+} + nH_2O \longrightarrow Me^{2+} \cdot nH_2O$$

金属及溶液都是呈电中性的，金属离子从金属转入溶液中时，将电子留在了金属上而使金属带负电，同时使溶液带正电。金属上的负电荷吸引溶液中过剩的阳离子，使之紧靠在金属表面，形成双电层［见图 2-3（a）］。双电层的形成，一方面阻碍了金属上阳离子的继续溶解；另一方面又促使溶液中的金属离子沉积到金属上去。最后达到动态平衡时，金属离子溶解的速度等于沉积的速度，在两相界面之间形成一定的电位差。像锌、镁、铁等很多负电性金属在水中或在酸、碱、盐溶液中就能形成这种类型的双电层。

另一种情况是当金属中金属离子的脱出功大于溶液中金属离子的脱出功时，溶液中的金属离子将会沉积在金属上，从而形成金属表面带正电、溶液带负电的双电层［见图 2-3（b）］，平衡时，在两相界面之间也形成一定的电位差。很多正电性金属在含有正电性金属离子的溶液中，就能形成这种类型的双电层。例如汞在汞盐溶液中，铜在铜盐溶液中，铂在铂盐溶液中，金在金盐溶液中。

另外，对于一个氧化-还原反应来说，可以借助导电的非金属——石墨或惰性金属（金、铂等）构成一个氧化-还原电极，此时，惰性金属本身并不参与电极过程，它仅起到电子"贮藏器"的作用。例如在含氧的溶液中，吸附在惰性金属表面上的氧分子可以夺取惰性金属上的电子，而同时在水的作用下生成氢氧根离子，其平衡时可用下式表示：

$$O_2 + 2H_2O + 4e \Longrightarrow 4OH^-$$

这就是氧电极。

如果溶液中含有足够的氢离子（如酸溶液）时，它也会夺取惰性金属上的电子而形成氢分子，其平衡时可用下式表示：

$$2H^+ + 2e \Longrightarrow H_2$$

这就是氢电极。

氢电极和氧电极是第三类电极的双电层，同样也是金属表面带正电，溶液带负电的双电层。

总结上述三种情况得出，金属浸在电解质溶液中，会建立起双电层，使得金属与溶液之间产生一定的电位差，这种电位差就叫作电极电位，简称电位。

2.3.1.2　平衡电极电位

仅以上述的第一种双电层为例，当金属阳离子进入溶液形成水化金属离子后，静电作用吸引水化了的该金属阳离子使其回到金属上去。我们把金属失去电子进入溶液的过程称为阳极过程，把溶液中水化金属离子回到金属上获得电子的过程称为阴极过程。如果阳极过程和阴极过程的速度相等，而且这两个过程又都是可逆的，这时将产生一个稳定的电极电位，叫作平衡电极电位，或可逆电极电位。例如阳极过程是：

$$Cu \longrightarrow Cu^{2+} + 2e$$

阴极过程是：
$$Cu^{2+} + 2e \longrightarrow Cu$$

很显然，上述两个过程是可逆的，如果它们进行的速度也相等，即既建立起物质平衡，又建立起电荷平衡时，就将产生平衡电极电位。

很多金属在含有该金属离子的溶液中都能产生平衡电位，如 Zn、Cu、Hg、Cd、Ag 等，但是也有不少的例外，如 Fe、Al、Mg 等。

2.3.1.3　标准电极电位和电动序

现在还没有办法测出金属电极电位的绝对值，但是可以采用比较的办法测出它们的相对值，在实际工作中经常使用的电极电位值的概念，指的是该电极与参比电极比较而得出的数值。参比电极有氢电极、甘汞电极和氯化银电极等，其中规定标准氢电极的电极电位为零。标准氢电极做法为：将镀有一层铂黑的铂片放在氢离子浓度为 1mol/L 的盐酸溶液（相当于 1.2mol/L HCl）中，在 25℃下不断地送入压力为 1atm 的纯氢气；氢气被铂片吸附，并且与盐酸中的氢离子建立平衡从而形成平衡的氢电极。

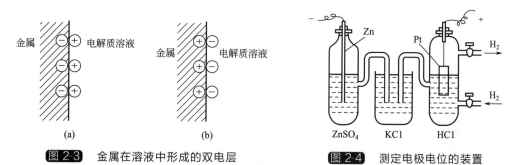

图 2-3　金属在溶液中形成的双电层　　　　图 2-4　测定电极电位的装置

测定电极电位的装置如图 2-4 所示。图的右边是一个标准氢电极，左边是一个待测的金属电极（Zn），中间则通过盐桥（内装饱和 KCl 溶液）连接起来，这样就组成了一个原电池。由于标准氢电极的电位规定为零，因而这个原电池的电动势（即无电流通过时被测电极对标准氢电极的电位差）就等于该金属的电极电位，通常被称为氢标电位。在实际测量时，往往由于条件的限制而不能直接采用标准氢电极，而是采用其他的参比电极，例如甘汞电极等。但所测出的电动势，如果用氢标计算，就应该加上所用参比电极的氢标电位值，例如在25℃时，某电极对饱和甘汞电极比较而得出的电动势为+0.5V，又已知饱和甘汞电极在25℃时的氢标电位为+0.2415V，那么，该电极的电位（氢标）可计算为：

$$+0.5+(+0.2415)=+0.7415V$$

为方便起见，常常不加换算而直接采用和参比电极比较所得出的电动势值，但是必须注明所用参比电极的名称。若没有注明所用的参比电极，即表示是氢标电位。

金属的平衡电位与温度、金属离子的浓度之间的关系可用能斯特公式表示：

$$E=E^{\ominus}+\frac{RT}{nF}\ln c$$

式中，$E^{\ominus}$ 为金属的标准电位；R 为气体常数，等于 8.31 J/(mol·K)；T 为热力学温度；n 为参加电极反应的电子数；F 为法拉第常数，等于 96500C/mol；c 为金属离子的有效浓度，mol/L。

通过能斯特公式可以看出，金属离子的浓度越大或溶液的温度越高，金属的平衡电位值就越正。当温度为25℃（即 $T=298K$）时，将常数代入公式，并把自然对数转换成以10为底的对数，则能斯特公式可写成如下形式：

$$E=E^{\ominus}+\frac{0.059}{n}\lg c$$

若溶液中金属离子的浓度为1mol/L，上式的最后一项为零，此时的电极电位 E 就等于标准电位 $E^{\ominus}$。因此，金属的标准电极电位就是浸在该金属离子浓度等于1mol/L的溶液中时的平衡电极电位值。不同的金属的标准电极电位值不相同。

表2-3列出了一些金属在25℃时的标准电极电位值。表2-3是按照金属标准电极电位的大小顺序来排列的，所以也叫作金属的电动序。在金属的电动序中，氢的标准电极电位为零。比氢的标准电极电位正的金属称为正电性金属，比它负的金属称为负电性金属。金属的正电性越强，转入溶液成为离子状态的趋势就越小。而负电性越强的金属，这种趋势就越大。

表 2-3　一些金属在25℃时的标准电极电位（电动位）

电极反应	标准电位/V	电极反应	标准电位/V
Li $\longrightarrow$ Li$^+$ +e	-3.02	Ni $\longrightarrow$ Ni^{2+} +2e	-0.25
K $\longrightarrow$ K$^+$ +e	-2.92	Sn $\longrightarrow$ Sn^{2+} +2e	-0.136
Ca $\longrightarrow$ Ca^{2+} +2e	-2.87	Pb $\longrightarrow$ Pb^{2+} +2e	-0.126
Na $\longrightarrow$ Na$^+$ +e	2.71	Fe $\longrightarrow$ Fe^{3+} +3e	-0.036
Mg $\longrightarrow$ Mg^{2+} +2e	2.34	H$_2$ $\longrightarrow$ 2H$^+$ +2e	0.000
Ti $\longrightarrow$ Ti^{2+} +2e	1.75	Cu $\longrightarrow$ Cu^{2+} +2e	$+0.345$
Be $\longrightarrow$ Be^{2+} +2e	1.70	Cu $\longrightarrow$ Cu$^+$ +e	$+0.522$
Al $\longrightarrow$ Al^{3+} +3e	1.67	2Hg $\longrightarrow$ Hg$_2^{2+}$ +2e	$+0.798$
Mn $\longrightarrow$ Mn^{2+} +2e	-1.05	Ag $\longrightarrow$ Ag$^+$ +e	$+0.799$
Zn $\longrightarrow$ Zn^{2+} +2e	-0.762	Hg $\longrightarrow$ Hg^{2+} +2e	$+0.854$
Cr $\longrightarrow$ Cr^{3+} +3e	-0.71	Pt $\longrightarrow$ Pt^{2+} +2e	$+1.2$
Fe $\longrightarrow$ Fe^{2+} +2e	0.44	Au $\longrightarrow$ Au^{3+} +3e	$+1.42$
Ca $\longrightarrow$ Ca^{2+} +2e	-0.40	Au $\longrightarrow$ Au$^+$ +e	$+1.68$
Co $\longrightarrow$ Co^{2+} +2e	-0.277		

2.3.1.4 非平衡电极电位

金属和电解质溶液建立起双电层时的阳极过程和阴极过程如果是不可逆的，这时其电极电位叫作非平衡电极电位，也叫不可逆电极电位。例如某电极的阳极过程是：

$$Fe \longrightarrow Fe^{2+} + 2e$$

而阴极过程是：

$$2H^+ + 2e \longrightarrow H_2$$

在这种情况下，阴极过程和阳极过程的物质迁移是不平衡的，即使两个过程的反应速率相等，即达到电荷的平衡，其所建立的电极电位也仍然是非平衡电极电位。

非平衡电极电位既可以是稳定的，也可以是不稳定的。表 2-4 列出了部分金属在几种介质中的非平衡电极电位。

在实际生产中，涉及的电位大部分是非平衡电极电位，因为与金属接触的溶液大部分不是该金属离子的溶液，即使是金属本身离子的溶液，也不一定构成的是平衡体系。非平衡电极电位不服从能斯特公式，只有通过实验的方法来测得。不过，金属的电动序对于我们研究腐蚀问题仍然有很大的参考价值。

表 2-4　部分金属在几种介质中的非平衡电极电位　　　　　单位：V

金属	3%NaCl溶液	0.05mol/L Na$_2$SO$_4$	0.05mol/L Na$_2$SO$_4$+H$_2$S	金属	3%NaCl溶液	0.05mol/L Na$_2$SO$_4$	0.05mol/L Na$_2$SO$_4$+H$_2$S
Mg	−1.60	−1.36	−1.65	Ni	−0.02	+0.035	−0.21
Al	−0.60	−0.47	−0.23	Pb	−0.26	−0.26	−0.29
Mn	−0.91	—	—	Sn	−0.25	−0.17	−0.14
Zn	−0.83	−0.81	−0.84	Sb	−0.09	—	—
Cr	+0.23	—	—	Bi	−0.18	—	—
Fe	−0.50	−0.50	+0.50	Cu	+0.05	−0.24	+0.51
Cd	−0.52	—	—	Ag	+0.20	+0.31	−0.27
Co	−0.45	—	—				

2.3.2　电化学腐蚀的发生

金属在电解质溶液中是怎样被腐蚀的呢？经过人们一系列的研究现已确定，金属在电解质溶液中的腐蚀，是由金属表面发生原电池作用引起的。因此，这种腐蚀通常叫作电化学腐蚀。

2.3.3　腐蚀电池的概念

（1）大电池腐蚀

把一块石墨试片和一块碳钢试片放在盛有海水的容器中，当它们之间用导线连接一个电流表（负极接碳钢，正极接石墨）时（如图 2-5 所示），就会看到电流表的指针发生移动，即有电流流过。接通一段时间后，若将碳钢试片称重，就会发现，它比没有和石墨连接、单独放在海水中时的重量损失大。

碳钢受到了加速腐蚀的原因是：碳钢在海水中的电极电位是一个非平衡电极电位。石墨在海水中形成了一个氧电极（不一定是平衡的氧电极），二者的电位不相等，所以就组成了一个电池，它们之间的电位差就造成在电流表中有电流流过。由于石墨的电位高、碳钢的电位低，当用导线将它们连接起来时，

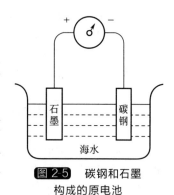
图 2-5　碳钢和石墨构成的原电池

在电极-海水界面所建立起的电极过程的平衡就遭到破坏，而在两电极上分别进行如下的电极反应：

在碳钢电极上：$Fe \longrightarrow Fe^{2+} + 2e$

在石墨电极上：$O_2 + 2H_2O + 4e \longrightarrow 4OH^-$

碳钢释放的电子，通过导线和电流表流向石墨。在海水中，电流的流动则依靠离子（Na^+、Cl^- 等）的运动。这样就形成了一个电流流动的回路。这个电流（即腐蚀电流）使铁氧化成为铁离子而受到加速腐蚀。这就是大电池腐蚀。

在碳钢与石墨组成的电池中，碳钢上进行的是失去电子的反应，即氧化反应。凡是进行氧化反应的电极（即电位较低的电极）叫作阳极；石墨上进行的是接受电子的反应，即还原反应。凡是进行还原反应的电极（即电位较高的电极）叫作阴极。

电池的阳极是负极，而其阴极才是正极。如上述例子中，碳钢是阳极，也是负极；石墨是阴极，也是正极。

如果碳钢不是和石墨接触，也不是和像铂那样正电性很强的金属接触，而是和一些也能溶解成为离子但电位比铁要正的金属（例如锡）接触，那么当它们组成电池时，溶解的仍然是碳钢，因为碳钢在海水中的非平衡电位比锡在海水中的非平衡电位要低，所以碳钢比锡更容易失去电子。当它们组成电池时，碳钢优先失掉电子而溶入海水成为亚铁离子，所产生的电子则流向锡。锡虽然也有失掉电子而成为离子的趋势，但是因在它的表面积累了大量由碳钢流过来的电子，使得锡失掉电子的能力受到了遏制，这时溶液中溶解的氧便带走电子而生成了氢氧根，反应如下：

$$O_2 + 2H_2O + 4e \longrightarrow 4OH^-$$

这样，金属锡实际上也成了一个氧电极。由此可知，不一定是惰性金属，也不一定是石墨才能形成氧电极。只要两种电位不同的金属相接触，电位较高的金属就有可能成为氧电极，若是在酸中，则有可能成为氢电极，同时，电位较低的金属就要溶解即受到腐蚀，这种腐蚀叫作电偶腐蚀，是大电池腐蚀的一种形式。

除了电偶腐蚀外，还有一种很重要的大电池腐蚀，那就是浓差电池腐蚀。它是在同一个金属设备上，由于不同部分所接触的介质的浓度不同，因而不同部分的金属表面的电极反应呈现差别，就构成了大电池。其中氧浓差电池是最普通的一种，例如金属设备的各种缝隙或死角处缺氧时（电位低），相对于富氧的部分（电位高），它就成为阳极而受到腐蚀，金属设备内部与空气相连通时，气液交界的液面，紧靠气相的部分富氧，为阴极，紧靠液面下的部分则为阳极，它们之间因为氧浓差电池而遭到的腐蚀就是生产中普遍存在的所谓水线腐蚀。

（2）微观电池腐蚀

在化工生产中，大量的设备是由铸铁和碳钢制造的，它们都含有夹杂物 Fe_3C 和石墨。当它们与电解质溶液接触时，这些夹杂物的电位高，成为无数的阴极，称为微阴极；而铁的电位低，成为阳极，称为微阳极。这样在碳钢和铸铁表面上形成许多微小的电池，就叫作微电池，这种微电池与上述的大电池在本质上是一样的，它所造成的微阳极的腐蚀就叫作微电池腐蚀。

微电池腐蚀时，微阳极上发生铁的溶解：

$$Fe \longrightarrow Fe^{2+} + 2e$$

释放的电子从微阳极经过金属本身流向微阴极，而氧在微阴极上与电子结合：

$$O_2 + 2H_2O + 4e \longrightarrow 4OH^-$$

由此可见，微电池腐蚀的特点是：两个不同的电极反应在不同的区域（微阴极和微阳极）内进行，并且有电流流过金属本身。在微电池中，阳极过程就是金属的腐蚀过程，这就是微电池腐蚀的基本原理。

我们在前面叙述碳钢和石墨组成的大电池腐蚀时，在碳钢腐蚀前面总是加写"加速"两个字，这是因为碳钢在没有和石墨接触时，它单独在海水中因微电池的作用，同样也遭到腐蚀，组成大电池后，在碳钢本身的微电池之外，又加了一个大的阴极——石墨，使碳钢在受到微电池腐蚀的基础上，又受到大电池腐蚀，所以说碳钢受到了加速腐蚀。

必须指出的是，杂质存在并不是形成微电池的唯一原因。实际造成微电池的原因很多：金属表面和介质总是不均一的，只不过是程度不同而已，例如金属表面受到划痕时，划痕处即为阳极；金属表面膜有微孔时，孔内的金属即为阳极；金属受到不均匀的应力时，应力较大的部分即为阳极；金属表面上温度不均匀时，较热的区域即为阳极；溶液中氧或氧化剂浓度不均匀时，浓度较小的地方为阳极，等等。还有很多因素，统称为电化学不均一性。由于电化学不均一性形成电池而造成的腐蚀，是电化学腐蚀。所形成的电池有些是大电池（宏观的），有些是微电池（微观的），并且后者更多。

（3）极化作用

腐蚀电池的形成说明金属具有腐蚀的动力，腐蚀电池的电动势越大，腐蚀的动力越大，发生腐蚀的可能性也就越大。其现实性却是因腐蚀进行得快慢（即腐蚀速度）而腐蚀。

决定腐蚀速度的主要因素并不是腐蚀电池的电动势，而是另一个重要的概念——极化。

人们通过实验得知，在腐蚀电池的电路接通后，阴、阳极电位是会变化的，如图 2-6 所示。

在电路接通之前，阳极和阴极的起始电位为 E_a^0 和 E_c^0，电位差为 V_0（即 $E_c^0 - E_a^0$），在电路接通之后，阳极和阴极电位改变为 E_a 和 E_c，阳极电位向正的方向变化，而阴极电位向负的方向变化，它们之间的电位差为 V（即 $E_c - E_a$）。

由于通过电流而引起原电池两极间电位差减小的现象就叫作原电池的极化。在通过电流之后，阳极电位向正的方向移动的现象，称为阳极极化，阴极电位向负的方向移动的现象，称为阴极极化。不论是阳极极化还是阴极极化，都能使腐蚀原电池两极间的电位差减小，因而也使腐蚀电池所流过的电流减小。也就是说，极化作用使腐蚀速度减小。如果没有极化作用的存在，金属的腐蚀速度将会大几十倍，甚至几百倍，有时可达几千倍，因此原电池的极化作用是抑止金属腐蚀的一种作用。

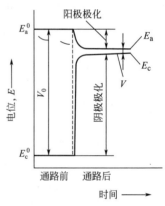

图 2-6　说明电极极化的电位-时间曲线

（4）产生极化作用的原因

因为极化作用能减小电化学腐蚀的速度，所以探讨极化作用的原因及其影响因素，对于金属腐蚀与防腐的研究具有重要意义。

产生阳极极化作用的原因有三个：

① 因阳极过程进行缓慢引起的。我们已经知道，阳极过程是金属失去电子进入溶液成为水化离子的过程。在腐蚀电池中，金属失去的电子可以非常迅速地从阳极跑到阴极，但金属溶解的速度却没有那么快，这样就破坏了双电层的平衡，使金属表面电子的密度减小，所以阳极电位就向正的方向移动，即产生阳极极化，由于阳极过程缓慢所引起的极化称为金属离子化超电压。

② 因阳极表面附近的金属离子扩散较慢引起的。阳极表面溶解的金属离子由于扩散较慢，就会使阳极表面附近的金属离子浓度升高，从而阻碍了金属的继续溶解。如果假定把它看成一个平衡电极的话，则从能斯特公式得知，金属离子的浓度增大，金属的电位必然向正的方向移动，即产生阳极极化，这种极化叫作浓差极化。

③ 因金属表面生成了保护膜，阳极过程受到了膜的阻碍，金属的溶解速度大为减小，从而使阳极电位向正的方向强烈变化，这种极化称为钝化。

产生阴极极化的原因主要有两个：

① 因阴极过程进行缓慢引起的。阴极过程是得到电子的过程，而当电子从阳极流到阴极以后，阴极反应却不能及时进行，结果使阴极上的电子密度升高，阴极电位就向负的方向移动，即产生阴极极化。由于阴极过程缓慢所引起的极化也称为超电压。

② 因阴极附近的反应物或反应生成物扩散较慢引起的。当反应物（如氧或氢离子）到达阴极不够迅速，或是阴极的反应产物（如氢气或氢氧根离子）离开阴极不够迅速时，都会阻碍阴极过程的进行，从而使阴极电位向负的方向移动，这种极化也称为浓差极化。

综上所述，导致阳极极化的原因有三种。但是对于具体的腐蚀体系，这三种原因不一定同时出现，或者即使同时出现但程度也有所不同。阳极极化可以减缓金属的腐蚀过程。而阴极极化则表明阴极反应受到了阻碍，它将会影响阳极反应的进行从而减小金属腐蚀的速度。

（5）极化曲线

表示电极电位和电流密度之间的变化关系的曲线叫作极化曲线，表示阴极电位和电流密度关系的曲线叫阴极极化曲线，而表示阳极电位和电流密度关系的曲线就叫阳极极化曲线。必须明确指出，有两种意义不同的极化曲线：一种叫表观极化曲线，是用外加电源的方法对电极通电而间接测出的流过该电极的电流密度和电位关系曲线；另一种叫理论极化曲线，又叫真实极化曲线，是表示在腐蚀电池中局部阳极或局部阴极的电流和电位变化关系的曲线。因为局部阳极和局部阴极根本无法分开，也无法准确知道它们的具体数量，况且被腐蚀的金属表面的电化学不均一性又是由各种因素所导致的，所以理论极化曲线只是代表一种理想的状态，并不能直接测出来。理论极化曲线只有用间接测量的方法才能得到。

通过极化曲线可以看出电极过程进行的难易程度。当曲线较平（即斜率较小）时（如图 2-7 的阳极极化曲线 A 所示），表示电极的极化性能较小，电极反应容易进行。反之，当曲线较陡（即斜率较大）时（如图 2-7 的阴极极化曲线 K 所示），表示电极的极化性能较大，电极反应较难进行。

如果仅考虑腐蚀电池的阴、阳极极化性能的相对大小，而不管电流和电极电位变化的进程如何，则可以把理论极化曲线表示为直线示意图，如图 2-8 所示，这就是伊文思极化图。图中两曲线交于点 S，只有当总电阻（外电阻和内电阻之和）等于零时才能得到交点 S。而这种情况只有在理论上才成立，在实际上总电阻是不可能等于零的。实际上由于阴极和阳极之间总有一段充满电解液的空间，总有一部分电阻，因而阴极和阳极之间总有一定的电位差，例如图 2-7 中的 $E_c - E_a$。$E_c - E_a$ 所对应的电流 $I'_{最大}$，称为最大腐蚀电流，也称为稳定腐蚀电流，也有叫腐蚀电流的，而伊文思极化图中 S 点所对应的最大电流 I 是理论上的最大腐蚀电流，一般也称作腐蚀电流。$E_c - E_a$ 虽然是一个电位范围，但是因为这个范围在一般情况下均很小，所以实际上只能测出一个数值，这个数值完全可以被认为就是伊文思极化图中交点 S 的电位。将任何一块金属放在电解液中，我们测得的电位即是这一点的电位，叫作自腐蚀电位，也叫复合电位。它表示的是腐蚀电池中阴、阳极的总电位。腐蚀电池包括了两个不可逆的电极过程（阳极过程和阴极过程），所以腐蚀电位当然也是一种非平衡电位。腐蚀电位可以直接测得，但是微电池的腐蚀电流却不能直接测得。如果腐蚀电位随时间不变化，就叫稳定电位；如随时间而不断变化，则叫非稳定电位。

（6）极化曲线的分析

腐蚀过程中如果某一步骤和其余步骤比起来阻力最大，则这一步骤对腐蚀进行的速度就起着主要的影响，即该腐蚀过程受这一步骤所控制。通过对极化曲线的分析，就能够了解腐蚀过程是由哪一步骤所控制的。

前面已经提到，电极过程阻力的大小，可以用极化性能的大小或者极化曲线的斜率来表示。以图 2-7 为例，若阳极极化性能用 P_a 表示，则有：

$$P_a = \frac{|E_a - E_a^0|}{I'_{最大}} = \frac{\Delta E_a}{I'_{最大}} \tag{2-1}$$

类似，阴极极化性能用 P_c 表示，则有：

$$P_c = \frac{|E_c - E_c^0|}{I'_{最大}} = \frac{\Delta E_c}{I'_{最大}} \tag{2-2}$$

P_a 和 P_c 分别叫阳极极化率和阴极极化率，单位与电阻一样为欧姆（Ω）。

一个腐蚀电池的起始电位差总是最后消耗在阳极极化和阴极极化所造成的阻力以及溶液的电阻 R 上，即

$$E_c^0 - E_a^0 = |\Delta E_c| + |\Delta E_a| + I'_{最大}R$$

如果溶液的电阻 R 非常小，则阴、阳极极化曲线相交于 S 点（如图 2-8 所示），上式的最后一项 $I'_{最大}R$ 不考虑（强电解质溶液中的微电池腐蚀，常常就不考虑溶液的电阻），则

$$E_c^0 - E_a^0 = |\Delta E_c| + |\Delta E_a| \tag{2-3}$$

从式（2-1）、式（2-2）、式（2-3）式，则得：

$$I'_{最大} = \frac{E_c^0 - E_a^0}{P_c + P_a}$$

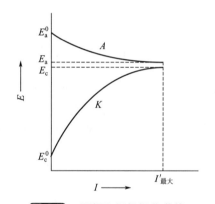

图 2-7　阴极和阳极极化曲线

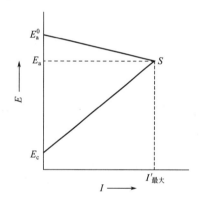

图 2-8　腐蚀电池的伊文思极化图

由此可见，当起始电位差确定了以后，腐蚀电流 $I'_{最大}$ 就取决于阴极极化率 P_c 和阳极极化率 P_a 的大小。如果 P_c 比 P_a 大得多，则腐蚀电流基本上决定于 P_c 的大小，这种情况称为阴极控制的腐蚀过程；如果 P_a 比 P_c 大得多，则腐蚀电流基本上决定于 P_a 的大小，这种情况称为阳极控制的腐蚀过程；如果 P_c 和 P_a 的大小差不多，腐蚀电流将由 P_c 和 P_a 共同决定，就叫作混合控制。

（7）理论极化曲线与表观极化曲线

如图 2-9 所示为理论极化曲线与表观极化曲线的关系。

当无外加电流极化时，金属的溶解速度等于阴极反应速率，即等于金属的自腐蚀速度 I_s，此时金属也就建立起了稳定的腐蚀电位 E_s。

当采用外加电流极化时，上述的平衡状态就被打破了，例如用外加阴极电流 I'_c 进行阴极极化，电位将由 E_c 移向更负的 E_1，此时金属的溶解速度由 I_s 降到 I'_2，阴极反应的速度由 I_2 升高到 I'_1。两者的不平衡是由外加电流

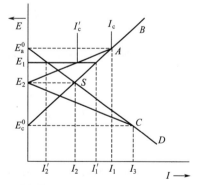

图 2-9　理论极化曲线与表观
极化曲线的关系

$E_a^0 SCD$—理论的阳极极化曲线；
$E_c^0 SAB$—理论的阴极极化曲线；
$E_s CD$—表观的阳极极化曲线；
$E_s AB$—表观的阴极极化曲线；
E_a^0—阳极起始电位；E_c^0—阴极起始电位；

直接产生，故两者之间的差值（$I_1' - I_2'$）应该由外加电流 I_c' 来补偿，即

$$I_c' = I_1' - I_2'$$

当外加阴极极化电流足够大，使极化电位达到阳极起始电位 E_a^0 时，金属的溶解速度即为零，外加电流就等于阴极反应的速度，即

$$I_c = I_1$$

这就是阴极保护的原理。

同样，如果外加阳极极化电流足够大，使金属电位被极化到阴极反应起始电位 E_c^0 时，金属上的阴极反应速率为零，外加电流就等于阳极反应（金属溶解）的速率。

如果电位达到 E_a^0 后继续阴极极化，或电位达到 E_c^0 后继续阳极极化，则上述的关系将一直保持下去，这样，表观极化曲线就与理论极化曲线重合了。

根据这种关系，可以由实验测出的表观极化曲线，用逐点作图法得出理论极化曲线，这里就不赘述了。

（8）去极化作用

去极化作用恰好与极化作用相反，削弱或消除极化现象的作用叫作去极化作用。参与去极化作用的反应物质叫作去极化剂。金属的电化学腐蚀，是由腐蚀原电池阴极上发生的去极化作用而造成的，因此要设法消除或削弱去极化剂的去极化作用（例如，在高压锅炉中加入联氨将去极化剂——氧除去）。

在腐蚀电池的阴极上发生的去极化作用称为阴极去极化，在阳极上发生的去极化作用称为阳极去极化。

① 阳极去极化　设法把阳极的反应产物不断地从阳极表面除掉，如搅拌溶液或者使阳极产物形成络离子等，都可以加速阳极去极化的过程。铜及其合金在含氨的溶液中很容易遭到腐蚀，就是由于氨与阳极产物 Cu^{2+} 形成了络离子 $[Cu(NH_3)_4]^{2+}$，从而促进了阳极去极化的进行。

阳极钝化的破坏，例如氯离子破坏不锈钢的钝化，就是一种阳极去极化现象。

② 阴极去极化　去极化剂在阴极上得到电子的过程，能使阴极发生去极化。阴极上的还原反应往往就叫作去极化反应，通常有下列四种类型：

a. 溶液中离子的还原，例如：

$$2H^+ + 2e \longrightarrow H_2$$
$$Fe^{3+} + e \longrightarrow Fe^{2+}$$
$$Cr_2O_7^{2-} + 14H^+ + 6e \longrightarrow 2Cr^{3+} + 7H_2O$$

b. 溶液中中性分子的还原，例如：

$$O_2 + 2H_2O + 4e \longrightarrow 4OH^-$$
$$Cl_2 + 2e \longrightarrow 2Cl^-$$

c. 不溶性产物的还原，例如：

$$Fe(OH)_3 + e \longrightarrow Fe(OH)_2 + OH^-$$
$$Fe_3O_4 + H_2O \longrightarrow 3FeO + 2OH^-$$

d. 溶液中的有机化合物的还原，例如：

$$RO + 4H^+ + 4e \longrightarrow RH_2 + H_2O$$
$$R + 2H^+ + 2e \longrightarrow RH_2$$

在上述反应中，以氧的去极化反应和氢离子的去极化反应最为重要。铝、锌、铁等金属在稀酸中的腐蚀，其微电池的阴极过程就是氢离子的去极化反应，称为氢去极化腐蚀，也叫作析氢腐蚀；锌、铁、铜等金属在淡水、海水、土壤和中性盐类溶液中的腐蚀，其阴极过程就是氧的去极化反应，称为氧去极化腐蚀，也叫作吸氧腐蚀。

使去极化剂（如氢离子或氧分子）更容易到达阴极，或者反应产物（例如 OH^- 或 H_2）更容易离开阴极的过程也能促进去极化作用，如搅拌溶液就可以消除浓差极化。

2.3.4　氢去极化腐蚀

以氢离子还原反应为阴极过程的腐蚀，称为氢去极化腐蚀。当发生氢去极化腐蚀时，金属的阴极部分就是一个氢电极。氢电极在一定的条件下（一定的 H_2 分压和 H^+ 浓度）可以建立起的平衡如下：

$$2H^+ + 2e \Longleftrightarrow H_2$$

此时氢电极的电位称为氢的平衡电位。如果氢电极的电位比氢的平衡电位正时，上式的平衡就会从右向左移动，H_2 转变为 H^+；如果氢电极的电位比氢的平衡电位负时，上式的平衡就会从左向右移动，H^+ 转变为 H_2。由此可见，只有在氢电极的电位比氢的平衡电位更负的情况下才可能析出氢气。

在腐蚀电池的情况下，如果阳极电位比氢的平衡电位正（腐蚀电池的阴极电位当然更正），则根据伊文思极化图，其腐蚀电位 E_s 一定比氢的平衡电位 E_{H_2} 正，如图 2-10 所示，在这种情况下不可能析出氢气。如果阳极电位比氢的平衡电位负，其腐蚀电位 E_s 有可能比氢的平衡电位负，从而才有可能析出氢气，如图 2-11 所示（在氢的平衡电位 E_{H_2} 处，阴极极化曲线因氢的析出而斜率减小）。

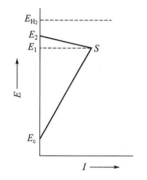

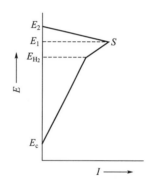

图 2-10　阳极电位比氢平衡电位正的情况　　　　**图 2-11**　阳极电位比氢平衡电位负的情况

氢的平衡电位越正，或者阳极电位越负时，发生氢去极化腐蚀的可能性就越大，氢的平衡电位与氢的分压、氢离子浓度之间的关系服从能斯特公式：

$$E_{H_2} = E_H^\ominus + \frac{RT}{nF} \ln \frac{c_{H^+}}{p_{H_2}}$$

式中，$E_H^\ominus$ 为氢的标准电极电位；c_{H^+} 为氢离子浓度；p_{H_2} 为氢的分压。

由上式可知，氢离子浓度越大，氢的平衡电位就越正。金属在中性溶液中腐蚀时大多不会析出氢气，这主要是因为氢离子浓度较低，氢的平衡电位比较负，金属的阳极电位有可能比氢的平衡电位正，所以不会发生氢去极化腐蚀。但有些金属如镁，其电位非常负，以至比在碱性溶液中氢的平衡电位还要负，因此镁在碱性溶液中也可以发生氢去极化腐蚀。

图 2-12 是典型的氢去极化的阴极极化曲线（是在氢离子为唯一的去极化剂，并无其他任何氧化剂存在下的阴极极化曲线），它表示在氢的平衡电位（E_{H_2}）下电流等于零，即无氢气析出。只有当电位比 E_{H_2} 更负时才会有氢气析出。而且电流越大，电位就越向负方向移动。在一定的电流密度下，阴极上析出氢的电位与氢的平衡电位之差就叫作氢超电压。若用 E_K 表示氢析出的电位，E_{H_2} 表示氢的平衡电位，则氢超电压 η_{H_2} 为：

$$\eta_{H_2} = E_{H_2} - E_K$$

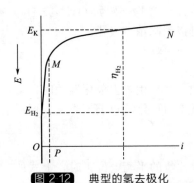

图 2-12　典型的氢去极化阴极极化曲线

由上式可以看出，氢超电压越大，阴极电位越向负方向移动，腐蚀的阻力也就越大。

氢超电压是由于 H^+ 与电子结合缓慢而引起的。由于 H^+ 与电子结合缓慢，阴极上就积累了较多的电子，从而使阴极电位向负方向移动。从图 2-12 可以看到，电流密度越大，氢的超电压就越大。当电流密度大到一定程度（超电压约超过 50mV）时，超电压与电流密度的对数之间便呈直线关系，并且服从塔菲尔公式：

$$\eta_{H_2} = a + b \lg i$$

式中，i 为极化电流密度；a 为常数，与金属的表面状况、金属材料的性质以及溶液的组成、浓度和温度有关；b 为常数，与金属材料无关，很多金属的 b 值在 20℃ 时约为 0.1～0.2。

表 2-5 列出了一些金属的氢超电压的值。

表 2-5　一些金属的氢超电压（阴极电流密度为 $1mA/cm^2$）

电极材料	电解质	超电压/V	电极材料	电解质	超电压/V
Pb	0.5mol/L　H_2SO_4	1.18	C(石墨)	1mol/L　H_2SO_4	0.60
Hg	1mol/L　HCl	1.04	Cd	1mol/L　H_2SO_4	0.51
Te	1mol/L　HCl	1.05	Al	1mol/L　H_2SO_4	0.58
In	1mol/L　HCl	0.80	Ag	0.5mol/L　H_2SO_4	0.35
Be	1mol/L　HCl	0.63	Ta	0.5mol/L　H_2SO_4	0.46
Nb	1mol/L　HCl	0.65	Cu	0.5mol/L　H_2SO_4	0.48
Mo	1mol/L　HCl	0.30	W	0.5mol/L　H_2SO_4	0.26
Bi	1mol/L　H_2SO_4	0.78	Pt	0.5mol/L　H_2SO_4	0.15
Au	1mol/L　H_2SO_4	0.24	Ni	0.5mol/L　H_2SO_4	0.30
Pd	1mol/L　H_2SO_4	0.14	Fe	0.5mol/L　H_2SO_4	0.37
Zn	1mol/L　H_2SO_4	0.72	Sn	0.5mol/L　H_2SO_4	0.57

由表中数据可以看出，在 Hg、Pb 上氢超电压最大，而在 Pt、Pd 上氢超电压最小。

当金属中含有比主体金属电位更正的杂质时，该杂质就成为阴极，且杂质上的氢超电压越小，氢去极化腐蚀的速度就越大。

综上所述，产生氢去极化腐蚀的必要条件为腐蚀电池中的阳极起始电位一定要比该介质中的氢平衡电极电位负，负得越多则产生氢去极化腐蚀的可能性就越大；氢去极化腐蚀速度的大小决定于氢超电压，金属的氢超电压越大，氢去极化腐蚀越轻。反之，氢去极化腐蚀则越严重。

大多数金属在盐酸中的腐蚀均属于氢去极化腐蚀。

经过对氢去极化腐蚀的一般性讨论，可归纳出氢去极化腐蚀有如下几个特征：

① 阴极反应的浓差极化较小，通常可以忽略。

② 与溶液的 pH 值关系很大。因为当 pH 值减小时，氢离子的浓度增大，氢电极的电位变得更正，则在氢过电位不变的情况下，由于驱动力增大，所以腐蚀速度也将增大。当 pH 值增大时，情况则正好相反。

③ 与金属材料的本质和表面状态有关。因为决定析氢反应有效电位的主要因素氢过电

位与金属的本质和金属中阴极相杂质的性质有关。

④ 与阴极的面积有关。若阴极区的面积增加，则氢过电位减小，阴极极化率也减小，从而使析氢反应加快，使腐蚀速度增大。

⑤ 与温度有关。温度升高将使腐蚀速度增大。因为温度升高会使氢过电位减小，而且由化学动力学可知，温度升高后阳极反应和阴极反应都将加快，所以腐蚀速度随温度的升高而增大。

2.3.5　氧去极化腐蚀

在发生氧去极化腐蚀时，与氢去极化腐蚀相类似，金属的阴极部分就成为了氧电极。氧电极在一定条件下电极反应也能达到如下平衡：

$$O_2 + 2H_2O + 4e \Longrightarrow 4OH^-$$

此时的电位叫作氧的平衡电极电位。若金属的阳极部分的起始电位比氧的平衡电位更负，则会产生氧去极化腐蚀。由于氧的平衡电位要比氢的平衡电位正得多，而大多数金属的电位都比氧的平衡电位负，所以大多数金属都有可能产生氧去极化腐蚀。

因为溶液中溶解的氧一般很少（常压下最高只能达到 0.001mol/L），所以氧去极化不像氢去极化那么顺利。氧去极化包含两个过程：第一个过程为空气中的氧进入溶液中并到达一定深度，然后扩散通过金属表面上一层相对静止的液体层而到达金属（阴极部分）；第二个过程为氧在阴极上获得电子，生成氢氧根离子。正是因为包括了这两个过程，所以氧去极化的阴极极化曲线比氢去极化要复杂。如图 2-13 所示为一条典型的阴极极化曲线示意图。为了研究氧去极化和氢去极化的关系，这条曲线包含了氧去极化和氢去极化两个过程，并且可以分成三个不同的区域：

线段Ⅰ：在这个区域里，因电流不太大，故溶液中的氧供应得上，阴极过程的速度就主要由氧的还原反应决定。和氢去极化一样，在氧的平衡电位（E_{O_2}）下电流等于零，即无氧的还原。只有当电位比 E_{O_2} 负时才有氧的还原，而且电流越大，电位越向负方向移动。在一定的电流密度下，阴极上氧还原的电位与氧的平衡电位之差就叫作氧离子化的超电压，简称氧超电压（η_{O_2}）。在电流密度较大时，氧超电压和电流密度之间的关系也符合塔菲尔公式：

$$\eta_{O_2} = a' + b' \lg i$$

式中，i 为阴极电流密度；a' 为常数，与金属材料的性质、表面状况等有关；b' 为常数，与阴极材料无关，很多金属在 25℃时的 b' 值约等于 0.116。

表 2-6 列出了一些金属的氧超电压值。

与氢超电压相类似，氧超电压的产生是由于氧与电子结合缓慢所引起的。因为氧与电子结合缓慢，所以阴极上积累了大量的电子，使阴极电位向负方向移动。在线段Ⅰ区域内，由于氧能够得到充分供应，所以腐蚀速度主要决定于氧超电压。金属的阴极部分氧超电压越大，则氧去极化腐蚀的速度越小。反之，则腐蚀速度越大。

表 2-6　各种金属的氧超电压值

金属	氧超电压/V		金属	氧超电压/V	
	0.5mA/cm²	1mA/cm²		0.5mA/cm²	1mA/cm²
铂	0.65	0.70	锡	1.17	1.21
金	0.77	0.85	钴	1.15	1.25
银	0.87	0.97	磁性氧化铁	1.11	1.26
铜	0.99	1.05	镉	1.38	—

续表

金属	氧超电压/V		金属	氧超电压/V	
	0.5mA/cm²	1mA/cm²		0.5mA/cm²	1mA/cm²
铁	1.00	1.07	铅	1.39	1.44
镍	1.04	1.09	钽	1.38	1.50
石墨	0.83	1.17	汞	0.80	1.62
不锈钢	1.12	1.18	锌	1.67	1.75
铬	1.15	1.2	镁	<2.51	<2.55

线段Ⅱ：这个区域表示电流密度 i 稍稍增大，阴极电位就剧烈地向负方向移动，所以极化曲线陡然上升。这是因为阴极表面的氧量已供应不上了，氧一旦到达阴极，就与电子结合而生成氢氧根，而由阳极流过来的电子大量积累，缺乏足够的氧与之结合，所以电位向负方向剧烈变化。在这种情况下，氧到达阴极的速度比氧在阴极上还原的速度慢很多，所以腐蚀速度主要是由氧到达阴极（即氧的扩散）过程决定的，此时的电流称为氧的极限扩散电流。

如图 2-14 所示的是氧扩散到达阴极的过程。氧不但从上面，而且从侧面进入一定厚度的液体。然后通过金属表面上的一层相对静止的液体层而到达阴极。这一液体静止层的厚度虽然不大，但由于它是相对静止的，所以氧要通过它非常困难。液体静止层越薄，氧就越容易通过。对于不搅拌的溶液，静止层的厚度可达 1mm 或者更厚。若搅拌溶液，静止层的厚度则小得多，大约 0.002~0.1mm。因此，搅拌不但使氧容易通过整个溶液，而且减小了静止层的厚度。对于氧去极化的均匀腐蚀，溶液搅动越剧烈，腐蚀也就越严重。

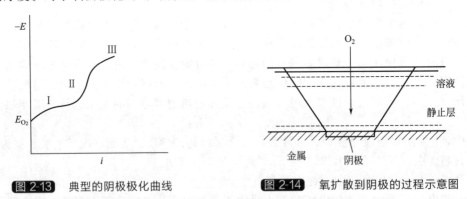

图 2-13　典型的阴极极化曲线　　　　图 2-14　氧扩散到阴极的过程示意图

对于由氧的扩散过程控制的氧去极化腐蚀来说，因为其主要矛盾是氧量不足，所以微阴极面积的增加，对腐蚀速度的影响并不显著，故含碳量不同的碳钢的氧去极化腐蚀速度就不会像氢去极化腐蚀那样有明显的差别。

线段Ⅲ：这个区域表示阴极电位已达到了氢析出的电位。在这种情况下，不仅有氧的去极化，还有氢的去极化（这时在氢的平衡电位下电流并不为零），并且是在已经有了氧的去极化的基础上再加上氢的去极化。这条曲线实际上是两种去极化作用叠加在一起的阴极极化曲线。

氧去极化腐蚀的影响因素：

① 溶解氧浓度的影响。当溶解氧增加时，氧的极限扩散电流密度将增大，氧离子化反应的速率也将增大，因而氧去极化腐蚀的速度也将随之增大。

② 溶液流速的影响。在氧浓度一定的条件下，扩散层厚度与极限扩散电流密度成反比。故溶液流速越大，扩散层的厚度越小，氧的极限扩散电流密度则越大，腐蚀速度也就越大。

③ 盐浓度的影响。随着盐浓度的增加，溶液的电导率将增大，腐蚀速度也将有所加快。

④ 温度的影响。溶液温度的升高会使氧的扩散过程和电极反应速率都加快，所以在一定的温度范围内，腐蚀速度将会随着温度的升高而增大。

氧去极化腐蚀是最为普遍的腐蚀。金属在中性盐类的溶液中，在水、土壤和大气中，都会产生氧去极化腐蚀，甚至在酸性介质中，除了氢去极化作用之外，氧的去极化也参与到了腐蚀过程。

2.3.6　氢去极化腐蚀与氧去极化腐蚀的简单比较

氢去极化腐蚀与氧去极化腐蚀的比较见表 2-7。

表 2-7　氢去极化腐蚀与氧去极化腐蚀的比较

比较项目	氢去极化腐蚀	氧去极化腐蚀
去极化剂的性质	氢离子，可以对流、扩散和电迁三种方式传质，扩散系数很大	中性氧分子，只能以对流和扩散传质，扩散系数较小
去极化剂的浓度	浓度很大，酸性溶液中氢离子作为去极化剂，中性或碱性溶液中水分子作为去极化剂	浓度较小。在室温及普通大气压下，在中性水中的饱和浓度约为 10^{-4} mol/L，随温度升高和盐浓度增加，溶解度将下降
阴极反应产物	氢气，以气泡形式析出，使金属表面附近的溶液得到附加搅拌	水分子或氢氧根离子，只能以对流和扩散离开金属表面，没有附加搅拌作用
腐蚀的控制类型	阴极控制、混合控制和阳极控制都有，阴极控制较多见，并且主要是阴极的活化极化控制	阴极控制居多，并且主要是氧扩散控制，阳极控制和混合控制的情况比较少
合金元素或杂质的影响	影响显著	影响较小
腐蚀速度的大小	在不发生钝化现象时，因氢离子的浓度和扩散系数都较大，所以单纯的氢去极化腐蚀速度较大	在不发生钝化现象是，因氧的溶解度和扩散系数都很小，所以单纯的氧去极化腐蚀速度较小

2.3.7　不同控制情况下的腐蚀极化图

图 2-15 是电化学腐蚀在不同控制情况下的腐蚀极化图，为了更好地说明不同的控制比例，极化图仍按照与极化曲线本身相类似的形状绘制。根据图中的种种情况分别阐述如下：

① 图 2-15（a）主要是阴极控制，且以氧的离子化超电压控制为主。阴、阳极的极化之比 $\Delta E_c / \Delta E_a$ 较大，没有阳极钝化，没有显著的欧姆降，氧的引入速度也很大。对于氧很容易到达的情况例如搅拌速度很大的条件下的腐蚀就属于此种情况。

② 图 2-15（b）基本上是阴极控制，且氧的扩散过程是主要控制作用。这时阴、阳极极化曲线的交点的横坐标处于极限扩散电流值位置。极化之比 $\Delta E_c / \Delta E_a$ 很大，氧的输送速度不大，溶解氧的浓度很小，也没有较大浓度的其他去极化剂。在静止的中性电解液中，铁、锌等金属的腐蚀就属于这种情况。

③ 图 2-15（c）基本上是阴极控制，且以氢的去极化过程控制为主。极化之比 $\Delta E_c / \Delta E_a$ 很大，腐蚀在较负的电位下进行，或者是在含有低氢过电位的夹杂物的情况下进行，并且往往是在低 pH 值的条件下进行。铁、锌等金属在非氧化性酸中的腐蚀，镁及其合金在氯化物中的腐蚀就属于这种情况。

④ 图 2-15（d）基本上是阳极控制，极化之比 $\Delta E_c / \Delta E_a$ 很小，有明显的阳极钝化现象。像铝、不锈钢、铁等金属在钝态下的腐蚀就属于这种情况。

⑤ 图 2-15（e）阴极和欧姆电阻混合控制，ΔE_c 和 IR 值的大小差不多，内部线路和外

部线路的欧姆电阻很大。当电解液的电导很小，且腐蚀电池的电极尺寸很大时的腐蚀就属于这种情况。地下管道由于充气不匀形成大电池而引起的土壤腐蚀就是一个例子。

⑥ 图 2-15 （f）阴极-阳极-欧姆电阻混合控制，ΔE_c、ΔE_a 和 IR 值的大小差不多。当氧的到达不受限制，金属又倾向于钝化并且电解液的电阻还很大时的腐蚀就属于这种情况。在空气的通常湿度下，在很薄的潮气膜下发生的腐蚀（大气腐蚀）就是按照这种历程进行的。

通过上述的分类叙述可以看出，大多数金属腐蚀的实际情况是阴极控制起着显著的作用。

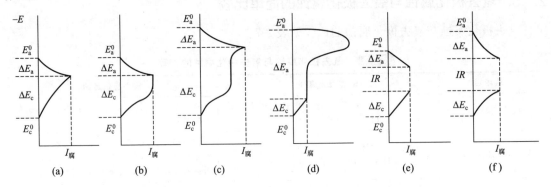

(a)　　　(b)　　　(c)　　　(d)　　　(e)　　　(f)

图 2-15　电化学腐蚀不同控制情况下的腐蚀极化图

2.4　金属的钝化

2.4.1　钝化现象

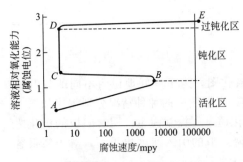

图 2-16　钝性金属的阳极
极化曲线（1mpy= 0.0254mm/a）

金属的阳极过程受到阻碍而产生高耐蚀状态的现象叫作钝化。下面通过阳极极化曲线来进一步说明。钝性金属的阳极极化曲线具有如图 2-16 的特点，这显然是一条理论极化曲线。根据其各个转折点，可将电位划分为几个区域：从 A 点到 B 点的电位范围叫活化区，从 B 点到 C 点的电位范围叫钝化过渡区，从 C 点到 D 点的电位范围叫钝化区，电位高于 D 点的范围叫过钝化区。B 点对应的电位称为致钝电位。在腐蚀电池中，如果在致钝电位下阴极去极化的速度超过致钝电流，金属的电位就能够越过 B 点而进入钝化区，甚至

过钝化区。金属电位处在不同的区域，其电极反应也不相同，下面以钢铁为例说明。

① 在活化区，钢铁发生活性溶解，铁以低价的形式溶解成为水化离子：

$$Fe \longrightarrow Fe^{2+} + 2e$$

曲线由金属的腐蚀电位出发，电流随着电极电位的升高而增大，基本上符合塔菲尔规律。

② 在钝化区，钢铁表面生成了一层耐腐蚀的氧化膜，也就是钝化膜：

$$2Fe + 3H_2O \longrightarrow Fe_2O_3 + 6H^+ + 6e$$

这时，金属的腐蚀仅由氧化膜的溶解速度（一般都很小）决定。

③ 在过钝化区，碳钢表面发生了另外的电极反应过程——氧的析出：

$$4OH^- \longrightarrow O_2 + 2H_2O + 4e$$

而对于不锈钢，则以高价络离子 Cr^{6+}（$Cr_2O_7^{2-}$）的形式溶解，因此钝化膜受到破坏。

④ 在钝化过渡区，钢铁表面可能生成了二价到三价的过渡氧化物，但其保护性能较差。

2.4.2　金属钝化的理论

目前主要有钝化膜理论和吸附理论。

钝化膜理论认为，金属的钝化是因为其表面上生成了极薄而致密且有特定组成的氧化物膜．它既能阻止金属的溶解，同时又具有良好的导电性能，所以在金属钝化之后，阳极上仍能进行其他的电化学过程。膜的存在是毫无疑问的，但是膜正确的结构和性质目前尚未完全搞清楚。

吸附理论认为，金属的钝化是由于其表面上形成了氧的吸附层：氧原子被吸附在金属的表面上，并受到金属中电子的作用形成偶极，一端带负电，另一端带正电，因带正电的一端靠近金属表面，改变了双电层的电荷分布情况，从而使金属的电位升高。以这种形式吸附的氧原子，将会使金属表面的化学结合力达到饱和，这样同腐蚀介质的化学反应将显著减弱。吸附层只需要有单分子层的厚度，而且只需要有一部分表面（即所谓的金属溶解的活性中心）吸附了氧后，就足以造成金属钝化。

钝化膜理论和吸附理论都能较好地解释部分实验事实，但是至今还不能各自圆满地解释已有的全部实验事实，它们各有成功和不足之处。

2.4.3　钝性金属的极化特性

当钝性金属与腐蚀液接触时，钝态能否出现实际上取决于阴极极化曲线和阳极极化曲线的相对关系。图 2-17 是将钝化的阳极极化曲线与各种阴极还原的极化线重叠而画出的伊文思极化图，图的左边部分是用外加电流进行阳极极化时，分别实测得到的阳极极化曲线。

在图 2-17（a）中，阴、阳极极化曲线的交点 a 所对应的腐蚀电位 E_{sa} 处在活化区，则有很大的腐蚀速度（i_{sa}）。碳钢在稀硫酸中就属于这种情况。由于碳钢的致钝电流很大，而氢还原的阴极反应不能使碳钢进入钝化区，所以只能停留在活化区遭受氢去极化腐蚀。

不锈钢在中等浓度硫酸中也属于这种情况。不锈钢虽然容易钝化，但是由于中等浓度硫酸的氧化性实在太弱，无法使不锈钢钝化，因此也只能使其留在活化区而遭受氢去极化腐蚀。

在图 2-17（b）中，阴、阳极极化曲线的交点 b 所对应的腐蚀电位 E_{sb} 处在钝化区，表示该金属（或合金）浸入腐蚀液时，将自然进入钝化状态，金属的溶解速度非常小。从金属耐蚀性来看，这是人们最希望出现的情况。

碳钢在浓硝酸中就属于这种情况。由于浓硝酸的氧化性很强，以至碳钢在浓硝酸中的阴极过程不能析出氢气，而是发生如下反应：

$$NO_3^- + 2H^+ + 2e \longrightarrow NO_2^- + H_2O$$

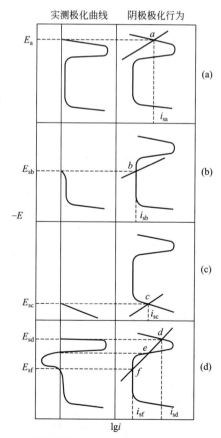

图 2-17　阴极极化行为对钝性金属的钝态稳定性的影响

NO_3^- 还原成 NO_2^- 反应的平衡电位很正，以致腐蚀电位落在了钝化区。不锈钢在稀硝酸中也属于这种情况。

在图 2-17（c）中，阴、阳极极化曲线的交点 c 所对应的腐蚀电位 E_{sc} 落在过钝化区，腐蚀速度很大。不锈钢在浓硝酸中就属于这种情况。由于硝酸浓度增大，氧化性增强，NO_3^- 还原反应的平衡电位往正方向移动，阴极极化曲线的斜率也变得更小，所以交点 c 所对应的腐蚀电位就落在了过钝化区，钝化膜遭到破坏，腐蚀严重。

在图 2-17（d）中，阴、阳极极化曲线的交点（即还原速度和氧化速度相等的点）有 d、e、f 三点。其中，e 点落在钝化过渡区，对应的电位不稳定，所以实际上只得到 d 点和 f 点两个稳定的腐蚀电位；d 点处在活化区，腐蚀速度很大；f 点处在钝化区，腐蚀速度很小。合金根据所处的条件不同，而得到不同的腐蚀状态。若合金原来是钝化的，则其腐蚀电位就处在钝化区，即可维持钝态；若原来是活化的，则其腐蚀电位就处在活化区。不锈钢在含有氧化剂的硫酸中，如在含有一定氧的硫酸中就属于这种情况。在 e 点和 f 点的电位之间，由于致钝电流比还原电流小，在实际测定极化曲线时会出现电流的反向曲线。

2.4.4 影响金属钝化的因素

① 金属本身性质的影响   不同金属的钝化趋势不相同，有些金属的钝化趋势按下列顺序依次减小：钛、铝、铬、钼、镁、镍、铁、锰、锌、铅、铜。

这个顺序并不表示上述所列金属的耐蚀性也依次递减。

金属钛、铝、铬是很容易钝化的，它们能在空气及很多介质中钝化，称为自钝化金属。

② 介质的影响   能使金属钝化的介质主要是氧化性的介质。一般地，介质的氧化性越强，金属就越容易钝化。除了硝酸和浓硫酸外，$AgNO_3$、$KClO_3$、$KMnO_4$、K_2CrO_7 等强氧化剂也都很容易使金属钝化。但是有些金属在非氧化性介质中也能钝化，例如镁能在 HF 中钝化，钼能在 HCl 中钝化。

介质中含有的活性离子，如 F^-、Cl^-、Br^-、I^- 等，能够穿透钝化膜而使金属遭受到孔蚀。如果浓度足够高时，就会使整个钝化膜破坏，而造成活化腐蚀。

③ 温度的影响   温度越低，金属钝化就越容易；温度越高，钝化就越困难。例如在 25℃ 时，铁在 50% 的硝酸中能钝化；但当温度超过 75℃ 时，铁即使在 90% 的硝酸中也很难钝化。不锈钢在 65% 的硝酸中，室温下即能钝化；但在沸腾的 65% 硝酸中，不锈钢虽没有活化，但它的电位却跑到过钝化区而遭受到过钝化腐蚀。这是因为温度升高有两个因素在同时起作用：一方面是致钝电流增大，从而使钝化困难；另一方面是介质的氧化性增强，从而使腐蚀电位升高。碳钢在高温硝酸中因为其本身钝化的趋势弱，所以前一因素起主导作用而无法使碳钢钝化。但不锈钢则因其容易钝化，电位不会跑至活化区，所以后一因素就起了主导作用，不锈钢的电位便升到过钝化区了。因此，不锈钢在硝酸中使用时，温度就应该随着硝酸浓度的增加而相应地降低，这样才能保证不锈钢在钝态下工作。

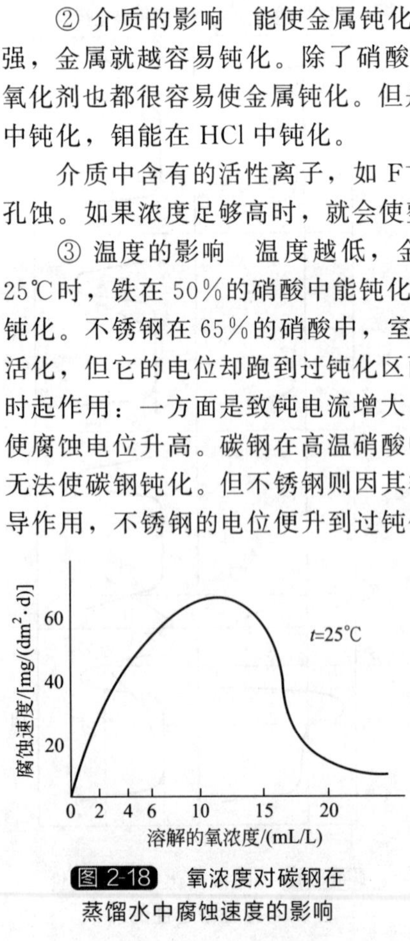

④ 氧的影响   氧对金属腐蚀的影响有着双重作用。一方面因氧的去极化作用而使腐蚀加速；另一方面由于氧促进金属氧化膜的生成而产生钝化，从而使腐蚀速度降低。以在蒸馏水中氧浓度对碳钢腐蚀速度的影响为例，由图 2-18 可以看出，一开始由于氧的去极化作用的加强而使腐蚀加剧，但是当氧浓度继续增大时，腐蚀速度又由于碳钢钝化而显著降低。通过电位测定也可知，当氧含量为 $5\sim6mL/L$ 时，电位为 $-0.5\sim-$

图 2-18   氧浓度对碳钢在蒸馏水中腐蚀速度的影响

0.4V；而当氧含量为 28mL/L 时，电位已经跃升至＋0.1～＋0.4V，这时碳钢的电位已进入钝化区了。

例如尿素合成塔在生产过程中必须通氧，正是为了使其表面维持稳定的钝态。

2.5　锅炉腐蚀评定

2.5.1　概述

锅炉腐蚀评定可以定义为对锅炉材料的腐蚀或破坏所进行的测量，其目的在于：

a. 判断金属或合金在锅炉所处环境条件下是否耐蚀，研究开发新型的锅炉结构材料。

b. 判断特定环境下锅炉金属的腐蚀程度，研究锅炉金属在环境条件下的腐蚀行为，分析腐蚀发生的原因，从而对环境条件提出要求。

c. 判断各种防腐蚀措施对锅炉金属的防腐蚀效果，研究开发新型的锅炉防腐技术，以提高锅炉运行的安全性和经济性。

d. 监测和掌握锅炉的腐蚀状态、发展以及防腐蚀措施的实施，以预防腐蚀事故的发生。

腐蚀评定的方法很多，可以根据评定的目的和实际情况来选用。腐蚀评定的场所可以是现场，也可以是实验室。本节重点讨论腐蚀速度的测量方法。

2.5.2　评定方法

2.5.2.1　物理方法

① 直接测厚法　这是腐蚀评定中最早的方法，就是直接测量设备上由于腐蚀而损失掉的金属的量。这种方法虽然具有可直接观测设备腐蚀情况的优点，但是采用这种方法必须使设备停车、拆卸，甚至会造成设备损坏。而且，如果测量部位选择不当，还会给腐蚀速度的测量带来很大的误差。

② 超声测厚法　这是直接测厚法的发展，只要通过超声测厚仪，就可以在装置运行的状态下随时检测设备的壁厚，从而了解腐蚀状况。这种方法的优点是可以了解腐蚀量的变化而不会损坏设备。但是在测微量金属损失方面，超声测厚仪的灵敏度是不够的。若设备壁厚的变化小于仪表灵敏度所能分辨的范围则无法使用该仪器。对于一些形状复杂的结构，超声测厚仪的探头有时不能接近设备表面，故对局部腐蚀也难以使用。这些都对超声测厚仪的应用造成了限制。

③ 失重法　失重法是将试件浸泡在腐蚀介质中，经过一定时间后，将试件取出、观察、测量、称量，用试件在腐蚀前后的重量变化来计算腐蚀速度。失重法既可以在实验室中进行，也可以在生产现场进行。这种方法最大的优点就是简易、直观，不需要特殊仪器，至今仍然得到广泛的应用，并且在多数情况下，被认为是与其他腐蚀测量进行比较的标准方法。其缺点是试验周期长，一般需要 2～10d，长者甚至需要一个月或更长。失重法所测得的是积分腐蚀速度，试验结果受到多种因素的制约，例如介质条件（组分、浓度、流速、温度、压力等）、操作程序、金属表面状态、腐蚀产物的处理方法等因素，因此试验条件若控制不当，则重现性不好，从而影响数据的准确性。但是，只要我们在设计失重试验时充分考虑诸多因素，还是能够得到满意结果的。

失重法大多在实验室进行，在生产设备内部挂片也常常采用，但是往往受到生产环境的限制。

④ 电阻法　电阻法是一种利用试片电阻的变化来测定金属腐蚀率的快速方法。国外 1900 年就有人开始研究，1950 年以后就出现了各种电阻腐蚀测定仪。

电阻法的优点是：不受腐蚀介质的限制，气相、液相、导电的或不导电的介质均可采用；不必像失重法那样需要取出试件和清理腐蚀产物，可以进行连续测量和记录腐蚀速度的变化；灵敏度较高，能够测量几个微米的损失；能够进行现场测试，并且可以实现远距离控制。

然而，电阻法也有其局限和缺点：试片对加工要求严格，探头的制作较为麻烦，且要求较高；若腐蚀产物能导电（如硫化物），则会造成测量误差；对于局部腐蚀不能测定，而测量低腐蚀速度体系所需的时间较长；由于涂料的密封问题，该方法不能在 100℃ 以上测腐蚀的情况。

电阻法的主要应用是：测定金属或合金在各种条件下的均匀腐蚀速度；评定各种金属或合金在同一腐蚀环境中的耐蚀性能；评价缓蚀剂性能；现场测试和监控腐蚀情况。

⑤ 宏观检查法　用肉眼观察是一种有价值的辅助性方法。它以最简单的方法分辨记录是否发生了腐蚀，程度如何，以及在一定时间内是否会发生破坏。肉眼观察可应用于所有的腐蚀试验和腐蚀研究中，尤其适用于腐蚀产物部分或全部附着在样品上或沉淀在容器底部的情况。

在试验时，必须注意仔细地把样品在试验前、试验过程中及试验结束时发生的状态变化记录下来。

⑥ 显微检查法　这是宏观检查的进一步发展。其过程为：取腐蚀试样的横断面，经抛光，在浸蚀之前和之后，分别用显微镜进行观察和研究。这对于研究局部腐蚀是很有效的，并在腐蚀研究中普遍应用，例如评定晶间腐蚀的状况，观测应力腐蚀裂纹的形态及发生、发展情况，现场检验及事故分析等。

显微镜观察可以使用单筒显微镜和高倍双筒显微镜等光学显微镜。

⑦ 仪器分析法

a. 红外光谱　这是一种光学测试技术。它可进行定性和定量的化学分析，对固相、液相、气相的样品均可测定。在腐蚀科学方面，主要应用于固态腐蚀产物及表面膜的分析和研究。

b. 椭圆术　这是研究界面性质的一种光学测试技术，它通过确定光反射时所发生的偏振状态的变化来测定金属表面薄膜的厚度。在腐蚀科学中可以用来研究膜的生长、膜和金属的溶解以及膜的性质。

c. X 射线衍射　这种方法是通过 X 射线衍射进行定性、定量分析，来对腐蚀产物进行分析研究。在应力腐蚀中可以用此方法研究应力腐蚀破裂过程。

d. 电子探针　这是一种微区成分的分析仪器，优点是可以进行直接分析。可应用于研究腐蚀机理和探索腐蚀规律，也可以用来确定合金的析出相和夹杂物的成分，还可用于研究晶间腐蚀等其他局部腐蚀。

e. 电子显微镜　是研究微观组织结构的重要工具，它将金属的组织结构与其性能联系起来。例如，可以研究晶界物质的微细结构，相的转移及夹杂物的分布与腐蚀间的关系。其放大倍数可达几十万倍，但是用此法时需要精心制作各种试样。

f. 扫描电镜　是一种扫描式的电子显微镜，可以用于研究腐蚀表面。在研究应力腐蚀中，可以用来观察断口，由此分析破坏发生的原因并判明损坏的种类，也可以用来研究孔蚀或应力腐蚀破裂断面的立体结构和分析断裂部位或者蚀孔处腐蚀产物的成分、相态、结构，并可以由此进一步探索腐蚀机理。目前已经与电子探针、俄歇电子能谱仪等组合为一套现代化的大型仪器，使腐蚀研究的深度和广度大大拓展了。

g. 其他　如核能谱方法，是利用放射性同位素或加速器产生的 α、β、γ 射线进行电化学腐蚀研究。它可以用于研究电极过程动力学，测定极低的腐蚀速度，研究溶液组分在金属表面上的吸附，以及测定腐蚀速度和腐蚀历程、缓蚀剂的效率等。

物理方法除了上述以外，还有测定金属含氢量的变化，金属机械及力学性能的变化等方法。

2.5.2.2　化学方法

化学方法是通过测定附着在金属表面的腐蚀产物，溶解在溶液中的金属离子或分散在溶液中的腐蚀产物的成分和分布，以及溶液的消耗和变化，来研究腐蚀机理和腐蚀过程规律的方法。

① 常规化学分析　在腐蚀环境的作用下，金属表面将生成固体腐蚀产物或者金属氧化为金属离子而进入溶液。可以通过常规化学分析法分析溶液或腐蚀产物：定性分析可以得到腐蚀发生的原因或特征方面的有用信息，而定量分析则可以获得腐蚀速度的定量数据。

② 离子选择性电极　离子选择性电极是近年来才迅速发展起来的一种新的测量分析工具。它实际是一种通过电位方法来测量溶液中某一特殊离子活度的指示电极。例如使用最早的离子选择电极实际就是我们所熟悉的 pH 玻璃电极，专门用于测定 pH 值的变化。截止到目前已有二十多种阳离子和阴离子电极，这给腐蚀测试带来了很大的方便。只要有合适的离子选择性电极，就可以在腐蚀介质中测得被腐蚀金属离子含量的变化，从而求出腐蚀速度。

该方法仪器简单，操作方便，测定方法与常用的玻璃电极测量溶液 pH 值的方法相同。现在市场上已有专门的离子浓度计供应，主要应用于水质分析、腐蚀研究、电镀液分析及其他工业自动分析和理论研究领域。

③ 氢探针　这是一种通过测定腐蚀产物——氢的含量来估算金属的腐蚀速度或通过析氢（渗氢）的程度来估量材料被破坏程度的方法。目前测定氢含量的方法已有真空探针、压力探针及电化学探针。

氢探针的局限性在于只适用于氢去极化腐蚀的体系，因此在使用时必须要对腐蚀的阴极去极化过程了解清楚。

2.5.2.3　电化学方法

近几十年来，腐蚀测试的现代电化学方法发展很快，它们都是基于电极过程动力学的理论，故通称为电化学方法。

① 极化曲线法　采用恒电流、恒电位、动电流、动电位的方法在半对数坐标上做出阴极和阳极极化曲线。如果不考虑溶液电阻和浓差极化的影响，则在极化曲线的电流较大部分呈现一直线段。将阴极和阳极极化曲线的直线部分外延、相交，则交点所对应的电流即为金属的腐蚀电流，所得到的腐蚀电流值可通过法拉第定律换算为腐蚀速度。该方法较为麻烦，且测量周期也较长，特别是常常有许多反应难以确定其极化曲线的线性段，所以只限于在实验室某些科学研究中采用。

② 线性极化法　又称极化电阻法。这是一种能够快速测定腐蚀速度的方法，已得到较为广泛的应用。其基本原理是在腐蚀电位附近（约 ±10mV 以内），极化电位与外加电流之间存在着直线关系，而直线斜率与腐蚀电流成反比。该斜率称为极化阻力。通过测定极化阻力，就可以计算出腐蚀电流，再利用法拉第定律换算出腐蚀速度。

③ 交流阻抗法　是利用在正弦交流电作用下电化学等效电路的特性来测定电化学参数。它是了解金属电极过程一种较为准确的方法。该方法在金属腐蚀研究中也有很大的作用。例如在交流阻抗法和恒电位或动电位技术配合同时测量 $E\text{-}I$ 曲线和金属电极界面的阻抗值（阻抗和容抗）随电极电位变化的规律，不但可以了解金属表面钝化膜的电学性质和金属钝化的电极过程，而且还可以测定金属保持钝态处于稳定状态的最佳钝化电位区。

测试交流阻抗的方法很多，而最常用的是经典的交流电桥方法。除此以外，载波扫描法、低频断续法等也都可以进行极化交流阻抗的测量。

④ 电偶法　主要用于研究电偶腐蚀。电偶法较为简单，只要利用一台零电阻的电流表

就可以测量浸入同一介质中的两种电极电位不同的金属电极之间的电偶电流，并进而确定电位比较负的金属的电偶腐蚀速度。该方法大多用于相对的定性比较，同时仅能用在电解液的腐蚀系统中。

电化学方法除了上述几种外，还包括恒电位方波法。它可以通过测量金属表面吸附有机物后微分电容的变化来研究缓蚀剂的作用机理，进而筛选缓蚀剂等。而如果要预测金属和合金的耐蚀性，应用 pH-电位图是一种非常好的方法。

各种金属腐蚀的测试方法简单介绍见上。但由于金属的腐蚀过程十分复杂，所以任何一种方法都仅能反映腐蚀过程的一个方面，因此，对于任何特定的腐蚀体系，常常需要根据研究目的，来选择合适的测试方法，有时还需要同时采用好几种方法进行综合测试，才能得出比较全面和正确的结果。

2.5.2.4　失重法

失重法是测定金属腐蚀速度的一种最基本的方法，因此有必要进行重点叙述。失重法在实验室和生产现场都可以进行。虽然失重法有一些不足之处，但是因它直观、简易，所以至今仍然得到广泛应用，很多快速测试方法仍将失重法作为标准方法来进行比较。

失重法就是将被测试件浸放在腐蚀介质中，一定时间后将试件取出，除去表面的腐蚀产物后进行称重，通过试片在腐蚀前后的重量变化来计算腐蚀速度。

(1) 试件制备

① 试件的尺寸、形状和数量　试件的形状、大小取决于材料的性质、试验的目的和试验装置。但要求表面积与质量之比要大，而边缘面积与总面积的比要小，以消除边界效应的影响。试件的外形尽量简单，往往采用圆形、长方形以及圆柱形。常用的试件尺寸规格如下：

圆形　　　$\phi(30\sim40)\mathrm{mm}\times2\mathrm{mm}$

长方形　　$50\mathrm{mm}\times25\mathrm{mm}\times2\mathrm{mm}$

同一试验，平行试件的数量应不少于三个。

试件可自行加工制作，但最好采用标准试片。

② 试件的表面处理　为消除金属试件表面原始状态的差异，而获得均一的表面状态，在试验前要对试件表面进行处理。一般是先用粗砂纸打磨，然后用细砂纸或磨光机打磨直至表面粗糙度为 $0.8\mu\mathrm{m}$，以使平行试件的表面状态接近。注意，不同材料的试件不允许在同一张砂纸上进行打磨。标准试件可不用打磨。

③ 试件的标记及面积的测量　试件应该进行编号以有明确的标记，可以用钢字头打上记号或采用别的方法来编号。编号后用游标卡尺精确测量（准确度要求在 $\pm10\%$ 范围）试件的表面积。

④ 试件的净化处理　打磨好的试件用丙酮或无水乙醇清洗，之后在空气中干燥或用吹风机（冷机）吹干。用分析天平对干燥的试件进行称重，数值精确到 $\pm0.1\mathrm{mg}$，然后将其置于干燥器中备用。

(2) 试件的悬挂

试件的悬挂应据试验装置而定。悬挂时必须要保证试件间、试件与支架间、试件与容器间有一定的间隔，以避免发生接触腐蚀。还应该保证试件的表面与介质充分接触。支架要耐蚀，可以用聚乙烯、玻璃、聚四氟乙烯等材料制作。例如在生产设备中做挂片试验时，可以用可伸缩挂片探针。这样所测得的腐蚀速度数值才更接近于实际值。

(3) 试验条件的确定

实验室腐蚀试验条件的确定取决于试验目的。在整个试验期间，若试验条件控制得好则可使试验结果重现性好。在一个给定的试验中的均匀腐蚀，平行试件腐蚀速度的分散数值必须不大于其平均值的 $\pm10\%$。

① 腐蚀介质的组成及体积 可以直接取来自工厂现场的溶液或者用化学试剂和蒸馏水来制备。如果腐蚀过程中对介质污染较大，可以定期更换介质溶液，如果浓度变化较大也需要适当调整或补充。对于次要的组分往往也不能忽视，因为它们很可能会影响腐蚀速度。

试验溶液的体积应该足够大，以免试验期间腐蚀强度发生明显的变化。一般每平方厘米的试件表面需要 $20\sim200cm^3$ 的试验溶液，这一数值称为装载密度。其下限适用于不长的试验时间和比较温和的试验条件，上限则适用于较长的试验时间以及比较苛刻的条件。

不同材料的试件一般不许放在同一容器中进行腐蚀试验。

② 溶液的温度 腐蚀介质的温度应控制在所需温度的 $\pm1℃$ 范围内。若做室温试验，可以在平均室温下进行，并应考虑到夏季时的温度较高。在高温或沸腾条件下进行试验时应注意考虑回流冷凝。也可以采用油浴或恒温水浴进行升温试验。

③ 溶液的通气 除了专门试验以外，一般都不通气。如果要通气，试件不应放置在通气口的气流方向上，否则会产生附加的影响。

需要除去溶解氧时，要采用专门技术。例如，预先加热溶液，通以惰性气体（通常为氮气），并且在装置上用液封隔绝空气。

④ 试验周期 试验周期取决于试验的性质和目的。根据经验判断，属于腐蚀严重的材料一般不需要做长期试验。如果预计材料的腐蚀速度是中等或低，建议用如下的公式来计算试验周期。

$$t=50/R$$

式中，t 为试验周期，h；R 为预计腐蚀速度，mm/a。

最常用的试验周期为 $2\sim10d$。

（4）腐蚀产物的清除

腐蚀产物清除的原则是，最大限度地除净试件上的腐蚀产物，尽量不损害试件的基体，以降低腐蚀测量中的误差。

清除金属表面腐蚀产物的方法有：

① 机械法 对于腐蚀产物较为疏松的情况，可以用毛刷、软橡皮刷擦去，并用自来水冲洗，但是必须避免损伤金属基体。

② 化学法 根据不同的试件，不同的腐蚀产物选择适合的去膜剂和去膜条件，以溶解除去腐蚀产物，而不损害金属基体。常用的几种配方见表 2-8。

③ 电化学法 将直流电源的负极接在待清除腐蚀产物的试件上，作为阴极，而正极接到辅助电极（如石墨）上作为阳极。将两个电极放入去膜剂中，就会有电流通过。此时介质中的氢离子因带正电而向阴极移动，并在阴极上获得电子生成氢气逸出，这样腐蚀产物就在氢气泡的作用下被剥落。这个方法效果好，空白失重小，且适用范围广，其去膜的条件如表 2-8 所示。

表 2-8 清除腐蚀产物的化学和电化学方法

金属	溶液	温度或电流密度	时间/min
铝及其合金	密度 $1.42g/cm^3$ 硝酸	室温	$2\sim3$
铜及其合金	18%盐酸	室温	$2\sim3$
	10%硫酸	室温	$2\sim3$
铁及钢	10%柠檬酸铵	$1.0A/dm^2$ 阴极极化	—
（不锈钢除外）	10%氰化钠	$1.5A/dm^2$ 阴极极化	20
	20%烧碱+200g/L 锌粉	沸腾	5
不锈钢	10%硝酸	60℃	—

续表

金属	溶液	温度或电流密度	时间/min
铅及其合金	10%醋酸	沸腾	10
	25%醋酸铵	沸腾	—
镁及其合金	15%～20%铬酐+1%铬酸银	沸腾	15
镍及其合金	18%盐酸	室温	2～3
	10%硫酸	室温	2～3
锡及其合金	15%磷酸钠	沸腾	10
锌及其合金	10%氯化铵	60～80℃	5
	继之以 5%铬酐+1%铬酸银	沸腾	20
以上金属及其合金	5%硫酸+缓蚀剂	75℃,20A/dm² 阴极极化	3～5

为了取得较好的清除腐蚀产物的效果，可采用机械法和化学法或电化学法配合处理的方法来实现。

在使用上述方法时应注意：

a. 化学法或电化学法的处理时间应以除去腐蚀产物所需要的最短时间为准。

b. 应当做空白试验，即在单独做了清洗处理的试件上测定化学试剂对基体金属的腐蚀速度。如需要校正时则应把上述测定结果从失重中扣除或加到腐蚀后的试件重量上。

c. 如果采用电化学处理法，金属有可能从溶解的腐蚀产物中再沉积，同样阳极材料中的杂质金属也可能沉积，所以必须采用洁净的试剂来配制介质溶液，溶液使用到一定程度就需要更换，还有辅助阳极也必须是耐蚀的。另外，不得在同一溶液中处理不同的材料。碳钢试件的电化学去膜条件如下：

去膜液：5%H_2SO_4+250mg/L 缓蚀剂；

阴极：碳钢试片；

阳极：石墨板；

电流密度：0.2A/cm²；

控制温度：70～75℃；

去膜时间：3min。

清除腐蚀产物后，将试件放入流水中漂洗，再迅速放入无水乙醇中清洗，然后用吹风机（冷风）吹干，最后放入干燥器中以备称重。

2.5.3　腐蚀速度的表示方法

腐蚀速度又称腐蚀率，表示金属的全部腐蚀失重只是由全面腐蚀产生的，而不是由内部腐蚀或局部腐蚀产生的。而对于全面腐蚀之外的其他腐蚀形态，需要用另一些参数来表示。

（1）用腐蚀失重表示

假设内部腐蚀或局部腐蚀不存在或者另行考虑，则平均腐蚀速度可按下式来计算：

$$R = \frac{W_1 - W_2}{St}$$

式中，R 为腐蚀速度，g/(m²·h)；W_1 为腐蚀前试片质量，g；W_2 为腐蚀后试片质量，g；S 为试片表面积，m²；t 为试片暴露时间，h。

（2）用腐蚀深度表示

$$R = \frac{8.76(W_1 - W_2)}{Std}$$

式中，R 为腐蚀速度，mm/a；W_1，W_2，S，t 为意义同前；d 为金属密度，g/m³。

与其他单位之间的换算系数如表 2-9 所示。

表 2-9　腐蚀速度单位换算系数

单位	g/(m²·h)	g/(m²·d)	mg/(dm²·d)	mm/a	mm/m	in/y	mil/y
g/(m²·h)	1	24	240	8.76/d	0.73/d	0.3449/d	344.9/d
g/(m²·d)	0.04167	1	10	0.365/d	0.0304/d	0.01437/d	14.37/d
mg/(dm²·d)	0.004167	0.1	1	0.0365/d	0.00304/d	0.001437/d	1.437/d
mm/a	0.1142/d	27.4/d	274/d	1	0.0834	0.0394	39.4
mm/m	1.37/d	32.9/d	329/d	12	1	0.473	473
in/y	2.899/d	70.5/d	705/d	25.4	0.212	1	1000
mil/y	0.002899/d	0.0705/d	0.705/d	0.0254	0.00212	0.001	1

表 2-9 中，d 为金属密度，单位 g/m³。如果知道了一种单位表示的腐蚀速度值，根据此表可方便地算出以其他单位表示的相应值。例如，

$$1g/(m^2 \cdot h) = 24g/(m^2 \cdot d) = 240mg/(d\ m^2 \cdot d) = 8.76/d\ mm/a$$
$$= 0.73/d\ mm/m = 0.3449/d\ in/y = 344.9/d\ mil/y$$

（3）用腐蚀电流表示

根据电化学腐蚀的本质可知，腐蚀电流即是金属的腐蚀速度。而腐蚀电流可以用电化学方法测定。根据法拉第定律，可以将以腐蚀电流表示的腐蚀速度换算为以腐蚀深度表示的腐蚀速度或以腐蚀失重表示的腐蚀速度。

法拉第第一定律为，电流通过电解质溶液时，电极上析出或溶解的物质的量 M 与通过电解质溶液的电量 Q 成正比关系：

$$M = KQ = KIt$$

式中，M 为析出或溶解的物质量；Q 为通过的电量；I 为电流强度；t 为通电时间；K 为比例常数。

比例常数 K 称为电化当量，其数值等于通过 1C 电量时所析出或溶解的物质的量。

法拉第第二定律为，当相等的电量通过不同的电解质溶液时，电极上析出或溶解的不同物质的量与其化学当量成正比关系。可表示为：

$$K = N/F$$

式中，K 为电化当量；N 为化学当量；F 为法拉第常数。

法拉第常数的数值为析出 1g 当量任何物质时所需的电量。试验证明：

$$1F = 96500C = 26.8A \cdot h$$

将上述两式合并，则有：

$$M = NIt/F$$

两边同除以通电时间 t 和电极面积 S，则

$$R = M/St = Ni/F$$

式中，R 为腐蚀速度，g/(m²·h)；N 为化学当量，g；F 为法拉第常数，等于 26.8A·h；i 为腐蚀电流密度，A/cm²。

若以腐蚀深度来表示，则很容易换算成：

$$R = 0.00327Ni/d$$

式中，R 为腐蚀速度，mm/a；N 为化学当量，g；d 为金属密度，g/cm³；i 为腐蚀电流密度，μA/cm²。

对于已知的金属，因化学当量和密度都可通过查表得出，故上式还可以进一步简化。例如，铁腐蚀生成亚铁离子，其化学当量为 28g、密度为 $7.8g/cm^3$，则简化为：

$$R = 0.00327 \times 28/7.8i$$
$$R = 0.0117i$$

法拉第定律没有任何的限制条件，在任何压力、任何温度下均适用，也不受材料种类及电解液浓度的影响。因此，只要用电化学方法测得腐蚀电流，就很容易换算为腐蚀速度的其他表示方式。

（4）用机械强度损失表示

这种表示方法仅考虑金属腐蚀前后的机械强度变化而不管质量损失多少，因而适用于局部腐蚀和内部腐蚀。机械强度的损失可用下式表示：

$$R_\sigma = \frac{\sigma_1 - \sigma_2}{\sigma_1} \times 100\%$$

式中，R_σ 为腐蚀后强度极限下降率，%；σ_1 为腐蚀前的强度极限；σ_2 为腐蚀后的强度极限。

（5）孔蚀

表示孔蚀程度的方法有多种。一种方法是用孔蚀系数，即最大蚀孔深度 P 与以腐蚀深度 R 表示的腐蚀速度之比来表示：

$$孔蚀系数 = \frac{P}{R}$$

孔蚀系数越大，就表示孔蚀程度越严重。而对于全面腐蚀，孔蚀系数是 1。

另一种表示孔蚀程度的方法为，利用腐蚀试片同时测定并计算出孔蚀密度（即单位面积上的蚀孔个数，个/cm^2）、最大蚀孔深度（mm）和腐蚀速度（mm/a），然后对孔蚀程度进行综合评定。

美国材料试验学会（ASTM）规定的孔蚀评定方法为：通过测量面积为 $1dm^2$ 的试样上 10 个最大蚀孔的深度，并取其最大蚀孔的深度和平均的蚀孔深度来表示孔蚀的严重程度。

蚀孔深度的测量方法为，利用配有刚性细长探针的微米规探测，通过机械切削直到蚀孔底部，用金相显微镜来观测蚀孔剖面，用读数显微镜在试片表面和蚀孔底部分别聚焦等。

2.5.4　腐蚀评定标准

2.5.4.1　一般标准

目前尚没有国家标准对金属耐蚀性和防腐措施的效果进行评价，建议按照我国的习惯或国外标准（见表 2-10）来执行。

2.5.4.2　锅炉腐蚀评定标准

目前，我国尚未制定锅炉腐蚀的评定标准，在这里引用前苏联《锅炉监察手册》中的有关规定，仅供参考。

当腐蚀超过以下范围时，则被认为是超过了安全要求的极限：

① 焊接锅炉，腐蚀部位距焊缝 2 倍钢板厚度以上时，允许腐蚀 20%；

② 汽包上发生向大气压力侧凸出在 2% 以下，向内凹陷在 5% 以下（相对汽包直径）；

③ 封头、板边处，损蚀不得超过钢板厚度的 15%，其他地方不得超过 25%；

④ 管板孔的直径可允许扩大 10%；

⑤ 管子直径允许局部胀大 5%，直管挠度允许不超过内径的 90%。

表 2-11 列出了前苏联对中低压锅炉腐蚀的评定标准。

表 2-10　金属和合金耐蚀性评定标准

$R/(\mathrm{mm/a})$	耐蚀性	备注	$R/(\mathrm{mm/a})$	耐蚀性	备注
<0.1 0.1~1.0 >1.0	耐蚀 尚耐蚀 不耐蚀	我国惯用	0.005~0.01 0.01~0.05	2 耐蚀性良好 3 耐蚀	
<0.05 <0.5 0.5~1.27 >1.27	● 耐蚀 ○ 尚耐蚀 □ 特殊情况可用 × 不耐蚀	NACE	0.05~0.1 0.1~0.5 0.5~1.0 1.0~5.0 5.0~10.0	4 耐蚀 5 尚耐蚀 6 尚耐蚀 7 耐蚀性较差 8 耐蚀性较差	前苏联
<0.001 0.001~0.005	0 耐蚀性极好 1 耐蚀性良好	前苏联	>10.0	9 不耐蚀	

表 2-11 前苏联对中低压锅炉腐蚀的评定标准

腐蚀特征	溃疡腐蚀速度/(mm/a)	全面腐蚀速度/(mm/a)	腐蚀裂纹
腐蚀实际不存在	0~0.05	0~0.02	无
轻微腐蚀	0.05~0.10	0.02~0.04	无
允许腐蚀	0.10~0.15	0.04~0.05	无
强烈腐蚀	0.15~0.60	0.05~0.20	有
事故性腐蚀	>0.60	>0.20	有

2.6 腐蚀控制

腐蚀控制的方法很多，目前尚无统一的分类标准，不同作者的描述通常有一定差别。从工程角度或从实用角度考虑，这里将腐蚀控制的方法分为六类，如图 2-19 所示。

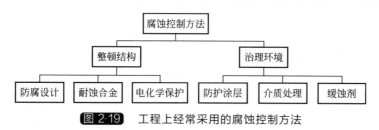

图 2-19 工程上经常采用的腐蚀控制方法

从理论上即从防腐蚀原理上考虑，腐蚀控制的方法分为四类较为合适。

因为根据 Evans 图（图 2-20），电化学腐蚀有阳极控制、阴极控制、混合控制和欧姆控制四种模式。

极化的定义是：

阳极 $\qquad E_a = E_a^0 + \eta_a$

阴极 $\qquad E_c = E_c^0 - \eta_c$

根据欧姆定律，可以求出腐蚀电流：

$$I_{\mathrm{corr}} = (E_c - E_a)/R = [(E_c^0 - \eta_c) - (E_a^0 + \eta_a)]/R$$
$$= [(E_c^0 - E_a^0) - (\eta_c + \eta_a)]/R$$

式中，I_{corr} 为腐蚀电流；E_c 为阴极平衡电位；E_a 为阳极平衡电位；R 为电阻；E_c^0 为阴极起始电位；E_a^0 为阳极起始电位；η_c 为阴极过电位；η_a 为阳极过电位。

防腐蚀过程若以电化学形式表示，就是使腐蚀电流 I_{corr} 减小。为达此目的，可以采用四种方法：

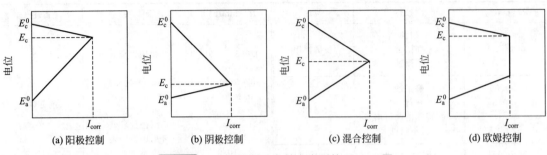

图 2-20　腐蚀控制因素基本类型的 Evans 图

① 减小驱动力 $(E_c^0 - E_a^0)$，增大金属的热力学稳定性；

② 增大阴极极化 (η_c)；

③ 增大阳极极化 (η_a)；

④ 增大阴阳两极间的电阻 (R)。

由此可得出如表 2-12 所示的防腐蚀方法。

对特定腐蚀问题的解决，往往存在多种技术途径，而腐蚀速度只是重要依据之一，应以经济、合理为最佳选择。

表 2-12　防腐蚀原理及有关方法

电化学因素	防腐蚀方法种类	具体方法	实例
减少热力学不稳定性	材料处理	①加入热力学稳定性高的合金元素 ②腐蚀产物可形成连续保护膜的合金	①铜中加金；镍中加铜 ②低合金钢中加铜，制成耐候钢
	表面处理	①电镀耐腐蚀性金属 ②涂覆无渗透性非金属层	①铁上镀铜、镀镍 ②橡胶衬里、搪玻璃
	环境处理	①进行环境处理使材料表面形成保护膜 ②清除腐蚀产物和腐蚀促进剂	①除去水中过剩二氧化碳，使碳酸钙容易沉积 ②除去形成的络合物，增大金属离子浓度，除去阴极去极剂及其他氧化剂 ③保存在干燥容器或装有惰性气体的密闭容器中
增强阴极极化	材料处理	①减少阴极面积 ②加入氢过电位高的合金元素	①高纯度锌、铝、铁等在硫酸、盐酸中很稳定 ②使铁和砷、锑、铋等形成合金，锌的汞齐化
	表面处理	覆盖具有较高氢过电位的金属	钢镀锌或镉
	环境处理	①阴极性缓蚀剂 ②清除阴极去极剂 ③阴极保护	①钢酸洗时加入砷、锑、铋 ②提高 pH 值，减少溶解氧 ③采用外加电源进行阴极保护
增强阳极极化	材料处理	①加入可增大阳极钝化能力的合金 ②加入阴极性合金元素促进阳极极化	①铁-铬或镍-铬合金 ②不锈钢中加入铜、银、钯、铂；钛中加入钯
	表面处理	①电镀容易钝化的金属 ②使用含有钝化剂的涂料、润滑脂和油	①钢镀铬 ②使用铬酸锌类颜料（大气中）
	环境处理	①阳极性缓蚀剂 ②阳极保护	①铬酸盐、亚硝酸盐等 ②采用外加电源进行阳极保护

续表

电化学因素	防腐蚀方法种类	具体方法	实例
增大阴阳极间电阻	表面处理	使用绝缘性护层	涂料或其他保护层
	环境处理	改变腐蚀环境,使欧姆电阻增大	地下设备周围填入干燥土壤或砂石以增大电阻

参 考 文 献

[1] 魏宝明. 金属腐蚀理论及应用. 北京:化学工业出版社,2004.

[2] Uhlig H H. Corrosion and corrosion control. New York:John Wiley &Sons Inc,1985.

[3] Fontana M G,Greene N D. 腐蚀工程. 左景伊,译. 北京:化学工业出版社,1982.

[4] 魏刚,张元晶,熊蓉春. 工业水处理,2000,20(增刊):20-22.

[5] Loraine A. Huchler P E. Chem Eng Prog,1998,94(8):45-50.

[6] 荒谷秀治. ボイラ研究,1999,297:16-18,27-29.

[7] 魏刚,熊蓉春. 腐蚀科学与防护技术,2001,13(1):33-36.

[8] 魏刚,徐斌,熊蓉春. 工业水处理,2000,20(3):1-3.

[9] 熊蓉春,魏刚. 给水排水,1999,25(3):44.

[10] 熊蓉春,魏刚. 管道技术与设备,1995(5):8.

[11] 魏刚. 锅炉供暖,1994,6·(1):2.

[12] 魏刚. 锅炉供暖,1994,6(1):9.

[13] 魏刚,熊蓉春. 热水锅炉防腐阻垢技术. 北京:化学工业出版社,2003.

第 2 篇
传统的锅炉运行技术

第 3 章　传统的锅炉防腐蚀技术

3.1　除氧器法锅炉防腐技术

3.1.1　概述

给水中的溶解氧通常是导致热力设备腐蚀的主要原因，可造成锅炉在运行期间和停用期间的氧腐蚀。为了减轻和防止锅炉运行期间的氧腐蚀，一定要对锅炉给水进行除氧，例如汽包锅炉运行采用的是碱性化学工况，对给水必须要进行除氧处理。又通常采用热力除氧和化学除氧：热力除氧可以将给水中的大部分溶解氧除去，化学除氧可进一步将给水中残留的溶解氧除去。

3.1.2　热力除氧器

热力除氧器是用加热的方式除去给水中溶解氧及其他气体的一种设备。即将蒸汽通入除氧器内，把需要除氧的水加热到相应压力下的饱和温度（水的沸腾温度），以使溶于水的气体解吸出来，并随剩余的蒸汽一起排出除氧器，从而达到除氧的目的。

热力除氧的原理是基于气体溶解定律（亨利定律），即气体在水中的溶解度与该气体在汽水界面上的分压成正比。图 3-1 说明了在大气压力下，空气、氧气、水蒸气的分压以及氧气在水中的溶解度与水温的关系，随着水温的升高水蒸气的分压力也增大，而空气和氧气的分压力在 100℃时降低为零，水中的溶解氧也降低为零。图 3-2 表明了在不同压力下氧气在水中的溶解度，当水面上压力小于大气压力（具有一定真空度）时，氧气的溶解度在较低的水温（小于 100℃）下即可降低为零。而水中含氧量与温度和压力的关系见表 3-1。

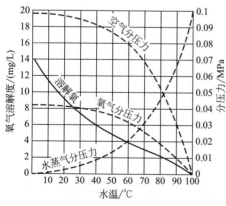

图 3-1　大气压力下，空气、氧气、水蒸气的分压以及氧气在水中的溶解度与水温的关系

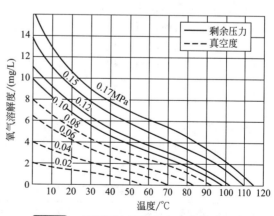

图 3-2　不同压力下氧气在水中的溶解度

表 3-1　水中氧含量与温度和压力的关系

水面上压力 /MPa （绝对大气压）	水温/℃										
	0	10	20	30	40	50	60	70	80	90	100
	含氧量/（mg/L）										
0.1	14.6	11.3	9.1	7.5	6.5	5.6	4.8	3.9	2.9	1.6	0
0.03	11	8.5	7.0	5.7	5.0	4.2	3.4	2.6	1.6	0.5	0
0.06	8.3	6.4	5.3	4.3	3.7	3.0	2.3	1.7	0.8	0	0
0.04	5.7	4.2	3.5	2.7	2.2	1.7	1.1	0.4	0	0	0
0.02	2.8	2.0	1.6	1.4	1.2	0.8	0.4	0	0	0	0
0.01	1.2	0.9	0.8	0.5	0.2	0	0	0	0	0	0

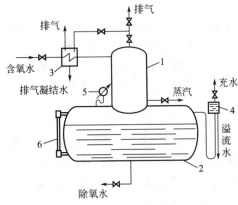

图 3-3　淋水盘式热力除氧器系统图
1—脱气塔；2—贮水箱；3—排气冷却器；
4—安全水封；5—压力表；6—水位表

3.1.2.1　淋水盘式热力除氧器

淋水盘式热力除氧器如图 3-3 所示，它主要由除氧头（或称除氧塔）和贮水箱组成。淋水盘式除氧器的脱气塔结构如图 3-4 所示。其功能主要是除氧，运行过程是将需除氧的补给水、凝结水和各种疏水分别由除氧头顶部两侧引入，经配水盘和几层筛状多孔的淋水盘，被分散成为许多股细的流水，然后逐层淋下。加热蒸汽由除氧头下部通入，经蒸汽分配器而向上流动，与由上淋下的水流相接触，并进行热交换，将水加热，与此同时形成了较大的汽、水界面进行除氧。解吸出来的气体被剩余的蒸汽经由排气管带出，已除氧的水则落入贮水箱。

3.1.2.2　喷雾填料式热力除氧器

喷雾填料式热力除氧器如图 3-5 所示。喷雾除氧的原理是将水喷成雾状，增大汽、水界面，从而增大汽、水接触面积，以利于氧气从水中逸出。喷雾填料式热力除氧器的运行过程为，使水通过喷嘴喷成雾状，加热蒸汽经喷嘴下面的上进气管引入，通过水雾和蒸汽的混合，完成水的加热和初步除氧过程。水经过填料（圆环形和蜂窝式等多种填料）表面呈水膜状态。填料层下面还设有下进气管，由这里又引入蒸汽，当这部分蒸汽向上流动时，与填料层中水相遇进行二次除氧，从而使水中的含氧量降至 7μg/L 以下。

与淋水盘式热力除氧器相比，喷雾式热力除氧器具有其优点：体积小、重量轻、结构简单、维护方便、除氧效果好和对进水温度要求低等。因而应用较广，低、中压锅炉就一般采用低压喷雾热力除氧器。

喷雾式热力除氧器又分为部分补给水（设计中考虑一部分是凝结水）和全补给水两种。全补给水型热力除氧系统如图 3-6 所示。表 3-2 是各类热力除氧器对进水水压、水温的要求。

表 3-2　各类热力除氧器对进水水压和水温的要求

热力除氧器类型	水压/MPa	水温/℃
溅盘式	—	70
喷雾式（部分补给水）	0.15～0.2	40
喷雾式（全部补给水）	0.15～0.2	20

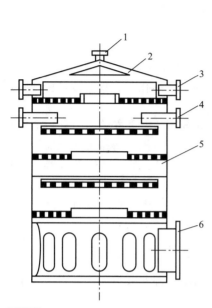

图 3-4 淋水盘式除氧器的脱气塔结构

1—排气管；2—挡水板；3，4—含氧水入口；
5—淋水盘；6—蒸汽进口

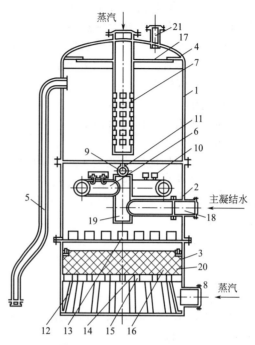

图 3-5 喷雾填料式热力除氧器

1—上壳体；2—中壳体；3—下壳体；4—椭圆形封头；5—接安全阀的管；6—环形配水管；7—上进气管；8—下进气管；9—高压加热器疏水进口管；10，11—喷嘴；12—进气管；13—淋水盘；14—上滤板；15—填料下支架；16—滤网；17—挡水板；18—进水管；19—中心管段；20—Ω形填料；21—排气管

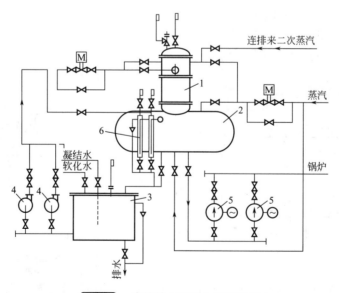

图 3-6 全补给水型热力除氧系统

1—热力除氧器；2—除氧水箱；3—软化水箱；4—除氧水泵；5—锅炉给水泵；6—溢流水封

与一般热力除氧器相比，全补给水型喷雾式热力除氧器适当降低了除氧器的喷淋密度，增加了除氧器的设备高度。又在除氧器水箱内设置了辅助加热装置，以供运行时补充加热和启动加热之用。补给水分为两路，各占 50% 水量，其中的一路装有杠杆浮筒式给水调节阀，

提高了对负荷变化的适应性；喷嘴采用双流式弹簧喷嘴，雾化效果较好；进水通过喷嘴向上喷，延长汽、水在雾化区的热交换过程，有利于给水的加热。加热蒸汽也分为两路：一路被引入除氧器后自下而上依次通过填料层、淋水装置、雾化区进行加热；而另一路加热蒸汽直接进入喷雾区，迅速加热进水，除去水中的溶解氧。

3.1.2.3　旋膜填料式热力除氧器

旋膜填料式热力除氧器的脱气塔结构如图 3-7 所示。脱气塔由填料、起膜器等构成。起膜器由一系列钢管组成，而各管的上端及下端均开有切向的下倾小孔。起膜器被隔板分隔成两室：汽室和水室。

含氧水经水室由切向的小孔进入起膜器后即沿管壁旋转向下流，并在管出口处形成旋转水膜。而汽室中的蒸汽从起膜器下端进入管内，汇同下部流来的蒸汽一起排出除氧器。水自起膜器管流出后与下部来的蒸汽相接触并被加热至沸点后落入贮水箱。这种除氧器型式较新，除氧效果也好。

如图 3-8 所示为一种低温旋膜式除氧器，即一种锅炉给水除氧用的辅助设备。低温旋膜式除氧器，主要由筒体、封头、上下管板、中隔板、旋膜管、栅板、填料层组成的除氧头和除氧水箱构成。水从旋膜管喷出形成水墨裙，并被蒸汽预热和传热交换后，使溶于水中的氧气析出，达到除氧的目的。该除氧水供锅炉使用，可减少腐蚀，延长锅炉工作寿命。其优点是进水的水温为常温，无需进水的预热辅助设备，且结构简单，除氧效果稳定，水中残余的氧气含量在 $10\mu g/L$ 以下。

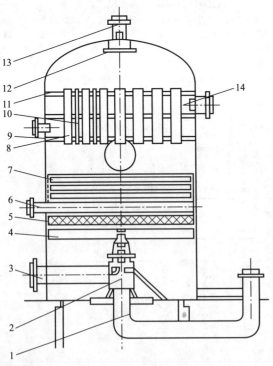

图 3-7　旋膜填料式热力除氧器的脱气塔结构示意图
1，3—蒸汽进口管；2—喷汽口；4—支承板；5—填料；
6—疏水进口管；7—淋水设备；8—起膜器管；
9—汽室挡板；10—连通管；11—挡板；
12—挡水管；13—排气管；14—进水管

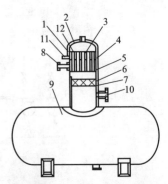

图 3-8　低温旋膜式除氧器
1—筒体；2—封头；3，5—上、下管板；
4—中隔板；6—填料层；7—栅板；
8，10—进气管；9—除氧水箱；
11—进水管；12—旋膜管

3.1.3　真空除氧器

真空式除氧器的除氧原理与热力除氧器一样，也是利用水在沸腾状态时气体的溶解度接近于零的特点，而除去水中溶解性气体的。由于水的沸点与压力有关，可在常温下采用抽真空的方法使水呈沸腾状态，让水中溶解的气体解吸出来。显然，当水温一定时，压力越低（即真空度越高），水中残留气体的含量就越少。

如图 3-9 所示为一种真空式除氧器的系统图。图中，经过净化处理后的补给水由加热器 7 和蒸汽冷却器进入除氧器 1。除氧器中加热含氧水所用的蒸汽来自锅炉高温（110～150℃）水进入真空式除氧器后的沸腾蒸发。真空除氧器中真空度的保持和水中析出气体的排出由抽气器来完成。而抽气器的动力由水泵 6 提供。

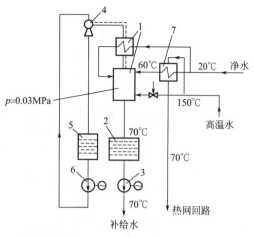

图 3-9　一种真空除氧器的系统图

1—具有排出蒸汽冷却器的真空式除氧器；2—已除氧水的贮水箱；3—补给水泵；4—用水射流为动力的抽气器；5—抽气器用水的水箱；6—泵；7—加热器

如图 3-10 所示为前苏联设计的一种真空式除氧器的结构图。其工作压力（绝对压力）为 0.03MPa，过热水经底部管道进入除氧器而汽化，含氧水从上部送入除氧器再经上、下分配盘分散后与蒸汽相接触而加热。最后蒸汽及从水中析出的气体经除氧器顶部逸出，已除氧水经底部管道流入贮水箱。这种除氧器的尺寸不大，但其除氧效果较好。

如图 3-11 所示为另一种前苏联设计制造的带有排除蒸汽冷却器的真空式除氧器。其工作压力（绝对压力）为 0.03MPa，最大容量能生产除氧水 1200t/h。

真空除氧器的抽真空系统有水喷射和蒸汽喷射两种。图 3-12 为单级蒸汽喷射喷雾填料式真空除氧系统。图 3-13 和图 3-14 为低位水喷射真空除氧系统和利用排污热的低位水喷射真空除氧系统，因配有引水泵机组，故除氧器及水箱可以低位布置。

真空除氧效果好的关键是要保证真空度，因此在应用真空式除氧器时，必须保证整个管路系统包括各种部件如水箱、阀门等的严密性，否则会漏进空气而影响除氧效果。为了保证系统的气密性，管道连接应采用焊接，并且尽量减少法兰连接。已除氧水的贮水箱也需要作高位布置，否则输送已除氧水的泵会在负压下工作，容易漏入空气，增加水中的含氧量；除氧水箱的布置高度，应使锅炉给水泵拥有足够的灌注头，对于没有增压措施的真空除氧器及其水箱的布置高度应比热力除氧水箱更高。除氧器入口水温应略高于在除氧器相应压力下的饱和温度，以保证除氧的效果。

3.1.4　解吸除氧器

解吸除氧的原理是根据气体溶解定律，把水中的溶解氧大部分转变成二氧化碳。使不含氧的气体与给水强烈混合，因不含氧的气体中氧气分压接近于零，溶于水中的氧气就会因水面上的氧气分压极小而从水中解吸出来扩散到气相，使给水的含氧量降低。从给水中扩散出来的氧气又随着原来不含氧的气体流向反应器，并与反应器中炙热的木炭作用，变成二氧化碳。然后，此气体又同含氧的给水强烈混合。

解吸除氧系统如图 3-15 所示。含氧的水经除氧水泵 1 加压，在喷射器 2 中与来自反应器 10 的除氧气体剧烈混合，而后气水混合液进入解吸器 3，水中的大部分氧被解吸出来，已除氧水进入水箱 5，而含氧气体则经气体冷却器 11 冷却，再由气水分离器 9 分出冷凝水后

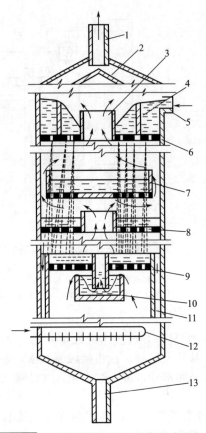

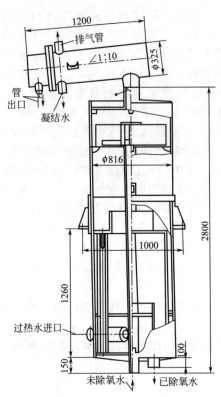

图 3-10　前苏联设计的一种真空式除氧器

1—排除蒸汽及气体混合物的管道；2—挡水板；3—出气管；
4—环状板；5—含氧水进入管；6—上分配盘；7—水流分配盘；
8—下水流分配盘；9—淋水盘；10—水封；11—除氧水溢水管；
12—过热水进入管；13—除氧水输出管

图 3-11　带有排除蒸汽冷却器
的真空式除氧器结构

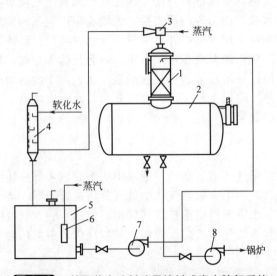

图 3-12　单级蒸汽喷射喷雾填料式真空除氧系统

1—真空除氧器；2—除氧水箱；3—蒸汽喷射器；4—热交换器；5—软化水箱；
6—蒸汽加热器；7—除氧水泵；8—锅炉给水泵

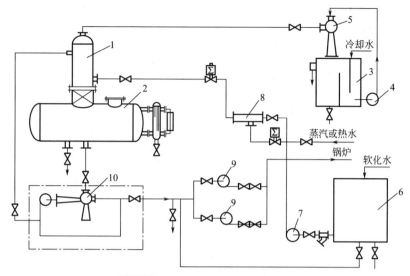

图 3-13　低位水喷射真空除氧系统

1—真空除氧器；2—除氧水箱；3—循环水箱；4—循环水泵；5—水喷射器；6—软化水箱；
7—除氧水泵；8—热交换器；9—锅炉给水泵；10—引水泵机组

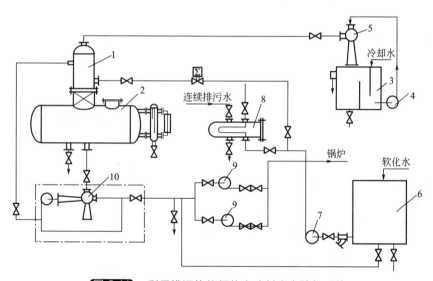

图 3-14　利用排污热的低位水喷射真空除氧系统

1—真空除氧器；2—除氧水箱；3—循环水箱；4—循环水泵；5—水喷射器；6—软化水箱；
7—除氧水泵；8—热交换器；9—锅炉给水泵；10—引水泵机组

进入反应器 10。反应器 10 安装于炉膛内 500～600℃的部位，其内盛有木炭，故当气体通过时，气体中的氧就会与炙热的木炭反应生成二氧化碳，无氧的气体又被抽入喷射器 2 再循环。为了保证水箱 5 中的给水与大气隔绝，水箱水面设有活动的气水隔板，最好在水面上适当引入低压蒸汽，从而形成汽封。

　　图 3-16 为改进的新型解吸除氧系统。原设计的反应器采用电加热器加热或置于锅炉烟程中的方法，反应器内装木炭；而新设计采用了不用木炭的新型低温催化反应系统，克服了加木炭不便、温度不易控制等不足之处。

　　解吸除氧器的优点是设备简单，容易制造，耗钢材较少，运行方便和不用化学药品，可以在水温较低时获得满意的除氧效果，适用于热水锅炉和小型锅炉。其缺点为影响因素多，调整比较困难。反应器温度、水压、水温、负荷、解吸器水位等波动，均会影响到除氧效果。还有反应器易烧漏、管道易堵塞、木炭难更换、水箱难密封等问题均有待解决。同时，除氧后水中二氧化碳含量的增加，使水的腐蚀性增强。近年来，虽然有木炭改为焦炭，炉膛加热改为电加热等进展，但是尚未解决根本问题。

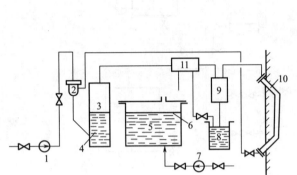

图 3-15 解吸除氧系统示意图

1—除氧水泵；2—喷射器；3—解吸器；4—挡板；
5—水箱；6—木板；7—给水泵；8—水封；
9—气水分离器；10—反应器；11—气体冷却器

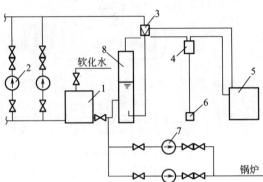

图 3-16 改进的解吸除氧系统示意图

1—软水箱；2—除氧水泵；3—喷射器；4—气水分离器；
5—除氧反应器；6—水封；7—给水泵；8—解吸器

3.1.5 树脂除氧器

（1）除氧过程

树脂型除氧器尤其是氧化还原树脂除氧器的除氧工艺类似于以除去硬度成分为目的的离子交换过程。将含有氧化还原性基团的树脂装入交换器，当含氧的水流经树脂层时，水中的溶解氧与树脂反应，则树脂被氧化而水中的氧被除去。当树脂因氧化而失去活性后，可用联氨进行再生，已被氧化的树脂同联氨发生反应，就又生成了具有除氧能力的还原性树脂。

（2）催化除氧树脂除氧器

钯覆盖型除氧树脂是一种表面被钯覆盖的凝胶型强碱性 I 型苯乙烯系阴离子交换树脂，其结构式为：

$$\left[\begin{array}{c} -CH-CH_2- \\ \\ CH_2N^+(CH_3)_3 \\ Cl^- \end{array} \right]_n -CH-CH_2- \\ -CH-CH_2-$$

成品是灰色至黑色的球形颗粒，无毒，也无腐蚀性，被用作从水和盐水中除去溶解氧的催化剂，可在 60℃ 以下使水中的溶解氧很容易地降到 $20\mu g/L$ 以下。

其制备方法是，使凝胶型强碱性 I 型阴离子交换树脂与钯酸盐进行交换反应，就得到了离子交换树脂负载钯的化合物，然后在碱性介质中发生还原，便可以得到表面被钯覆盖的除氧催化剂树脂。如表 3-3 所示的是 Bayer 公司生产的 Lewatit OC 1045 除氧树脂的理化性能。

表 3-3 Lewatit OC 1045 除氧树脂的理化性能

项目	指标	项目	指标
粒度分布/mm	0.5～1.0	湿真密度/(g/cm³)	1.1
有效位径/mm	0.50±0.03	含水量/%	40～50

续表

项目	指标	项目	指标
均一系数	1.6	热稳定性/℃	1～100
湿视密度/(g/L)	670～750	pH 值范围	5～10

Lewatit OC 1045 除氧树脂除去水中溶解氧的原理是基于溶解氧与通入水中的氢气通过树脂的催化作用而化合成水。水中的残余氧量可通过氢气的供给量来调节。这种方法即使在低温条件下也可以采用，当水温低于 60℃ 时，最经济的流速为不得超过 100m/h。

该除氧器主要由三个部分组成：①氢气计量和调节装置；②分配和混合单元；③装有 Lewatit OC 1045 除氧树脂的反应罐以及残氧量监控系统。Lewatit OC 1045 除氧树脂的应用参数如下：

床层深度	≥900mm
操作温度	≤70℃
适用 pH 值范围	5～10
运行流速	≤100m/h
淋洗流速	5～10m/h

该系统是德国 Bayer 公司近年推出的用于水除氧的专用树脂除氧装置，已成功应用于下列系统中的除氧：发电机冷却系统，蒸汽发生器的给水，蒸汽锅炉给水，电子工业用水，化工工艺用水，核反应堆用水等。该除氧方法的优点为在除氧的过程中不会对处理水造成污染，但是造价较高，且在使用过程中有少量钯脱落。

（3）氧化还原树脂除氧器

磺化铜肼络合型氧化还原树脂是由高聚物磺酸阳离子交换树脂形成的一种铜肼络合物型树脂，其结构式为：

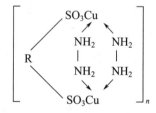

其中 R 为高分子骨架。成品为棕色至棕褐色的颗粒或球状珠体，具有很强的氧化还原性，能通过氧化还原反应去除水中的溶解氧。

Y-12-06 型氧化还原树脂的制备方法是，在 140℃ 下将苯酚用浓硫酸进行磺化，得到磺化苯酚；将产物溶于水中，加入 36% 的甲醛溶液，在 70～80℃ 下进行缩聚；待聚合物固化后，再在 100～105℃ 下进一步固化，然后经粉碎过筛，得到磺化苯酚树脂。将磺化苯酚树脂或普通磺酸阳离子交换树脂用 0.05mol/L 的硫酸铜溶液处理，使树脂转变为铜型，然后再与 1mol/L 的水合肼溶液发生反应，使铜肼络合，就得到了磺化铜肼络合物型氧化还原树脂。

Y-12-06 型氧化还原树脂的主要质量指标见表 3-4。

表 3-4　Y-12-06 型氧化还原树脂的主要质量指标

项目	指标	项目	指标
含水量/%	45～50	粒度/%	
湿真密度/(g/m³)	1.2～1.27	A 型　20～60 目　　≥	95

续表

项目		指标	项目		指标
湿视密度/(g/m³)		0.8～0.9	B 型　10～20 目	≥	95
耐磨率/%	≥	86	工作交换容量	≥	1.0
氧化还原容量/(mmol/g)	≥	1.5			

树脂的使用方法是，将 B 型、A 型粒度的 Y-12-06 型氧化还原树脂依次加入至除氧器（柱）中，用纯水洗直至流出液清澈透明，然后加入 0.4mol/L 的水合肼溶液，流完后再用少量纯水洗涤，当流出水 pH 值达 8 时，将进出水口封闭熟化 8h，然后通水运行。失效后，就用水合肼再生，并适当补充 Cu^{2+}。Y-12-06 型氧化还原树脂操作参考指标为：

运行流速/（m/h）　　　　　10～15
额定工作压力/MPa　　　　　0.6
再生剂水合肼利用率/%　　　99.8
工作温度/℃　　　　　　　　≤90
压力损失/MPa　　　　　　　<0.04

Y-12-06 型氧化还原树脂与 Lewatit OC 1045 去氧树脂相比，造价较低，但在使用过程中要用水合肼再生，因此有一定的毒性。另外用此法除氧时，可能会有微量的肼和铜泄漏到处理水中，所以有待改进。

实际上，在此过程中消耗的主要是联氨，联氨和氧化还原树脂都很昂贵，除了那些资金雄厚的锅炉房外，以普通锅炉房的经济实力是难以承受的。另外，还存在众所周知的联氨的毒性问题。

但是，氧化还原树脂除氧法作为一种技术方案还是有一定吸引力的。普通锅炉房的操作者操作离子交换器并不困难，而他们不需要专门培养就可胜任氧化还原树脂交换器的工作。若能找到更为便宜的树脂和再生剂，此方法还是很有前途的。当然，还必须有足够的证据说明它比将还原剂直接加入系统究竟有何优点。

3.1.6　钢屑除氧器

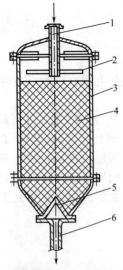

图 3-17　钢屑除氧器
结构简图
1—进水管；2—进水分配器；
3—外壳；4—钢屑层；
5—出水罩；6—出水管

钢屑除氧器是一种古老的化学除氧法。其工作原理是将钢屑装入容器，经除油和活化处理以后，让给水流过钢屑层，水中的溶解氧就和容器中的钢屑反应而消耗掉，从而达到了除氧的目的。其反应式为：

$$3Fe+2O_2 \longrightarrow Fe_3O_4$$

钢屑除氧器的结构如图 3-17 所示。除氧器中所装的钢屑材料最好是切削不久的碳钢钢屑，其尺寸应适宜装填，一般厚为 0.5～1mm，长为 8～12mm，装入除氧器前应该清洗干净。钢屑装入除氧器后要压紧，装填密度一般控制在 800～1000kg/m³。为了使钢屑表面容易与氧发生反应，投入使用前应该进行活化处理。活化方法是：首先用脱脂剂（例如 0.5%～1% 碱液）洗去附在钢屑表面的油污，再用 2%～3% 的硫酸或盐酸溶液处理 20～30min，最后用热水冲洗。

除氧器中钢屑的除氧反应的速率与水温有关，水温 80～90℃时的反应速率约是水温 20～30℃时的 15～20 倍。当水温为 80℃时，水与钢屑的接触时间大约为 3min。处理水的流速应根据水中的含氧量和水与钢屑的接触时间来确定。该除氧法投资小，钢材车削废料即可投入使用,从经济上来说是很合算的。

3.1.7 海绵铁除氧器

海绵铁除氧器是近年来在钢屑除氧原理的基础上发展起来的一种除氧装置。其工作原理是使含氧气的水流入除氧器,经过海绵铁滤料层,而这种特制的海绵铁滤料具有巨大的比表面积,可以使水中的溶解氧与铁发生氧化反应,其反应的化学方程式为:

$$2Fe+2H_2O+O_2 \longrightarrow 2Fe(OH)_2$$

反应生成的 $Fe(OH)_2$ 为白色沉淀物。因 $Fe(OH)_2$ 在水中很不稳定,在含氧气的水通过时,将发生如下反应:

$$4Fe(OH)_2+2H_2O+O_2 \longrightarrow 4Fe(OH)_3$$

反应生成的 $Fe(OH)_3$ 为稳定的沉淀物。它将会附着在海绵铁的表面,当附着到一定程度时,海绵铁将会失去除氧的能力,故需反洗将沉淀下来的 $Fe(OH)_3$ 冲洗除去,以还原海绵铁的除氧能力。

海绵铁除氧器的优点是常温运行,不需加热;安装方便,操作简单,运行费用低;可实现自动或手动操作。设备采用了双室结构,可以直接利用工作水进行反洗,不需要另加反洗泵。其缺点是再生不易控制,对于铁离子进入锅炉的危险尚无有效的控制措施。

3.1.8 小结

① 除氧器法是使软化水通过除氧器后再供给锅炉的方法。软化法可有效地防止硬度成分结垢,能否防止氧腐蚀和腐蚀产物结垢,关键是看除氧器的性能好坏。

② 为防止锅炉系统的氧腐蚀,国内外研究开发的重点在于从给水中除去腐蚀剂(溶解氧)。设备除氧法,特别是热力除氧、真空除氧等方法除氧效果好,且使用性能稳定,一直是蒸汽锅炉普遍采用的防腐方法。多年来,人们力图将这些对蒸汽锅炉行之有效的除氧技术引用到热水锅炉的防腐蚀上,但目前尚无成功的经验。热力除氧、真空除氧的原理都是根据道尔顿和亨利定律:任何气体在水中的溶解度与此气体在气水分界面上的分压力成正比。热力除氧的依据是在敞开设备中当水温升高时,气水分界面上水蒸气的分压增大,各种气体的分压降低,则在水中的溶解度将下降。当水温达到沸点时,气水界面上的水蒸气压力与外界压力相等,其他气体的分压降低至零,各种气体均不能溶于水中,原来溶解在水中的各种气体则将解吸出来。真空除氧则是上述基础上通过降低气水界面上氧气的分压,使氧气在水中的溶解度降低,从而使溶解在水中的氧解吸出来。因此,只要符合技术要求,这两种方法都能获得好的除氧效果。热力除氧不但效果好,稳定可靠,而且能同时除去二氧化碳等腐蚀性气体。但是,热力除氧设备较庞大,放置位置高,还需要普通热水锅炉房所没有的加热蒸汽,因此大多数热水锅炉房是没有条件采用的。真空除氧可将水中溶解氧的含量降至0.1mg/L 以下,也可以不加热蒸汽,但是真空除氧器设备庞大,还需增加一套真空泵、射水器等抽真空装置,普通热水锅炉也较难采用。

③ 解吸除氧的原理是把水中的溶解氧大部分变为二氧化碳。将不含氧的气体同给水强烈混合,给水中的氧就大量扩散至气相,使给水的含氧量降低。从给水中扩散出来的氧气随着原来无氧的气体流入反应器,与反应器中炙热的木炭作用,变为二氧化碳。然后,此气体又同含氧的给水强烈混合。解吸除氧设备较简单,耗钢材较少,但是影响因素多,调整较困难。反应器温度、水压、水温、负荷、解吸器水位等波动,均会影响除氧的效果。反应器易烧漏、管道易堵塞、木炭难更换、水箱难密封等问题也有待解决。同时,除氧后水中二氧化碳的含量增加,使水的腐蚀性增强。近年来,虽然有木炭改为焦炭,炉膛加热改为电加热等进展,但是尚未解决根本问题。

④ 氧化还原树脂除氧类似于以除去硬度成分为目的的离子交换过程。把含有氧化还原性基团的树脂装入交换器，当含有氧的水流过树脂层时，水中的溶解氧与树脂发生反应，树脂被氧化而水中的氧被除去。当树脂因氧化而失去活性后，利用联氨进行再生，已被氧化的树脂与联氨反应，又生成了具有除氧能力的还原性树脂。实际上，在此过程中消耗的主要是联氨，联氨和氧化还原树脂都很昂贵，除了那些资金雄厚的锅炉房外，以普通锅炉房的经济实力是难以承受的。另外，还有众所周知的联氨的毒性问题。但是，氧化还原树脂除氧法作为一种技术方案还是有一定吸引力的。普通锅炉房的操作者操作离子交换器并不困难，而他们不需要专门培养就可胜任氧化还原树脂交换器的工作。若能找到更为便宜的树脂和再生剂，此方法还是很有前途的。当然，还必须有足够的证据说明它比将还原剂直接加入系统究竟有何优点。

⑤ 钢屑除氧器是一种古老的除氧法。此法是将钢屑装入容器，经除油和活化处理之后，让给水流过钢屑层，水中的溶解氧就和钢反应而消耗掉，从而达到除氧的目的。该除氧法投资小，钢材车削废料即可投入使用，从经济上来说是很合算的。热水锅炉房应用钢屑除氧器的主要困难是，在温度80℃左右时，钢屑与氧的反应速率才比较快，低于此温度，反应则需经过较长时间才能达到除氧要求，而热水锅炉的回水温度大多为70℃。经过一段时间以后钢屑已经被氧化，必须更换新的钢屑，而此项工作是十分繁重的。因此，虽然此法在经济上很合算，但是愿意采用的锅炉房为数不多。

⑥ 看来，研究开发适合小型锅炉房特别是热水锅炉房使用的除氧器还有诸多困难需要解决。

3.2　除氧剂法锅炉防腐技术

3.2.1　除氧剂法

与氢离子还原反应相比，氧还原反应可以在正得多的电位下进行。从热力学角度看，绝大多数金属都具有转入氧化（离子）状态的趋势。因此，氧去极化腐蚀比氢去极化腐蚀更为普遍。大多数金属在中性和碱性溶液中以及少数正电性金属在含有溶解氧的弱酸性溶液中的腐蚀都属于氧去极化腐蚀。

氧腐蚀是锅炉系统中最常见的腐蚀形态。锅炉给水一般都与大气接触，水中溶解氧含量很高，这就为锅炉系统氧腐蚀提供了充分条件。当锅炉给水不采取除氧措施或除氧不当时，溶解氧将全部或部分进入锅炉系统，造成给水管路、水箱、省煤器、汽包、蒸汽管路以及凝结水系统的氧腐蚀，这种腐蚀对金属构件强度的损坏是十分严重的。例如，某厂的1.37MPa、9.5t/h锅炉，当给水氧浓度为0.5mg/L时，试片的腐蚀速度为0.7mm/a，每隔五六年炉管就发生腐蚀穿透事故，汽包壁的蚀坑深度达总厚度的1/3。在锅炉给水未除氧的情况下，锅炉往往运行3～5年，甚至1～2年后，锅炉内壁的腐蚀深度即达2～3mm，严重地影响它们的安全运行。

热水锅炉的氧腐蚀更为严重。据对在用的800台采暖锅炉的调查，发生腐蚀的锅炉就有755台，占95%，其中严重腐蚀的约占10%～15%，腐蚀泄漏约占5%～8%，由于腐蚀而花的正常检修费用达近百万元。我国热水锅炉的设计寿命为15年，由于腐蚀等原因，目前一般只能运行5～8年，仅为设计寿命的1/3～1/2。同时，热水锅炉的腐蚀泄漏常常发生在最严寒的冬季采暖期，供热中断直接影响到居民的正常生活。

锅炉系统氧腐蚀的特征为溃疡腐蚀，常常在金属表面生成许多直径为1～30mm的鼓包。其表面颜色由黄褐色到砖红色不等，主要成分为氧化铁。次层为黑色粉末状物，为四氧化三铁。有时，在腐蚀产物的最深处，紧靠金属表面，还存在一个黑色层，为氧化亚铁。将这些腐蚀产物清除后，便露出蚀坑。

溶解氧腐蚀之所以呈溃疡状，与差异充气电池的形成有关。氧腐蚀的腐蚀产物是疏松的，没有保护性。腐蚀产物一旦在金属表面形成，就使溶解氧向腐蚀点的扩散速度减慢，氧浓度低于腐蚀点周围，形成差异充气电池，腐蚀点为阳极，其周围为阴极，成为大阴极小阳极结构，腐蚀继续向深处发展。此时，腐蚀所产生的亚铁离子通过疏松的二次产物层向外扩散，遇到水中的氢氧根离子和氧气，又形成新的二次产物，积累在原有二次产物层中，越积越厚，导致鼓包最终形成。鼓包下面的金属越腐蚀越深，形成蚀坑。

除氧剂是一类能够从水中除去溶解氧的物质。作为有代表性的腐蚀控制方法之一，除氧剂广泛用于锅炉水处理、油田水处理、污水处理以及许多化工过程的工艺用水处理中，以防止水中溶解氧对金属的腐蚀。

最常用的除氧剂是亚硫酸盐。早在 20 世纪 20 年代，就有人对亚硫酸钠除氧进行了试验研究。1925 年，Frank. N. Speller 提出，向锅炉用水中加入硅酸钠和亚硫酸钠的混合物，可以除去水中的溶解氧。1935 年，美国 K. A. Kobe 和 W. L. Gooding 发表了用亚硫酸钠除去锅炉给水中溶解氧的科学论文，指出亚硫酸钠对于低压锅炉是一种很好的除氧剂。1943 年，Bird 等提出，向锅炉中加入亚硫酸钠及胶体状磺化有机物，可以防止锅炉金属的苛性脆化和局部腐蚀。40 年代末，又开发了催化亚硫酸钠除氧法。直到现在，亚硫酸钠法仍是一种重要的水处理方法。国家劳动部制定的《低压锅炉水质标准》中，对中、小型低压锅炉或热水锅炉，推荐使用亚硫酸钠除氧。美国德鲁化学公司在其出版的有关著作中明确指出，凡是生产中需用蒸汽与食品或副食品接触的那些工厂，最好采用亚硫酸盐作为除氧剂。五十多年来，亚硫酸钠法在减轻和防止锅炉氧腐蚀上起到了十分重要的作用。除了有可能使其分解的超高压锅炉外，对普通高压锅炉、中压锅炉和大容量低压锅炉，最好的防腐方法是：首先用机械除氧器除去大部分溶解氧，然后加入亚硫酸钠，使系统中亚硫酸根含量保持在 2～7mg/L。亚硫酸钠的作用是防止水中残存氧对系统金属的腐蚀。一旦机械除氧器失灵或操作失误，亚硫酸钠还可作为防止氧腐蚀的第二道屏障。对没有安装除氧器的锅炉，可直接采用亚硫酸钠，其用量根据给水溶解氧含量计算，然后再稍增加，以保证系统中亚硫酸根含量。

亚硫酸钠不但可作为运行锅炉的除氧剂，而且还可作为停用锅炉的保护剂。锅炉停用期间的腐蚀甚至比运行时更严重，穿孔腐蚀所造成的严重的大规模的损坏往往是由停用腐蚀引起的。所以，工业上采用除过氧并加有约 200mg/L 亚硫酸钠的碱性除氧水充满锅炉，来达到保护金属的目的。该法被称为"锅炉湿保养法"，简称"湿法"。近年来，该法有被新开发的 BF-30a 法取代的趋势，但在新法未推广到的地区湿法仍然是最广泛应用的方法。

在美国，亚硫酸钠在水处理缓蚀剂总用量中，1986 年占 22%，1989 年占 20%，1992 年占 19%，大大高于其他水处理剂所占比例。虽然所占比例因缓蚀剂品种的增加而略有下降，但实际用量仍然保持逐年增加趋势。

与其他溶解氧腐蚀防止剂相比，亚硫酸盐的突出优点是可通过含硫废气吸收而得，是一种环境治理产品；其本身廉价无毒，对环境无污染。在实际应用中，亚硫酸盐法成功的例子很多，防腐蚀效果不佳的情况也不少。

工业上广泛使用的另一种化学除氧剂是水合联氨。水合联氨是一种较早使用的除氧剂，能与溶解氧反应生成氮气和水，除氧效果优于亚硫酸钠，广泛用于高压锅炉给水除氧，作为机械除氧的辅助措施。但是，由于联氨价格昂贵，又有较强的毒性，中、低压锅炉很少采用。

曾研究过羟胺和对苯二酚作为除氧剂的可行性。两者都属于有机还原剂，与氧反应迅速。但是，羟胺在空气中很不稳定，极易吸湿，在热水中迅速分解，并能强烈腐蚀皮肤。对苯二酚具有中等毒性，能刺激食道，引起耳鸣、恶心、虚脱等症状，长期接触可引起眼的水晶体混浊，对人危害极大。因此，它们不适合作工业除氧剂。

近年来，国外的许多水处理专业公司和科技工作者都在进行着不懈的努力，研制和开发可以替代联氨的新型除氧剂，特别是开发既具有良好的除氧性能，又具有钝化金属的能力；既无毒或低毒，又使用方便，而且售价不高的多功化除氧剂。美国的 Nalco Chemical Co. 和 Drew Industrial Corporation，以及其他一些国家的公司都在从事这方面的开拓工作，至今已开发出的新型除氧剂有多种，如：甲基乙基酮肟（mefhyl ethyl ketoxime 或 butanone oxime）、异抗坏血酸（erythorbic acid）、碳酸肼（carbohydrazide）、二乙基羟胺（dimethylhydroxylamine）、乙醛肟（acetaldhyde oxime）、丁醛肟（butylaldethyde oxime）以及 N,N,N',N'-四甲苯对苯二胺（N,N,N',N'-teramethyl-p-phenyldiamine）等。这些新型的除氧剂，有的已应用于高压锅炉水系统，如甲乙基酮、碳酸肼等，有的则正处于开发阶段。这些药剂的挥发性能和热稳定性能均优于联氨，既作为除氧剂，同时也作为金属钝化剂。特别是这些药剂的毒性均低于联氨，所以具有潜在的应用前景。虽然它们的除氧防腐性能接近或超过亚硫酸钠，但是昂贵的价格限制了它们的进一步推广应用。

为了解决这一问题，在国家科技部的大力支持下，北京化工大学魏刚教授课题组研制成功了新型复合型除氧剂——BO-100 除氧剂。BO-100 为稳定亚硫酸钠除氧剂，高效的稳定剂可有效防止亚硫酸钠的氧化，解决亚硫酸钠储存失效问题。高效，无毒，无污染，运行费用低。

3.2.2　除氧剂

3.2.2.1　水合肼

（1）性能

水合肼又叫水合联氨，分子式为 $N_2H_4 \cdot H_2O$，相对分子质量为 50.06，结构式为

$$\begin{bmatrix} H & & H \\ & N—N & \\ H & & H \end{bmatrix} \cdot H_2O$$

水合肼为无色透明的发烟性液体。有独特的臭味。剧毒。相对密度为 1.03，熔点为 -51.7℃或在 -65℃以下（两种共晶混合物），沸点为 119.4℃，闪点和引火点为 72.8℃。与水和醇互溶，不溶于氯仿和乙醚。腐蚀性极大，能破坏玻璃、橡胶、软木。与氧化剂接触，会引起自燃自爆。具有强碱性、强还原性和强渗透性。在空气中能吸收二氧化碳。

（2）生产方法

① 氨法　是以氨水和次氯酸钠为原料。先由氨和次氯酸钠在低温下迅速反应，生成氯胺，然后与过量氨反应得到低浓度的水合肼液，再经脱氨、真空浓缩，制得较高浓度的产品。其反应式如下：

$$2NH_3 + NaOCl \longrightarrow N_2H_4 + NaCl + H_2O$$

该方法的生产工艺流程见图 3-18。

② 尿素法　是用次氯酸钠与尿素混合后，在氧化剂高锰酸钾的存在下发生氧化反应，生成水合肼，再经蒸馏和真空浓缩，得到不同浓度的产品。其反应式为：

$$NH_2CONH_2 + NaOCl + 2NaOH \xrightarrow{KMnO_4} N_2H_4 \cdot H_2O + NaCl + Na_2CO_3$$

该方法的生产工艺流程见图 3-19。

③ 酮法（有机法）　是将氨气与氯气在丙酮的存在下反应，生成甲酮连氮，再加压水解成为水合肼，经浓缩制得需要的产品。

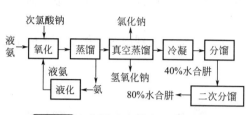

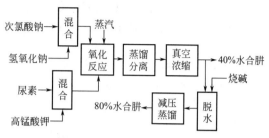

图 3-18　氨法水合肼生产工艺流程　　　图 3-19　尿素法水合肼生产工艺流程

④ 过氧化氢法　该法为法国于吉纳—库尔曼化学公司（Produis Chimiques Ugine-Kuhlmann，PCUK）的专利方法。使用过氧化氢代替氯和次氯酸盐作氧化剂去进行氨的氧化。氨与浓过氧化氢在甲乙酮（MEK）、乙酰胺和磷酸氢二钠的存在下，于 50℃ 和 101kPa 下进行反应，生成甲乙酮-酮连氮和水：

$$2NH_3+H_2O_2+2C_2H_5COCH_3 \xrightarrow[\text{Na}_2\text{HPO}_4]{\text{CH}_3\text{CONH}_2} \underset{C_2H_5}{\overset{CH_3}{C}}=N-N=\underset{C_2H_5}{\overset{CH_3}{C}} +4H_2O$$

生成的甲乙酮-酮连氮再水解而成水合肼和甲乙酮。

该方法的反应机理尚无定论。但据认为，磷酸氢二钠起催化剂作用，乙酰胺则起氧转移剂的作用。由于流程简单、所用原料多较便宜、能耗不高等优点，很有发展前途。法国已于 1979 年建成了年产 5000t 水合肼（折合 3200t 无水肼）的生产装置。

（3）用途

① 用作高压锅炉用水的除氧剂，脱除水中的溶解氧和二氧化碳以防止水侧金属的腐蚀。其除氧反应式为：

$$N_2H_4+O_2 \longrightarrow N_2+2H_2O$$

② 在饮用水和废水处理中用作脱卤剂：

$$N_2H_4+2X_2 \longrightarrow N_2+4HX \quad （X=F、Cl、Br、I）$$

③ 在锅炉系统，用以与铁反应，在金属表面生成磁性氧化铁钝化膜，保护金属免受进一步腐蚀。

$$3Fe+4N_2H_4+4H_2O \longrightarrow Fe_3O_4+8NH_3$$

另外，肼能将铁锈还原成磁性氧化铁而沉积在金属表面上，起防止腐蚀的作用。肼还能将 CuO 还原成 Cu_2O 或 Cu，以防止炉内产生钢垢。

（4）使用方法

通常使用 40% 浓度的水合肼水溶液，加在锅炉溶液给水泵的吸入口。

在中、高压锅炉中一般是使用联氨（肼）或水合联氨（水合肼）除氧。其与氧的反应为：

$$N_2H_4+O_2 \longrightarrow 2H_2O+N_2$$

反应产物不会增加水中的含盐量，不会在锅炉中形成固体产物。理论上，1.0mg/L 的溶解氧需要 1.0mg/L 的 N_2H_4 与之反应。但实际上，由于联氨不仅与给水中的溶解氧反应，而且也与给水设备及管道内的腐蚀产物反应，故其加入量需适当多于理论加量，一般在除氧反应后仍需保持 10～50μg/L 的剩余量。联氨通常是作为热力除氧的辅助除氧剂，很少单独使用。当温度高于 200℃ 时，联氨开始分解成 N_2 和 NH_3。生成的 NH_3 对铜及铜合金有腐蚀作用，但可保持水的 pH 值在 8～9，对防止回水管腐蚀很有利。此外，更为重要的一点是，水中的 N_2H_4 可将腐蚀产物还原成 Fe_3O_4 或 Fe，将 CuO 还原成 Cu_2O 或 Cu，防止锅炉内产生铁垢和铜垢。生成的 Fe_3O_4 可以形成一层坚固的膜，阻止内部金属的进一步腐蚀。这就是联氨的钝化作用。

由于联氨有毒，在使用时应倍加注意。其使用范围也因此而受到限制。例如，不能用于饮水锅炉的除氧。而且，联氨还具有可疑的致癌作用。

3.2.2.2　氢醌

（1）性能

氢醌又叫对苯二酚、海得尔（俗）、几努尼（俗），是一种白色结晶化合物。其分子式为 $C_6H_6(OH)_2$，结构式为：

$$HO-\!\!\bigcirc\!\!-OH$$

氢醌的相对密度为（15℃）1.332，熔点为 170～171℃，沸点为 285～287℃，闪点（密封杯）为 165℃，自燃温度为 515℃，溶于 14 倍的水中而形成 7% 的水溶液。极易溶于乙醇、乙醚和四氯化碳，微溶于苯。其水溶液在空气中因受氧化作用而呈现褐色。在有强碱存在下氧化速度极快。

氢醌有 α、β 和 γ 三种晶型。α 型为三角针状或棱形结晶，从水中结晶而成，稳定。β 型为三棱晶体，从甲醇中结晶而成，不稳定。γ 型为单斜晶体，由升华法制得，不稳定。三种晶体均可摩擦而发出荧光。

氢醌作为弱酸，有两个离解常数（$K_1=1.22\times10^{-11}$；$K_2=9.28\times10^{-3}$），在碱金属氢氧化物或碳酸盐的水溶液中可生成一盐和二盐。与大部分氧化剂反应而转化成邻苯醌和对苯醌。

氢醌有毒，可燃。其在空气中的最高容许浓度为 0.002～0.005mg/L。氢醌的还原性很强，极易被氧化成对苯醌，反应式如下：

$$\underset{OH}{\overset{OH}{\bigcirc}} \underset{[H]}{\overset{[O]}{\rightleftarrows}} \underset{O}{\overset{O}{\bigcirc}}$$

由于氢醌结构的对称性，环上四个位置的单基取代性是相等的。

（2）生产方法

① 苯胺氧化法　在硫酸介质中用二氧化锰将苯胺氧化成对苯醌，再以铁粉还原而生成氢醌。这是国内使用的主要方法。其反应式为：

$$2\underset{}{\overset{NH_2}{\bigcirc}} + 4MnO_2 + 5H_2SO_4 \longrightarrow 2\underset{O}{\overset{O}{\bigcirc}} + (NH_4)_2SO_4 + 4MnSO_4 + 4H_2O$$

$$\underset{O}{\overset{O}{\bigcirc}} + Fe + H_2O \longrightarrow \underset{OH}{\overset{OH}{\bigcirc}} + FeO$$

该方法的具体反应步骤：

a. 于 5℃ 下在硫酸介质中以过量 20% 的二氧化锰氧化苯胺。通常使用含 MnO_2 的软锰矿石，其质量决定了氧化时间的长短，一般的反应时间为 8h 左右。

b. 用水蒸气将生成的苯醌从氧化液中汽提分离。

c. 用铁粉的悬浮液还原苯醌-水蒸气混合物，然后滤出铁和氧化铁。也可使用催化加氢法进行还原。

d. 在负压和 5℃ 下蒸发浓缩滤液，产生氢醌结晶，经分离后放入真空干燥机内干燥，即得成品。产品为工业级氢醌。

② 苯酚羟基化法 采用过氧化氢作羟基化剂，反应在催化量的无机强酸或二价铁盐或钠盐存在下进行。总反应式为：

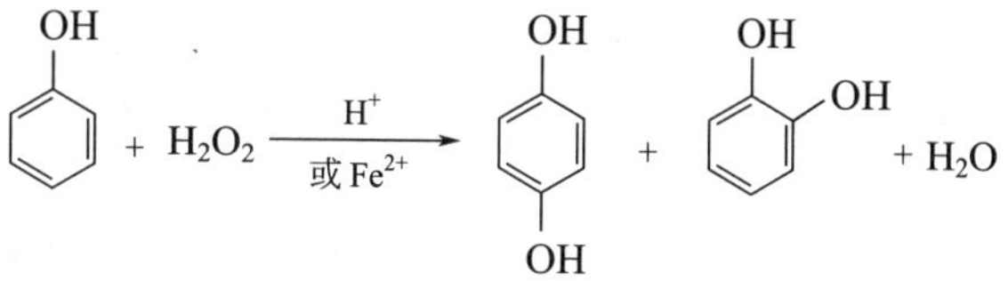

副产物为邻苯二酚。

③ 二异丙苯氧化法 利用二氢过氧化物进行反应，制得氢醌。总反应式为：

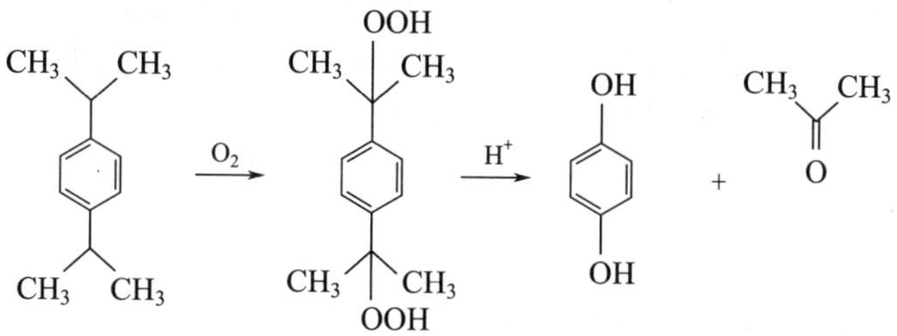

④ 照相级氢醌的制法 是用活性炭对溶解于无盐水中而形成的氢醌溶液进行脱色处理，然后于 5～10℃ 下重新结晶，经离心分离后置于非氧化气氛中干燥制成。

（3）用途

在水处理领域，氢醌用作锅炉水的除氧剂，以及在处理污水废水时用作控制微生物生长的除氧剂等。

（4）使用方法

在锅炉水预热除氧时将氢醌加入其中，以除去残余溶解氧，加于锅炉内的水中和凝结水中，以抑制锅炉和管路的腐蚀。

将氢醌加于闭路加热和冷却系统的热水和冷却水中，对水侧金属能起缓蚀作用。

3.2.2.3 二乙基羟胺

（1）性能

二乙基羟胺又称二乙赈、DEHA，分子式为 $C_4H_{11}NO$，相对分子质量为 89.14。结构式为：

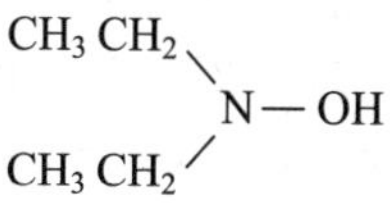

二乙基羟胺在常温下为液体。相对密度（d_0^{20}）为 1.867，熔点为 $-25℃$，沸点为 125～130℃，闪点为 45℃，折射率（20℃）为 1.41951。溶于水，水溶液呈弱碱性。高于 570℃时因氧化而分解，分解产物有乙醛、二烷基胺类、醋酸铁和乙醛肟等，并有少量氨、硝酸盐和亚硝酸盐生成。

二乙基羟胺具有良好的挥发性质，从而拓宽了其所适用的范围。

（2）生产方法

① 在催化剂镉盐（$CdCl_2 \cdot 2H_2O$）或锌盐（$ZnCl_2$）的存在下，以过氧化氢（H_2O_2）水溶液氧化仲胺，制得二乙基羟胺。反应过程中应进行搅拌。

② 在钛硅质岩（Ti silicalite）催化剂的存在下，以过氧化氢氧化二烷基胺（R^1R^2NH），制得二乙基羟胺。过氧化氢为 30% 的水溶液。钛硅质岩催化剂要研成细粉末。反应温度约为 80℃。操作时，先将催化剂和二烷基胺（如二乙基胺）置于反应器中，然后升温至 80℃左右，并在搅拌下于 35min 内缓慢加入过氧化氢水溶液。产率可达 87.1%。

还可利用催化氧化硝酸灵（mitron，$C_2OH_{16}N_4$）的方法制得二乙基羟胺。

（3）用途

二乙基羟胺在水处理领域用作蒸汽锅炉用水系统的除氧剂，锅炉用水和凝结水管路系统的缓蚀剂和金属材料（碳钢）表面的钝化剂。

用作除氧剂时，二乙基羟胺能非常迅速地与进入锅炉前水中的溶解氧反应而将之除去，从而减轻了锅炉水侧表面的腐蚀。其除氧化学反应的最终产物是乙酸盐、氮气和水。

二乙基羟胺遇热极易挥发，故不但适用于低温除氧，而且也适用于高温蒸汽凝结水循环系统的除氧。其除氧功能优于联氨和碳酸肼；当有催化剂存在时，其除氧功能更高。

二乙基羟胺还用作设备水侧表面金属的钝化剂。

此外，二乙基羟胺还可用作阻聚剂、链转移剂，用于醛类的测定，以及用作抗氧化剂和金属设备的缓蚀剂等。

（4）使用方法

① 作除氧剂时，最佳催化除氧的 pH＝10。

② 可与其他除氧剂复配使用。

③ 通常，1mg/L 的溶解氧大约需要 3mg/L 的二乙基羟胺。一般加量为 0.001～500mg/L 以 0.01～50mg/L 为宜，最好是 0.02～25mg/L。

④ 用作钝化剂时，应先以适当浓度的柠檬酸（例如，3% 左右的水溶液）进行循环清洗，除去铁渣之后，以大约 50mg/L 的二乙基羟胺与 NH_3（pH＝10）复配，进行钝化处理。

3.2.2.4　甲乙酮肟

（1）性能

甲乙酮肟，又叫丁酮肟、甲基乙基酮肟、MEKO。分子式为 C_4H_9NO。相对分子质量为 87.12。结构式为：

$$CH_3-\overset{\overset{\displaystyle NOH}{\|}}{C}-CH_2CH_3$$

甲乙酮肟为无色油状液体。相对密度（d_4^{20}）为 0.9232，熔点为 $-29.5℃$，沸点为 152℃（3.33kPa 时为 72℃），折射率为 1.4428（20℃时 1.4410），闪点（开放式）为 69℃，表面张力为 28.7dn/cm（1dyn/cm＝1mn/m）（20～23℃）。溶于水，与醇、醚可任意混溶。具有很强的还原能力，可将铁离子和铜离子还原为亚铁离子和亚铜离子。

（2）生产方法

一般是以甲乙酮与硫酸羟胺为原料，通过下述反应制得：

$$CH_3-\overset{O}{\overset{\|}{C}}-C_2H_5 + NH_2OH\cdot\frac{1}{2}H_2SO_4 + NH_3 \longrightarrow CH_3-\overset{NOH}{\overset{\|}{C}}-C_2H_5 + H_2O + \frac{1}{2}(NH_4)_2SO_4$$

硫酸羟胺

（3）用途

① 在水处理，特别是锅炉水系统用作脱氧剂和钝化剂。

a. 用作脱氧剂时，与水中的溶解氧发生如下反应：

$$2\left[\overset{CH_3}{\underset{CH_3}{}}\overset{}{\underset{CH_2}{}}C=NOH\right] + O_2 \longrightarrow 2CH_3COCH_2CH_3 + N_2O + H_2O$$

甲乙酮(MEK)

生成的甲乙酮（MEK）溶于水，N_2O 逸出。能使水中溶解氧浓度降至 $2\mu g/L$ 以下。

b. 用作金属表面钝化剂时，反应方程式如下：

$$2C_4H_9NO + 6Fe_2O_3 \longrightarrow 4Fe_3O_4 + 2C_4H_8O + N_2O + H_2O$$
$$2C_4H_9NO + 4CuO \longrightarrow 2Cu_2O + 2C_4H_8O + N_2O + H_2O$$

由于在金属表面形成了一层坚硬的保护膜，从而防止了进一步腐蚀，特别是铁和铜的点蚀。

② 其他用途

a. 用作醇酸树脂涂料的防结皮剂；

b. 用作硅固化剂，将糊状硅固化成胶状。

（4）使用方法

使用化学理论计算量。凝结水脱氧 pH 值范围为 7.5～8.5。

由于本品的高挥发性，故可随水蒸气分布于蒸汽发生系统的各个阶段，从而对整个锅炉系统起到保护作用。

许多人认为 MEKO 是替代肼的最具吸引力的有机物之一。MEKO 与氧反应只生成挥发性的反应产物。

该除氧剂的特点是作用机理受 pH 值的影响很小，促进 Fe_3O_4 形成，其分配率表明它能为下游锅炉提供防护。在降低 Fe 和 Cu 的累积方面，它好于联氨。与氧反应生成钝化膜，有挥发性，可进入蒸汽，有助于复水系统防蚀。300℃以下稳定，低毒。

3.2.2.5 四甲苯对苯二胺

（1）性能

分子式为 $C_{10}H_{16}N_2$，相对分子质量为 164.25，结构式为：

$$\overset{CH_3}{\underset{CH_3}{}}N-\boxed{}-N\overset{CH_3}{\underset{CH_3}{}}$$

N,N,N',N'-四甲苯对苯二胺是从石油醚中析出的闪亮的片状结晶。熔点为 51～52℃，沸点为 260℃。微溶于冷水，较易溶于热水，极易溶于乙醇、氯仿、乙醚和石油醚。具有很高的同氧结合的能力，优良的挥发性能，极易升华。

（2）生产方法

N,N,N',N'-四甲苯对苯二胺的生产方法，是以对苯二胺为原料，与氯乙酸反应生成苯基二亚氨基四乙酸，然后进行脱羧反应，制得成品。其反应式如下：

$$H_2N-\!\!\!\!\bigcirc\!\!\!\!-NH_2 + 4ClCH_2COOH \xrightarrow[2.4H_3O^+]{1.8OH^-} \begin{matrix} HOOCCH_2 \\ HOOCCH_2 \end{matrix}N-\!\!\!\!\bigcirc\!\!\!\!-N\begin{matrix} CH_2COOH \\ CH_2COOH \end{matrix}$$

$$I$$

$$I \xrightarrow{180℃} 4CO_2\uparrow + \begin{matrix} H_3C \\ H_3C \end{matrix}N-\!\!\!\!\bigcirc\!\!\!\!-N\begin{matrix} CH_3 \\ CH_3 \end{matrix}$$

$$II$$

具体的制备过程如下：

① 制备对苯基二亚氨基四乙酸（I）　取对苯二胺 0.1mol/L，氯乙酸 0.4mol/L，氢氧化钠 0.8mol/L 和碘化钾 0.03mol/L，溶解于 500mL 水中，加热至沸，并回流 1h。小心地向热溶液中加入 40mL 浓盐酸。将溶液用冰冷却后，析出沉淀。将此沉淀抽吸过滤分离后于室温下真空干燥，便得到 I 的几近无色的结晶。产率为 55%。

② 将 I 脱羧，制得 N,N,N',N'-四甲苯对苯二胺（II）　将 0.05mol/L 的 I 置于一大型真空升华器中，利用一根大约 20mm 长的吸气管进行减压。将一只预先加热至 180℃ 的伍德金属槽小心地接到升华器上。固体 I 被熔化，并释放出气体。升华的产物凝结在冷的枝形管上。

为了除去制得产物中的染色杂质，将该产物溶解于石油醚（沸点 30~60℃）中，并通过一根装有碱式活性氧化铝的吸收柱。将溶剂蒸发后，再进行真空升华，得到无色结晶体，溶点为 51~52℃。从石油醚中重结晶得到的结晶体为闪闪发光的片状物（II）。产率为 52%。

（3）用途

N,N,N',N'-四甲苯对苯二胺在水处理领域中可用作锅炉水的除氧剂。其除氧能力在氢醌之上。不但可加于锅炉补给水中，也可加于运行中的锅炉水中，而且，由于其所具有的高挥发性，还可用于锅炉凝结水系统的除氧。

（4）使用方法

① N,N,N',N'-四甲苯对苯二胺可与无机酸（磷酸、硫酸、异羟肟酸或它们的混合物）、有机酸（甲酸、乙酸、丙酸、苹果酸、马来酸、EDTA、氮川三乙酸或柠檬酸以及它们的混合物）、含有水溶性羧酸盐的聚合物（相对分子质量为 500~50000）、氨基酸、膦酸酯、中和胺，以及其他无机或有机除氧剂组成配方使用。浓度为 10~50mg/L。

② 单独使用时，其与溶解氧之间的摩尔比大于或等于 1。使用温度为常温和 149℃ 左右。水溶液的 pH=9.0。

3.2.2.6　抗坏血酸和异抗坏血酸

抗坏血酸（L-型）和异抗坏血酸（D-型）结构式分别为：

性能：白色或稍带黄色的结晶颗粒或粉末，无臭，稍有咸味，易溶于水。属无毒物质，LD_{50} 为 14500mg/kg。可用作医学和食品抗氧剂，在压力大于 6.895 MPa 的高压锅炉中可使用，也可用于低压锅炉。在室温下除氧速度比联氨快 1700 倍，190℃时是联氨的 8500 倍，用量为 0.05～0.1mg/L。

除氧机理　　　　$$R^1COHCOHR^2 + \frac{1}{2}O_2 \longrightarrow R^1COCOR^2 + H_2O$$

这些化合物都是强除氧剂，应用广泛。两种异构体形式都是除氧剂，但 D 异构体似乎更适合对锅炉水除氧。这些酸与氧快速反应生成水和脱氢酸。

根据其挥发性判断，它不能有效地分配到气相，所以尽管其钝化性能曾被报道过，但它对下游锅炉系统不提供防护。该除氧剂通常由锰或铜盐催化。

3.2.2.7　硝酮

硝酮是 $R^1R^2C = N^-(O^-)\ R^3$，其中 R^1、R^2、R^3 是氢或烃基。使用硝酮作为除氧剂后，水系统中金属的腐蚀明显降低。当系统水温高达 90℃时。除氧特别有效。在模拟锅炉水条件下使用硝酮，溶解氧含量降低 45%～78%，使用肼则降低 65%。低分子量的硝酮具有挥发性，适用于防护蒸汽冷凝系统。

3.2.2.8　糖类衍生物

可将糖类及其衍生物描述成具有醛或酮特点的多羟基化合物酸衍生物，如葡庚酸盐或酮葡糖酸可用作水中除氧剂。与抗坏血酸或异抗坏血酸和二乙基氨基乙醇合用，它们能有效地除氧。某些研究表明，低聚糖也是好的除氧剂。低聚糖与氧的反应相当复杂，这是由还原基团的数目决定的。关于低聚糖，其反应路径之一可能是形成抗维生素 C 或异抗维生素 C。

3.2.3　亚硫酸盐法

3.2.3.1　亚硫酸盐

无水亚硫酸钠是一种白色沙砾状结晶或粉末。相对分子质量为 126.04。密度为 2.633g/cm^3。易溶于水，在水中的溶解度见表 3-5，水溶液的密度见表 3-6，水溶液呈碱性。为强还原剂。与二氧化硫作用生成亚硫酸氢钠。与硫酸、盐酸等强酸作用，生成相应的盐并放出二氧化硫。与硫化合生成硫代硫酸钠。

表 3-5　无水亚硫酸钠在水中的溶解度

Na$_2$SO$_3$/%	温度/℃	Na$_2$SO$_3$/%	温度/℃	Na$_2$SO$_3$/%	温度/℃
1.86	−0.67	20.82	19.9	25.75	50.0
3.73	−1.27	22.76	24.0	24.79	58.1
6.69	−2.23	24.32	26.85	24.06	66.0
8.12	−2.70	25.36	28.2	23.85	70.0
10.48	−3.45	26.99	33.0	21.41	94.4
11.25	−1.30	28.20	34.5	21.32	96.0
12.59	0.0	26.80	35.6	21.70	99.0
15.60	9.2	26.15	41.0		
19.14	16.5	26.35	46.0		

表 3-6 亚硫酸钠水溶液的密度（d_4^{19}）

密度 /(g/cm³)	Na_2SO_3 /%	Na_2SO_3 /(g/L)	Na_2SO_3 /°Bé′	密度 /(g/cm³)	Na_2SO_3 /%	Na_2SO_3 /(g/L)	Na_2SO_3 /°Bé′
1.0078	1	10.08	1.1	1.0948	10	109.5	12.6
1.0172	2	20.34	2.5	1.1146	12	133.8	14.9
1.0363	4	41.45	5.1	1.1346	14	158.8	16.2
1.0556	6	63.34	6.6	1.1549	16	184.8	19.4
1.0751	8	86.01	10.1	1.1155	18	211.6	21.7

可由碱溶液吸收二氧化硫废气制得。中国目前主要采用纯碱二氧化硫法，向纯碱溶液中通入二氧化硫气体，使之饱和后，再加入烧碱溶液即生成亚硫酸钠。

$$S + O_2 \longrightarrow SO_2$$
$$Na_2CO_3 + SO_2 \longrightarrow Na_2SO_3 + CO_2$$
$$Na_2SO_3 + H_2O + SO_2 \longrightarrow 2NaHSO_3$$
$$NaHSO_3 + NaOH \longrightarrow Na_2SO_3 + H_2O$$

另一种可用的工业产品是结晶亚硫酸钠（$Na_2SO_3 \cdot 7H_2O$）。其相对分子质量为 252.15，密度为 $1.539g/cm^3$，溶于甘油和水，微溶于醇，于 150℃失去结晶水即变成无水亚硫酸钠。

3.2.3.2 催化亚硫酸盐与氧的反应

向水中加入亚硫酸钠后，亚硫酸钠与溶解氧反应，生成相对无害的硫酸钠：

$$2Na_2SO_3 + O_2 \longrightarrow 2Na_2SO_4$$

从热力学上看，在亚硫酸盐中，硫的氧化数是 +4，相当于中间氧化态，即亚硫酸盐既可能作氧化剂，也可能作还原剂。其氧化还原性的强弱可用标准电极电位来判断。

在酸性溶液中：

$$SO_4^{2-} + 4H^+ + 2e \Longrightarrow H_2SO_3 + H_2O \qquad E_0 = 0.17V \qquad (3-1)$$
$$H_2SO_3 + 4H^+ + 4e \Longrightarrow S + 3H_2O \qquad E_0 = 0.45V \qquad (3-2)$$

在碱性溶液中：

$$SO_4^{2-} + H_2O + 2e \Longrightarrow 2OH^- + SO_3^{2-} \qquad E_0 = -0.93V \qquad (3-3)$$

反应（3-1）表明，SO_4^{2-}/H_2SO_3 标准电极电势接近氢的标准电势，即在酸性溶液中，亚硫酸的还原性略次于氢。反应（3-2）电势稍大，表明亚硫酸是弱的氧化剂，只有在强的还原剂作用下才显氧化性。反应式（3-1）电势很负，表明在碱性溶液中亚硫酸盐是强还原剂。

另外，溶液 pH 值对氧的氧化数也有明显的影响：

$$O_2 + 4H^+ + 4e \Longrightarrow 2H_2O \qquad E_0 = 1.23V \qquad (3-4)$$
$$O_2 + 2H_2O + 4e \Longrightarrow 4OH^- \qquad E_0 = 0.4V \qquad (3-5)$$

式（3-4）和式（3-5）说明，氧在酸性溶液中比在碱性溶液中是更强的氧化剂。根据式（3-1）～式（3-5）可计算出氧和亚硫酸盐发生氧化-还原反应的电动势。

在酸性溶液中： $E = 1.23 - 0.17 = 1.06V$

在碱性溶液中： $E = 0.4 - (-0.93) = 1.33V$

由此可以判断，亚硫酸盐在碱性溶液中比在酸性溶液中具有更大的氧化倾向。

亚硫酸盐与氧的反应速率受温度、亚硫酸盐过剩量、溶液的 pH 值及水质等因素的影响。

3.2.3.3 影响亚硫酸盐与氧反应速率的因素

温度是影响亚硫酸盐同氧反应的最重要因素。室温下，亚硫酸盐同氧反应的速率较慢，但随着温度升高，反应时间大大缩短。研究表明，温度每升高 10℃，反应速率约增加 1 倍。在 100℃ 以上，反应非常迅速。

　　一般来说，亚硫酸盐同氧的反应速率随其过剩量的增加而加快，过剩量达到某一数值后，反应速率增加很少，甚至保持不变。为了保证除氧完全，必须维持一定的亚硫酸盐过剩量。该过剩量与其投加方式、投加点、水中氧浓度及供水中氧浓度变化情况有关。

　　关于溶液 pH 值对亚硫酸盐除氧速度的影响，目前还存在着不同意见。在不同 pH 值的亚硫酸钠溶液中，总是存在着两种或两种以上的含硫化合物离子，它们是亚硫酸根离子、亚硫酸氢根离子和二氧化硫（或亚硫酸），而且在任一 pH 值下都保持着它们之间的离解平衡（图 3-20）。有人认为亚硫酸根离子的还原性最强，因此，当 pH 值小于 8.5 时，随着 pH 值的降低，反应速率下降；在较高的 pH 值下，因催化剂离子易生成氢氧化物沉淀而导致反应速率降低；

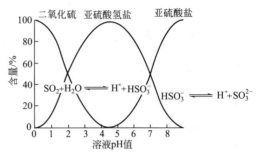

图 3-20　亚硫酸盐离解平衡与 pH 值的关系

pH 值在 8.5～10 之间，反应速率最快。R. L. Miron 指出，将溶液的 pH 值调至 4～5 之间，可以改变溶液中含硫化合物的存在形态，使亚硫酸氢根离子含量达 95% 以上，亚硫酸氢根离子同样具有还原性，不过与氧的反应速率比亚硫酸根离子慢。与此相反，文献认为，在这一 pH 值下，反应速率最快。文献认为，pH 值是影响亚硫酸盐除氧的一个因素，但不是主要因素：一般低压锅炉给水的 pH 值在 7～8 范围内，pH 值不同所造成的除氧百分率差别仅为 5% 左右；pH 值在 4～5 之间，除氧速度最快。文献指出，当 pH 值大于 8 时，除氧速度显著降低。Peter M. Wilkinson 等的研究结果表明，当 pH 值大于 5.7～5.9 时，反应速率不受 pH 值的影响；当 pH 值小于 5.7 时，反应速率急剧降低。而还有文献的试验研究结果是，在一般水质条件下，pH 值对亚硫酸盐与氧的反应速率几乎没有影响。

　　水质对亚硫酸盐同氧的反应有一定影响。已经发现，水中氯离子含量在 15～315mg/L 之间，对反应速率没有影响，而水中溶解的有机物质以及硫酸盐将显著降低反应速率。对于水中钙、镁离子的作用，目前还存在三种完全不同的意见，一种认为钙、镁离子对亚硫酸盐除氧速度有一定的抑制作用，另一种认为具有催化作用，还有一种意见认为基本没有影响。

　　在工业生产中，经常将亚硫酸盐与其他水处理剂，如杀生剂、阻垢剂等联合使用，以达到除氧、杀菌和阻垢的目的。这时，除了考虑上述各种因素的作用外，还需研究这些化学处理剂对亚硫酸盐除氧速度的影响。

　　杀生剂一般通过与亚硫酸根或催化剂发生作用来影响化学反应速率，其影响程度主要取决于杀生剂的种类和催化剂的浓度。据报道，甲醛、丙烯醛、乙醛、硫醇、苯酚和胺均会使亚硫酸盐与氧的反应速率降低，而四元胺、氯化苯酚和二胺对除氧速度几乎没有影响。

　　阻垢剂的影响也是通过与亚硫酸盐或催化剂反应而引起的。试验表明，当阻垢剂用量为 5～10mg/L 时，磷酸酯对亚硫酸盐除氧速度没有影响，而其他阻垢剂使除氧速度下降的程度为：

磷酸酯混合物＜聚丙烯酸盐＜聚磷酸盐＜膦酸盐

3.2.3.4　使用方法及效果

　　关于腐蚀工程中亚硫酸盐的最佳使用浓度，目前仅有经验数据。按化学计量，除去 1mg/L 氧需 6.88mg/L 纯亚硫酸钠。考虑到亚硫酸钠纯度，现场操作中物料损失以及需要维持过剩的亚硫酸根离子浓度，在工业锅炉水处理中，亚硫酸钠的使用量通常为 0.076g/L。

　　按照文献，当向水体系中加入亚硫酸盐以抑制碳钢的腐蚀时，亚硫酸根的浓度应足够大，如果水中溶解氧浓度为 X mg/L，则亚硫酸根的含量应为 $[5X+(20\sim100)]$mg/L。据此并根据试验结果，在一般情况下亚硫酸钠用量取 200mg/L 是合适的。

亚硫酸钠法不仅水处理成本低，而且使用方便。只需把亚硫酸钠先配成 2%～10% 的溶液，然后用孔板式加药器或用活塞水泵按量加入系统即可。

在实际使用中，亚硫酸盐的防腐蚀效果不够稳定。因此，从 20 世纪 40 年代以来，人们一直在进行改进其防腐蚀效果的研究。

3.2.4　催化亚硫酸盐法

3.2.4.1　催化亚硫酸盐

催化亚硫酸盐是亚硫酸盐与能够提高其除氧反应活性的催化剂的混合物。其制备方法是将亚硫酸盐和催化剂预先混合，也可在使用时随用随混。

普遍认为，亚硫酸盐防腐蚀效果不佳的原因是由于亚硫酸盐和氧反应速率过慢。基于这种认识，从 20 世纪 40 年代以来，关于提高亚硫酸盐与氧反应速率的研究工作十分活跃，成为很长一段时间这一领域的主要研究方向，发表了不少研究论文和催化亚硫酸钠专利。

3.2.4.2　对亚硫酸盐与氧反应具有催化作用的物质

可用作催化剂的物质有铁、钴、镍、铜、锌、锰等重金属阳离子。它们在低价态时是还原剂，在高价态时是氧化剂。即使在黑暗中，这些离子的存在也能大大加速自动氧化的进行。若将这几种离子联合使用，可连续地提高反应活性。实验测定，加入钴、铜和铁离子可使反应速率提高 40～50 倍，加入锌、锰离子可提高 10～20 倍。以钴离子催化的亚硫酸钠与氧的反应速率是铜离子的 12 倍。

值得注意的是，1978 年，Albin Huss Jr. 等人提出，在通常的去离子水中，铜和铁等杂质的浓度一般在 0.1～0.01mg/L。而铜在这一浓度下足以起到催化剂作用。因此认为，被人们普遍认为的亚硫酸钠未催化氧化反应，实际上是由这些过渡金属杂质引起的催化反应。

3.2.4.3　影响稳定亚硫酸盐反应速率的因素

反应速率一般随着催化剂浓度的增加而加快，但当催化剂浓度高于某一数值时，反而会抑制反应的进行。在实际应用中，考虑到产品质量的变化，流量的波动以及物理和化学因素对化学反应速率的影响，催化剂浓度均高于实验值。催化剂的用量一般取 1～5mg/L。五水硫酸铜的最佳用量为 1.5mg/L，水合硫酸锰为 4.72 mg/L，钴离子和铁离子用量为 1mg/L。

影响催化剂催化性能的因素不仅仅限于催化剂的浓度，溶液的 pH 值也是一个非常重要的影响因素。P. K. Lim 等的文章指出，当溶液的 pH 值小于 10.1 时，Mn^{2+} 能够加速亚硫酸钠的氧化反应；而当溶液的 pH 值大于 10.1 时，锰相对于亚硫酸钠的氧化过程，由催化剂变为稳定剂，即抑制了亚硫酸钠的氧化反应。

3.2.4.4　使用方法

催化剂一般以水溶性的氯化物、硝酸盐或硫酸盐的形式加入。

当采用钴盐为催化剂时，钴离子和亚硫酸钠的加入次序对反应速率有较大影响。一种方法是先将钴离子加入水中，然后再加入亚硫酸钠；另一种方法是将钴离子先加入亚硫酸钠溶液中，然后再加入水中。前者的反应速率约是后者的 2 倍。

在实际应用中，亚硫酸钠或亚硫酸氢盐与钴盐催化剂联用时，溶液中有红棕色沉淀产生，导致堵塞供水管道而引起停产。经分析，红棕色沉淀中含有亚硫酸钴。对于亚硫酸氢盐溶液中亚硫酸钴的沉淀，实验证实，是亚硫酸氢盐分解所致：

$$2HSO_3^- \rightleftharpoons SO_2\uparrow + SO_3^{2-} + H_2O$$

分解产物二氧化硫的逸出引起溶液 pH 值的升高和亚硫酸根离子浓度的提高，由此导致钴盐沉淀的形成。实验还证实，当 pH 值小于 3.5 时，亚硫酸氢盐溶液中无沉淀出现；高于

4.3 时产生沉淀。针对这一问题，许多学者提出一些可使钴离子稳定的物质，但却影响其催化性。Walter M. Lavin 经过多年深入研究，提出采用三亚乙基四胺、羟基亚乙基二膦酸及其衍生物作添加剂，可以稳定钴离子，解决上述难题。

3.2.5　稳定亚硫酸盐法

20 世纪 40 年代以来，人们对亚硫酸盐与氧反应的催化问题进行了大量研究，在很长一段时间内，催化亚硫酸盐一直是这一领域的主要研究方向。然而，催化亚硫酸盐并未使防腐蚀效果得到改善，对亚硫酸盐的氧化反应机理尚存在着不同意见。因此，近年来的研究重点有所改变，关于亚硫酸盐与氧反应具有阻滞作用的物质的研究受到重视。稳定亚硫酸盐亦是近年提出的新概念。文献建议，应当把那些能够阻滞亚硫酸盐与水中溶解氧反应的物质称作亚硫酸盐的稳定剂；把加有这种稳定剂的亚硫酸盐称作稳定亚硫酸盐。

3.2.5.1　BO-100 除氧剂

BO-100 为一种稳定亚硫酸钠除氧剂，高效的稳定剂可有效防止亚硫酸钠的氧化，解决了亚硫酸钠储存失效问题。本品高效，无毒，无污染，运行费用低。

BO-100 为淡黄色液体，pH 值范围为 9～11，固含量≥20%，密度（20℃）≥1.15g/cm³。适用于多种类型工作压力≤2.5MPa 的中低压蒸汽锅炉和热水锅炉、采暖系统、油田注水系统。

3.2.5.2　对亚硫酸盐与氧反应具有阻滞作用的物质

文献研究了 20 多种物质对亚硫酸盐与氧反应速率的阻滞作用。在同样的水质条件下，当用加有这些物质的亚硫酸盐进行氧化反应试验时，15d 后各种添加剂对试液中亚硫酸盐氧化的阻滞率示于表 3-7。

表 3-7　15d 后各种添加剂对亚硫酸盐氧化的阻滞率（20℃）

No.	添加剂	阻滞率/%	No.	添加剂	阻滞率/%
0	—	0	12	AD-4	98.4
1	$CaCl_2$	0	13	EDTA	98.2
2	$MgCl_2$	0	14	HEDP	26.7
3	$NaHCO_3$	0	15	ATMP	2.23
4	HCl	0	16	三乙醇胺	60.3
5	NaOH	0	17	葡萄糖酸盐	45.3
6	C_2H_5OH	0	18	H_2O_2	32.2
7	二甲酚橙	14.6	19	$K_2S_2O_8$	32.8
8	对苯二酚	95.5	20	抗坏血酸-三乙醇胺	70.7
9	邻苯二酚	96.2	21	抗坏血酸-EDTA	88.2
10	抗坏血酸	94.7	22	HEDP-三乙醇胺	65.8
11	异抗坏血酸	94.1	23	ATMP-三乙醇胺	61.7

从表 3-7 中的数据可以看出，当不含添加剂（No.0）时，亚硫酸盐在试验期间已被全部氧化。No.1～No.5 添加剂是水中常有的硬度、碱度和酸度成分，它们对亚硫酸盐的空气氧化没有阻滞作用。No.6～No.12 添加剂是自由基链反应终止剂，除了 No.6 和 No.7，它们的阻滞作用十分强烈，15d 后的阻滞率均在 90% 以上。No.13～No.17 是金属离子螯合剂，它们的阻滞作用差别较大，其中 EDTA 的阻滞作用也十分强烈。No.18 和 No.19 是自由基链反应引发剂，它们对亚硫酸盐的氧化也有一定的阻滞作用。No.20 和 No.21 是自由基链反应终止剂和螯合剂的混合物，它们没有表现出协同阻滞效应。No.22 和 No.23 是两

种螯合剂的混合物，它们也没有表现出协同阻滞效应。

文献研究了稳定剂抗坏血酸（Vc）对亚硫酸盐除氧速度的影响。当向去离子水中分别加入 200mg/L 亚硫酸盐（SS）、催化亚硫酸盐（CSS）和抗坏血酸稳定亚硫酸盐（VcSS）时，水中氧含量随时间的变化见图 3-21。可以看出，催化亚硫酸盐在很短时间内已将溶解氧除尽，亚硫酸盐需要较长时间才能将溶解氧除去，而稳定亚硫酸盐在试验时间内几乎没有起到除氧作用。

对亚硫酸盐氧化速度的研究表明，当初始质量浓度为 10％时，亚硫酸盐和催化亚硫酸盐在空气中自动氧化的速度很快，分别在 13d 和 12d 后被全部氧化。在同样条件下，用抗坏血酸稳定的亚硫酸盐在整个试验期间即 15d 后因氧化而被消耗的量仅为 1.6％，即对亚硫酸盐氧化的阻滞率达 98.4％。

当以对苯二酚、异抗坏血酸、AD-3 等为稳定剂进行试验时，也得到了大体相同的结果。

3.2.5.3　影响稳定亚硫酸盐与氧反应速率的因素

对稳定剂用量与亚硫酸盐氧化性能的关系的研究表明，稳定剂抗坏血酸的阻滞作用强烈，0.5％用量即可有效抑制 SS 的氧化。而且，随着抗坏血酸用量增加，其对亚硫酸盐氧化的阻滞率呈上升趋势。当抗坏血酸用量为 1％时，阻滞率可达 94.7％（图 3-22）。

亚硫酸盐的初始浓度不同，其氧化速度亦不同（图 3-23）。试验结果表明，随着试验用亚硫酸盐起始浓度的升高，亚硫酸盐被完全氧化的时间逐渐延长，且起始浓度与完全氧化时间呈直线关系。这可能是由于不添加稳定剂时，亚硫酸盐的氧化受氧扩散控制，而在各试验浓度下氧向溶液中扩散的速度是大致相同的。

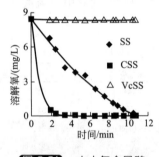

图 3-21　水中氧含量随时间的变化（20℃）

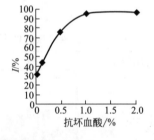

图 3-22　抗坏血酸浓度与阻滞作用的关系（20℃）

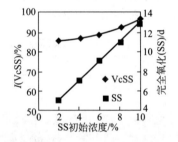

图 3-23　亚硫酸盐初始浓度与阻滞作用的关系（20℃）

在各种起始浓度下，稳定剂抗坏血酸都起到很好的抗氧化作用。而且，随着 VcSS 起始浓度升高，其抗氧化性有所提高。这可能是因为随着 VcSS 起始浓度从 2％升高至 10％，溶液中抗坏血酸的含量则从万分之二升高至千分之一，从而提高了抗氧化效果。这与抗坏血酸用量试验结果一致。

关于硬度与 SS 和 VcSS 氧化速度的关系，试验了碳酸氢钠浓度为 500mg/L，氯化钙浓度从 100mg/L 向 1000mg/L 变化时，SS 和 VcSS 的氧化速度。在所有试验条件下，15d 后抗坏血酸对 SS 氧化的阻滞率均在 98％以上。可见，水的硬度对 VcSS 的抗氧化性实际上没有影响。在同样水质条件下进行 SS 的抗氧化试验时，SS 在 13d 后均被全部氧化，未发现水硬度对氧化的明显影响。

当氯化钙浓度为 250mg/L 时，水的碱度对 SS 和 VcSS 氧化速度的试验结果说明，对 SS 来说，在所有碱度下经过 13d 空气氧化后，水溶液中已检测不到 SS。从试验数据观察，碱度变化对 VcSS 的抗氧化性影响亦不明显，VcSS 在碱度不同的水质中都保持了良好的稳定性。

为了研究 pH 值变化与 VcSS 抗氧化性的关系，于去离子水中添加定量的硫酸或氢氧化钠，调 pH 至预定值，然后再用其配制 SS 和 VcSS 并进行氧化速度试验。试验结果说明，当不加抗坏血酸时，SS 溶液在各种试验 pH 值下的抗氧化性能均不好。在 13d 后，溶液中剩余 SS 浓度已降到零。不同 pH 值时的试验结果差别不大。pH 值的变化对 VcSS 的抗氧化性影响也不显著。在不同 pH 值的水质中，VcSS 均具有很好的稳定性能。

在不同温度下测定了 SS 和 VcSS 的抗氧化性能。在所有温度下，SS 溶液的抗氧化性能都不好，且随着温度的升高而降低。当温度从 15℃升高至 80℃时，VcSS 溶液的抗氧化性能明显降低。不过，VcSS 溶液在一般贮存温度下均有很高的抗氧化能力。即使在 80℃下，经过 15d 氧化之后，剩余 SS 含量仍在 60％以上。

3.2.5.4　使用方法

将亚硫酸盐和稳定剂预先混合制成稳定亚硫酸盐固体，使用时将其用水溶解，配制成 2％～10％的溶液，然后用孔板式加药器或用活塞水泵按量加入系统即可。也可将亚硫酸盐和稳定剂分别配制成溶液，然后立即混合配制成 2％～10％的溶液。

3.2.6　亚硫酸盐的氧化失效机理及防止方法

虽然亚硫酸盐作为一种有效的化学除氧剂已经在工业上应用了几十年，但是，在许多实际应用中，亚硫酸盐和催化亚硫酸盐的防腐蚀效果并不能令人满意。近年来研究证实，防腐蚀效果不佳的原因主要是由于加入系统前亚硫酸盐氧化失效所致。为了解决亚硫酸盐的贮存氧化失效问题，已研制了稳定亚硫酸钠。这种产品不仅具有优良的贮存稳定性，其防腐蚀性能也比亚硫酸钠和催化亚硫酸钠好。

3.2.6.1　亚硫酸盐的氧化失效

图 3-24 示出当用几乎不含杂质的去离子水配制溶液时，在不密封情况下 SS 剩余浓度随时间变化的试验结果。随着存放时间的延长，溶液中 SS 含量大幅度下降，说明 SS 溶液在空气中很容易自动氧化。在该试验条件下，试验水溶液中溶解氧初始含量只有 1.8mg，按化学计量，这些溶解氧仅能消耗 SS 14.18mg，与 SS 实际损失相比仅占 0.07％，而因空气氧化额外损失的部分则占 99.93％。

工业上用来配制 SS 溶液的水往往是自来水（TW）、去离子水（DW）及软化水（SW），水中存在的普通阴离子和钙、镁等硬度成分离子对 SS 的贮存氧化影响不大（图 3-25）。

图 3-26 示出了贮器密封程度对 SS 软化水溶液空气氧化速度的影响。试验采用敞口和仅保留 ϕ15mm 通气孔两种条件。显而易见，贮器仅保留通气孔比敞口时 SS 的耗量有所减少。

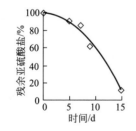

图 3-24　亚硫酸盐去离子
水溶液的氧化（25℃）

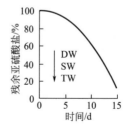

图 3-25　水质对亚硫酸盐
氧化的影响（25℃）

在试验条件下，贮器中 SS 溶液浓度很高，可认为溶液内部没有残余溶解氧存在，SS 空气氧化主要集中在 SS 溶液与空气接触的界面上进行，由于界面上 SS 量大大高于与之反应的氧气量，所以可以忽略 SS 传质过程对氧化速度的影响。于是，SS 空气氧化速度主要取决于氧的供应速度、接触界面的面积以及 SS 溶液吸收氧的速度。在两种试验条件下,试验所用水质和 SS 相同,因此,可以忽略 SS 溶液吸氧速度的影响,则氧的供应速度和界面面积成为 SS 溶液空气氧化的主要控制因素。供氧速度和界面面积越大,空气氧化速度越快,而贮器仅保留通气孔比敞口时供氧速度和界面面积小得多,因而氧化速度降低。

当用近中性的去离子水、软化水和自来水配制 SS 溶液时,溶液的起始 pH 值较高,这是因为 SS 是一种弱酸强碱盐,在水中会按下式水解:

$$SO_3^{2-} + H_2O \rightleftharpoons HSO_3^- + OH^-$$
$$HSO_3^- + H_2O \rightleftharpoons H_2SO_3 + OH^-$$

随着 SS 的氧化消耗和硫酸钠的生成,溶液的 pH 值又逐渐降低至中性的水平。因此,图 3-24～图 3-26 试验结果实际上已包含了 pH 值对 SS 溶液氧化的影响。为了求得 pH 值作为单独因素的影响,以分析纯盐酸和氢氧化钠作为 pH 调整剂,试验了明显酸性、中性和碱性水质的作用,其结果如图 3-27 所示。可见,氧和亚硫酸盐在三种 pH 值条件下的反应速率没有显著差别。

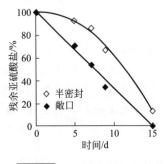

图 3-26　容器密封程度对
亚硫酸盐氧化的影响(25℃)

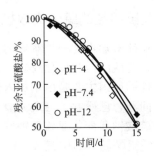

图 3-27　pH 值对亚硫酸盐
氧化的影响(25℃)

为了考察自由基链反应引发剂的作用或者 CSS 溶液的贮存效果,试验了加有 1.5mg/L 引发剂 $CuSO_4 \cdot 5H_2O$ 的 SS 溶液在仅保留 ϕ5mm 通气孔情况下的氧化情况,其结果如图 3-28 所示。铜离子是 SS 溶液与氧反应的有效催化剂,铜离子的引入可以加速系统中溶解氧与 SS 的反应。因此,铜离子也使 SS 溶液的贮存稳定性有所降低。

图 3-29 示出自由基吸收剂的作用或者 SSS(稳定亚硫酸盐,由 SS 和自由基吸收剂 AD-3 制得)溶液的贮存试验结果。可以看出,自由基吸收剂 AD-3 对 SS 稳定效果十分显著,经 15d 空气氧化,SS 浓度几乎不变。

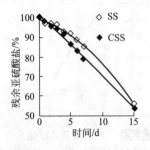

图 3-28　催化剂对亚硫酸盐
氧化的影响(25℃)

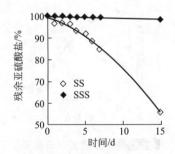

图 3-29　稳定剂对亚硫酸盐
氧化的影响(25℃)

3.2.6.2　亚硫酸盐氧化机理

在文献中,关于亚硫酸盐、亚硫酸氢盐及其混合物氧化动力学的报道相互矛盾,这通常归因于各研究者研究条件的不同。在催化亚硫酸钠氧化动力学的研究中，也存在着类似情况。正如 P. M. Wilkinson 在 1993 年指出的那样，各种催化剂对亚硫酸钠氧化速度的影响已经研究了 50 多年，尽管如此，已发表的动力学数据仍有许多不尽如人意之处，对亚硫酸钠的氧化反应机理还没有完全搞清楚。

从影响亚硫酸盐氧化速度的添加剂的结构和主要性能看，铜、锰等是周期表 d 区元素，具有可变化合价，它们可作为自由基链反应引发剂；对苯二酚、抗坏血酸等具有活泼羟基，可作为自由基吸收剂。自由基链反应引发剂能够加速 SS 与氧的反应，自由基吸收剂能够减缓反应，而普通物质例如硬度成分、碱度成分、硫酸及氢氧化钠则几乎没有影响。由这些试验结果即可证实，亚硫酸盐与氧的反应是以自由基机理进行的。在试验条件下的反应可能是：

链引发　　　　　　$SO_3^{2-} + O_2 \longrightarrow \cdot O_2^- + \cdot SO_3^-$

$HSO_3^- + \cdot O_2^- \longrightarrow \cdot OH + SO_4^{2-}$

$HSO_3^- + \cdot OH \longrightarrow H_2O + \cdot SO_3^-$

链传播　　　　　　$O_2 + \cdot SO_3^- \longrightarrow \cdot SO_5^-$

$SO_3^{2-} + \cdot SO_5^- \longrightarrow \cdot SO_4^- + SO_4^{2-}$

$SO_3^{2-} + \cdot SO_4^- \longrightarrow \cdot SO_3^- + SO_4^{2-}$

链终止　　　　　　$\cdot SO_3^- + \cdot SO_3^- \longrightarrow S_2O_6^{2-}$（当氧被消耗完时）

$\cdot SO_3^- + \cdot SO_5^- \longrightarrow S_2O_6^{2-} + O_2$（当氧被消耗完时）

铜离子的催化机理是参与链引发，使自由基生成的速度加快：

$$Cu^{2+} + SO_3^{2-} \longrightarrow Cu^+ + \cdot SO_3^-$$

$$Cu^+ + O_2 \longrightarrow Cu^{2+} + \cdot O_2^-$$

锰离子的催化机理是，当溶液的 pH 值小于 10.1 时，Mn^{2+} 通过下列反应促进 $\cdot SO_3^-$ 的生成，从而加速亚硫酸钠的氧化反应：

$$Mn^{3+} + HSO_3^- \longrightarrow Mn^{2+} + \cdot HSO_3$$

$$Mn^{3+} + \cdot SO_3^{2-} \longrightarrow Mn^{2+} + \cdot SO_3^-$$

当溶液的 pH 值大于 10.1 时，锰通过下列反应减少 $\cdot SO_3^-$ 的生成，从而抑制亚硫酸钠的氧化反应：

$$Mn^{3+} + OH^- + SO_3^- \longrightarrow Mn^{2+} + HSO_4^-$$

$$Mn^{3+} + SO_3^{2-} + \cdot SO_3^- \longrightarrow Mn^{2+} + S_2O_6^{2-}$$

自由基链反应终止剂能够通过消除反应过程中生成的自由基而抑制反应，例如对苯二酚：

抗坏血酸对亚硫酸盐与氧反应的抑制机理可能是，抗坏血酸分子中含有活泼羟基基团，在 SS 溶液中，这些基团优先吸收在链引发步骤中产生的自由基，生成较稳定的链终止产物：

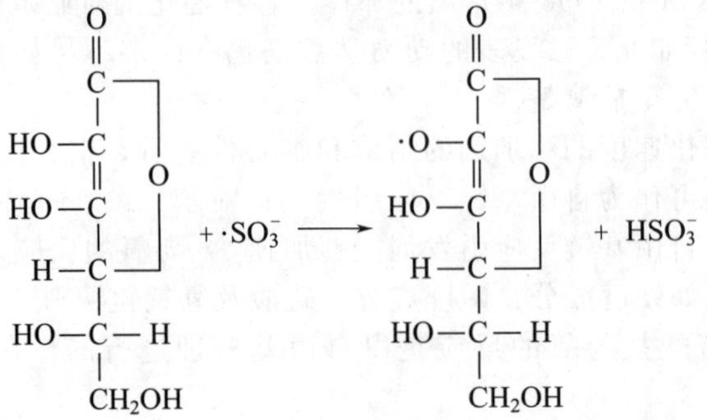

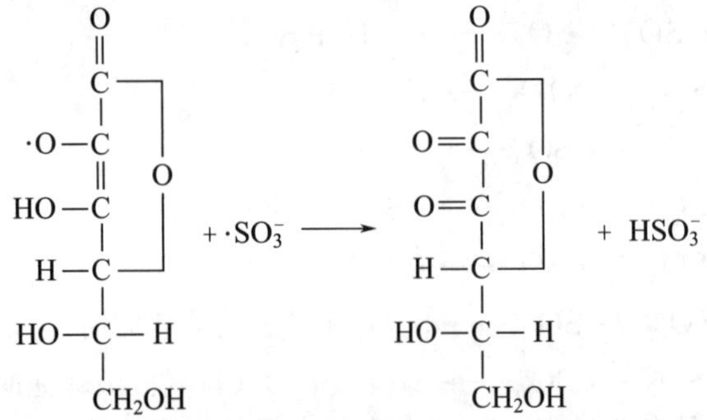

由于反应的进行，使自由基链传播中断，氧化反应几乎不再发生。这些试验事实提供了存在链历程的强有力证据。

3.2.6.3 亚硫酸盐自动氧化失效的防止方法

一系列研究结果表明，除非隔绝氧气或者采用稳定剂，亚硫酸盐的贮存氧化是不可避免的。

在现场加药操作中，因为条件所限或者为了方便，人们往往将化学药品提前配成溶液，这些溶液足够 7~15d 甚至更长时间使用。在许多场合，人们首先把溶液在室内配好，然后再运往现场使用，溶液的贮存期更长。在贮存期内，要做到贮器完全密封是非常困难的，多数现场都不具备条件。在这种情况下，亚硫酸盐溶液必然会发生空气氧化而失效。如果将这种溶液仍按原推荐用量加入系统，就必然达不到应有的防腐效果；如果按亚硫酸盐的有效含量加入，就会大大增加系统中硫酸根离子的含量而引起不良后果。因此，贮存期间的自动氧化是亚硫酸盐失效的根本原因。

根据亚硫酸盐失效的原因，可采用三种防止或减轻失效的方法。

a. 采用亚硫酸盐防腐时，最好是随用随配。

b. 当不得不贮存亚硫酸盐溶液时，一定要采用严格的密封措施。位于 d 区的金属，其离子对氧和亚硫酸盐的反应具有催化作用，促进亚硫酸盐的贮存氧化失效，因而对催化亚硫酸盐的贮存，应采取更严格的密封措施。

c. 研究表明，采用稳定剂来防止亚硫酸盐贮存氧化的技术方案是可行的。稳定剂 AD-3 等具有用量小，对亚硫酸盐稳定效果好以及稳定期长等特点，对于工业上广泛存在的难以实现亚硫酸盐现配现用的场合，用稳定亚硫酸盐代替亚硫酸盐是最方便经济的选择。

3.2.7 亚硫酸盐的防腐蚀机理

目前，关于亚硫酸盐的防腐蚀机理尚存在着不同意见。为便于说明问题，首先介绍除氧试验、腐蚀试验和电化学试验结果，然后介绍现有防腐蚀机理及其对除氧与腐蚀速度的关系。

3.2.7.1 亚硫酸盐防腐蚀性能与除氧的关系

（1）除氧试验

图 3-30 示出向去离子水中加入不同量的 SS、CSS 及 PASS（焦性没食子酸稳定亚硫酸盐）时 1h 后的除氧效果。在试验温度下，首先测定出水中的溶解氧为 6.30mg/L。按化学计量，要全部除去溶解氧，所需 SS 的理论浓度约为 60mg/L。但从图 3-30 看，SS 含量必须超过理论用量一定值时，才能有效地除去水中的溶解氧。比较而言，CSS 在各种浓度下均比 SS 的除氧速度快。而且，在试验时间内，SS 用量需超过 200mg/L 才能将水中的溶解氧除去，CSS 则只要超过 80mg/L 就可以将水中绝大部分溶解氧除尽。在各种浓度下，PASS 基本上不与溶解氧反应。

当向去离子水中分别加入 200mg/L 的 SS、CSS 和 PASS 时，水中氧含量随时间的变化见图 3-31。可以看出，CSS 在很短时间内已将溶解氧除尽，SS 需要较长时间才能将溶解氧除去，而 PASS 在试验时间内几乎没有起到除氧作用。

试验结果说明，无论从除氧效果还是从除氧速度看，都是

$$CSS > SS \gg PASS \approx 空白$$

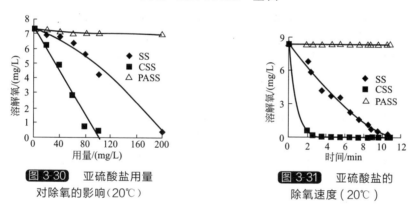

图 3-30　亚硫酸盐用量对除氧的影响（20℃）

图 3-31　亚硫酸盐的除氧速度（20℃）

（2）腐蚀试验

当不加入亚硫酸钠时，碳钢在水中的腐蚀是非常严重的，且呈现出局部腐蚀的特征。腐蚀速度因温度和水质不同而存在着较明显的差别。

向密封的自来水以及敞开的自来水、软化水和去离子水中分别加入 0.2g/L 的 SS、CSS 和 SSS 时，暴露 48h 的 20g 钢在水中的腐蚀速度见图 3-32。可以看出，在各种试验条件下，SS、CSS 和 SSS 的加入都能使钢在水中的腐蚀速度剧烈降低。无论在隔绝空气的密封系统中还是在有氧供应的敞开系统中，三者使钢腐蚀速度降低的程度按下述顺序减小：

$$SSS > SS > CSS \gg 空白$$

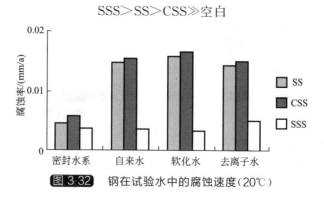

图 3-32　钢在试验水中的腐蚀速度（20℃）

添加剂浓度与其防腐蚀性能的关系的研究结果表明，随着添加剂浓度增加，钢的腐蚀速度减小，但在各种浓度下，稳定亚硫酸盐的防腐蚀性能均比亚硫酸盐更好。

研究了水的硬度、碱度、pH 值以及温度等条件与添加剂防腐蚀性能的关系，结果说明，在各种条件下，稳定亚硫酸盐和亚硫酸盐对钢均具有很好的防腐蚀效果，且前者比后者更好：

SSS＞SS＞CSS≫空白

（3）电化学试验

为研究添加剂对钢的电极电位的影响，测定了钢在含有 200mg/L SS、CSS 和 PASS 的去离子水中的时间-电位曲线（图 3-33）。浸入水中之后，钢的电极电位随着时间的延长而剧烈降低，接着保持一个大体恒定的电位值，最终测得的钢在水中的自腐蚀电位在 −620mV 左右（vs. SCE）。电位-时间曲线的这种形状与氧的去极化过程有关，铁的电极电位值取决于氧在微阴极上的离子化过程。在无搅拌情况下，靠近电极的电解液层中的氧不断消耗，引起了强烈的浓度极化。由于浓度极化以及由于天然保护膜的破坏，钢的电极电位剧烈下降。加入 200mg/L 的 SS、CSS 和 SSS 后，钢的电极电位随着时间而剧烈降低的程度大大增加，然后保持一个负得多的电极电位值。在本试验条件下，该电位值约为 −720mV，比钢在水中的电位值降低了 100mV。三种亚硫酸钠使钢的电极电位负移的程度是：

SSS＞SS≈CSS≫空白

加入 CSS 的结果与 SS 差别很小，但加入等量 PASS 后，钢的自腐蚀电位下降更加明显，比加入 SS 和 CSS 时要负 30mV。

图 3-34 示出钢在水中的动电位极化曲线。在试验条件下，腐蚀过程受阴极反应控制。未加入 SS 时，阴极过程符合典型的氧去极化的特点。向水中加入 200mg/L SS、CSS 和 PASS 后，明显地抑制了钢腐蚀的阴极过程，使氧的离子化过电位增加。三者之间的区别是，加入 CSS 和 SS 时，从阴极极化曲线上已看不出氧扩散的特征，而加入 PASS 后的极化曲线还保留着氧的影响，说明 PASS 和氧共存。尽管如此，三者对电极过程抑制的程度的差别很小：

SSS≈SS≈CSS≫空白

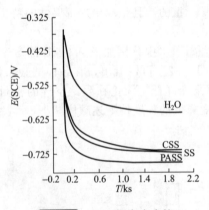

图 3-33　20g 钢在水中的
时间-电位曲线（20℃）

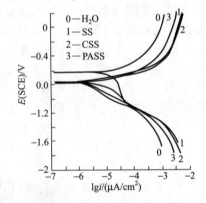

图 3-34　20g 钢在水中的动电位
极化曲线（20℃，扫描速度 1mV/s）

3.2.7.2　亚硫酸盐的防腐蚀机理

（1）除氧机理与外加还原性气氛机理

传统的亚硫酸盐防腐蚀机理是它从水中除去了腐蚀剂溶解氧。

溶解氧腐蚀是按电化学机理进行的。在中性、碱性含氧水中，氧在碳钢表面发生去极化作用，使金属失去电子而被溶解，其腐蚀反应为：

阳极　　　$Fe = Fe^{2+} + 2e$

阴极　　　$O_2 + 2H_2O + 4e = 4OH^-$

在阳极区，铁不断失去电子，变成亚铁离子进入溶液，留下的电子通过金属本体迁移到阴极区，与水和溶解氧发生反应生成氢氧根离子。阳极反应生成的亚铁离子和阴极反应生成的氢氧根离子相遇，生成溶解度很低的氢氧化亚铁，进而在水中溶解氧的作用下，氧化成氢氧化铁。

$$Fe^{2+} + 2OH^- = Fe(OH)_2 \downarrow$$

$$4Fe(OH)_2 + O_2 + 2H_2O = 4Fe(OH)_3 \downarrow$$

向水中加入亚硫酸盐后，亚硫酸盐与溶解氧反应，生成相对无害的硫酸盐：

$$2SO_3^{2-} + O_2 = 2SO_4^{2-}$$

由于溶解氧被除去，钢不再发生氧腐蚀。

按照传统的亚硫酸盐防腐蚀的除氧机理，亚硫酸盐的防腐蚀效果与除氧量成正比。除氧速度越快，残留氧越少，防腐蚀效果越好；除氧速度越慢，残留氧越多，防腐蚀效果越差。亚硫酸盐除氧速度受温度、亚硫酸盐过剩量、溶液的 pH 值及水质等因素的影响。在水质等条件相同的情况下，能加速亚硫酸盐同氧反应的催化剂会使亚硫酸盐防止溶解氧对钢腐蚀的效果显著提高，而妨碍除氧的物质会使亚硫酸盐防腐蚀效果显著变差。

新近提出的外加还原性气氛机理认为，亚硫酸盐的防腐蚀作用机理并不是人们一直认为的那样，是由于亚硫酸盐从水中除去了溶解氧，而是由于亚硫酸盐的加入增加了系统的还原性气氛，使钢的电极电位剧烈负移，从而抑制了腐蚀的阴极过程。亚硫酸盐的防腐蚀效果并不与除氧量成正比，也不在于亚硫酸盐除氧速度快和除氧彻底，而是取决于亚硫酸盐是否能够提供足够的还原性气氛和还原性气氛的保持。为了区别于系统原有的由钢本身提供的还原性气氛，把系统原来没有的由外加物质提供的还原性气氛称为外加还原性气氛，而把这种防腐蚀作用机理称为外加还原性气氛机理。

根据这一机理，亚硫酸盐在腐蚀学科上不应当被称为除氧剂，而应当被称为阴极性缓蚀剂。

根据这一机理，当仅以防止溶解氧对钢的腐蚀为目的时，采用催化亚硫酸盐是没有意义的，因为催化剂不利于亚硫酸盐所提供的还原性气氛的保持。

根据这一机理，在水质等条件相同的情况下，催化亚硫酸盐防止溶解氧对钢腐蚀的效果应当最差，亚硫酸盐较好，稳定亚硫酸盐最好。

（2）对闭口腐蚀试验结果的解释

根据除氧机理，闭口腐蚀的试验结果应该是，向系统中加入催化亚硫酸钠后，由于它和氧反应速率很快，氧在尚未扩散到达钢表面以前就被除去了，因而钢的腐蚀速率应最小。加入亚硫酸钠后，由于它和氧反应速率较慢，一部分或者大部分氧将被还原除去，剩下的那部分氧将参与钢表面的氧去极化反应，因而钢的腐蚀速率应该比加入催化亚硫酸钠时大一些。加入稳定亚硫酸钠后，由于它和氧的反应速率极慢，系统中残留有大量的溶解氧，这些氧都可能参与腐蚀反应，因而钢的腐蚀速度应比前两种情况大得多。然而试验结果却是，加入三种亚硫酸钠后，钢的腐蚀速度仅有一定差别，而且相对来说，钢的腐蚀速度为加入催化亚硫酸钠时最大，加入稳定亚硫酸钠时最小。

试验结果很容易用外加还原性气氛机理来解释：加入三种亚硫酸钠后，虽然同溶解氧反应时会被消耗，但由于亚硫酸钠过量很多，反应后钢所处的还原性气氛仍然差别不大，因而腐蚀速度的差别也不大。相对来说，同氧反应速率越快，使局部还原性气氛愈容易降低而难以及时补充，因而加入催化亚硫酸钠时钢的腐蚀速度相对最大。

（3）对敞口腐蚀试验结果的解释

按照除氧机理，在其他条件相同，仅仅把密闭系统改为敞口系统时的试验结果应当是：向系统中加入催化亚硫酸钠后，它和溶解氧发生快速反应，氧在未达到钢表面之前，即已被除去。与此同时，随着溶液中氧浓度的降低，大气中的氧源源不断地进入系统，并从气-液界面向内扩散。由于催化亚硫酸钠过量，它和溶解氧反应速率很快，而氧在溶液中的扩散速度很慢，因而直到 48h 试验结束，到达钢表面的氧仍然很少。因此，钢的腐蚀速度应该最小。

向系统中加入亚硫酸钠后，随着它和氧发生慢速反应，大气中的氧徐徐进入溶液，并向内扩散。由于亚硫酸钠过量，能够扩散到达钢表面的氧量取决于亚硫酸钠和氧反应的速率、氧的扩散速度以及钢表面到气-液界面的距离。如果亚硫酸钠的除氧速度大于氧的扩散速度，则在试验期间，氧不可能到达金属表面，钢的腐蚀速度应和加入催化亚硫酸钠时相当。如果亚硫酸钠的除氧速度小于氧的扩散速度，而试片距液面又不够远，则有少量氧到达金属表面，使钢的腐蚀速度大于加入催化亚硫酸钠时的腐蚀速度。

向系统中加入稳定亚硫酸钠后，由于它和氧的反应速率极慢，氧和钢表面直接接触而发生腐蚀反应。随着氧在金属表面的消耗，引起溶液中氧向金属表面的扩散，大气中的氧则不断地进入溶液。此时，钢的腐蚀速度取决于氧的扩散速度，钢的腐蚀将非常严重。

当采用外加还原性气氛机理来推测时，可以得出完全不同的结果：

在催化亚硫酸钠存在下，钢最初处于很强的还原性气氛中，随着氧同催化亚硫酸钠的反应和外界氧的不断进入，催化亚硫酸钠不断消耗，从而使还原性气氛逐渐减弱，钢的腐蚀速度应该明显大于密封条件下的试验结果。

在亚硫酸钠存在下，钢最初亦处于很强的还原性气氛中，随着氧同亚硫酸钠的反应和外界氧的不断进入，亚硫酸钠不断消耗，但由于同氧反应速率慢，其消耗量稍小于催化亚硫酸钠，因而使还原性气氛减弱的程度亦稍小于催化亚硫酸钠，钢的腐蚀速度应该稍小于催化亚硫酸钠的试验结果。

在稳定亚硫酸钠存在下，氧与稳定亚硫酸钠反应极慢，系统中溶解氧的消耗很少，气-液界面上的氧几乎保持平衡状态，从而使钢一直处于很强的还原性气氛中，钢的腐蚀速度应该明显小于亚硫酸钠的试验结果。

试验结果说明，用外加还原性气氛机理预测的钢的腐蚀速度同实测结果完全吻合，而用除氧机理预测的结果则是完全错误的。

（4）对电化学试验结果的解释

电位-时间曲线和极化曲线的测定结果很容易用外加还原性气氛机理解释。

浸入水中之后，靠近电极的电解液层中的氧不断消耗，引起了强烈的浓度极化。由于浓度极化以及由于天然保护膜的破坏，钢的电极电位随着时间的延长而剧烈降低，接着保持一个大体恒定的电位值。加入 200mg/L 亚硫酸钠、催化亚硫酸钠和稳定亚硫酸钠后，外加还原性气氛使得钢的电极电位随着时间的延长而剧烈降低的程度大大增加，然后保持一个负得多的电极电位值。三种亚硫酸钠使钢的电极电位负移的程度和达到的平衡电位值与所提供的外加还原性气氛的强弱有关，由于稳定亚硫酸钠提供的外加还原性气氛相对较强，因而加入稳定亚硫酸钠时钢的电位更负。

未加入亚硫酸钠时，钢在水中的阴极极化曲线符合典型的氧去极化过程。加入 200mg/L 亚硫酸钠、催化亚硫酸钠和稳定亚硫酸钠时，外加的还原性气氛明显地抑制了钢腐蚀的阴极过程，使氧的离子化过电位增加。三者之间的微小区别是，加入催化亚硫酸钠和亚硫酸钠时，从阴极极化曲线上已看不出氧扩散的特征，而加入稳定亚硫酸钠时的极化曲线还保留有氧的影响，说明亚硫酸钠和氧共存。尽管如此，三者对电极过程抑制的程度差别不大。

试验结果用除氧机理是无法解释的。按照除氧机理，亚硫酸钠对钢的电位-时间曲线和极化曲线的影响应该与除氧程度直接有关。加入催化亚硫酸钠时，钢的电极电位的负移程度应最大，电极阴极过程受阻滞的程度亦最大。其次是亚硫酸钠。加入稳定亚硫酸钠时，由于水中溶解氧的影响，钢的电极电位的负移程度应比前两者小得多，电极阴极过程受阻滞的程度也应比前两者小得多。试验结果与此完全不同的事实说明，亚硫酸钠影响电极过程的机理不是除氧，而是外加还原性气氛。

（5）提高亚硫酸盐防腐蚀效果的途径

为提高亚硫酸盐的防腐蚀效果，在能够实现系统严格密封和药剂随用随配的场合，可以采用无其他添加剂的亚硫酸盐，也可以采用催化亚硫酸盐及稳定亚硫酸盐。

如果难以实现系统严格密封和药剂随用随配，则采用稳定亚硫酸盐是最好的选择。稳定剂不仅能提高亚硫酸盐的贮存稳定性，而且有利于亚硫酸盐所提供的还原性气氛的保持，改善亚硫酸盐的防腐蚀效果。在水质等条件相同的情况下，与亚硫酸盐和催化亚硫酸盐相比，稳定亚硫酸盐防止溶解氧对钢腐蚀的效果相对较好。

3.3　缓蚀剂法锅炉防腐技术

3.3.1　概述

3.3.1.1　发展概况

在腐蚀环境中，能对金属腐蚀具有良好抑制作用的药剂称为缓蚀剂。缓蚀剂又名腐蚀抑制剂或阻蚀剂。

缓蚀剂是高度专科化的商品。早在 1860 年，英国就公布了以糖蜜和植物油混合物作为钢板酸洗用的缓蚀剂专利。到 20 世纪初，又出现了以麸、淀粉为酸雾抑制剂和以煤焦油作为酸洗缓蚀剂的专利。后者开创了煤焦油类缓蚀剂的先例，后来发现的许多缓蚀剂都与煤焦油有关。在 20 年代人们已经知道砷、锑等的无机化合物和含有氮、磷、硫的有机化合物可作为酸性介质缓蚀剂。硅酸盐、亚硝酸盐和铅酸盐等无机物是钢在水中的缓蚀剂。油溶性石油磺酸盐可作为防锈剂。Friend 指出苯甲酸盐是水中铁的缓蚀剂。经过许多人的研究，这些无机物和苯甲酸盐目前仍是最重要的钝化膜型缓蚀剂。French 于 1923 年发表了用纸浆废液防止锅炉腐蚀的文章，指出其有效成分主要是木质素磺酸盐。Fager 于 1929 年指出了单宁酸对运行锅炉的防腐作用。在 30 年代，出现了酸性磷酸酯、烯基丁二酸、亚油酸二聚物等防锈剂，酸性介质缓蚀剂开始用于工业设备的化学清洗。最早的气相缓蚀剂专利是 1933 年公布的乙二胺和吗啉。Dreyfus 于 1942 年指出，在锅炉系统中使用环己胺和吗啡，不仅可以中和酸性物质，而且具有缓蚀作用。第二次世界大战之后，气相缓蚀剂和防锈油发展很快。亚硝酸三甲基硫是最早的军用气相缓蚀剂专利。美国壳牌公司于 1943 年开发的亚硝酸二环己胺是最重要的铁基合金气相缓蚀剂。欧美各国于 50 年代开始使用的苯并三唑是最重要的有色金属气相缓蚀剂。Baker 对有机酸、有机胺和无机盐的缓蚀性进行了大量研究，得出了很有价值的结果。至 1948 年，在 Uhlig 主编的《腐蚀手册》中已收集了 100 多种缓蚀剂。50 年代以后，缓蚀剂品种和应用技术发展很快，每年都有大量缓蚀剂专利公布。到目前为止，已发现具有缓蚀作用的物质达千种以上，已在工业上获得应用的缓蚀剂约 200 多种。

中国缓蚀剂研究始于 50 年代。目前已获得工业应用的缓蚀剂有近百种。硝酸酸洗缓蚀剂和适用于盐酸、硝酸、柠檬酸等多种酸的缓蚀剂是中国的独有品种。

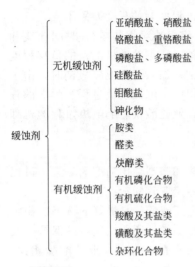

缓蚀剂 —— 无机缓蚀剂
- 亚硝酸盐、硝酸盐
- 铬酸盐、重铬酸盐
- 磷酸盐、多磷酸盐
- 硅酸盐
- 钼酸盐
- 砷化物

有机缓蚀剂
- 胺类
- 醛类
- 炔醇类
- 有机磷化合物
- 有机硫化合物
- 羧酸及其盐类
- 磺酸及其盐类
- 杂环化合物

图 3-35　缓蚀剂的物质种类

3.3.1.2　分类

缓蚀剂种类繁多，应用广泛，作用机理复杂。迄今为止尚没有一种既能把众多缓蚀剂分门别类，又能反映出缓蚀剂内在结构特征和作用机理的完善分类方法。为了研究和应用方便，通常从不同角度进行分类。

（1）按组成分类

图 3-35 列出了可作为缓蚀剂的物质种类。实际上具有缓蚀作用的物质远不止这些。例如，许多最常见的物质都可作为缓蚀剂：食盐是稀硫酸中碳钢的缓蚀剂，水是许多有机溶剂中铝的缓蚀剂，空气中的氧是尿素溶液中不锈钢的缓蚀剂等。工业上使用的缓蚀剂大都是混合物。在用量相同的情况下，配合适当的缓蚀剂混合物的缓蚀效果明显超过各个组分单独使用的缓蚀效果，这就是缓蚀剂的"协同效应"。许多缓蚀剂都属于专利或专有技术，其成分不公开发表。但是，这种分类法对我们阐明缓蚀剂的组成、结构和化学性质是有用的。

（2）按电化学机理分类

按照缓蚀剂对电极过程产生的影响，Evans 把缓蚀剂分为阳极性缓蚀剂、阴极性缓蚀剂和混合性缓蚀剂。阳极性缓蚀剂多为无机强氧化剂，如铬酸盐、亚硝酸盐、钼酸盐、钨酸盐、苯甲酸盐都属于阳极缓蚀剂。它们在金属表面阳极区与金属离子作用，生成氧化物或氢氧化物氧化膜覆盖在阳极上形成保护膜。这样就抑制了金属向水中溶解。阳极反应被控制，阳极被钝化。硅酸盐也可归到此类，它是通过抑制腐蚀反应的阳极过程来达到缓蚀目的的。

阳极型缓蚀剂要求有较高的浓度，以使全部阳极被钝化，一旦剂量不足，将在未被钝化的部位造成点蚀。

抑制电化学阴极反应的化学药剂，称为阴极型缓蚀剂。阴极型缓蚀剂能在水中与金属表面的阴极区反应，其反应产物在阴极沉积成膜，随着膜的增厚，阴极释放电子的反应被阻挡。在实际应用中，由于钙离子、碳酸根离子和氢氧根离子在水中是天然存在的，所以只需向水中加入可溶性锌盐或可溶性磷酸盐。

混合性缓蚀剂多为某些含氮、硫或羟基的、具有表面活性的有机缓蚀剂，其分子中有两种性质相反的极性基团，能吸附在清洁的金属表面形成单分子膜，它们既能在阳极成膜，也能在阴极成膜。阻止水与水中溶解氧向金属表面的扩散，起了缓蚀作用。

这种分类方法对研究和理解缓蚀剂的作用机理虽非常有利，但不能反映缓蚀剂影响电极过程的原因，尚未找到这种分类和缓蚀剂结构之间的对应关系。

（3）按物理化学机理分类

按缓蚀剂对金属表面的物理化学作用，可以把缓蚀剂分为钝化膜型缓蚀剂、沉淀膜型缓蚀剂和吸附膜型缓蚀剂。如表 3-8 所示。

表 3-8　按物理化学机理分类

膜型	主要形式的腐蚀抑制剂	特性
钝化膜型 （氧化膜型）	铬酸盐 钼酸盐、钨酸盐 亚硝酸盐	致密、膜薄（3～10nm），防腐性好

膜型		主要形式的腐蚀抑制剂	特性
沉淀膜型	水中离子型	聚磷酸盐 有机磷酸盐(酯)类 硅酸盐 锌盐 苯甲酸盐、肌氨酸	多孔质,膜薄,与金属表面黏附性差
	金属离子型	巯基苯并噻唑 苯并三氮唑	比较致密,膜薄
有机系吸附膜型		胺类 硫醇类 高级脂肪酸类 葡萄糖酸盐 木质素类	在酸性、非水溶液中形成好的皮膜,在非清洁的表面上通常吸附性差

（4）其他分类

按照缓蚀剂使用的环境,可以把缓蚀剂分为水溶性缓蚀剂、油溶性缓蚀剂和挥发性缓蚀剂 3 类;按照缓蚀剂适用的金属,可分为铁缓蚀剂、铜缓蚀剂、铝缓蚀剂等等。

按照缓蚀剂的适用范围,可分为酸洗用缓蚀剂、石油炼制用缓蚀剂、冷却水用缓蚀剂等等。

总之,目前尚没有统一的缓蚀剂分类方法。现有分类方法较多,各有所长和不足。在研究和应用缓蚀剂时,可结合实际灵活采用。

3.3.1.3　缓蚀性能的测试

缓蚀剂的缓蚀性能可用缓蚀率表征。缓蚀率越大,缓蚀性能越好。缓蚀率的测试方法很多,可根据测试目的和实际情况选用。测试的场所可以在实验室,也可以在现场。当在实验室检测时,测试试件和腐蚀环境必须尽量接近现场条件。因此,实验室测试往往是模拟测试。

（1）失重法

失重法是测定金属腐蚀速度的最基本方法。该法是将试件分别暴露在加与不加缓蚀剂的腐蚀环境中,经过一定时间后取出,除去表面腐蚀产物,然后称重,根据试件在腐蚀前后的重量变化来计算腐蚀速度和缓蚀率。假设局部腐蚀或内部腐蚀不存在或者另行考虑,则平均腐蚀速度可按下式计算:

$$R = \frac{w_0 - w_1}{St}$$

式中, R 为平均腐蚀速度, $g/(m^2 \cdot h)$; w_0 为腐蚀前试片质量,g; w_1 为腐蚀后试片质量,g; S 为试片表面积, m^2; t 为试片暴露时间,h。

由此即可计算出缓蚀率:

$$I = \frac{R_0 - R_1}{R_0} \times 100$$

式中, I 为缓蚀率,%; R_0 为未加缓蚀剂时的平均腐蚀速度, $g/(m^2 \cdot h)$; R_1 为添加缓蚀剂后的平均腐蚀速度, $g/(m^2 \cdot h)$。

失重法简易直观、灵敏可靠、用途广泛,是各种现代腐蚀测试方法鉴定比较的基础。

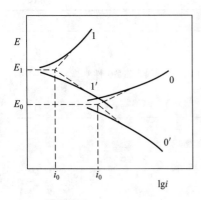

图 3-36 加和不加缓蚀剂时的极化曲线

（2）极化曲线法

极化曲线法是利用极化曲线的 Tafel 区直线段外推求得金属腐蚀速度的方法。施加电流于试件，将其极化到 Tafel 区（一般大于 50mV），然后用极化电位对电流密度的对数值作图，即得出极化曲线。若不考虑浓度极化和溶液电阻的影响，则在曲线的电流较大部分有一直线段即 Tafel 直线段。将 Tafel 直线外延与自腐蚀电位的水平线相交，或者将阳极极化曲线和阴极极化曲线的直线一段外延相交，则交点所对应的电流即为金属的腐蚀电流。通过法拉第定律，可将腐蚀电流换算为重量指标。由加和不加缓蚀剂时的极化曲线测得相应的腐蚀电流，见图 3-36，然后按下式计算缓蚀率：

$$I = \frac{i_0 - i_1}{i_0} \times 100$$

式中，I 为缓蚀率，%；i_0 为加缓蚀剂时的腐蚀电流密度，mA/cm^2；i_1 为添加缓蚀剂后的腐蚀电流密度，mA/cm^2。

从极化曲线不仅可测定缓蚀率，而且可研究缓蚀剂对电极过程的影响。

极化曲线可以采用恒电位法、恒电流法或动电位扫描法测定，但测定较麻烦，且对浓度极化较大的体系难以确定极化曲线的线性段，对溶液电阻较大的体系和在强极化时金属表面发生较大变化的体系均难以采用。因此，该法目前主要用于在实验室研究缓蚀剂的电化学作用机理。

（3）线性极化法

线性极化法最早由 Stern 等于 1957 年提出，Mansfeld 做了较全面的评述。它的基本原理是根据在腐蚀电位附近（约±10V 以内），极化电位与外加电流之间存在着线性关系：

$$R_p = \frac{\Delta E}{\Delta i} = \frac{b_a b_c}{2.3(b_a + b_c)i_c}$$

式中，R_p 为极化电阻，$\Omega \cdot cm^2$；ΔE 为极化电位，V；Δi 为极化电流密度，A/cm^2；i_c 为金属面腐蚀电流密度，A/cm^2；b_a，b_c 为阴、阳极 Tafel 常数，V。

当局部阳极反应受活化控制，局部阴极反应受氧化剂的扩散控制时，$b_c \rightarrow \infty$，则

$$R_p = \frac{b_a}{2.3i_c}$$

当局部阴极反应受活化控制，局部阳极反应受钝化控制时，$b_a \rightarrow \infty$，则

$$R_p = \frac{b_c}{2.3i_c}$$

对于一定的腐蚀体系，b_a、b_c 为常数，令 $B = \frac{b_a b_c}{2.3(b_a + b_c)}$，$B$ 也为常数，则

$$R_p = \frac{B}{i_c}$$

对于同一体系，可认为 B 值不随缓蚀剂的加入而改变，则

$$I = 100(i_c - i_c') / i_c = 100(R_p' - R_p)/R_p'$$

式中，I 为缓蚀率，%；i_c 为未加缓蚀剂时的腐蚀电流密度，A/cm^2；i_c' 为加入缓蚀剂后的腐蚀电流密度，A/cm^2；R_p 为未加缓蚀剂时的极化电阻，$\Omega \cdot cm^2$；R_p' 为加入缓蚀剂后的极化电阻，$\Omega \cdot cm^2$。

采用线性极化法测定瞬时腐蚀速度的程序可参照有关标准。该法灵敏快速，适用于任何电解质溶液所构成的腐蚀体系，在评价缓蚀剂方面非常有用。由于极化电流很小，不至于破坏试件的表面状态，因而用一个试件可以做多次连续测定，这对实验室测试和现场监测都很方便。

（4）其他方法

除了前述基本测试方法外，还有适用于实验室测试和现场监测的化学分析法和电阻测定法；适用于实验室研究测试的交流阻抗法、核磁共振法、电子衍射法等等。对于不同用途的缓蚀剂，已制定了一些专用的标准测试方法，例如油溶性援蚀剂的测试方法、水溶性缓蚀剂的测试方法、挥发性缓蚀剂的测试方法等。

3.3.2 缓蚀原理

缓蚀剂的作用机理可概括为两种：一种为电化学机理；另一种为物理化学机理。前者以金属表面发生的电化学过程为基础，后者则以金属表面发生的物理化学变化为依据。虽然处理缓蚀机理的方式不同，但两种机理并不矛盾，且存在着某种因果关系。缓蚀作用表现在缓蚀剂对电化学过程的抑制，而抑制的原因是由于金属表面发生了某种物理化学变化。每种缓蚀剂的作用机理取决于缓蚀剂的种类、化学结构、金属种类和环境条件等因素。直到现在，缓蚀剂的作用机理尚未完全搞清，甚至对一些使用已相当普遍的缓蚀剂的作用机理仍存在着争论。

3.3.2.1 电化学机理

金属在电解液中的腐蚀是由两个共轭的电化学过程即阳极过程和阴极过程组成的。如果缓蚀剂能抑制阳、阴极过程中的一个或两个，就能使腐蚀速度减小。明确缓蚀剂抑制哪一个电极过程，是查明缓蚀剂作用机理的有效手段。

图 3-37 是金属在活化区的极化图。所谓极化图是将阴极过程和阳极过程的理论极化曲线划在同一个图内，而且用电流强度代替电流密度，这种表示方法叫作极化图。图 3-37 中曲线 1 表示没有缓蚀剂存在时的极化曲线，曲线 2 表示加入缓蚀剂后的极化曲线。在图 3-37（a）中，缓蚀剂主要抑制了腐蚀的阳极过程，缓蚀剂的加入使阳极极化曲线向低电流方向移动而阴极极化曲线几乎没有改变。此时，腐蚀电位向正方向移动，腐蚀电流减小。在图 3-37（b）中，缓蚀剂主要抑制了腐蚀的阴极过程，缓蚀剂的加入使阴极极化增大而阳极极化几乎不受影响，结果，腐蚀电位向负方向移动，腐蚀电流减小。在图 3-37（c）中，缓蚀剂既抑制了腐蚀的阳极过程，又抑制了阴极过程，缓蚀剂的加入使阳极极化曲线和阴极极化曲线都向低电流方向移动。结果，腐蚀电流减小而腐蚀电位几乎保持不变或者变化不大。在这 3 种情况下，缓蚀剂都使金属腐蚀速度减小。由于抑制了阳极过程而使腐蚀速度减小的缓蚀剂称为阳极性缓蚀剂。抑制阴极过程而使腐蚀速度减小的缓蚀剂称为阴极性缓蚀剂。同时抑制阳极过程和阴极过程从而减小腐蚀速度的缓蚀剂称为混合性缓蚀剂。

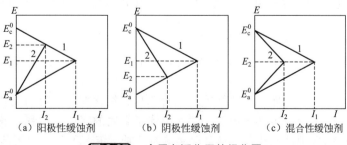

（a）阳极性缓蚀剂　　（b）阴极性缓蚀剂　　（c）混合性缓蚀剂

图 3-37 金属在活化区的极化图

对于活化-钝化性金属，当其在电解液中腐蚀时，某些缓蚀剂具有使金属从活化状态转变为钝化状态，从而使腐蚀速度大大减小的功能。此类缓蚀剂又叫钝化剂。

图 3-38 是活化-钝化性金属阳极抑制型钝化剂的极化图。未加入缓蚀剂时，金属在电解液中处于活化状态，其阳极极化曲线（曲线 1）和阴极极化曲线的交点 P 处于活化区，所对应的腐蚀电流很大，腐蚀电位较负。加入某种缓蚀剂之后，金属的阳极极化曲线向低电流方向移动如曲线 2 所示，而阴极极化曲线没有变化，两曲线的交点移至 P'，处于钝化区，金属转变为钝化状态，腐蚀电位向正方向移动，腐蚀电流则大大减小。由于缓蚀剂是通过抑制腐蚀的阳极过程而使金属发生钝化的，因而把这种缓蚀剂称为阳极抑制型钝化剂。

图 3-39 表示另一类钝化剂的作用机理。缓蚀剂加入前的阴极极化曲线如曲线 1 所示，金属处于活化状态，腐蚀速度很大。加入某种缓蚀剂后，缓蚀剂对阳极极化曲线没有影响，但却使阴极极化曲线向高电流方向移动，促进阴极去极化。当缓蚀剂加量足够时（图 3-39 曲线 2），阴极去极化充分进行，阳极极化曲线和阴极极化曲线的交点 P 处于钝化区，金属变为钝化状态，腐蚀电位正移，腐蚀电流大大减小。这种缓蚀剂是通过阴极去极化而使金属发生钝化的，因而称为阴极去极型钝化剂。

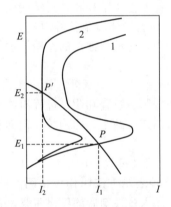

图 3-38　阳极抑制型钝化剂极化图

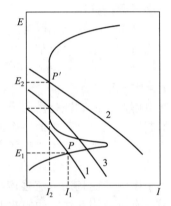

图 3-39　阴极去极型钝化剂极化图

这种缓蚀剂的加量不足时，阴极去极化不充分，有可能使阳极极化曲线和阴极极化曲线的交点不能处于钝化区（如图 3-39 中曲线 3），反而使腐蚀电流变大，促进了金属的腐蚀。因此，在使用这种缓蚀剂时，加量必须充足。

3.3.2.2　物理化学机理

一种缓蚀剂的缓蚀作用可以按照电化学机理解释，也可以按照物理化学机理解释。按照物理化学机理，缓蚀剂在电解液中对电极过程的抑制是由于缓蚀剂或者缓蚀剂与电解质作用于金属表面，引起表面发生某种变化的结果。这种变化可以表现为离子或分子的吸附，氧化膜的生成以及沉淀膜的生成。据此，缓蚀剂又可以分为吸附膜型、氧化膜型和沉淀膜型 3 种。

（1）氧化膜型缓蚀剂

Evans 于 1927 年首先提出的氧化膜学说和 Uhlig 于 1944 年提出的吸附膜学说是氧化膜型缓蚀剂的理论基础。

这类缓蚀剂多具有氧化性。有些缓蚀剂本身不具有氧化性，需要和氧共存。缓蚀剂的作用机理可能是使金属表面发生某种特性吸附而阻滞了金属的离子化过程，或者使金属表面氧化，生成薄而致密的保护性氧化膜，例如使铁表面生成 $\gamma\text{-}Fe_2O_3$ 膜。也可能最初只发生特性吸附，在经过了一段时间之后才生成氧化膜。虽然金属表面生成的保护膜的主要成分是金属氧化物，但不能排除缓蚀剂本身参与吸附过程的可能，因为在保护膜中往往能发现缓蚀剂阴离子。在使用磷酸盐和苯甲酸盐缓蚀剂时，铁的氧化膜中除了 $\gamma\text{-}Fe_2O_3$ 外还有少量的磷酸根离子和苯甲酸根离子。使用铬酸盐缓蚀剂时，铁的氧化膜中含有不到 10% 的缓蚀剂还原产物 Cr_2O_3。

这类缓蚀剂主要影响腐蚀的阳极过程，使活化-钝化性金属的腐蚀电位落入钝化区，从而使金属处于钝化状态。这类缓蚀剂的实例很多，如：铝在含氧水溶液中的缓蚀剂有重铬酸盐、铬酸盐、高锰酸钾、硝酸钠等；镁在含氧水溶液中的缓蚀剂有重铬酸盐、铬酸盐、高锰酸盐、亚硝酸盐、硝酸盐等；铁在含氧的中性水溶液中的缓蚀剂有重铬酸盐、铬酸盐、亚硝酸盐、硝酸盐、磷酸盐、硼酸盐、硅酸盐、钼酸盐、钨酸盐、苯甲酸盐等。氧化膜型缓蚀剂缓蚀效率很高，已得到普遍使用。但是，如果用量不足，阳极吸附不完全或者氧化膜不能完全覆盖阳极表面时，有可能使金属表面形成小阳极大阴极而发生孔蚀。Evans 于 1946 年提出的"危险性缓蚀剂"一词形象地概括了氧化膜型缓蚀剂的特点。因此，当使用这类缓蚀剂时，加量必须充足。

（2）沉淀膜型缓蚀剂

这是一类能通过化学反应在金属表面生成沉淀膜的缓蚀剂。沉淀膜厚度在几纳米，有时甚至达到几十纳米至 100nm。在大多数情况下，沉淀膜生成并覆盖于局部阴极表面，抑制金属腐蚀的阴极过程。在某些情况下，沉淀膜可能覆盖全部金属表面，抑制腐蚀的阳极过程和阴极过程。

如钢在含有氧的中性水溶液中腐蚀时，加入硫酸锌，硫酸锌电离出锌离子，锌离子和钢腐蚀时阴极反应生成的氢氧根离子反应，生成难溶性的氢氧化锌。

$$Zn^{2+} + 2OH^- \longrightarrow Zn(OH)_2\downarrow$$

氢氧化锌形成沉淀膜覆盖于局部阴极表面，抑制了阴极过程。钙盐、镁盐也有同样的缓蚀作用。

天然水中含有碳酸氢钙。碳酸氢钙是水溶性的，当在钢表面同阴极反应产物氢氧根离子相遇，生成碳酸钙沉淀而覆盖于局部阴极表面：

$$Ca(HCO_3)_2 + OH^- \longrightarrow CaCO_3\downarrow + HCO_3^- + H_2O$$

由于阴极过程被抑制，钢的腐蚀速度减小。天然水往往比软化水对钢的腐蚀性小，其原因就在于天然水中含有钢的阴极性缓蚀剂碳酸氢钙。另外，在含氧硬水中对钢有缓蚀作用的还有聚磷酸盐、磷酸盐、硅酸盐等。阴极性缓蚀剂的缓蚀效率不太高，实践中往往需要和其他缓蚀剂配合使用以增强效果，但用量不足时不会促进腐蚀。

有些含有氧、硫等基团的络合剂能同金属离子反应，在金属表面生成不溶性络合物沉淀膜。例如，8-羟基喹啉是铝在碱性水溶液中的缓蚀剂。当加入 8-羟基喹啉时，缓蚀剂与铝离子反应，生成的不溶性络合物沉淀膜覆盖于金属铝表面，抑制了铝在碱性水溶液中的腐蚀。

能在金属表面生成聚合物沉淀膜的缓蚀剂，缓蚀效率往往很高。例如，丙炔醇是铁在酸性水溶液中的有效缓蚀剂，其作用机理是丙炔醇吸附于金属表面，经过反应生成聚合物沉淀膜覆盖在整个金属表面上，同时抑制了腐蚀的阳极过程和阴极过程。苯并三唑是铜的高效缓蚀剂，其作用机理是与铜反应生成不溶性聚合物沉淀膜，其结构可能是链状聚合物，这种聚合物取向与铜表面平行，并且非常稳定，甚至在 200℃高温下对铜的氧化也有一定程度的抑制作用。

（3）吸附膜型缓蚀剂

这类缓蚀剂在电解液中对金属表面有良好的吸附性，其吸附改变了金属的表面性质，从而抑制了金属的腐蚀。

这种缓蚀剂的分子由极性基和非极性基组成。极性基中含有电负性高的氧、氮、磷、硫等元素，非极性基的主要成分是碳、氢元素。极性基是亲水的，具有吸附于金属表面的能力。非极性基是亲油或疏水的，具有把金属表面与水溶液隔开的能力。

向电解液中加入吸附膜型缓蚀剂后，其中的极性基吸附于金属表面，非极性基则向溶液排列，使得溶液中的腐蚀性粒子难以靠近金属表面。缓蚀剂分子的吸附改变了金属表面的电荷状态，增大了腐蚀反应的活化能，使反应难以进行。

关于缓蚀剂的吸附方式，有以 Mann 为代表的物理吸附说和以 Hackerman 为代表的化学吸附说。根据物理吸附说，缓蚀剂的吸附靠静电引力和范德华力，具有吸附迅速、可逆、缓蚀剂与金属间没有特定组合、金属表面电荷影响大等特点。

金属表面没有电荷时的电位称零电荷电位 E_q^0。一些金属的零电荷电位见表 3-9。金属电位比零电荷电位高时，表面带正电荷；比零电荷电位低时，表面带负电荷。金属在电解液中的腐蚀电位 E_{corr} 通常与 E_q^0 并不相等。令

$$\varphi_{corr} = E_{corr} - E_q^0$$

则当 $\varphi_{corr} > 0$ 时，金属表面带正电荷，容易吸附阴离子缓蚀剂；当 $\varphi_{corr} < 0$ 时，金属表面带负电荷，容易吸附阳离子缓蚀剂；当 $\varphi_{corr} \approx 0$ 时，金属表面几乎没有电荷，容易吸附中性分子缓蚀剂。

表 3-9 一些金属的零电荷电位（对标准氢电极）

金属	零电荷电位/V	金属	零电荷电位/V
Cd	−0.90	Hg	−0.19
Pb	−0.69	Ni	−0.06
Zn	−0.63	Ag	+0.05
Fe	−0.37	Pt	+0.27

以四丁基氯化铵为例，当金属 M 在酸性水溶液中腐蚀时，若 $\varphi_{corr} < 0$，则金属 M 表面带负电 M^-。加入缓蚀剂后，四丁基氯化铵在水中电离，其中阳离子迅速吸附于金属表面：

$$(C_4H_9)_4NCl \rightleftharpoons (C_4H_9)_4N^+ + Cl^-$$

$$(C_4H_9)_4N^+ + M^- \longrightarrow (C_4H_9)_4N^+ + M^-$$

阳离子吸附在局部阴极后，金属表面的负电荷被中和，使 H^+ 难以靠近，抑制了 H^+ 的放电过程，成为阴极性缓蚀剂。此时，如果非极性基—C_4H_9 能够充分覆盖金属表面，则与腐蚀有关的物质和电荷的迁移受到阻滞，阳极过程和阴极过程同时被抑制，四丁基氯化铵就变成混合型缓蚀剂。

有些缓蚀剂在水中不能电离，但在酸性水溶液中可以同 H^+ 结合成阳离子，例如胺、苯胺、硫醇、硫脲等。

$$RNH_2 + H^+ \rightleftharpoons RNH_3^+$$

$$RSH + H^+ \rightleftharpoons RSH_2^+$$

然后，阳离子同金属表面发生物理吸附。

当金属表面带正电荷，不容易吸附阳离子缓蚀剂时，可在加入阳离子缓蚀剂的同时加入某些吸附性强的阴离子，也能使阳离子良好吸附。例如，铁在 0.5mol/L H_2SO_4 溶液中腐蚀时，季铵盐缓蚀效果很差，因为此时铁的腐蚀电位为 −0.28V，则

$$\varphi_{corr} = -0.28 - (-0.37) = 0.09V > 0$$

阳离子缓蚀剂难以吸附。如果向溶液中加入少量碘化钾，它电离生成的 Cl^- 吸附在带

正电荷的铁表面,使铁表面带上负电荷。于是阳离子缓蚀剂就能吸附在铁表面而起到缓蚀作用。吸附性强的 Br^-、Cl^-、SH^-、SCN^- 等也具有同样效果。

与物理吸附说不同,化学吸附说认为,缓蚀剂在金属表面的吸附基于配价键、配位键。这种吸附的特征是吸附缓慢、不可逆、缓蚀剂极性基元素与金属间存在组合关系、金属表面电荷影响较小。仍以前述胺和硫醇为例,在酸性水溶液中,胺或硫醇和氢离子反应生成阳离子,阳离子物理吸附在铁表面而抑制腐蚀的阴极过程。同时,胺或硫醇中性分子也能吸附在铁表面而抑制腐蚀的阳极过程。其原因在于胺或硫醇的极性基中的孤对电子,与铁中空的 d 轨道形成配价键,缓蚀剂牢固地吸附于金属表面:

$$\begin{array}{c} \text{H} \\ R\ \ddot{N}\!:\!+M \longrightarrow R\ N\!:\!M \\ \text{H} \qquad\qquad \text{H} \end{array}$$

$$\begin{array}{c} \text{H} \\ R\ \ddot{S}\!:\!+M \longrightarrow R\ S\!:\!M \\ \qquad\qquad\qquad \text{H} \end{array}$$

显然,这种吸附方式属于化学吸附。这就是说,胺或硫醇在酸性水溶液中对钢的缓蚀作用是由于物理吸附和化学吸附而抑制了腐蚀的阴极过程和阳极过程,它们是混合性缓蚀剂。

双键、三键、苯基等基团中的 π 电子也具有同样作用。

物理吸附说和化学吸附说并不矛盾。对于特定的缓蚀剂,物理吸附和化学吸附往往都起作用。

3.3.3 品种

3.3.3.1 无机缓蚀剂

(1) 铬酸盐和重铬酸盐

各种铬酸盐和重铬酸盐都可用作缓蚀剂。从经济上考虑,以钠盐为好。从缓蚀性能考虑,铬酸盐比重铬酸盐好。为此可将工业重铬酸盐转化成铬酸盐使用。

$$Cr_2O_7^{2-} + 2OH^- \longrightarrow 2CrO_4^{2-} + H_2O$$

铬酸盐是最早应用的一种无机缓蚀剂。它可以有效地抑制多种常见金属如钢铁、铜及其合金、铝及其合金、镁、锌等在中性水溶液中的腐蚀。为防止室温下钢在普通自来水中的腐蚀,加入 0.2%~0.5% 的铬酸盐即可;当水中氯化物含量高达 100~1000mg/L 时,铬酸盐的浓度应提高到 2%~5%;当温度为 80~90℃ 时,铬酸盐的浓度应达至 1%~2%。普通自来水含有 0.3% 重铬酸钾,可同时防止铁、黄铜和铝合金的腐蚀。1%~5% 的铬酸钠可以完全防止铝在 0.1%~1% 氢氧化钠溶液中的腐蚀。为防止冷冻机中所用的氯化钙溶液对钢的腐蚀,宜在盐水中加入 1.5~2.0g/L 铬酸钠。在汽油中加入约 1mg/L 铬酸钠,可防止汽油中水分对汽油管道的腐蚀。

铬酸盐是典型的阳极性缓蚀剂。使用时加量必须控制在临界浓度以上,否则就会发生严重的孔蚀。铬酸盐不能有效防止水线腐蚀,使用时应使全系统充满溶液。当系统中存在有机物时,具有强氧化性的铬酸盐应慎重使用。例如在乙二醇类防冻液中一般不使用铬酸盐缓蚀剂。

铬酸盐毒性很强。铬酸根浓度高于 125mg/L 时会使鱼类中毒;0.14mg/L 时就会抑制淡水中藻类生长。因此,含铬污水排放受到严格限制。目前,铬酸盐多用于密闭式冷却水系统。对于敞开式冷却水系统,可采用超低铬方案、非铬方案或污水除铬技术。

(2) 硝酸盐

作为缓蚀剂常用亚硝酸钠。亚硝酸钠价廉,对钢铁的缓蚀效率高,是目前使用最多的中性介质缓蚀剂。把钢制零件或半成品浸于 5%~10% 亚硝酸钠溶液中,可保持长期不锈,或在该溶液中处理 20s~5min,可保持 5~7d 不锈;若处理后再用 10%~15% 亚硝酸钠溶液浸透的纸包装，亦可保持长期不锈。在切削液中加入 0.1%～0.2%亚硝酸盐可以保证被加工的零件、工具和机床不发生腐蚀。向汽油中加入亚硝酸钠水溶液可防止管道的腐蚀。亚硝酸钠和硼酸钠的混合物可保护多种金属组成的冷却系统。虽然亚硝酸钠的氧化性很强，但在醇类水溶液中可作为缓蚀剂使用。

亚硝酸钠是钢的钝化剂。当用量低于临界使用浓度时，钢表面的吸附或生成氧化膜不完全，使局部腐蚀电流密度增大，可能发生孔蚀。当系统中有硫酸盐和氯化物存在时，钢钝化的临界电位提高，亚硝酸钠的临界浓度随之提高，需要加入更多的亚硝酸钠才能使钢钝化。

水溶液的 pH 值对亚硝酸盐的缓蚀效果影响很大。在酸性水溶液中，亚硝酸钠极易生成腐蚀性很强的亚硝酸，不仅不能缓蚀，反而会促进腐蚀。因此，使用亚硝酸钠缓蚀剂时，水溶液的 pH 值不应低于 6。对钢铁来说，只有当溶液 pH 值超过 9.5 时加入足量亚硝酸钠，才能使表面钝化良好。

亚硝酸钠曾用于医药，在食品中用作防腐保鲜剂，被认为是低毒物质。后来发现亚硝酸钠容易促进亚硝胺的形成，而亚硝胺是公认的致癌物。因此，使用亚硝酸钠时应充分注意安全。

（3）硅酸盐

硅酸盐是一种组成可变的化合物，常用的是硅酸钠 $Na_2O \cdot nSiO_2$。n 是二氧化硅与氧化钠的分子数比，称为模数。模数越小，碱性越大。用作缓蚀剂的硅酸钠的模数通常在 2 以上。

硅酸钠在水中形成非常复杂的胶体，一般认为带负电荷的胶体粒子主要吸附于局部阳极，并与带正电的铁离子生成硅酸铁而抑制腐蚀的阳极过程。同时，在金属表面生成的无定形凝胶膜能够阻碍氧的扩散和还原而抑制阴极过程。因此，硅酸钠是钢铁在水中的混合性缓蚀剂。

由于硅酸盐胶体系统不稳定，其缓蚀性能强烈依赖于水溶液的 pH 值、温度和含盐量。最适宜的 pH 值为 6.5～7.5。不合适的 pH 值、过高的含盐量都可能使胶体粒子发生突然聚沉，从而导致缓蚀剂不能均匀覆盖金属表面而发生局部腐蚀。当水的硬度过高时，容易生成难以除去的硅酸盐垢，因而不提倡使用。

硅酸盐用量不足时会使金属腐蚀速度增加，但不形成孔蚀，而是形成占有较大面积局部区域的腐蚀，因而危险性较小。

（4）锌盐

常用的锌盐为硫酸锌和氯化锌。

锌盐是阴极性缓蚀剂。因效果不好，很少单独使用，但可使许多缓蚀剂增效。在磷系配方中加入锌盐几乎毫不例外地增加缓蚀能力，在低钙水中加入锌盐，可大大增强缓蚀膜的形成。由于排水标准 Zn 的允许排放质量浓度为 5mg/L，所以，锌盐用量以低于 5mg/L 为宜。

锌盐的成膜比较迅速，但这种膜不耐久，因此，锌盐是一种安全但低效的缓蚀剂，不宜单独使用，但和其他缓蚀剂如聚磷酸盐、低浓度的铬酸盐、有机磷酸酯等联合使用时，可取得很好的缓蚀效果，因为锌能加速这些缓蚀剂的成膜作用，同时又能保持这些缓蚀剂所形成的膜的耐久性。

（5）其他

较重要的无机缓蚀剂还有硼酸盐、钒酸盐、钼酸盐、钨酸盐、高锗酸盐、碘化物、砷化物、锌盐、铝盐等。钼酸盐、钨酸盐和高锗酸盐等无机氧化剂在中性溶液中可使铁的电位向贵金属方向移动数百毫伏，从而使铁钝化。硼酸盐有助于氧向金属表面吸附，可促进钝化作用。钒酸盐对中性溶液中铁的阳极过程动力学没有明显影响，但可通过提高阴极过程效率而使铁进入稳定钝态。

3.3.3.2 有机缓蚀剂

（1）醇和酚

醇是羟基与烃基连接的化合物，通式是 ROH。作为缓蚀剂，此类化合物中最重要的是炔醇。炔醇是烃基中含有三键的醇，通式为 $C_nH_{2n}{}^{-3}OH$。丙炔醇、丁炔醇、己炔醇、甲基丁炔醇、甲基戊炔醇、乙炔基环己醇等都可用作缓蚀剂。最常用的是较易得到的丙炔醇。

Poling 向 65℃、10％HCl 中加入 0.087mol/L 丙炔醇，发现铁表面上的丙炔醇膜的厚度随试验时间的延长而增加，见图 7-2，据此提出了炔系缓蚀剂的聚合膜说。即具有三键的炔醇在酸性水溶液中吸附于钢等金属表面，最初是吸附性缓蚀剂，然后经过复杂的反应，在金属表面生成聚合物膜。这种膜能同时抑制腐蚀的阴极和阳极过程，因而缓蚀效率很高。对于酸性介质中的钢和铝、硫酸溶液中的镍，炔醇都是高效缓蚀剂。它们不仅能降低在酸中的腐蚀速度，而且能阻止氢向铁中渗透。若同烷基吡啶氯化物等配合，缓蚀效率则更高。

某些水溶性酚和硝基酚是碳钢的缓蚀剂，氨基酚是碱性介质中铝的缓蚀剂，氨基酚和对位取代酚是碱性介质中铜铝合金的缓蚀剂。缓蚀作用可能与在金属表面形成络合物膜有关。

（2）胺

胺可以看成是氨的烃基取代物。胺中的氮原子有一对非共用电子对，容易和质子结合，因而大都具有碱性，能与酸组合成盐，能与带负电的金属表面发生物理吸附而成为物理吸附型缓蚀剂。非共轭电子对又能与原子中有空轨道的金属以共价键、配位键结合而成为化学吸附型缓蚀剂。烃基的诱导效应越强，氮的负电性越强，吸附能力也越强。胺的这种特性使它成为最重要的缓蚀剂品种。

① 脂肪胺 脂肪胺是氨的脂肪烃基取代物。氨分子中三个氢可逐步地被脂肪烃基取代，生成伯胺 RNH_2，仲胺 R_2NH，叔胺 R_3N 及季铵盐 $R_4N^+X^-$。根据胺分子中所含氨基的数目，又有一元胺、二元胺和多元胺之分。胺的缓蚀能力与其相对分子质量和分子结构有关。一般高级胺的缓蚀效果比低级胺好，且按下式顺序递增：

$$CH_3NH_2 < C_2H_5NH_2 < C_3H_7NH_2 < C_4H_9NH_2 < C_5H_{11}NH_2$$

用作防锈剂时，伯胺效果最佳，叔胺最差：

$$RNH_2 > R_2NH > R_3N$$

但也有例外，如环状亚胺对低碳钢的防锈作用比同相对分子质量的链状胺强。

十八胺是较常用的胺。它和十六胺能有效防止钢、铜等金属在凝结水中的腐蚀。它们吸附在金属表面并形成疏水性膜，从而将金属同含有氧和二氧化碳的腐蚀性水隔开，其缓蚀效果比吗啉、环己胺等中和胺好。十八胺等高分子胺还能防止氯化钙冷冻盐水、含有硫化氢和二氧化碳的酸性水对金属的腐蚀。为了增加长链胺的水溶性和分散性，可用酸使之成盐，用非离子表面活性剂使之乳化或者制成环氧乙烷缩合物。脂肪胺是盐酸、硫酸、磷酸、柠檬酸等溶液中碳钢的缓蚀剂。为了增强缓蚀效果，可利用协同效应，和硫脲、卤素离子等复合。

② 脂环胺 脂环胺是氨的脂环烃基取代物。最重要的脂环胺是环己胺、二环己胺及其盐——亚硝酸二环己胺和碳酸环己胺。

环己胺的化学式是 $C_6H_{11}—NH_2$，纯品为无色液体，有鱼腥味，密度为 0.8647g/cm³ (25℃)，沸点为 135.4℃，凝固点为 -17.7℃，能与水和一般有机溶剂相混。

二环己胺（$C_6H_{11}—NH—C_6H_{11}$）是环己胺的缩合物。它是无色液体，密度为 0.9104g/cm³ (25℃)，沸点为 255.8℃，凝固点为 -0.1℃，能与大多数有机溶剂混合，微溶于水。

环己胺和二环己胺能有效地防止凝结水系统由二氧化碳引起的金属腐蚀。其防腐蚀作用主要是中和二氧化碳而使水的 pH 值提高，因而又称为中和胺。

亚硝酸二环己胺的化学式为 $(C_6H_{11})_2NH \cdot HNO_2$，是白色结晶状物，熔点 $178\sim180℃$，溶于水，水溶液接近中性，在醇类溶剂中溶解度较大。它的制法是将二环己胺加入磷酸溶液中，制成二环己胺磷酸盐溶液，然后将此溶液注入亚硝酸盐溶液中，反应后析出亚硝酸二环己胺晶体，过滤、洗涤、干燥即可。反应式如下：

$$(C_6H_{11})_2NH + H_3PO_4 \longrightarrow (C_6H_{11})_2NH \cdot HPO_4 \longrightarrow (C_6H_{11})_2NH \cdot HNO_2$$

亚硝酸二环己胺是钢铁的气相缓蚀剂。其蒸气压较小，防锈期长。但它对铜、镁、锌、镉等金属侵蚀性较大。

碳酸环己胺的化学式为 $(C_6H_{11}NH_2)_2 \cdot H_2CO_3$，是白色粉末，有氨气味，熔点为 $110.5\sim111.5℃$，易溶于水及乙醇，水溶液呈强碱性。它的制法是将环己胺溶入汽油中，在冷却下缓慢通入干燥的二氧化碳，直至析出的白色沉淀不再增加，抽滤、洗涤、晾干。

碳酸环己胺的蒸气压比同温度的亚硝酸二环己胺高约 1000 倍，可用作气相缓蚀剂，对钢铁有优良的缓蚀效果，对铝、铬、锡、锌等有一定的保护作用，但对铜、黄铜和镁有侵蚀作用。

③ 芳香胺　芳香胺是氨的芳香烃基取代物。用作缓蚀剂的主要是苯胺（$C_6H_5NH_2$）。它是无色油状易燃液体。有强烈气味，密度为 $1.0235g/cm^3$，熔点为 $-6.2℃$，溶于水和乙醇，有毒，暴露于空气或日光中易氧化。

苯胺及其衍生物是钢在盐酸和硫酸溶液中的缓蚀剂，是磷酸溶液中铝铜合金的缓蚀剂。为降低毒性和提高缓蚀效率，可使苯胺与乌洛托品或醛类缩合，生成缓蚀性能更好的线性醛胺缩合物。当与乌洛托品缩合时，乌洛托品首先水解生成甲醛，然后再与苯胺反应。但苯胺与乌洛托品的缩合物何以比与甲醛的缩合物缓蚀性能更好，其原因尚不清楚。缩合反应可用下式表示：

$$2nC_6H_5 - NH_2 + 2nHCHO \longrightarrow \overset{\displaystyle C_6H_5}{\underset{|}{}} \quad \overset{\displaystyle C_6H_5}{\underset{|}{}}$$
$$2nC_6H_5 - NH_2 + 2nHCHO \longrightarrow \overset{C_6H_5 \quad\quad C_6H_5}{+N - CH_2 - N - CH_2 +_n} + 2nH_2O$$

缩合物是钢、铝在盐酸中的缓蚀剂，缓蚀效率随温度和盐酸浓度的升高而降低。有铁离子存在时，缓蚀剂会和铁盐反应，生成络合物而逐渐凝聚。酸中游离氧含量大时也会破坏缓蚀剂，缩合物可用于设备化学清洗、油井酸化和石油加工过程中。

④ 杂环胺　杂环胺是指具有杂环结构的胺，种类很多，用作缓蚀剂的主要是乌洛托品及其衍生物、吡啶衍生物和咪唑啉衍生物等。

a. 乌洛托品　乌洛托品的化学名称是六亚甲基四胺，它是白色斜晶系晶体，微甜，无臭，密度为 $1.27g/cm^3$，$230℃$ 开始升华，无明确熔点，易溶于水、氯仿、甲醇。难溶于四氯化碳、丙酮、苯、乙醚。不溶于石油醚和汽油，水溶液的 pH 值为 $8\sim9$。

乌洛托品是盐酸、稀硫酸、磷酸和乙酸等酸溶液中钢的有效缓蚀剂，是盐酸、稀硫酸溶液中铝及锌的缓蚀剂。它可用于纸厂蒸煮锅防止木材纤维水解析出的有机酸的腐蚀，加入石油和石油产品中防止设备腐蚀以及用作酸洗缓蚀剂等。乌洛托品是表面活性物质，能在一定电流密度下还原。目前还不清楚马洛托品或它的酸分解及电还原产物何以是酸性介质缓蚀剂。

在酸性介质中，乌洛托品能和许多缓蚀剂复合而产生协同效应。例如，由乌洛托品、硫脲或硫脲衍生物以及铜离子组成的三元混合物是钢在盐酸、硫酸、磷酸和氨基磺酸溶液中的高效缓蚀剂。其作用和机理可能是硫脲和铜离子形成的络合物改善了混合物的缓蚀作用，络合物阻滞了腐蚀的阴极过程，乌洛托品则阻滞了阳极过程。

乌洛托品同胺类反应生成的缩合物具有很高的缓蚀效率。它和苄胺反应生成的缩合物是钢在盐酸和硫酸溶液中的高效缓蚀剂，几乎可完全防止钢在氢氟酸和磷酸中的腐蚀。该缩合物遇铁盐时不凝聚，比乌洛托品-苯胺缩合物好。乌洛托品和单乙醇胺的缩合物是钢、铝在盐酸溶液中的缓蚀剂以及钢在中性溶液中的缓蚀剂。

b. 吡啶衍生物　苯环的一个 CH 换成 N 就是吡啶 N。用作缓蚀剂的往往是多种吡啶衍生物的混合物。它们是具有特殊臭味的油状液体，易溶于水，并呈碱性，可从煤焦油馏分、页岩油柴油馏分及某些工业下脚料例如合成异烟肼的蒸馏残渣中提取。向含有吡啶衍生物的馏分或残渣中加入硫酸或盐酸，由于吡啶类具有碱性而被抽提出来，分去中性油和杂质之后，再用氨或碱中和吡啶盐溶液，即可分出吡啶。

$$RC_5H_4N + H_2SO_4 \longrightarrow RC_5H_4NH \cdot HSO_4$$
$$RC_5H_4NH \cdot HSO_4 + 2NH_3 \longrightarrow RC_5H_4N + (NH_4)_2SO_4$$

吡啶衍生物是钢在盐酸和硫酸中的缓蚀剂。目前，影响其工业应用的主要问题是臭味，虽然已进行了许多消除臭味的研究，但未取得显著进展。尽管如此，市场上仍然有含吡啶衍生物的缓蚀剂出售。

c. 咪唑啉衍生物　咪唑啉又称间二氮杂环戊烯，它的五元杂环中含有两个互为间位的氮原子及一个双键。它的制法一般是以有机酸和多乙烯多胺为原料，以二甲苯为溶剂，在 150~200℃ 下回流脱水而得。若以油酸和二乙烯三胺为原料，以二甲苯为溶剂，在 190~200℃ 下回流反应 3h，脱去水分和溶剂，则可制得 2-氨乙基十七烯基咪唑啉。也可以将油酸和二乙烯三胺直接混合，加热至 270℃，搅拌反应 6h 制得。所制得的成品是棕红色黏稠液体，因有氨基而呈碱性。

各种咪唑啉衍生物是钢在酸性水溶液中的缓蚀剂，可用作酸洗缓蚀剂、炼油装置用缓蚀剂和油井缓蚀剂。当用作油溶性缓蚀剂时，为了增大咪唑啉的油溶性和防锈性，可使之同有机酸反应成盐。常用的有机酸有十二烯基丁二酸、油酸、蓖麻酸、烷基酸性磷酸酯等。例如，2-氨乙基十七烯基咪唑啉与十二烯基丁二酸在 140℃ 下反应，即可制得油溶性和防锈性良好的咪唑啉盐。

d. 苯并三唑　苯并三唑（benzotriszole，BTA）的化学式是 $C_6H_5N_3$，为白色或淡黄色针状结晶，熔点为 95~98℃，微溶于冷水、酸及醚，在空气中逐渐氧化成红色，有挥发性。它的制法是将邻苯二胺、冰醋酸水溶液冷却至 5℃，在搅拌下加入亚硝酸钠冷水溶液，使之发生重氮化反应，然后升温脱水闭环，冷却结晶、过滤、干燥即得成品。

苯并三唑及其衍生物是铜及铜合金的特效缓蚀剂。它们能使铜表面形成致密的不溶性络合物保护膜。苯并三唑和铜以共价键和配位键相互交错结合，形成与铜表面平行的链状络合物。这种保护膜非常稳定，甚至在 200℃ 以上高温下对铜仍有保护作用。因此，苯并三唑及其衍生物可作为铜的水溶性缓蚀剂、油溶性缓蚀剂和气相缓蚀剂。

苯并三唑可与多种缓蚀剂、阻垢剂和杀菌灭藻剂配合，有效防止冷却水系统中铜、铝、铁、镍等金属的腐蚀；与硼砂等配合，有效防止乙二醇防冻液对引擎和散热器的腐蚀。苯并三唑是各种酸清洗剂中钢及其合金的缓蚀剂，是硫酸溶液中铁、镍及铁镍合金的缓蚀剂，是氢氟酸中铁、镍、铜等金属的缓蚀剂。苯并三唑和钼酸钠混合物是高温浓溴化钾溶液中钢的缓蚀剂。

在研磨油、切削油中加入苯并三唑，可防止铜及铜合金材料在机械加工过程中变色。在润滑油、刹车油、传动油中加入苯并三唑，可使机械设备的铜质部件避免腐蚀。以苯并三唑的醇、水溶液，或者以含有苯并三唑的油、蜡片等处理建筑物或工艺美术品的铜、铜合金、镀铬层表面，可防止制品表面变色和劣化。以含有苯并三唑的包装材料包装铜质制品，可保证其长期不被腐蚀。

⑤ 季铵盐　季铵盐的通式 $(R_4N)^+X^-$，R 是 4 个相同的或不同的烃基，X 是卤素原子

或酸根。它可看作铵离子 NH_4^+ 中的氢被烃基取代的衍生物。季铵盐具有无机盐的性质，易溶于水，水溶液显碱性并能导电。

季铵盐可由叔胺与卤代烃作用而制得。例如，十二烷基二甲胺与氯化苄在 100～110℃下混合，然后在 120℃加热 2h 即可制得淡黄色黏稠状的十二烷基二甲基苄基氯化铵。该产品是钢在酸性和中性水溶液中的缓蚀剂，可用于化学清洗和循环冷却水处理中。在后一种情况下，它的主要作用是杀灭能引起循环水系统结垢和腐蚀的菌藻。

季铵盐亦可由吡啶及其衍生物得得。棕榈酸在催化剂赤磷存在下与溴反应，生成溴代棕榈酸，然后与吡啶在醋酸丁酯存在下反应，生成十五烷基吡啶溴化物。

$$CH_3(CH_2)_{13}CH_2COOH + Br_2 \longrightarrow CH_3(CH_2)_{13}CHBrCOOH + HBr$$

$$CH_3(CH_2)_{13}CHBrCOOH + C_5H_5N \longrightarrow [C_5H_4N-(CH_2)_{14}CH_3] + Br^- + CO_2$$

制取季按盐的吡啶衍生物也可用制药下脚料、焦化副产物或页岩油油品副产物，卤代烃以卤化苄为好。炼油厂设备防腐用的季铵盐缓蚀剂是由石蜡氯化制得氯代烃，再与副产物吡啶在 145～150℃和 1.0MPa 压力下反应，然后用汽油洗去未反应物和杂质，即得到烷基吡啶氯化物。

当以制药下脚料 4-甲基吡啶蒸馏残渣和卤化苄为原料时，所得产品为苄基烷基吡啶氯化物。

吡啶系季铵盐可作为黑色金属在酸性介质中的缓蚀剂，其作用机理是在钢表面发生物理和化学吸附，抑制腐蚀的阳极和阴极过程。季铵盐的结构和种类不同，缓蚀性能有较大差别。它们可用于化学清洗、采油和炼油设备的防腐。

（3）羧酸及其盐

作为缓蚀剂的羧酸包括来自动植物油脂的硬脂酸、油酸、棕榈酸、蓖麻酸，来自石油的环烷酸，氧化石油脂以及一些合成产品。其中，较为重要者为硬脂酸及其盐、环烷酸及其盐、氧化石油脂、十二烯基丁二酸和油酰基氨酸等。

① 硬脂酸及其盐　硬脂酸的化学式为 $CH_3(CH_2)_{16}COOH$，又称十八酸，用作缓蚀剂的是其钠盐、钙盐及铝盐。以硬脂酸铝为例，其纯品为白色粉末，密度为 $1.070g/cm^3$，熔点为 115℃。工业品为黄白色粉末，不溶于水、乙醇、乙醚，溶于碱溶液、煤油、松节油等。其制法是将熔融的硬脂酸与氢氧化钠溶液反应，然后加入稀的硫酸铝溶液。根据氢氧化钠用量的不同，可生成单硬脂酸铝 $RCOOAl(OH)_2$、双硬脂酸铝 $(RCOO)_2Al(OH)$ 或三硬脂酸铝 $(RCOO)_3Al$。工业硬脂酸铝实际上是三种产品的混合物并含有油酸铝。三种铝皂中以双硬脂酸铝的缓蚀性能最好。

作为缓蚀剂，硬脂酸铝主要用于配制防锈油脂，适用于钢铁、铸铁、铜、黄铜及铝等多种金属。硬脂酸铝的耐湿热性和对大气腐蚀的缓蚀性较佳，抗盐水性和中和置换性较差，因此它适于金属制品的长期封存防锈，不宜用于海洋气候下的防锈和工序间防锈。

硬脂酸铝在矿油中的溶解度较小，配制防锈油脂时的添加量以 2%～5% 为宜。

② 环烷酸盐　环烷酸存在于石油原油中，是石油产品精制时分离出的酸。具有代表性

的环烷酸通式是 $C_nH_{2n-1}COOH$，n 等于 $7\sim22$。普通工业品是深色油状混合物，相对分子质量范围为 $180\sim350$，几乎不溶于水，溶于烃类。供制缓蚀剂的环烷酸通常由碱洗锭子油馏分而得，酸值约 $200mg\ KOH/g$，相对分子质量为 $400\sim600$。环烷酸盐可由环烷酸与金属氯化物或氢氧化物制得。例如，将氧化锌或氢氧化锌与环烷酸共熔，或者使锌盐溶液与环烷酸钠溶液作用，即可制得环烷酸锌。

环烷酸锌是琥珀色黏稠状液体或固体，不溶于水，微溶于乙醇，溶于苯、甲苯、丙酮、松节油、矿物油等。

环烷酸锌对黑色金属的抗潮湿性能较好，对汗液有一定的中和置换性。而对有色金属，如紫铜、黄铜、青铜的防锈效果并不显著。环烷酸锌的抗盐水能力差，常与石油磺酸盐复配，应用于钢、铜、铝、铸铁的长期封存，也可稀释后作工序间防锈油。

③ 氧化石油脂及其金属皂　石油脂是生产润滑油的残渣，其中含有 $20\%\sim30\%$ 的油及少量石蜡，其余主要是地蜡。在高温（$140\sim160℃$）和高锰酸钾等催化剂的作用下，石油脂被空气氧化成各种氧化物，包括醇、酮、酸、酯等氧化深度不同的产物。可皂化部分主要是各种脂肪酸、少量的羟基酸、酮酸等。不皂化部分有醇、酮等。

氧化石油脂中含有羧基、羟基等对金属表面有很强吸附力的极性基团，其羟基部分的结构和基础油相似，所以也有一定的油溶性，少量羟基的存在又能乳化掉金属表面的水迹。所以，它们的防锈性能比一般脂肪酸好，甚至比硬脂酸铝、环烷酸锌、磺化羊毛脂等缓蚀性强。这类缓蚀剂适用于钢铁、铜、铝及各种镀层等多种金属的防腐。其缺点是随着石油脂氧化深度的增加，其中—OH、—COOH 等极性基团增多，使之油溶性下降，贮存稳定性降低，颜色变深。为了兼顾防锈性和油溶性，一般控制其皂化值在 $90\sim120mg\ KOH/g$ 左右，或加入适量的助溶剂。还可用氢氧化钡中和，制得钡含量在 1.8% 左右的氧化石油脂钡皂，其防锈性、油溶性均比氧化石油脂好。

氧化石油脂的其他衍生物有氧化石油脂锌皂、磺化氧化石油脂锌皂、氧化石油脂钠皂等，均有良好的防锈性。氧化石油产物还可用来防止油井中设备的腐蚀。

④ 十二烯基丁二酸　十二烯基丁二酸是棕黄色透明液体，酸值为 $235mg\ KOH/g$，不溶于水，溶于有机溶剂和矿物油。

十二烯基丁二酸可用丙烯四聚体与顺丁烯二酸酐加热反应，再将反应生成的酸酐水解精制而得。

除用丙烯四聚体作为原料外，也可用迭合汽油、蜡裂化产物、高级醇脱水化合物等。产品结构中含有憎水的长链烃基和对金属吸附能力很强的极性基，油溶性和防锈性均佳，可加入透平油、导轨油、主轴油、液压油和工业润滑油中作为防锈添加剂。与石油磺酸钡复合使用，对钢、铸铁及铁合金的防锈效果则更好。在 $260℃$ 以上高温下易失去羧基而影响防锈效果。

⑤ N-油酰肌氨酸　N-油酰肌氨酸是肌氨酸的酰基脂衍生物，精制品为棕红色透明黏稠液体，凝固点为 $0℃$，相对分子质量为 $340\sim350$，含氮量 $>3.6\%$，酸值为 $155\sim165mg$ KOH/g。在油中可无限溶解。可由油酰氯和肌氨酸制得，具体过程是：

a. 油酸与三氯化磷反应，生成油酰氯；

b. 氯乙酸钠在加压和过量碱存在下，与甲胺缩合生成肌氨酸钠；

c. 肌氨酸钠与油酰氯在碱存在下缩合生成 N-油酰肌氨酸钠。

N-油酰肌氨酸可加入汽油、煤油、润滑油、液压油、循环油、仪表油、透平油、切削油、膨润土润滑脂中作为防锈添加剂，亦可制成防锈油。它的防锈性能一般比石油磺酸钠好。若与咪唑啉反应制成 N-油酰肌氨酸的咪唑啉盐，防锈性能更好。

⑥ 苯甲酸及其盐　苯甲酸俗称安息香酸，化学式为 C_6H_5COOH，白色晶体，密度为

$1.2659 g/cm^3$（15℃），熔点为 122℃，微溶于水，溶于乙醇、乙醚、氯仿、苯、二硫化碳和松节油。

苯甲酸及其盐是钢铁在中性含氧水中的缓蚀剂，是醇中铜及黄铜的缓蚀剂，是为数很少的有机钝化剂。作钢铁钝化剂时，水溶液中必须有氧存在。它们的优点是无毒，且当用量不足时，不会像重铬酸盐和亚硝酸盐那样促进局部腐蚀。可用作钢铁钝化剂的有机化合物还有肉桂酸和肉桂酸盐。

（4）磺酸及其盐

① 石油磺酸盐　石油磺酸盐又称石油皂，可用作缓蚀剂的是石油磺酸钡（RSO_3)$_2Ba$、石油磺酸钠 RSO_3Na 和石油磺酸钙（RSO_3)$_2Ca$ 等，R 为 $C_{17} \sim C_{34}$ 的馏分油。

石油磺酸盐多为油品精制过程中的副产品。将 320~450℃ 石油馏分在 60℃ 下用发烟硫酸或 SO_3 磺化精制，产物经沉降分为两层，下层为酸渣，上层为油和石油磺酸组成的酸性油层。用乙醇、异丙醇等溶剂将石油磺酸抽提出来，再经分离和精制，即制得较纯的石油磺酸。用氢氧化钡、氢氧化钠等中和石油磺酸，即制得相应的石油磺酸盐。

$$RH + H_2SO_4 \cdot SO_3 \longrightarrow RSO_3H + H_2SO_4$$
$$RSO_3H + Ba(OH)_2 \longrightarrow (RSO_3)_2Ba + H_2O$$
$$RSO_3H + NaOH \longrightarrow RSO_3Na + H_2O$$

石油磺酸盐能溶解于水和矿物油，分散性也很好，因而被广泛用作防锈油，其防锈效果与相对分子质量、纯度及盐的种类有关。相对分子质量为 600~700 的石油磺酸盐的防锈性能比相对分子质量为 400~500 的好。

石油磺酸钡是棕褐色黏稠液体或固体，可溶于有机溶剂和矿物油中。它具有良好的防锈性和抗盐雾性，对手汗和水膜有中和置换作用，适于配制耐盐雾性防锈油和中和置换性防锈油。广泛用于机械产品加工时的工序间防锈和长期封存防锈，也可作为润滑油的防锈添加剂。

石油磺酸钠为棕色黏稠液体。易溶于油，水溶性随其平均相对分子质量及水含盐量增加而减小。它对黑色金属缓蚀性好，常用于乳化油中作为防锈添加剂。

石油磺酸钙无毒，主要用于食品机械及医疗器械防锈，也可用作润滑油的清洁分散剂。

② 二壬基萘磺酸盐　二壬基萘磺酸盐可以是钡、钙、锌、铵、钠、铅、锂等盐。这些盐均易溶于矿物油中。它们的工业制法是以浓硫酸为催化剂，使壬烯（叠合汽油的 125~175℃ 馏分）和萘反应，生成二壬基萘。

为制得较纯的二壬基萘，可将生成物用苯稀释，沉降并除去酸渣，再经稀碱液洗涤后减压蒸馏，除去未反应物。将精制好的二壬基萘用乙烷稀释后再用发烟硫酸磺化。磺化产物经静置沉降，分离除去酸渣，再用乙醇水溶液洗涤，即得二壬基萘磺酸。用中和法可进一步制得相应的二壬基萘磺酸盐。

二壬基萘磺酸盐对黑色金属缓蚀率高，对黄铜亦有缓蚀效果，广泛用作防锈剂、燃料油和润滑油的防锈添加剂。二壬基萘磺酸的中性钡盐抗水性比钠盐好，不易起泡，用于冷轧钢板防护油；碱性钡盐的酸中和能力强，用于液压油；锌盐的破乳性强，用于抗磨液压油；胺盐防腐作用突出，用于燃料油。

（5）脂类

① 羊毛脂　羊毛脂是附着于羊毛上的油状分泌物，由洗涤羊毛时的洗毛液中回收而得。精制品为淡黄色膏状半透明体，熔点为 38~42℃，不溶于水和醇，可溶于汽油中。羊毛脂的化学成分极为复杂，主要是胆甾醇等高级醇和它们的酯类。这些化学物质中含有强极性基团，对金属表面吸附力强，因而羊毛脂对钢铁、黄铜、镍、银等金属缓蚀效果均好，广泛用作各种防锈油。

羊毛脂在矿物油中溶解度很大，需要添加较大量才能获得较好的防锈效果。为降低羊毛脂在矿物油中的溶解度，可将它制成皂类使用。首先用氢氧化钠将羊毛脂皂化，然后用相应的盐类同钠皂反应。由此可制得羊毛脂镁皂、铝皂等。羊毛脂皂比羊毛脂用量小，缓蚀性能更好，但由于和金属表面黏附太强，易造成启封困难。一般认为，羊毛脂镁皂防大气腐蚀性好，适于制防锈脂，铝皂抗盐水性较好，适于配制防锈油。

② 山梨糖醇单油酸酯　山梨糖醇单油酸酯是琥珀色油状液体，为非离子表面活性剂，易溶于矿物油，可在水中分散。它的制法是在真空和加热条件下使山梨糖醇分子内脱水，发生环化，生成五元环和六元环结构的失水山梨糖醇，再与油酸发生酯化反应。因此，生成物实际上是各种失水山梨醇单油酸酯的混合物。其中防锈效果比较好的可能是二失水山梨醇单油酸酯。

失水山梨醇单油酸酯有一定的抗水性，对黑色金属有一定的防锈能力，且添加到油中对油性能无明显影响，但有一定降凝作用。其缺点是热稳定性较差，高温下易氧化成对金属有腐蚀性的酸。失水山梨醇常用作苯并三唑、氧化石油脂、石油磺酸钡等缓蚀剂的助溶剂和分散剂，具有强化防锈效果的作用。

3.3.4　应用

缓蚀剂保护不会破坏原有生产工艺流程，几乎不需要附加设备，具有经济有效和适用性强等特点，可广泛用于国民经济的各个部门。首先，缓蚀剂用来解决各个工业部门的共同性腐蚀问题，例如大气腐蚀、水腐蚀、化学清洗液腐蚀等。其次，缓蚀剂也用于解决特殊腐蚀问题。在这些应用中，缓蚀剂可以作为一种化学品单独使用，也可以作为添加剂使用。缓蚀剂是具有高度选择性的物质，仅适用于特定的腐蚀条件，因而对其适用范围只能具体分析和对待，不能一概而论。

3.3.4.1　锅炉制造过程防腐

在热水锅炉制造过程中，需用金属切削液来润滑并冷却刀具和工件。为使切削液具备防锈作用，缓蚀剂是必不可少的。

在金属切削过程中用来润滑并冷却刀具和工件的液体称为金属切削液，简称切削液。它的主要作用是，使刀具和工件间形成润滑薄膜以减少刀具磨损和提高工件质量，移去切削所产生的热量以增大切削速度和延长刀具使用寿命，清除切削所产生的碎屑以利于金工操作，使金属表面生成某种膜以防刀具和工件锈蚀。常用的有水基切削液、油基切削液和乳化切削液 3 种。为使切削液具备防锈作用，缓蚀剂是必不可少的。

外观透明的水基切削液由水溶性缓蚀剂和水溶性润滑剂制得。例如，由 0.5 份亚硝酸钠、3.0 份油酸、96.5 份水配成的切削液可用于钢铁加工。由 17.5 份三乙醇胺、10 份癸二酸、10 份聚乙二醇、2 份苯并三唑、60.5 份水配成的切削液适合于钢及其合金加工用。

对于精密度、光洁度要求严格的加工，可用油溶性缓蚀剂和油类制成油基切削液。为了提高切削性能，常将各种油料硫化，称硫化油。若切削液内加入极压添加剂，则可制成极压切削油。例如，由 2～5 份石油磺酸钡、98～95 份机油组成的切削液就是一种具有防锈能力的车、钻加工用切削液。

乳化切削液由润滑油、缓蚀剂和乳化剂制得。根据需要亦可加入极压添加剂等。产品为透明油状物，使用时以水稀释，即成为不透明的乳状液。由 12 份石油磺酸钡、2 份十二烯基丁二酸、11.5 份油酸、0.5 份三乙醇胺、68 份机油制成的切削液适用于磨、车、钻等加工工艺。

3.3.4.2　锅炉储运过程防腐

热水锅炉在储运过程中，经常会受到大气中水分、氧气和腐蚀性气体的作用而遭受大气腐蚀。金属结构、机械、工具、仪器等都会遭受大气腐蚀。最重要的防止金属大气腐蚀的方法是缓蚀剂法。防止铁基合金的腐蚀又称防锈,铁基合金的缓蚀剂又称防锈剂。根据保护对象的不同,缓蚀剂既可直接使用,又可以其他材料为载体,制成防锈纸、防锈油、防锈脂、防锈漆等使用。

(1) 气相缓蚀剂

对于体积小而数量多的金属件,例如螺钉、机械零件和工具等,宜用气相缓蚀剂粉末、晶体或片直接保护。其典型做法是把气相缓蚀剂(例如亚硝酸二环己胺、碳酸环己胺、苯并三唑等)和清洗、干燥好的金属件放入包装内,然后密封。这样,缓蚀剂就会挥发,到达金属表面并按一定机理把金属保护起来。缓蚀剂的用量取决于其本身特性以及包装的严密程度和保护期。防锈期越长,缓蚀剂用量越大。包装越严密,缓蚀剂用量越小。在一般条件下,亚硝酸二环己胺的用量为 $35\sim525 g/m^3$,碳酸环己胺的用量约为 $100 g/m^3$。

对于足够用量的特定缓蚀剂,保护效果取决于缓蚀剂的诱导期和保护半径。诱导期过长,金属有可能在缓蚀剂达到保护浓度以前就生锈了;诱导期过短,保护持久性则不好。保护半径过小,保护半径以外的金属表面将因缓蚀剂浓度过低而锈蚀。根据经验数据,气相缓蚀剂的保护半径通常不超过 30cm。因此,被保护金属表面与缓蚀剂放置点的距离亦不超过 30cm。

对不同的金属材料的保护,应选用不同的缓蚀剂。例如,保护钢铁用亚硝酸二环己胺或碳酸环己胺,保护铜及其合金用苯并三唑。同时保护多种金属材料,则可将相应的缓蚀剂组合使用。

(2) 气相防锈纸

气相防锈纸是以气相缓蚀剂为主剂,以纸为载体的防锈材料。它不仅适于小型金属零件防锈,而且适于较大机械零件的包装防锈,是使用最广泛的气相防锈材料。

将气相缓蚀剂制成溶液,涂覆或浸湿纸类载体,然后干燥,即可制得气相防锈纸。适用的气相缓蚀剂有亚硝酸二环己胺、苯甲酸单乙醇胺、苯并三唑以及由亚硝酸钠、尿素、苯甲酸铵、乌洛托品等组成的复合品种。所用的溶剂为蒸馏水或乙醇。作为载体的纸为中性原纸,不含游离酸、碱和硫化物,氯离子含量<0.1%,硫酸根含量<0.25%。也可用塑料纸、羊皮纸、增强纸等作为载体。气相防锈纸上的气相缓蚀剂含量一般为 $10\sim20 g/m^2$。

气相防锈纸可用来直接包装金属制件,也可用作衬垫、填充料等。使用时必须让涂覆缓蚀剂的纸面朝向被保护对象。

(3) 防锈油

防锈油是以缓蚀剂为主剂,油脂为载体制成的防腐蚀产品。将它涂于金属器件表面,防止金属受大气腐蚀而生锈。采用不同的缓蚀剂和适当的油脂可制得具有各种特殊性能的防锈油。

以沥青、石油树脂、叔丁基酚醛树脂等为载体,磺酸钡、磺酸钙、氧化石油脂钡皂、羊毛脂等为缓蚀剂,溶剂汽油为稀释料,可制成溶剂稀释型硬膜防锈油。这种防锈油所生成的膜状如油漆,主要用于大型钢铁器件的室外长期防锈。

以羊毛脂、石蜡、凡士林等为载体,磺酸钡、磺酸钙等为缓蚀剂,溶剂汽油为稀释料,可制成溶剂稀释型软膜防锈油。它所形成的膜质软而不流动,易用石油溶剂洗去,适于金属制件的室内长期防锈。

品种最多、应用范围最广的防锈油是由多种缓蚀剂和润滑油载体制成的封存防锈油和防锈润滑油。石油磺酸钡、石油磺酸钠、二壬基萘磺酸钡、环烷酸锌、羊毛脂、苯并三唑、烯基丁二酸、咪唑啉等均可用作缓蚀剂。各种润滑油均可用作载体。把这种防锈油涂于金属表面,可用于金属半成品的工序间防锈、成品整体封存防锈和运输过程中防锈。

比防锈油所形成的膜更厚和防锈期更长的同类产品是防锈脂。它们是以石蜡、地蜡、蜡膏、皂基润滑脂等为载体，以羊毛脂、氧化石油脂、二壬基萘磺酸钡、亚硝酸钠、苯并三唑、咪唑啉等为缓蚀剂制成的。根据软化点、熔点的不同，它们的使用方法采用热涂和冷涂。防锈脂涂覆较麻烦，涂膜外观差，启封不方便，使之应用受到限制。

（4）气相防锈油

气相防锈油是一种特种防锈油，主要用于内燃机、齿轮箱、滚筒、传动设备、油压系统等内部金属的防锈。它与普通防锈油的区别在于注入系统之后不仅能保护与之接触的油相中的金属，而且能保护未充满的气相空间中的金属。

将油溶性气相缓蚀剂溶解于润滑油中，即可制得气相防锈油。例如，一种气相防锈油的典型组成（%，质量分数）是：

石油磺酸钠	$0.1 \sim 10.0$
辛酸二环己胺	$0.1 \sim 15.0$
低黏度润滑油	$75.0 \sim 99.8$

（5）防锈漆

以防锈为目的的涂料，往往都配入防锈颜料。特别是广泛使用的油性防锈漆，单独使用成膜剂的屏蔽作用并不很好，若配入防锈颜料，便能制成良好的防锈漆。此类防锈漆实际上是以防锈颜料为缓蚀剂，成膜物质为载体的防锈剂。

Pryor 研究了防锈颜料的水萃取液对软钢片的缓蚀效果，证实氧化铅萃取液能使钢表面生成 $\gamma\text{-}Fe_2O_3$ 钝化膜。Mayne 把铅、锌、钙、钡、锶的氧化物同亚麻仁油反应制成金属皂，发现其水萃取液对铁有显著的缓蚀作用，由此提出了颜料与成膜物反应生成的金属皂具有缓蚀作用的见解。此后的许多工作指出，长链脂肪酸或二元酸的金属皂具有缓蚀作用。铬酸盐类颜料对软钢亦有明显缓蚀作用。其缓蚀作用的本质是铬酸根离子的钝化作用，而与阳离子种类无关。

铅化物类颜料和铬酸盐类颜料都是非常有效的缓蚀剂，但从环境保护的观点看，有些场合是不便使用的。为此，已进行了一些新型防锈颜料的研究，表明缓蚀效果较好的碱性颜料是磷硅酸钙、硼硅酸钙、钼酸锌、偏硼酸钡，缓蚀效果较好的可溶性颜料是壬二酸镁、壬二酸钙、壬二酸锌。磷酸锌也有较好效果。

3.3.4.3　锅炉运行过程防腐

从腐蚀的观点来看，锅炉仅仅是一层钢支承着的磁性氧化铁薄膜。锅炉腐蚀控制主要取决于这层薄的、均匀的、附着牢固的保护膜的生成和维持。水中溶解的氧、过多的氢离子和氢氧根离子等能部分或全部破坏已生成的保护膜，使金属发生严重腐蚀。

普遍使用亚硫酸钠来防止锅炉运行时的氧腐蚀。亚硫酸钠的作用是同氧反应生成对锅炉不太有害的硫酸钠，使水中含氧量进一步降低。对中低压锅炉来说，经济而有效的用量是使锅水中保持亚硫酸根 $30 \sim 50$ mg/L。在某些水中含有妨碍亚硫酸钠和氧反应的物质，但是，只要加入 0.005mg/L 硫酸钴，一点过剩的二氧化硫或亚硫酸钠就能更快地除去溶解氧。此外，镍离子、铜离子等也可以作为反应的催化剂。

亚硫酸钠的缺点是在高压锅炉中有可能分解，生成硫化物或二氧化硫，这些气体在蒸汽冷凝时会造成金属的严重腐蚀。因此，高压锅炉一般使用联氨类物质。联氨的优点在于热分解产物和同氧的反应产物都是挥发性的，既不会增加水中固态物含量，也不会在蒸汽冷凝时造成腐蚀。联氨在水中和氧的反应非常缓慢，一部分联氨和氧共存。按照 Evans 的观点，其防腐蚀的原因可能是联氨起着吸附性缓蚀剂或类似牺牲阳极的作用。联氨的用量通常为水中溶解氧含量的 $1.5 \sim 2$ 倍，锅水中联氨的残余含量可控制在 $0.05 \sim 0.1$ mg/L。同样，也可以采用加入催化剂的方法加速联氨和氧的反应。

曾经采用重铬酸盐和亚硝酸钠来防止运行锅炉的氧腐蚀。它们的作用是使金属表面钝化，能在不除氧的情况下防止锅炉的腐蚀。但是，由于它们在高温下能引起金属严重局部腐蚀以及加量不足时可能引起孔蚀而没有继续采用。

碱腐蚀曾是锅炉的一大危害，特别是胀接和铆接锅炉，破坏事例很多。随着水处理方法和锅炉设计的改进，由碱引起的应力腐蚀破裂事故已大大减少。但由于碱在垢下、水线等处浓缩所引起的腐蚀仍然存在。

一种获得广泛应用的防止碱腐蚀的方法是调和磷酸盐法。该法是根据磷酸三钠的水解反应：

$$Na_3PO_4 + H_2O \Longrightarrow Na_2HPO_4 + NaOH$$

调整锅水的化学成分，消除游离氢氧化钠而防止碱腐蚀。钢和磷酸根的离子比＜3.0时，在锅水蒸发过程中，不仅会析出磷酸三钠，而且会析出磷酸氢二钠，从而残留下氢氧化钠浓水溶液。这种现象称为"碱隐藏"。因此，钢和磷酸根离子比值的实际控制值不是取3.0而是取 2.6～2.8，以消除碱隐藏。

已经证实，硝酸盐是锅炉碱裂的有效缓蚀剂。最常用的是硝酸钠。硝酸钠在锅水中的浓度最好等于锅水总碱度（以 mg NaOH/L 计）的 35%～40%。曾经有过硫酸钠和氯化物能防止碱裂的报道。当锅水中硫酸钠和氯化物含量超过氢氧化钠含量的 5 倍时，就不会发生碱裂。但实验证实，这两种物质对碱裂并没有缓蚀作用，而是在锅水中氢氧化钠浓缩到有害浓度之前，硫酸钠和氯化物就已经沉积出来堵住了浓缩场所。

常见的蒸汽凝结水系统中钢和铜的腐蚀是由二氧化碳和氧引起的，可用环己胺、吗啉等挥发性缓蚀剂。将环己胺或吗啉投入锅炉，它们就会和蒸汽一道挥发，溶解于凝结水中。当凝结水中含有缓蚀剂 1～2mg/L 时，钢和铜的腐蚀即会大大减轻。在大多数情况下，两种缓蚀剂的浓度保持较低，不会加速铜的腐蚀，其中尤以吗啉为好，两种胺都是钢的阳极性缓蚀剂，能够中和二氧化碳、提高凝结水的 pH 值，因而习惯上称它们为"中和胺"。

更有效的凝结水系统缓蚀剂是一些相对分子质量大的直链烷基胺，常用的是十八烷胺。将十八烷胺加入蒸汽管线中，使之在凝结水中的含量为 1mg/L，即可有效地保护钢和铜免遭腐蚀。这类胺是吸附型缓蚀剂，能够在金属表面形成疏水性的吸附膜，将腐蚀介质隔开。因此，这类胺习惯上称为"膜胺"。

3.3.4.4　锅炉停用备用防腐

普遍认为，锅炉设备停用和备用期间的腐蚀甚至比运行时的腐蚀更严重。传统的停用备用保护方法是干法和湿法。前者是从系统中除去水，后者是从系统中除去氧。但是，由于实施过程比较复杂，难以达到技术条件，实行了保护而仍然发生腐蚀的事例很多。中国近年来用 TH-901 法。TH-901 是一种专用缓蚀剂，只要按一定工艺将其放入设备，它就能挥发到整个金属表面，使干净金属和垢下金属都得到有效保护。

3.3.4.5　锅炉清洗过程防腐

锅炉使用前和在运行一段时间之后往往需要清洗，缓蚀剂是保证化学清洗安全的关键。

中性清洗剂由具有湿润、分散、乳化和增溶作用的表面活性剂、缓蚀剂及水等组成。碱性清洗剂由氢氧化钠、碳酸钠、硅酸钠、磷酸三钠等碱性化合物及表面活性剂、缓蚀剂和水等组成。酸性清洗剂由盐酸、硫酸、磷酸、硝酸、氯氟酸、氨基磺酸、草酸、柠檬酸、羟基乙酸等无机酸或有机酸及缓蚀剂和水等组成。螯合清洗剂由 EDTA 等螯合剂、缓蚀剂和水组成，溶液多为中性或碱性。有机溶剂包括全氯乙烯、三氯乙烯、二甲苯、汽油、煤油、柴油、松节油、丙酮、二氯甲烷、二氯乙烷等，向其中加入缓蚀剂，即可制成清洗剂。针对具体情况，清洗剂中还可以含有其他助剂。

化学清洗用的缓蚀剂应当具备下述性能：

① 不能降低清洗速度和清洗质量；

② 添加少量就能把金属的腐蚀速度减至很小或完全阻止腐蚀；

③ 加入缓蚀剂后，金属不产生孔蚀等局部腐蚀现象；

④ 加入缓蚀剂后不影响金属的机械性能或者能够减小清洗剂对金属机械性能的不良影响；

⑤ 缓蚀剂应能保护所清洗的所有材料，包括焊缝材料和异种金属的接触部位；

⑥ 缓蚀剂应能经受清洗剂方面的多种条件的变化，例如，清洗剂浓度、温度的变化，清洗过程中介质的变化以及添加各种助剂不应显著影响缓蚀性能；

⑦ 缓蚀剂的性能不应随清洗时间的延长而降低；

⑧ 缓蚀剂应低毒、无恶臭，以保障操作人员的健康和利于废液排放。

在中性和碱性清洗剂中，应用最广的缓蚀剂是磷酸盐、聚合磷酸盐、硅酸盐、亚硝酸盐、铬酸盐和重铬酸盐、苯甲酸盐、单乙醇胺、三乙醇胺以及由它们组成的混合物。当采用有机溶剂时，可加入硬脂酸盐、石油磺酸盐等油溶性缓蚀剂。上述缓蚀剂对钢铁等金属具有优良的缓蚀作用，当欲清洗金属中有铜及其合金时，可以苯并三唑为缓蚀剂。当采用三氯乙烯等有机溶剂时，还应另外加入有机胺例如三乙胺作为稳定剂，以防止溶剂析出盐酸而腐蚀金属。清洗用酸的种类不同，所用的缓蚀剂也不同。一般来说，硫酸酸洗缓蚀剂可采用有机胺和卤离子复合物、炔醇、硫脲衍生物、杂环化合物、乌洛托品衍生物、二硫代氨基甲酸酯等。盐酸酸洗缓蚀剂可采用有机胺、乌洛托品及其与苯胺等的缩合物、吡啶衍生物、聚酰胺等。磷酸、氨基磺酸、柠檬酸等的酸洗缓蚀剂通常与硫酸缓蚀剂组成接近。硝酸酸洗缓蚀剂已获工业应用的只有 Lan-5 和 Lan-826 两种。Lan-826 缓蚀剂几乎在各种清洗用酸中都适用。对各种酸洗液中铜及其合金的缓蚀，多采用苯并三唑。为了防止清洗过程中 Fe^{3+} 的腐蚀，可采用还原剂例如氯化亚锡、葡糖酸钠等。氟化氢铵也有一定效果。

3.3.4.6　锅炉机械使用过程防腐

燃料油包括汽油、喷气燃料、煤油、轻油和重油等，通常含有微量水分、空气和酸性物质。这些物质可引起燃料贮存、运输和使用系统金属的腐蚀而降低其使用寿命。腐蚀产物还可能阻塞燃料滤网、汽化器、喷嘴以及沉积于机件上影响发动机正常运转。因此，燃料油中往往需要加入缓蚀剂。缓蚀剂的极性基吸附于金属表面、非极性基形成疏水性保护膜而达到防止金属腐蚀的目的。常用的燃料油缓蚀剂是有机磷化合物、胺类、环烷酸酯及石油磺酸盐等。较好的品种是二（十八烷基）磷酸、十二烯基丁二酸，一般用量不大于 28.5mg/L。

为了防止重油燃烧生成的二氧化硫腐蚀，可用甲基环戊二烯三羰基锰。防止钒腐蚀，可用镁和铝的化合物如氢氧化镁和氢氧化铝；用锌的化合物也有效。

接触水的机械和在潮湿大气中运转的机械如蒸汽透平、造纸机械、纺织机械等，润滑处常易混入水分，因而所用润滑油中需加有缓蚀剂以防止金属腐蚀。常用的缓蚀剂是脂肪酸衍生物、磷酸酯、壬基萘磺酸钡等，添加微量即可。石油磺酸的钠、铵、钙、钡盐溶于润滑油后亦有优良缓蚀效果，但有时能促进乳化。当缓蚀剂与极压添加剂一起使用时，需特别注意有时缓蚀剂对极压剂有显著妨害作用，应视具体情况选择合适的缓蚀剂。

为了防止贮油罐的腐蚀，常用亚硝酸盐、硼砂、苯甲酸铵等水溶性缓蚀剂防止罐底积水部分金属的腐蚀，常用戊基肌氨酸及其衍生物等油溶性缓蚀剂防止油相中金属的腐蚀，常用亚硝酸二环己胺等气相缓蚀剂防止气相中金属的腐蚀。咪唑啉衍生物、磺酸盐、不饱和脂肪酸的混合物等常用来防止油轮金属的腐蚀。若使缓蚀剂和电化学保护联合使用，防腐效果则更好。

3.4　停用锅炉腐蚀控制

3.4.1　停用锅炉的腐蚀原因

工业锅炉由于正常的检修或事故，总有相当长的时间处于停用状态。例如，某公司动力厂拥有两台 WGZ35/39 锅炉，但在正常情况下只使用其中的一台，另外一台作为备用。某化肥厂拥有三台 XZY20/25 锅炉，仅冬季使用，其余时间均停用。某炼化厂拥有三台 XZY20/25 锅炉，每年仅有三周在运行。我国现有工业锅炉约 40 万台，诸如这样，一年中有半年以上停用或备用的锅炉占锅炉总数的一半有余。

锅炉等热力设备停运时，若不采取相应的有效保护措施，水汽一侧的金属表面就会发生强烈的腐蚀，即为停用腐蚀，本质是氧腐蚀。停用锅炉腐蚀是锅炉停用期间所发生的各种腐蚀的总和。实验室试验和工业试验的结果表明，锅炉停用期间的腐蚀往往要比运行时的腐蚀更严重。例如，穿孔腐蚀的损坏并不是发生在运行当中，而是发生在停用期间，并且这种腐蚀的后果较为严重、规模较大。早在 20 世纪 50 年代，一些人就已经对锅炉停用时发生的腐蚀问题进行过一系列的研究，也提出了一些相应的保护方法。之后，这方面的文献也陆续被发表。然而，直到现在，停用锅炉的腐蚀问题仍是一个重要的课题，甚至在工业发达国家，也有因锅炉停用腐蚀而导致经济损失的报道。据调查，我国这方面的事例甚至更多。发生腐蚀的原因主要是管理和技术两方面的不完善。这里仅从技术上进行讨论停用腐蚀的成因及其防腐措施。

锅炉停用后一般会立即排掉锅炉水或者充满水。在此两种情况下，锅炉都有可能发生严重的腐蚀。发生腐蚀的必要条件是氧和水两者共存。因此，以上两种做法的区别是，在充满水的情况下，水过剩，氧的补给速度控制腐蚀速度，腐蚀可以发生在锅炉内表面的任何部位；若把水排掉，氧则是过剩的。这时，锅炉内空气的湿度控制腐蚀速度，腐蚀只能发生在锅炉与水接触的那些表面。

3.4.1.1　锅炉充满水时的腐蚀

锅炉充满水时，氧在金属表面的某一部分（阴极）取得电子，而金属在表面的另一部分（阳极）给出电子，腐蚀按如下电化学历程进行：

阳极反应　　$Fe \longrightarrow Fe^{2+} + 2e$

阴极反应　　$\dfrac{1}{2}O_2 + H_2O + 2e \longrightarrow 2OH^-$

溶液中　　　$Fe^{2+} + 2OH^- \longrightarrow Fe(OH)_2$

$4Fe(OH)_2 + O_2 \longrightarrow 2Fe_2O_3 + 4H_2O$

以上所述反应可发生在锅炉内的任何表面，因此，腐蚀分布无规律。腐蚀进行的过程大体是，氧在金属表面的某些部位与金属接触，富氧区发生阴极反应，贫氧区发生阳极反应而被腐蚀。之后，腐蚀产物将形成一个近似半球形的盖罩，盖罩下面的金属由于缺氧进而会进一步被腐蚀。随着腐蚀的不断进行，这些地方将形成锈瘤。由于供氧程度的差异，锈瘤表层为红褐色的高价铁氧化物，内层为黑色的磁性氧化铁或灰绿色的亚铁和高铁化合物的混合物，下方是腐蚀孔洞。

金属表面的缺陷处往往是腐蚀最敏感的地方，例如金属保护膜受到破坏的部位一般是金属中存在有内应力的地方。保护膜受到破坏的部位相对周围未受破坏的表面成为阳极，有拉伸应力存在的地方相对未受应力的部位成为阳极。锅炉停运以后，一种惯用的采取措施是用器械清理表面上的污垢，这种方法的一大弊端即会造成金属表面膜损伤或局部应力。而腐蚀往往就是从这里开始的。

污垢颗粒下方的金属为差异充气电池形成创造了有利的条件，因此存在污垢颗粒的部位也是腐蚀的最敏感区。污垢颗粒周围供氧充分的表面是阴极区，颗粒下方的金属缺氧而发生腐蚀。这时，溶液的 pH、溶解氧，溶盐以及水温等都会影响腐蚀的速度。钢的腐蚀速度与水的 pH 值的关系如图 3-40 所示。在 pH＝4～9 的范围内，钢腐蚀后表面被一层腐蚀产物所覆盖，阻碍了氧的正常供给，腐蚀速度因此降到一个大致恒定的值。pH＜4 时钢表面不能形成腐蚀产物层，发生的是氢去极化腐蚀，腐蚀较为剧烈。

锅炉充满水时，阴极反应过程控制钢腐蚀的发生，腐蚀速度同溶解氧含量成正比例关系。虽然高浓度的溶解氧可以使钢钝化，但在本节所讨论的条件下，溶解氧的浓度是达不到金属钝化所需氧的浓度的。

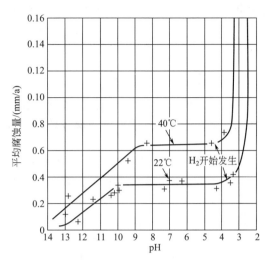

图 3-40　钢的腐蚀速度与水的 pH 的关系（O_2 含量为 1mg/L）

一般情况下，水中盐含量升高，电导增大，使局部电流增加，腐蚀加剧。但软化水的盐含量一般不高，对腐蚀的影响较小。

在腐蚀受氧控制的前提下，水温每升高 10℃，钢的腐蚀速度会增大约 30%。

3.4.1.2　排掉锅炉水的情况

若锅炉水被排掉后锅炉不进行干燥，锅炉内表面即处于潮湿状态。此时，供氧较为充分。腐蚀将从多个起始点快速向外蔓延，继而表面将覆满锈层。这时，腐蚀速度有所减缓，最终达到一个相对恒定的腐蚀速度，这个历程类似于锅炉充满水的情况。

若排水之后立即进行干燥，空气干燥的程度或者相对湿度将决定腐蚀的速度。

在金属表面非常干燥的情况下，腐蚀将按一定的化学历程在金属表面形成不可见的保护性膜层，使膜下的金属得到较好的保护。

然而，当金属表层空气的相对湿度超越某一临界值时，金属表面上若存在吸湿性物质，吸湿性物质就可能从空气中吸收一定的水分，从而引起腐蚀破坏。

就大多数装有软化水的锅炉来说，在运行一段时间后，排掉锅内软化水，然后进行干燥，锅炉内表面并不是完全洁净的。往往在一些局部表面上，滞留着运行过程中产生的水垢。在锅炉内表面被干燥的过程中，伴随水分的蒸发，溶解在锅炉水中的盐类也会析出。无论是运行中产生的水垢还是干燥过程中残留的盐类，其成分都非常复杂，几乎包含了给水成分中所有的物质，其中许多物质都有强吸湿性。这些物质的临界湿度通常约为 70%，但某些盐类在远低于 50% 的相对湿度下便会引起腐蚀的发生。

当锅炉内空气的温度降低至露点以下时，空气中的水汽便会凝结，这时就会引起露点腐蚀。水汽大都凝结聚集于可以存留住凝结水的位置，例如锅炉管道的下部弯曲处、U 形管底部和过热器底部。这时，随着差异充气电池的产生，最强烈的腐蚀将发生在水线附近。

停用锅炉无论是在以上何种情况下，都有可能给锅炉运行时各种腐蚀提供集中点，使锅炉受到更严重的威胁。

3.4.2　停用锅炉的传统保护方法

近期，停用锅炉腐蚀控制方面的文献仍有发表，然而，目前所采用的方法基本上都是

20 世纪 50 年代已经研究应用的干保护法和湿保护法，一些新方法虽已研发但应用尚未普及。

传统的锅炉保护方法可以分为干保护法（简称干法）和湿保护法（简称湿法）两个大类。

3.4.2.1　湿法保护

湿法保护是将具有保护性的水溶液充满整个锅炉，防止空气中的氧进入锅内，从而达到避免或减缓锅炉因停炉而发生腐蚀的保护方法。根据保护性水溶液配制的不同，具体有如下几种做法：

a. 联氨法。它是将化学除氧剂联氨、氨水和催化剂硫酸钴配成保护性水溶液，灌入锅炉，使整个锅炉充满此保护液。联氨的添加量应使锅炉的过剩联氨浓度处于 $150 \sim 200 mg/L$ 范围内。加氨水的目的在于使锅炉水的 pH 值达到 10 以上，硫酸钴是催化剂。若注入保护性溶液前锅炉水的 pH 值已达到 10 以上时，无需再添加氨水。注入保护性水溶液之前，应关闭锅炉系统中的所有阀门和通路。避免药液泄漏和氧气侵入锅炉水中。此外，应维持锅内水压大于大气压力（如 $0.05 MPa$）。该法适用于停用时间较长或者备用锅炉。

采用这种湿法保护的锅炉，启动前应排尽保护性水溶液，并用水进行冲洗直至洁净，排放前应进行稀释。此外，还应考虑联氨的毒性。

b. 氨液法。它是将 $800 mg/L$ 以上的氨水稀溶液灌入锅炉，使锅炉内水压略大于外界大气压力。保养期间，应每隔 $5 \sim 10 d$ 检查一次含氮量，若含氮量下降应及时补充。这种方法适用于长期保养性的锅炉。

c. 保持给水压力法。它是通过给水泵将锅炉给水（除过氧的水）充满锅炉形成水、汽系统，锅内水压一般维持在 $0.05 MPa$ 以上，关闭所有阀门，防止空气渗入炉内。此外，要注意锅内压力，当压力下降时，可用给水泵再顶压。每天要测定炉水的溶解氧，若溶解氧超过了一定的规定值，应更换炉水。此法应最好加入一定量的亚硫酸钠，随给水一起进入锅炉，以提高防腐效果。这种方法适用于短期停用锅炉。

d. 保持蒸汽压力法。用间歇升高的办法保持锅炉蒸汽压力在 $0.1 MPa$ 以上，防止空气渗入锅炉的水、汽系统内。这种方法适用于锅炉热备用。

3.4.2.2　干法保护

干法保护是通过保持锅炉的金属表面干燥，从而防止金属发生腐蚀破坏的保护方法。具体有如下几种方法：

a. 烘干法。锅炉停运之后，将锅水温度降低到 10℃ 时，排尽锅炉水，利用炉内余热或在炉内点火产生的热量，或将热风送入炉膛内，烘干锅炉内部的金属表面，以抑制锅炉金属的腐蚀。这种干法保护方法适用于短期或锅炉检修期间的防腐蚀保护。

b. 充氮法。将纯度在 99% 以上的氮气冲入锅炉内，使氮气压力保持在 $0.05 MPa$。如果锅内仍有残余的水（锅内存水未排尽），可加入适量联氨或亚硫酸钠，并要保持炉内溶液 pH 值在 10 以上。保养期间应定期检查炉内溶液的溶解氧、过剩联氨和氮气压力三个参数。若溶解氧升高、过剩联氨量降低、氮气压力下降时，应检查泄漏并予以消除后再补充氮气。这种方法可适用于长期停炉保养。

c. 干燥剂法。锅炉停用之后，将锅炉水温降至 100℃ 时，排尽锅炉内的存水，并用微火烘烤干燥锅炉金属表面。最好在锅炉内部水垢和水渣去除之后，进行烘烤。然后，在锅炉内部（上下锅筒）、集箱等部位，用敞口容器装入干燥剂，沿锅筒长度方向排列放置。关闭所有阀门，防止空气和潮气进入锅炉内部。干燥剂放入后，应定期（一般不超过一个月）检查，若干燥剂失效或容器内有水，应及时更换新药。这种方法适用于长期停炉的保养。常用的干燥剂及其用量按表 3-10 所列进行配备。

表 3-10　锅炉停用保养时常用干燥剂及用量

药品名称	药品规格	用量/g
工业无水氯化钙	$CaCl_2$，粒径 10～15mm	1～2
生石灰	块状	2～3
硅胶	放置前应先在 120～140℃温度下烘干	1～2

从原则上讲，停用锅炉发生腐蚀破坏的必要条件是存在水和氧，只要从锅炉系统中除去水或氧，即可达到腐蚀防护的目的。湿法保护从系统中除去了氧，干法保护从系统中除去了水。因此，湿法和干法在理论上都应该可以达到好的保护效果。

然而，这两种方法的实施过程都比较复杂，而且许多中小型锅炉房不完全具备保护的条件，因而其实际防腐效果并不总是能令人满意的，实行了保护而仍然发生停用腐蚀的事例为数不少。例如，当没有除氧水抑或除氧剂含量不够、除氧剂补加不及时或者在锅内留下未充满水的空隙的时候，湿法保护的效果就会受到一定的影响。当锅内表面干燥速度过慢时、干燥程度不够时，干燥剂失效、干燥剂更换不及时或者没有保持好锅内湿度的时候，干法保护的效果就会受到一定影响。因此，人们也一直在寻求简便易行的其他保护方法以达到更为优异的保护效果。

3.4.3　气相缓蚀剂法

常见的工业装备，如蒸汽锅炉、热水锅炉、大型成套化工装置、单机、容器，其主要部分及装备附件和管道等一般主要由钢铁材料制成。在这些装备的寿命周期中，一般都要经历出厂、运输、储存、安装以及备用的过程。这一过程短有数月，长达数年。在这期间，金属材料的腐蚀是影响装备安全和使用性能的主要因素。钢材若锈蚀 1%，强度即会损失 5%～10%。相比之下，现代薄壁钢制装备更容易锈蚀穿孔而失去其使用价值。就精密机械和精密仪器而言，轻度的锈蚀就会造成较大的误差。同时，锈蚀部位往往是在役设备的安全隐患。此外，锈蚀还会使制造精良的装备失去一定的市场竞争力。

多年以来，让参加过化工装备引进、安装、使用和消化吸收的工作人员迷惑不解的是，相同成分的金属材料、相同结构的装备，从国外引进的装备大都保持金属光泽或锈蚀轻微，安装完成后开车容易、运行平稳，而消化吸收的国产装备往往都锈蚀到难以正常试车的程度。透平机转子是许多大型工厂的关键设备。从国外引进的透平机转子，由一个密封的钢制容器包装，打开包装进行验收时发现，转子保存得相当完好，设备表面光亮平滑，没有任何锈迹。但是，在设备重新包装备用时却遇到了如何防锈的难题。我国消化吸收的转子，连同包装外壳也一起消化吸收了，却解决不了腐蚀方面的问题。

能够保证设备不发生锈蚀的物质实际上是一类特殊的专用于钢制容器保护的气相缓蚀剂。将缓蚀剂置于包装壳之中，缓蚀剂通过挥发、到达并吸附于金属表面，从而达到防止设备和容器锈蚀的目的。我国从国外新引进的装备，从关键容器到管件、阀门大都采用了这种缓蚀技术。国产容器目前采用的仍是落后的涂油技术，有的甚至没有任何保护措施，致使我国自产容器的锈蚀极为严重，直接影响了国产装备的质量。因此，研制国产工业装备防腐缓蚀剂对我国容器保护技术向国际先进水平发展和国产容器向国际市场开拓这两方面都具有相当重大的意义。

3.4.3.1　气相缓蚀技术发展概况

同金属在溶液中的腐蚀一样，金属在大气中的腐蚀也是一个相当普遍的问题。金属在大气中会受到氧、湿气和各种腐蚀性气体的单独或联合腐蚀作用。在敞开大气中，氧气供应十分充裕，此时，腐蚀主要是由湿度控制。而在其他特殊的环境下，例如在矿井和海洋环境的大气中，腐蚀可能主要是由侵蚀性气体及氯离子等其他因素控制。

在减小和防止大气腐蚀方面人们现已研究出来许多方法，如喷漆、涂防锈油和气相缓蚀技术等。其中，对于贮运期间的金属制品和设备，气相缓蚀剂保护是一种既简便又有效的办法。

通过对复杂气候条件下贮运设备的各种保护方法的长期调查研究，发现常规涂料、油、脂并不适于对金属的长效保护。这是由于水蒸气和氧往往能穿过保护层而腐蚀金属表面。有效的保护剂的作用并不是隔绝金属与大气，而是与水汽发生反应，生成一层高效保护膜。对小型金属件来说，含有气相缓蚀剂亚硝酸二环己胺的纸是最好的保护品。

气相缓蚀剂（VPI）也称作挥发性缓蚀剂（VCI），是一种在常温下就能自动挥发出缓蚀性气体的防锈试剂。它的主要优点是：

① 在复杂装备中使用，具有其他防锈方法无可比拟的优越性。

② 在需要紧急使用的情况下，如军事武器，具有其他防锈方法无可代替的优越性。

③ 操作简便，劳动强度低。

④ 清洁美观，能提高商品的竞争力。

⑤ 防锈期长，可保护金属数年甚至十年不生锈。

气相缓蚀剂自从 20 世纪 40 年代发现以来，在机械工业、轻工业、电子工业、航空工业、尤其是国防工业中得到了非常广泛的应用。

最早使用的 VPI 是亚硝酸二环己胺（DICHAN，代号 VPI-260）。美国壳牌公司于 1943 年发表该缓蚀剂的专利后，便引起了防锈工作者极大的兴趣，将其称之为防锈方法上的"革命"。直到今天，DICHAN 还是应用最多、最普遍的 VPI。1944 年，美国海军实验室应用了壳牌公司提供的 VPI-220（亚硝酸二异丙胺）。1945 年，英国专利中正式提出"气相缓蚀剂"这一名词，推荐应用含亚硝酸根离子和有机胺（伯胺、仲胺、叔胺、季铵等）的挥发性化合物，蒸汽压应维持在 0.0002 ～ 0.001Torr（1Torr = 133.322Pa）之间。1947 年，Vernon 研究证实正丙基苯甲酸酯和异丙基苯甲酸酯、甲基肉桂酸酯、丙基肉桂酸酯和丁基肉桂酸酯等化合物的蒸气均具有一定的缓蚀性能。

20 世纪 50 年代，气相缓蚀剂的研究大都集中于黑色金属的应用。1951 年研究发现的有机胺类的碳酸盐，特别是碳酸环己胺（CHC），其缓蚀作用较快，可作为钢、锌等金属的 VPI，但这些缓蚀剂却会加速镁、镉、铜的腐蚀。1954 年，美国系统研究了 120 多种气相缓蚀剂，并发表了研究报告，其中主要是有机酸、胺和羟胺，以及胺和有机酸的复盐，依此确定了几十种对钢铁材料有效的 VPI，如一些有机胺类的苯甲酸和亚硝酸盐。在对某些混合物的研究过程中发现，亚硝酸盐和无机铵盐混合物都具有气相缓蚀作用，例如亚硝酸钠、尿素和苯甲酸钠的混合物就有较好的气相缓蚀性能；亚硝酸钠和乌洛托品的混合物可用于热带地区钢制材料的防锈。此外，还有人发现碳酸单乙醇胺也具有一定的气相防锈性。

20 世纪 60 年代的研究主要侧重于 VPI 的理论。人们利用各种电极研究气相缓蚀剂同金属表面结合时的吸附性。通过研究亚硝酸二环己胺气氛中钢电极的极化曲线，解释了气相缓蚀剂防止腐蚀发生的过程和理论。

20 世纪 70 年代，有色金属 VPI 的研究在一定程度上取得了很大的进展。在此期间，发现了苯三唑是铜及铜合金的特效气相缓蚀剂。直到现在，苯三唑依然是防止各种有色金属腐蚀缓蚀剂的基本组分。一些有机胺的磷酸盐，有机胺的铬酸盐等也可以作为有色金属的气相缓蚀剂，其中一些还可解决钢铁与某些有色金属组合件的防锈。

20 世纪 80 年代，气相缓蚀的触角延伸至计算机领域，从以前的单个研究到建立数学模型，80 年代是气相缓蚀技术研究的一个飞跃期。俄国的 E. M. Agres 等人在此期间建立了一个挥发扩散相关数学模型，并用该模型在一种管状流动仪器中测定了大气缓蚀剂的挥发性。

CHC 作为一种常用的气相缓蚀剂，其试验数据与模型吻合得很好。

随科技的不断发展，改进试验手段也是 VPI 研究的一个方向，1990 年，西班牙的 J. M. Bastidas 研发了一种 VPI 探测器，数据的检测由三种电化学技术数据和图形分析技术来完成。

综上，可以认为，气相缓蚀技术的发现及应用是防锈技术的革命性进步，随着它的不断发展，将会把在金属表面涂覆油脂的传统方法部分取代。

3.4.3.2　气相缓蚀剂的作用机理

（1）气相缓蚀剂与金属表面的作用

大气腐蚀（锈蚀）一般可分为诱导期、前期和腐蚀期三个阶段：

① 诱导期　大气腐蚀主要是由阴极去极化剂 O_2 通过相对湿度形成的液体薄层扩散到金属的表面，从而引起的金属的强烈腐蚀。随着腐蚀的发生，金属表面会生成腐蚀被膜而很快失去金属光泽。大气中常有的 CO_2、SO_2 溶于水会产生 H^+，是另一类阴极去极化剂。

② 前期　在这一时期会产生肉眼可见的铁锈，其主要成分是 Fe_2O_3、Fe_3O_4、FeO 等。

③ 腐蚀期　也称作铁锈的发展和深入期。干净的金属表面容易产生全面腐蚀，金属表面上有尘埃时常易发生斑点腐蚀。在海洋环境中，因为 Cl^- 的存在而易发生孔蚀，镁合金和不锈钢则容易发生晶间腐蚀。

成功的 VPI 保护应该将腐蚀控制在诱导期。

就种类不同、性质各异的气相缓蚀剂而言，如何将腐蚀控制在诱导期内，从而达到对金属起缓蚀作用，主要有以下解释：

① VPI 挥发并吸附于金属表面，形成一层疏水膜，从而可起到隔绝介质的作用。

② VPI 与金属表面形成一层稳定的络合膜。

③ VPI 在金属表面形成一个高欧电阻，可以减小腐蚀电流。

④ VPI 挥发并沉积到金属表面，碱化或钝化表面。

⑤ VPI 降低空间的相对湿度使其达到临界值以下。

显然，以上说法都是就具体的实例进行解释的。特定的 VPI 或者具体的 VPI 配方的作用机制可能是其中某一种，或者是其几种。例如，前面提及的胺类，可能偏向于碱化介质的解释；氧化性物质类，比较可能是钝化金属；有机酸及其酯类则更可能是形成一层疏水膜而起到屏蔽作用。一些气相缓蚀剂有吸水作用，可以降低空间的相对湿度。然而，俄国的 Agres 通过分析气相缓蚀剂提出的保护机制却认为，他们所研究的气相缓蚀剂吸附在金属表面所起的作用远大于减少空气的相对湿度所产生的作用。

（2）气相缓蚀剂的迁移机理

就气相缓蚀剂迁移到金属表面起缓蚀作用的过程而言，可能有以下两种方式：

① VPI 在潮湿空气的作用下水解或离解，分解出挥发性的保护基团，然后沉积到金属表面，从而起到缓蚀作用；

② VPI 以分子形式汽化，到达金属表面后与金属结合（络合）或离解（水解）出缓蚀基团。

无机类的 VPI，尤其是本身无气相防锈性而混合后有气相防锈性的混合型缓蚀剂主要以前一种方式迁移，而有机类缓蚀剂主要以后一种方式进行迁移。

胺类及胺盐类 VPI，一般认为，其迁移是通过水解生成有机阴离子，一方面使介质得以碱化；另一方面可以使金属表面变成憎水性，从而降低腐蚀。

例如，亚硝酸二环己胺的水解：

$$(C_6H_{11})_2NH_2NO_2 + H_2O \Longleftrightarrow (C_6H_{11})_2NH_2OH + HNO_2$$

$$(C_6H_{11})_2NH_2OH + HNO_2 \Longleftrightarrow (C_6H_{11})_2N^+OH^- + 3H^+ + NO_2^-$$

杂环类 VPI 在金属表面起防护作用的机理，主要有两种不同的情况：一种是仅仅吸附于金属表面，通过隔绝外界侵蚀性杂质起到防腐作用；另外一种是与金属形成一层稳定的络合膜。有色金属的代表性缓蚀剂苯三唑就属于后者，有学者通过亚铜衍生物的红外光谱谱图证明了苯三唑与铜的络合物结构如下所示：

铜原子接受了一个氮原子的自由电子对组成配位键，并且从 N—H 基中置换出 H 原子形成一个共价键。

（3）蒸气压与气相缓蚀剂性能

Rozenfeld 对 VPI 化合物的保护性进行了大量研究，发现影响 VPI 效果的因素有蒸气压、吸附能力、与金属表面结合的强度以及对腐蚀控制过程减缓的程度。

物质的蒸气压直接关系到它能不能作为 VPI 应用。蒸气压过高，寿命就会变短；蒸气压过低，又不能起到保护作用。一般认为，在 21℃下，蒸气压保持在 $0.0001\sim0.001$ mmHg 为宜。蒸气压太高，包装空间饱和快，诱导期较短，有效作用半径较大。蒸气压太低，挥发慢，保护期较长，但是有效半径太小，诱导期较长。选择对特定金属和环境合适的缓蚀剂往往要依据蒸气压而定。25℃下，DICHAN 和 CHC 的蒸气压分别是 0.0002 mmHg 和 0.4 mmHg，后者可用于经常开放防止的包装体系，因为它的蒸气可以迅速饱和容器。

物质蒸气压大小与分子中原子键的性质有关，一般情况下，极性键越强，蒸气压就越低。因此，可以通过改性的方法来改变蒸气压。例如，环己胺在 21℃时的蒸气压是 1mmHg 以上，通入 CO_2 变成 CHC 后就会降到 0.4 mmHg，变成亚硝酸环己胺，会进一步减到 0.0027 mmHg。又如，在苯三唑分子中引入一个 NO 基，能够大大提高它的挥发性。

蒸气压对 VPI 非常重要，蒸气压的测定方法的研究现已形成 VPI 研究的一个重要分支。Peter 用扭转-隙透法研究了 VPI 的蒸气压，发现了 DICHAN 满足如下关系：

$$\lg p = A - B/T$$

式中，A、B 为常数；p 为饱和蒸气压；T 为温度。测量原理是，蒸气分子通过孔隙透入一真空室内，测量蒸气分子的反冲力，或以气体通过小孔的扩散率为测量基础，通过测量一个非常灵敏的水晶弹簧的收缩度，借助高差计，就可以测出蒸气压。该仪器在室温和高温时都非常准确。Rajagopalan 也发明了一种测量蒸气压的仪器，名叫 Knudsen 仪器，测定结果与文献数据吻合得非常好。

（4）气相缓蚀剂的吸附特性

VPI 的吸附能力与其防护效率直接相关。VPI 的吸附使钢电极的静止电位正移。俄国 Zolotovitskii 指出，除 VPI 本身的性质外，影响 VPI 吸附的因素还有制件的形态、准备条件及 VPI 的浓度。

（5）气相缓释剂对腐蚀控制过程减缓的程度

如前所述，在 VPI 众多种类中，其中有一类是靠本身的膜起屏蔽作用的，如有机酸、酯、杂环类，它们不仅可以控制腐蚀的阴极过程又能控制腐蚀的阳极过程。而另外一类则含有一些缓蚀基团，靠分解或水解出缓蚀基团而起防护作用，如黑色金属的 VPI 中常含 NO_2^-、NH_4^+ 或—NH_2、CrO_4^{2-}、$Cr_2O_7^{2-}$、PO_4^{3-} 等基团；有色金属的 VPI 中常含有

CrO_4^{2-}、CrO_7^{2-}、$C_6H_5COO^-$ 等基团。Rozenfeld 通过对大量 VPI 进行研究，发现这些吸附基有的只控制阳极过程，有的既能控制阳极过程又能控制阴极过程。Rajagopalan 以局部电池反应为基础，提出了腐蚀电位直接依赖于阳极区和阴极区面积的比率和电极反应速率的理论；缓蚀剂的吸附不是缓蚀的充分条件，当阴极区和阳极区面积减小，即起到了缓蚀作用。缓蚀是一个复杂的过程，其中不止有阳极和阴极反应，还有金属绝对电荷的改变。

3.4.3.3　VPI 的发展方向

有关气相缓蚀剂的文献报道较多，但目前市售常用气相缓蚀剂一般都为有机胺及其盐类。特别是亚硝酸盐类，它们的毒性较大；有的气相缓蚀剂使用时会分解放出有毒物质，例如：乌洛托品受热会释放出氧化氮有毒烟气，有机胺盐和亚硝酸盐互相接触会生成亚硝酸胺。GBZ 230—2010《职业性接触毒物危害程度分级》指出，亚硝酸胺属于致癌物质。加之气相缓蚀剂挥发性大，使用过程中比较容易被人吸入体内，而亚硝酸二环己胺在空气中的最高允许浓度仅为 $0.5mg/m^3$，碳酸环己胺为 $10mg/m^3$，苯并三氮唑和甲基苯并三氮唑为 $1\sim5mg/m^3$。

现已开发的气相缓蚀剂绝大多数仅仅适用于钢铁类金属，对非铁类金属的保护效果并不理想，有毒甚至还会加速腐蚀。实际应用中发现，许多被保护件大都是多金属的组合，这种情况就极大地限制了气相缓蚀剂的实际应用。因此，开发对黑色金属和有色金属均可使用的通用型高效低毒气相缓蚀剂是亟待研究的课题。

有机合成技术的发展，使得人们能够根据缓蚀剂的构效关系有目的性的设计合成新的气相缓蚀剂。通过分子裁剪技术和分子组装技术，在低毒性缓蚀剂中引入各种不同活性基团，不仅能够提高缓蚀效率，还可以通过引入对有色金属和黑色金属分别使用的功能基团，来达到合成通用型气相缓蚀剂的目的。这种方法将不同活性基团引入一个分子内，有可能形成比分子外复配更致密的保护膜层，具有较好的协同效应。可汽化氨基酸烷基酯，就是一类性能优异的低毒气相缓蚀剂。这类气相缓蚀剂挥发性高、低毒，缓蚀效果好，是一种发展前景颇好的缓蚀剂。

从现已研究的成果来看，VPI 的发展有以下几个趋势：

① 使用尖端仪器更准确地分析 VPI 的作用机理。

② 应用计算机，与数学相结合，建立普适的模型，使对 VPI 的理论研究从个别向普遍发展。

③ 寻找效率更高、适应更广、毒性更低、成本更低的 VPI。

④ 研究新的可适用于工业设备保护的 VPI 品种及使用方法，拓展 VPI 的应用范围。

开发新气相缓蚀剂品种的过程中，如何控制气相缓蚀剂的挥发性是一个关键的问题。不同的应用体系对气相缓蚀剂的挥发性有不同的要求。通常通过以下几个途径解决：

a. 对不同缓蚀剂的复配技术进行进一步的研究；

b. 研发合适的载体，用于气相缓蚀剂的控制释放技术；

c. 合成可控分解的有机化合物，包括多元胺低聚物、复合有机酸盐等。

3.4.4　DICHAN 用于设备保护的研究

气相缓蚀剂（VPI）保护具备操作简便、防锈时间长和不污染保护对象等无可替代的优越性，其被称为金属防锈方法上的"革命"。自 20 世纪 40 年代美国军方将其用于军事装备保护以来，VPI 已从军用扩展到民用，在机械、电子、航空及国防等工业中得到了非常广泛的应用。目前，国外 VPI 适用的保护对象只是限于能够严格密封的、干燥的、表面清洁的和保护距离不大的设备、仪器以及其零部件；超出该范围的设备的 VPI 保护仍然是一个难以解决的问题。TH-901 缓蚀剂在国内已成功地应用于内部潮湿的、金属表面不够干燥的停用锅炉的保护，这取代了国际上一直沿用的保护效果不佳的传统干法保护和湿法保护。但是，总的来说，国内 VPI 在品种、性能、使用技术及应用范围上均与国外工业发达国家存在着明显差距。在化工装备的气相保护领域，这种差距尤为突出。这就要求研究 VPI 的作用规律，查明当前 VPI 对化工装备使用性能不够稳定的原因，在这个基础上，研制性能更好且适用于实际化工装备的 VPI 及其使用工艺。

根据美军等标准方法，借助模拟试验，以亚硝酸二环己胺（DICHAN）和碳酸环己胺（CHC）为研究对象，研究了气相缓蚀剂的作用规律。试验发现，这两类 VPI 的作用规律迥然不同，诸如温度、距离等因素对两者的影响也不相同。DICHAN 类 VPI 只能在充分"预膜"之后才能表现出比较优异的性能；在一般条件下，即使在饱和蒸气的条件下，性能依然很差；充分"预膜"后，脱离了蒸气氛围的 VPI 也有保护效果。CHC 类 VPI 只能在蒸气氛围内才可以保护金属；只要有饱和蒸气存在便可以提供良好的保护；一旦失去其蒸气氛围，即失去了对金属的保护性能。依照这些试验结果，可以得出 DICHAN 是化学吸附型缓蚀剂，而 CHC 是物理吸附型的缓蚀剂。较目前普遍认为的"CHC 可用于反复打开的包装体系，因为它的蒸气能快速饱和容器"的观点相反，试验结果表明，DICHAN 类 VPI 既可用于密闭体系，同样可用于经常打开的包装体系，而 CHC 仅能用于密闭体系。这些论述能够用来解释实践中时常碰到的 VPI 保护效果并不稳定的问题。在这个基础上，研究人员研制了能够有效保护化工装备的 VPI BF-605，这种 VPI 的保护作用是基于在金属表面的物理吸附和化学吸附作用。

在众多的气相缓蚀剂中，最著名的碳钢 VPI 是 DICHAN。自美国军方成功地使用之后，引起了防腐工作者极大的兴趣，已发表与其相关的文献有 200 多篇。直到现在，DICHAN 依然是用得取多、最普遍的 VPI。但是，还是缺乏关于 DICHAN 用于设备保护的研究，而这一工作对 VPI 设备防腐研究具有极其重要的意义。

3.4.4.1　气相缓蚀剂的试验方法

（1）试验用材

锅炉和压力容器用的结构材料由于使用环境的条件的不同而采用了种类繁多的结构材料。考虑到经济实用的要求，最常用的结构材料为碳钢，其工业使用量占 90% 以上。不锈钢类结构材料在大气环境下往往是稳定的，通常不太需要防锈保护。因此，研究化工装备的防锈保护主要是研究碳钢材料的防锈。气相缓蚀剂试验主要选用有代表性的 20 号钢。试样标准尺寸为 $50mm \times 25mm \times 2mm$，加工方法和精度应依据化工行业标准。一些试验所用的带锈试片的加工方法是，将预处理好的 20 号钢标准试片在 $50℃$ 和 100% 湿度下锈蚀 1d，然后进行干燥、称重。试验所用缓蚀剂 DICHAN 和 CHC 均为市售工业品，BF-605 为北京化工大学中试品，其他化学药品均为分析纯试剂。

（2）VPI 粉末试验

目前，VPI 适用的防腐对象多半仅限于可以严格密封的、干燥的、表面清洁的、保护距离不大的设备、仪器及其零部件，著名的美军 VPI 标准以及现有的其他标准都与之适应。对金属设备的防腐来说，这些标准未必能够适用。因此，VPI 试验在参考现有标准的同时还应模拟设备保护的实际情况。

试验时，首先将 500mL 广口瓶洗净，烘干，再将放有一定量 VPI 粉末的盛皿放入瓶中，盖好盖子，将广口瓶置于指定温度下进行预挥发。经指定时间后，将预先打磨、脱脂、干燥、称重的试片悬吊于盛皿的上方，迅速盖好盖子，在一定温度下预膜。经一段时间后，迅速用移液管向瓶底注入 50mL 水，并盖好盖子。然后，将瓶移置恒温器中，使其下部受热，此时，悬吊试片的上部被空气冷却。观察记录试片出现锈蚀的时间和现象，一般在 7 昼夜后测定腐蚀失重并计算缓蚀率。

依据某些文献中的折算方法，50℃水浴条件下试片 3d 不锈时，在实用时即可保持 2 年不锈。

若需要进行 VPI 的保护距离试验时，在试验装置的广口瓶上方安装一个 ϕ100mm × 2000mm 圆筒，沿轴向隔一定距离挂一试片即可。

（3）气相防锈纸试验

试验时，先于洗净的 500mL 广口瓶中衬 120mm × 100mm 的气相防锈纸一圈，盖上盖进行预挥发，然后将处理好的试片迅速置向瓶中防锈纸的中央，于一定温度保持一定时间预膜，然后迅速用移液管向瓶中注入 50mL 蒸馏水，盖好盖子，将瓶移置于恒温槽中加热下部，观察记录试片锈蚀情况，一般 7 昼夜后取出测定失重并计算缓蚀率。

（4）VPI 溶液试验

将处理好的试片放置于广口瓶上部，瓶内装有 50mL VPI 溶液，将其放在恒温槽内，高于盖板约 5cm，以便溶液蒸发后得到冷凝，槽内水约 5cm 高，温度保持在 50℃，一般 7d 后将其取出。

（5）浸渍试验

在广口瓶内，将处理好的试片浸渍于 VPI 溶液中。然后，再把广口瓶置于 50℃ 的恒温水浴中，观察并记录试片锈蚀情况，一般在 7d 后取出测定失重并计算缓蚀率。

（6）气相干燥防锈剂试验

将粉末 VPI 与 10g 硅胶在 80℃ 烘箱内共热，然后置于室温下进行吸附，即制成气相缓蚀硅胶，将硅胶置于广口瓶中于 50℃ 预挥发 2h，将预先处理好的试片挂于瓶中，在 50℃ 预膜 2h，用移液管注入 50mL 蒸馏水，将广口瓶移置于 50℃ 恒温槽中加热下部，观察记录试片锈蚀情况，一般 7 昼夜后取出测定失重并计算缓蚀率。

（7）VPI 膜的耐久性试验

将预好膜的试片取出，将其置于室内温度和湿度下一定时间后，移置于未放 VPI 的 500mL 广口瓶中，加蒸馏水约 50mL，然后分别将广口瓶置于室温和 50℃ 的恒温水浴中，根据试片腐蚀情况决定取片时间。

（8）缓蚀率的测定

根据失重法，按如下公式首先求出腐蚀速度，然后再计算缓蚀率：

$$V = \frac{W_o - W_t}{St}$$

$$I(\%) = \frac{V - V'}{V} \times 100$$

式中，V 为腐蚀速度，g/(m² · d)；W_o 为试件初重，g；W_t 为腐蚀后试件重，g；S 为试件表面积，m²；t 为实验周期，h；I 为缓蚀率，%；V' 为用缓蚀剂后的腐蚀速度。

（9）电化学测试

直到现在，VPI 的作用机理研究依旧是一大难题。VPI 和溶液中的缓蚀剂的作用机理有相似之处，如屏蔽、钝化等；但又有相异之处，如二环己胺在气相中具有优良的缓蚀性，在溶液中却几乎没什么效果。由于气相的特点，常用的研究溶液腐蚀的重要方法如极化曲线法无法使用，从而增加了 VPI 研究的难度。现今有很多用极化曲线法研究 VPI 的论文，但究其实质还是一个液相行为，能否代表气相的真实状况是值得商榷的。因此，在 VPI 的研究方面，有待新试验方法和新仪器手段的研究开发。

VPI 电化学测试方法参照 ASTM G3 和 ASTM G5 标准，采用图 3-41 所示装置和 M352 的电化学测试系统。将三层用 0.1mol/L Na₂SO₄ 浸润的滤纸夹在工作电极和辅助电极之间。作为参比电极的饱和甘汞电极借助盐桥与滤纸紧密相连。

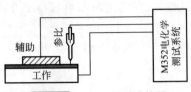

图 3-41　电化学测试装置

3.4.4.2　DICHAN 的保护性能

（1）一般工艺条件下的 DICHAN 缓蚀性能

把 DICHAN 粉末 0.5g 在 50℃下预挥发 2h，放置试片后预膜 2h，然后，在不同环境温度条件下进行缓蚀性能的试验，结果见图 3-42。

在无 VPI 的试验条件下，试片生锈的时间会随环境温度的升高而缩短。15℃下，试片在不到 1d 的时间内就出现了红褐色锈迹。50℃下，试片生锈的时间为 0.5h，而在 80℃时试片生锈时间已经缩短到 20min。发生锈蚀后，锈蚀不断地蔓延，最终会覆盖整个试片表面。

实施 DICHAN 保护后，15℃时试片的生锈时间从空白时的不到 1d 延长到了 6d。DICHAN 防锈期的试验结果让人出乎意料。到目前为止，有关 VPI 的论著中，DICHAN 一直被看成是"王牌"VPI，但是在这么短的时间内就出现了试片生锈现象似乎是不可思议的。

发生上述情况的原因之一是：在 15℃下，DICHAN 的蒸气压过低，挥发到达试片表面的 DICHAN 达不到实施有效保护的浓度。因此，又进行了更高温度下的防锈试验，以达到加快挥发速度和减少达到有效浓度时间的目的。但是，虽然在 80℃下 DICHAN 的饱和蒸气压比 15℃下提高了 500 多倍，但 80℃时的防锈试验结果与空白试验的结果相比并没有太大改观。50℃下的试验结果也不理想。

试验结果表明，在传统使用工艺条件或使用方式下，DICHAN 的优异防锈效果是难以发挥出来的。

一般认为，大气腐蚀（锈蚀）可以分为诱导期、前期和腐蚀期三个阶段。大气腐蚀的主要阴极去极化剂为 O_2，另一类阴极去极化剂是大气中的酸性气体，如 CO_2 和 SO_2 等，它们溶于水后可以产生 H^+。在诱导期时，上述的一些阴极去极化剂通过在相对湿度形成的液体薄层中扩散达到金属的表面，导致金属的强烈腐蚀，金属表面因生成腐蚀被膜而很快地失去金属光泽。在前期，金属表面会产生肉眼可见的铁锈，成分多为 Fe_2O_3、Fe_3O_4 和 FeO 等。在腐蚀期，铁锈不断发展和深入，干净金属表面发生全面腐蚀，附有尘埃的金属表面有时发生斑点腐蚀。一般 VPI 会把腐蚀控制在诱导期内。

由此看来，试验条件下 DICHAN 保护效果很差的原因是，它通过相对湿度形成的液体薄层扩散到金属表面的速度过慢，即它保护的诱导期长于氧腐蚀的诱导期，以致在其到达前金属已发生了强烈腐蚀。

（2）DICHAN 使用方式对缓蚀性能的影响

上述试验结果使一些科研工作者开始怀疑 DICHAN 不适合以粉末这种方式使用，因为从文献来看，绝大多数作者都是将 DICHAN 制成防锈纸用以对金属防腐。例如，用涂有 DICHAN $0.2g/dm^2$ 的纸包装的金属，在百叶箱中试验时间长达 4～5 年都不发生锈蚀。按一些文献中的折算方法，50℃水浴条件下试片 3d 不发生锈蚀，在实际应用时可以保持 2 年都不锈。那么，要想达到 4～5 年的防锈期，则应在 50℃水浴中试片应保持 6～7d 不发生锈蚀。为此，笔者做了其他使用方式的防锈试验。

将 0.5g DICHAN 制成饱和溶液，随后制成气相防锈纸（纸）、气相防锈液（液）、气相浸渍液（浸）以及气相防锈硅胶（粒），在 50℃时进行防锈试验，生锈时间和缓蚀率结果如图 3-43 和图 3-44 所示。

DICHAN 防锈纸仅能使试片保持 0.5h 不锈，2d 后已严重锈蚀，与粉末效果相似。DICHAN 防锈液可保持 1d 不锈，而它浸渍的试片可保持 5d 不锈，缓蚀硅胶亦是 0.5h 生锈。

　　根据试验结果，DICHAN 除浸渍效果较好外，其他使用形式也令人失望。浸渍法大都有较好的缓蚀效果（缓蚀率 98%）。防锈纸法效果大都较差（缓蚀率 74%），溶液法效果也不理想（缓蚀率 89%），硅胶法同样显示了非常有限的缓蚀性（缓蚀率 86%）。

　　（3）预挥发对 DICHAN 缓蚀性能的影响

　　为了确定 DICHAN 等 VPI 在一般条件下效果不理想的原因是否是因为其蒸气还没有达到饱和，将 0.5g DICHAN 在 50℃下预挥发一定时间，放置试片后预膜 1d，然后于 50℃下测试防锈性能，预挥发时间与缓蚀性能的关系如图 3-45 所示。

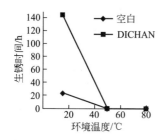

图 3-42　不同环境温度下的生锈时间

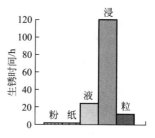

图 3-43　各种使用方式下的生锈时间（50℃）

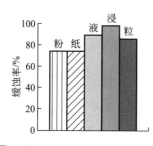

图 3-44　各种使用方式下的缓蚀率（50℃）

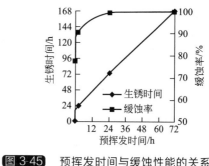

图 3-45　预挥发时间与缓蚀性能的关系（50℃）

　　DICHAN 预挥发 1d 后，其缓蚀率可达 99%，可保持 3d 不发生锈蚀；而预挥发 2h 时缓蚀率仅有 90%，保护时间也仅有 1d。因此，预挥发 1d 是必要的亦是适宜的。预挥发时间再进行进一步延长，效果会更好。

　　DICHAN 不预挥发和预挥发 2h 的效果差别明显。不预挥发时，试片 0.5h 就开始生锈，缓蚀率仅有 77%。预挥发 2h 后，能保护试片 1d 不发生锈蚀，缓蚀率也升至 90%。它们唯一的区别在于在挂片起始阶段是否有饱和 VPI 蒸气。由此可以推测，在这一段时间内没有受到 VPI 蒸气保护的试片受到 50℃的水汽和氧的侵袭，因而使腐蚀进一步加重。

　　将 0.5g DICHAN 分别在 10℃、30℃、50℃和 80℃下预挥发 1d，在 50℃下预膜 6d，之后在 50℃下测定其防锈效果，预挥发温度与缓蚀性能的关系如图 3-46 所示。

　　DICHAN 预挥发温度在 10℃以下时，试片在 0.5h 发生锈蚀。预挥发温度高于 50℃时，试片却没有出现锈蚀，可见预挥发温度过低对 DICHAN 非常不利。这与前一试验所表明的不预挥发的结果是一致的。

　　（4）预膜对 DICHAN 缓蚀性能的影响

　　将 0.5g DICHAN 在 50℃下预挥发 1d，放置试片，预膜 0h、2h、3d、6d，之后在 50℃下进行防锈试验，结果如图 3-47 所示。

　　DICHAN 预膜 2h 的效果与不预膜的效果相同，试片在 0.5h 时内发生锈蚀。预膜 3d 时效果有较大提高，缓蚀率由原来的 90%提高到 97%，但还是只能保护试片 1d 不锈。预膜 6d 的效果进一步提高，试片 3d 未锈。当预膜时间达 9d，缓蚀效果大幅度地提高，试片 6d

未锈，且表面光亮如初。

此外，DICHAN 试验结束后，缓蚀剂没有明显减少。

由此可见，预膜时间对 DICHAN 的缓蚀性能具有至关重要的影响。随着预膜时间以天计的延长，其效果也会大幅度提高，预膜 9d 之后可以达到在 50℃ 水浴中挂片 6d 不生锈，表面光亮如初。与 9d 相比，预膜 2h 太短，试片很快就发生锈蚀。

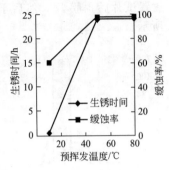

图 3-46 预挥发温度与缓蚀性能的关系（50℃）

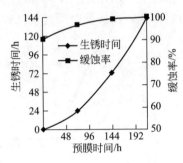

图 3-47 预膜时间与缓蚀性能的关系（50℃）

将 0.5g DICHAN 在 50℃ 下预挥发 1d，放置试片后在 10℃、50℃、80℃ 下分别预膜 6d，之后再于 50℃ 做静态粉末防锈试验，结果如图 3-48 所示。

对于 DICHAN，预膜温度从 10℃ 升至 50℃，试片生锈时间也大幅度延长，缓蚀率也有一定提高（从 90.3% 增到 99.7%）。预膜温度从 50℃ 升至 80℃ 时，试验结果看不出预膜温度对缓蚀性能的显著影响。

（5）最佳工艺条件时 DICHAN 的缓蚀性能

将 0.01g、0.05g、0.1g、0.5g DICHAN 分别在 50℃ 下预挥发 1d，放置试片后在 50℃ 下预膜 9d，然后于 50℃ 下进行缓蚀性能的测试，结果如图 3-49 所示。在同样的条件下，DICHAN 对带锈试片的缓蚀性能如图 3-50 所示。

可见，在试验条件下，仅需 0.05g DICHAN，即可保证保护试片在 50℃ 水浴中 7d 不发生锈蚀。在充分挥发、充分预膜的条件之下，DICHAN 确实显示了王牌气相缓蚀剂的效果，它需要量仅为别种 VPI 的 1/10 或更少，就可以长期防锈。与预挥发 2h、预膜 2h 的试验对比，说明只有在充分挥发、充分预膜的条件下，DICHAN 才能有良好的防腐缓蚀保护效果。

图 3-50 说明，DICHAN 对垢下腐蚀具备一定的缓蚀效果。

（6）环境温度和湿度对 DICHAN 缓蚀性能的关系

在 50℃，将 0.5g DICHAN 预挥发 1d、预膜 6d 后，分别做 10℃、30℃、50℃、80℃ 的静态粉末试验，结果如图 3-51 所示。

由图 3-51 可知，环境温度升高对 DICHAN 非常不利，使其生锈时间缩短，缓蚀率降低。事实上，在经过充分挥发和充分预膜后，DICHAN 在室温下保护试片不生锈的时间可超过 73d。

将 0.5g DICHAN 预挥发 1d，试片预膜 6d 之后，在相对湿度分别是 60%、80%、100% 的标准湿度瓶中，室温下做静态粉末防锈试验，结果如图 3-52 所示。

由图 3-52 可见，在 RH 60%、80% 和 100% 时，DICHAN 都保护试片超过了两个月不发生锈蚀，较空白试片缓释效果有较大提升。在各个湿度下，DICHAN 的保护效果都非常优异，甚至在试验时间内都无法判断湿度对其缓释效果的影响。

（7）DICHAN 的保护距离

将 0.5g DICHAN 在 50℃ 下预挥发 1d，放置试片后在 50℃ 预膜 9d，做不同距离时的防锈试验，结果如图 3-53 所示。

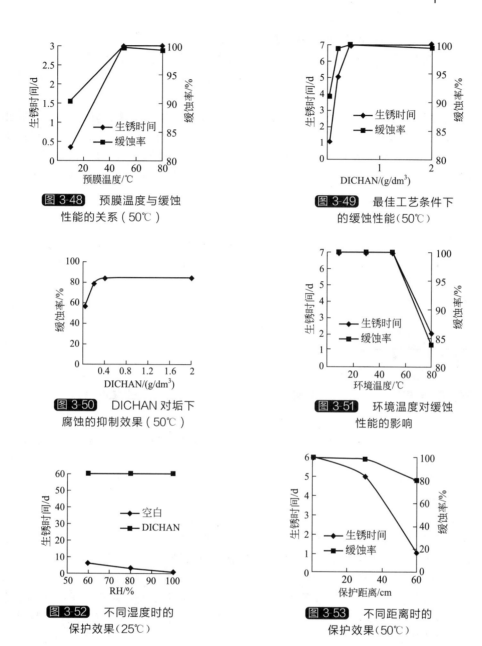

图 3-48　预膜温度与缓蚀性能的关系（50℃）

图 3-49　最佳工艺条件下的缓蚀性能（50℃）

图 3-50　DICHAN 对垢下腐蚀的抑制效果（50℃）

图 3-51　环境温度对缓蚀性能的影响

图 3-52　不同湿度时的保护效果（25℃）

图 3-53　不同距离时的保护效果（50℃）

可见保护效果与距离存在直接的依赖关系。随试片到 DICHAN 放置点距离增加，试片发生锈蚀的时间逐渐缩短，VPI 缓蚀率也逐渐减小。当距离增加至 30cm 以上的时候，DICHAN 的生锈时间突然下降，说明其保护距离不应超过 30cm。

（8）DICHAN 膜的耐久性

为了确定 VPI 蒸气氛围对膜的影响，将 0.5g DICHAN 在同一瓶中于 50℃进行预挥发 1d，预膜 6d（多个试片）后，将几片取出将其置于新瓶中，另几片仍置于原瓶中，在 50℃下测试，结果如图 3-54 所示。

在有持续蒸气供应的原瓶中，试片 2d 未发生锈蚀。在不含 VPI 蒸气的新瓶中，试片在 8h 后出现一处锈，然后该处锈向深处进一步发展成重锈，产生流挂，增大了锈蚀的面积。

可见，在没有 VPI 蒸气的情况下，出现锈蚀的时间早，若一旦某处生锈，就会快速发展，说明该处的膜极易遭到破坏。而在有饱和 VPI 蒸气的环境中，2d 后才发生锈蚀，到第

5d 锈蚀才进一步发展，这说明 VPI 蒸气对膜具有强化和修补功能。

将 0.5g DICHAN 在 50℃进行预挥发 1d，放置试片后预膜 6d，然后把试片取出，在室温下的干燥器中分别静置 2h、24h、120h，再做无 VPI 时的室温防腐性能试验，结果如图 3-55 所示。

在室温、RH 100％的条件下空白试片 1d 生锈。DICHAN 预膜后取出将其放置 2h，在完全脱离 VPI 蒸气气氛的条件下可保持 5d 不锈。令人意外的是，DICHAN 预膜后的试片在大气中放置 5d 之后，效果反而大大好于静置 2h 及 24h 的缓释效果，51d 未锈。通过测定经过充分预膜后在大气中放置 5d 的钢电极的动电位极化曲线（图 3-56），发现无 DICHAN 气氛之后，钢表面仍处于钝化的状态。

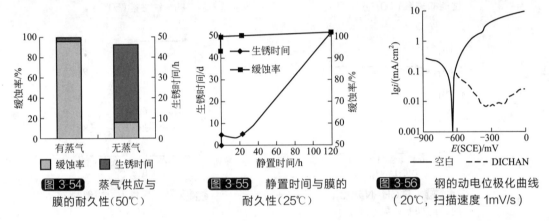

图 3-54　蒸气供应与膜的耐久性（50℃）

图 3-55　静置时间与膜的耐久性（25℃）

图 3-56　钢的动电位极化曲线（20℃，扫描速度 1mV/s）

这一结果与传统的理论相反。传统的理论认为，气相缓蚀剂在金属表面的吸附层不是可靠的保护膜，移入无缓蚀气氛内时，即被破坏。但试验却表明，移入无缓蚀气氛中后效果并未削弱，反而加强了。

3.4.4.3　DICHAN 缓蚀机理

（1）DICHAN 使用工艺

试验结果表明，只有在充分预挥发、充分预膜的条件下，DICHAN 粉末才可以发挥出优异的缓释效果。在试验条件下，DICHAN 对钢保护的最佳使用工艺条件是在 50℃下预挥发 1d 以上，在 50℃下预膜 6d 以上。在该条件下，DICHAN 对钢的防腐保护具有用量小、效果好、时间长等优点。这种充分预挥发和充分预膜的使用工艺，对小型设备和小型零部件较易实现，对稍大一些的设备往往难以实施。因此，DICHAN 实际上对于大多数复杂的工业设备都难以应用。

若预挥发和预膜不够充分，由 DICHAN 分别制得的气相防锈纸、气相防锈液、气相防锈硅胶等与气相防锈粉末类似，对钢的防锈效果都不理想；只有以气相浸渍液方式使用时，才能获得比较理想的防锈效果。

（2）DICHAN 的保护效果

金属表面的预膜直接影响 DICHAN 的保护效果。要使 DICHAN 对钢达到最好的气相保护效果，必须充分预挥发和预膜，这就说明 DICHAN 有诱导期长的不足，因此，把腐蚀控制在腐蚀诱导期内有一定的难度。

在普通的环境温度和相对湿度情况下，DICHAN 对钢一般都有较好的保护效果，且环境温度和相对湿度的较小变化不会影响保护效果。当环境温度超过 50℃时，DICHAN 的保护效果可能下降。

DICHAN 的有效作用半径或者有效保护距离约为 30cm，相对较小。这是由于

DICHAN 蒸气压低、挥发速度慢，因此，在空间内不易达到较高的浓度，进而不易挥发到较远的距离。为此，DICHAN 只适用于体积小的设备零部件及小型设备的保护。

DICHAN 的保护期较长。该试验结果与"VPI 蒸气压低则寿命长"的理论相符。

一般情况下，由于蒸气压较低，蒸气不易充满空间，因而在采用 DICHAN 保护时，系统密封越严密保护效果越好，特别是在保护期间最好不要打开系统。试验结果表明，DICHAN 在金属表面形成的保护膜耐久性较好，因而保护时对系统的严密性要求并不是很高，可用于需要偶尔打开的包装体系。笔者试验首次发现，DICHAN 保护膜在没有蒸气氛围时，经过放置处理后，可使其耐久性大幅度提高。此特殊的耐久效应对研究 VPI 的作用机理及应用范围的扩大具有重要意义。

综上，DICHAN 具有保护期长、保护膜耐久性好和能适应环境温湿度变化等诸多优点，其用于实际设备保护的主要问题是诱导期较长以及有效保护距离太小。

（3）DICHAN 的缓蚀机理

一般认为，VPI 保护的实质是 VPI 以某种方式吸附于金属表面。依据吸附作用的本质，一般把吸附分为物理吸附与化学吸附或以物理吸附为主与以化学吸附为主的两大类。

形成物理吸附的作用力是分子间的引力，即范德华力。这种吸附与气体在金属表面的凝结类似，其吸附热为每摩尔分子从气相吸附到界面层这一过程放出的热量的数值，与气体的汽化热十分相近。因为吸附在固体表面的气体分子，对之后碰撞上去的气体分子仍存在范德华力，所以物理吸附不仅可以在表面上吸附一层分子，还可形成多分子层。由于此类吸附的作用一般较弱，所以解吸（脱附）也较容易操控。此类吸附的速度快，较易达到吸附平衡的状态。

形成化学吸附的作用力为化学键力。在化学吸附的过程中，能够发生原子的重排，电子的转移，化学键的破坏以及新化学键的形成等过程，实质上发生了金属表面上的化学反应。因为这种吸附作用力是化学键力，因此只可能是单分子层的吸附，化学吸附与一般在固体表面上发生的化学反应很相似，放出的热量很大，一般在 $40\sim400kJ/mol$，和化学反应热的数量级相似。化学吸附的作用力较强，所以被吸附的物质在固体表面上一般很稳定，解吸困难，一般说来化学吸附的吸附速度和解吸速度都很小，且吸附平衡不容易达到。当升高温度时，可加速化学吸附，缩短达到吸附平衡的时间。但是。达平衡之后，因吸附是一个放热过程，升高温度平衡会向解吸的方向移动，使平衡吸附量随着温度的升高反而降低。物理吸附与化学吸附之间的对比见表 3-11。

表 3-11　物理吸附与化学吸附的对比

项目	物理吸附	化学吸附
作用力	范德华力	化学键力
吸附热/（kJ/mol）	0.4～1.0	40～400
吸附速度	作用快,易达到平衡	作用慢,不易达到平衡
可逆性	不牢固,解吸快,可逆	不脱附,只会被破坏,不可逆
选择性	无选择性	有选择性

根据 DICHAN 保护金属时必须充分预膜、保护作用较慢以及保护膜的耐久性优异等试验结果，可认为 DICHAN 的缓蚀作用是基于化学吸附或以化学吸附为主的。DICHAN 的保护作用的历程可能是，DICHAN 从放置处挥发，通过腐蚀环境，到达金属的表面，在金属表面发生化学吸附，形成牢固的保护膜，从而保护金属。

3.4.5 CHC 用于设备的防腐保护

3.4.5.1 CHC 的保护性能

（1）一般条件下 CHC 的缓蚀性能

将 0.5g CHC 粉末置于容器中，在 50℃时预饱和 2h，装入试片后在 50℃时预膜 2h，然后在 15℃、50℃和 80℃下分别进行防锈试验，结果见图 3-57。

在各试验温度下，无缓蚀剂时的空白试片均在很短时间内就泛黄生锈，且生锈时间随环境温度的升高而大幅度缩短。之后，锈蚀沿表面快速的蔓延并沿纵向深化发展。在同样的试验条件下，CHC 在 15℃下可以保护试片在 7d 的试验周期内仍保持金属光泽，在 50℃和 80℃下试片在 2d 以后生锈，锈蚀发展慢。在 50℃下，CHC 在容器内挥发较快，1d 后已从放置处全部挥发，在瓶的上部析出了白色的沉积层，预膜后试片表面也沉积出一层肉眼可见的沉淀膜层。加水 10min 后，沉积膜大部分都被水汽冲掉。80℃时也有同样的试验现象。

（2）使用方式对 CHC 缓蚀性能的影响

将 1.0g CHC 制成饱和溶液，然后分别制成气相防锈纸、气相防锈液、气相浸渍液以及气相防锈硅胶，于 50℃时进行防锈性能测试，结果见图 3-58。

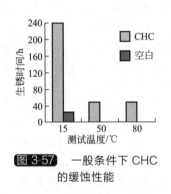

图 3-57 一般条件下 CHC 的缓蚀性能

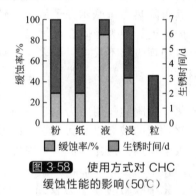

图 3-58 使用方式对 CHC 缓蚀性能的影响（50℃）

CHC 气相防锈硅胶保护的试片在 1h 内就已生锈，4d 后锈蚀严重，缓蚀率仅为 45％，效果较差。这可能是硅胶微孔的酸性导致。其他几种使用方式保护的试片均在 2d 以后才发生锈蚀，缓蚀率均达 95％以上。相对来讲，气相防锈液的效果明显优于其他几种使用方式的缓蚀效果。

（3）预挥发时间对 CHC 缓蚀性能的影响

为了测出预挥发时间的影响，分别将 0.5g CHC 不预挥发，以及在 50℃下预挥发 2h、1d、3d，然后于 50℃下预膜 2h，在 50℃下进行防锈性能测试，结果如图 3-59 所示。

如图 3-59 所示，就 CHC 而言，预挥发的影响并不明显，在试验时间内，CHC 对钢试片都能给予良好的保护。

将 1.0g CHC 分别在 10℃、30℃、50℃和 80℃下预挥发 2h，放置试片后在 50℃下预膜 2h，然后在 50℃下测试防锈性能，结果如图 3-60 所示。

由此看出，就 CHC 而言，预挥发温度对防锈性能的影响并不是很大。

（4）预膜温度与 CHC 缓蚀性能的关系

将 1.0g CHC 在 50℃下预挥发 1d，放置试片后在 50℃下预膜 0h、2h、3d 和 6d，然后在 50℃下测试其防锈性能，结果如图 3-61 所示。

当预膜时间不超过 3d 的情况下，CHC 的缓蚀效果都较好，可保证试片 2d 不发生锈蚀，缓蚀率也保持在 97％以上。但当预膜时间到 6d，试片在 0.5h 内就开始生锈。此后，锈蚀发展迅速。

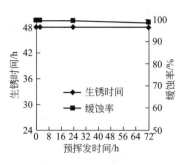

图 3-59　预挥发时间对 CHC
缓蚀性能的影响（50℃）

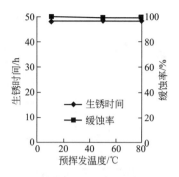

图 3-60　预挥发温度对
VPI 效果的影响（50℃）

若加热预膜 2h，盛皿中的 CHC 会明显减少，瓶的上部产生冷凝的白色固体，试片上也沉积了一层肉眼可见的薄膜。加热预膜 3d，盛皿内仅残余极少的 CHC 固体。加热到 6d，瓶内已经看不到固体 CHC。

由此可见，就 CHC 而言，选择恰当的预膜时间十分关键。当预膜时间达一定期限后，缓蚀效率会迅速下降，从试验现象可以分析出，这是因为它的蒸气不断泄漏，6d 后固体都已变成了蒸气，VPI 殆尽，当蒸气浓度下降到某一值时，就会发生试片大面积的生锈。

将 1.0g CHC 在 50℃ 预挥发 2h，放置试片后分别在 10℃、50℃、80℃ 下预膜 2h，然后于 50℃ 做防锈性能的试验，结果如图 3-62 所示。

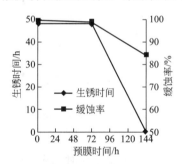

图 3-61　预膜时间与
CHC 缓蚀性能的关系（50℃）

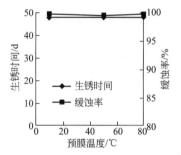

图 3-62　预膜温度与
CHC 缓蚀性能的关系（50℃）

在试验条件下，试片生锈时间均在 2d 以上，缓蚀率也都在 99% 以上，从试验结果看不出预膜温度对 CHC 防锈效果是否有明显的影响。

（5）最佳使用工艺下 CHC 的缓蚀性能

以上试验结果表明，用 CHC 进行金属保护，可以不进行预挥发和预膜工艺，亦可在 50℃ 预挥发 2h，放置试片后在 50℃ 将片预膜 2h 作为 CHC 的最佳使用工艺。在此工艺下，CHC 用量与缓蚀效率的关系如图 3-63 所示。相同的条件下，DICHAN 对带锈试片的缓蚀性能如图 3-50 所示。

在试验条件下，只要 1.0g CHC 就可在 50℃ 水浴中保证金属 7d 不锈或微锈。图 3-64 表明，CHC 对垢下腐蚀有一定的缓蚀作用。

（6）环境温度和湿度与 CHC 缓蚀性能的关系

将 1.0g CHC 在 50℃ 下预挥发 2h、放置试片后在 50℃ 下预膜 2h，分别在 10℃、30℃、50℃、80℃ 下的做防锈试验，结果如图 3-65 所示。

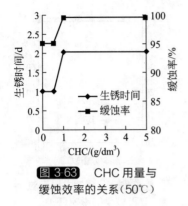

图 3-63　CHC 用量与缓蚀效率的关系（50℃）

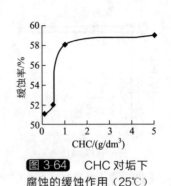

图 3-64　CHC 对垢下腐蚀的缓蚀作用（25℃）

当环境温度为 10℃时，钢试片在 7d 的试验周期内仍能保持光亮，缓蚀率可达 100％。当温度升高至 50℃和 80℃时，试片生锈时间仍在 2d 以后，缓蚀率接近于 100％。温度升高时试片发生锈蚀的时间缩短的原因可能与 CHC 的挥发损失有关。

以上试验数据均在环境相对湿度 100％的情况下测得。为了探求环境湿度变化的影响，将 1.0g CHC 预挥发 2h，放置试片后预膜 2h，再分别在相对湿度为 60％、80％和 100％的标准湿度瓶中，做室温下的防锈性能试验，结果如图 3-66 所示。

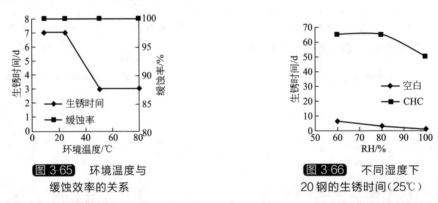

图 3-65　环境温度与缓蚀效率的关系

图 3-66　不同湿度下 20 钢的生锈时间（25℃）

在 RH60％、80％和 100％下，CHC 保护的试片在 2 个月试验结束时仍未发生锈蚀，即 CHC 对环境湿度的变化有优异的适应性。

（7）CHC 的保护距离

上述试验数据均是在试片中心距 VPI 放置处的距离即保护距离为 5cm 时测得的。为了探求不同距离时的防锈性能，将 1.0g CHC 在 50℃下预挥发 2h，放置试片后在 50℃预膜 2h，然后在不同距离下进行防锈试验，结果如图 3-67 所示。

由此可见，保护效果和距离直接关联。在 1m 的距离范围内，CHC 的缓蚀率无显著的变化。在 120cm 处，缓蚀率则降低至 85％。因此，其保护距离以 1m 内最优。

（8）CHC 膜的耐久性

为了研究 CHC 在钢表面形成的保护膜的耐久性，把 1.0g CHC 在 50℃下预挥发 2h，放置试片后在 50℃下预膜 2h，再将已成膜的试片取出，在室温干燥器中分别静置 2h、24h 和 120h，取出后立即做室温下无 VPI 时的防锈试验，结果如图 3-68 所示。

试验结果表明，虽然在预膜时试片上已产生肉眼可见的较厚的沉积层，但这层膜却不产生保护效果，试片放入 RH100％的大气中后在 1d 内就已生锈，与空白对照试片几乎毫无区别。

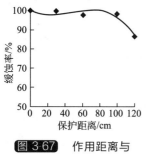

图 3-67　作用距离与
VPI 效率的关系（25℃）

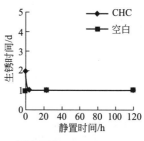

图 3-68　室温下膜的
耐久性（25℃）

成膜后在大气中放置 2h 的钢电极的动电位极化曲线如图 3-69 所示，结果表明，在无 CHC 气氛的情况下，钢表面便失去保护，与空白试片的极化曲线十分接近。

（9）DICHAN 与 CHC 的复配

为了改善 CHC 的气相缓释效果，尝试将低蒸气压的 DICHAN 与 CHC 复配。为此，将 0.25g DICHAN 与 0.5g CHC 进行复配，然后在 50℃下挥发 2h，放置试片后进行预膜 2h，再在 50℃下进行复配物（D-C）防锈性能的测试，结果如图 3-70 所示。图中 DICHAN 和 CHC 的数据均是在各自的最佳使用条件下测得的。

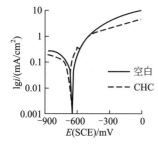

图 3-69　钢电极的动电位极化曲线
（20℃，扫描速度 1mV/s）

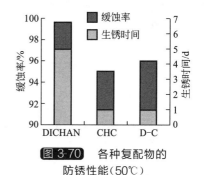

图 3-70　各种复配物的
防锈性能（50℃）

与未复配的单一 VPI 相比，复配没有产生预期的效果提升，非但没有发挥 DICHAN 保护时间长和 CHC 作用快的优点，反而显现出 DICHAN 需要充分预膜和 CHC 保护时间短的缺陷。为此，有关高-低蒸气压 VPI 的复配效果不能一概而论，有关 DICHAN 和 CHC 复配没有产生效果的原因以及怎样复配才能产生效果的问题有待进一步的研究。

3.4.5.2　CHC 的缓蚀机理

（1）CHC 的使用工艺

试验结果表明，预挥发时间和预挥发温度对 CHC 的保护性能几乎毫无影响，甚至可以不通过预挥发就能够达到较好的保护效果。预膜温度对 CHC 的保护性能影响也不大，但预膜时间不能太长，也可不经预膜就可以达到较好的保护效果。因此，当实施 CHC 保护时，可采用简单易行的不预挥发和不预膜的使用工艺，这对简化工业设备的保护工艺极为有利。

CHC 可以以气相防锈粉末、气相防锈纸、气相防锈液、气相浸渍液等方式进行使用。当以气相防锈硅胶方式使用时，防锈效果很差，这可能与硅胶中微孔的酸性有关。

（2）CHC 的保护效果

在不预挥发和不预膜的条件下，CHC 对钢已经可以达到很好的气相保护效果，这表明 CHC 具有诱导期短的优越性能，能够成功有效地把腐蚀控制在诱导期内。CHC 的保护效果与其蒸气的持续供应相关，蒸气浓度越大，泄漏就会越小，可供挥发的 VPI 越多，保护期就会越长。因此,必须保持足够的 CHC 蒸气浓度。预挥发和预膜与其效果关系不大,一旦蒸气浓度降低到某一值以下,保护效果就会迅速降低。

在不同的试验环境温度和相对湿度条件下,CHC 对钢一般都有较好的保护效果,且保护效果随着环境温度和相对湿度的降低而有一定提高。这种对环境变化适应性较强的特点对设备的长期保护非常有利。

CHC 的有效作用半径或者有效保护距离达 60cm,相对较大。这是因为 CHC 蒸气压较高,挥发速度比较快,因而在空间内容易达到比较高的浓度并容易挥发到较远的距离。对体积小的设备零部件及小型设备的保护而言,CHC 的保护距离已经足够大,可是未必能满足大型设备保护的要求。

CHC 的保护期较短。这一试验结果与“VPI 蒸气压高则寿命太短”的理论相符。但是,这一特点使 CHC 难以对需要长期保护的设备实施保护。

使用 CHC 保护时,系统密封越严密越好,尤其是在保护期间,不宜打开系统。原因之一是 CHC 在金属表面形成的保护膜耐久性较差。

虽然 CHC 蒸气对钢的保护性能优异,可是预膜时在试片上生成的肉眼可见的厚厚的沉积层却毫无保护效果。这一试验结果还表明,CHC 蒸气对沉积物下方的金属表面的保护效果相对较差。

综上,CHC 具有作用快速、有效保护距离大以及对环境温度和湿度变化较不敏感等优点,其用于设备保护的主要问题是保护期短、保护膜耐久性差、对系统密封性要求过高以及难以保护沉积物下方的金属表面。

(3)关于 CHC 的缓蚀机理

DICHAN 和 CHC 的区别并不在于蒸气压的高低,挥发速度的快慢,而是在于在金属表面的成膜。DICHAN 必须有一个“预膜”过程,起决定作用的是这一层膜,与 VPI 蒸气的持续供应无关,这层“膜”在脱离了 VPI 的继续供应的条件下仍发挥缓蚀作用。CHC 的保护效果与 VPI 蒸气的持续供应相关,因此,必须保持足够高的 VPI 蒸气浓度,预膜与否对其效果的影响不大,VPI 蒸气浓度越大,泄漏越小,可供挥发的 VPI 就越多,保护期也就越长,一旦蒸气浓度降至某一值后,保护效果会速降。

依据 CHC 保护金属时不需预膜、保护作用很快以及金属脱离其蒸气氛围后很快发生锈蚀这些试验结果,可以推断 CHC 的缓蚀作用是基于物理吸附或是以物理吸附为主。其保护作用的历程有可能是,CHC 由放置处挥发,通过腐蚀环境,达到金属表面,在金属表面发生物理吸附并形成保护膜,从而保护金属。在用量充分的情况下,CHC 从挥发到形成保护膜速度非常快,可以成功地将腐蚀控制在诱导期以内。当脱离其蒸气氛围,吸附膜的脱附也较快,因此膜的耐久性较差。

3.4.6　BF-605 用于设备保护

根据化工装备的结构和对 DICHAN 和 CHC 的研究成果,研制了具有物理吸附和化学吸附双重特点的 VPI BF-605,并研究了其在各种条件下的缓蚀性能。

3.4.6.1　BF-605 的保护性能

(1)一般条件下 BF-605 的保护性能

在粉末 VPI 各取 0.5g 在 50℃下预挥发 2h、50℃下预膜 2h 的一般使用工艺条件下,试验了 0.5g BF-605 粉末在不同温度下对 20 钢的保护效果并与 DICHAN 和 CHC 进行对比。试验结果如图 3-71 所示。

在预挥发和预膜时间都很短的工艺条件下,DICHAN 在所有环境温度下的保护效果都较差,仅在 15℃的低温下有一定效果,50℃和 80℃下试片的生锈时间几乎与不加缓蚀剂时无异。在三种试验条件下，BF-605 和 CHC 对钢的保护效果都很好。

（2）使用方式对 BF-605 缓蚀性能的影响

将 1.0g BF-605 制成饱和溶液，然后分别制成气相防锈纸、气相防锈液、气相浸渍液以及气相防锈硅胶，然后在 50℃ 环境温度下做防锈性能的测试试验，结果如图 3-72 所示。

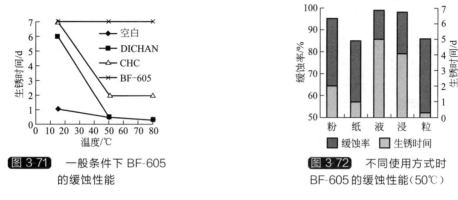

图 3-71　一般条件下 BF-605 的缓蚀性能

图 3-72　不同使用方式时 BF-605 的缓蚀性能（50℃）

在试验条件下，无论是从试片发生锈蚀的时间或者是从缓蚀率看，BF-605 的使用方式从好到差的排列顺序如下：

液＞浸＞粉＞纸＞粒

上述排列顺序与 CHC 相似。从缓蚀性能数据看，只有前三种使用方式才有实际应用意义。较之 CHC，除了气相防锈液效果较差之外，BF-605 的其他几种使用方式的缓蚀性能都比 CHC 好。与 DICHAN 相比，若以气相浸渍液和气相防锈硅胶方式使用时，BF-605 的缓蚀性能比 DICHAN 稍差；而当以其他三种方式使用时，BF-605 的缓蚀性能明显优于 DICHAN。

（3）预挥发对 BF-605 缓蚀性能的影响

将 0.5g BF-605 粉末在 50℃ 下预挥发 0h、2h、1d、3d，然后将试片置于 50℃ 下预膜 6d，接着再于 50℃ 下进行缓蚀性能的测试，并与 DICHAN 和 CHC 进行比较，试片生锈时间和缓蚀率结果如图 3-73 和图 3-74 所示。

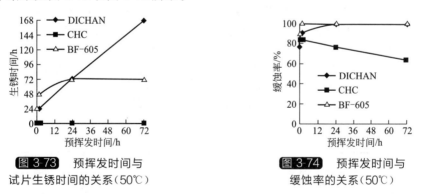

图 3-73　预挥发时间与试片生锈时间的关系（50℃）

图 3-74　预挥发时间与缓蚀率的关系（50℃）

在不进行预挥发处理时，BF-605 就已经具有一定的保护效果。随预挥发时间的不断延长，其缓蚀效果越来越好，直至预挥发 1d 之后，保护效果趋于平稳。在所有预挥发的试验中，BF-605 的保护效果均明显优于 CHC。当预挥发时间不超过 1d，BF-605 的缓蚀效果也明显地超过了 DICHAN，只有在预挥发时间达到 3d 的时候 DICHAN 才稍好一点。

将 0.5g BF-605 分别在 10℃、50℃ 和 80℃ 下预挥发 1d，放置试片后在 50℃ 预膜 6d，之后在 50℃ 下进行缓蚀性能测试并同 DICHAN 和 CHC 进行比较，试片生锈时间和缓蚀率结果如图 3-75 和图 3-76 所示。图中，除了 CHC 用量加倍和预膜时间缩短至 1d 外，其他试验条件不变。

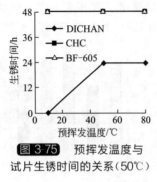

图 3-75　预挥发温度与
试片生锈时间的关系（50℃）

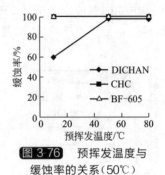

图 3-76　预挥发温度与
缓蚀率的关系（50℃）

由试验结果可知，预挥发温度对 BF-605 的缓蚀性能几乎毫无影响，这一性能与 CHC 相似而与 DICHAN 截然不同。低预挥发温度对 DICHAN 不利。

（4）预膜对 BF-605 缓蚀性能的影响

将 0.5g BF-605、0.5g DICHAN 和 1.0g CHC 分别在 50℃下预挥发 1d，放置试片后进行预膜 0h、2h、3d 和 9d，然后进行缓蚀性能测试，试片生锈时间和缓蚀率结果如图 3-77 和图 3-78 所示。

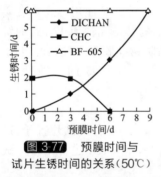

图 3-77　预膜时间与
试片生锈时间的关系（50℃）

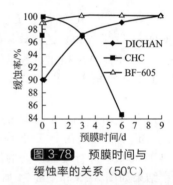

图 3-78　预膜时间与
缓蚀率的关系（50℃）

可见，预膜时间与三种 VPI 的关系各不相同。预膜时间对 BF-605 的缓蚀性能几乎毫无影响。CHC 在 50℃下的预膜时间一般不能超过 3d，而 DICHAN 在同样温度下的预膜时间则至少需要 3d 以上。

将 0.5g BF-605、0.5g DICHAN 和 1.0g CHC 分别在 50℃下预挥发 1d，试片放置后分别在 10℃、50℃、80℃下进行预膜 2h、6d 和 2h，最后在 50℃下进行缓蚀性能试验，试片生锈时间和缓蚀率结果如图 3-79 和图 3-80 所示。试验结果表明，预膜温度对三种 VPI 的缓蚀性能没有明显的影响。

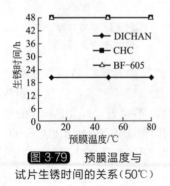

图 3-79　预膜温度与
试片生锈时间的关系（50℃）

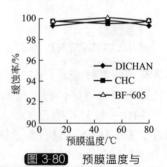

图 3-80　预膜温度与
缓蚀率的关系（50℃）

（5）BF-605 在最佳使用条件下的缓蚀性能

将 BF-605 在 50℃下预挥发 2h，放置试片后在 50℃下预膜 2h，然后于 50℃下做缓蚀性能的测试并与 DICHAN 和 CHC 进行比较，VPI 用量与试片生锈时间和缓蚀率结果如图 3-81 和图 3-82 所示。图中 DICHAN 的数据是将 DICHAN 在 50℃下预挥发 1d，放置试片后在 50℃下预膜 9d，然后在 50℃下进行缓蚀性能测试的数据。CHC 的数据是将 CHC 在 50℃下预挥发 2h，放置试片后在 50℃下预膜 2h，然后于 50℃下进行缓蚀性能测试的结果。在与洁净试片相同的试验条件下，VPI 对带锈试片的缓蚀性能影响如图 3-83 所示。

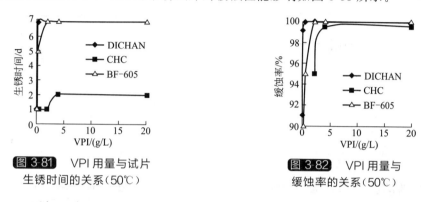

图 3-81　VPI 用量与试片生锈时间的关系（50℃）

图 3-82　VPI 用量与缓蚀率的关系（50℃）

由图 3-83 可知，在 250mL 广口瓶中，只要 0.2g BF-605、0.05g DICHAN 或者 1.0g CHC 就可得到优良的保护效果。BF-605 的有效用量约为 DICHAN 的 4 倍或者 CHC 的 1/5。然而，BF-605 和 CHC 所需要的预挥发和预膜条件远不像 DICHAN 那样严格。

图 3-83 表明，DICHAN 对垢下腐蚀有较好的缓蚀效果。

（6）环境温度和湿度对 BF-605 缓蚀性能的影响

将 0.5g BF-605 和 1.0g CHC 在 50℃下分别预挥发 2h，试片放置后在 50℃下预膜 2h；将 0.5g DICHAN 在 50℃下预挥发 1d，试片放置后在 50℃下预膜 6d，然后在 10℃、30℃、50℃和 80℃下分别进行缓蚀性能测试，结果如图 3-84 所示。

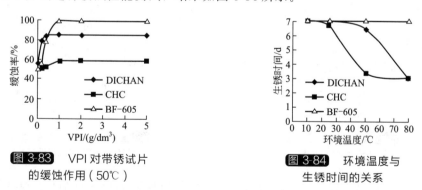

图 3-83　VPI 对带锈试片的缓蚀作用（50℃）

图 3-84　环境温度与生锈时间的关系

在试验温度下，BF-605 的缓蚀性能较好，在试验期间没有发现试片发生锈蚀的现象，缓蚀率保持在 100%。CHC 的缓蚀性能与 BF-605 差别不大。除了环境温度 80℃的试验外，DICHAN 的缓蚀性能也较好。

有关 BF-605 缓蚀性能的以上试验均是在环境湿度 RH 为 100%的条件下进行的。为了进一步探究环境湿度的影响，在相对湿度 RH 是 60%、80%、100%的标准湿度瓶中，分别进行了室温（25℃）下的缓蚀性能试验（图 3-85 和图 3-86）。三种缓蚀剂的使用工艺分别为：BF-605，0.5g，预挥发 2h，预膜 2h；DICHAN，0.5g，预挥发 1d，预膜 6d；CHC，1.0g，预挥发 2h，预膜 2h。

在没有 VPI 时，钢试片在很短时间内就已发生锈蚀，且生锈时间会随 RH 的增加而明显缩短。在上述湿度下，BF-605、DICHAN 和 CHC 对钢的缓蚀效果都较好，在长达两个月的试验时间内试片始终保持金属光泽。

(7) BF-605 的保护距离

将 0.5g BF-605 在 50℃下进行预挥发 2h，放置试片后预膜 2h，然后测定其对不同距离上的试片的缓蚀性能，结果如图 3-87 所示。图中同时列出了最优使用工艺下 DICHAN 和 CHC 的试验数据。由图可知，BF-605 的有效保护距离大于 DICHAN，与 CHC 相差不大。

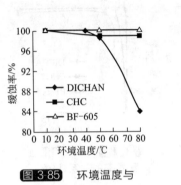

图 3-85　环境温度与缓蚀率的关系

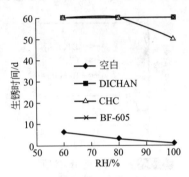

图 3-86　环境相对湿度对试片生锈时间的影响（25℃）

(8) BF-605 膜的耐久性

为了探究 BF-605 在钢表面形成的保护膜的耐久性，把 0.5g BF-605 在 50℃下预挥发 2h，放置试片后在 50℃下预膜 2h，之后将已成膜的试片取出，在室温干燥器中分别静置 0h、2h、24h 和 120h，取出后立即做室温下的无 VPI 防锈试验，脱离 VPI 氛围后试片的生锈时间和缓蚀率结果如图 3-88 和图 3-89 所示。

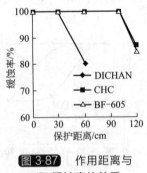

图 3-87　作用距离与 VPI 缓蚀率的关系

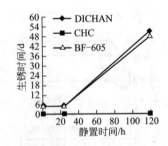

图 3-88　脱离 VPI 氛围后试片的生锈时间（25℃）

试验结果表明，CHC 预膜时在钢试片上生成的较厚的沉积膜对钢几乎毫无保护效果。在完全脱离 VPI 蒸气氛围的条件下 DICHAN 预膜后的试片可保持 5d 不锈。在大气中放置 5d 后的 DICHAN 预膜后的试片，膜的耐久性反而大幅提高，可达 51d 未锈。BF-605 膜的耐久性与 DICHAN 膜类似。通过测定经过充分预膜后在大气中放置 5d 的钢电极的动电位极化曲线（图 3-90），得知在脱离 BF-605 气氛之后，钢表面仍是钝化状态。

(9) BF-605 性能的进一步改进

为了进一步提高设备缓蚀效果，针对设备的结构特点，在 BF-605 的基础上略加改进，制得三种型号的 BF-605。三种 BF-605 的缓蚀性能如表 3-12 所示。

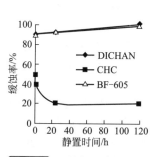

图 3-89　脱离 VPI 氛围后试片的缓蚀率（25℃）

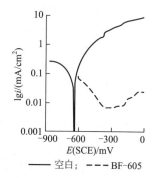

图 3-90　钢电极的动电位极化曲线（20℃，扫描速度 1mV/s）

表 3-12　三种 BF-605 的缓蚀性能

项目	BF-605a	BF-605b	BF-605c
适用材料	碳钢	碳钢	碳钢-铜等
适用设备（容积/表面积）	＞10	≤10	≤10
适用温度/℃	≤50	≤50	≤50
适用湿度/%	≤100	≤100	≤100
缓蚀率/%	≥98	≥98	≥98
保护期/a	≥1	≥1	≥1

3.4.6.2　BF-605 的缓蚀机理

（1）BF-605 的使用工艺

试验结果表明，预挥发时间和预挥发温度对 BF-605 的保护性能没有显著影响，甚至可不经过预挥发就能达到理想的保护效果。预膜温度和预膜时间对 BF-605 的保护性能影响也不大，也可不经过预膜就能达到较好的保护效果。为此，当实施 BF-605 保护时，可采用简便的不预挥发和不预膜的使用工艺，这对简化工业设备的保护工艺相当有利。

BF-605 可通过气相防锈粉末、气相防锈纸、气相防锈液、气相浸渍液等方式使用。以气相防锈硅胶方式使用效果差可能是由于硅胶中微孔的酸性所致。

（2）关于 BF-605 的保护效果

在不预挥发和不预膜的条件下，BF-605 对钢就能达到很好的气相缓蚀效果，这说明 BF-605 具有诱导期短的优势，能够成功地把腐蚀控制在诱导期之内。BF-605 的这一优点与 CHC 相似，但克服了后者过分依赖蒸气持续供应的缺陷。BF-605 与 DICHAN 的保护效果类似，但克服了后者诱导期较长，只能在充分预挥发、充分预膜的条件下才能对钢达到很好保护效果的缺陷。

在各种试验环境温度和相对湿度下，BF-605 对钢均有相对理想的保护效果，且缓蚀效果会随环境温度和相对湿度的降低而提高。这种对于环境变化适应性强的优点对设备的长期保护是非常有利的。

BF-605 的有效作用半径或者有效保护距离相对较大，高达 100cm。这主要是因为 BF-605 蒸气压相对较高，挥发速度较快，因此在空间内容易达到较高的浓度并容易挥发到较远的距离。这对于工业设备的保护是非常有利的。

BF-605 的保护期长。这一特点使之能够适应需要长期保护的设备的要求。

BF-605 在金属表面形成的保护膜的耐久性好。在采用 BF-605 保护时，系统密封越严密越好，但同样也适用于系统严密性不高或者有时需要打开的系统。

综上，BF-605 具有作用快速、有效保护距离较大、保护期长、保护膜耐久性好和对环境温湿度变化不敏感等优异的性能，这些优点使 BF-605 能够适用于工业设备的防腐。

（3）关于 BF-605 的缓蚀机理

一般认为，VPI 保护的实质是 VPI 以某种方式向金属表面的吸附。根据吸附作用的本质，吸附主要分为物理吸附和化学吸附或以物理吸附为主和以化学吸附为主的两大类。

根据 BF-605 实施缓蚀保护时无需预膜、保护作用很快等试验结果，可以推断 BF-605 的缓蚀作用是基于物理吸附或以物理吸附为主。根据 BF-605 保护金属时预膜时间很长而不失效、保护膜的耐久性好以及脱离其蒸气氛围后依然具有缓蚀作用这些试验结果，可认为 BF-605 的缓蚀作用是化学吸附或以化学吸附为主。由此可以推断，BF-605 保护作用的历程可能是，BF-605 从放置处进行挥发，通过腐蚀环境，达到金属表面，首先在金属表面发生物理吸附并形成可逆的保护膜，然后随时间的延长而进行化学吸附，并形成牢固的保护膜，从而使金属得到缓蚀保护。

3.4.6.3　BF-605 的实施方法

BF-605 钢制容器保护剂是保护半径更大的一种气、液相缓蚀剂，主要应用于钢制一、二、三类压力容器、普通容器和管道的役前保护和停用保护，也能够用于工业锅炉的停用保护。

因为 BF-605 保护剂是一种在气相和液相都具有高保护性和高渗透性的气液相缓蚀剂，用其保护停用锅炉时，不用像干法那样必须将锅炉完全烘干，也不用像湿法那样必须先除氧，更不用像干法和湿法那样必须中间检查、分析和更换药品，只要将锅炉水排掉，放入 BF-605 缓蚀剂，封闭锅炉，就能达到长期防腐保护的目的。传统的干法保护只能保护干燥状态的金属，传统湿法保护只能保护液相中的金属，BF-605 不仅能够保护干燥的金属，而且能保护潮湿金属，不仅能保护处于气相中的金属，而且能保护处于液相中的金属；不仅能保护无垢金属；而且能保护垢下的金属，缓蚀效率高达 99% 以上。在工业锅炉上进行的大量对照试验结果说明，在中、小锅炉房的一般条件下，用传统湿法和干法保养的锅炉都发生了不同程度的锈蚀，而用 BF-605 法保养的锅炉全都未绣，锅炉金属的腐蚀速度仅为传统干法保护的 1/15，为传统湿法保护的 1/100，缓蚀率可以达到 99% 以上，而保护锅炉的费用大概为传统干法和湿法的 1/5～1/4。这种方法可省去烦琐的烘炉操作及中间分析检查、更换药品手续，只需将锅水排去，一次投药即可对锅炉进行长期的防腐保护。

BF-605 法的实施方法如下：

a. 趁热排尽锅水，清除锅内沉渣。

b. 按 1kg/m³ 量将 BF-605 缓蚀剂投入托盘，托盘放入汽包和联箱。若排水后锅内积水较多，药品用量可加大 0.5～1 倍。

c. 封闭锅炉。

d. 本品对运行锅炉无毒害，锅炉重新启动后，不必清除药品，只需取出盛器即可。若为生活用锅炉，启用时先用水冲洗一遍即可启动。

目前，该法已成功推广应用于压力容器较多的工厂中。

3.4.7　TH-901 法

气相缓蚀剂对停用锅炉不能达到好的保护效果，缓蚀剂渗透性不足只是制约其应用的原因之一。需要保护的锅炉炉管往往较长，这就要求气相缓蚀剂具有够大的保护半径，而一般的气相缓蚀剂的保护距离都不超过 30cm，碳酸环己胺的保护距离也仅有 60cm。气相缓蚀剂的浓度对保护效果的影响也很大，在 VPI 保护距离以外的金属表面，也会因缓蚀剂浓度过低而发生锈蚀。需要保护的锅炉内部空间一般很大，这就要求气相缓蚀剂要有足够大的挥发速度以尽快充满整个空间，然而，从保护的持久性考虑，气相缓蚀剂的挥发速度又不能过高。某些有机胺类气相缓蚀剂具有较大的挥发速度但是保护效果不好，改性后可提高保护效果但挥发速度却又减小了。此外，考虑到锅炉运行时的安全，有机胺类基团本身没有不良影响，但 CrO_4^-、$Cr_2O_7^-$、NO_2^- 等基团却是并不希望有的，这无疑增加了气相缓蚀剂选择上的困难。TH-901 缓蚀剂和 BF-605 缓蚀剂正是在基于解决这些问题上开发出来的。

TH-901 法的实施方法如下：

a. 趁热排尽锅炉水，清除沉积在锅炉水汽系统内的水渣及残留物。

b. 水汽系统内表面清洁后，在联箱与锅炉中加入药品，用托盘盛放药品，加量按 $1kg/m^3$ 计算，若排水后锅内积水较多，药品用量可加大，一般加大 $0.5 \sim 1$ 倍。

c. 封闭锅炉。

d. 本品对锅炉运行无毒害，锅炉重新启动时，无需清除药品，只取出盛器即可。若为生活锅炉，先用水冲洗一遍后启动即可。

单从实施方法来讲，该法远比传统的干法保护和湿法保护简便易行得多。TH-901 缓蚀剂具有渗透力强，缓蚀半径大等优势。无需除氧和干燥，只要把缓蚀剂放入锅炉即可，缓蚀剂就能自动挥发至金属的表面，从而对停用锅炉进行有效的防腐保护。与传统干法保护和湿法保护相比，其腐蚀速度仅为湿法保护的 1/105，干法保护的 1/7。该法保护性能全面，不仅可以保护气相中的金属，而且也可保护潮湿状态下的金属；不仅保护无垢金属，而且也保护垢下金属，缓蚀率高达 99 %以上。

该技术已获得 1993 年度国家发明奖。

3.4.8 水溶性缓蚀剂法

无论是大型锅炉还是小型锅炉，其本体内缓蚀剂放置点较多，保护距离不大，挥发截面积较大，TH-901 缓蚀剂和 BF-605 缓蚀剂对它们的保护无疑都是成功的。但是，热水锅炉系统管网交错、管道细长、热交换器结构复杂、散热器遍及千家万户，因此往往缺乏缓蚀剂放置点，气相缓蚀剂挥发的阻力较大，用气相缓蚀剂法难以保护。

向介质中添加少量就能显著阻滞金属发生腐蚀的物质，即为缓蚀剂。在中性水介质中，水溶性缓蚀剂的使用较为广泛。例如，据日本腐蚀损失调查委员会的调查，1976 年，日本锅炉水处理用缓蚀剂费高达 120.4 亿日元，冷却水处理用缓蚀剂费就有 37.6 亿日元。

水溶性缓蚀剂种类很多，已经进行过系统的研究并且已经获得工业应用的水溶性缓蚀剂主要有铬酸盐、亚硝酸盐、硅酸盐、硼酸盐、聚磷酸盐、苯甲酸盐以及磷酸酯。为了增强防腐缓蚀效果，在实际应用上常将两种或两种以上的缓蚀剂复配使用而起到协同作用，即配合缓蚀剂的缓蚀效果会显著超过同样数量的单个缓蚀剂的缓蚀效果。

为防止大气腐蚀，也可把水溶性缓蚀剂配制成水溶液使用。首先仔细地清除金属表面上的尘粒、油污和锈斑，再将金属浸入溶液。不管金属制品的形状有多复杂，只要表面干净并及时浸入缓蚀溶液，就能够达到防止锈蚀的目的。

加入缓蚀剂后金属腐蚀的抑制是基于缓蚀剂在金属表面的吸附或者使金属表面形成钝化膜或沉淀膜，从而抑制腐蚀的发生。在中性水溶液中，缓蚀剂最开始可能在金属表面上吸附，但最终起作用的还是某种形式的膜。每种缓蚀剂的作用机理与其化学组成、化学结构和所处的环境都有关系。

对于缓蚀剂的作用机理，目前尚存在一些争论意见。亚硝酸钠是研究最广泛的一种缓蚀剂，就其在含氧中性水溶液中对钢的电极过程的影响有两种不同理论：一种认为，亚硝酸钠不影响阳极反应，而是促进阴极反应，其结果是当存在足够多的亚硝酸盐后，铁的腐蚀电位进入钝化区而使腐蚀速度有所下降，因而属于阴极去极型缓蚀剂，即利用阴极反应的去极化使金属表面发生钝化。另一种理论认为，虽然亚硝酸钠有着剧烈的氧化性能，它却不能对阴极过程起去极化的作用，亚硝酸钠作为缓蚀剂的作用机理主要在于阻滞阳极过程，因而应当被列入阳极型缓蚀剂。关于亚硝酸钠的保护机理是由于在钢上生成了氧化物薄膜还是由于亚硝酸根离子的吸附，也存在着较多分歧，对铬酸盐的缓蚀机理的概念，也存在着类似争议。

尽管如此，在我们研究适合保护停用锅炉的缓蚀剂时，在已发表的关于缓蚀作用机理的文献中，特别是关于物理吸附和化学吸附的假说仍然具有一定的启发意义。

铬酸盐和亚硝酸盐曾作为停用锅炉的湿法保护剂。该法的优点是，无需从水中除去氧，只要向锅炉中注入足够的缓蚀剂补给溶液，就可以使钢表面发生钝化，以达到较好的保护效果。但也存在一定的缺点，药品毒性大，用量不足时可能引起孔蚀，残留的药品也可能导致蒸汽锅炉运行时的腐蚀。锅炉重启前，必须排净保护液，并要冲洗整个体系。因此，这种方法无法大量推广应用。随着化学家的不断努力，现已问世了大量的非铬系和非亚硝酸盐系的水溶性缓蚀剂。这些缓蚀剂能否用于实际停用锅炉的湿法保护，还有待进一步的试验研究。

总之，停用锅炉发生腐蚀的必要条件是同时存在氧和水，只要消除二者之一即能达到防腐蚀的目的。传统的干法保护和湿法保护在理论上均能取得较好的保护效果，但存在着操作工艺烦琐、中小锅炉房不易实施等限制问题。TH-901 法和 BF-605 法实施方便、经济有效，成功地解决了锅炉本体的保护问题。然而，对于像热水锅炉系统这样管道长且截面小的复杂工业装备，气相缓蚀剂法仍难以实现经济有效的缓蚀保护，解决这一问题还有待新保护方法的进一步开发研究。

参 考 文 献

[1] 荒谷秀治. ボイラ研究，1999，297：16-18.

[2] Loraine A. Huchler P E. Chem Eng Prog，1998，94 (8)：45-50.

[3] 魏刚，熊蓉春. 腐蚀科学与防护技术，2001，13 (1)：33-36.

[4] 魏刚，徐斌，熊蓉春. 工业水处理，2000，20 (3)：1-3.

[5] 魏刚，张元晶，熊蓉春. 工业水处理，2000，20 (增刊)：20-22.

[6] 何铁林. 水处理化学品手册. 北京：化学工业出版社，2000.

[7] 邵刚. 膜法水处理技术. 北京：冶金工业出版社. 2000.

[8] 温丽. 锅炉供暖运行技术与管理. 北京：清华大学出版社. 1995.

[9] 熊蓉春，魏刚. 管道技术与设备，1995 (5)：8.

[10] 魏宝明. 金属腐蚀理论及应用，北京：化学工业出版社，2004.

[11] 魏刚. 锅炉供暖，1994，6 (1)：2.

[12] Uhlig H H. Corrosion and corrosion control. New York：John Wiley &Sons Inc，1985.

[13] Fontana M G，Greene N D. 腐蚀工程. 左景伊译. 北京：化学工业出版社，1982.

[14] 魏刚，熊蓉春. 热水锅炉防腐阻垢技术，北京：化学工业出版社，2003.

[15] 魏宝明. 金属腐蚀理论及应用. 北京：化学工业出版社，2004.

[16] Fontana M G，Greene N D. 腐蚀工程. 左景伊，译. 北京：化学工业出版社，1982.

[17] Uhlig H H. Corrosion and Corrosion Control. New York：John Wiley & Sons Inc，1985.

[18] Evans U R. 华保定，译. 金属的腐蚀与氧化. 北京：机械工业出版社，1976.

[19] АКОЛЪЗИН П А. 热能动力设备金属的腐蚀与保护. 沈祖灿，译. 北京：水利电力出版社，1988.

[20] 魏刚. 工业水处理，1982，2 (4)：14.

[21] 魏刚，徐斌，熊蓉春. 工业水处理，2000，20 (3)：1.

[22] 魏刚，张元晶，熊蓉春. 工业水处理，2000，20 (增刊)：20.

[23] 熊蓉春，董雪玲，魏刚. 环境工程，2000，18 (2)：22.

[24] 何铁林. 水处理化学品手册. 北京：化学工业出版社，2000.

[25] 魏刚，熊蓉春，张小冬. 水处理技术，1999，25 (5)：277.

[26] 熊蓉春，魏刚，张小冬，等. 北京化工大学学报，1999，26 (2)：69.

[27] 熊蓉春，魏刚，张小冬. 北京化工大学学报，1999，26 (1)：68.

[28] 熊蓉春，魏刚，陈智生. 腐蚀科学与防护技术，1999，11 (2)：89.

[29]　熊蓉春，魏刚. 给水排水，1999，25（3）：44.

[30]　荒谷秀治. ボイラ研究，1999，297：16.

[31]　Loraine A. Huchler P E. Chem Eng Prog，1998，94（8）：45.

[32]　Xiong Rongchun，Wei Gang. Anticorrosion mechanism of sulfites. In：Book of 15th Int Conf on Chem Edu，Cairo，1998：137.

[33]　Ross R J，Kim C，Shannon J E. Polyacrylates，Materials Performance，1997，36（4）：53.

[34]　杨民. 钢铁气相保护的研究［D］. 北京：北京化工大学，1996.

[35]　熊蓉春，魏刚. 锅炉供暖，1996（3-4）：106.

[36]　熊蓉春，魏刚. 管道技术与设备，1995（5）：8.

[37]　魏刚. 缓蚀剂//化工百科全书：第 7 卷. 北京：化学工业出版社，1994：615.

[38]　魏刚. 锅炉供暖，1994，6（1）：2.

[39]　魏刚. 锅炉供暖，1994，6（1）：9.

[40]　Brandt C，Fabian I，van Eldik R. Inorg Chem，1994，33（4）：687.

[41]　Wilkinson P M. Chemical Engineering Science，1993，48（5）：933.

[42]　魏刚. 化学清洗，1990（2）：7.

[43]　魏刚. 化学清洗，1989（3）：50.

[44]　Антропов Л И 等. 金属的缓蚀剂. 徐俊培，陈明芳，译. 北京：中国铁道出版社. 1987.

[45]　Uhlig H H. Corrosion and corrosion control. New York：John Wiley &Sons. Inc.，1985.

[46]　Розенфельд И Л. Ингибиторы　Коррозии. Москва：Изд. Химии，1977.

[47]　US 3899293，1975.

[48]　Nathan C C. Corrosoin Inhibitors. Houston：NACE，1973.

[49]　魏刚，熊蓉春. 热水锅炉防腐阻垢技术. 北京：化学工业出版社，2003.

[50]　严瑞瑄主编. 水处理剂应用手册. 北京：化学工业出版社，2003.

[51]　魏刚. 缓蚀剂//化工百科全书：第 7 卷. 北京：化学工业出版社，1994：615.

[52]　何铁林. 水处理化学品手册. 北京：化学工业出版社，2000.

[53]　魏刚，许亚男，熊蓉春. 北京化工大学学报，2001，28（1）：59.

[54]　魏刚，熊蓉春. 腐蚀科学与防护技术，2001，13（1）：33.

[55]　魏刚，杨民，熊蓉春. 腐蚀科学与防护技术，2000，12（5）：269.

[56]　魏刚，徐斌，熊蓉春. 工业水处理，2000，20（3）：1.

[57]　魏刚，张元晶，熊蓉春. 工业水处理，2000，20（增刊）：20.

[58]　魏刚，杨民，熊蓉春. 化工机械，2000，27（4）：190.

[59]　魏刚，熊蓉春. 暖通空调，2000，30（5）：67.

[60]　周娣. 适用于高碱高固水质的阻垢剂研究［D］. 北京：北京化工大学，1998.

[61]　熊蓉春，魏刚. 管道技术与设备，1995，（5）：8.

[62]　魏刚. 锅炉供暖，1994，6（1）：2.

[63]　魏刚. 锅炉供暖，1994，6（1）：9.

[64]　魏刚. 化学清洗，1990（2）：7.

[65]　魏刚. 化学清洗，1989（3）：50.

[66]　姜少华，魏刚，陈新民. 化学清洗，1989（3）：52.

[67]　Антропов Л И，等. 徐俊培，陈明芳，译. 金属的缓蚀剂. 北京：中国铁道出版社，1987：100.

[68]　魏刚，等. 化工腐蚀与防护，1985（3）：12.

[69]　魏刚，等. 化工腐蚀与防护，1985（4）：4.

[70]　Uhlig H H. Corrosion and corrosion control. New York：John Wiley &Sons Inc，1985.

[71]　曾兆民. 防锈（下）. 北京：国防工业出版社，1978.

[72]　Розенфельд И Л. Ингибиторы Коррозии. Москва：Изд Химии，1977.

[73]　Nathan C C. Corrosoin Inhibitors. Houston：NACE，1973：156.

[74]　魏刚，熊蓉春. 热水锅炉防腐阻垢技术. 北京：化学工业出版社，2003.

[75]　严瑞瑄. 水处理剂应用手册. 北京：化学工业出版社，2003.

[76]　魏刚，熊蓉春. 腐蚀科学与防护技术，2001，13（1）：33.

[77]　魏刚，杨民，熊蓉春. 腐蚀科学与防护技术，2000，12（5）：269.

[78]　魏刚，徐斌，熊蓉春. 工业水处理，2000，20（3）：1.

[79]　魏刚，张元晶，熊蓉春. 工业水处理，2000，20（增刊）：20.

［80］ 魏刚，杨民，熊蓉春. 化工机械，2000，27（4）：190.

［81］ 魏刚，熊蓉春. 暖通空调，2000，30（5）：67.

［82］ 魏刚，熊蓉春，张小冬. 水处理技术，1999，25（5）：277.

［83］ 熊蓉春，魏刚，张小冬，等. 北京化工大学学报，1999，26（2）：69.

［84］ 熊蓉春，魏刚，张小冬. 北京化工大学学报，1999，26（1）：68.

［85］ 荒谷秀治. ボイラ研究，1999，297：16-18，27.

［86］ Loraine A. Huchler P E. Chem Eng Prog，1998，94（8）：45.

［87］ Xiong Rongchun，Wei Gang. Anticorrosion mechanism of sulfites//Book of 15th Int Conf on Chem Edu，Cairo，1998：137.

［88］ Ross R J，Kim C，Shannon J E. Materials Performance，1997，36（4）：53.

［89］ 熊蓉春，魏刚. 管道技术与设备，1995，（5）：8.

［90］ 魏宝明. 金属腐蚀理论及应用. 北京：化学工业出版社，2004.

［91］ 魏刚. 缓蚀剂//化工百科全书：第 7 卷. 北京：化学工业出版社，1994：615.

［92］ 魏刚. 锅炉供暖，1994，6（1）：2.

［93］ 魏刚. 锅炉供暖，1994，6（1）：9.

［94］ 魏刚. 化学清洗，1990，（2）：7-11.

［95］ Антропов Л И，等. 金属的缓蚀剂. 徐俊培，陈明芳，译. 北京：中国铁道出版社，1987.

［96］ Uhlig H H. Corrosion and corrosion control. New York：John Wiley &Sons Inc，1985.

［97］ 魏刚，熊蓉春. 热水锅炉防腐阻垢技术. 北京：化学工业出版社，2003.

［98］ 陈玮峰. 浅谈锅炉停用腐蚀及停用保养. 哈尔滨铁道科技，2008：32-34.

［99］ 张大全. 气相缓蚀剂及其应用. 北京：化学工业出版社，2007.

第 **4** 章 传统的锅炉阻垢技术

4.1 软化法锅炉阻垢技术

4.1.1 概述

钠离子交换法就是将硬水通过 Na 型离子交换树脂使水中的 Ca^{2+}、Mg^{2+} 与树脂中的 Na^+ 发生交换反应，Ca^{2+}、Mg^{2+} 进入树脂而等量的 Na^+ 进入水中，从而除去水中 Ca^{2+}、Mg^{2+} 等离子的方法，故又称软化法。目前广泛采用的锅炉水处理方法就是这种软化法。

离子交换现象广泛存在于自然界中，在 18 世纪中期就有人发现了这一现象。然而，直到 1935 年，英国人 Adams 和 Holmes 成功制备出具有离子交换功能的高分子材料——聚苯胺甲醛型弱碱性阴离子交换树脂和聚酚醛型强酸性阳离子交换树脂，它可以使水不通过蒸馏而除盐，既简便又节省能源。由此极大地推动和实现了工业化生产以及在水中除盐的应用。至此，离子交换树脂这一高分子功能材料开始了快速发展。1944 年 D'Alelio 报道了物理化学性能优良的磺化苯乙烯-二乙烯苯共聚物离子交换树脂交联聚丙烯酸树脂，以及此后，苯乙烯系磺酸型强酸性离子交换树脂，苯乙烯系强碱型阴离子交换树脂以及丙烯酸系弱碱型阳离子交换树脂等不同系列和性能的树脂的相继发展，不仅应用于水的脱盐精制，还扩展应用到了药物提取纯化，稀土元素的分离纯化，蔗糖和葡萄糖的脱色脱盐等多个领域。在发展史上更值提到的是，在 20 世纪 50 年代末我国科研人员研发出的大孔结构型离子交换树脂，它不仅具有普通离子交换树脂的交换基团，而且还有如催化剂和吸附剂那样的毛细管结构，这就可以给予离子交换树脂更多的功能；在 70 年代，新型的热再生离子交换技术使得树脂无论是在种类或是功能上都有了进一步的发展，如新型的两性树脂、螯合树脂及氧化还原型树脂等。

在离子交换树脂的应用中，用于水处理的约占离子交换树脂产量的 90%。当原水经过离子交换树脂床时，树脂中的无害离子与水中的杂质离子发生交换反应，从而将原水中的杂质离子去掉，使水质符合锅炉用水的要求。这里，钠型离子交换树脂就是工业锅炉常用树脂之一。当原水通过钠离子交换树脂床后，原水中的镁、钙离子即被除去，残余硬度可降至 0.05mmol/L 以下，甚至可以完全消除其硬度。为了可以同时降低碱度，可采用加酸-钠离子交换树脂，在除盐的同时还可以发生铵-钠、氯-钠等离子交换反应而降低碱度。

目前，我国锅炉的离子交换法水处理的普及率已达 90% 以上，不过与国际先进水平比较，在离子交换树脂的功能和质量方面尚存在一定差距，如眼下已纷纷进入我国市场的美国 Kinetico 公司的水力自动软水器、Fleck、Autotrol 等自动软水器，国内则尚无可竞争的国产品牌。另外，从环境友好排放要求而言，这种离子交换法同样存在交换树脂再生废液的处理问题。解决再生废液的无害化排放问题，也是当今重要的研究课题。

4.1.2　离子交换树脂

4.1.2.1　结构

（1）骨架和功能基

离子交换树脂是一类具有离子交换功能的高分子化合物，由交联结构的高分子骨架、以化学键结合在骨架上的固定离子基团（功能基）和以离子键与固定基团结合的具有相反电荷的可交换离子三部分组成。这一类高分子材料的规格、品种很多。以交联度为 7（含二乙烯苯 7％）的聚苯乙烯为骨架的磺酸基强酸性阳离子交换树脂［图 4-1（a）］的用量最大，其次为同样骨架的强碱性季铵基［—$N^+(CH_3)_3$］［图 4-1(b)］或弱碱性叔氨基［—$N(CH_3)_2$］阴离子交换树脂［图 4-1（c）］。

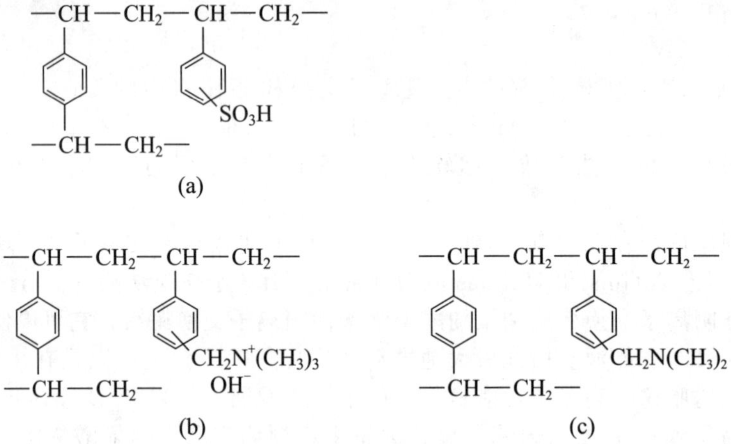

(a)

(b)   (c)

图 4-1　离子交换树脂的结构

另一类重要的应用树脂是二乙烯苯交联的聚丙烯酸弱酸性阳离子交换树脂，其分子结构为：

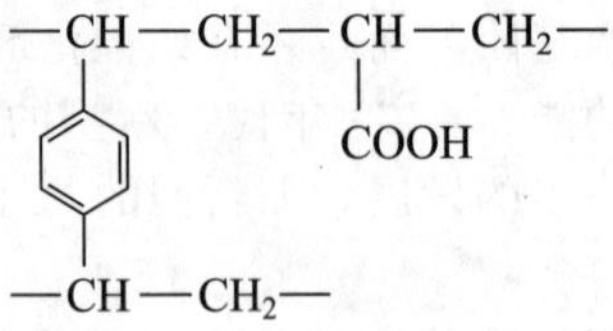

按照结构形态，离子交换树脂可以归属为两种：一种是凝胶型，在干态无孔，只能通过水或低级醇等强极性溶剂使树脂溶胀的情况下使用；另一种是大孔型，在湿态和干态均有孔，可在任何介质中使用。离子交换树脂的结构包括功能基团和骨架两个部分，其性能主要取决于基团的性质、数量和骨架结构。根据不同用途，人们可以合成不同品种和规格的离子交换树脂，根据官能团的性质可将离子交换树脂分为七大类（见表 4-1）。

表 4-1　离子交换树脂的分类

分类名称	官能团
强酸性阳离子交换树脂	磺酸基—SO_3H
弱酸性阳离子交换树脂	羧酸基—$COOH$，磷酸基—PO_3H_2
强碱性阴离子交换树脂	季铵基—$N^+(CH_3)_3$，—$N^+(CH_3)_2CH_2OH$ 等

续表

分类名称	官能团
弱碱性阴离子交换树脂	伯氨基—NH_2,仲氨基—$NHCH_3$,叔氨基—NR_2等
螯合性	氨羧基—$N(CH_2COOH)_2$
两性	强碱～弱酸—$N^+(CH_3)_3$～—COOH,弱碱～弱酸—NH_2～—COOH,强酸～弱碱—SO_3H～—NR_2等
氧化-还原性	硫醇基—CH_2SH,对苯二酚基—OC_6H_4OH 等

目前，国际上普遍使用的离子交换树脂主要是人工合成的带有功能基团的交联高分子化合物，且在实际应用中大部分制成合适粒度的球状体。它的微观组成结构包括可以解离的功能基（包括固定离子和抗衡离子）和交联的三维空间立体骨架结构（交联高分子链）两部分。功能基团是以共价键结合方式连接到树脂的骨架上，该基团可以离解，但不溶解也不熔融。图 4-2 是强酸性阳离子交换树脂的结构示意图。

大孔树脂的内部结构是由团粒连接而形成的骨架，骨架上有可以进行离子交换的基团，团粒之间形成非圆形的孔，见图 4-3，图中黑色部分为孔，白色部分为骨架。

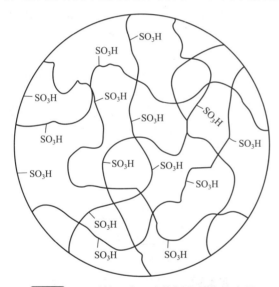

图 4-2　强酸性阳离子交换树脂结构示意图　　图 4-3　大孔交换树脂内部结构扫描电镜图

（2）孔结构

在水中溶胀后的凝胶型离子交换树脂，一般来说，大分子链之间存在 2～4nm 的孔隙。无机离子可进入树脂内部进行离子交换。失水之后，微孔消失，大分子链收缩，干态凝胶型离子交换树脂失去交换能力，因此不能在油中或空气中使用。

大孔离子交换树脂具有永久性的孔道，干态时孔道依然存在。凝胶部分无孔，在水中溶胀时会有类似凝胶树脂的微孔形成；因而大孔树脂在湿态时具有微孔（<5nm）、过渡孔（5～50nm）及大孔（>50nm）的复杂结构。但是在孔径上并没有严格的界限来区分大孔树脂与凝胶树脂。凝胶树脂是指干态无孔的离子交换树脂，大孔树脂（20 世纪 50 年代末 60 年代初期称为多孔树脂）是指在合成时加入致孔剂获得的干态有孔树脂。大孔树脂的孔径分布较宽，一般从几纳米到几百纳米，甚至有的离子交换树脂的最大孔径可以超过 $10\mu m$。

由于大孔树脂具有复杂的孔结构，定量准确地表征比较困难。为了比较清楚地描述树脂的孔结构，需要得到比表面、孔分布、平均孔径、孔度几个参数。利用电子显微镜可以直观显示其孔的形状。在数值上，对于平均孔径和孔体积之间的关系，按照圆筒孔模型符合下面关系式：

$$S = \frac{2.7V}{\bar{r}}$$

式中，S 为比表面积；V 为孔体积；$\bar{r}$ 为孔的平均半径。V 和 S 可以直接测定，$\bar{r}$ 可以用上式计算。

当离子交换树脂进行干燥、溶胀时，孔结构与体积有很大的变化。通常孔参数是在树脂干态时测定的，而它的使用又往往在水溶液中，这样提供的孔参数与在使用状态的真实孔结构往往是有区别的。树脂的交联度越低、基团的亲水性越强，这种差别越大。然而溶胀态离子交换树脂的孔结构参数目前还无法全面准确地测定。

大孔离子交换树脂的许多优良性能源于树脂的孔。除提高了抗污染能力、树脂的强度和交换速度以外，还使离子交换树脂可以处理分子量较大的有机物。在此情况下，树脂的大孔有两方面作用：一方面为大分子有机物进入树脂内部提供足够大的通道；另一方面通过功能基团的离子交换和孔表面吸附能力的双重作用，提高了树脂的选择性和吸附量，其特点是树脂的总交换量与吸附量之间没有严格的定量关系，吸附量受到树脂的总交换量与孔结构两者的影响。另外，某些中性有机分子也可以被大孔树脂吸附，吸附能力的大小依赖于树脂的被吸附物质与树脂表面的亲和力、孔结构和树脂功能基的数量与性质等因素。

（3）结构域命名

《离子交换树脂命名系统和基本规范》（GB/T 1631—2008）对国产离子交换树脂的命名做出明确规范。

对于离子交换树脂产品的型号，不同厂家和不同国家均有自己的命名方法。在中国是用3 位阿拉伯数字来表示某一种离子交换树脂的型号（见图 4-4），左边第一位数代表离子交换树脂类型（见表 4-2），第二位数代表离子交换树脂的骨架名称（见表 4-3）。

图 4-4　凝胶型离子交换树脂的型号

图 4-5　大孔型离子交换树脂的型号

表 4-2　离子交换树脂的分类及代号

代号	分类名称
0	强酸性
1	弱酸性
2	强碱性
3	弱碱性
4	螯合性
5	两性
6	氧化还原性

表 4-3　离子交换树脂的骨架代号及名称

代号	骨架名称
0	苯乙烯系
1	丙烯酸系
2	酚醛系
3	环氧系
4	乙烯吡啶系
5	脲醛系
6	氯乙烯系

第三位数字是顺序号，用来区别交换基团或交联剂等的差异。在型号后用"×"号连接的阿拉伯数字表示凝胶型树脂的交联度；大孔树脂的型号前要标以符号"D"加以区别，它无需表明交联度（见图 4-5）。例如，001×7 即为凝胶型强酸性苯乙烯系阳离子交换树脂，

交联度为 7%；D111 即为大孔型弱酸性丙烯酸系阳离子交换树脂。

目前，工业锅炉水处理中使用的离子交换树脂绝大多数是丙烯酸与二乙烯苯的共聚体或苯乙烯与二乙烯苯的共聚体。

4.1.2.2 物理性质

（1）形状、颜色

一般工业用离子交换树脂是直径为 0.3～1.2mm 的球体（16～50 目）。色谱用离子交换树脂的粒度在 100～400 目之间。

离子交换树脂的组成不同，呈现的颜色也各不相同：苯乙烯系均呈黄色，其他有黑色、赤褐色等。一般原料中杂质多的，交联剂多的制备出的树脂颜色就深些。

凝胶型树脂呈半透明或透明状态；大孔型树脂呈不透明状态，这是由于毛细孔道折射光所致。

（2）密度

离子交换树脂的密度就是单位体积树脂的质量。离子交换树脂的密度可分为湿态密度和干态密度两种。由于水处理中树脂是在湿态下，故采用湿态密度。具有实际意义的密度为湿视密度和湿真密度。一般湿真密度在 1.04～1.30g/mL 之间，且阴离子交换树脂的湿真密度小于阳离子交换树脂的湿真密度。具体测定方法见《离子交换树脂湿真密度测定方法》（GB/T 8330—2008）。湿视密度一般为 0.6～0.85g/mL 之间。具体测定方法见《离子交换树脂湿视密度测定方法》（GB/T 8331—2008）。

（3）粒度

树脂的粒度，可以用均一系数和有效粒径表示。具体测定方法参见 GB/T 5758—2001。树脂粒度的大小很大程度上影响着离子交换水处理。粒度大，交换速度慢；粒度小，树脂的交换能力大，但水通过树脂层的压力损失就大。一般树脂的粒径控制在 0.3～1.2mm 范围。

（4）含水率

树脂的含水率是指在水中充分膨胀的湿树脂中所含水分的百分数。含水率和树脂的类别、酸碱性、结构、交换容量、交联度、离子形态等有关。一般树脂的含水率在 40%～60%之间。

离子交换树脂的含水率的测定方法，参见 GB/T 5757—2008。

（5）力学性能

离子交换树脂的力学性能主要取决于树脂的粒度。在柱交换的情况下，液体流经树脂柱时，在树脂层内产生压头损失或称压降。树脂的粒度越不均匀、颗粒越细，压头损失越大。为了除去微细的树脂颗粒和其他杂质而进行反洗时，树脂床体积会膨胀，在一定的流速下床体积的膨胀率（或展开率）亦与树脂的颗粒的均匀性、粒度以及密度有关。在采用双层床或混合床时，要尽量选择粒度合适，湿真密度有一定差别的树脂，在反洗时使两种离子交换树脂能很好地分层。

离子交换树脂有较高的力学强度，其表征方法有三种：

① 耐压强度　是指单个树脂颗粒耐受静压力的程度。性能优良的树脂单个颗粒可耐受几千牛乃至 10kN 以上的压力。

② 磨后圆球不破率　在球磨机中磨树脂一定时间后，能够保持完整球形树脂的百分率。力学强度好的树脂可达 95%以上。

③ 体积胀缩强度　在离子交换树脂的运行和再生操作中，由于离子形式的变化，其体积会发生不同程度的膨胀或收缩，从而树脂球体会产生破裂。多次胀缩循环之后破损率低的树脂，使用寿命长。利用这种测试法，可以表征离子交换树脂承受内应力变化的能力（对在使用过程中体积变化较大的弱酸性离子交换树脂尤为重要），比较符合树脂的实际使用情况。

4.1.2.3 化学性质

（1）交换容量

离子交换树脂的交换容量表示其可以交换离子的量值。它的表示方法有两种。

① 工作交换量 在使用条件下，一般离子交换树脂的功能基团不一定百分之百地发挥作用。在某种被交换离子的泄漏量超过预定值时就要停止操作，进行再生。此时离子交换树脂的实际交换量称为工作交换量。工程上一般用 mol/m^3 湿树脂表示。工作交换量不是一个固定的指标，它依赖于离子交换树脂的总交换量、再生水平、被处理溶液的离子成分、树脂对被交换离子的亲和性或选择性、操作流速、树脂的粒度、泄漏点的控制水平及环境温度等因素。一般来说，离子交换树脂的工作交换量要低于它的体积交换量。对于不同的用途，工作交换量又有不同的专用表示方法。如在软水制备中，采用 $kg\ CaCO_3/m^3$ 树脂表示；在抗生素提取中，由于大孔离子交换树脂对抗生素既有离子交换作用也有吸附作用，因而对抗生素的吸着量与树脂功能基的数量没有严格的比例关系，通常以单位抗生素/mL 树脂表示。

② 总交换量 是指树脂含有离子交换基团的总数量。表示单位有 mmol/g 干树脂和 mmol/mL 湿树脂。前者称为质量交换量，后者称为体积交换量。每种离子交换树脂来说都有确定的总交换量数值。它与所引入的功能基的数量有关。这也是引入取代基时反应程度的反映。在利用含有溶剂（一般是水）的湿体积来表征总交换量时，其数值与树脂溶胀时吸收的溶剂有关，且远小于以单位干树脂体积所表示的体积交换量。实际上，离子交换树脂多在柱中使用，这就表明（湿）体积交换量更有实用意义。在改变树脂的离子（抗衡离子）形式过程中，由于基团的水合性能及离子的重量发生了变化，相应的，总交换容量也发生变化。如 001×7 强酸性阳离子交换树脂在 H 型时总交换量在 5mmol/g 干树脂以上，而在转为 Na 型之后总交换量大约降低 0.5mmol/g 干树脂。

（2）溶胀

离子交换树脂的骨架一般是亲油的，而其交换基团是亲水的。当干树脂浸入有机溶剂或水中时，树脂会因不同程度地吸收水或有机溶剂而使体积膨胀。但由于树脂高分子链的交联网状结构骨架限制了体积的膨胀，最终达到溶胀平衡。那么在这种平衡情况下，单位体积干树脂所能胀大的体积数量（或为分数）称为膨胀度（或膨胀系数）。

亲水性功能基团的水合作用导致了离子交换树脂在水中的溶胀。溶胀的程度依赖于树脂的交换容量、交联度、基团中抗衡离子的种类等因素。交联程度越高，树脂的溶胀度越小。同价的抗衡离子，水合能力越强，树脂的溶胀度越大。对于强酸性阳离子交换树脂，对于不同抗衡离子时的溶胀度顺序如下：

$$H^+ > Li^+ > Na^+ > NH_4^+ > K^+ > Cs^+ > Ag^+$$

若将阳离子交换树脂转换为多价阳离子形式，除引起基团水合能力的改变之外，还会使树脂产生附加交联，因而对树脂的溶胀度的影响更为明显。其顺序为：

$$Na^+ > Ca^{2+} > Al^{3+}$$

对于强碱性阴离子交换树脂，在不同抗衡离子时的溶胀度顺序为：

$$OH^- > HCO_3^- > SO_4^{2-} > Cr_2O_7^{2-}$$

离子交换树脂在水溶液中的溶胀度还受溶液中离子浓度的影响。离子浓度越高，树脂颗粒内外的渗透压差别越小，树脂的溶胀度也越小。低交联度时这种影响因素更为明显。

在使用中，离子交换树脂的交换与再生过程，均使树脂交换基团中的抗衡离子产生变化，从而引起树脂体积膨胀或收缩。此现象对丙烯酸系树脂尤为明显。如弱酸 110 树脂，当由 H 型转换为 Na 型时，体积膨胀可达 70% 以上。以交联聚苯乙烯为骨架的 001×1 低交联度阳离子交换树脂，在由 Na 型转换为 H 型时体积膨胀也可达 75%~80%，在实际应用中必须注意这种现象。

大孔型离子交换树脂一般交联度较高，高分子链交联网络缠结较多，树脂球内又存在一定的空间可分散向外的膨胀，因此其在水中的溶胀度和转型时的体积变化均较小。

（3）稳定性

在大多数的使用条件下，离子交换树脂的化学稳定性较好，尤其是以聚苯乙烯-二乙烯苯为骨架的加聚型树脂，在通常浓度的酸、碱为再生剂的条件下，使用寿命可长达数年之久。对于功能基团在碱性环境下不太稳定时，就不宜在温度过高时使用这种阴离子交换树脂，强碱Ⅰ型不超过 60℃，Ⅱ型不超过 40℃。缩聚型阳离子交换树脂对强碱的稳定性也比较差。不同强碱性阴离子树脂的最高使用温度如表 4-4 所示。

在离子交换树脂的使用中，必须特别注意的一个问题是它的耐氧化性。很多氧化剂均可使离子交换树脂氧化降解。铬酸、硝酸、次氯酸、过氧化氢和酸性高锰酸钾溶液都因氧化可使树脂遭受破坏。树脂也可以被空气中的氧缓慢地氧化；铁、铜、锰等过渡金属离子对树脂的氧化过程具有催化作用，应尽量降低它们的浓度。阳离子交换树脂的氧化过程一般发生在骨架上；而阴离子交换树脂在比较敏感的功能基上首先发生氧化破坏。大孔树脂和交联度较高的聚苯乙烯型阳离子交换树脂具有较高的耐氧化性。对于阴离子交换树脂，伯氨基和仲氨基的耐氧化性要小于叔氨基。

表 4-4　不同强碱性阴离子交换树脂的最高使用温度

树脂		最高使用温度/℃
聚苯乙烯系	OH 型（Ⅰ型）	60
	OH 型（Ⅱ型）	40
	Cl 型	80
聚丙烯酸系 OH 型		40

阳离子交换树脂的热稳定性较好，干的 Na 型磺酸基树脂可以承受 250℃ 以下的高温，而湿树脂在 pH 较低的情况下，热稳定性下降。H 型阳离子交换树脂只可以在 120℃ 以下使用，温度过高将使碳-硫键断裂，从而使磺酸基脱落。阴离子交换树脂的热稳定性较低，然而叔氨基比较稳定，可以承受 100℃ 的温度。无论是阴离子交换树脂还是阳离子交换树脂，其酸或碱式的热稳定性均小于其盐型的热稳定性。各种树脂的热稳定性顺序可排列如下：

弱酸性＞强酸性＞弱碱性＞Ⅰ型强碱性＞Ⅱ型强碱性

离子交换树脂的辐射稳定性较差，在高能射线的作用下会发生解聚、聚合、氧化、碳-硫键或碳-氮键的断裂等化学反应，反应产物也较为复杂。树脂性能的变化主要表现在溶胀度增大、交换量下降和生成新的弱酸基团等。

4.1.2.4　化学合成

可采用两种技术路线合成离子交换树脂：一是先功能化再聚合，即用带功能基团的单体与交联剂进行悬浮共聚，直接得到离子交换树脂；二是先聚合再功能化，即由单体与交联剂（多为二乙烯苯）进行悬浮共聚，制成交联共聚体，再引入功能基团。

例如，合成强酸性磺酸基阳离子交换树脂，可由苯乙烯与交联剂二乙烯苯（DVB）共聚，再经磺化制得：

共聚反应：一般采用悬浮聚合法，将单体悬浮分散于不溶或几乎不溶单体和聚合体的介质中，例如水，使之成为珠滴，用溶于单体而不溶于介质的引发剂使珠滴聚合成球粒。引发剂多用过氧化苯甲酰，分散剂可采用明胶或聚乙烯醇。聚合时，首先向反应釜中加入去离子水 [为防止共聚过程中球体粘连，单体与水的比例一般控制在 1：（3～5）]，再加入约 1% 的分散剂聚乙烯醇（先以热水溶解），搅匀。在使用之前，首先要分别精制苯乙烯和二乙烯苯以去除其中含有的阻聚剂对苯二酚，通常用 NaOH 溶液或强碱性阴离子交换树脂脱去阻聚剂对苯二酚。然后，按照一定的比例混合苯乙烯和二乙烯苯，再加入单体总量 0.5% 的引发剂过氧化苯甲酰，溶解，搅匀，加入反应釜中。严格控制搅拌速度，使单体在水相中分散成 ϕ0.35～0.6mm 液珠，升温至 80℃ 进行聚合，后期再升温至 90～95℃，维持 6～8h，保证聚合完全。分出共聚球体，用热水洗涤、干燥、筛分，合格球体的收率可达 90% 左右。

磺化反应：以适量的二氯乙烷、硝基苯或多氯乙烷、多氯乙烯作溶胀剂，以浓硫酸、氯磺酸、三氧化硫等作磺化剂。按 1：5：0.4 比例向反应釜中加入共聚球体、92.5% 浓硫酸和二氯乙烷，升温至 82℃ 维持 4h，蒸出二氯乙烷，降温，缓慢加水或逐渐稀释的稀硫酸，至接近中性，再用稀 NaOH 溶液中和并将产品转成 Na 型，水洗至中性，沥出游离水分，包装，即得到最终产品。

弱酸性阳离子交换树脂是将丙烯酸甲酯或甲基丙烯酸甲酯与 DVB 进行悬浮共聚再经水解制得的，交联共聚方法与苯乙烯/二乙烯苯共聚物的制法相似：

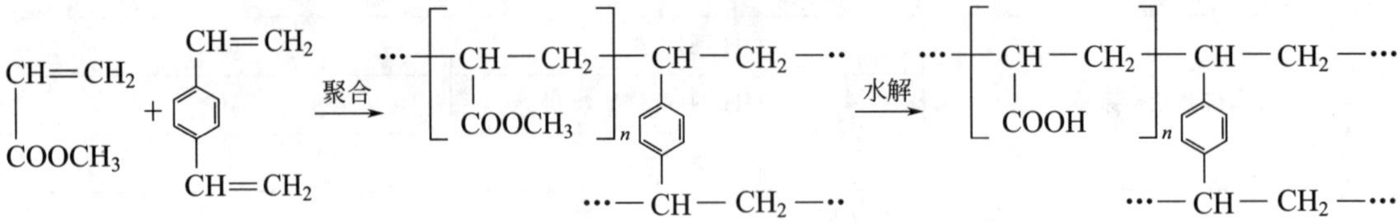

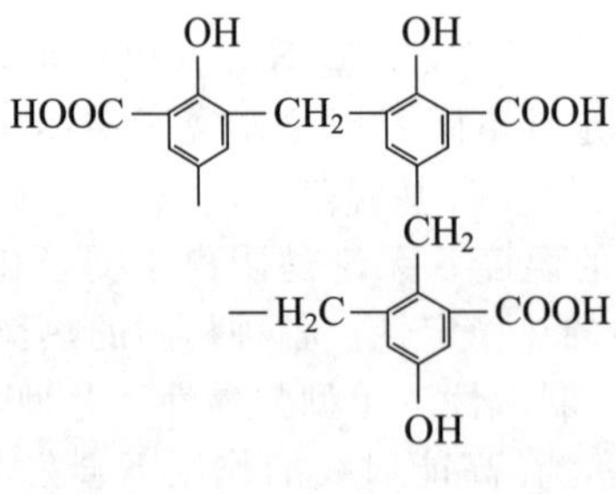

4.1.2.5　树脂性能

离子交换树脂的性能同时受多种质量指标的影响，表 4-5 为天然绿砂、人造沸石和磺化煤的性能，表 4-6 为国产离子交换树脂的主要品种及其相关性能。

表 4-5　天然绿砂、人造沸石和磺化煤的性能

项目	天然绿砂	人造沸石	磺化煤
外观	淡绿色	白色	黑色
粒度/mm	0.42～0.84	—	0.3～1.2
平均粒径/mm	0.6	0.67	0.48
真密度/(g/m³)	1.8	1.6	1.4
视密度/(g/m³)	1.0～1.2	0.65～0.72	0.6～0.7
容许 pH 值	6～8	6～8	≤8.5
容许温度/℃	30	30	40～60
膨胀率/%	—	—	15～30
总交换容量[H^+]/(mol/m³)	300～350	约 570	约 500

表 4-6　国产离子交换树脂的主要品种及其相关性能

型号	名称	功能基团	出厂类型	粒度 (0.3～1.2mm) /%	外观	含水量 /%	湿真密度 /(g/mL)	湿视真密度 /(g/mL)	全交换容量 [H+] /(mmol/g)
001×7	强酸性苯乙烯系阳离子交换树脂	—SO₃H	Na	≥95	棕黄至棕褐色球状颗粒	45～55	1.23～1.28	0.75～0.85	≥4.2
001×10	强酸性苯乙烯系阳离子交换树脂	—SO₃H	Na	≥95	棕黄至棕褐色球状颗粒	37～45	≥1.28	0.84～0.90	≥4.0
D001	大孔强酸性苯乙烯系阳离子交换树脂	—SO₃H	Na	≥95	浅棕色不透明球状颗粒	40～60	1.20～1.30	0.70～0.85	≥4.0
D111	大孔丙烯酸系阳离子交换树脂	—COOH	H	≥95	白色不透明球状颗粒	40～45	1.17～1.19	0.75～0.85	≥9.0
D113	大孔强酸性苯乙烯系阳离子交换树脂	—COOH	H	≥95	乳白色不透明球状颗粒	47～52		约0.75	≥9.0
201×4	强碱性季铵Ⅰ型阴离子交换树脂	—N⁺(CH₃)₃	Cl	≥95	浅黄至金黄色球状颗粒	55～65	1.04～1.06	0.60～0.70	≥3.6
201×7	强碱性季铵Ⅰ型阴离子交换树脂	—N⁺(CH₃)₃	Cl	≥95	浅黄至金黄色球状颗粒	40～50	1.06～1.11	0.65～0.75	≥3.6
D201	大孔强碱性季铵Ⅰ型阴离子交换树脂	—N⁺(CH₃)₃	Cl	≥95	浅黄色不透明球状颗粒	45～60	1.05～1.11	0.65～0.75	≥3.0
D202	大孔强碱性季铵Ⅱ型阴离子交换树脂	—N⁺(C₂H₄OH)(CH₃)₂	Cl	≥95	浅黄色不透明球状颗粒	45～60	1.06～1.11	0.65～0.75	≥3.0
D301	大孔弱碱性苯乙烯系阴离子交换树脂	—N(CH₃)₂		≥95	乳白色不透明球状颗粒	50～65	1.05～1.07	0.65～0.70	≥4.0

4.1.2.6　安全与储运

市场商品的离子交换树脂属于无毒高分子材料，长期储存一般也不影响树脂的稳定性。由于通常含有 50% 左右的水分，在运输与储存过程中应防止因冷冻使树脂破裂。干的离子交换树脂在放入极性较强的溶剂或水中时，也会由于急剧的溶胀而导致碎裂，因此，含水的离子交换树脂都是保存在密封的塑料袋中，以防失水；再加上铁桶、硬纸箱、木桶或塑料桶等外包装，储运温度应保持在 0～40℃ 范围内。

4.1.3   离子交换装置

4.1.3.1   装置类型

钠离子交换软水装置种类较多，有浮动床、固定床、流动床、移动床等。浮动床、流动床、移动床离子交换装置适用于原水水质稳定，软化水出力变化不大，连续不间断运行的情形。固定床离子交换装置无须上述要求，是工业锅炉房的常用软水设备。

固定床离子交换装置按再生方式可分为两种：顺流再生和逆流再生。就固定床顺逆流再生而言，逆流再生具有对原水硬度适应范围大且出水质量好的优势，耗水量也相对低，约为 30%～40%，耗盐量低，约为 20%，故被广泛采用。当然，固定床顺流再生离子交换器比逆流再生的操作简单，在一定条件下仍有采用。

固定床逆流再生离子交换器的再生液一般自下而上流动，保证逆流再生效果的关键是置换和再生时离子交换剂不发生紊乱（乱层），为此应控制置换水和再生液的流速、再生液的浓度及不同的顶压方式。固定床逆流再生几种不同顶压方式的比较见表 4-7。由表 4-7 可见，无顶压法逆流再生比较适用于工业锅炉。

表 4-7   固定床逆流再生几种不同顶压方式

顶压方式	条件	优点	缺点
气顶压法	①压缩空气压力 0.03～0.05MPa ②气量 0.2～0.3m³/(m²·min) ③再生流速 3～5m/h	①不易乱层，稳定性好 ②操作容易掌握 ③耗水量少	需设置 净化压缩空气系统
水顶压法	①水压 0.03～0.05MPa ②压脂层厚 500mm ③顶压水量为再生液流量的 1～1.5 倍	操作简单	①再生废液量大 ②自耗水率高
低流速法	再生液流量 2m/h 左右	设备及辅助系统简单	不易控制，再生时间长
无顶压法	①中间排液装置小孔流速不大于 0.1m/s ②压脂层厚 200mm，再生时处于干的状态 ③再生流速 2～3m/h	①操作简单 ②外部管系简单 ③无须顶压系统	

固定床逆流再生离子交换器的另一种形式是回程式离子交换器，它的结构是筒体中间有一块隔板（小直径采用套筒式），将筒体分成左右两个室。水流呈"U"形，即再生时再生液在设备内改变流向，从而实现了逆流再生可无须顶压的措施也不乱层，再生流速也不受限制，无需设置中间排液装置，这样既简化了管道系统，也便于操作。在工作交换过程中，水流也呈"U"形，相当于一个离子交换器串联，因此出水质量高。由于筒体被隔成两个室，高度降低便于布置；但流通截面减少，对于相同直径的交换器，其出力要减少一半左右。若要提高其出力，势必增加流速，从而阻力加大，要求进水压力提高，且树脂破碎率加大。若不提高水压，则应选择大一些直径的回程式离子交换器，这样基建投资就要增大。

强酸性阳离子交换树脂（型号：001×7）和磺化煤是钠离子交换的常用离子交换剂。树脂的交换速度快，交换容量大，但价格较高；磺化煤的交换速度慢，交换容量小，但价格较低。综合比较，一般采用树脂较多，磺化煤在一定条件下也有使用。磺化煤和树脂性能见表 4-5 和表 4-6。

4.1.3.2   两级交换装置

图 4-6 所示为串联设置的两级钠离子交换软化装置。原水通过第一级钠离子交换器后的硬度降到 0.2mmol/L 以下，然后经过第二级钠离子交换器软化，使出水的残余硬度达到锅炉要求的标准。

4.1.3.3   单级交换装置

众所周知，硬水就是其中 Ca^{2+}、Mg^{2+} 含量在 0.4mmol/L 以上的水。软化水就是减少或完全去除水中的这些 Ca^{2+}、Mg^{2+} 等离子的过程。若硬水中同时还有 HCO_3^-，则加热时会产生碳酸镁、碳酸钙沉淀。低压锅炉在使用这种水之前，必须预先去除 Ca^{2+}、Mg^{2+} 即软化水，以防锅炉在运行中结垢。

图 4-7 所示为单级 Na 型离子交换装置。这是最简单的离子交换装置，也是中、小型锅炉常用的装置类型。

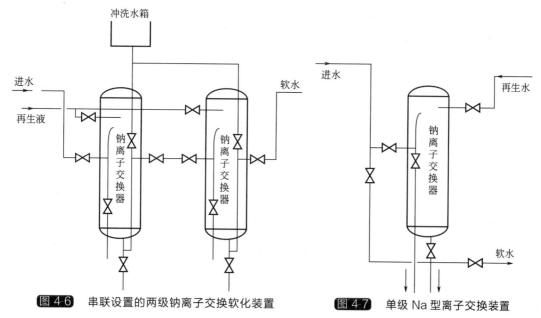

图 4-6　串联设置的两级钠离子交换软化装置　　图 4-7　单级 Na 型离子交换装置

原水通过钠离子交换剂时，交换剂中的 Na^+ 与水中的 Ca^{2+}、Mg^{2+} 发生交换，将易结垢的钙、镁离子转变为钠离子，而钠化合物是水溶性物质不形成水垢。钠离子交换剂的分子式用 NaR 表示，则其反应式如下：

（1）碳酸盐硬度

$$Ca(HCO_3)_2 + 2NaR \longrightarrow CaR_2 + 2NaHCO_3$$
$$Mg(HCO_3)_2 + 2NaR \longrightarrow MgR_2 + 2NaHCO_3$$

（2）非碳酸盐硬度

$$CaSO_4 + 2NaR \longrightarrow CaR_2 + Na_2SO_4$$
$$CaCl_2 + 2NaR \longrightarrow CaR_2 + 2NaCl$$
$$CaSiO_3 + 2NaR \longrightarrow CaR_2 + Na_2SiO_3$$
$$MgSO_4 + 2NaR \longrightarrow MgR_2 + Na_2SO_4$$
$$MgCl_2 + 2NaR \longrightarrow MgR_2 + 2NaCl$$
$$MgSiO_3 + 2NaR \longrightarrow MgR_2 + Na_2SiO_3$$

（3）在锅内受热产生反应

$$2NaHCO_3 \xrightarrow{\text{加热}} Na_2CO_3 + CO_2 \uparrow + H_2O$$

$$Na_2CO_3 + H_2O \xrightarrow{\text{加热}} 2NaOH + CO_2 \uparrow$$

此过程只是用 Na^+ 代替水中的 Ca^{2+}、Mg^{2+}，因而水中总的离子浓度并没有减少。

当离子交换剂中的钠离子因与钙、镁离子交换殆尽后，它就失去了软化水的能力。此时，可用 $10\% \sim 15\%$ 的 NaCl 溶液对失效的树脂进行再生，反应式如下：

$$2NaCl + CaR_2 \longrightarrow 2NaR + CaCl_2$$
$$2NaCl + MgR_2 \longrightarrow 2NaR + MgCl_2$$

再生过程形成的水溶性 $CaCl_2$ 和 $MgCl_2$ 盐类，用水冲洗除去，从而恢复了原有的钠离子交换剂性能。

用单级离子交换法可使水中残余硬度降低到小于 0.035mmol/L。如果原水硬度高或对软化水要求标准较高，例如要求残余硬度<0.02mmol/L 时，则应考虑采用两级钠离子交换。对于低压锅炉，一般可采用单级离子交换；而对中、高压锅炉，应采用两级交换处理。

4.1.3.4　钠离子交换-加酸装置

若水中 $\frac{1}{2}CO_3^{2-}$ 和 HCO_3^- 的物质的量超过 $\frac{1}{2}Ca^{2+}$ 和 $\frac{1}{2}Mg^{2+}$ 的物质的量，则这种具有"负硬度"的水显碱性。

经过钠离子交换后的软水，其碱度基本不变，若需要降低碱度，必须加酸处理，中和一部分碱度：

$$2NaHCO_3 + H_2SO_4 \longrightarrow Na_2SO_4 + 2CO_2 \uparrow + 2H_2O$$

经硫酸中和处理后，生成的 CO_2 可在除 CO_2 器中除去。加酸处理后软化水的残留碱度可达到 50～70mg/L（以 $CaCO_3$ 计）或 1.0～1.4mmol/L。当采用准确的计量加酸装置时，出水碱度可降低到 25～40mg/L（以 $CaCO_3$ 计）或 0.5～0.8mmol/L。加酸处理后软化水中的含盐量略有增加，软化水的碱度每降低 50mg/L（以 $CaCO_3$ 计）或 1mmol/L，水中的 SO_4^{2-} 增加 4840mg/L，CO_3^{2-} 降低 30mg/L，游离 CO_2 增加 44mg/L。钠离子交换后加酸处理水中的含盐量（B_0，mg/L）可按下式计算。

$$B_0 = K^+ + Na^+ + 1.15Ca^{2+} + 1.89Mg^{2+} + SO_4^{2-} + Cl^- + 18(A - A_c) + 30A_c$$

式中，K^+、Na^+、Ca^{2+}、Mg^{2+}、SO_4^{2-}、Cl^- 为原水中离子的含量，mg/L；A 为原水的碱度，mmol/L；A_c 为软化水残留碱度，mmol/L。

中和加酸量（Z，mg/L）（100% H_2SO_4）可以按下式计算，计算过程中，A_c 可取 1mmol/L。

$$Z = 49(A - A_c)$$

加酸过量会导致管道、设备和锅炉的腐蚀，以往采用的加酸系统是节流孔板压力式计量器，因工业锅炉房负荷变化大，不易控制加酸量。因此，最好是采用带电控装置的柱塞式计量泵作为计量加酸泵，根据软化水的 pH 值自动调节计量泵的加酸量。加酸处理后的软化水再经过除 CO_2 器清除 CO_2。钠离子交换-加酸系统见图 4-8。一般采用 5%～10%的稀硫酸。加酸用的硫酸稀释箱的有效容积不宜小于 1 昼夜的耗酸量。

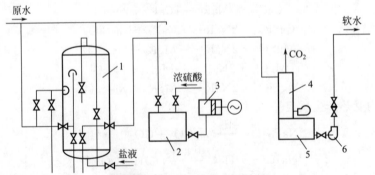

图 4-8　钠离子交换-加酸系统

1—钠离子交换器（逆流再生）；2—硫酸稀释箱；3—计量加酸泵；4—除 CO_2 器；5—中间水箱；6—中间水泵

4.1.3.5　氢离子交换装置

氢离子交换软化水的工作原理是利用离子交换剂中的氢离子置换待处理水中的钙、镁离子，其部分反应式为：

$$Ca(HCO_3)_2 + 2HR \longrightarrow CaR_2 + 2H_2O + 2CO_2 \uparrow$$
$$CaSO_4 + 2HR \longrightarrow CaR_2 + H_2SO_4$$
$$MgCl_2 + 2HR \longrightarrow MgR_2 + 2HCl$$
$$MgSO_4 + 2HR \longrightarrow MgR_2 + H_2SO_4$$

用 $1.5\% \sim 2\%$ 浓度的稀硫酸溶液作为氢离子交换剂的还原剂，还原时的反应式为：

$$CaR_2 + H_2SO_4 \longrightarrow 2HR + CaSO_4$$
$$MgR_2 + H_2SO_4 \longrightarrow 2HR + MgSO_4$$

通过氢离子交换后的软化水变为酸性水，不能直接用作锅炉给水，需要经过进一步处理。处理方法之一为将处理水除去二氧化碳后加碱中和至过剩碱度为 $0.35mmol/L$ 左右，更好的方法是采用氢-钠离子软化装置。

氢-钠离子软化法是将碱性硬水依次经过 Na 型和 H 型阳离子交换树脂处理，这样可以实现水的软化和脱碱，还可部分脱盐。可采用强酸性或者弱酸性树脂作为离子交换剂。用弱酸性阳离子交换树脂对碱性硬水进行软化，可大大降低再生费用，但去除 Ca^{2+}、Mg^{2+} 并不十分彻底；若要实现完全的软化还需再经强酸性阳离子交换树脂处理。装置可采用综合氢-钠离子软化法、氢-钠离子串联软化法、氢-钠离子并联软化法。

(1) 综合氢-钠离子软化水装置

在离子交换器中同时装有钠离子交换剂层和氢离子交换剂层，也称双层离子交换器。原水先经上层的氢离子交换剂层，使水呈酸性。然后再经下层钠离子交换剂，将酸性水中的氢离子吸收，其反应式为：

$$H_2SO_4 + 2NaR \longrightarrow 2HR + Na_2SO_4$$
$$HCl + NaR \longrightarrow HR + NaCl$$

如此，水中酸性消除，一部分未被上层氢离子吸收的残余钙、镁离子可被下层钠离子交换剂进一步交换。该法装置简单，但由于水中尚有部分碳酸盐硬度，故使处理后的软化水保持一定碱度。综合氢-钠离子软化法的出水残余碱度约为 $1.0 \sim 1.5mmol/L$。

(2) 氢-钠离子串联软化水装置

在串联氢-钠离子软化系统中，部分进水先在氢离子交换器中软化，再与其余未经软化的水混合，混合后的水经除 CO_2 器除去游离的 CO_2 后，进入中间水箱，最后用泵送入钠离子交换器软化。此系统适用于进水碱度较大时，出水残余碱度约为 $0.7mmol/L$。其中，欠量酸的再生氢离子交换剂或弱酸性阳离子交换树脂的氢离子交换系统可作为工业锅炉常用的除硬度降碱度的软化水处理系统。

足量酸再生的氢离子交换剂能交换原水中的全部阳离子，所以氢离子交换器出口的软化水呈酸性，不能直接供锅炉使用。为了使软化水不呈酸性，氢离子交换剂应采用磺化煤或弱酸性阳离子交换树脂。这是因为磺化煤是混合型的离子交换剂，利用磺化煤的羧基(—COOH)不能将原水中的中性盐分解（即与 SO_4^{2-}、Cl^- 等强酸阴离子的盐类不起反应）。欠量酸的再生即用理论量的酸进行再生，只是上层的交换剂转变成 H 型，而下层的交换剂仍留有 Ca、Mg 或 Na 型。所以，原水经过欠量酸再生的氢离子交换剂后，只是降低了其中的碳酸盐硬度，并有一定的残留量，而非碳酸盐硬度基本上不发生变化。弱酸性阳离子交换树脂常用的是丙烯酸系，这种系列交换剂只与弱酸盐类（碱度）反应，而不能将中性盐分解，所以离子交换后不会产生强酸。弱酸树脂 H 型失效后，很容易再生，酸耗低，通常为理论量的 $105\% \sim 110\%$。

由于氢离子交换出水中含有碳酸，故在氢离子交换器后要设置除 CO_2 器，且应考虑氢离子交换器及出水、排水管道的防腐。

欠量酸再生或弱酸阳离子交换树脂的氢-钠离子交换串联系统见图 4-9。

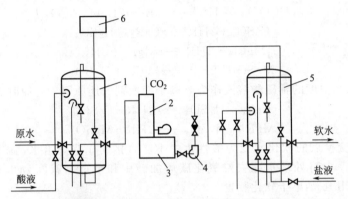

图 4-9　欠量酸再生氢-钠离子交换串联系统

1—氢离子交换器（顺流再生）；2—除 CO_2 器；3—中间水箱；4—中间水泵；
5—钠离子交换器（逆流再生）；6—反洗水箱

全部原水先经过氢离子交换器，氢离子交换器一般采用固定床顺流再生，出水经除 CO_2 器除去水中的 CO_2 后进入中间水箱，再由中间水泵送入钠离子交换器，钠离子交换器一般选用固定床逆流再生，也可选用固定床顺流再生。该系统的出水水质：

残余硬度：（Ca^{2+}＋Mg^{2+}）<1.5mg/L（以 $CaCO_3$ 计）或 0.03mmol/L。

碱度：15～25mg/L（以 $CaCO_3$ 计）或 0.3～0.5mmol/L。

软化水的含盐量（B_0）可按下式计算：

$$B_0 = 23H_{Na} + Cl^- + SO_4^{2-} + NO_3^- + 30A_c$$

式中，B_0 为软化水含盐量，mg/L；H_{Na} 为 Na 型离子交换器进水硬度，mmol/L；A_c 为系统出水的残余碱度，mmol/L，一般为 0.3～0.5mmol/L；Cl^-，SO_4^{2-}，NO_3^- 为原水中相应的离子含量，mg/L。

该系统适用于原水碱度较大或有负硬度的水处理。钠离子交换器的进水硬度 H_{Na} 可按下式计算：

$$H_{Na} = H_y + H_{SC} - Na^+$$

式中，H_{Na} 为 Na 型离子交换器的进水硬度，mmol/L；H_y 为 H 型离子交换器的进水硬度；H_{SC} 为 H 型离子交换器的出水中残余碳酸盐硬度（数值上等于允许系统出水残余碱度，即 $H_{SC} = A_c = 0.3～0.5$mmol/L），mmol/L；Na^+ 为原水中钠离子含量，mmol/L。

也可按下式计算：

$$H_{Na} = Cl^- + SO_4^{2-} + NO_3^- + A_c - Na^+$$

（3）氢-钠离子并联软化装置

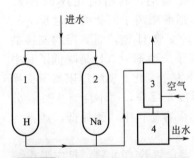

图 4-10　氢-钠离子并联软化装置

1—氢离子交换器；2—钠离子交换器；
3—除 CO_2 器；4—水箱

氢-钠离子并联软化装置示于图 4-10。进水分别在氢离子和钠离子交换器中软化，再将氢离子交换器产生的酸性水和钠离子交换器产生的碱性水混合，最后进入除 CO_2 器除去游离的 CO_2。采用该法时，可根据进水水质，调节进入氢离子和钠离子交换器水量的比例来控制软化水的碱度。并联系统比较容易调整，出水的残余碱度可不大于 0.35mmol/L。

4.1.3.6　铵-钠离子交换装置

阳离子交换剂用铵盐再生后就转化成 NH_4 型。原水经 NH_4 型离子交换后，原水中的阳离子与 NH_4 交换，形成易溶性的铵盐，铵盐受热分解成 NH_3、H_2SO_4、HCl、CO_2。

用 NH_4R 表示铵离子交换剂，则其反应式如下：

$$Ca(HCO_3)_2 + 2NH_4R \longrightarrow CaR_2 + 2NH_4HCO_3$$

$$CaSO_4 + 2NH_4R \longrightarrow CaR_2 + (NH_4)_2SO_4$$

$$CaCl_2 + 2NH_4R \longrightarrow CaR_2 + 2NH_4Cl$$

$$Mg(HCO_3)_2 + 2NH_4R \longrightarrow MgR_2 + 2NH_4HCO_3$$

$$MgSO_4 + 2NH_4R \longrightarrow MgR_2 + (NH_4)_2SO_4$$

$$MgCl_2 + 2NH_4R \longrightarrow MgR_2 + 2NH_4Cl$$

铵盐加热反应，反应式如下：

$$NH_4HCO_3 \xrightarrow{加热} NH_3 \uparrow + CO_2 \uparrow + H_2O$$

$$(NH_4)_2SO_4 \xrightarrow{加热} 2NH_3 \uparrow + H_2SO_4$$

$$NH_4Cl \xrightarrow{加热} NH_3 \uparrow + HCl$$

经过钠离子交换后，原水中生成钠盐，钠盐加热水解生成碱，碱与铵盐加热反应生成的酸中和，其反应式如下：

$$2NaHCO_3 \xrightarrow{加热} Na_2CO_3 + H_2O + CO_2 \uparrow$$

$$Na_2CO_3 + H_2O \xrightarrow{加热} 2NaOH + CO_2 \uparrow$$

$$H_2SO_4 + Na_2CO_3 \longrightarrow Na_2SO_4 + H_2O + CO_2 \uparrow$$

$$2HCl + Na_2CO_3 \longrightarrow 2NaCl + H_2O + CO_2 \uparrow$$

$$H_2SO_4 + 2NaOH \longrightarrow Na_2SO_4 + 2H_2O$$

$$HCl + NaOH \longrightarrow NaCl + H_2O$$

由上述反应式可见，氢-钠离子、铵-钠离子交换剂的原理基本相同，既除去原水的硬度又降低碱度，也除去部分含盐量，从而达到降低锅炉排污率的目的。两者的不同之处如下：

① 铵-钠离子交换后的软化水只有在受热后才呈现酸性，而且不用酸再生。因此设备不需要防酸腐蚀措施。

② 铵-钠离子交换的除碱、除盐的效果只有在锅炉水受热后才表现出来，而不像氢-钠离子交换那样，经过氢离子交换后立刻表现出来。

③ 铵-钠离子交换后的软化水在受热前并不分解出 CO_2，因此铵-钠离子交换系统不需要设置除 CO_2 器。

④ 铵-钠离子交换后的软化水受热后产生氨气，氨气和蒸汽一起送到用户，可能影响某些产品的质量和生活使用。因此，热量用户对蒸汽质量有要求时，铵-钠离子交换法就不适用。

⑤ 铵-钠离子交换后的软化水宜采用大气式热力除氧，除去水中溶解氧的同时也除去部分 NH_3 和 CO_2。

⑥ 采用铵-钠离子交换水处理应允许蒸汽带氨，并应考虑氨对用热设备、管道、附件（主要是铜和铝）的防腐措施。

根据不同的原水水质，铵-钠离子交换装置一般不采用串联系统，而采用并联系统和综合系统。综合铵-钠离子交换系统见图 4-11。并联铵-钠离子交换系统见图 4-12。

一般采用固定床顺流再生离子交换器作为综合铵-钠离子交换器和并联系统中的铵离子交换器。铵-钠离子交换系统的出水水质：残余硬度 $\leqslant 1.5mg/L$（以 $CaCO_3$ 计）或 $0.03mmol/L$；残余碱度，并联系统可达到 $10\sim15mg/L$（以 $CaCO_3$ 计）或 $0.2\sim0.3mmol/L$，综合系统可达到 $25\sim30mg/L$（以 $CaCO_3$ 计）或 $0.5\sim1mmol/L$。

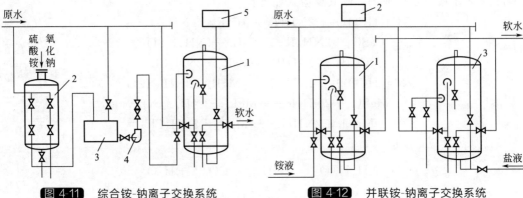

图 4-11 综合铵-钠离子交换系统
1—铵-钠离子交换器；2—盐溶解器；3—混合溶液箱；
4—混合溶液泵；5—反洗水箱

图 4-12 并联铵-钠离子交换系统
1—铵离子交换器（顺流再生）；2—反洗水箱；
3—钠离子交换器（逆流再生）

4.1.3.7 石灰-钠离子交换装置

对于悬浮物含量并且碳酸盐硬度高的原水，可采用石灰-钠离子交换处理。石灰能除去水中的碳酸盐和 CO_2 硬度，并将镁的非碳酸盐硬度转变成相应的钙硬度，即水的非碳酸盐硬度不变。石灰能除去部分铁和硅的化合物。由于水中的钙、镁离子和碳酸氢根离子会转变成难溶于水的化合物，从水中沉淀出来，因此石灰水处理能降低水的硬度、碱度和溶解固形物。其反应过程如下：

$$CaO + H_2O \longrightarrow Ca(OH)_2$$
$$Ca(OH)_2 + CO_2 \longrightarrow CaCO_3 \downarrow + H_2O$$
$$Ca(OH)_2 + Ca(HCO_3)_2 \longrightarrow 2CaCO_3 \downarrow + 2H_2O$$
$$Ca(OH)_2 + Mg(HCO_3)_2 \longrightarrow CaCO_3 \downarrow + MgCO_3 + 2H_2O$$
$$MgCO_3 + Ca(OH)_2 \longrightarrow Mg(OH)_2 \downarrow + CaCO_3 \downarrow$$
$$MgCl_2 + Ca(OH)_2 \longrightarrow Mg(OH)_2 \downarrow + CaCl_2$$
$$MgSO_4 + Ca(OH)_2 \longrightarrow Mg(OH)_2 \downarrow + CaSO_4$$
$$4Fe(HCO_3)_2 + 8Ca(OH)_2 + O_2 \longrightarrow 4Fe(OH)_3 \downarrow + 8CaCO_3 + 6H_2O$$
$$Fe_2(SO_4)_3 + 3Ca(OH)_2 \longrightarrow 2Fe(OH)_3 \downarrow + 3CaSO_4$$
$$4FeSO_4 + 4Ca(OH)_2 + O_2 + 2H_2O \longrightarrow 4Fe(OH)_3 \downarrow + 4CaSO_4$$
$$H_2SiO_3 + Ca(OH)_2 \longrightarrow CaSiO_3 \downarrow + 2H_2O$$
$$2NaHCO_3 + Ca(OH)_2 \longrightarrow CaCO_3 \downarrow + Na_2CO_3 + 2H_2O$$

经石灰处理后，水中 OH^- 剩余量保持在 $10 \sim 20mg/L$（以 $CaCO_3$ 计）或 $0.2 \sim 0.4mmol/L$ 的范围内，除掉了大部分碳酸盐硬度，根据不同水温，残留碳酸盐硬度可降低到 $25 \sim 50mg/L$（以 $CaCO_3$ 计）或 $0.5 \sim 1mmol/L$，残余碱度 $40 \sim 60mg/L$（以 $CaCO_3$ 计）或 $0.8 \sim 1.2mmol/L$，硅化物去除 $30\% \sim 35\%$，有机物去除 2.5% 左右，铁残留量达 $0.1mg/L$。

假若原水中的非碳酸盐硬度很高，可以采用石灰纯碱-钠离子交换处理法。使用纯碱去除非碳酸盐硬度。其反应式如下：

$$CaSO_4 + Na_2CO_3 \longrightarrow CaCO_3 \downarrow + Na_2SO_4$$
$$CaCl_2 + Na_2CO_3 \longrightarrow CaCO_3 \downarrow + 2NaCl$$
$$MgSO_4 + Na_2CO_3 \longrightarrow MgCO_3 + Na_2SO_4$$
$$MgCl_2 + Na_2CO_3 \longrightarrow MgCO_3 + 2NaCl$$
$$Ca(OH)_2 + Na_2CO_3 \longrightarrow CaCO_3 \downarrow + 2NaOH$$

经石灰纯碱处理后，若水的残余硬度仍较大，这是由于硫酸钙有一定的溶解度。提高水温可降低其溶解度，所以可采用温热水处理（热法）。当水温为 70～80℃ 时，残余硬度为 0.3～0.4mmol/L；当水温为 90～100℃ 时，残余硬度为 0.1～0.2mmol/L。此外，在处理时为消除胶体物质，常加入凝聚剂。

在石灰纯碱处理后，再用磷酸三钠等磷酸盐做补充软化，从而进一步减轻钠离子交换器的负担，可使残余硬度降到 0.035～0.07mmol/L。当用磷酸三钠时，反应式为：

$$3Ca(HCO_3)_2 + 2Na_3PO_4 \longrightarrow Ca_3(PO_4)_2 \downarrow + 6NaHCO_3$$
$$3Mg(HCO_3)_2 + 2Na_3PO_4 \longrightarrow Mg_3(PO_4)_2 \downarrow + 6NaHCO_3$$
$$3CaSO_4 + 2Na_3PO_4 \longrightarrow Ca_3(PO_4)_2 \downarrow + 3Na_2SO_4$$
$$3MgSO_4 + 2Na_3PO_4 \longrightarrow Mg_3(PO_4)_2 \downarrow + 3Na_2SO_4$$

石灰-钠离子交换系统一般串联设置，由石灰乳制备装置、澄清过滤池及钠离子交换器等组成。

4.1.3.8　离子交换树脂的再生装置

（1）离子交换树脂的再生装置

离子交换树脂的再生，是指在运行失效之后，以适当的溶液淋洗树脂，将交换到树脂上的离子洗脱，使树脂的交换基团恢复到交换前的状态，因而可继续下一周期的离子交换。每一次运行-再生称为一个周期。每一个周期的典型过程如下：

运行 $\longrightarrow$ 反洗 $\longrightarrow$ 再生 $\longrightarrow$ 淋洗

离子交换树脂经过再生之后可以反复多次使用。通常，再生处理时间应远小于交换运行的时间。

采用自上而下的顺流再生方式，可使离子交换树脂再生比较彻底，一般，再生液依次通过饱和层和保护层，再生下来的离子随再生溶液不断地流出。更合理的方式是采用逆流再生式，使再生液自下而上，首先进入树脂的保护层，再经饱和层流出。

为使树脂松动，再生前一般需要进行反洗，以去除聚集在树脂层中的悬浮杂质。再生液流经树脂层的流速要不高于运行流速，通常可控制空间流速（流出液体积/树脂体积）为 3～6。

再生液的制备包括再生剂的溶解、贮存、计量、输送等。阳离子交换树脂一般使用氢离子型和钠离子型，有时也使用铵型，常用的固体再生剂有氯化铵、氯化钠（食盐）、硫酸铵等，常用的液体再生剂有盐酸、硫酸等。

（2）氯化钠（食盐）溶液制备系统

常用氯化钠溶液的制备系统分为盐液池主设备系统和盐溶解器主设备系统。盐液池的盐液制备系统因其对处理水量大小的适应性强，是当前用得最多的盐液制备系统，见图 4-13。

盐液池可分为浓盐液池和稀盐液池（各一个）。浓盐液池的作用是湿法贮存并配制饱和浓度的盐溶液（室温下约为 23%～26%），浓盐液池的有效容积量一般为 7～15d 的食盐消耗量。稀盐液池的有效容积量应至少能满足最大一台（次）钠离子交换器再生用的盐液量。一般使用混凝土制盐溶液池，出于防腐角度，最好在池内壁贴瓷砖或用塑料板、玻璃钢作内衬。

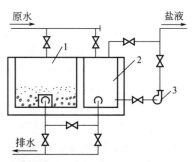

图 4-13　盐液池的盐液制备系统

1—浓盐液池；2—稀盐液池；3—盐液泵

（3）硫酸、盐酸溶液制备系统

一般采用硫酸或盐酸溶液作为氢离子交换的再生剂。酸再生剂的品种直接影响再生成本和再生效果。再生效果是盐酸优于硫酸，但价格盐酸高于硫酸。如能妥善地掌握硫酸再生操作条件（流速、浓度），也可以降低再生成本，取得满意的再生效果，故应按具体条件选择。盐酸与硫酸再生剂的比较见表4-8。

酸液制备系统由酸液贮槽、稀释箱或计量箱、输酸泵、喷射器等设备组成。盐酸溶液的制备系统见图4-14；硫酸溶液的制备系统见图4-15。

表 4-8　盐酸与硫酸再生剂的比较

盐酸再生剂	硫酸再生剂
①价格高,再生耗量低	①价格便宜,再生耗量高
②再生效果好	②再生效果差,有生成 $CaSO_4$ 沉淀的可能；逆流再生较为困难
③腐蚀性强,对防腐要求高	③较易于采取防腐蚀措施
④具有挥发性,运输和贮存比较困难	④不能清除树脂的铁污染,需定期用盐酸清洗树脂

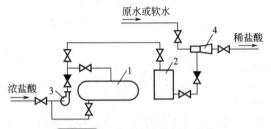

图 4-14　盐酸溶液的制备系统
1—贮酸槽；2—酸计量箱；3—输酸泵；4—酸喷射器

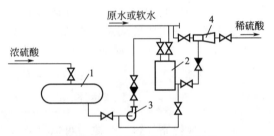

图 4-15　硫酸溶液的制备系统
1—贮酸槽；2—硫酸稀释箱；3—输酸泵；4—酸喷射器

一般采用卧式贮酸槽，采用碳钢壳体，亦有用硬玻璃钢、聚氯乙烯等壳体的。对于碳钢壳体内壁的防腐蚀层，盐酸用橡胶衬里，硫酸浓度在90%以上不允许用橡胶衬里。一般腐蚀可采用环氧树脂等防腐蚀涂料。常采用低位设置贮酸槽。利用位差自流将槽车运来的酸液卸入贮酸槽内，再生时可以利用输酸泵输运贮槽内的酸液，压送至酸计量箱或酸液稀释箱。也可采用高位设置贮酸槽，卸出时利用输酸泵抽吸槽车酸液，压送至贮酸槽内。再生时用的酸液利用位差自动流入酸计量箱或酸液稀释箱。不允许用向槽车或卧式贮酸槽内输入压缩空气（加压）的方法输出再生酸液。坛罐装式浓酸推荐用真空吸取法或用水泵抽吸法。不允许直接起吊酸坛把手，也不允许向坛中充气挤压，以免发生危险。

对于盐酸再生液，一般采用酸计量箱计量浓盐酸，并用盐酸喷射器稀释、输送所需浓度的盐酸至离子交换器。由于较高浓度的浓硫酸在稀释过程中将释放大量的热，直接由浓硫酸配制成所需浓度的再生液给设备的选材带来困难，同时误操作等不可预计的因素可能导致发生严重事故，因此，在设计中采取在硫酸稀释箱内将浓硫酸配制成20%以下浓度的硫酸溶液，然后再经硫酸喷射器稀释并输送所需浓度的硫酸溶液至离子交换器。可采用增强塑料管、复合玻璃钢管及不锈钢管等作为输送酸液的管道。

4.1.3.9　移动床离子交换软化装置

前述离子交换软化装置中的交换剂均需还原再生，存在再生周期。交换剂是分层失效的，在下部留有一定的保护层可以保证软化水质量，因而交换剂利用率低，还原耗盐量大。但操作简单，设备少。这种离子交换器为固定床离子交换器。

可以半连续地进行水处理是移动床离子交换装置的特点。图4-16表示单塔移动床的离子交换工作原理图。

图 4-16 中,交换塔、清洗塔和再生塔合成一体成为单塔。交换塔装有交换剂,进水自下而上流过交换剂,经交换塔上部孔板流出软水。在软化过程中,失效交换剂可随部分软水从塔底部送往再生塔。一定时间后停止进水软化,打开排水阀排水,而清洗塔利用重力自动向交换塔补充相同数量的已再生的交换剂。经过约数十秒到几分钟后关闭排水阀,打开进水阀继续进行软化水。另外,定期向再生塔中通入一定浓度的食盐溶液以供交换剂再生用。

移动床离子交换的优点是还原剂用量省,交换剂利用率高,软化水质好。其缺点是交换剂磨损快,补充次数多。移动床离子交换装置的工作过程是半连续式的,适用于生水硬度高,处理水量大的情况。除所说单塔式外,还有双塔式和三塔式移动床等多种式样。

4.1.3.10　流动床离子交换软化装置

流动床离子交换软化装置可以连续工作。按运行方式可分为压力式和重力式两种,按运行系统可分为单塔式、双塔式和三塔式三种。重力双塔式是目前应用较多的一种。

图 4-17 是双塔式流动床离子交换水处理装置示意图,图中右边为再生液配制系统部分。原水从塔底部进入,使交换剂悬浮,并从交换塔上部流出。交换剂也在流动。由于位差,再生后的交换剂从再生塔底部输入交换塔顶部并在交换塔内与原水作用,使交换剂由钠型转变为钙镁型,而失效的交换剂较重,可降到交换塔底部。此后,靠水力喷射器将其送入再生塔顶部,逐渐下落并与向上流动的再生液和洗涤水相遇而得到清洗和再生。再生后的交换剂在再生塔底部重新输入交换塔。再生液经流量计注入再生塔。清洗水经流量计注入再生塔后分为两股,一股在再生塔中向上流动对再生的交换剂进行清洗并使饱和的再生液(饱和食盐溶液)进行稀释,另一股将再生后的交换剂送入交换塔。

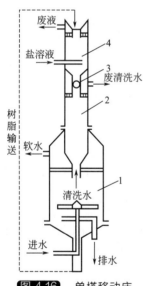

图 4-16　单塔移动床离子交换工作原理图
1—交换塔;2—清洗塔;
3—浮子阀;4—再生塔

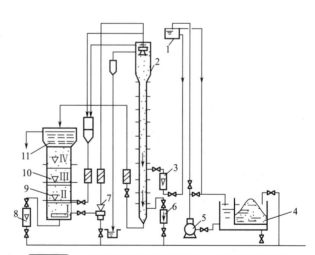

图 4-17　双塔式流动床离子交换水处理装置(钠型)
1—盐液高位槽;2—再生清洗塔;3—盐液流量计;4—盐液制备槽;5—盐液泵;6—清洗水流量计;7—水力喷射器;8—原水流量计;9—过水单元;10—浮球装置;11—交换塔

流动床的优点为能连续工作,出水质量高,操作较方便,需要的交换剂量少。但适应水质和水量变化的能力差,厂房较高,交换剂磨损大。

4.1.4　离子交换装置的选择

要选择适用的离子交换装置,应由原水水质分析资料、锅炉对水质的要求、凝结水的回收量、再生剂的来源及供应情况等指标,按经济合理的原则选取。为便于选择,将常用软化水系统的特性与适用范围列于表 4-9。

表 4-9　常用软化水系统的特性及适用范围

序号	软水系统	主要特点	出水水质/(mg/L CaCO₃)		适用范围
			硬度	碱度	
1	钠离子交换	①流程简单、操作方便;②不能降低碱度;③含盐量较原水略有增加	1~1.5	与原水同	①进水碱度较低,一般<2mmol/L;②进水总硬度一般<325mg/L CaCO₃,固定床逆流再生进水硬度一般<500mg/L CaCO₃
2	两级钠离子交换	①出水残余硬度很低;②可降低盐耗;③设备较多	0~1	与原水同	①要求出水硬度低时;②进水碱度较低;③进水硬度>500mg/L CaCO₃
3	石灰-钠离子交换	①同时降低硬度和碱度;②进水为地面水时,可将除悬浮物、软化、降碱合并进行,经济;③石灰系统劳动条件差,易堵塞	1~1.5	40~60	进水碳酸盐硬度较大,悬浮物较多
4	不足量酸再生(磺化煤)氢-钠串联	①酸耗低;②运行控制较易,一般不出酸性水;③防腐蚀简单;④运行周期中碱度有变化;⑤工作交换容量低,设备较大	1~1.5	25~30	①进水碳酸盐硬度>50mg/L CaCO₃;②进水非碳酸盐硬度较小,或有负硬度
5	弱酸树脂氢-钠串联	①酸耗低;②工作交换容量大	1~1.5	25~35	①进水碳酸盐硬度>50mg/L CaCO₃;②进水非碳酸盐硬度较小,或有负硬度
6	综合铵-钠离子交换	①同时降低硬度和碱度;②铵-钠离子交换在同一交换器内进行;③软化水不呈酸性;④系统不需要设置除二氧化碳器	1~1.5	25~50	①进水碳酸盐硬度与总硬度比值>0.8;②钠离子含量与总硬度的比<0.3~0.35;③允许蒸汽带氨;④氨对铜、铝设备、管道、部件有腐蚀,应采取相应防腐蚀措施
7	并联铵-钠离子交换	①同时降低硬度和碱度;②铵、钠离子交换在各自设备中进行,设备较多,系统较复杂;③根据原水水质,通过调节进入铵、钠离子交换器的水量比例控制软化水碱度,操作较复杂;④软化水不呈酸性,不需要设置除二氧化碳器	1~1.5	10~15	①进水中钠离子含量与总硬度的比值>0.3~0.35;②钠离子含量与阳离子总量的比值>0.25;③允许蒸汽带氨;④氨对铜、铝设备、管道、部件有腐蚀,应采取相应防腐蚀措施
8	钠离子交换后加酸	①流程简单,操作方便;②能降低碱度;③含盐量较原水略有增加	1~1.5	50~70	①进水碱度大;②按碱度计算的锅炉排污率>按含盐量计算的排污率;③加酸最好采用自动监测控制系统

4.1.5　离子交换法的局限性

目前采用最多的锅炉水处理方法是钠离子交换法。该法对硬度成分结垢有很好的阻垢效果。这是因为原水经过预处理和钠离子交换后,除去了水中的硬度成分和悬浮物。在正常情况下不可能再发生硬度成分的结垢。在采用了软化法的现场有时仍然能碰到发生硬度成分结垢的情况,其原因在于交换剂质量、操作失误或者管理不善,而与方法本身无关。但是,离子交换法也存在局限性。这里，仅讨论原水经过钠离子交换法软化处理后所得软化水的腐蚀性、含盐量和环境问题。

4.1.5.1　软化水的腐蚀性

一种习惯性的认识是，原水经过软化之后，水的 pH 值提高了，因而水的腐蚀性也降低了。但是，研究结果表明，实际上这一认识具有很大的盲目性。

表 4-10 列出了 20G 钢在自来水及其软化水和去离子水中的腐蚀速度。无论是在 25℃ 还是在 80℃ 下试验时，锅炉钢在自来水、软化水和去离子水中都有很大的腐蚀速度，按照锅炉腐蚀标准，均属于事故性腐蚀级。而且，水质对钢的腐蚀速度具有比较明显的影响：钢在自来水中的腐蚀速度明显低于软化水和去离子水。显然，这里存在着比较复杂的影响。

表 4-10　20G 钢在试验水中的腐蚀速度　　　　单位：mm/a

温度/℃	自来水	软化水	去离子水
25	0.0660	0.0869	0.0822
80	0.281	0.340	0.334

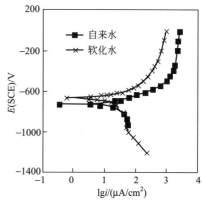

图 4-18　钢在 40℃ 水中的极化曲线

与软化水和去离子水相比，自来水中含有天然缓蚀剂碳酸氢钙，它是一种阴极性缓蚀剂，当在钢表面同阴极反应产物氢氧根离子相遇时，即生成碳酸钙沉淀而覆盖于阴极表面。由于阴极过程被抑制，钢的腐蚀速度减小。将自来水软化，虽然提高了水的 pH 值，但是随着硬度成分被除去，水中原有的能抑制腐蚀的天然缓蚀剂碳酸氢钙也被除去，因而水的腐蚀性增加了。同时，腐蚀产物覆盖于金属表面而成垢的情况变得严重了。在自来水和软化水中测得的钢的极化曲线（图 4-18）也表明，由于存在碳酸氢钙，钢在自来水中的自腐蚀电位变负，腐蚀电流变小，所以碳酸氢钙明显抑制了钢腐蚀的阴极过程。

总之，软化法可以有效地防止硬度成分结垢，但使水的腐蚀性增强和使腐蚀产物结垢加重。因此，对使用软化水的锅炉，更有必要采取防腐措施。

4.1.5.2　软化水的含盐量

一种习惯性的认识是，经过钠离子交换软化之后的原水中的硬度成分除去了，因而可以降低锅炉的排污率。

实际上，通过钠离子交换后的软化水，原水中的碳酸盐硬度变成碳酸氢钠，即水的碱度不变；但由于 1mol Na^+ 的物质的量是 $0.5mol\ Ca^{2+}$ 或 $0.5mol\ Mg^{2+}$ 的物质的量的 2 倍，所以软化水的含盐量（与溶解固形物近似相等）不仅没有降低，反而比原水略有提高。软化水比原水含盐量的增加量（ΔB）可按下式计算。

$$\Delta B = 0.15Ca^{2+} + 0.89Mg^{2+}$$

式中，Ca^{2+}、Mg^{2+} 为原水中 Ca^{2+}、Mg^{2+} 的含量，mg/L。

因此，采用钠离子交换软化水的方法不能起到降低锅炉排污率的作用。

4.1.5.3　环境问题

从环境的角度看，离子交换法的主要缺点是必须排放再生废液。再生废盐水可导致淡水咸化，其排放在一些国家已受到限制。

图 4-19 是我国普通钠离子交换系统的排污一般工艺流程。这些装置在制备软化水的每一个周期中都不可避免地产生盐液制备系统排废液、再生废盐水排废液、反洗水排废液、冲

洗水排废液。这些排废液向来被视为是没有危害的正常行为。但是，在人类面临全球性的水环境污染和水资源枯竭的今天，特别是以绿色化学为基础的绿色技术的观点来看，这些废水的排放不但浪费了大量的淡水资源，而且会使淡水咸化。为了保护人类赖以生存的环境，研究开发绿色无排废锅炉水处理技术势在必行。

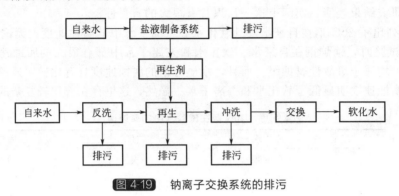

图 4-19　钠离子交换系统的排污

4.2　反渗透法

4.2.1　概述

当把相同体积的稀溶液和浓溶液分别置于容器的两侧，中间用半透膜阻隔时，稀溶液中的溶剂将自然地穿过半透膜，向浓溶液侧流动，浓溶液侧的液面会比稀溶液的液面高出一定高度，形成一个压力差，达到渗透平衡状态，此种压力差即为渗透压。若在浓溶液侧施加一个大于渗透压的压力时，浓溶液中的溶剂会向稀溶液流动，此种溶剂的流动方向与原来渗透的方向相反，因而称为反渗透。反渗透原理如图 4-20 所示。

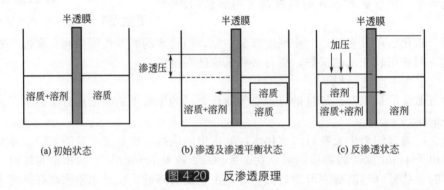

图 4-20　反渗透原理

也就是说，反渗透是一种以半透过性膜为工作介质，以压力为推动力的膜分离技术。当系统中所加的压力大于进水溶液渗透压时，水分子不断地透过膜，经产水流道流入中心管，然后在一端流出，水中的杂质如离子、有机物、细菌、病毒等，被截留在膜的进水侧，然后从浓水出水端流出，从而达到分离净化目的。

4.2.2　反渗透膜的理论模型

（1）溶解-扩散模型

Lonsdale 等人提出解释反渗透现象的溶解-扩散模型。他将反渗透的活性表面皮层看作致密无孔的膜，并假设溶质和溶剂都能溶于均质的非多孔膜表面层内，各自在浓度或压力造成的化学势推动下扩散通过膜。溶解度的差异及溶质和溶剂在膜相中扩散性的差异影响着它们通过膜的能量大小。其具体过程分为：

第一步，溶质和溶剂在膜的料液侧表面外吸附和溶解；

第二步，溶质和溶剂之间没有相互作用，他们在各自化学位差的推动下以分子扩散方式通过反渗透膜的活性层；

第三步，溶质和溶剂在膜的透过液侧表面解吸。

在以上溶质和溶剂透过膜的过程中，一般假设第一步、第三步进行得很快，此时透过速率取决于第二步，即溶质和溶剂在化学位差的推动下以分子扩散方式通过膜。由于膜的选择性，使气体混合物或液体混合物得以分离。而物质的渗透能力，不仅取决于扩散系数，并且决定于其在膜中的溶解度。

Lonsdale 和 Podall 等人提出溶解扩散模型。该模型假设膜是完美无缺的理想膜。高压侧溶液中的溶剂和溶质先溶于膜中，然后在化学位差的推动力下，从膜的一侧向另一侧以分子扩散方式通过，直至透过膜。

溶剂和溶质在膜中的扩散服从 Fick 定律，这种模型认为溶剂和溶质都可能溶于膜表面，因此物质的渗透能力不仅取决于扩散系数，而且取决于其在膜中的溶解度，溶质的扩散系数比水分子的扩散系数要小得多，因而透过膜的水分子数量就比通过扩散而透过去的溶质数量更多。

（2）优先吸附——毛细孔流理论

当液体中溶有不同种类物质时，其表面张力将发生不同的变化。例如水中溶有醇、酸、醛、酯等有机物质，可使其表面张力减小，但溶入某些无机盐类，反而使其表面张力稍有增加，这是因为溶质的分散是不均匀的，即溶质在溶液表面层中的浓度和溶液内部浓度不同，这就是溶液的表面吸附现象。当水溶液与高分子多孔膜接触时，若膜的化学性质使膜对溶质负吸附，对水是优先的正吸附，则在膜与溶液界面上将形成一层被膜吸附的一定厚度的纯水层。它在外压作用下，将通过膜表面的毛细孔，从而可获取纯水。

（3）氢键理论

在醋酸纤维素中，由于氢键和范德华力的作用，膜中存在晶相区域和非晶相区域两部分。大分子之间存在牢固结合并平行排列的为晶相区域，而大分子之间完全无序的为非晶相区域，水和溶质不能进入晶相区域。在接近醋酸纤维素分子的地方，水与醋酸纤维素羰基上的氧原子会形成氢键并构成所谓的结合水。当醋酸纤维素吸附了第一层水分子后，会引起水分子熵值的极大下降，形成类似于冰的结构。在非晶相区域较大的孔空间里，结合水的占有率很低，在孔的中央存在普通结构的水，不能与醋酸纤维素膜形成氢键的离子或分子则进入结合水，并以有序扩散方式迁移，通过不断地改变和醋酸纤维素形成氢键的位置来通过膜。

在压力作用下，溶液中的水分子和醋酸纤维素的活化点——羰基上的氧原子形成氢键，而原来水分子形成的氢键被断开，水分子解离出来并随之移到下一个活化点并形成新的氢键，于是通过一连串的氢键形成与断开，使水分子离开膜表面的致密活性层而进入膜的多孔层。由于多孔层含有大量的毛细管水，水分子能够畅通流出膜外。

4.2.3　反渗透膜及反渗透膜元件

常用的反渗透膜材料：醋酸纤维素或三醋酯纤维、聚酰胺或聚砜材料。

商业化的反渗透膜材料主要有两种：醋酸纤维素（CA）膜和聚酰胺（PA）复合膜（TFC）。CA 膜具有耐氯性能，不易发生污堵，因而通常应用于市政饮用水或饮料行业。但CA 膜具有易水解、使用寿命短、运行压力高的缺点。表 4-11 中列出了典型的 CPA 膜系列的性能。

表 4-11　芳香族聚酰胺复合膜（CPA）系列的性能

型号		CPA2	CPA2-HR	CPA3	CPA3-LD	CPA4
类型	膜材质	芳香族聚酰胺复合材料				
	有效膜面积/ft²(m²)	365(33.9)	365(33.9)	400(37.2)	400(37.2)	400(37.2)
性能	脱盐率/% 平均	99.5	99.7	99.7	99.7	99.7
	脱盐率/% 最低	99.2	99.6	99.6	99.6	
	透过水量 gpd	10000	10000	11000	11000	6000
	透过水量 m³/d	37.9	37.9	41.6	41.6	22.7
使用条件	最高操作压力/psi(MPa)	600(4.14)				
	最高进水流量/gpm(m³/h)	75(17.0)				
	最高进水温度/℃	45				
	进水 pH 范围	3.0~10.0				
	进水最高浊度/NTU	1.0				
	进水最高 SDI(15min)	<5				
	最高进水自由氯浓度/(mg/L)	<0.1				
	单支膜元件上浓缩水与透过水量的最小比例	5∶1				
	单支膜元件最高压力损失/psi (MPa)	10(0.07)				

注：1ft=0.3048m；1psi=6.895kPa。

常用的膜元件有卷式膜元件和中空纤维膜元件。卷式膜由平板膜片制造，首先将平板膜片折叠，然后用胶黏剂密封成一个三面密封一面开口的密封套。膜封套内置有多孔支撑材料，将膜片隔开并构成产水流道。膜封套的开口端与塑料穿孔中心管连接并密封，产水将从膜封套的开口端汇入中心管，未透过膜的水和浓缩的溶解固体以及悬浮固体一起沿膜表面流过，并随着浓水口流出，见图 4-21。

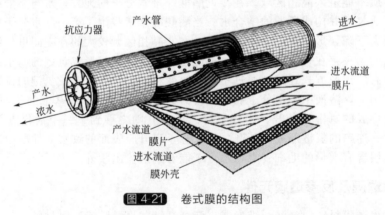

图 4-21　卷式膜的结构图

4.2.4　反渗透的技术性能

（1）脱盐率和透盐率

脱盐率——通过反渗透膜从系统进水中去除可溶性杂质浓度的百分数：

$$脱盐率＝(1－产水含盐量/进水含盐量)×100\%$$

透盐率——进水中可溶性杂质透过膜的百分数：

$$透盐率＝100\%－脱盐率$$

膜的脱盐率表示膜限制溶解性离子穿过膜的能力，通常以百分数表示。膜元件的脱盐率在其制造成形时就已确定，脱盐率的高低取决于膜元件表面超薄脱盐层的致密度，脱盐层越致密脱盐率越高，同时产水量越低。由于膜本身和膜制造工艺的限制，要达到 100% 的脱盐率是不切实际的。反渗透对不同物质的脱盐率主要由物质的结构和相对分子质量决定，对高价离子及复杂单价离子的脱盐率可以超过 99%，对单价离子如钠离子、钾离子、氯离子的脱盐率稍低，但也超过 98%；对相对分子质量大于 100 的有机物的脱除率也可达到 98%，但对相对分子质量小于 100 的有机物的脱盐率较低（表 4-12）。

表 4-12　反渗透膜对不同离子的脱盐率

离子	脱盐率/%	离子	脱盐率/%
钠离子(Na^+)	99.0~99.4	铝离子(Al^{3+})	99.5~99.8
钙离子(Ca^{2+})	99.8	铵根离子(NH_4^+)	85.0~99.0
镁离子(Mg^{2+})	99.8	铜离子(Cu^{2+})	99.0~99.4
钾离子(K^+)	99.0~99.4	镍离子(Ni^{2+})	99.5~99.8
铁离子(Fe^{2+})	99.0~99.4	锌离子(Zn^{2+})	99.5~99.8
锰离子(Mn^{2+})	99.0~99.4	氯离子(Cl^-)	99.0~99.4
铬离子(Cr^{6+})	99.0~99.4	硅酸根离子(SiO_3^{2-})	98.0~99.0

（2）水通量

水通量是指单位面积的反渗透膜在恒定压力下单位时间内透过的水量。水通量的计算公式：

$$J_w = A(\Delta p - \Delta \pi)$$

式中，J_w 为膜的透水系数，单位是加仑每平方英尺每天（GFD）；A 为 25℃时的纯水渗透系数，是表示反渗透膜元件产水量的重要指标，GFD/psi；Δp 为跨膜压差（进水压力－产水压力）；$\Delta \pi$ 为膜两侧的渗透压差（进水渗透压差－产水压差）。

其中（$\Delta p － \Delta \pi$）被定义为"净推动力"，在其他条件一定时，净推动力与水通量成正比。在一般苦咸水处理环境中，$\Delta \pi$ 远远小于 Δp，因此，J_w 近似正比于 Δp。部分盐类的渗透压见表 4-13。

表 4-13　部分盐类的渗透压

盐类	浓度/%	近似渗透压力/psi(bar)
氯化钠(NaCl)	0.5	55(3.8)
	1.0	125(8.6)
	3.5	410(28.3)
硫酸钠(Na_2SO_4)	2	110(7.6)
	5	304(21.0)
	10	568(39.2)

续表

盐类	浓度/%	近似渗透压力/psi(bar)
氯化钙(CaCl$_2$)	1	90(6.2)
	3.5	308(21.2)
硫酸铜(CuSO$_4$)	2	57(3.9)
	5	115(7.9)
	10	231(15.9)

注：1bar＝10^{5}Pa。

（3）回收率

回收率是指膜系统中给水转化成为产水或透过液的百分比。膜系统的回收率在设计时就已经确定，是基于预设的进水水质而定的。根据具体应用，回收率通常在 70%～80% 之间。如果进水中溶解性固体总量（TDS）高，则采用较低回收率；相反，如果进水 TDS 低，则可以采用较高的回收率。可以推断，反渗透系统回收率在 50% 时，浓水中 TDS 含量大约为进水 TDS 含量的两倍；当系统回收率为 75% 时，浓水含量将为进水 TDS 的 4 倍，因为几乎全部 TDS 都被截留在这 1/4 的浓水一侧。如果被反渗透截留的一些离子具有饱和特性，该特性可能引起离子在膜表面的沉积和结垢，阻碍产水流过膜，并最终损坏系统，最典型的这类离子是铁和钙。因此几乎所有的反渗透生产商都规定进水中铁浓度应小于 0.05mg/L。碳酸钙沉积是硬度、碱度、pH 值、TDS、温度的复合函数，可以通过 Langelier 饱和指数（LSI）公式进行分析。

$$回收率＝（产水流量/进水流量）×100\%$$

反渗透系统运行中，多数溶解性离子和有机物被膜元件截流，并随浓水一同排放。排放浓水必须有足够的流量，以带走杂质，并防止膜进水侧发生机械性堵塞或沉淀。

一些溶解固体，如硅、钡、锶、钙或镁，如果和碳酸根、硫酸根等阴离子同时存在，将比其他溶解固体更能限制反渗透（RO）装置的回收率，这是由它们在水中溶解度的限制引起的。例如进水中的二氧化硅通常是 RO 回收率的限制因素，因为当浓度达到 100～120mg/L 时，硅将会从溶液中析出。这也就是说，如果进水二氧化硅浓度达到 30mg/L，那么回收率应控制在 75% 以下，因为这种回收率下，盐分被浓缩 4 倍，二氧化硅浓度将浓缩到 120mg/L。

（4）浓差极化

错流膜分离过程中，靠近膜表面会形成一个流速非常低的边界层，边界层中溶质浓度比主流体溶质浓度高，这种溶质浓度在膜表面增加的现象叫作浓差极化。边界层会存在浓度梯度或分压差，边界层的存在降低了膜分离的传质推动力，渗透物的通量也降低。由于边界层组分浓度梯度而引起的传质阻力增加的现象被称为浓差极化（图 4-22）。浓差极化的危害主要是增加透过液浓度、降低产水量和分离效率。

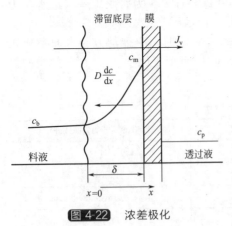

图 4-22　浓差极化

4.2.5　影响反渗透分离性能的因素

膜的水通量和脱盐率是反渗透过程中关键的运行参数，这两个参数将受到操作压力、温度、回收率、进水含盐量、进水 pH 值因素的影响。

（1）操作压力

为了实现溶液反渗透，必须从外界施加一个大于进水原液渗透压的驱动力，这一外界压力为操作压力。通常，操作压力比渗透压大几十倍。操作压力决定了反渗透的水通量和溶质透过滤。加大操作压力可以提高水通量，同时由于膜被压实，溶质通过率会减小。经验表明，操作压力从 2.75MPa 提高到 4.22MPa 时，水的回收率提高 40%，而膜的寿命缩短一年。因此要根据进水盐浓度、膜性能等确定操作压力的大小。

（2）温度

温度升高，水的黏度降低，水透过膜的速度增加，与此同时溶质透过率也略有增加。温度升高，膜高压侧传质系数增加，膜表面溶质浓度降低，也使膜浓差极化现象减弱。试验表明，进水水温每升高 1℃，产水量就增加 2.7%～3.5%（以 25℃ 为标准）。

温度上升，渗透性能增加，在一定水通量下要求的净推动力减少，因此运行压力降低。同时，溶质透过率随温度升高而增加，盐透过量增加，直接表现为产水电导率升高。

在反渗透装置的运行过程中，进水温度宜控制在 20～30℃，低温控制在 5～8℃ 以上，因为低温造成膜水通量显著下降；上限不大于 30℃，因为 30℃ 以上时多数膜的耐热稳定性明显下降。通常，醋酸纤维素膜和聚酰胺膜的最高允许温度为 35℃，复合膜为 40～45℃。

（3）进水 pH 值

一般膜材料会给定进水 pH 值范围，例如醋酸纤维膜 pH 值宜控制在 4～7 之间，目的是防止膜在酸、碱条件下的水解。

4.2.6　典型的反渗透工艺

反渗透装置主要由膜组件、泵、过滤器、阀、仪表及管路等组装而成，单段反渗透系统如图 4-23 所示。反渗透工艺有连续式、部分循环式和全循环式三种流程。连续式分单段连续式和多段连续式，单段连续式的回收率不高，实际生产中很少应用，而多段连续式能提高水的回收率。

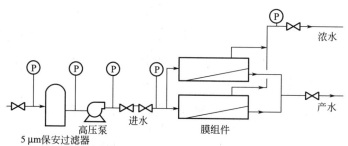

图 4-23　单段反渗透系统示意图

单段系统由一个或一个以上膜组件并联在一起，所有组件产水汇集到产水总管中；组件的浓水汇集到浓水总管中，浓水可以直接排放，也可以循环利用（回到 RO 高压泵入口或原水箱），浓水循环可提高系统的回收率。一般而言，单段系统回收率往往小于 50%。

为了提高系统回收率，可以采用二段或三段设计。进水通过压力容器的流量分布呈圣诞树形，在第一段进水流量最高，然后逐段递减，随着进水流量降低，平行的膜组件也逐段递减。所有组件的产水汇集到总管中，组件的浓水汇集到浓水总管中，浓水可直接排放，也可循环利用（回

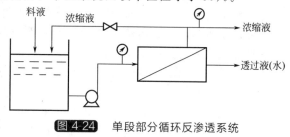

图 4-24　单段部分循环反渗透系统

到 RO 泵入口或原水箱），浓水循环提高了系统回收率，单段部分循环反渗透系统见图 4-24。

这种膜组件逐段递减的圣诞树形设计，目的是优化流过膜表面的水流分配。系统分配均匀可以更好地冲洗膜表面，防止悬浮固形物在膜表面累积，引起膜污染。一般苦咸水 RO 系统设计中，单支膜元件的回收率为 9% 左右；对于流行的 6 芯膜组件构成的 RO 二段系统，第一段回收率为 50% 左右，第二段的回收率为 50% 左右，其系统总回收率为 70%~80%。第一段和第二段的进水量约为 2:1。因此第一段和第二段的膜组件数一般也为 2:1。

对于一个含三只组件的系统，其中两个组件并联作为第一段，而第三个组件和前面两个组件串联作为第二段，两段反渗透系统见图 4-25。

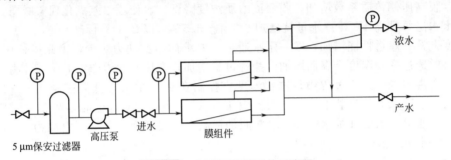

图 4-25   两段反渗透系统示意图

为了得到品质更高的产品水，可以采用多级反渗透系统。多级反渗透系统实际上是将两个传统的反渗透系统串联起来，即第一级的产水直接作为第二级的进水。第一级浓水直接排放或循环进入原水箱，第二级的浓水水质往往比原水水质还要好，可以直接全部回流到第一级的高压泵进口。两级反渗透系统最好在两级分别设泵。由于第二级的进水悬浮物和 TDS 很低，因此第二级的平均通量可以设得较高。六芯膜组件的两级系统，其回收率可以达到 85%~90%。

由于第一级反渗透的产水偏酸性，不利于系统脱 CO_2 和 SiO_2，因此可以在第二级进水中加碱（NaOH 溶液），提高 pH 值，这样可以大幅度提高 CO_2 和 SiO_2 的去除效果，降低产水电导率。

4.2.7 反渗透膜的污染与处理

反渗透膜常见的污染有沉淀物沉积、胶体沉积、有机物沉积、微生物繁殖等。

（1）沉积

在反渗透装置运行过程中，当溶解固体的浓度超过其溶解度极限时，这些杂质将在膜表面沉积。天然水中最可能在运行中发生沉积的杂质有 $CaCO_3$、$MgCO_3$、$CaSO_4$、$BaSO_4$、$SrSO_4$、硅酸盐，沉积通常在装置下游更为严重。防止沉积的常用方法是向进水中加入阻垢剂。

（2）污堵

进水中的杂质在膜表面沉积或被膜表面吸附会引起膜性能下降。这种类型的污染常在上游膜元件中更为严重。污堵表现为中度到严重的水通量下降、盐透过率增加和系统压降增大。造成污堵的污染物类型包括微生物污染和微生物黏液的污染、胶体和颗粒物质、天然水中的腐殖质、富里酸、单宁酸等杂质以及预处理时添加的絮凝剂等。

（3）膜老化

膜装置进水中可能存在氯、臭氧或高锰酸钾等氧化剂，容易造成膜的老化。以城市自来水为水源会存在游离氯，或者前置过滤处理中加入了氯杀菌剂。

当使用聚酰胺膜时，必须从水中去除上述所有氧化剂，否则会缩短膜的使用寿命。

当使用醋酸纤维素膜时，进水中绝对不能含有 Fe^{3+}、臭氧和高锰酸钾，而应含有 $0.5\sim1mg/L$ 的游离氯。

4.2.8 反渗透装置进水的预处理

预处理过程很大程度上取决于进水是地下水还是地表水。通常，地下水产生污堵的倾向性较低，而大部分地表水产生污堵的倾向性大。浅水井中的水没有经过足够的自然过滤或生物降解，也可能具有和地表水一样的污堵倾向性。污堵指数（SDI）是用于度量水体污堵倾向性的指标，进入 RO 膜元件的 SDI 应小于 5。但是，如果进水具有较高的胶体物质含量，也可能造成严重污堵。因为 SDI 值表征不了胶体浓度。

图 4-26 为地表水经过预处理进入反渗透装置的膜处理典型的预处理工艺流程。原水投加消毒剂（NaClO）的作用是杀灭微生物；投加阻垢剂是为了缓解反渗透膜面沉积；投加 $NaHSO_3$ 可以消除水体中的活性氯，防止膜的老化。

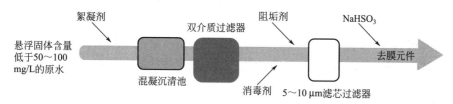

图 4-26 膜处理典型的预处理工艺流程图

（1）阻垢剂和分散剂

随着进水在膜组件内的浓缩，一些盐类将达到其溶解度极限值，阻垢剂能延缓其发生结垢。不同类型的阻垢剂可以防止不同盐类的结垢，阻垢剂应选择配方，以缓解碳酸钙、硫酸盐、硅酸盐和其他杂质的沉积。由于有些阻垢剂含有有机物，这些有机物是微生物的营养成分，会促进微生物在膜装置中的生长。如有可能，这类阻垢剂应尽量少用或避免使用。

（2）离子交换软化

离子交换软化也常用于小型反渗透系统前置预处理，用于防止反渗透膜的结垢。一方面，软化器可以去除二价和多价阳离子，这些离子在进水浓缩过程中易生成沉淀；另一方面，二价和多价阳离子浓缩后，将压缩胶体双电层，从而破坏胶体的稳定，促使胶体颗粒凝聚沉积，造成反渗透膜污染。

（3）保安过滤器

通常用 $5\sim10\mu m$ 纤维过滤滤芯，不得使用螺线滤芯。因为多数螺线滤芯都采用表面活性剂（湿润剂）处理，这些药剂在运行中会释放出来，干扰下游反渗透组件的运行。也不得使用棉芯过滤器，因为其可能释放纤维碎屑，造成膜的污染。

（4）亚硫酸氢钠

亚硫酸氢钠（$NaHSO_3$）能够快速与氧化剂发生反应，进而去除氧化剂。通常以焦亚硫酸钠（$Na_2S_2O_5$）的形式购买，一个焦亚硫酸钠分子可以分解成两个亚硫酸氢钠和一个水分子。

亚硫酸氢钠最佳加药点在保安过滤器和水泵之间，这样保安过滤器内的微生物会受到氧化剂的控制。

游离氯在水中以次氯酸和次氯酸盐的形式存在。亚硫酸氢钠和次氯酸的反应：

$$HSO_3^- + HOCl \longrightarrow SO_4^{2-} + Cl^- + 2H^+$$

因此，理论上每去除 1mol 游离氯需要加入 1mol 亚硫酸氢钠。去除 1mg/L 游离氯所需要的盐见表 4-14。

表 4-14 去除 1mg/L 游离氯所需要的盐

化合物	焦亚硫酸钠	亚硫酸氢钠	亚硫酸钠
含量/(mg/L)	1.34	1.47	1.78

为了安全起见，进水中加入 2 倍理论所需亚硫酸氢钠用量，即 1mg/L 游离氯需要约 3mg/L 亚硫酸氢钠。

亚硫酸氢钠溶入水后，会和水中氧气发生反应，其浓度随时间的延长而下降。因此，溶解在水中的亚硫酸钠应在一定时间范围内使用。亚硫酸氢钠不同浓度下的存放时间见表 4-15。

表 4-15 亚硫酸氢钠不同浓度下的存放时间

十亚硫酸盐的浓度/%(质量分数)	2	10	20	30
最长的使用时间	1 周	3 周	1 个月	6 个月

（5）活性炭

在小型反渗透系统中，可以使用活性炭代替亚硫酸氢钠消除氧化剂。活性炭过滤器不应释放任何炭粉末，因为炭粉末会沉积在膜表面，而且一旦沉积，几乎不可能去除。因此，活性炭过滤器和膜装置之间必须设保安过滤器，用来截留少量的炭粉末。活性炭床也经常滋生细菌，会造成微生物污染。但活性炭可以很好地吸附非极性的有机物，防止这类物质对膜造成污染。

（6）预处理设备选型

预处理设备的选择应根据原水的性质和浊度、有机物浓度等数据进行。预处理设备的选型见表 4-16。

表 4-16 预处理设备的选型

水源	主要水质参数	推荐使用处理设备
河流	浊度＞25[①] NTU	澄清池＋MMF 或 MF
	浊度 10～25NTU	凝聚＋MMF 或 MF
	浊度＜10NTU	（可能需要絮凝）MMF 或 MF
湖泊等地表水	硬水和 TOC	石灰软化＋澄清池＋MMF
	浊度＞25[①] NTU	澄清池＋MMF 或 MF
	浊度＜25NTU	MMF 或 MF
井水	铁＋锰	加氯＋MMF
		绿砂过滤
	浊度＜10 NTU	UF/MMF 或 MF
苦咸水	浊度＞10 NTU	MMF
	浊度＜10 NTU	UF/MF 或 MMF
海/洋水	浊度＞50 NTU	澄清池[①]＋MMF
	浊度＜50 NTU	MF，与 MF 供应商确认
	浊度＜25 NTU	MF

①总悬浮固体含量大于 100mg/L 时，需澄清。
注：TOC＝总有机碳，MF＝微滤，UF＝超滤，MMF＝多介质过滤。

4.2.9 反渗透装置的清洗

反渗透装置一旦出现下列情况之一时，就应进行清洗：

① 产水量（膜通量）比正常值下降 5%～10%；

② 为了保证产品水量，操作压力增加 10%～15%；

③ 透过水的电导率上升 5%～10%；

④ 多段反渗透系统中，通过不同段的压力明显下降。

常用的清洗方法有：反冲洗、负压清洗和化学清洗。

反冲洗：采用气体、液体作为反冲洗介质，给膜管施加反向压力，使膜表面及膜孔内吸附的污染物脱离膜表面，从而使膜通量得以恢复。

负压清洗：通过一定真空抽吸，在膜功能侧形成负压，以除去膜表面和膜内部的污染物质。

化学清洗：根据污染物种类、数量、性质和膜材料，选择合适的化学清洗液，采用在线或离线方式清洗。清洗液水温为 5～40℃；耗氧量（COD_{Mn}）＜3mg/L，游离氯＜0.2mg/L，铁＜0.3mg/L，锰＜0.1mg/L，浊度＜1.0NTU，污染指数 SDI＜10。

4.3 连续电解除盐技术

4.3.1 概述

连续电解除盐技术（Electrodeionization，EDI）是一种将离子交换技术、离子交换膜技术和离子电迁移技术（电渗析技术）相结合的纯水制造技术。该技术利用离子交换能深度脱盐来克服电渗析极化而脱盐不彻底，又利用电渗析极化而发生水电离产生 H^+ 和 OH^- 实现树脂自再生来克服树脂失效后通过化学药剂再生的缺陷，是 20 世纪 80 年代以来逐渐兴起的新技术。经过几十年的发展，EDI 技术已经在北美及欧洲占据了相当部分的超纯水市场。

4.3.2 EDI 组成

EDI 装置模块有板式（图 4-27）和卷式（图 4-28）两种。

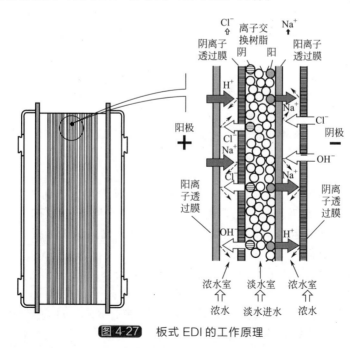

图 4-27 板式 EDI 的工作原理

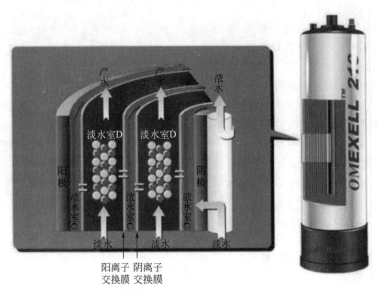

阳极　淡水室D　淡水室D　阴极
浓水室C　浓水室C　浓水室C
淡水　淡水　淡水
阳离子　阴离子
交换膜　交换膜

产水　产水　浓水

图 4-28　卷式 EDI 的工作原理

　　板式 EDI 的内部部件为板框式结构,与板式电渗析器的结构类似,主要由阳电极板、阴电极板、板框、阴离子交换膜、阳离子交换膜、淡水隔板、浓水隔板和端压板等部件按一定顺序组装而成,设备的外形为方形。

　　卷式 EDI 模块主要由电极、阴离子交换膜、阳离子交换膜、淡水隔板、浓水隔板、浓水配集管等组成。

　　EDI 膜堆是 EDI 的工作核心,是由阴、阳离子交换膜,淡、浓水室隔板,离子交换树脂和正负电极按一定顺序排列组合并夹紧所构成的单元。在每个单元内有两类不同的室:待除盐的淡水室和收集所除去杂质离子的浓水室。淡水室用混匀的阳、阴离子交换树脂填满,相当于一个混床。所用的树脂是磺酸型阳离子交换树脂和季铵型阴离子交换树脂,淡水室中的树脂必须装填紧密,以减少树脂表面水层和防止树脂乱层,采用 $100\mu m$ 均粒树脂。

4.3.3　EDI 工作原理

　　EDI 的工作原理包括以下几个过程:

　　(1) 电渗析过程

　　在外加电场作用下,水中电解质通过离子交换膜进行选择性迁移,从而达到去除离子的作用。

　　(2) 离子交换过程

　　由淡水室中阳、阴离子交换树脂对水中电解质的交换作用,达到去除水中离子的目的。在 EDI 中,离子交换只是手段,不是目的。在直流电场作用下,阴阳离子定向迁移,不再单靠阴阳离子在溶液中的运动,因而提高了离子的迁移速度,加快了离子的分离。

　　(3) 电化学再生过程

　　树脂床利用加在室两端的直流电进行连续地再生,电压使进水中的水分子分解成 H^+ 和 OH^-,水中的这些离子受相应电极的吸引,穿过阳、阴离子交换树脂向所对应膜的方向迁移,当这些离子透过交换膜进入浓室后,H^+ 和 OH^- 结合成水。这种 H^+ 和 OH^- 的产生及迁移正是树脂得以实现连续再生的机理。

　　当进水中的 Na^+ 及 Cl^- 等杂质离子吸附到相应的离子交换树脂上时,这些杂质离子就会发生离子交换反应，并相应地置换出 H^+ 和 OH^-。一旦在离子交换树脂内的杂质离子也加入到 H^+ 和 OH^- 向交换膜方向的迁移，这些离子将连续地穿过树脂直至透过交换膜而进入浓水室。这些杂质离子由于相邻隔室交换膜的阻挡作用而不能向对应电极的方向进一步地迁移，因此杂质离子得以集中到浓水室中，然后可将这种含有杂质离子的浓水排出膜堆。

阳离子交换树脂的再生反应：

正极：$4R^- + 2H_2O \Longrightarrow 4HR + O_2\uparrow + 4e$

负极：$2e + 2NaR + 2H_2O \Longrightarrow 2R^- + 2NaOH + H_2\uparrow$

阴离子交换树脂的再生反应：

正极：$4R'NO_3 + 2H_2O \Longrightarrow 4R' + 4HNO_3 + O_2\uparrow + 4e$

负极：$4e + 4R' + 4H_2O \Longrightarrow 4R'OH + 2H_2\uparrow$

两种离子交换树脂的同时再生反应：

$H_2O + NaR + R'NO_3 \Longrightarrow HR + R'OH + NaNO_3$

4.3.4 EDI 工作参数

（1）EDI 的进水要求

EDI 的进水必须是一级反渗透或二级反渗透的出水，水质指标如表 4-17 所示。

表 4-17　EDI 进水水质指标

项　　目	单　　位	进水要求
TEA(可交换总阴离子,包括 CO_2)	10^{-6}(以 $CaCO_3$ 计)	<25
电导率	$\mu S/cm$	<40
pH		6.0～9.0
硬度	10^{-6}(以 $CaCO_3$ 计)	<1.0
二氧化硅	10^{-6}	<0.5
有机物 TOC	10^{-6}	<0.5
游离氯	10^{-6}	<0.05
Fe,Mn,H_2S	10^{-6}	<0.01
浊度	NTU	<1.0
色度	APHA	<5
油脂	10^{-6}	未检出
二氧化碳的总量	10^{-6}	<10
温度	℃	5～35,最佳 25

（2）系统中 CO_2 的影响

CO_2 是一个关键因素，因为 CO_2 分子可以透过 RO 膜进入后续的 EDI 系统，加重阴离子交换树脂的负担。

（3）工作压力

淡水进水最高压力不能超过 0.6MPa，最佳运行压力为 0.4～0.5MPa。压力过大可能造成离子交换膜破损。

4.3.5 EDI 装置的优缺点

（1）优点

① 可连续运行，产品水质稳定；

② 容易实现全自动控制；

③ 不会因再生而停机；

④ 不需要化学再生；

⑤ 设备单元模块化，可灵活地组合达到产品水量；

⑥ 占地面积小；

⑦ 产水率高，可达 95%；

⑧ 运行费用低，除了清洗用化学药剂外无需任何酸碱配料。

（2）缺点

EDI 初期投资大，维修困难，对细菌的抗污染能力较低。

参 考 文 献

[1] 火力发电厂化学设计技术规程. DL/T 5068—2006.

[2] 曲书芳, 孙立, 南明军, 等. EDI 技术在发电行业化学水处理系统中的应用. 山东电力技术, 2003 (5)：58.

[3] 渠慧英. EDI 技术及其在水处理中的应用. 内蒙古石油化工, 2010, (5)：103.

[4] 何铁林. 水处理化学品手册. 北京：化学工业出版社, 2000.

[5] 何丙林. 离子交换和离子交换树脂//化工百科全书：第 10 卷. 北京：化学工业出版社, 1994：223.

[6] 姜志新. 离子交换分离工程. 天津：天津大学出版社, 1996.

[7] 荒谷秀治. ボイラ研究, 1999, 297：16.

[8] 温丽. 锅炉供暖运行技术与管理. 北京：清华大学出版社, 1995.

[9] 熊蓉春, 魏刚. 给水排水, 1999, 25 (3)：44.

[10] 魏刚, 张元晶, 熊蓉春. 工业水处理, 2000, 20 (增刊)：20.

[11] 魏刚, 徐斌, 熊蓉春. 工业水处理, 2000, 20 (3)：1.

[12] 熊蓉春, 魏刚. 管道技术与设备, 1995 (5)：8.

[13] 魏刚. 缓蚀剂//化工百科全书：第 7 卷. 北京：化学工业出版社, 1994：615.

[14] 魏刚. 锅炉供暖, 1994, 6 (1)：2.

[15] Loraine A. Huchler P E. Chem Eng Prog, 1998, 94 (8)：45.

[16] 魏刚, 熊蓉春. 热水锅炉防腐阻垢技术. 北京：化学工业出版社, 2003.

[17] 周本省. 工业水处理. 北京：化学工业出版社, 2005.

[18] GB/T 1631—2008.

[19] GB/T 5758—2001.

[20] GB/T 8330—2008.

[21] GB/T 8331—2008.

[22] GB/T 5757—2008.

第 3 篇
锅炉闭路循环运行新工艺

第 **5** 章　锅炉闭路循环运行新工艺开发

5.1　锅炉大量排污的成因分析

以工业蒸汽锅炉为例，目前采用的先进运行技术是"软化-除氧-排污"模式。原水（一般为自来水）经软化（除盐）处理、除氧处理后进入锅炉本体，在锅炉本体中加热产生蒸汽，蒸汽经蒸汽输送系统供给用户，用户使用后生成污染凝结水排放。

工业锅炉的工况，即工作情况或运行状态，按水质的腐蚀性分，可分为还原性水工况（除氧）和氧化性水工况（不除氧）；按排污情况分，可分为排污工况（理论上必须排污，实际排污量较大）和零排污工况（理论上可达到零排污，实际排污量很少）。目前工业锅炉的工况均为还原性水工况和排污工况。

目前采用的最简单的软化法是单级钠离子交换。根据锅炉结构参数和自来水水质，采用的更复杂的软化法有双级钠离子交换、氢-钠离子交换、阴-阳离子交换等。近年来，一些锅炉房还采用了反渗透-离子交换工艺。

目前采用的最可靠、最广泛的除氧器是热力除氧器。其他类型的除氧装置也有报道，但使用尚不够广泛。

软化（除盐）-除氧-排污模式使锅炉的安全性大大提高，但使锅炉系统在使用过程中需要排放大量废水。以最简单的单级钠离子交换为例，在锅炉运行过程中需要排放溶盐废水、离子交换再生废盐水、反洗水、冲洗水、污染凝结水、连续排污水、定期排污水等废水。若采用双级钠离子交换，离子交换废水量则有所增加。若采用氢-钠离子交换，则减少离子交换废水量，增加废酸量。若采用阴-阳离子交换，则减少离子交换废水量，增加废酸和废碱量。若采用反渗透-离子交换工艺，则减少离子交换废水量，增加反渗透浓水排放量，其量一般为处理水量的 25%。同时，在锅炉停用时需要大排放和大冲洗；在重新启动时需要大排放、大冲洗、钝化；当锅内不干净时需要水洗、碱洗、酸洗和钝化。

因此，锅炉是公认的耗水和废水排放大户。废水排放不仅浪费了大量的淡水资源，而且引起淡水咸化、腐蚀产物污染和热污染。为了保护人类赖以生存的环境，人们渴望改变这种现状。

5.2　实现废水近零排放的总体方案与原理

本技术的总体思路是从化工相平衡的角度看待锅炉。

从相平衡角度看，锅炉是一套相平衡-相分离装置。自来水在装置中被分离为气、液、固三相。如果能研发出更好的相平衡分离方法，就可能突破锅炉必须排污的观念和传统，从蒸汽发生的源头上消除废水。

5.2.1　基本方案与原理

① 去掉水软化（除盐）系统以消除离子交换再生废水、溶盐废水、反洗水、冲洗水、反渗透浓水排放；

② 去掉除氧系统以消除除氧蒸汽损失；

③ 去掉锅炉本体排污系统以消除连续排污和定期排污水排放；

④ 消除凝结水污染源，去掉凝结水排污系统，乏汽热和凝结水全部直接回收；

⑤ 突破把锅炉运行和停用分开处理的传统模式，消除锅炉停用时和重新启动时的锅水排放，冲洗、钝化及其废水排放；

⑥ 为实现新工艺下的系统平衡和有效分离水中的固形物，增加系统平衡装置，将开路运行模式改为闭路运行模式。

锅炉按照这一思路和方案运行时，除了平衡装置的排渣外，已消除了其他废水排放，吨蒸汽废水量在理论上可达到零。因此，这是一项废水零排放技术。实际能够达到的废水量则取决于从系统中取出盐分时所携带的水量。

根据上述思路和方案，研发了适用于低压蒸汽锅炉、热水锅炉、中压锅炉及其热电联产系统、高压锅炉及其发电机组的节能节水及废水近零排放技术。

5.2.2　低压蒸汽锅炉

对于低压蒸汽锅炉，将目前广泛采用的"软化-除氧-排污"的开路运行模式改为"平衡-加氧-排渣"的闭路运行模式，即改软化为平衡，该除氧为加氧，改排污为排渣：

① 去掉软化系统；

② 去掉除氧器（为减少投资，关闭除氧器进气阀，保留除氧器水箱）；

③ 关闭连续排污阀和定期排污阀；

④ 关闭凝结水排放阀，凝结水直接回收；

⑤ 新增系统平衡装置；

⑥ 新增中央控制系统；

⑦ 通过技术集成，建立闭路运行系统。

技改后的锅炉运行流程：

以废压、废热为主驱动力，与需补充的自来水等一同引入系统平衡装置，在平衡装置中经相平衡、相变换和相分离，分离出的固形物从排渣口排出，分离出的净水与回收的凝结水混合进入锅炉产生蒸汽，蒸汽经用户使用后形成凝结水，凝结水与平衡装置产水混合后进入锅炉，形成闭路循环系统。低压蒸汽锅炉系统如图 5-1 所示。

5.2.3　热水锅炉

对于热水锅炉，将目前广泛采用的"软化-除氧-排污"的开路运行模式改为"平衡-加氧-排渣"的闭路运行模式，即改软化为平衡，该除氧为加氧，改排污为排渣：

① 去掉软化系统；

② 去掉除氧器；

③ 关闭连续排污阀和定期排污阀；

④ 新增系统平衡装置；

⑤ 新增中央控制系统；

⑥ 通过技术集成，建立闭路运行系统。

技改后的运行流程：

以废压、废热为主驱动力，与需补充的自来水一同引入系统平衡装置，在平衡装置中经相平衡、相变换和相分离，分离出的固形物从排渣口排出，分离出的净水与循环水混合进入锅炉产生高温热水，高温热水经用户使用后形成低温热水，低温热水与平衡装置产水混合后进入锅炉，形成闭路循环系统。热水锅炉系统如图 5-2 所示。

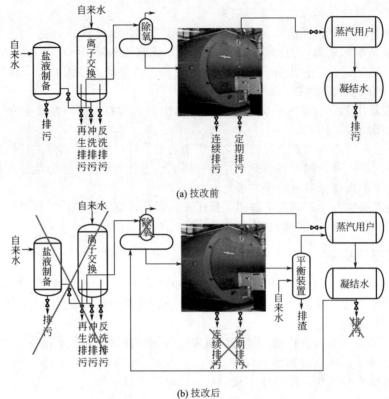

(a) 技改前

(b) 技改后

图 5-1 低压蒸汽锅炉闭路循环系统

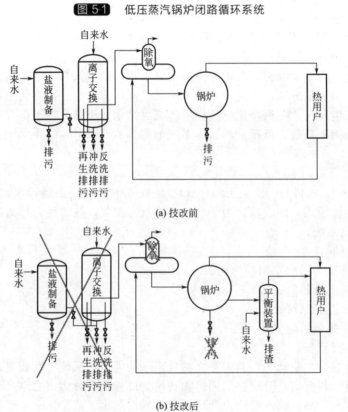

(a) 技改前

(b) 技改后

图 5-2 热水锅炉闭路循环系统

5.2.4 中压锅炉及其热电联产机组

对于中压锅炉及其热电联产系统，将目前广泛采用的"除盐-除氧-排污"的开路运行模式改为"平衡-加氧-排渣"的闭路运行模式，即改除盐为平衡，改除氧为加氧，改排污为排渣：

① 去掉除盐系统；

② 去掉除氧器（为减少投资，关闭除氧器进气阀，保留除氧器水箱）；

③ 关闭连续排污阀和定期排污阀；

④ 关闭凝结水排放阀，凝结水直接回收；

⑤ 新增系统平衡装置；

⑥ 新增中央控制系统；

⑦ 通过技术集成，建立闭路运行系统。

技改后的锅炉及其热电联产系统运行流程：

以废压、废热为主驱动力，与需补充的自来水一同引入系统平衡装置，在平衡装置中经相平衡、相变换和相分离，分离出的固形物从排渣口排出，分离出的净水与回收的凝结水混合进入锅炉发生蒸汽，蒸汽经过热器进一步加热形成过热蒸汽，过热蒸汽带动汽轮机发电，背压蒸汽经热用户使用后形成凝结水，凝结水与平衡装置产水混合后进入锅炉，形成闭路循环系统（图 5-3）。

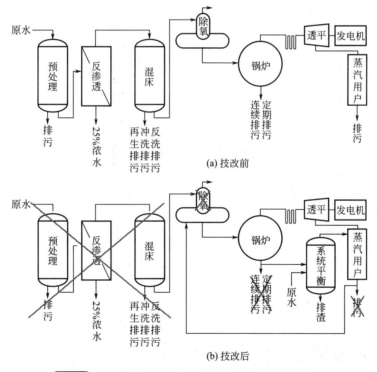

图 5-3 中压锅炉及其热电联产机组的闭路循环系统

5.2.5 高压锅炉及其发电机组

对于高压锅炉及其发电系统，将目前广泛采用的"除盐-除氧-排污-冷却"的开路运行模式改为"平衡-加氧-排渣-加热"的闭路运行模式，即改除盐为平衡，改除氧为加氧，改排污

为排渣, 改冷却为加热:

① 去掉除盐系统;

② 去掉除氧器 (为减少投资, 关闭除氧器进气阀, 保留除氧器水箱);

③ 关闭连续排污阀和定期排污阀;

④ 去掉冷却塔系统, 去掉凝汽器, 新增乏汽热回收装置, 乏汽热和凝结水直接回收;

⑤ 新增系统平衡装置;

⑥ 新增中央控制系统;

⑦ 通过技术集成, 建立闭路运行系统。

技改后的锅炉及其发电机组的运行流程:

以废压、废热为主驱动力, 与需补充的自来水进入系统平衡装置, 在平衡装置中经相平衡、相变换和相分离, 分离出的固体从排渣口排出, 分离出的净水与回收的凝结水混合进入锅炉发生蒸汽, 蒸汽经过热器进一步加热形成过热蒸汽, 过热蒸汽带动汽轮机发电, 乏汽经乏汽热回收装置利用后形成凝结水, 凝结水与平衡装置产水混合后进入锅炉, 形成闭路循环系统 (图 5-4)。

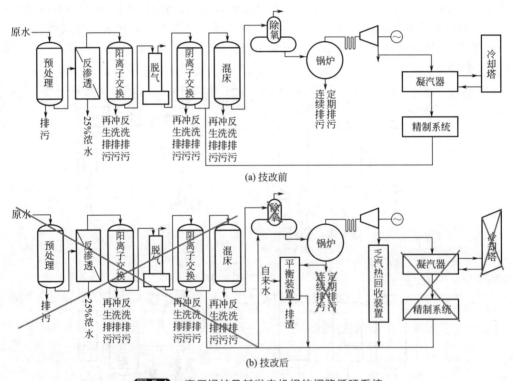

图 5-4   高压锅炉及其发电机组的闭路循环系统

5.3   实现废水近零排放的前提条件

要实现上述设想, 前提条件是必须解决由此引起的一系列问题:

① 以新的废水近零排放工况替代传统的排污工况的原理、方法及系统平衡问题;

② 水中的固形物的分离问题;

③ 由去掉除氧系统引起的锅炉由还原性水工况转变为氧化性水工况及其腐蚀问题;

④ 废水近零排放工况下的锅炉阻垢问题;

⑤ 乏汽热及凝结水回收系统的构建及高效防腐问题；

⑥ 锅炉运行和停用的连续防腐问题。

在"十五"国家科技攻关计划和"十一五"国家 863 计划支持下，通过多年攻关，已逐一研究了解决上述问题的原理、方法和技术，形成了一系列专利和专有技术，主要包括：

① 突破把锅炉运行和停用分开处理的传统模式，发明了把锅炉运行和停用连续处理的连用法锅炉防腐阻垢技术。

② 突破非超纯水锅炉必须除氧防腐的观念和传统，发明了不必除氧就能实现有效防腐的锅炉氧化性水工况及其防腐阻垢技术，同时解决了去掉除氧器后带来的运行腐蚀问题以及锅炉短期停用和长期停用期间的腐蚀问题。

③ 发明了传热面金属化学改性处理方法与核态清洗强化技术，防止了锅炉偏离核态沸腾，提高了锅炉运行的安全性。

④ 发明了超分子缓蚀剂法防腐蚀技术，使乏汽热和凝结水回收系统的防腐蚀效果大大提高。

⑤ 发明了纳米膜法硫酸露点腐蚀防护技术，使锅炉尾部低温受热面的防腐蚀效果大大提高，保证了烟气余热的安全回收利用。

⑥ 根据化工相平衡原理，发明了系统平衡装置，实现了水汽变换、固形物分离和零排污工况下锅炉系统的新平衡。

⑦ 将上述技术集成，突破锅炉必须排污的观念和传统，首创了锅炉废水近零排放的运行新工艺和实施方法，使锅炉去掉了水软化或除盐系统、除氧器、锅炉本体排污系统，实现了锅炉更安全、更经济地运行。

上述技术的细节将在第 7～11 章详细阐述。

参 考 文 献

[1] Mikulandric R A，Loncar D M，Cvetinovic D B，et al. Improvement of environmental aspects of thermal power plant operation by advanced control concepts. Thermal Science，2012，16（3）：759-772.

[2] Blanco-Marigorta A M，Victoria Sanchez-Henriquez M，Pena-Quintana J A. Exergetic comparison of two different cooling technologies for the power cycle of a thermal power plant. Energy，2011，36（4）：1966-1972.

[3] Suresh M V J J，Reddy K S，Kolar A K. 4-e（energy，exergy，environment，and economic）analysis of solar thermal aided coal-fired power plants. Energy for Sustainable Development，2010，14（4）：267-279.

[4] Djuric S N，Stanojevic P C，Djuranovic D B，et al. Qualitative analysis of coal combusted in boilers of the thermal power plants in bosnia and herzegovina. Thermal Science，2012，16（2）：605-612.

[5] Oro E，Gil A，de Gracia A，et al. Comparative life cycle assessment of thermal energy storage systems for solar power plants. Renew. Energy，2012，44：166-173.

[6] Niknia I，Yaghoubi M. Transient simulation for developing a combined solar thermal power plant. Appl. Therm. Eng，2012，37：196-207.

[7] Nazari S，Shahhoseini O，Sohrabi-Kashani A，et al. Experimental determination and analysis of CO_2，SO_2 and nox emission factors in iran's thermal power plants. Energy，2010，35（7）：2992-2998.

[8] Lu Z，Streets D G. Increase in nox emissions from indian thermal power plants during 1996-2010：Unit-based inventories and multisatellite observations. Environ. Sci. Technol，2012，46（14）：7463-7470.

[9] Hou D，Shao S，Zhang Y，et al. Exergy analysis of a thermal power plant using a modeling approach. Clean Technologies and Environmental Policy，2012，14（5）：805-813.

[10] Bihari P，Grof G，Gacs I. Efficiency and cost modelling of thermal power plants. Thermal Science，2010，14（3）：821-834.

[11] 于海琴. 火力发电厂烟气中 CO_2 捕获技术和膜吸收的应用分析. 电力技术，2010（9）.

[12] 胡长兴，周劲松，何胜，等. 我国典型电站燃煤锅炉汞排放量估算. 热力发电，2010，39（3）：5.

[13] Bloom D M. Advanced amines cut condensate corrosion. Power，2001，145（4）：81-87.

[14] 何健，梁大涛，魏艳艳. 节能型除铁过滤器在蒸汽凝结水回收系统中的应用. 工业水处理，2006，26（4）：3.

［15］ GB/T 29052—2012 工业蒸汽锅炉节水降耗技术导则.

［16］ GB/T 12145—2008 火力发电机组及蒸汽动力设备水汽质量标准.

［17］ GB/T 6423 热电联产系统技术条件.

［18］ GH 001—2005 工业蒸汽锅炉节水成套技术工艺导则.

［19］ 魏刚，张元晶，熊蓉春. 工业水处理，2000，20（增刊）：20-22.

［20］ GB/T 1576—2008 工业锅炉水质.

［21］ 熊蓉春. 环境工程，2000，18（2）：22.

［22］ 魏刚，熊蓉春. 腐蚀科学与防护技术，2001，13（1）：33-36.

［23］ 魏刚，徐斌. 工业水处理，2000，20（3）：1-3.

［24］ 魏刚，熊蓉春. 热水锅炉防腐阻垢技术. 北京：化学工业出版社，2003.

［25］ 吴味隆. 锅炉及锅炉房设备. 北京：中国建筑工业出版社，2006.

第 **6** 章　系统平衡技术

6.1　概述

　　水软化系统的功能是除去水中的钙、镁等成垢离子以防止结垢。对于中压锅炉和高压锅炉，则采用除盐系统来除去水中的各种杂质和离子，生成去离子水。锅炉本体连续排污和定期排污的功能是除去锅水中的过高的悬浮物、碱度和溶解固形物等杂质以防止锅炉腐蚀、结垢和蒸汽污染，保证锅炉水质和工况。然而，在所排放的物质中，杂质仅占不到1％，水占99％以上。若能开发一套主要排放杂质的装置，即可去掉水软化系统或除盐系统、连续排污和定期排污。

　　系统平衡技术是根据化工相平衡原理，把化工相分离系统平衡技术和装置运用到锅炉系统中，发明了黏附性的高浓水防结疤技术，实现了水汽变换、杂质分离和零排污工况下锅炉系统的新平衡。

　　模拟试验和现场试验结果均表明，该装置能够很好地实现系统平衡，有效分离锅水中的固形物。目前已建成的锅炉节能节水示范装置的锅炉给水水质均能够达到相应锅炉所要求的水质标准，锅水水质平稳地保持在国家标准所规定的范围内。

　　本章首先介绍相平衡的基本概念、基本理论和基本方法，然后介绍根据化工相平衡分离原理研制开发的能够分离水中杂质的系统平衡装置。

6.2　相与相平衡

　　体系中物理性质和化学性质完全均匀的一部分称为"相"。在多相体系中，相与相之间有着明显的界面，越过此界面时，性质发生突变。以 NaCl 水溶液为例，无论在何处取样，NaCl 的浓度总是一样的，其物理性质如密度、折射率等也相同，此 NaCl 水溶液就是一个相，称为液相。在溶液上面的水蒸气与空气的混合物称为气相。浮着的冰称为固相。作为相的存在和物质的量的多少无关，也可以不连续存在。例如冰不论是 1kg 还是 0.5kg，是一大块还是许多小块，它们都是同一个相。相与物态不同，物态是物质的聚集态，物态一般分为气态、液态、固态。对相来说，通常任何气体均能无限混合，所以体系内不论有多少种气体都只有一个气相。液相则按其互溶程度通常是一相、两相或三相共存。对于固体，如果体系中不同种固体达到了分子程度的均匀混合，就形成了"固溶体"，一种固溶体就是一个固相。如果体系中不同种固体物质没有形成固溶体，则不论这些固体研磨得多么细，体系中含有多少种物质，就有多少个固相。

　　所谓相平衡指的是混合物或溶液形成若干相，这些相保持着物理平衡而共存的状态。在热力学上，相平衡是指整个物系的自由能为极小的状态。从传递速度的观点来看，相平衡是表观传递速度为零的状态。

6.3　相图

当被研究的体系处于相平衡状态时，该体系所处的聚集状态与它的各个参数（温度、压力和浓度等）间存在着一定关系。这种关系可以用表格法、解析法和图示法来表示。

根据实验数据，用图示法描绘出表征体系的聚集状态随温度、压力和浓度等变量的变化而变化的图形称为相图。

相图能够形象化地描绘出平衡体系所处的聚集状态与它所处的状态（温度、压力和浓度等）间的关系。利用相图，可以分析判断一个复杂体系所经历的一系列的相变化过程，并以此为根据，拟定出分离一种混合物的工艺流程和技术条件；利用相图，可以预测出给定条件下所进行的有关相变过程的限度，从而可以计算出分离物的平衡产率。借此，可以判断该过程偏离平衡的程度，为改进分离工艺提供重要依据。所以，相图是研究相变化过程的重要工具。它已在化学和化工生产中得到了广泛应用。

相图是以实验数据为基础，按一定方法绘制而成的。绘制相图的一般步骤如下：

第一步，根据相平衡数据在给定的坐标系中描绘出各饱和溶液的组成点；

第二步，把具有相同固相的各饱和溶液的组成点连接成一条光滑的曲线；

第三步，按一定规律在相图上划分相区。

划分相区的原则是：把共饱和点和与其相对应的固相组成点连接成直线。于是，所绘制的图形就被分成了若干个区域，不同的区域即代表着不同的相态。

从事过程设计的专业技术人员必须做到：会用相平衡数据绘制相图；会从相图上得出相平衡规律；会用相图描绘有关过程并进行有关物料量的计算。

6.4　相图研究中的重要原理和规则

相图研究中，无论绘图、识图和用图都必须遵循一定的规律。绘图时必须遵循两个重要原理：①连续原理；②对应原理。识图和用图时必须遵循三个规则：①直线规则；②杠杆规则；③向量规则。

（1）连续原理

连续原理可以表达为：当决定体系状态的参变量（温度、压力和浓度等）连续变化时，体系中单个相的性质变化也是连续的。

显然，如果一个体系中没有旧相消失和新相产生，那么那个体系性质的变化也是连续的；如果一个体系中的相数有变化，那么那个体系的性质便要发生跳跃式的变化。基于此，在绘制相图时，就可以把具有相同固相的饱和溶液的组成点连接成一条光滑的曲线。

（2）相应原理

相应原理又称为对应原理。相应原理可以表达为：平衡体系中的不同相态在状态图中都对应着不同的几何图形。基于此，可以把所研究体系的相平衡性质用几何图形表示出来。

（3）直线规则

直线规则可以表达为：在一定的温度下，当一个体系（状态点为 L）分成两个部分（状态点 M 和 N）时，则原体系的状态点 L 和新分成两个部分的状态点 M 和 N 必然处于一条直线上，且 L 点必然介于 M 点和 N 点之间。反之，在一定的温度下，当状态点为 M 和 N 点的两个部分混合成状态点为 L 的体系时，M、N 和 L 点也位于一条直线上，且 L 点介于 M 点和 N 点之间。直线规则如图 6-1 所示。

图 6-1　直线规则示意图

利用直线规则，可以确定出处于相平衡状态时的两个相态中的任何一个相的状态点，从而可以从相图上得知该相的组成。

直线规则运用的体系可以是单相的，也可以是多相的；所指的物质可以是纯物质，也可以是化合物。

虽然相图研究中应用了直线规则，然而绝对不能因为相图研究的对象是平衡体系因而也就把直线规则的应用范围也限制在平衡体系范围内。实际上，直线规则既适用于任何平衡体系，也适用于任何非平衡体系。

（4）杠杆规则

杠杆规则与力学中的杠杆原理相似。杠杆规则是相图研究中的重要规则。利用此规则，可以定量地确定出前述 L、M 和 N 三个点所示体系的质量或物质的量间的关系。

杠杆规则可以表达为：在一定温度下，当状态点为 L 的一个体系分成状态点为 M 和 N 的两个部分时（当然，相反的情况亦这样），则所分成的这两部分的量与从该状态点到原体系状态点间的距离成反比。所以，在文献中，杠杆规则又被称为截线规则、重心规则或反比规则。

若用 W_m、W_n 和 W_l 分别表示图 6-1 中的 M 和 N 点所示两个部分的量以及 L 点所示原体系的量，根据杠杆规则，应有以下关系式：

$$W_m/W_n = LN/ML \tag{6-1}$$

式（6-1）也可以写成：

$$W_m/W_l = LN/MN \tag{6-2}$$

或

$$W_n/W_l = ML/MN \tag{6-3}$$

在所述三个关系式中常常使用式（6-2）和式（6-3）。

杠杆规则可以用于任何平衡体系或非平衡体系，杠杆规则只适用于用质量分数（或摩尔分数）表示的体系（湿基表示的体系）；体系中各部分的量与所采用的浓度表示方法有关。如果用质量分数，则各部分的量均为质量；如果用摩尔分数，则各部分的量均为物质的量。前者的单位为千克，符号为 kg，后者的单位为摩尔，符号为 mol。

（5）向量规则

在物理学中，一个有方向的量被称为向量或矢量。例如，力和速度都是矢量。可以在图上表示出向量。绘图时，用一条带有箭头的线段来表示所研究的向量。箭头所示的方向代表向量的方向，线段的长短代表向量的数值。

求取两个向量和的一种常用的方法是平行四边形法。这种方法是以两个向量为边，绘制平行四边形，其对角线所示的方向就是两个向量和（和向量）的方向。

显然，两个大小相等、方向相反的向量加和的结果，其和向量为零。加和多个向量时，可以先求取任何两个向量的和向量，然后采用相同的方法求取它与第三个向量的和向量，如此继续下去，便可以求得多个向量的和向量。

相平衡研究表明，当一个体系同时进行着若干种过程时，则平衡时的液相组成点就沿着所进行的各种过程和向量所示的方向移动。

应用向量规则不仅可以判断出平衡体系所对应的液相组成点移动的方向和轨迹，而且还可以判断出所进行的过程中有哪种盐溶解、不溶解或结晶等。

6.5　相平衡体系的有关特性

根据热力学原理，对于恒温和恒压的封闭体系，其相平衡的条件为：

$$dG = 0 \qquad [p, T] \tag{6-4}$$

式中，G 为体系的 Gibbs 自由能。对于含有多个相（例如含 α、β、γ、…、φ 相）的体系，其总的 Gibbs 自由能的变化便是各相的 Gibbs 自由能变化的总和。即

$$dG = dG^\alpha + dG^\beta + dG^\gamma + \cdots + dG^\varphi = 0 \quad [p，T，n] \tag{6-5}$$

6.5.1　单组分体系

在一个单组分的封闭体系中，物质可以在不同相际间传递。对于体系中的一个指定相，其状态决定于体系的温度 T、压力 p 和物质的量 n（摩尔）。于是，对于体系中的一个相，存在如下关系：

$$dG^\alpha = \left(\frac{\partial G^\alpha}{\partial T}\right)_{p，n} dT + \left(\frac{\partial G^\alpha}{\partial p}\right)_{T，n} dP + \left(\frac{\partial G^\alpha}{\partial n^\alpha}\right)_{T，p} dn^\alpha = -S^\alpha dT + V^\alpha dp + G^\alpha dn^\alpha$$

$$\tag{6-6}$$

对于体系中的其他相，也有类似的关系式。

联合求解式（6-4）～式（6-6）三个方程式，便可以得到判断单组分体系相平衡的准则为：

$$G^\alpha = G^\beta = G^\gamma = \cdots = G^\varphi \tag{6-7}$$

对于固液（β 和 γ）两相间的相平衡，其相平衡准则为：

$$G^\gamma = G^\beta \tag{6-8}$$

或

$$dG^\gamma = dG^\beta \tag{6-9}$$

对于 1mol 物质，其 Gibbs 自由能只是温度和压力的函数，有关系式：

$$dG^\alpha = -S^\alpha dT + V^\alpha dP \tag{6-10}$$

$$dG^\beta = -S^\beta dT + V^\beta dP \tag{6-11}$$

式中，S^α 和 S^β 以及 V^α 和 V^β 分别为 1molα 相物质和 β 相物质的熵和体积。

由式（6-9）～式（6-11）可以得到相平衡的基本关系式为：

$$-(S^\alpha - S^\beta)dT + (V^\alpha - V^\beta)dP = 0 \tag{6-12}$$

重新排列后，得关系式

$$\frac{dp}{dT} = \frac{S^\beta - S^\alpha}{V^\beta - V^\alpha} = \frac{\Delta S}{\Delta V} \tag{6-13}$$

对于相平衡还有关系式

$$\Delta S = \frac{\Delta H}{T} \tag{6-14}$$

式中，ΔH 是 1mol 物质从一个相传递到另一个相时的焓变化，因此得关系式

$$\frac{dp}{dT} = \frac{\Delta H}{T \Delta V} \tag{6-15}$$

式（6-15）称为 Clapeyron 方程式。对于单组分体系中的固液相平衡，此时体系中的物质进行熔化或凝固。根据式（6-15），可以得关系式

$$\frac{dp}{dT_{sL}} = \frac{\Delta H_{sL}}{(V_L - V_s) T_{sL}} \tag{6-16}$$

式中，ΔH_{sL} 是 1mol 物质的熔化热；V_L 和 V_s 分别是液相中的 1mol 物质的体积和固相中的 1mol 物质的体积；T_{sL} 是物质的熔化温度。

通常情况下，V_L 和 V_s 的数值都很接近，故（dT_{sL}/dp）值就很小。因此，压力对熔化温度的影响也就很小。对于冷凝体系，正常条件（压力接近于 10^5Pa）下可以忽略压力对体系的影响。

根据 Richards 规则，有关物质的熔化熵（$\Delta S_{sL}/T_{sL}$）近似为常数。利用此规则，可以

估算有关物质的熔化热。

6.5.2　多组分体系

利用相平衡判据式（6-4）可以对一个由多种组分和多个相构成的体系导出一个等效的相平衡判据式：

$$\mu_i^{\alpha} = \mu_i^{\beta} = \mu_i^{\gamma} = \cdots = \mu_i^{\varphi} \quad [T、p] \tag{6-17}$$

式中，$i = 1、2、\cdots、n$；上标 α、β、γ、$\cdots$ 表示不同的相。此式表明，恒温、恒压下，如果体系中的任何一种组分在各相中的化学位都相等，则体系处于相平衡状态。

对于溶质的溶解，其溶解度受不同状态变量的影响。对于单一盐的溶解，即对于二组分体系的溶解平衡，其溶解度与有关状态变量的关系如下：

① 恒温条件下，有关系式

$$(V_1^{\beta} - V_1^{\alpha})/dp + RT\ln a_1^{\beta} = 0 \quad [T] \tag{6-18}$$

即

$$\left(\frac{\partial \ln a_1^{\beta}}{\partial P}\right)_{\gamma} = \frac{\bar{V}_1^{\alpha} - \bar{V}_1^{\beta}}{RT} \tag{6-19}$$

式中，上标 α 代表固相；β 代表液相；下标 1 代表纯物质晶体；a 代表活度；V 代表体积。由于通常情况下 $(V_1^{\alpha} - V_1^{\beta})$ 都很小，因此可以忽略压力对溶解度的影响。

② 恒温和恒压条件下，有关系式

$$RT\,d\ln a_1^{\beta} = 0 \quad [T、p]$$
$$a_1^{\beta} = 恒定 \tag{6-20}$$

即在所述条件下，物质在两组分体系中的溶解度是恒定的。

③ 恒定压力时，有关系式

$$-(\bar{S}_1^{\beta} - \bar{S}_1^{\alpha})dT + RT\,d\ln a_1^{\beta} = 0 \quad [p] \tag{6-21}$$

或

$$\left(\frac{\partial \ln a_1^{\beta}}{T}\right)_p = \frac{\bar{S}_1^{\beta} - \bar{S}_1^{\alpha}}{RT} = \frac{\Delta H_{sol}}{RT^2}$$

对于理想体系（id），有关系式

$$\left[\frac{\partial \ln a_1^{\beta}}{\partial(1/T)}\right]_P = \frac{-\Delta H_{sol}}{R} \quad [id] \tag{6-22}$$

式中，ΔH_{sol} 为溶解热。温度变化范围不大时，可将 ΔH_{sol} 视为定值。因此，当用 $\lg x_1^{\beta}$ 对 $1/T$ 作图时便可以得到一条直线。

式（6-22）表明，如果物质溶解时放热，则其溶解度随着温度的增加而降低；如果物质溶解时吸热，则其溶解度随着温度的增加而增加。此结果与 Le Chatelier 原则一致。

6.6　相图的绘制及分析

6.6.1　$(NH_4)_2SO_4$-H_2O 体系相图

相图的类型很多。这里仅以 $(NH_4)_2SO_4$-H_2O 体系相图为例，说明相图的绘制与分析方法。

① 通过试验和查阅有关文献，找到不同温度下 $(NH_4)_2SO_4$-H_2O 体系的相平衡数据，整理得表 6-1；

② 以温度为纵坐标，硫酸铵的质量分数为横坐标作图，将表 6-1 数据描入图中；

③ 将具有相同固相的饱和溶液的状态点连接成一条光滑曲线；

④ 划分相区。

于是，一幅简单的 $(NH_4)_2SO_4$-H_2O 体系相图即绘制出来了（图 6-2）。

表 6-1　不同温度下 $(NH_4)_2SO_4$-H_2O 体系的相平衡数据

温度/℃	$(NH_4)_2SO_4$ 质量分数/(g/100g 溶液)	固相
−5.45	16.7	冰
−11	28.6	冰
−18	37.5	冰
−19.05	38.4	冰+$(NH_4)_2SO_4$
0	41.4	$(NH_4)_2SO_4$
10	42.2	—
20	43.0	—
30	43.8	—
40	44.8	—
50	45.8	—
60	46.8	—
70	47.8	—
80	48.8	—
90	49.8	—
100	50.8	—
108.9（沸点）	51.8	—

图 6-2 中，左纵坐标轴代表纯水的状态，L 点为水的冰点。右纵坐标轴代表纯硫酸铵的状态。曲线 AN 为硫酸铵在水中的溶解度曲线。曲线 AL 为水的冰点下降曲线。A 点为三相点，此时，冰、固体硫酸铵和状态点为 A 的硫酸铵溶液共存。有时称三相点为最低共熔点，各相区所代表的相态示于图中。

根据相图，可以方便地判断一定温度和一定组成的体系处于何种状态。反之，当知道一个体系的状态点时，也可以知道该体系的温度和组成。例如，对于图中 X 点所示的体系，从图得知该体系的温度为 10℃，体系中硫酸铵的质量分数为 60%，从体系中析出硫酸铵晶体。由直线规则得知饱和溶液的状态点为 Y，从图中读出饱和溶液中硫酸铵的质量分数为 40%。

通过对 $(NH_4)_2SO_4$-H_2O 体系相图的分析，可以确定从稀 $(NH_4)_2SO_4$ 溶液中提取纯净 $(NH_4)_2SO_4$ 的方法：

① 对于组成点在 A 点左方的稀 $(NH_4)_2SO_4$ 水溶液，单用冷却的方法不可能得到纯净的 $(NH_4)_2SO_4$。因为开始冷却时，体系的组成点落在冰的结晶区域中，故而首先得到的是冰；继续冷却到低共熔点温度−19.05℃时，开始析出冰和 $(NH_4)_2SO_4$ 的混合物。

② 等温蒸发 $(NH_4)_2SO_4$ 溶液时，温度越高，所得饱和溶液的浓度也越高。例如，20℃时，饱和溶液中 $(NH_4)_2SO_4$ 的含量为 43%；100℃时，饱和溶液中 $(NH_4)_2SO_4$ 的含量为 50%。由此可知，100℃条件下进行等温蒸发时，溶液的浓度最好不要大于 50%，否则

在蒸发过程中会析出 $(NH_4)_2SO_4$ 晶体，结晶可能会附着在加热器的传热面上而降低传热系数。

③ 当等温蒸发使体系组成点移动到 A 点右方的一定距离时，冷却体系，使体系的组成点移动到 $(NH_4)_2SO_4$ 的结晶区内，从而得到 $(NH_4)_2SO_4$ 结晶。

④ 冷却过程中所得结晶的数量与冷却温度有关。冷却温度越低，所得结晶数量越多，但冷却温度不能低于共熔温度 $-19.05℃$。

⑤ 为了得到纯净的 $(NH_4)_2SO_4$，可以先制得状态点为 S 的高温溶液，过滤除去不溶性杂质，冷却过滤后的溶液到达状态点 R 得 $(NH_4)_2SO_4$ 结晶和状态点为 Y 的溶液，加热 Y 溶液使状态点移动到 O 点，用它再去溶解粗 $(NH_4)_2SO_4$ 到状态点 S。以后进行重复操作。每循环一次就会得到一定数量的纯净 $(NH_4)_2SO_4$。循环过程中的有关物料量用杠杆规则求取。

显然，随着循环次数的增加，聚集在母液中的杂质量也随之增加。为了保证产品纯度，循环一定次数以后，应该对母液进行处理，以除去其中的杂质，保证产品的纯度。

6.6.2　NaCl-H_2O 体系相图

NaCl 能与水形成不稳定水合物 $NaCl \cdot 2H_2O$。当熔点以下加热水合物时，$NaCl \cdot 2H_2O$ 会分解成一种液体和固体，且所生成液体的组成与原来水合物的组成不一样，所以有时又称不稳定水合物。

按上节类似方法可绘制出 NaCl-H_2O 体系相图（图 6-3），但图中没有最高点，C 点为隐蔽高点。E 点为 $NaCl \cdot 2H_2O$ 和 H_2O 的低共熔点。GEH 线和 DCF 线均为三相线。三相线 DCF 对应的温度称为转熔温度，此时 $NaCl \cdot 2H_2O$ 和组成点为 D 的溶液保持平衡。

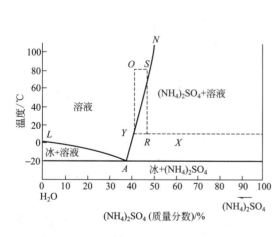

图 6-2　$(NH_4)_2SO_4$-H_2O 体系的相图

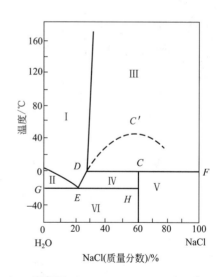

图 6-3　NaCl-H_2O 体系的相图

在转溶温度下加热水合物 $NaCl \cdot 2H_2O$ 时，发生下述分解反应：

$$NaCl \cdot 2H_2O\ (s) \Longrightarrow NaCl\ (s) + 2H_2O\ (D\ 点所示)$$

随着加热的进行，体系中 $NaCl \cdot 2H_2O$ (s) 的数量不断减少，NaCl (s) 的数量不断增加，故称所述分解现象为转熔。

转熔过程中尽管环境不断向体系供热，然而体系的温度却始终保持不变，液相的组成也保持不变。

也可以按 6.6.1 所述方法对 NaCl-H$_2$O 体系相图进行分析，具体从略。

6.7   系统平衡装置

运用相平衡的原理和方法，对现场所遇到的各种参数的锅炉水体系都能进行相平衡、相变换和相分离工艺的设计，使水中的固形物分离出来。

然而，对于非专业技术人员来说，掌握相平衡分离的原理和方法不太容易，要用之进行相平衡、相变换和相分离工艺的设计就更难了。为此，"十一五"期间，项目组与协作单位合作，针对现场的不同参数，设计开发了一系列相平衡分离工艺和装置。现场技术人员只要选择适宜的平衡装置，按其技术说明和要求进行安装、调试即可。这里予以重点介绍。

6.7.1   D 系列系统平衡装置

图 6-4   D1.6-35/10B 型
系统平衡装置

该系列针对低压锅炉运行的温度、压力、水质、排污率、蒸汽用户等参数，运用相平衡的原理和方法，研发设计了能够有效分离水中固形物的工艺，再经技术集成，形成系统平衡装置，D1.6-35/10B 型系统平衡装置见图 6-4。该装置由相平衡、相变换、相分离等模块和自控系统组成。将少量锅水从锅炉引入系统平衡装置，经相平衡、相变换、相分离，回收的热量供热用户使用，分离出的软水回收进入锅炉，分离出的固形物从排渣口排出，从而使锅炉排污率降低至 1% 以下。装置分 A 型和 B 型两种。A 型不仅能够将锅炉排污率降低至 1% 以下，且制水量能够满足锅炉补水需求，即可去掉水软化装置；B 型能够将锅炉排污率降低至 1% 以下，可降低水软化装置的负荷。接触高浓度排污水的装置内表面经过处理，具有防腐蚀和防结疤功能。

适用范围：

适用于压力 ≤2.5MPa 的蒸汽锅炉。

主要功能：

① 相平衡、相变换和相分离作用。

② 热能回收作用。回收锅炉余压、余热（锅炉排污热、烟气余热或其他废热）并将其中一部分作为平衡装置的驱动力。

③ 水回收作用。吸收锅炉废水（排污水及其他废水）和需要补充的自来水，转化成锅炉补充水。

④ 加氧作用。装置备有加氧口，从此处加入加氧防腐阻垢剂，即可去掉除氧器，将锅炉运行的除氧模式变为加氧模式，或者将锅炉的还原性水工况变为氧化性水工况。

⑤ 降碱作用。能够将锅水碱度降低到需求水平。

⑥ 除硬作用。能够将锅水硬度降低到需求水平。

⑦ 排渣作用。能够分离出水中的固形物，从排渣口排出。

主要技术指标：

装置工作压力 ≤1.0MPa

锅炉排污率 ≤1%

制水量≥锅炉补水量（A 型）

制水量＝锅炉原排污量－排渣量（B 型）

锅炉给水水质：符合 GB/T 1576 要求。

锅水水质：符合 GB/T 1576 要求。

安装使用：

① 锅炉用户应向供应方提供准确的锅炉运行温度、压力、水质、排污率及蒸汽用户等参数，并确定选用 A 型还是 B 型，作为系统平衡装置设计或选型的基础依据。

② 供应方应向用户提供符合锅炉运行参数和类型要求的系统平衡装置，同时提供具体的安装使用说明书。

③ 锅炉用户按安装要求进行装置安装。

④ 对安装合格的装置进行调试、试车，经供需双方技术人员测定达到预期技术经济指标后，进入正常运行。此工作须在专业技术人员的指导下进行，同时应完成对运行管理和操作人员的技术培训。

⑤ 将装置交付锅炉用户管理和使用。

⑥ 做好安装、调试、试车、运行记录。

6.7.2 W 系列系统平衡装置

该系列针对热水锅炉运行的温度、压力、水质、排污率等参数，运用相平衡的原理和方法，研发设计了能够有效分离水中固形物的工艺，再经技术集成，形成系统平衡装置。该装置由相平衡、相变换、相分离等模块和自控系统组成。将少量锅水从锅炉引入系统平衡装置，经相平衡、相变换、相分离，回收的热量供热用户使用，分离出的软水回收进入锅炉，分离出的固形物从排渣口排出，从而使锅炉排污率降低至 0.5％以下。装置分 A 型和 B 型两种。A 型不仅能够将锅炉排污率降低至 0.5％以下，且制水量能够满足锅炉补水需求，即可去掉水软化装置；B 型能够将锅炉排污率降低至 0.5％以下，可降低水软化装置的负荷。接触高浓度排污水的装置内表面经过处理，具有防腐蚀和防结疤功能。

适用范围：热水锅炉。

主要功能：

① 相平衡、相变换和相分离作用。

② 热能回收作用。回收锅炉余压、余热（锅炉排污热、烟气余热或其他废热）并将其中一部分作为平衡装置的驱动力。

③ 水回收作用。吸收锅炉废水（排污水及其他废水）和需要补充的自来水，转化成锅炉补充水。

④ 加氧作用。装置备有加氧口，从此处加入加氧防腐阻垢剂，即可去掉除氧器，将锅炉运行的除氧模式变为加氧模式，或者将锅炉的还原性水工况变为氧化性水工况。

⑤ 降碱作用。能够将锅水碱度降低到需求水平。

⑥ 除硬作用。能够将锅水硬度降低到需求水平。

⑦ 排渣作用。能够分离出水中的固形物，从排渣口排出。

主要技术指标：

装置工作压力≤1.0MPa

锅炉排污率≤0.5％

制水量≥锅炉补水量（A 型）

制水量＝锅炉原排污量－排渣量（B 型）

锅炉给水水质：符合 GB/T 1576 要求。

锅水水质：符合 GB/T 1576 要求。

安装使用：

① 锅炉用户应向供应方提供准确的锅炉运行温度、压力、水质、排污率等参数，并确定选用 A 型还是 B 型，作为系统平衡装置设计或选型的基础依据。

② 供应方应向用户提供符合锅炉运行参数和类型要求的系统平衡装置，同时提供具体的安装使用说明书。

③ 锅炉用户按安装要求进行装置安装。

④ 对安装合格的装置进行调试、试车，经双方技术人员测定达到预期技术经济指标后，进入正常运行。此工作须在专业技术人员的指导下进行，同时应完成对运行管理和操作人员的技术培训。

⑤ 将装置交付锅炉用户管理和使用。

⑥ 做好安装、调试、试车、运行记录。

6.7.3　Z 系列系统平衡装置

图 6-5　Z8.2-60/3B 型系统平衡装置

该系列针对中压锅炉及其热电联产系统运行的温度、压力、水质、排污率、蒸汽用户及发电机组等参数，运用相平衡的原理和方法，研发设计了能够有效分离水中固形物的工艺，再经技术集成，形成系统平衡装置，Z8.2-60/3B 型系统平衡装置见图 6-5。该装置由相平衡、相变换、相分离等模块和自控系统组成。将少量锅水从锅炉引入系统平衡装置，经相平衡、相变换、相分离，回收的热量供热用户使用，分离出的去离子水回收进入锅炉，分离出的固形物从排渣口排出，从而使锅炉排污率降低至 0.5% 以下。装置分 A 型和 B 型两种。

A 型不仅能够将锅炉排污率降低至 0.5% 以下，且制水量能够满足锅炉补水需求，即可去掉反渗透和混床等除盐装置；B 型能够将锅炉排污率降低至 0.5% 以下，但制水量小于锅炉补水需求，尚不足以去掉反渗透和混床等除盐装置，只能降低除盐装置的负荷。接触排污水的装置内表面经过处理，具有防腐蚀和防结疤功能。

适用范围：适用于压力为 3.8~9.8MPa 的中压锅炉及其热电联产系统。

主要功能：

① 相平衡、相变换和相分离作用。

② 热能回收作用。回收锅炉及发电机组余压、余热（锅炉排污热、乏汽热、烟气余热或其他废热）并将其中一部分作为平衡装置的驱动力。

③ 水回收作用。吸收锅炉废水（排污水及其他废水）和需要补充的自来水，转化成锅炉补充水。

④ 加氧作用。装置备有加氧口，从此处加入加氧防腐阻垢剂，即可去掉除氧器，将锅炉运行的除氧模式变为加氧模式，或者将锅炉的还原性水工况变为氧化性水工况。

⑤ 除盐作用。能够将锅水中的固形物除去，得到去离子水加以回收。

⑥ 除硅作用。能够将锅水中的硅除去，有效降低蒸汽硅含量。

⑦ 排渣作用。能够分离出水中的固形物，从排渣口排出。

主要技术指标：

装置工作压力≤1.0MPa

锅炉排污率≤0.5%

制水量≥锅炉补水量（A 型）

制水量＝锅炉原排污量－排渣量（B 型）

锅炉给水水质：符合 GB/T 6423 要求。

锅水水质：符合 GB/T 6423 要求。

安装使用：

① 锅炉用户应向供应方提供准确的锅炉运行温度、压力、水质、排污率、蒸汽用户、发电机组等参数，并确定选用 A 型还是 B 型，作为系统平衡装置设计或选型的基础依据。

② 供应方应向用户提供符合锅炉及发电机组运行参数和类型要求的系统平衡装置，同时提供具体的安装使用说明书。

③ 锅炉用户按安装要求进行装置安装。

④ 对安装合格的装置进行调试、试车，经供需双方技术人员测定达到预期技术经济指标后，进入正常运行。此工作须在专业技术人员的指导下进行，同时应完成对运行管理和操作人员的技术培训。

⑤ 将装置交付锅炉用户管理和使用。

⑥ 做好安装、调试、试车、运行记录。

6.7.4　G 系列系统平衡装置

该系列针对高压锅炉及其发电机组运行的温度、压力、水质、排污率、蒸汽用户、发电机组、凝汽器及冷却塔等参数，运用相平衡的原理和方法，研发设计了能够有效分离水中固形物的工艺，再经技术集成，形成系统平衡装置。该装置由相平衡、相变换、相分离等模块和自控系统组成。将少量锅水从锅炉引入系统平衡装置，经相平衡、相变换、相分离，回收的热量供热用户使用，分离出的去离子水回收进入锅炉，分离出的固形物从排渣口排出，从而使锅炉排污率降低至 0.5% 以下。装置分 A 型和 B 型两种。A 型不仅能够将锅炉排污率降低至 0.5% 以下，且制水量能够满足锅炉补水需求，即可去掉反渗透和离子交换等除盐装置；B 型能够将锅炉排污率降低至 0.5% 以下，但制水量小于锅炉补水需求，可有效降低反渗透和离子交换等除盐装置负荷。接触排污水的装置内表面经过处理，具有防腐蚀和防结疤功能。

适用范围：适用于压力≥9.8MPa 的高压锅炉及其发电机组。

主要功能：

① 相平衡、相变换和相分离作用。

② 热能回收作用。回收锅炉及发电机组余压、余热（锅炉排污热、乏汽热、烟气余热或其他废热）并将其中一部分作为平衡装置的驱动力。

③ 水回收作用。吸收锅炉废水（排污水及其他废水）和需要补充的自来水，转化成锅炉补充水。

④ 加氧作用。装置备有加氧口，从此处加入加氧防腐阻垢剂，即可去掉除氧器，将锅炉运行的除氧模式变为加氧模式，或者将锅炉的还原性水工况变为氧化性水工况。

⑤ 除盐作用。能够将锅水中的固形物除去，得到去离子水加以回收。

⑥ 除硅作用。能够将锅水中的硅除去，有效降低蒸汽硅含量。

⑦ 排渣作用。能够分离出水中的固形物，从排渣口排出。

主要技术指标：

装置工作压力≤1.0MPa

锅炉排污率≤0.5%

制水量≥锅炉补水量（A 型）

制水量＝锅炉原排污量－排渣量（B 型）

锅炉给水水质：符合 GB/T 12145 要求。

锅水水质：符合 GB/T 12145 要求。

安装使用：

① 锅炉用户应向供应方提供准确的锅炉运行温度、压力、水质、排污率、蒸汽用户、发电机组、凝汽器及冷却塔等参数，并确定选用 A 型还是 B 型，作为系统平衡装置设计或选型的基础依据。

② 供应方应向用户提供符合锅炉及发电机组运行参数和类型要求的系统平衡装置，同时提供具体的安装使用说明书。

③ 锅炉用户按安装要求进行装置安装。

④ 对安装合格的装置进行调试、试车，经供需双方技术人员测定达到预期技术经济指标后，进入正常运行。此工作须在专业技术人员的指导下进行，同时应完成对运行管理和操作人员的技术培训。

⑤ 将装置交付锅炉用户管理和使用。

⑥ 做好安装、调试、试车、运行记录。

参 考 文 献

[1] Mikulandric R A，Loncar D M，Cvetinovic D B，et al. Improvement of environmental aspects of thermal power plant operation by advanced control concepts. Thermal Science，2012，16（3）：759-772.

[2] Blanco-Marigorta A M，Victoria Sanchez-Henriquez M，Pena-Quintana J A. Exergetic comparison of two different cooling technologies for the power cycle of a thermal power plant. Energy，2011，36（4）：1966-1972.

[3] Suresh M V J J，Reddy K S，Kolar A K. 4-e（energy，exergy，environment，and economic）analysis of solar thermal aided coal-fired power plants. Energy for Sustainable Development，2010，14（4）：267-279.

[4] Djuric S N，Stanojevic P C，Djuranovic D B，et al. Qualitative analysis of coal combusted in boilers of the thermal power plants in bosnia and herzegovina. Thermal Science，2012，16（2）：605-612.

[5] Oro E，Gil A，de Gracia A，et al. Comparative life cycle assessment of thermal energy storage systems for solar power plants. Renew Energy，2012，44：166-173.

[6] Niknia I，Yaghoubi M. Transient simulation for developing a combined solar thermal power plant. Appl Therm Eng，2012，37：196-207.

[7] Nazari S，Shahhoseini O，Sohrabi-Kashani A，et al. Experimental determination and analysis of CO_2，SO_2 and nox emission factors in iran's thermal power plants. Energy，2010，35（7）：2992-2998.

[8] Lu Z，Streets D G. Increase in nox emissions from indian thermal power plants during 1996-2010：Unit-based inventories and multisatellite observations. Environ. Sci. Technol，2012，46（14）：7463-7470.

[9] Hou D，Shao S，Zhang Y，et al. Exergy analysis of a thermal power plant using a modeling approach. Clean Technologies and Environmental Policy，2012，14（5）：805-813.

[10] Bihari P，Grof G，Gacs I. Efficiency and cost modelling of thermal power plants. Thermal Science，2010，14（3）：821-834.

[11] 于海琴. 火力发电厂烟气中 CO_2 捕获技术和膜吸收的应用分析. 电力技术，2010（9）.

[12] 胡长兴，周劲松，何胜，等. 我国典型电站燃煤锅炉汞排放量估算. 热力发电，2010，39（3）：5.

[13] Bloom D M. Advanced amines cut condensate corrosion. Power，2001，145（4）：81-87.

[14] 何健，梁大涛，魏艳艳. 节能型除铁过滤器在蒸汽凝结水回收系统中的应用. 工业水处理，2006，26（4）：3.

[15] GB/T 29052—2012 工业蒸汽锅炉节水降耗技术导则.

[16] GB/T 12145—2008 火力发电机组及蒸汽动力设备水汽质量标准.

[17] GB/T 6423 热电联产系统技术条件.

[18] GH 001—2005 工业蒸汽锅炉节水成套技术工艺导则.

[19] GB/T 1576—2008 工业锅炉水质.

[20] Laidler K J，Meiser J H. Physical Chemistry. Boston：Hough-ton Mifflin，1995.

［21］傅献彩，沈文霞，姚天场. 物理化学. 第 4 版. 北京：高等教育出版社，1990.

［22］［美］约翰 M 普劳斯尼茨，［德］吕迪格 N 利希滕特勒，［葡］埃德蒙多·戈梅斯·德阿泽维多. 流体相平衡的分子热力学. 第 3 版. 陆小华，刘洪来，译. 北京：化学工业出版社，2006.

［23］吴文娟. 物理化学笔记. 北京：科学出版社，2010.

［24］魏刚，熊蓉春. 热水锅炉防腐阻垢技术. 北京：化学工业出版社，2003.

［25］吴味隆. 锅炉及锅炉房设备. 北京：中国建筑工业出版社，2006.

7.1 概述

锅炉安全始终是本套技术的首要考虑。众所周知，影响现代锅炉安全的主要因素，一是偏离核态沸腾（Department from Nucleate Boiling，DNB），二是氧腐蚀。为提高锅炉运行的安全性，本套技术发明了能有效控制 DNB 的核态清洗强化技术。

本章首先介绍相关的清洗技术基础，然后阐述核态清洗技术和通过核态清洗强化来控制 DNB 的方法。

7.2 化学清洗技术

7.2.1 化学清洗的目的和意义

能够除去杂质从而使物体洁净的物质统称清洗剂。

清洗剂的应用几乎涉及国民经济的所有部门。在工业发展和科学技术进步的推动下，清洗剂的品种和应用领域在不断扩大，人们对清洗的认识也发生了质的飞跃。早在 20 世纪 50 年代以前，化学清洗常常被看作是有损设备的，在此观点的影响下，化学清洗被当作一种迫不得已而为之的应急措施。60 年代以后，为了维持正常生产、提高产品质量、保证设备安全、延长设备使用寿命、节省原料和能源以及减少污染，人们才逐渐接受化学清洗。

例如，新建锅炉的化学清洗使工厂能够更快地得到质量合格的发电用蒸汽，消除了由破裂的轧制铁鳞引起的垢下腐蚀隐患。运行锅炉的结垢量超标清洗和未超标时的定期清洗已成为提高锅炉传热效率和防止炉管过热失效的标准规程。凝汽器结垢时的化学清洗对保证凝汽效果和汽轮机正常运转也十分必要。

对新建的大型石油和化工装置来说，通过化学清洗除去设备内表面的污垢和杂质并形成致密的保护膜，可以起到防止催化剂中毒，避免产品污染，提高开车成功率，延长生产周期的作用。对那些在运行期间已经发生结垢或污染的设备，化学清洗对除去污垢，维持正常生产，保障运行安全，提高运行经济性则是不可或缺的。

7.2.2 化学清洗的一般过程

化学清洗整个过程一般包括清洗对象调查、清洗方案制订、清洗方案实施、清洗效果检查和清洗工程验收、清洗对象保护及清洗总结等（见图 7-1）。

（1）清洗对象调查

清洗对象调查主要包括对清洗对象的结构、材质、现状调查和结垢情况的调查。具体到锅炉，调查内容包括锅炉型号、结构特征、构成材料、压力、容量等设计参数和运行参数，锅外水处理、锅内水处理、原水品质、给水品质、锅水品质等水处理情况，锅炉各个部位特别是敏感部位的腐蚀情况以及运行史、结垢史、腐蚀史、清洗史、事故史等相关情况。对反

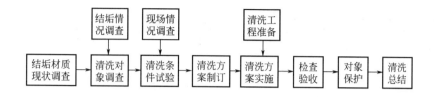

图 7-1　化学清洗的一般过程

应器、换热器、贮罐、管道等来说，调查内容包括设备型号、结构特征、构成材料、压力、容量等设计参数和运行参数，接触介质的种类、性质、温度、压力、流速及其在运行过程中的变化等介质情况，设备各个部位特别是敏感部位的腐蚀情况以及运行史、结垢史、腐蚀史、清洗史、事故史等相关情况。

结垢情况调查包括对污垢的颜色、软硬、形状、厚度、分布、垢下腐蚀等情况观察并采集有代表性的垢样，对污垢附着量及生成速度的计算，污垢成分分析，污垢溶解试验等。

现场情况调查主要内容包括施工场地，水、电、气供应，废水处理和排放条件等。

（2）制订清洗方案

根据以上调查结果即可选择清洗条件并针对清洗条件进行试验验证，最终确定清洗条件。确定的清洗条件应是技术上可行，经济上合理的方案。

清洗方案制订的内容包括清洗工程方法、清洗流程和操作步骤、过程监测和控制方法、"三废"处理方法以及劳动保护措施等。

（3）清洗方法

表 7-1 列出了最常用的化学清洗一般方法。此外，还有适用于清洗高压锅炉的 EDTA 法，适用于清洗尿素设备和核电设备的 Lan257C 法等特殊方法。

表 7-1　化学清洗一般方法汇总

清洗程序	目的	药剂	浓度/%	温度/℃	时间
水压试验	系统密封检查	自来水、软化水或脱盐水		常温	至密封检查合格
水冲洗	除去可溶性和松软垢	自来水、软化水或脱盐水		常温	至进出水浊度一致
碱清洗	一般脱脂	氢氧化钠 碳酸钠 润湿剂	0.1～0.3 0.1～0.3 0.05～0.1	60～80	6～8h
	高压以上锅炉	过氧化氢	0.05～0.1	常温	3h
	除有机物	氢氧化钠 磷酸钠 润湿剂	1～3 1～3 0.05～0.2	1/5～1/3 工作压力， <20MPa	2～3d
	除硅和有机物	氢氧化钠 碳酸钠 润湿剂 缓蚀剂	1～5 1～5 0.1～0.3 0.4～2	>80	1～2d
	除铜	氨 溴酸钠 助溶剂	1～3 0.3～1 0.1～0.2	40～60	4～6h
水冲洗	除废碱液及降低 pH 值	自来水、软化水或脱盐水		可不控制	至 pH<8.5

续表

清洗程序	目的	药剂	浓度/%	温度/℃	时间
酸清洗	普通锅炉,设备除钙垢及氧化铁垢	盐酸 缓蚀剂 助溶剂 还原剂 铜离子掩蔽剂	5～10 0.3～0.5 0～2 0～0.5 0～3	40～60	4～8h
	含不锈钢设备,废液难排净设备及对安全性要求高的设备除氧化铁垢	有机酸 缓蚀剂 助溶剂 还原剂 铜离子掩蔽剂	2～5 0.3～0.5 0～2 0～0.3 0～2	80～90	4～8h
	高压锅炉	EDTA-2Na	3～7	120～135	4～6h
	超临界以上锅炉	EDTA-2NH₄	3～7	120～135	4～6h
水冲洗	除废酸液及提高pH值	自来水、软化水或脱盐水		可不控制	至 pH>4.5
中和钝化	稳定活化金属以暂时防锈	预处理剂 氨 钝化剂	约0.1 至 pH>9.5 0.05～0.5	80～100	4～6h

（4）清洗质量检查

清洗质量检查和清洗工程验收一般由清洗对象拥有方和施工方共同进行，必要时还需有第三方参与。其内容一般包括清洗效果或除垢率、与清洗对象材质相同的监测试片的腐蚀速度及清洗后金属表面钝化的质量等。除垢率要求一般由甲乙双方商定。金属腐蚀速度一般要求在 $10g/(m^2 \cdot h)$ 以下。钝化质量一般要求形成连续的蓝灰色或灰黑色保护膜。

（5）已清洗设备的保护

已经证明，钢制设备停用期间的腐蚀比运行时的腐蚀更严重，大规模的腐蚀损坏和局部腐蚀穿孔往往是由停用腐蚀所引起的。因此，清洗后，若清洗对象不立即投入运行，应对其采取切实可行的保护措施。

保护方法包括传统干法和传统湿法。前者是将设备彻底烘干，然后放入硅胶、生石灰等干燥剂封存；后者是向设备中注入除过氧气且含有除氧剂的水，加压封存。若严格按照实施条件，两种方法均可得到好的效果。但是，由于操作烦琐，普通工厂和中小型锅炉房不完全具备实施条件等原因，传统方法的效果很不理想。中国目前最常用的保护方法是简便易行、保护效果更好的 TH-901 法、BF-605 法及 BF-30a 法。

TH-901 法是把缓蚀剂 TH-901 放入已排掉水的锅内，然后封存。TH-901 是一种气-液相缓蚀剂，能够从放置点挥发到达锅内金属表面并形成保护膜，从而预防金属的停用腐蚀。该法适用于各种锅炉及类似设备的停用保养。

BF-605 法的主要原理和使用方法与 TH-901 法大体相同，但更适用于换热器等容积小而表面积大的设备，也适用于各种锅炉。

TH-901 法和 BF-605 法简便高效，保护期长，已广泛用于各种锅炉本体和设备本体的停用保养。然而，对具有复杂管网而在很长距离都没有合适开口的系统，由于无法放置缓蚀剂而难以保护。在这种情况下，BF-30a 法则是更好的选择。BF-30a 是一种对运行和停用都适用的锅炉防腐阻垢剂，只要将其溶解后加入系统并循环均匀，即可保护系统内的金属。

7.2.3　清洗剂

7.2.3.1　化学清洗用药剂

通常，根据清洗剂的性质可将其分为中性清洗剂、碱性清洗剂、酸性清洗剂、螯合清洗剂及有机溶剂等。

中性清洗剂由具有润湿、分散、乳化、增溶作用的表面活性剂、缓蚀剂及水等组成。碱性清洗剂由氢氧化钠、碳酸钠、硅酸钠、磷酸三钠等碱性化合物及表面活性剂、缓蚀剂和水等组成。酸性清洗剂由盐酸、硫酸、磷酸、硝酸、氢氟酸、氨基磺酸、草酸、柠檬酸、苹果酸、羟基乙酸等无机酸或有机酸以及缓蚀剂和水组成。螯合清洗剂由乙二胺四乙酸（EDTA）等螯合剂、缓蚀剂和水组成，溶液多为中性或碱性。有机溶剂包括全氯乙烯、三氯乙烯、二甲苯、汽油、煤油、柴油、松节油、丙酮、二氯甲烷、二氯乙烷等，向其中加入缓蚀剂，即可制成清洗剂。针对具体情况，清洗剂中还可以含有助溶剂、还原剂、铜离子掩蔽剂及其他助剂。

7.2.3.2　碱性清洗剂与有机脱脂剂

常用的碱性清洗剂有氢氧化钠、碳酸钠、磷酸钠、硅酸钠。它们都是最常用的化学品，此处不再一一介绍。

工业上使用较多的有机脱脂剂是三氯乙烯。

三氯乙烯的结构式为 $CHCl=CCl_2$，分子式为 C_2HCl_3，相对分子质量为 131.39。是一种有毒、易挥发的无色油状液体，沸点为 86.7℃，熔点为 -87.1℃，密度（25℃）为 1.465g/cm³。不稳定，易被空气或氧氧化。氧化反应速率随温度升高而加快，光照、自由基引发剂以及三氯化铝等亦可加速反应。对脂肪、油脂、蜡等溶解能力很强。

三氯乙烯主要用作不燃性溶剂、低温载热体、脱脂剂、干洗剂、聚氯乙烯链终止剂等。三氯乙烯的脱脂能力极强，常温下约是汽油的 4 倍，50℃时是汽油的 7 倍。其表面张力低，容易渗透到清洗对象的缝隙、孔眼、凹槽等部位。对一般金属的腐蚀作用很小，加入缓蚀剂后对铝、镁等轻金属也几乎不腐蚀。此外，还具有清洗工艺简单，使用安全，再生容易等特点。在美国，用作金属设备及零部件气相脱脂剂的三氯乙烯占其总消耗量的 80%。

当用三氯乙烯为清洗剂时，可采用气相清洗或液相浸渍两种方法。

a. 气相清洗法　加热三氯乙烯成蒸气，使设备及零部件同三氯乙烯蒸气接触，油脂及污垢即被除去并随着蒸气的冷凝而落入清洗槽，清洗槽中已被污染的清洗剂加热后再生为干净的清洗蒸气，清洗对象总是同干净的清洗蒸气接触。因此，该法的清洗效果一般较好。其缺点是施工用的设备和防护措施比较复杂。

b. 液相浸渍法　清洗对象同三氯乙烯清洗液直接接触。接触方法可简单地将设备充满，也可以采用循环清洗法。该法所需清洗设备较简单，但随着清洗进程，清洗液会变得越来越脏，有可能影响清洗效果。为了得到好的清洗效果，可用再生的洁净三氯乙烯清洗液将已基本清洗干净的设备再清洗一遍。

三氯乙烯在使用条件下不燃烧。但为防止其自动氧化分解及其分解产物盐酸对金属的腐蚀，使用时应加入稳定剂和缓蚀剂。最常用的是二乙胺、三乙胺和吡啶等，加入量约为清洗液总量的 0.05%～0.5%。

7.2.3.3　酸性清洗剂

盐酸、硫酸、磷酸和硝酸是最常用的酸性清洗剂，也是常用的化学品，此处不再赘述。

（1）氢氟酸

氢氟酸有剧毒，腐蚀性极强，能腐蚀玻璃和指甲，触及皮肤则可溃烂，属于一级无机酸腐蚀性化学品。分子式为 HF，相对分子质量为 20.01。含 HF 60% 以下的水溶液是无色澄清的发烟液体，有刺激性气味，极易挥发，置空气中即发白烟，为中强酸。在稀溶液中氢氟酸微离解成离子，在较浓溶液中则发生聚合作用而生成（HF）₂分子，并按下式离解：

$$H_2F_2 \Longrightarrow H^+ + (HF_2)^-$$

氟化氢气体很易聚合，形成（HF）₃·（HF）₃···链形分子。液态时聚合度更易增加。腐蚀性极强，能侵蚀玻璃和硅酸盐而生成气态的四氟化硅。与金属盐类、氧化物、氢氧化物作用生成氟化物。对聚乙烯及白金不腐蚀，既不能进行氧化反应，也不能进行还原反应。

氢氟酸可单独或与其他酸配合用作设备的化学清洗剂。与铁氧化物反应速率快，反应产物溶解度较大，还能较好地溶解二氧化硅和玻璃。其缺点是有挥发性，对人的腐蚀性和毒性很强。在德国和美国，20 世纪 70 年代氢氟酸已有单独用于锅炉清洗的报告。此后，中国亦用于高压锅炉的化学清洗。

氢氟酸更重要的用途是作为二氧化硅的溶解促进剂。二氧化硅不溶于除氢氟酸以外的任何酸。在酸清洗时，为去除二氧化硅而在其他酸中加入氢氟酸。为了安全和方便，可用固态的氟化氢铵代替氢氟酸。在清洗液中，氟化氢铵同酸反应，生成氢氟酸。

作为二氧化硅溶解促进剂时，可以盐酸、硝酸、柠檬酸及羟基乙酸等为主，加入一定量的氢氟酸。氢氟酸的用量与垢中二氧化硅的含量相关，一般为 0.2%～3%。

当单独用作清洗剂时，氢氟酸可用来清洗含钙镁垢不多的锅炉。对大型锅炉，推荐采用开路法清洗。开路法是指清洗液仅在设备内运行一周即排放的方法。清洗配方：

氢氟酸　　　1%～2%

缓蚀剂　　　0.2%～0.3%

清洗温度一般控制在 50～60℃。将配制好的清洗液从入口注入锅炉，以大约 0.2～0.5m/s 的速度通过需要清洗的各个部分，然后排出。清洗时间一般为 2～3h。这种方法充分利用了氢氟酸与铁氧化物能快速反应的特点，将反应产物及时从系统中排出，可减少反应产物中的有害物质，例如对锅炉金属内表面有腐蚀作用的高价铁离子。

（2）氨基磺酸

氨基磺酸的结构式为 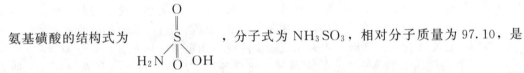 ，分子式为 NH_3SO_3，相对分子质量为 97.10，是一种硫酸衍生物。它是不挥发、不吸潮、无味、无臭的白色正交晶体。熔点为 205℃，相对密度（25℃）为 2.126。209℃开始分解，260℃时分解成二氧化硫、三氧化硫、氮和水等。常温时很稳定，能保持数年不变。易溶解于水和液氨，微溶于甲醇，不溶于乙醇、乙醚、烃类和二硫化碳。当存在硫酸或硫酸钠时，在水中的溶解度降低。

氨基磺酸水溶液呈强酸性，水溶液浓度与 pH 值的关系见表 7-2。水溶液加热时，其水解成硫酸氢铵。

表 7-2　氨基磺酸水溶液浓度与 pH 值的关系

浓度/(mol/L)	0.41	0.50	0.63	0.87	1.18	1.41	2.02
pH 值（25℃）	1.0	0.75	0.50	0.25	0.10	0.05	0.01

氨基磺酸具有氨基和磺酸基双官能团，能进行与之有关的许多化学反应。氨基磺酸在常温下很稳定，当加热到 209℃时开始分解，继续加热到 260℃以上时即完全分解。像普通无机酸一样，能与金属反应，生成盐和氢气，但与特别活泼的金属例如钠反应时，氨基的一个氢可被取代，生成双金属盐。能被亚硝酸盐和硝酸盐迅速氧化，也能被氯酸钾和次氯酸钠氧化，但不能被铬酸、高锰酸钾和三氯化铁氧化。与硫酸钠反应，生成氨基磺酸络合物。将氨

基磺酸水溶液加热至 60℃以上时，水解生成硫酸盐。

氨基磺酸的最大用途是作为酸性清洗剂，与金属氧化物、氢氧化物和盐均能反应：

$$2HSO_3NH_2 + FeO \longrightarrow Fe(SO_3NH_2)_2 + H_2O$$

$$2HSO_3NH_2 + Mg(OH)_2 \longrightarrow Mg(SO_3NH_2)_2 + 2H_2O$$

$$HSO_3NH_2 + NH_4OH \longrightarrow NH_4SO_3NH_2 + H_2O$$

$$2HSO_3NH_2 + CaCO_3 \longrightarrow Ca(SO_3NH_2)_2 + CO_2 \uparrow + H_2O$$

氨基磺酸是一种固体无机强酸。常用的强酸都是液体，而氨基磺酸是固体粉末，便于贮运和使用。其对金属的腐蚀性比一般无机酸小，适用于金属清洗、清除金属表面的碳酸钙垢层，广泛用于阀门制造、空调设备与装置的清洗。还可以用于漂白纤维、木材和纸张，去除烟草中的亚硝酸盐，水杀菌，棉纤维的阻燃，油井酸化处理。可用作树脂的固化剂，农药的中间体，表面活性剂、涂料、颜料和 pH 试纸的原料。氨磺磺酸钴、氨基磺酸镍、氨基磺酸铜、氨基磺酸镉等是高级电镀材料。氨基磺酸铵用作纸张阻燃剂、森林除莠剂。氨基磺酸铁用于核燃料处理。

氨基磺酸可单独或与其他酸配合使用。单独使用时的配方如下：

氨基磺酸　　　计算量

缓蚀剂　　　　约 0.3%

水　　　　　　余量

氨基磺酸与碳酸盐和氢氧化物的反应按化学计量进行，因而其用量可从总垢量算出。一般用量为清洗液质量的 5%～10%。使用时，首先溶解固体状的氨基磺酸，制成浓的水溶液。在系统水循环的过程中，加入配方量的缓蚀剂并循环均匀，再加入计算量的氨基磺酸浓溶液并循环均匀，然后在 40～60℃下循环酸洗 6～8h。为防止氨基磺酸分解生成硫酸，加热温度不应超过 60℃。缓蚀剂可采用 Lan-826 等。

氨基磺酸易与碳酸盐和氢氧化物等类型的水垢反应，但对铁氧化物的溶解能力弱。为弥补其不足，可根据具体情况与柠檬酸等清洗剂配合，制成固体清洗剂使用：

氨基磺酸　　　89%

柠檬酸　　　　6%

二乙基硫脲　　5%

按比例将三种组分混合均匀即得成品。使用时，先将所需量的固体清洗剂溶解成浓溶液，然后再稀释成一定浓度的清洗液，在 80℃下循环清洗。

（3）柠檬酸

柠檬酸又叫枸橼酸、2-羟基丙三羧酸，分子式为 $C_6H_8O_7 \cdot H_2O$，相对分子质量为 210.14（无水物 192.13），结构式为：

$$HO-\overset{\overset{\displaystyle CH_2COOH}{|}}{\underset{\underset{\displaystyle CH_2COOH}{|}}{C}}-COOH \cdot H_2O$$

无水柠檬酸是从热浓溶液中析出的无色半透明结晶，属单斜晶系，熔点为 153℃，密度为 1.665g/cm³，无光学活性和压电效应。从冷水溶液中结晶的柠檬酸含一分子结晶水。从一水物到无水柠檬酸的平均转变温度是 36.6℃。一水物是无色、无臭、斜方晶系的三棱晶体，带一分子结晶水。熔点约为 100℃。通常，一水物是稳定的，但在干燥空气中易失去结晶水。在缓和加热时，在 70～75℃一水物软化失水，最后在 135～152℃范围内完全熔融。在快速加热时，结晶在 100℃熔融，由于转化为无水物而固化，并在 153℃熔化成相对密度为 1.542 的液体。柠檬酸溶于水、乙醇和乙醚。

柠檬酸是强有机酸，18℃时的解离常数是 $k_1=8.2\times10^{-4}$，$k_2=1.77\times10^{-5}$，$k_3=3.9\times10^{-7}$；25℃的 $pk_1=3.128$，$pk_2=4.761$，$pk_3=6.396$。

柠檬酸的分子结构中含三个羧基和一个羟基，其羧基能生成各种酸、酯、盐等，但不能生成酸酐，其羟基能生成醚，且反应生成物通常是混合物。

柠檬酸的主要用途之一是用作化学清洗剂。

当设备构造十分复杂、清洗液难以彻底排放，或者在结构材料中含有某些因残留氯化物离子可能引起应力腐蚀开裂的材质时，不能使用无机酸清洗。这时，可以采用安全的清洗剂如有机酸或者螯合剂。1960 年，E. B. Morris 提出了用有机酸清洗大型锅炉的报告。W. E. Bell 提出采用柠檬酸铵盐进行清洗，并于 1963 年发表了以柠檬酸铵盐为基础的单液清洗法。

柠檬酸用作清洗剂的依据是，在适当 pH 值的水溶液中，柠檬酸的羟基和羧基能与许多金属离子反应，形成络合物或者螯合物。目前，这种螯合反应已广泛应用于从金属表面除去轧制铁鳞、清除腐蚀产物、活化中毒的离子交换树脂、消除放射性污染物等方面。柠檬酸和柠檬酸铵清洗剂的最大优点是安全无毒。此外，柠檬酸不含氯离子，对不锈钢几乎没有腐蚀作用，对碳钢的腐蚀作用相对较弱，残留物容易消除，处理清洗废液容易。因此，现代高压锅炉、石油化工设备以及核动力电站设备等往往采用柠檬酸清洗。在化学清洗剂应用方面，目前柠檬酸的用量仅次于盐酸。

柠檬酸在化学清洗中的另一大用途是作为中和预处理剂或者漂洗剂。

酸洗结束之后，在转入水洗和中和程序时，随着清洗液 pH 值的上升，在酸洗阶段处于溶解状态的铁盐变成氢氧化铁而沉积在金属表面上，发生二次生锈，使清洗质量不良。为防止这样的情况发生，在进入中和程序之前，往往需要投加中和预处理剂或者漂洗剂，这种药剂对铁有络合能力。漂洗剂必须具备如下性能：

① 可以溶解氢氧化铁等腐蚀产物；

② 在低浓度下对金属几乎没有腐蚀性；

③ 在中性、碱性条件下对金属离子的掩蔽力强，不会在金属表面上析出氢氧化物沉淀。

柠檬酸正好能满足这些要求。柠檬酸与氢氧化铁反应速率快，反应生成物的溶解度比较大，即使在碱性范围内，也因为柠檬酸对铁离子的络合力大而难于生成氢氧化物沉淀。所以，柠檬酸被广泛应用于化学清洗特别是大型设备的清洗中。

柠檬酸价格低廉，具有愉悦的酸味，是一种公认的安全物，无毒的化学药品，浓度较高时与皮肤接触也无危害，因而广泛用作食品酸化剂、药物添加剂、化妆品配方等。在食品工业中，柠檬酸大量用于糖果、甜点心、果酱、果冻、果汁、蔬菜汁、罐装水果、软饮料、酒类等，起到增加酸味、控制 pH 值及改善品质等作用。在制药工业中，柠檬酸和柠檬酸盐常用作血液的抗凝剂、某些药物例如某些泻药和麻醉药的溶解促进剂、某些口服药物的苦味消除剂或口味改善剂、某些药物的 pH 值控制剂和活性组分的稳定剂。在化妆品配方中，含柠檬酸的洗发液能使头发发光和具有弹性，柠檬酸与糊精、甘油和氯化铁等可配制成固成发液。在烟草工业中，柠檬酸本身是烟叶自然组分之一，在陈化过程中还会增加，更多的柠檬酸可以增加烟草香味，并可促进某些烟草完全燃烧。柠檬酸盐有很好的助洗性能，可取代磷酸盐配制易于生物降解的洗涤剂。在工业上，柠檬酸还可用作二氧化硫吸收剂、油井处理剂和纺织助剂等。

柠檬酸的铁盐溶解度较小，在较低浓度下也可能析出。为避免柠檬酸铁析出，可以用氨来中和柠檬酸，作为清洗剂使用的实际上是柠檬酸的铵盐。此外，与盐酸等无机酸比较，柠檬酸在常温下对氧化铁垢的溶解能力太弱，为了提高溶解速度，在清洗时，常把清洗液加热至 80~90℃使用。典型的柠檬酸清洗液配方是：

柠檬酸	3%
氨	调 pH 值至 3.5~4.0
缓蚀剂	约 0.3%
水	余量

具体的操作方法是，向系统中充满水并用循环泵使之循环，用蒸汽使之加热到 80~90℃，加入配方量的缓蚀剂并循环均匀，加入配方量的柠檬酸并循环均匀，用氨调 pH 值至 3.5~4.0，在 80~90℃下循环清洗 6~8h。最终的清洗时间由清洗液的铁含量和 pH 值监测结果而定。清洗液的流速一般控制在 0.3~1m/s。

当污垢成分中含有硅时，常采用下述配方：

柠檬酸	2%
氟化氢铵	0.5%
氨	调 pH 值至 3.5~4.0
缓蚀剂	约 0.3%
水	余量

具体的操作方法是，在加入柠檬酸并循环均匀之后，加入配方量的氟化氢铵并循环均匀，其他操作方法与前一配方相同。

在清洗温度下，柠檬酸对碳钢有腐蚀作用，所以必须加入适当缓蚀剂。最常用的缓蚀剂有 Rodine 31A（美国）、Ibit 30A（日本）、Lan-826（中国）等。

酸洗阶段之后是中和钝化程序。当采用单液清洗法时，已到达酸洗终点的酸洗液不排出系统，在继续循环下加氨调 pH 值至 9.5 以上，然后加入 0.05%~0.5%（具体用量随品种而异）以上的钝化剂，在 60℃以上钝化 2~4h。

更常用的中和钝化程序是以柠檬酸作为漂洗剂的方法。不管酸洗阶段采用哪种酸，都可采用如下配方进行中和钝化处理：

柠檬酸	约 0.1%
氨	调 pH 值至 9.5 以上
钝化剂	0.05%~0.5%

具体的操作方法是，用空气或氮气置换酸洗液，用水充满系统，用空气或氮气置换水洗液，重复充水和排水操作直至系统中水的 pH 值达到 5.5 以上。在系统水循环过程中加入配方量的柠檬酸，循环 1~2 周，用氨调 pH 值到 9.5 以上，加入配方量的钝化剂，在 60℃以上循环钝化 2~4h。

（4）甲酸

别名蚁酸，结构式为 $\begin{matrix} & O \\ & \| \\ H- &C-OH \end{matrix}$，分子式为 CH_2O_2，相对分子质量为 46.016。它是一种最简单的脂肪酸。普遍存在于自然界，植物的叶和根、昆虫的分泌物以及动物的肌肉和血液中都有甲酸存在。甲酸是一种无色透明的发烟液体，有浓烈刺激性酸味，属强酸类。沸点为 100.7℃，凝固点为 8.4℃，密度（20℃）为 1220g/L，燃点为 410℃，闪点为 68.9℃，离解常数 k 为 1.765×10^{-4}。能以任何比例与水互溶，并形成罕见的高于两者沸点的共沸混合物。在 101.3kPa 时，恒沸点为 107.3℃，含甲酸 77.5%。能溶于许多有机溶剂，但不溶于烃类。

甲酸分子可看作羧基与氢原子相连接，又可看作醛基与羟基相结合，而且醛基中双键的键距特别短，因而具有酸和醛的双重化学性质。

甲酸是酸性最强的脂肪酸，易与醇、硫醇等发生直接酯化反应，与丙烯酸甲酯发生交换酯化反应，与大多数有机胺发生酰胺化反应，与不饱和烃发生加成反应。甲酸及其水溶液能溶解许多金属、金属氧化物及氢氧化物，生成甲酸盐。甲酸盐固态是结晶态，都能溶解于水。

甲酸的类醛基结构使其具有还原性，能还原仲胺、苄醇等有机化合物，与酮和氨（或仲胺）经还原反应生成氨基化合物，能将过硫酸根离子还原为硫酸根离子，将二氧化硫还原为硫代硫酸根离子。

甲酸及其水溶液能溶解许多金属、金属氧化物、氢氧化物及盐，溶解后的甲酸盐都能溶解于水，因此甲酸可作为化学清洗剂。甲酸不含氯离子，可用于清洗含不锈钢材料的设备。甲酸挥发性好，清洗后容易彻底除去，因而可用于对残留物敏感的清洗工程。对某些非常难溶的金属氧化物，例如过热器在运行中形成的致密氧化层，甲酸是一种特效清洗剂。在清洗浓度下，甲酸对人体无毒无害，对金属的腐蚀不如无机酸强烈，因而是一种安全的清洗剂。

在 pH>7 时，甲酸不能与铁形成络合物。因此，几乎没有单独使用这些药剂的情况，往往要与其他有机酸类清洗剂配合使用。1963 年，杜邦公司提出用羟基乙酸和甲酸混合酸的清洗方法。例如，对大型高压锅炉和大型化工装置的清洗，可采用下述配方：

羟基乙酸	2%
甲酸	1%
氟化氢铵	0.25%
缓蚀剂（例如 Lan-826）	0.25%
水	余量

用蒸汽把清洗液加热到 90℃，以 0.5m/s 左右流速循环清洗 4～6h。该清洗液与轧制铁鳞的反应速率很快，清洗过程中不会产生难溶性产物，因而在国外得到广泛应用。

对过热器在运行中形成的致密氧化层的清洗，常用的柠檬酸配方难以奏效，此时可加入甲酸。

（5）羟基乙酸

别名乙醇酸、甘醇酸、羟基醋酸，结构式为 $HO—CH_2—COOH$，分子式为 $C_2H_4O_3$，相对分子质量为 76.05。是无色无味的半透明固体，一种最简单的脂肪族羟基羧酸。存在于甘蔗、甜菜以及未成熟的葡萄中，但含量很少。熔点为 79℃，沸点为 100℃（分解），密度为 $1.49g/cm^3$。略有吸湿性，能溶于水、甲醇、乙醇、丙酮和乙酸，微溶于乙醚，不溶于烃类溶剂。水溶液的 pH 值如下：

含量/%	0.5	1.0	2.0	5.0	10.0
pH 值	2.0	2.33	2.16	1.95	1.73

市售品为 70% 水溶液，呈透明的琥珀色，微带糖焦气味。

羟基乙酸含有一个羧基和一个羟基，具有羧酸和醇的双重性质。作为酸，可以生成盐、酯、酰胺等；作为醇，能与其他有机酸生成酯，本身亦能自酯化生成乙交酯，也能生成醚或缩醛。在亚铁盐存在下，加入过氧化氢，发生氧化，先生成二羟基乙酸，然后生成甲醛、甲酸、二氧化碳和水。与浓硝酸反应氧化为草酸。用锌和硫酸处理则还原为乙酸。

羟基乙酸水溶液除含游离酸外，还含有相当于三聚体的聚酯，其含量与溶液中酸的总浓度有关，存在着下述平衡：

$$n\,HOCH_2COOH \rightleftharpoons H-(OCH_2CO)_n-OH+(n-1)H_2O$$

羟基乙酸主要用作清洗剂。它对氧化铁的溶解能力与柠檬酸相当或略强。因为分解温度低，即使在设备中有残留，也会随加热很快分解而无害。它能除去硬水生成的水垢和酪朊引起的斑点，并对牛的肺结核菌株等有一定的杀灭能力，因而很适用于牛奶棚和食品加工厂的清洁和消毒。它对金属材料的腐蚀作用比普通无机酸小，易去除碳酸盐和铁垢，能与三价铁络合而防止发生二次沉淀，同时能明显抑制铁细菌生长，因而是优良的水井清洁剂，锅炉和换热器的优质除垢剂。它与甲酸或柠檬酸的混合物常用于清洗超临界锅炉。它能与铜络合，在拉丝前用羟基乙酸溶液处理，能保持铜的洁净光亮，亦可用作铜制品的擦光剂。

羟基乙酸可单独或与其他清洗剂配合成总酸浓度为 3% 的水溶液使用。羟基乙酸-甲酸混合酸是一种效率高、成本低的有效洗净剂。对不锈钢制的压力容器，推荐使用 2% 羟基乙酸和 1% 甲酸的混合酸。此混合酸的优点是：

① 可有效地除去普通酸洗剂难以除去的尖晶石型氧化皮；

② 不发生铁化合物的沉淀；

③ 不含氯，故不会因氯离子而引起不锈钢发生应力腐蚀；

④ 腐蚀性低，使用安全；

⑤ 遇高温时分解为挥发性的产物，故不会残留于设备内；

⑥ 经济。

柠檬酸是一种安全的清洗剂，能有效除去铁氧化物，但柠檬酸钙难溶于水。若用氨将羟基乙酸与柠檬酸的混合酸调整为 pH 值为 4 的清洗液，则对铁氧化物和盐类沉积物均具有优良的溶解性。

对大型高压锅炉和大型化工装置的清洗，可采用下述配方（以质量计）：

羟基乙酸	2%
甲酸	1%
氟化氢铵	0.25%
缓蚀剂（例如 Lan-826）	0.25%
水	余量

用蒸汽把清洗液加热到 90℃，以 0.5m/s 左右流速循环清洗 4~6h。该清洗液与轧制铁鳞的反应速率很快，清洗过程中不会产生难溶性产物，因而在国外得到广泛应用。

为了从黑色金属表面除去坚硬的氧化铁垢，可使用如下配方的清洗剂：

柠檬酸	3%
氨	调 pH 值至 3.5~4.0
羟基乙酸	1%
异抗坏血酸	0.3%
缓蚀剂（例如 Hibron-150）	0.5%
水	余量

按配方向清洗系统中注入水并用蒸汽加热到约 100℃，在保持循环下加入缓蚀剂并循环均匀，加入柠檬酸并循环均匀，加入羟基乙酸并循环均匀，加入氨调 pH 值直至 3.5~4.0，加入异抗坏血酸并循环均匀，以 0.5m/s 左右流速循环清洗 4~6h，即可除去设备内部沉积的坚硬磁性氧化铁垢。

（6）乙二酸

别名草酸，结构式为 HOOC—COOH，分子式为 $C_2H_2O_4$，相对分子质量为 90.04。

乙二酸是最简单的二元酸。无色透明结晶体，常含两分子结晶水（$C_2H_2O_4 \cdot 2H_2O$）。加热至 98~100℃ 时，草酸水合物即失去结晶水。无水草酸是无色无臭固体，具有潮解性，有 α 型（或菱形）和 β 型（或单斜晶形）两种结晶形态。在室温下，菱形的草酸晶体在热力学上是稳定的，而单斜晶形的草酸晶体在热力学上是亚稳态的即是不稳定的。单斜晶形草酸晶体的熔点和密度比菱形草酸略低。粒度均匀的和粗颗粒的草酸堆密度分别为 $0.977g/cm^3$ 和 $0.881 g/cm^3$。无水草酸具有显著的蒸气压，在 100℃ 开始升华，125℃ 时迅速升华，157℃ 开始部分分解。当加速加热时，草酸全部分解，生成甲酸、一氧化碳和水。草酸易溶于水和醇，微溶于乙醚，不溶于苯，氯仿和石油醚。草酸在水中的溶解度随温度的升高而增加，按下列公式可求出溶解度近似值：

$$s=3.42+0.168t+0.0048t^2 \quad (0\sim60℃)$$
$$s=0.33t+0.003t^2 \quad (50\sim90℃)$$

式中，s 为草酸在水中的溶解度，g/100g；t 为温度，℃。

草酸的电离常数比其他有机酸大，比醋酸约大 2000 倍，可与许多无机酸相比。

草酸是二元酸，能生成正盐和酸式盐，酯和酸式酯。草酸具有强的酸性，它甚至能从无机盐例如氯化钠、硝酸钾和硫酸钠中置换出无机酸。草酸能与许多金属反应生成可溶性的络离子。由于草酸分子中的两个羧基直接相连，因此与其他的二元酸相比显示出一些特殊的性能，草酸的酸性比其他的二元酸都强并与甲酸相似。

草酸易被氧化，常用作还原剂。如草酸与酸性高锰酸钾共热时，七价锰定量地还原为二价锰，因而常用于定量分析：

$$5H_2C_2O_4+2KMnO_4+3H_2SO_4 \longrightarrow K_2SO_4+2MnSO_4+8H_2O+10CO_2\uparrow$$

草酸可使三价铁还原为易溶于水的二价铁，可洗去衣服上的铁锈和墨迹。

当五氯化磷和草酸反应时，则生成草酰氯，还可生成氯氧化磷和盐酸。

草酸能与许多金属反应生成草酸盐。除碱金属和铁的草酸盐以外，其余的草酸盐几乎不溶于水。许多金属的草酸盐能生成溶于水的络合物，例如草酸铁能溶于草酸钾的溶液中：

$$Fe_2(C_2O_4)_3+3K_2C_2O_4+6H_2O \longrightarrow 2K_3[Fe(C_2O_4)_3]+6H_2O$$

草酸盐加热时失去一氧化碳而生成碳酸盐，碳酸盐又分解为氧化物和二氧化碳。加热碱金属和碱土金属的草酸盐生成碳酸盐；加热镍、钴和银的草酸盐生成金属；加热镁、锌和锡的草酸盐生成氧化物；加热铁、汞和铜的草酸盐生成金属和金属氧化物的混合物。水溶液中的草酸被紫外线、X射线或Y射线照射可放出二氧化碳。

作为金属清洗剂，草酸具有许多特殊的用途。用草酸溶液清洗过的铁和非铁金属表面可生成草酸盐沉积。在机械加工的过程中，草酸盐涂层起润滑剂载体的作用，能提高加工速度并可延长加工部件和设备的寿命。

草酸在较低温度下对氧化铁的溶解能力就很强。可是，因为可析出草酸铁、草酸钙等溶解度小的盐，所以清洗时往往要和其他有机酸配合使用。表7-3列出几种含有草酸的清洗剂配方。当清洗对象的内表面积很大而容积较小时，会出现欲除去的氧化铁量很大而清洗液量相对较小的情况。此时，可适当提高清洗剂的浓度。

表 7-3   几种含有草酸的清洗剂配方   单位：%

项目	配方 1	配方 2	配方 3	配方 4	配方 5
草酸	2	1	1	0.5	0.5
硫酸	3				
甲酸				0.5	0.5
柠檬酸一铵		2		2	1
EDTA-NH$_4$			3		3
缓蚀剂	约 0.3	约 0.3	约 0.5	约 0.3	约 0.5
清洗温度/℃	40～60	80～90	100～130	80～90	100～130

当清洗对象为原子能设备时，可首先用高锰酸钾氧化，然后再用柠檬酸-草酸清洗剂清洗，即可消除放射性污染物。

(7) 苹果酸

别名羟基丁二酸，分子式为 $C_4H_6O_5$，相对分子质量为 134.09，结构式为：

$$HOOC-CH_2-CH-COOH$$
$$|$$
$$OH$$

羟基丁二酸为无臭或稍有特殊气味的白色结晶，三斜晶系。分子中含不对称碳原子，有旋光性。左旋体即 L-苹果酸，广泛存在于自然界，是动植物新陈代谢产物，亦是苹果中的主要酸组分。右旋体即 D-苹果酸，仅是一种实验品。用合成法制得的苹果酸是外消旋酸 DL-苹果酸，无光学活性，广泛用作食品酸化剂。光学活性还随溶液稀释度而变化。34%左旋酸溶液在 20℃无旋光性，稀释后开始左旋，而较浓的溶液则右旋。稀释效应是由于溶液中形成一种环氧化合物。

$$HOOCCH_2-HC-C(OH)_2$$
$$O$$

这种构型是左旋的，所以溶液在稀释后开始左旋。熔点：D-苹果酸 98～99℃，L-苹果酸 100～103℃，DL-苹果酸约 130℃。180℃分解。易溶于水、甲醇、乙醇、丙酮，微溶于乙醚。

苹果酸是较强的有机酸。20℃时的解离常数，k_1 为 3.9×10^{-4}，k_2 为 1.4×10^{-5}。水溶剂的 pH 值，0.001%为 3.80，0.01%为 2.80，1%为 2.35。

苹果酸是一种羟基二元酸，能进行许多二元酸、一元醇和羟基羧酸的特征性反应。

在适当 pH 值的水溶液中，苹果酸能与金属离子形成络合物或螯合物，工业上利用这种螯合作用来消除或控制金属离子的催化作用，清除腐蚀产物（如铁锈）和降低金属氧化电势（如电镀）等。苹果酸的螯合性能与金属离子、离子强度与 pH 值相关，但在许多情况下大致与其他羟基酸相当。苹果酸水溶液对碳钢略有腐蚀作用，在正常情况下对不锈钢几乎没有腐蚀作用，对马口铁基本上不腐蚀，其本身又不含氯离子，因而是一种适用范围广泛、安全性能良好的清洗剂。

在日本，由于合成产品价格低廉，从 1970 年起，栗田工业公司已经把苹果酸作为清洗主剂使用。

苹果酸可单独或与其他有机酸配合使用。使用方法类似于其他羟基酸。例如，可采用如下配方：

苹果酸	2%
甲酸	1%
缓蚀剂	0.3%
水	余量

具体操作方法是，把系统充满水并在不断循环下用蒸汽加热到 80～90℃，在继续循环下加入配方量的缓蚀剂并混合均匀，加入配方量的苹果酸并混合均匀，加入配方量的甲酸并混合均匀，在 80～90℃下循环清洗 4～6h。清洗液流速控制在 0.3～1m/s。

7.2.3.4　螯合清洗剂

（1）乙二胺四乙酸

别名乙底酸，EDTA，分子式为 $C_{10}H_{16}O_8N_2$，相对分子质量为 292.25，结构式为

$$HOOC-H_2C \diagdown \qquad\qquad \diagup CH_2-COOH$$
$$N-CH_2-CH_2-N$$
$$HOOC-H_2C \diagup \qquad\qquad \diagdown CH_2-COOH$$

白色、无味、无臭的结晶粉末。其游离态酸及其金属化合物对热非常稳定（在240℃时熔化变质）。几乎不溶于水、乙醇、乙醚及其他溶剂，能溶于5%以上的无机酸。如果用苛性碱中和，可生成一级、二级、三级、四级碱金属盐。

EDTA是螯合剂的代表性物质，在分析化学中应用很广。EDTA可与各种金属螯合或成盐，生成物各有不同的用途。在工业上，EDTA的主要用途之一是作为水处理剂，以防止水中存在的钙、镁、铁、锰等金属离子带来的各种麻烦问题。

当对金属表面进行脱脂清洗时，想要防止钙、镁的磷酸盐、碳酸盐和硅酸盐在金属表面沉积，可向清洗剂中加入EDTA。

1962年，DOW公司的D. M. Blake、J. P. Engle等提出了把EDTA一类螯合剂用于锅炉化学清洗的报告，用作清洗剂的是碱性的EDTA的钠盐。其后，又于1964年提出了使用EDTA铵盐的报告并采用了ACR（Alkaline Copper Removal）法，从而使EDTA清洗法逐渐被掌握和推广。

螯合剂法的缺点是所用的EDTA比有机酸费用高，在经济上不合算。但是，EDTA能在较宽的pH值范围内与金属形成稳定的络合物，所以可在较宽的pH值范围内特别是在碱性条件下使用。还可以根据需要使除氧化铁、除铜和钝化在同一溶液中进行，从而大大缩短清洗时间，大大减少清洗废液排放量。EDTA的分解温度比较高，清洗时可在高温下进行处理，在清洗锅炉时可使用设备本身的燃烧器直接加热清洗。与有机酸相比，螯合剂对设备基体金属相对无害，清洗工程中不生成氢，而且一旦清洗干净，金属一般即可得到良好钝化。

目前，关于螯合剂法的经济性问题尚存在不同看法。

用螯合剂法进行化学清洗时，可采用EDTA钠盐，也可采用EDTA铵盐；可在设备停用期间采用停用清洗法，也可在设备运行期间采用不停用清洗法；当需要除铜时，还可以增加除铜程序，但此时只能采用EDTA铵盐。

当用循环清洗法进行清洗时，可以足够量例如3%～6%的缓蚀EDTA铵盐在系统内循环，清洗温度控制在150℃左右，循环清洗大约6h后，金属表面的氧化铁及腐蚀产物即被除去。

也可采用直接加热法减少临时配管的费用。

例如锅炉清洗，当采用螯合剂法进行停炉清洗时，首先加热锅水温度到135℃左右，熄火，将计量的缓蚀剂投入汽包内并使之与锅水完全混合，然后将3%～6%螯合剂投入锅炉，用氨调清洗液的pH值为7～9。点燃锅炉，将锅水温度加热到163℃左右后熄火，使锅水冷却到135℃。重复加热-冷却的过程，直至清洗液中总铁浓度达到稳定为止。然后，将锅水冷却到82℃左右，向汽水循环系统吹入空气，使铜氧化。当清洗液中铜的浓度达到稳定后即达到除铜程序终点，排出锅炉内的清洗液。

当用螯合剂清洗不停炉时，螯合剂净用量（即螯合剂用量减去给水所消耗的螯合剂量）一般为0.1～0.2mg/L。锅炉运行时，随给水按量加入螯合剂，直至锅水铁含量稳定。此过程大约需要30～120d。

（2）次氨基三乙酸

次氨基三乙酸又叫氮川三乙酸、氨基三乙酸、NTA等，结构式为：

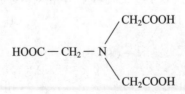

NTA 是白色结晶粉末，易燃，熔点为 240℃（分解），不溶于水和多数有机溶剂，溶于热的乙醇中，可溶于碱，生成溶于水的一级、二级、三级碱性盐。70％的溶液可生物降解。

当作为清洗剂时，NTA 可用来代替 EDTA，其用途详见 EDTA。与 EDTA 相比，NTA 对金属的螯合能力稍差，但由于相对分子质量小，相同质量的 NTA 可比 EDTA 螯合更多质量的金属离子。NTA 的价格也比 EDTA 便宜。

因为合成洗涤剂所用的三聚磷酸盐存在着营养富集化问题，所以被限制使用。于是，作为三聚磷酸盐的替代品，次氨基三乙酸又受到了重视。与 EDTA 一样，本品作为络合剂应用具有如下优点：①生物可分解的能力强；②由于采用丙烯腈生产工艺中所排出的废液氢氰酸为原料，因此成本低；③因其分子小，故可以螯合更多的金属。主要用作洗涤剂组分，可望得到发展。

7.2.3.5　清洗剂的选择

化学清洗成功，清洗剂的正确选择是关键。制定清洗方案时，应根据清洗对象的使用工艺条件、结构特点、构成材料、结垢类型和清洗工程造价选择最合适的清洗剂。表 7-4 列出了常用的无机酸、有机酸和螯合剂等清洗剂的作用、优点、缺点及其限制，可供选择时参考。

表 7-4　常用清洗剂的作用、优点、缺点及其限制

清洗剂	作用	优点	缺点	备注
盐酸	与水垢及腐蚀产物生成可溶性氯化物	费用低，效果好，缓蚀剂易得	挥发，使用不当会腐蚀损坏设备，清洗后易二次生锈	强酸，使用最广的清洗剂，不能用于奥氏体钢
硫酸	可与腐蚀产物生成可溶性硫酸盐	最便宜的酸	搬运稀释不安全，会形成硫酸钙垢	强酸，应限制使用
硝酸	与水垢及腐蚀产物生成可溶性产物	费用较低	挥发，搬运稀释不安全，缓蚀剂仅有 Lan-826 和 Lan-5 两种	强酸，使用不当会损坏设备
氢氟酸	可溶解含硅水垢及腐蚀产物	可提高其他清洗剂的氧化铁溶解速度	挥发，搬运不安全	弱酸，为了安全可用氟化氢铵代替
磷酸	与水垢及腐蚀产物生成可溶性磷酸盐	不挥发，设备清洗后不易二次生锈	费用高，对钙镁水垢溶解效果差	弱酸，应限制使用
氨基磺酸	与水垢及腐蚀产物生成可溶性产物	无氯，固体，不挥发，搬运使用安全	费用高，对氧化铁的作用弱	为增强除锈效果，可与柠檬酸等联用
柠檬酸	与氨和氧化铁生成柠檬酸铁铵	无氯，固体，清洗速度快，废液易处理	费用高，对钙镁水垢无效	弱酸，使用量仅次于盐酸
羟基乙酸及甲酸	可与腐蚀产物生成可溶性产物	无氯，比柠檬酸便宜	费用高，对钙镁水垢无效	常用 2％羟基乙酸与 1％甲酸的混合液
EDTA	与水垢及腐蚀产物生成可溶性螯合物	无氯，清洗液中性或碱性，比用酸安全	昂贵	可实现不停车清洗

7.2.4　清洗缓蚀剂

7.2.4.1　无机缓蚀剂

（1）碘化钾

碘化钾分子式为 KI，相对分子质量为 166.01，是无色或白色立方晶体，无毒、无臭，具浓苦咸味。密度为 3.13 g/cm³。熔点为 681℃。沸点为 1330℃。在湿空气中易潮解。遇光及空气能析出游离碘而呈黄色。在酸性水溶液中更易变黄。易溶于水，溶解时显著吸收热量。溶于乙醇、丙酮、甲醇、甘油和液氨。溶于水，水溶液呈中性或微碱性。微溶于乙醚。

碘化钾常用作钢铁酸洗缓蚀剂或者其他缓蚀剂的增效剂。

当金属表面带正电荷时，不容易吸附阳离子缓蚀剂，这时，可在加入阳离子缓蚀剂的同时加入碘化钾，吸附性强的碘离子也能使阳离子良好吸附。

有机胺是盐酸中钢铁的有效缓蚀剂，但在稀硫酸溶液中的缓蚀效果往往不理想，其原因是在稀硫酸溶液中铁的表面带有正电荷，作为缓蚀剂的阳离子难以吸附。例如，在 $0.5mol/L$ H_2SO_4 溶液中，铁的腐蚀电位是 $-0.28V$（SHE），而铁的零电荷电位，即表面没有任何电荷时的电位是 $-0.37V$（SHE），因而铁的表面带有正电荷，季铵盐对铁的缓蚀效果并不好。此时，若想提高季铵盐的缓蚀效应，可向溶液中添加少量碘化钾。电离生成的碘离子则能够先吸附在带正电荷的铁表面，使铁表面带有负电荷，阳离子即可进一步吸附于铁表面。能被金属强烈吸附的阴离子，例如溴离子、氯离子、硫氢根离子、硫氰酸根离子等也能起到改变金属表面电荷状态的作用。吸附能力较弱的阴离子如硫酸根离子、磷酸根离子、醋酸根离子等，不能起到这种效果。

表 7-5 是几种含有碘化钾的硫酸缓蚀剂及其缓蚀效果。将缓蚀剂组分分别加入清洗液中或者预先混合均匀后一起加入清洗液中，都能起到增加缓蚀效率的作用。

表 7-5   几种含有碘化钾的硫酸缓蚀剂及其缓蚀效果

项目	配方 1	配方 2	配方 3	配方 4
甲醛/%	0.5			
乌洛托品/%		0.5		
高级吡啶碱/%			0.1	
高级喹啉碱/%				0.1
碘化钾/%	0.1	0.1	0.05	0.1
硫酸含量/%	10	20	15～20	5～20
清洗液温度/℃	80	40～100	70	60～25
碳钢缓蚀率/%	99	99	99	99

（2）三氧化二砷

别名砒霜、白砒、信石、亚砷酐，剧毒品。分子式为 As_2O_3，相对分子质量为 197.84。在低温气相时，以六氧化四砷的形态存在，三氧化二砷只存在于高温气相中。温度在 800℃ 以下为 As_4O_6，1800℃ 以上为 As_2O_3。三氧化二砷为白色粉末，无臭，水溶液略带甜味。工业品因所含杂质的不同而呈红色、灰色或黄色。固体为立方晶形、单斜晶形或无定形玻璃体，三者密度分别为 $3.865g/cm^3$、$4.150\ g/cm^3$ 和 $3.738g/cm^3$。一般工业品以立方晶形为主，或为三者混合物，有时亦为无定形玻璃状物。193℃ 升华。熔点为 313℃。沸点为 465℃。溶于水，水溶液呈两性，以酸性为主。溶于盐酸、碱金属的氢氧化物、乙醇及甘油中。常温下稳定，不易被氧化。在碱性溶液中容易被氧化。

三氧化二砷易被还原剂还原成元素砷，即所谓砷镜；也易被氧化剂氧化成砷酸。

砷化合物是稀硫酸、盐酸、磷酸及其他一些酸的有效缓蚀剂。其作用机理是砷化合物中的砷离子在阴极上被还原，生成了致密的砷薄膜，使氢去极化的阴极过程的过电位剧烈地升高。因此，砷化合物缓蚀剂可抑制氢去极化腐蚀（例如金属在酸中溶解时），不可抑制阴极的氧去极化腐蚀。作为酸性介质缓蚀剂，曾广泛用于工业设备的化学清洗和油井酸化处理。使用时，应注意预防中毒，特别是当有可能生成挥发性的剧毒气体砷化氢时。

三氧化二砷可单独用作盐酸、稀硫酸和磷酸等溶液的缓蚀剂。例如，向 0.3％HCl 溶液中加入 0.045％砷（以三氧化二砷的形式），对钢的缓蚀率可达 96％。

三氧化二砷可单独用作不锈钢在盐酸溶液中的缓蚀剂。在 0.3％HCl 和 0.22％NaCl 溶液中，加入 0.5％三氧化二砷，1Cr18Ni9Ti 钢的缓蚀率为 99.8％。在 0.3％HCl 和 10％NaCl 混合溶液中，加入 0.5％三氧化二砷，1Cr18Ni9Ti 钢的缓蚀率为 99.2％。

与某些缓蚀剂配合使用，可获得协同效应：

盐酸	20％～25％
苯胺-乌洛托品缩合物（ПБ-5）	0.8％～1.0％
砷化合物（以 As 计）	0.01％～0.015％
水	余量

将各组分按配方混合在一起，即制成浓的缓蚀盐酸清洗液。这种清洗液可用普通钢制槽车贮存和运输，使用时用水稀释至需要浓度即可。复合缓蚀剂对游离氯和铁盐敏感。当游离氯含量大时，缓蚀剂被破坏；而增加铁盐浓度时，缓蚀剂会和铁盐生成络合物沉淀。因此，要求所使用盐酸中的游离氯含量不应超过 0.1％，三氯化铁含量不应超过 0.01％。

（3）硫氰酸钠

别名硫氰化钠，结构式为 N≡S⁻ Na⁺ ，分子式为 NaSCN，相对分子质量为 81.07。白色斜方晶系结晶或粉末。密度为 1.375g/cm³。熔点为 287℃。在空气中易潮解。对光敏感。易溶于水、乙醇、丙酮等溶剂中。水溶液呈中性。与铁盐生成血红色的硫氰化铁，与亚铁盐无反应。与钴盐反应生成深蓝色的硫氰化钴。与银盐反应生成白色的硫氰化银。与铜盐反应生成黑色的硫氰化铜。与浓硫酸反应生成黄色的硫酸氢钠。

硫氰酸钠常用作酸洗缓蚀剂组分以产生协同效应。可直接作为铜的缓蚀剂加入高氯酸溶液中。例如，向 0.1mol/L HClO₄ 溶液中加入 0.001mol/L NaSCN 时，对钢的最大缓蚀率为 93.7％。极化曲线的测定结果表明，加入硫氰酸钠后，腐蚀电位向负方向移动，阳极极化曲线的塔菲尔斜率增加，硫氰酸根离子抑制了腐蚀反应的阳极过程和阴极过程，这是由于硫氰酸根离子吸附在铜表面以及硫氰酸亚铜在铜表面上的沉积。

若金属表面带正电荷，不容易吸附阳离子缓蚀剂，则可在加入阳离子缓蚀剂的同时加入硫氰酸钠，吸附性强的硫氰酸根离子能使阳离子良好吸附。

为了提高缓蚀效率，硫氰酸盐存在于许多工业酸洗缓蚀剂成品中以及一些专利酸洗缓蚀剂配方中。

如下配方的缓蚀剂在硫酸溶液中对碳钢的缓蚀效率很高：

苯酚	0.3％
甲醛	0.2％
硫氰酸钠	0.1％

按配方向水中加入甲醛、硫氰酸钠、苯酚，每加入一样试剂需混合均匀后再加入另一样。然后，加入需要量的硫酸并混合均匀，在 60～80℃下进行清洗。在此条件下，缓蚀剂对碳钢的缓蚀率大约是 99％。

硫氰酸盐还具有防止高价金属离子腐蚀的作用。化学清洗时，由于腐蚀机理不同，普通酸洗缓蚀剂难以防止高价金属离子对结构金属的加速腐蚀，此时加入硫氰酸盐，就可以将高价金属离子还原为相对无害的离子。

（4）三氯化锑

三氯化锑分子式为 SbCl₃，相对分子质量为 228.11，是无色斜方晶体，有 α、β、γ 三种形态。密度为 3.140g/cm³。熔点为 73.4℃。沸点为 223.5℃。潮解性强，在空气中微发烟，腐蚀性强。三氯化锑溶于水并分解，产物是氧氯化锑。在室温下可溶于无水乙醇，但不分解，加热时能与乙醇反应生成碱式盐。可溶于液体硫化氢、液体二氧化硫等无机液体，也溶于氯仿、二硫化碳、苯、乙醇、丙酮等有机溶剂，以及盐酸和酒石酸溶液。

三氯化锑能与热的浓硫酸反应产生氯化氢和硫酸锑；能被浓硝酸氧化成锑酸；能与碱金属和碱土金属的氯化物反应生成络合物，如 $SbCl_3 \cdot 2LiCl$ 和 $2SbCl_3 \cdot 3CsCl$ 等。还能与多种有机化合物反应。与芳烃和生物碱发生显色反应。

三氯化锑在抑制强酸对铁、钴、镍的腐蚀，加速锌、镉、锡、铬的溶解方面有很突出的效果。因此，三氯化锑缓蚀酸可用来除去铜、铁、镍、钴金属上面的锌、镉、锡、铬等涂镀层。三氯化锑对金属保护的这种选择性与其缓蚀机理有关。在酸溶液中，沉积到金属表面上的锑膜可显著影响氢过电位。锑膜在钢铁表面沉积时，引起氢过电位增加，抑制了氢离子放电的阴极过程，从而减小了腐蚀速度。而在锌等金属表面沉积时，锑膜使氢过电位减小，激发了氢离子放电的阴极过程，因而增加了腐蚀速度。

三氯化锑在浓盐酸中对钢铁也有保护作用。

在用作强酸的缓蚀剂时，三氯化锑可单独使用，也可与某些物质配合使用。在浓盐酸中，三氯化锑与二氯化锡的复合物对钢铁的缓蚀率很高。例如，进行腐蚀试验时，为了从钢铁试片表面除去腐蚀产物而又几乎不腐蚀金属基体，推荐使用如下配方的清洗剂：

浓盐酸	1 L
三氯化锑	20g
二氯化锡	50g

将三种组分按配方混合均匀，即可制得所需要的清洗剂。使用时，在室温下将钢铁试片浸入清洗剂中，一定时间后，即可除去试片表面的水垢和腐蚀产物，暴露出洁净的金属表面。对于同一课题的试验，试片与清洗剂接触的时间应保持一致。

7.2.4.2　有机缓蚀剂

（1）脂肪胺

脂肪胺别名烷胺。可看作是氨的烷基取代物，氨分子的三个氢可逐步地被烷基 R 取代，生成三种不同的胺及四级铵盐，其分子式为伯胺 RNH_2；仲胺 R_2NH；叔胺 R_3N；季铵盐 $R_4N^+X^-$。氨分子的氢原子被 R 取代，因 R 的诱导效应，使 N 负电性增强，N 中的非共用电子对更容易和氢离子结合，所以从理论上讲，胺的碱性应比氨强些。其他因素例如 R 的位阻效应也可能影响胺的碱性。从离解常数看，胺的碱性强弱一般为：

$$(CH_3)_3N > (CH_3)_2NH > CH_3NH_2 > NH_3$$

在常温下，甲胺和乙胺是气体，其他低级胺是易挥发的液体，气味和氨相像，生成的盐及其结晶形状也和氨盐相像。与氨不同的是，胺可以燃烧，胺的盐可溶于乙醇。低级脂肪胺一般都能溶于水及有机溶剂，水溶性随着取代基的增多及烷基中碳原子数目的增多，呈下降趋势。

除此之外，脂肪胺可以进行很多的特有反应，如成盐反应、季铵化、乙氧基化、氰乙基化、氧化、烷基化、酰胺化等，这些都是工业上重要的反应。

脂肪胺用作缓蚀剂时，胺可以看成是氨的烃基取代物。胺中的氮原子有一对非共用电子对，容易和质子结合，因而大都具有碱性，能与酸结合而成盐，能与带负电的金属表面发生物理吸附而成为物理吸附型缓蚀剂。非共轭电子对又能与原子中有空轨道的金属以共价键、配位键结合而成为化学吸附型缓蚀剂。烃基的诱导效应越强，氮的负电性越强，吸附能力也越强。胺的这种特性使它成为最重要的缓蚀剂品种。

在水处理和化学清洗方面，大量高级脂肪胺用作缓蚀剂。阳离子铵基吸附在金属表面从而防止金属被液体和气体浸蚀。最常用的有伯胺和 N-烷基-1,3-丙二胺。典型的油溶性缓蚀剂配方含 N-牛脂基-1,3-丙二胺二油酸盐。

高级脂肪胺虽可直接用作缓蚀剂，但多以季铵盐、醋酸盐和盐酸盐或者氧化胺等衍生物形式使用。这里最重要的衍生物是季铵盐，其用量约占阳离子和两性表面活性剂总用量的 40%。

叔胺的季铵盐类衍生物，如氯化烷基二甲基苄基铵，在清洗和消毒领域有相当重要的地位。它的阳离子性质，使其能牢固地吸附在有机物上，并能附在微生物的细胞壁上且干扰微生物代谢，从而抑制其生长或杀死。也可以采用氯化烷基二甲基苄基铵消灭和防止在游泳池和冷却塔中滋生的藻类。

脂肪胺是盐酸、硫酸、磷酸、柠檬酸等溶液中碳钢的缓蚀剂。其缓蚀能力与相对分子质量和分子结构有关。对一级胺来说，缓蚀效率一般随碳链增加递增，高级胺的缓蚀效果比低级胺好：

$$CH_3NH_2 < C_2H_5NH_2 < C_3H_7NH_2 < C_4H_9NH_2 < C_5H_{11}NH_2$$

叔胺的缓蚀效果一般比仲胺和伯胺好：

$$C_4H_9NH_2 < (C_4H_9)_2NH < (C_4H_9)_3N$$

为了增强缓蚀效果，可利用协同效应，使胺和硫脲、卤素离子等复合。

用作防锈剂时，伯胺效果最佳，叔胺最差：

$$RNH_2 > R_2NH > R_3N$$

但也有例外，如环状亚胺对低碳钢的防锈作用比同相对分子质量的链状胺强。

十八胺是较常用的胺，它和十六胺能有效防止凝结水对钢、铜等金属的腐蚀。它们在金属表面形成疏水性膜，从而将金属同含有氧和二氧化碳的腐蚀性水隔开，其缓蚀效果比吗啉、环己胺等中和胺好。十八胺等高分子胺还能防止含氯化钙的冷冻盐水、含有硫化氢和二氧化碳的酸性水对金属的腐蚀。

脂肪胺可单独用作酸性介质的缓蚀剂。用酸使脂肪胺成盐，用季铵化试剂使之变为季铵盐，用非离子表面活性剂使之乳化或者制成环氧乙烷缩合物，这些方法都可以增加长链胺的水溶性和分散性。例如，在 3.75mol/L HCl 中，缓蚀剂用量为 1.5mmol/L 时，十二胺乙酸盐、十二烷基三甲基乙酸铵、氯化十二烷基三甲基铵对钢的缓蚀率分别为 94.5%、92.8% 和 91.5%。

实际上，为了获得协同效应，多以复合形式使用。例如，十二胺的环氧乙烷缩合物和碘化钾复合，可作为黑色金属在酸中的缓蚀剂。在 80℃ 的 20% H_2SO_4 溶液中，两种化合物各加入 0.02% 时，对钢的缓蚀率可达 99.3%。

烷胺与炔醇复合，可作为黑色金属在盐酸中的缓蚀剂。胺可用含 8～22 个碳的脂肪族一元胺、脂肪族二元胺或脂环族胺。炔醇可用丙炔醇、丁炔醇或己炔醇。两者摩尔比为 1∶（1～4）。在 93.3℃ 的 5%～15% HCl 溶液中，加入 0.01%～0.25% 上述缓蚀剂时，对钢的缓蚀率可达 98.5%～99.5%。

（2）苯胺

苯胺又称阿尼林油、氨基苯。分子式为 C_6H_7N，相对分子质量为 93.13，结构式为：

无色油状液体，易燃，有强烈气味，剧毒，工作环境中苯胺浓度不应超过 0.1mg/m³。曝露于空气中特别是日光下易分解变成棕色。密度为 1.0235g/cm³，熔点为 −6.2℃，沸点为 184.4℃，折射率 $n_D^{20} = 1.5863$，闪点（闭杯）为 76℃，燃点为 530℃。微溶于水，能与醇、苯、醚等混溶。芳香族胺的碱性通常比脂肪族胺弱，化学性质与脂肪胺相似，可发生许多化学反应。

苯胺及其衍生物是钢在盐酸和硫酸溶液中的缓蚀剂，是磷酸溶液中铝铜合金的缓蚀剂。可使苯胺与乌洛托品或醛类缩合，生成缓蚀性能更好的线性醛胺缩合物来降低毒性和提高缓蚀效率。当与乌洛托品缩合时，乌洛托品首先水解生成甲醛，然后再与苯胺反应。但苯胺与乌洛托品的缩合物何以比与甲醛的缩合物缓蚀性能更好，其原因尚不清楚。缩合反应可用下式表示：

$$2nC_6H_5-NH_2 + 2nHCHO \longrightarrow \underset{\substack{| \\ C_6H_5}}{-[N-CH_2}-\underset{\substack{| \\ C_6H_5}}{N-CH_2}]_n + 2nH_2O$$

缩合物是钢、铝在盐酸中的缓蚀剂，随温度和盐酸浓度的升高，缓蚀效率降低。有铁离子存在时，缓蚀剂会逐渐凝聚，原因是它和铁盐反应生成络合物。酸中游离氧含量大时也会破坏缓蚀剂，缩合物可用于设备化学清洗、油井酸化和石油加工过程中。

苯胺可单独用作黑色金属在酸中的缓蚀剂。在 22℃下，向 3mol/L HCl 溶液中加入 0.1％苯胺，对钢的缓蚀率可达 92.4％。在 25℃下，向 10％HCl 溶液中加入 0.5％苯胺，对钢的缓蚀率为 72.7％。

采用苯胺和醛类缩合反应的方法可增强苯胺的缓蚀效果。

摩尔比为 1∶1 的苯胺和丁醛进行缩合反应，将缩合产物作为 10 号钢在盐酸中的缓蚀剂，缓蚀效率随盐酸浓度的增加而增大。当向盐酸中加入 0.5％缓蚀剂时，10 号钢在 1mol/L、3mol/L、5mol/L 和 7mol/L HCl 中的缓蚀率分别为 87.3％、87.5％、91.9％和 97.0％。

摩尔比为 1∶1 的苯胺和癸醛进行缩合反应，将缩合产物作为 10 号钢在盐酸中的缓蚀剂，缓蚀效率随盐酸浓度的增加而增大。当向盐酸中加入 0.5％缓蚀剂时，10 号钢在 1mol/L、3mol/L、5mol/L 和 7mol/L HCl 溶液中的缓蚀率分别为 88.9％、92.0％、95.4％和 97.3％。

苯胺和甲醛或三聚甲醛的缩合反应产物可用作低碳钢在酸溶液中的缓蚀剂。当向 10％HCl 溶液中加入 0.3％缓蚀剂时，对低碳钢的缓蚀率为 95.7％。

使苯胺及其衍生物和乌洛托品进行缩合反应，缩合产物是缓蚀效率很高的盐酸缓蚀剂。详见乌洛托品部分。

为了抑制盐酸对铁和锌的腐蚀，可向盐酸中加入如下配方的缓蚀剂：

二苯胺　　　　　　　0.01％～0.5％
丙酮或甲醇　　　　　适量
乌洛托品　　　　　　0.01％～0.5％

配方中，丙酮和甲醇是二苯胺的溶剂。使用前，将需要量的二苯胺溶解制成丙酮或甲醇溶液，将需要量的乌洛托品溶解制成水溶液。向 18％HCl 溶液中加入二苯胺 0.2％，混合均匀，再加入乌洛托品 0.2％，混合均匀。复合缓蚀剂对钢和锌试片在该清洗液中的缓蚀率分别为 99.2％和 80％。

（3）丙炔醇

丙炔醇别名乙炔基甲醇、炔丙醇。结构式为 $HC\equiv CCH_2OH$，分子式为 C_3H_4O，相对分子质量为 56.06。无色、有挥发性和刺激性气味的液体。熔点为 $-52℃$，沸点为 114℃，相对密度（20℃）为 0.948，蒸气压数据如下：

温度/℃	20	50	80	100	114
蒸气压/kPa	1.55	7.87	29.7	63.3	101.3

能与水、乙醇、醛类、苯、吡啶和氯仿等有机溶剂互溶，部分溶于四氯化碳，但不溶于脂肪烃。长期放置，特别在遇光时易泛黄。能与水形成共沸物，共沸点为 97℃，炔丙醇含量为 21.2％。能与苯形成共沸物，共沸点为 73℃，炔丙醇含量为 13.8％。

炔丙醇分子结构中含有炔键氢原子，伯羟基和三键，因而化学性质活泼，能发生许多种化学反应，如加成反应、聚合反应、氧化反应、缩合反应等。

丙炔醇的主要用途是作缓蚀剂，它能抑制乙酸、磷酸、硫酸和盐酸等对铁、铜和镍等金属的腐蚀，在化学清洗和油井酸化中应用广泛。

丙炔醇、丁炔醇、己炔醇、甲基丁炔醇、甲基戊炔醇、乙炔基环己醇等都可用作缓蚀剂。最常用的是较易得到的丙炔醇。

G. W. Poling 向 65℃ 的 10% HCl 溶液中加入 0.087mol/L 丙炔醇，发现铁表面上的丙炔醇膜的厚度随试验时间的延长而增加（见图 7-2），据此提出了炔系缓蚀剂的聚合膜说。

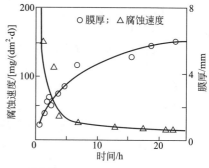

图 7-2　丙炔醇膜的缓蚀性能

具有三键的炔醇在酸性水溶液中吸附于钢等金属表面，最初是吸附性缓蚀剂，经过复杂的反应，在金属表面生成聚合物膜。这种膜能同时抑制腐蚀的阴极和阳极过程，因而缓蚀效率很高。对酸性介质中的钢、硫酸溶液中的镍而言，炔醇都是高效缓蚀剂。它们不仅能降低金属在酸中的腐蚀速度，而且能阻止氢向铁中渗透。若同烷基吡啶氯化物等配合，缓蚀效率则更高。

丙炔醇可单独使用，但与其产生协同效应的物质复合使用可以获得更高的缓蚀效率。

丙炔醇单独用作盐酸缓蚀剂的使用性能如上述。丁炔醇也可单独用作钢在盐酸和硫酸中的缓蚀剂，在 60℃ 的 5mol/L HCl 溶液，当加入量为 0.3% 时，对 10 号钢的缓蚀率为 97.6%；在 60℃ 的 2.5mol/L H_2SO_4 溶液中的缓蚀率为 27.5%。其他炔醇，例如戊炔醇、己炔醇、庚炔醇、壬炔醇及癸炔醇等单独用作酸的缓蚀剂时对钢的缓蚀效率也很高，表 7-6 和表 7-7 分别是向酸中加入戊炔醇和己炔醇时测得的数据。

表 7-6　戊炔醇在酸溶液中对 10 号钢的缓蚀效率　　　　单位：%

酸及其浓度	戊炔醇	25℃	40℃	60℃	80℃	100℃
15%HCl	0.05	72.2		95.0		
	0.1	73.0		96.6		
	0.2	80.8				
	0.3	85.1	94.4	98.2	98.3	82.1
5%H_2SO_4	0.3			70.0		

表 7-7　己炔醇在酸溶液中对 10 号钢的缓蚀效率　　　　单位：%

酸及其浓度	己炔醇	25℃	40℃	60℃	80℃	100℃
5%HCl	0.3	98.7			98.0	
15%HCl	0.05	86.3		98.4		
	0.1	88.6		98.8		
	0.2	92.8		99.6		
	0.3	93.7	97.2	99.8	99.9	99.8
25%HCl	0.3	95.8		99.8		
5%H_2SO_4	0.3			69.7		

为了使炔醇在稀硫酸溶液中的缓蚀效果更好，推荐再加入下列化合物之一：氯化钠、氯化钾、氯化钙、溴化钾、碘化钾或者氯化锌等。

如下配方的复合物在盐酸溶液中对钢的缓蚀效率很高：

丙炔醇　　　　　　　　　0.2%
苯胺与乌洛托品缩合物　　0.5%

向 15％HCl 溶液中加入 0.2％丙炔醇，混合均匀，再加入 0.5％苯胺与乌洛托品缩合物，混合均匀，在保持 80℃下，测得钢的缓蚀率为 99.1％。

如下配方的复合物甚至在 140℃的盐酸溶液中对钢的缓蚀效率仍很高：

己炔醇　　　　　　　　　12％
苯胺与乌洛托品缩合物　　25％
碘化钾　　　　　　　　　1％

将三种组分按配方比例混合均匀，即制得缓蚀剂。向 15％HCl 溶液中加入该缓蚀剂 0.1％，混合均匀，在溶液温度保持在 140℃的情况下，测得钢的缓蚀率为 99.6％。

（4）甲醛

甲醛别名福尔马林，结构式为

$$H-\overset{\displaystyle O}{\overset{\displaystyle \|}{C}}-H$$

，分子式为 CH_2O，相对分子质量为 30.03。最简单的脂肪醛。在常温下，纯甲醛是一种无色气体，有毒，具有强烈刺激性、窒息性气味。气体相对密度为 1.067，沸点为 -19.5℃，凝固点为 -92℃。甲醛气体可燃并能与空气形成爆炸性混合物。着火温度为 300℃。溶于水和乙醇。工业甲醛溶液一般含 37％甲醛和 12％甲醇阻聚剂，沸点为 101℃。甲醛溶液的闪点随甲醛和甲醇浓度升高而下降。

甲醛的化学性质十分活泼，可发生各种类型的化学反应，是一种重要的化学合成中间体。

甲醛的用途之一是用作缓蚀剂。甲醛是黑色金属在酸性介质中的缓蚀剂，可用于化学清洗，也是最早用于石油开采的缓蚀剂之一。甲醛水溶液能有效防止含硫石油的腐蚀，将其加入油井之后，可在井壁金属表面和硫化亚铁相反应，形成的反应产物膜可降低腐蚀。作为黑色金属缓蚀剂，可以把甲醛加入含硫或者含磷、硫抗氧添加剂的润滑油中。向金属中加入少量甲醛可防止金属加工时润滑冷却液或者切削液对黑色金属工件的腐蚀。

甲醛可单独使用，也可作为复合缓蚀剂的组分以起到协同作用。甲醛与硫脲和铜盐的混合物可用作低碳钢的酸洗缓蚀剂。

使甲醛和苯胺进行缩合反应，缩合产物是钢在盐酸中的有效缓蚀剂。向 10％HCl 溶液中加入 0.3％时，该缓蚀剂对低碳钢的缓蚀率为 98.7％。

如下配方的缓蚀剂可在高温盐酸溶液中使用，对钢的缓蚀效率很高：

液氨　　　　0.5％
甲醛　　　　0.5％
铜离子　　　0.02％

按配方向水中加入液氨、甲醛、铜离子，每加入一样混合均匀后再加入下一样，然后加入盐酸直至浓度达到 15％。在 100℃下，缓蚀剂在该溶液中对钢的缓蚀率大约是 99％。

在许多情况下，设备内金属表面沉积的污垢中含有硫化物。当用酸性清洗液清洗时，酸和硫化物反应会生成硫化氢气体，这会带来一系列问题。首先，剧毒的硫化氢气体会损害操作人员健康和污染环境。其次，硫化氢会影响多种酸洗缓蚀剂对结构金属的缓蚀效果。同时，气体在系统中若占据一定空间，就会妨碍清洗液与金属表面接触，影响清洗效果。气体还有可能使循环泵发生抽空现象，导致腐蚀和损坏。向酸洗液中加入甲醛溶液，能够预防或基本防止硫化氢气体排出。采用其他能在酸洗液中溶解或分散的醛类，例如乙醛、乙二醛、β-羟基丁醛、丁醛等添加剂也能得到同样效果，不过甲醛更为理想。

该清洗方法可用的酸包括盐酸、硫酸、磷酸、甲酸、羟基乙酸及柠檬酸等。盐酸和硫酸的水溶液最为理想。酸浓度因需要而异，一般在 4％～40％范围内。清洗液中还可包含其他添加剂，例如有机胺或炔醇等缓蚀剂、醇等助溶剂以及脂肪醇聚氧乙烯醚或烷基酚聚氧乙烯醚等表面活性剂。清洗温度与使用酸种相关，最高温度取决于醛类和缓蚀剂的稳定性，理想的温度通常为 60～71℃。

清洗开始前，先通过试验测定积垢中酸溶性硫化物数量，按 1mol FeS 消耗 2mol HCHO 计算甲醛的理论用量，然后再增加 2mol HCHO 即为醛的实际需用量。

清洗液可在清洗系统内配制。向系统中注入水、缓蚀剂、醛溶液或分散体，随后加入酸循环清洗，即可防止硫化氢危害。

（5）硫脲

硫脲分子式是 CH_4N_2S，相对分子质量为 76.12，结构式为：

$$HN_2-\overset{\overset{\textstyle S}{\parallel}}{C}-NH_2$$

白色斜方或针状结晶，味苦，相对密度为 1.405，溶解度（20℃）为 13.70g/100g 水，熔点为 180℃。可溶于乙醇，几乎不溶于乙醚。150℃时转变为硫氰酸铵。真空下，150～160℃升华，180℃分解。

硫脲可作黑色金属在盐酸、硫酸和磷酸溶液中的缓蚀剂，铜在盐酸中的缓蚀剂，钛在硫酸中的缓蚀剂，也能阻滞钢溶解的阴极反应和阳极反应。前者主要发生在低温下，后者主要发生在高温下。对酸洗金属的机械性能可能产生不良影响（产生酸洗脆性）。衍生物 N,N'-二乙基硫脲、N,N'-二丁基硫脲、二邻甲苯基硫脲的缓蚀性能好而较为常用，与乌洛托品及微量铜离子配合，可提高缓蚀效果。

硫脲的另一大用途是用作铜的溶解促进剂，防止酸洗时发生镀铜现象。

大型发电用锅炉的凝汽器和给水加热器往往使用铜合金制造，当铜合金被腐蚀时，在钢材表面再析出金属铜而结垢。这种金属铜用通常的酸清洗几乎不能去除。这种情况下，若投加硫脲类的铜离子掩蔽剂，可明显改善酸清洗时的除铜效果。

硫脲单独加入酸性介质中作缓蚀剂时，其缓蚀效果见表 7-8。

表 7-8　硫脲在酸溶液中的缓蚀效果

材料	酸种及浓度	温度/℃	硫脲/%	缓蚀率/%
铁	0.25mol/L H_2SO_4	20	0.005	90.0
	0.25mol/L H_2SO_4	20	0.05	98.2
	2.3mol/L H_2SO_4	80	0.1	94.5
钢	10% HCl	25	0.7	73.0
	1.05mol/L HCl	25	0.02	65.4
	1.05mol/L HCl	25	0.05	73.6
	1.05mol/L H_2SO_4	22	0.076	89.5
铜	1.05mol/L HCl	25	0.05	86.4
钛	2.5mol/L H_2SO_4	25	0.023	22～83

一般不单独用作酸洗缓蚀剂，配合适当的其他组分，以期获得协同效果。例如，下述配方缓蚀剂的缓蚀效率很高：

乌洛托品　　0.15%

硫脲　　　　0.075%

铜离子　　　0.003%

按配方量向 5% HCl 溶液中加入缓蚀剂，在 60℃ 下，该配合物对钢的缓蚀率为 99.38%。

酸洗含有铜垢的系统时，若向酸洗液中投加 0.5%～2%（根据垢中铜含量增减）硫脲，则可有效掩蔽铜离子，防止发生镀铜现象。

（6）二乙基硫脲

二乙基硫脲又称促进剂 DETU。分子式为 $C_5H_{12}N_2S$，相对分子质量为 132.23，结构式为：

$$H_5C_2HN - \underset{\underset{S}{\|}}{C} - NHC_2H_5$$

白色或淡黄色粉末，密度为 $1.100g/cm^3$，熔点在 70℃以上，有吸湿性。易溶于乙醇、丙酮，可溶于水，难溶于汽油。它是黑色金属在酸溶液中的高效缓蚀剂，美国采用较多。

化学清洗中，二乙基硫脲的另一大用途是作为铜溶解促进剂。锅炉系统的凝汽器和给水加热器往往由铜合金制成，当铜合金被腐蚀时，在比铜更活泼的钢材表面会析出金属铜而结垢。这种金属铜用通常的酸溶液清洗，几乎不能去除。这时，若加入二乙基硫脲之类的铜离子掩蔽剂，就可以明显改善酸清洗液的除铜效果。

二乙基硫脲可以单独加入酸溶液中用作黑色金属的缓蚀剂，可与氨基磺酸和柠檬酸配合，制成固体清洗剂使用：

氨基磺酸　　　89%

柠檬酸　　　　6%

二乙基硫脲　　5%

将三种组分按配方量混合均匀即得成品。配方中的氨基磺酸对碳酸盐和氢氧化物等类型的水垢溶解能力强，但对铁氧化物的溶解能力弱，与柠檬酸配合则能弥补这个不足，二乙基硫脲则是防止两种酸腐蚀的缓蚀剂。使用时，先将需要量的固体清洗剂溶解成浓溶液，然后再稀释至一定浓度，在 80℃下循环清洗。

若与某些表面活性剂复合使用，可望获得协同效应。

如下配方的缓蚀剂用作黑色金属酸洗缓蚀剂时，缓蚀效率很高：

二乙基硫脲　　　　　　　1kg

烷基胺与环氧乙烷反应物　3kg

将两种组分按配方量混合均匀，即可制得复合缓蚀剂。向 80℃的 $1mol/L\ H_2SO_4$ 溶液中加入该缓蚀剂 0.5%，对钢的缓蚀率可达 99%。

当与季铵盐类表面活性剂复合时，也可获得好的效果：

二乙基硫脲　　　　　　　1kg

季铵盐　　　　　　　　　4kg

将两者混合均匀后，取混合物 0.5%，加入 75～90℃的 $1mol/L\ H_2SO_4$ 溶液中，复合缓蚀剂对钢的缓蚀率可达 99%以上。

下述配方的缓蚀剂在盐酸等酸溶液中的缓蚀效率很高：

乌洛托品　　　　　　　　0.15%

二乙基硫脲　　　　　　　0.075%

铜离子　　　　　　　　　0.003%

按配方量向 5% HCl 溶液中加入缓蚀剂，在 60℃温度下，该配合物对钢的缓蚀率为 99.38%。

当酸洗含有铜垢的系统时，若向酸洗液中投加 0.5%～2%（根据垢中铜含量增减）二乙基硫脲，则可有效掩蔽铜离子，防止发生镀铜现象。

（7）二邻甲苯基硫脲

二邻甲苯基硫脲别名 N,N'-二邻甲苯基硫脲、促进剂 DOTU、邻,邻二甲苯替硫脲、

2,2'-二甲基硫二苯脲，分子式为 $C_{15}H_{16}N_2S$，相对分子质量为 256.37，结构式为：

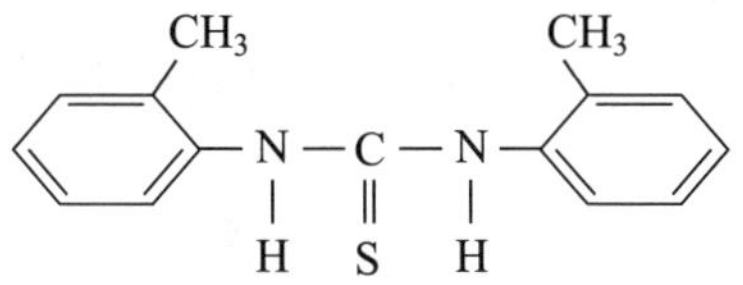

白色至浅灰黄色粉末。熔点在 148℃ 以上。可溶于二甲基甲酰胺、丙酮，微溶于二硫化碳、苯、氯仿，不溶于二甲苯、四氯化碳、乙醇和水。

可作为黑色金属在酸溶液中的缓蚀剂。

可用作化学清洗时的铜溶解促进剂。锅炉的凝汽器和给水加热器往往有铜合金，当铜合金被腐蚀时，金属铜在钢材表面再析出而结垢。这种金属铜用通常的酸清洗法几乎不能去除。若向酸洗液中投加铜离子掩蔽剂二邻甲苯基硫脲，可以明显改善酸清洗液的除铜效果。

可用于天然橡胶、氯丁橡胶，起到促进硫化的作用，其作用与二苯基硫脲极为相似，但比二苯基硫脲焦烧的可能性小。在天然橡胶中与噻唑类硫化促进剂并用，在氯丁橡胶中与2-硫基咪唑啉并用时可快速硫化。

可单独加入酸溶液中使用。例如，在 20℃ 的 0.5mol/L H_2SO_4 溶液中，加入 0.02%～0.1%，缓蚀剂对铁的缓蚀率为 80%～90%。

利用协同效应，可制得缓蚀效率更高的复合缓蚀剂。例如，可采用如下配方：

脂肪醇聚氧乙烯醚	5kg
食盐	52kg
二邻甲苯基硫脲	26kg
淀粉	17kg

按配方量将各组分混合均匀，即制得高效的硫酸酸洗缓蚀剂。

下述配方的缓蚀剂在盐酸等酸溶液中的缓蚀效率很高：

乌洛托品	0.15%
二邻甲苯基硫脲	0.075%
铜离子	0.003%

按配方量向 5% HCl 溶液中加入缓蚀剂，在 60℃ 温度下，该配合物对钢的缓蚀率为 99.38%。

酸洗含有铜垢的系统时，若向酸洗液中投加 0.5%～2%（根据垢中铜含量增减）二邻甲苯基硫脲，则可有效掩蔽铜离子，防止发生镀铜现象。

（8）六亚甲基四胺

六亚甲基四胺别名乌洛托品、促进剂 H、六甲撑四胺、六次甲基四胺。分子式为 $C_6H_{12}N_4$，相对分子质量为 140.19，结构式为：

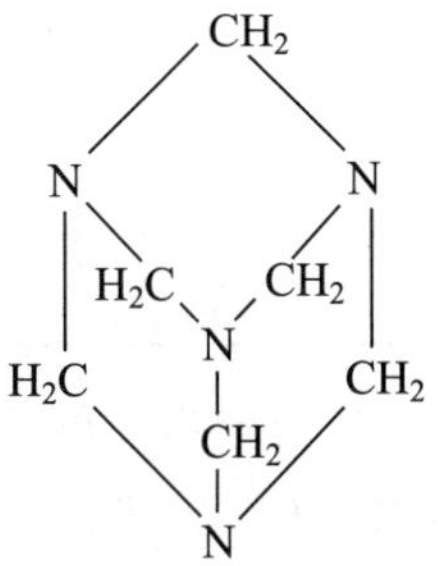

白色单斜晶系晶体。密度为 1.270g/cm³。230℃ 开始升华，263℃ 以上部分分解。无明

确熔点，加压下熔点为 285℃。燃烧时无火焰。微甜无臭。易溶于水、氯仿、甲醇。水溶液 pH 值为 8～9。难溶于四氯化碳、丙酮、苯、乙醚。不溶于石油醚、汽油。吸湿性较强。可燃。对皮肤有刺激性，有中等毒性，刺激皮肤并引起皮炎。大鼠致死量为 1200mg/kg。当溅于皮肤上时，应用大量水冲洗。

乌洛托品是盐酸、稀硫酸、磷酸和乙酸等酸溶液中钢的有效缓蚀剂，是盐酸，稀硫酸溶液中铝及锌的缓蚀剂。它可用于纸厂蒸煮锅防止木材纤维水解析出的有机酸的腐蚀，加入石油和石油产品中防止设备腐蚀以及用作酸洗缓蚀剂等。乌洛托品是表面活性物质，能在一定电流密度下发生还原反应。目前还不清楚乌洛托品或它的酸分解及电还原产物作为酸性介质缓蚀剂的机理。

在酸性介质中，乌洛托品能和许多缓蚀剂复合，产生协同效应。例如，由乌洛托品、硫脲或硫脲衍生物以及铜离子组成的三元混合物是钢在盐酸、硫酸、磷酸和氨基磺酸溶液中的高效缓蚀剂。其作用机理可能是硫脲和铜离子形成的络合物改善了混合物的缓蚀作用，络合物阻滞了阴极腐蚀，乌洛托品则阻滞了阳极腐蚀。

乌洛托品同胺类反应生成的缩合物缓蚀效率很高。它和苄胺的缩合产物是钢在盐酸和硫酸溶液中的高效缓蚀剂，几乎可完全防止钢在氢氟酸和磷酸中的腐蚀。该缩合物遇铁盐时不凝聚，比乌洛托品-苯胺缩合物好。乌洛托品和单乙醇胺的缩合物是钢、铝在盐酸溶液中的缓蚀剂以及钢在中性溶液中的缓蚀剂。

可单独加入作为盐酸酸洗缓蚀剂，用于普通碳钢设备的清洗，推荐用量为 0.8%～1.0%。在 0.1～10mol/L HCl 溶液中，温度为 18℃，加量为 0.14% 时，对钢的缓蚀率为 72.8%～99.5%。其他条件下对钢的缓蚀率见表 7-9。

表 7-9　六亚甲基四胺在盐酸中对钢的缓蚀率　　　　单位：%

乌洛托品/mol	5mol/L HCl		7mol/L HCl		10mol/L HCl	
	20℃	100℃	20℃	100℃	20℃	100℃
0.05	9	36	18	50	33	43
0.1	16	44	25	55	47	45
0.2	27	54	33	65	63	48
0.5	50	70	55	78	83	55

可单独用作钢在硫酸溶液中的缓蚀剂。在 0.75～4mol/L H_2SO_4 溶液中，温度为 18℃，加量为 2% 时，对钢的缓蚀率为 70.8%～89.4%。其他条件下对钢的缓蚀率见表 7-10。

表 7-10　六亚甲基四胺在硫酸中对钢的缓蚀率　　　　单位：%

乌洛托品/mol	2.5mol/L H_2SO_4		5mol/L H_2SO_4		12.5mol/L H_2SO_4	
	20℃	100℃	20℃	100℃	20℃	100℃
0.05	28	30	0	—	18	50
0.1	33	35	10	22	22	60
0.2	40	43	25	44	28	78
0.5	60	70	45	56	50	97

与苯胺、硫脲及其衍生物、吡啶及其衍生物、碘化物等配合使用，可望获得协同效果。与苯胺、硫氰酸盐组成硝酸酸洗缓蚀剂，在浓度低于 17% HNO_3 溶液中不被破坏并具有高效缓蚀作用，中国产品名称为"兰-5"或"Lan-5"，可用于多材质设备的硝酸酸洗，推荐用量为 0.6%。

与苯胺缩合，产物是盐酸酸洗缓蚀剂，其缓蚀率更高，在前苏联工业品名称为"ПБ-5"，中国产品名称为"北京-02"等，可用于碳钢设备的清洗，推荐用量为 1.0%。

与苄胺缩合，产物是钢在酸中的缓蚀剂，几乎可完全防止 3 钢在氢氟酸和磷酸中的腐蚀，遇铁盐不凝聚也不随时间变化。在前苏联工业品名称为"БА-6"。推荐用量为 0.5%。

（9）吡啶

吡啶别名氮（杂）苯；分子式为 C_5H_5N，相对分子质量为 79.1，结构式为：

无色或淡黄色液体，易燃，具有令人讨厌的气味。密度（25℃）为 0.978g/cm³，凝固点为 -42℃，沸点为 115.5℃，蒸气相对密度（空气＝1）为 2.73，闪点（闭杯法）为 20℃，着火点为 482℃。在空气中的爆炸范围为 1.8%～12.5%（体积分数）。折射率 $n_D^{20}＝1.50920$。溶于水、醇、醚和苯，易吸收空气中的水分，与水的共沸点为 92～93℃，共沸物组成相当于 $C_5H_5N \cdot 3H_2O$。吡啶及甲基吡啶可和水及许多有机溶剂混溶，对水的溶解度和臭味随着二甲基吡啶、甲乙基吡啶和侧链碳原子数的增加而减小。吡啶是许多有机化合物的优良溶剂，能与许多无机化合物，如溴化银、硝酸银、氯化铜及氯化亚铜、氯化铁、硝酸铅、醋酸铅等生成导电溶液。

吡啶是芳香族化合物，与苯类似，能生成多种同系物及衍生物。然而，两者也有不同，吡啶能生成三种异构一元取代化合物。例如，甲基吡啶有 3 种异构体，二甲基吡啶有 6 种异构体，三甲基吡啶有 3 种异构体。

吡啶环有 6 个电子芳香族结构，氮原子上的自由电子对与环上的电子不能作用。与碳原子相比，该氮原子的电负性较强，使得分子内的电荷分布不匀称，2 位及 4 位上的电子密度较小。由于 3 位上的电子密度稍高，故芳族的典型亲电子取代反应例如卤代、磺化、硝化等反应主要在 3 位上发生。亲核反应生成 2-、4-及 6-吡啶取代物。如吡啶与氨基钠反应，产物是 2-氨基吡啶。

吡啶及其衍生物是重要的酸洗缓蚀剂品种，是钢在盐酸和硫酸中的良好缓蚀剂。目前影响其工业应用的主要障碍是臭味，虽然已采取了许多方法来消除臭味，但未取得显著进展。尽管如此，在各工业发达国家仍然有含吡啶衍生物的缓蚀剂在市场上流通。

吡啶系季铵盐，可作为黑色金属在酸性介质中的缓蚀剂，其作用机理是在钢表面发生物理和化学吸附，抑制腐蚀的阳极和阴极过程。缓蚀性能与季铵盐的结构和种类相关。它们可用于化学清洗、采油和炼油设备的防腐。

单独加入酸溶液中使用时，吡啶对钢铁的缓蚀效率不够高。在 25℃ 时，向 10% HCl 溶液中加入 0.4% 吡啶，对钢的缓蚀率为 71.4%。在 25℃ 时，向 4.4mol/L H_2SO_4 溶液中加入 1% 吡啶，对钢的缓蚀率为 94%。

用作缓蚀剂的往往是多种吡啶衍生物的混合物。它们是油状液体，具有特殊臭味，易溶于水，呈碱性，可从煤焦油馏分、页岩油柴油馏分及某些工业下脚料例如合成异烟肼的蒸馏残渣中提取。向含有吡啶衍生物的馏分或残渣中加入硫酸或盐酸，由于吡啶类具有碱性，可被抽提出来，然后分去中性油和杂质、用氨或碱中和吡啶盐溶液，即可分离出吡啶。

为提高吡啶的缓蚀效果，可使吡啶或其衍生物与卤代烃作用，制成季铵盐使用。以赤磷为催化剂，棕榈酸与溴反应，生成溴代棕榈酸，然后在醋酸丁酯存在下，与吡啶反应，生成十五烷基吡啶溴化物。当作为盐酸酸洗缓蚀剂时，其缓蚀效果比相应的吡啶好。

制药下脚料、焦化副产物或页岩油油品副产物也可用于制取季铵盐的吡啶衍生物缓蚀剂，卤代烃以卤化苄为好。炼油厂设备防腐用的季铵盐缓蚀剂是由石蜡氯化制得氯代烃，再与副产物吡啶在温度为 $145\sim150℃$、压力为 $1.0MPa$ 的条件下反应，然后用汽油洗去未反应物和杂质，即得到烷基吡啶氯化物：

$$RCl + \underset{N}{\overset{R'}{\bigcirc}} \longrightarrow \left(\underset{\underset{R}{\mid}}{\overset{R'}{\underset{N}{\bigcirc}}}\right)^+ Cl^-$$

当用作季铵化试剂的卤代烃为氯化苄时，所得产品为苄基烷基吡啶氯化物，其缓蚀效果见表7-11。

表 7-11　苄基烷基吡啶氯化物的缓蚀效果

材料	酸种及浓度	缓蚀剂/%	温度/℃	缓蚀率/%
20 号钢	$0.1mol/L\ H_2SO_4$	0.83	20	85.7
	6%HCl	0.05	20	66.7
	6%HCl	0.05	40	50.0
	6%HCl	0.05	60	95.1
	6%HCl	0.05	80	94.9
	6%HCl	0.05	100	95.6
碳钢	$2.5mol/L\ H_2SO_4$	0.5	20	97.0
低碳钢	$20\%\ H_2SO_4$	0.05	80	99.0
1Cr18Ni9Ti	$5mol/L\ HCl$	0.2	室温	83.6

（10）喹啉

喹啉别名氮（杂）萘，苯并吡啶。分子式为 C_9H_7N，相对分子质量为 129.16，结构式为：

$$\underset{N}{\bigcirc\!\!\bigcirc}$$

无色油状液体。在空气中会自然变成暗黑色，有刺激气味。密度（20℃）为 $1.095g/cm^3$，熔点为 $-15℃$，沸点为 $237.3℃$，能从空气中吸收水分。难溶于冷水，可溶于热水、稀酸、乙醇、乙醚、丙酮、二硫化碳。呈弱碱性，在酸溶液中能生成盐。喹啉和喹啉的衍生物显示出芳香烃性质，亲电性的取代反应一般是在比较活泼的苯环上发生。可发生硝化反应、1,2-加成反应、磺化反应、氨化反应、卤化反应、氧化反应及季铵化反应。

喹啉及其衍生物是较常用的酸洗缓蚀剂。作用机理是抑制酸溶液中钢的阳极腐蚀过程，在高浓度用量下曾观察到对阴极过程的抑制作用。

喹啉可单独加入酸溶液中用作酸洗缓蚀剂，但缓蚀效率不够高。为降低成本，一般使用粗喹啉。

喹啉可单独用作钢在盐酸溶液中的缓蚀剂。当向 25℃ 的 10%HCl 溶液中加入 0.8%缓蚀剂时，喹啉对钢的缓蚀率为 86.4%。

喹啉可单独用作钢在稀硫酸溶液中的缓蚀剂。当向 60℃ 的 $0.8mol/L\ H_2SO_4$ 溶液中加入 1.5%～6%缓蚀剂时，喹啉对钢的缓蚀率为 49.4%～84.6%。

粗喹啉是从煤焦油中提取的喹啉碱混合物，其缓蚀效果比喹啉好。当用作硫酸酸洗缓蚀剂时，加入 0.002%就能显出缓蚀作用，加入 0.01%时对钢的缓蚀效率为 84.5%，在 20～100℃温度范围内可保持缓蚀作用。对实际的钢材酸洗来说，$1m^3$ 酸洗液的缓蚀剂加入量为 0.5～1.5kg。

从煤焦油中提取的碱性物质是吡啶碱和喹啉碱的混合物。该混合物是盐酸、硫酸及硫化氢溶液中钢的缓蚀剂。向 10% HCl、10% H_2SO_4 或者 0.0001mol/L H_2S 溶液中加入 0.5% 时，缓蚀剂对钢的缓蚀率分别为 86.8%、86.3% 和 81.8%。

（11）咪唑啉

咪唑啉别名二氢咪唑、间二氮杂环烯。分子式为 $C_3H_6N_2$，相对分子质量为 70.09，结构式为：

$$\begin{array}{c} H_2C - N \\ | \quad\quad | \\ H_2C \quad CH \\ \backslash \quad / \\ NH \end{array}$$

室温下为灰白色至棕黄色的液体、膏状物或固体。具有叔胺的性质。2 位取代基咪唑啉呈强碱性，是低熔点固体，可溶于大多数有机溶剂。咪唑啉最重要的化学性质是可以同季铵化试剂反应生成季铵盐，可以同烷基化试剂反应生成用途广泛的咪唑啉型两性表面活性剂。

咪唑啉及其衍生物是高效的有机缓蚀剂。国外，这种缓蚀剂已在油田、化学清洗和金属防锈中广泛应用。美国在油田使用的有机缓蚀剂中，咪唑啉的用量最大。国外已在油田应用的有效的咪唑啉衍生物有：

① 1-(2-羟乙基)-1-苄基-2-十三烷基咪唑啉亚硝酸盐 ［1-(2-hydroxyethyl)-1-benzyl-2-tridecyl-imidazolinium nitrite］ 既有缓蚀作用，又有杀菌作用，在现场应用效果良好。

② 烷基咪唑啉 （alkyl imidazoline） 用于硫化氢、二氧化碳和水同时存在的油、气井和管道。用量为 20mg/L。美国市场上的商品牌号为 "Covexit 7802"。

③ 咪唑啉季铵盐 不仅有好的缓蚀性，而且具有分散性，能防止沉积物黏附在金属表面上。注水系统用量仅为 1～10mg/L，采油井用量稍大。

④ 1-乙胺-2-烷基-咪唑啉 也是一种优良的有机缓蚀剂。

前苏联用咪唑啉衍生物作缓蚀剂，有含焦硫酸盐的咪唑啉季铵盐。用 1-羟乙基-1-甲基-2-十七烯基咪唑啉季铵盐作泡沫酸的缓蚀剂和发泡剂，用于处理地层，在原苏联鞑靼、巴什基里亚等地区都有应用，成功率高达 92%。

咪唑啉衍生物类缓蚀剂在中国也应用较广泛。

各种咪唑啉衍生物可用作钢在酸性水溶液中的缓蚀剂，例如可用作酸洗缓蚀剂、炼油装置用缓蚀剂和油井缓蚀剂等。

当用作酸洗缓蚀剂时，可将咪唑啉直接加入酸洗液中，例如由 C_9 脂肪酸和 N-羟乙基乙二胺制得的咪唑啉缓蚀剂。在 25～60℃ 的盐酸及盐酸-氢氟酸混酸中，缓蚀剂用量超过 0.1% 时对钢的缓蚀效率很高。该缓蚀剂在 NACE 溶液（含饱和硫化氢的 5% NaCl 和 0.5% CH_3COOH 溶液）中对钢铁的缓蚀效果很好，在酸性气体的环境中，可用于以防止钢铁渗氢和腐蚀。

为从冷却水系统除去沉积的水垢和腐蚀产物，可采用如下配方的清洗剂：

柠檬酸	4000mg/L
硫酸甘油三油酸酯	300mg/L
2-烷基-1-(乙氧基丙酸)咪唑啉钠盐	35mg/L

可以将清洗剂按配方预先配好，使用时直接加入循环水中循环清洗；也可以采用现场配制的方法，先向循环水中加入缓蚀剂，待循环均匀后再加入柠檬酸循环清洗。该清洗剂对钢的腐蚀速度是 0.18mm/a，不加缓蚀剂时，腐蚀速度是 1.03mm/a。

当用作油溶性缓蚀剂时，为了增大咪唑啉的油溶性和防锈性，可将其与有机酸反应生成盐。常用的有机酸有十二烯基丁二酸、油酸、蓖麻酸、烷基酸性磷酸酯等。例如，2-氨乙基十七烯基咪唑啉与十二烯基丁二酸在 140℃ 下反应，即可制得油溶性和防锈性良好的咪唑啉盐：

$$
\begin{array}{l}
N = C - (CH_2)_7 CH = CH(CH_2)_7 CH_3 \\
| \quad\quad | \\
H_2C \quad N - CH_2CH_2NH - C_{12}H_{21} - CH - COOH \\
\ \ | \quad\quad\quad\quad\quad\quad\quad\quad\quad\quad\quad\quad | \\
\ \ CH_2 \quad\quad\quad\quad\quad\quad\quad\quad\quad\quad CH_2COOH
\end{array}
$$

（12）明胶

明胶别名动物胶，分子式为 $C_{102}H_{151}O_{39}N_{31}$（实验式），属于天然蛋白质，由各种氨基酸组成，分子结构复杂，无固定结构，也没有固定的相对分子质量，一般在 $1.5\times10^4 \sim 25\times10^4$ 之间。X 射线衍射研究表明，明胶由许多根定向的或紊乱的肽链高度聚合而成，其分子的结构，一般以下式表示：

$$
\begin{array}{c}
COOH \\
| \\
H_2N - C - H \\
| \\
A
\end{array}
$$

（A 为大分子）

以简单工艺制得的明胶产品，颜色较深，含有杂质，称为骨胶。将骨胶进一步精制，可得到透明、浅色或无色的精制品，称为明胶。骨胶机械强度较高，能吸收水分并发生溶胀。骨胶可吸收本身质量 $5\sim10$ 倍的冷水，变成一种有弹性的胶冻，将胶冻加热到 35℃ 以上，骨胶的聚合大分子就会发生断裂形成较小的分子，继而逐渐溶解形成胶液。若继续冷却，胶液又凝结为胶冻。明胶无特殊臭味、无挥发性。易吸水变软，易溶于热水，不溶于乙醚、甲醇、乙醇、氯仿、丙酮等有机溶剂中，但可溶于有机酸中，如甘油、乙酸、水杨酸和苯二甲酸等，还可溶于尿素、硫脲、硫氰酸盐以及浓度较高的溴化钾和碘化钾溶液中。明胶对胶体、悬浮液具有保护作用。干胶一般含水分在 16% 以下，密度为 $1.370g/cm^3$。

动物胶分子中含有氨基和羧基，因而具有酸和碱的双重性质。在酸性介质中，分子离解为阳离子而带正电荷。在碱性介质中，分子则离解为阴离子而带负电荷。在某一特定的 pH 值下，其离子所带正电荷与负电荷恰好相等，溶液呈电中性，此时溶液的 pH 值称为等电点。骨胶的等电点大约是 $4.5\sim5.0$。

动物胶和磺化动物胶是最早发现及应用的酸用缓蚀剂之一。随着性能更好的合成缓蚀剂的开发，其使用量逐渐减少，但近年来仍有作为缓蚀剂组分之一与其他物质复合使用的报道。

动物胶单独用作酸洗缓蚀剂时，缓蚀效率不够高（表 7-12）。

表 7-12　动物胶在酸溶液中对钢的缓蚀效率　　　　单位：%

缓蚀剂	0.005	0.01	0.05	0.07	0.10	0.30	0.50
3.0mol/L H_2SO_4,20℃			68.7	80.7	85.2	90.6	95.5
2.8mol/L HCl,20℃				61.5		58.3	64.2
15%HCl,18℃	37.8	41.8	57.8	67.7			

动物胶可作为盐酸中铝铜合金的缓蚀剂。当加入量为 1% 时，缓蚀效率可达 81%，且粗品比明胶好。

与某些物质复合使用，可产生协同效应。例如，当用 EDTA 或者柠檬酸清洗工业设备时，可以使用明胶和苯并咪唑复合物作为缓蚀剂：

EDTA　　　　　　　　　　10%

氨	调 pH 值至 4.8
粗明胶	0.25％
苯并咪唑	0.25％

在系统水循环下，按配方加入预先溶解好的粗明胶和苯并咪唑浓溶液，循环均匀，加入 EDTA 并循环均匀，用氨调 pH 至 4.8，在清洗液温度为 90～95℃下循环清洗直至终点。在此条件下，低碳钢的腐蚀速度为 $0.55 \text{ g}/(\text{m}^2 \cdot \text{h})$。而当分别以明胶和苯并咪唑作为缓蚀剂时，低碳钢的腐蚀速度为 $1.99 \text{ g}/(\text{m}^2 \cdot \text{h})$ 和 $3.17\text{g}/(\text{m}^2 \cdot \text{h})$。

7.2.4.3　缓蚀剂的选择

（1）清洗缓蚀剂应具备的性能

为了降低甚至避免清洗剂腐蚀金属设备，化学清洗时必须向腐蚀性清洗液中加入合适的缓蚀剂。

化学清洗用的缓蚀剂应当具备下述性能：

① 不能降低清洗速度及清洗质量；

② 添加少量就能把金属的腐蚀速度减至很小甚至完全阻止腐蚀；

③ 加入后，金属不产生孔蚀等局部腐蚀现象；

④ 缓蚀剂的加入不影响金属的机械性能或者能够减小清洗剂对金属机械性能的不良影响；

⑤ 缓蚀剂应能保护所清洗的所有材料，包括焊缝材料以及异种金属的接触部位；

⑥ 缓蚀剂应能经受清洗剂方面的多种条件的变化，例如清洗剂浓度、温度的变化，清洗过程中介质的变化以及添加的各种助剂不会显著影响缓蚀性能；

⑦ 缓蚀剂不会随清洗时间的延长逐渐失效；

⑧ 缓蚀剂应低毒、无恶臭，以保障操作人员的健康和便于废液排放。

（2）中性、碱性清洗缓蚀剂

在中性和碱性清洗剂中，应用最广的缓蚀剂是磷酸盐、聚合磷酸盐、硅酸盐、亚硝酸盐、铬酸盐和重铬酸盐、苯甲酸盐、单乙醇胺、三乙醇胺以及由它们组成的混合物。若采用有机溶剂，则可加入硬脂酸盐、石油磺酸盐等油溶性缓蚀剂。上述缓蚀剂对钢铁等金属缓蚀作用优良。若清洗的金属中有铜及其合金，可以苯并三唑为缓蚀剂。若采用三氯乙烯等有机溶剂，还应另外加入有机胺例如三乙胺作为稳定剂，以防止溶剂析出盐酸对金属造成腐蚀。

（3）酸洗缓蚀剂

缓蚀剂与清洗用酸的种类相关，清洗用酸不同，缓蚀剂也不同。表 7-13 是部分盐酸和硫酸酸洗缓蚀剂品种及其缓蚀性能。一般来说，硫酸酸洗缓蚀剂可采用有机胺和卤离子复合物、炔醇、硫脲衍生物、杂环化合物、乌洛托品衍生物、二硫代氨基甲酸酯等。盐酸酸洗缓蚀剂可采用有机胺、乌洛托品及其与苯胺等的缩合物、吡啶衍生物、聚酰胺等。磷酸、氨基磺酸、柠檬酸等的酸洗缓蚀剂通常与硫酸缓蚀剂组成接近。硝酸酸洗缓蚀剂已获工业应用的只有 Lan-5 和 Lan-826 两种。Lan-826 缓蚀剂几乎在各种清洗用酸中都适用（表 7-14）。对各种酸洗液中铜及其合金的缓蚀，多采用苯并三唑。为了防止清洗过程中高价金属离子的腐蚀，可加入还原剂例如氯化亚锡、葡糖酸钠等，氟化氢铵也有一定效果。

表 7-13　部分盐酸和硫酸酸洗缓蚀剂品种及其缓蚀性能

清洗主剂	浓度/%	温度/℃	缓蚀剂品种及用量	碳钢缓蚀率/%
盐酸	10～15	90	0.4％丙炔醇	高效
	15	80	0.2％丙炔醇,0.5％苯胺与乌洛托品反应物	99
	5～15	90	0.01％～0.25％炔醇与有机胺反应物	99

续表

清洗主剂	浓度/%	温度/℃	缓蚀剂品种及用量	碳钢缓蚀率/%
硫酸	15	100	0.5%液氮,0.5%甲醛,0.02%氯化铜	99.8
	5~15	25	0.5%苯胺与乌洛托品反应物	90~95
	10	25	0.3%苯胺与甲醛反应物	98
	5~20	60	0.5%烷基苄基吡啶氯化物	99
	5~25	25	0.6%乌洛托品,0.02%氯化铜	99
	15	60	0.15%乌洛托品,0.07%硫脲,0.005%铜离子	99
	15	130	0.8%乌洛托品,0.4%高级吡啶碱,1%硫酸钠	高效
	5~15	60	0.5%~1%松香胺	高效
	5~15	80	0.1%~0.5%二邻甲苯硫脲	高效
	10~20	60~80	0.5%二丁基硫脲,0.25%壬基酚聚氧乙烯醚	高效
	5~20	20~80	0.5%乌洛托品与苄胺反应物	96~99
	20	40~100	0.5%乌洛托品,0.1%碘化钾	99
	10	60	0.15%乌洛托品,0.1%硫脲,0.005%铜离子	99
	5~20	40~90	0.3%喹啉碱,0.1%氯化钠	99
	10	80	0.3%苯酚,0.2%甲醛,0.1%硫氰酸钠	99

总用量不变，配合适当的缓蚀剂混合物的缓蚀效果明显超过各个组分单独使用的缓蚀效果，这就是缓蚀剂的"协同效应"。工业上使用的缓蚀剂大都是一些具有协同效应的物质混合物。

（4）多用型酸洗缓蚀剂

Lan-826 缓蚀剂是一种多用型酸洗缓蚀剂，由我国首创，也是近几十年来我国应用最为广泛的一种酸洗缓蚀剂。该缓蚀剂已于 1985 年获国家发明奖三等奖。该缓蚀剂的问世大大简化了复杂的酸洗缓蚀剂选择问题。

Lan-826 缓蚀剂是一种淡黄色液体，气味小，毒性低，由噻唑衍生物、表面活性剂等 11 种成分组成。在各种清洗用酸中，其推荐用量和缓蚀性能如表 7-14 所示。

表 7-14　Lan-826 缓蚀剂在各种清洗用酸中对 20 号钢的缓蚀效果

序号	清洗剂	酸浓度/%	温度/℃	Lan-826/%	腐蚀率/(mm/a)	缓蚀率/%
1	柠檬酸一铵	3	90	0.05	0.31	99.6
2	柠檬酸一铵-氟化氢铵	1.8~0.24	90	0.05	0.39	99.3
3	氢氟酸	2	60	0.05	0.69	99.4
4	盐酸	10	50	0.20	0.74	99.4
5	硝酸	10	25	0.25	0.13	99.9
6	硝酸-氢氟酸	8~2	25	0.25	0.24	99.9
7	氨基磺酸	10	60	0.25	0.46	99.7
8	羟基乙酸	10	85	0.25	0.38	99.4
9	羟基乙酸-甲酸-氟化氢铵	2.1~0.25	90	0.25	0.74	99.2

序号	清洗剂	酸浓度/%	温度/℃	Lan-826/%	腐蚀率/(mm/a)	缓蚀率/%
10	EDTA	10	65	0.25	0.16	99.2
11	草酸	5	60	0.25	0.40	96.4
12	磷酸	10	85	0.25	0.93	99.9
13	乙酸	10	85	0.25	0.52	98.9
14	硫酸	10	65	0.25	0.67	99.9

目前，国内外生产的酸洗缓蚀剂都需要经过严格的选择，这对用户选择、采购、保管和使用缓蚀剂带来很多麻烦，而且，一旦误用，就可能造成重大损失。Lan-826 首创了多用型酸洗缓蚀剂品种，它能在各种化学清洗用酸——包括氧化性酸和非氧化性酸、多种无机酸和多种有机酸中缓蚀效果都很显著，并具有优良的抑制渗氢和抑制三价铁加速腐蚀的能力。酸洗金属不会产生孔蚀。作为硝酸缓蚀剂，Lan-826 是当前最优秀的品种；作为氨基磺酸、羟基乙酸、草酸、EDTA 等的缓蚀剂，Lan-826 是中国目前唯一的品种；作为硝酸-氢氟酸缓蚀剂，Lan-826 亦是独一无二的。

选用适当的酸液配合 Lan-826，可清洗碳钢、不锈钢、铝铜有色金属及其不同材料的连接结构，例如各种类型的蒸汽锅炉、热水锅炉、直流锅炉、各种贮器、反应器、废热锅炉、各种换热器、水冷却夹套、冷冻机、空调系统及家用器皿等。经化肥、化纤、橡胶、制药、动力、机械、造纸、机修、食品及服务等行业和部门的工业应用证明：Lan-826 用量小，费用低，效果好；一剂多用，管理容易，使用安全，操作简便，应用范围广泛；在维护设备安全，恢复设备原有性能，延长设备使用寿命和节能等方面效果显著。

化学清洗开始前，根据设备结构、材料和污垢类型选择清洗剂和清洗条件以及备料，然后选择合适的清洗方式并设计安装临时管线。酸洗阶段的操作步骤为：加入计量的水→加入推荐量的 Lan-826→加入计量的酸→按常规化学清洗规程进行清洗。

使用 Lan-826 的优点如下。

（1）便于工厂选择最合适的清洗剂

清洗剂的正确选择是保证化学清洗成功的关键。在开始化学清洗前，要根据设备使用的工艺条件、结构特点、构成材料、污垢成分和污垢溶解试验的结果，选择最合适的清洗剂。表 7-14 是现代大型化工厂的例子。显然，也必须考虑能否得到相应的缓蚀剂，这就是说，清洗剂选择也与缓蚀剂有关。而多用型的 Lan-826 给工厂选择合适的清洗剂带来极大方便，只要备有这一种缓蚀剂，清洗剂就可以自由选择。另外，即使工厂能够得到所需的各种缓蚀剂，这些缓蚀剂在采购、运输、保管和使用上也比单一的 Lan-826 麻烦得多。

Lan-826 也使得用户就地取材，选择价廉易得的清洗剂成为可能。例如，当设备结构材料为碳钢，并且结有碳酸钙型垢时，用硝酸和盐酸清洗都是有效的，此时，那些容易得到盐酸的单位可选用盐酸，而容易得到硝酸的单位选用硝酸，成本就相对较低。

（2）适用于硝酸-氢氟酸清洗

不锈钢表面上的氧化物难以用一般方法除去，此时可选用硝酸-氢氟酸为清洗剂。而对于硅质污垢的清洗，也要向硝酸中加入氢氟酸才能奏效。

由于没有适合的缓蚀剂，硝酸-氢氟酸清洗剂在过去仅用于纯不锈钢设备的清洗。Lan-826 在硝酸-氢氟酸中对碳钢和不锈钢的高效缓蚀性，才使得硝酸-氢氟酸清洗碳钢和不锈钢组合设备的工艺得以实现。

甘肃、山西、湖北、安徽、浙江等地许多锅炉结有硅质硬垢，这种垢难以用盐酸、硝酸等清洗剂除掉，采用硝酸-氢氟酸加 Lan-826 清洗却能得到满意的效果。显然，Lan-826 也为锅炉的化学清洗增添了新的清洗剂品种。

（3）适用于多材质设备的清洗

包含有不锈钢部件的工艺设备不宜用盐酸清洗，在用盐酸清洗这类设备之前，必须移开或隔离体系中的不锈钢部件。然后，分别用盐酸和不含氯离子的清洗剂清洗碳钢和不锈钢，整个过程就变得复杂且耗时，而且，大部分设备是无法隔离的。

多用型的 Lan-826 轻松解决了多材质设备的清洗问题，许多大型化工厂已将 Lan-826 用于大型不锈钢-碳钢组合工艺设备的化学清洗。维尼纶厂用 Lan-826 也解决了不锈钢-碳钢组合设备的化学清洗问题，并将其作为一道不可缺少的工序。

最典型的例子是 Lan-826 用于清洗某厂由不锈钢、碳钢、铜、铝等九种牌号的金属组成的设备。用酸加 Lan-826 清洗后，设备恢复了原有性能，酸洗过程仅花了 2h。

在各种工业，特别是与化工过程有关的工业中，这种多材质金属组合制成的设备十分普遍，我国引进的大型化肥、化纤装置，大部分换热设备都是由不锈钢、碳钢等金属组合而成的，因此，多材质设备化学清洗问题的解决，无疑具有重要的实际意义。

（4）缓蚀性能好

在现场条件下，不同单位的设备和污垢成分是不同的，使用的酸种、酸浓度、温度、酸液流速亦不尽相同，清洗时间短至 2h，长至 50h，化学清洗工艺和操作技术也不大一样，甚至腐蚀试片的加工和处理也有出入，以致在各种因素的交错影响下，很难从腐蚀数据清楚地区分某一因素对腐蚀的影响程度。但是，在所有情况下，Lan-826 都有效地保护了金属，在酸洗时，金属都没有出现孔蚀。表明 Lan-826 具有很强的现场适应能力。

（5）酸洗操作安全

酸洗操作中误用缓蚀剂是最大的不安全因素，一旦误用，就可能带来严重的后果。Lan-826 的多用性使这个问题得到了很好的解决。同时 Lan-826 气味小、毒性低，对操作人员的正常操作和环境保护都是有利的。

Lan-826 能适应现场的各种变化，使用 Lan-826 时没有特殊的要求和规定，只要遵守一般的化学清洗操作规程就行了。因此，现场人员很容易接受和掌握 Lan-826 的使用方法。

总之，对每一项化学清洗工程，必须合理地选择清洗剂、缓蚀剂及清洗工艺。在化学清洗期间，必须采取相应的安全措施。为保障清洗对象和清洗操作人员的安全，各工业国都规定，化学清洗必须在有经验的技术人员指导下进行。

7.2.5 润湿剂

7.2.5.1 非离子表面活性剂

（1）壬基酚聚氧乙烯醚

壬基酚聚氧乙烯醚别名乳化剂 OP。分子式为 $C_{35}H_{64}O_{11}$，相对分子质量为 660.89，结构式为 C_9H_{19}—C_6H_4—$O(CH_2CH_2O)_nH$（$n=10$）。

壬基酚聚氧乙烯醚为非离子型表面活性剂，对硬水和酸、碱、氧化剂都较稳定，可溶于四氯化碳、乙醇、丁醚、全氯乙烯、甲苯等。引入的乙氧基数目（n）对产品的表面活性、溶解性及其他物化性能会产生重大影响。表 7-15 列出了壬基酚聚氧乙烯醚的乙氧基数目与其亲水亲油平衡值（HLB）、浊点及溶解性的关系。乙氧基数目少者 HLB 值小，浊点低，亲油性强，可溶于煤油、矿物油，不溶于水及乙二醇。乙氧基数目多者亲水性强，可溶于水、乙二醇，而不溶于煤油及矿物油。化学清洗时常用的 n 等于 10 的产品（商品名乳化剂 OP-10）。其外观为淡黄至黄棕色膏状物，可溶于各种硬度的水中。1%水溶液的浊点在 75℃以上。具有匀染、乳化、润湿、扩散等性能。

表 7-15　壬基酚聚氧乙烯醚的乙氧基数目与其 HLB、浊点及溶解性的关系

n	HLB	浊点/℃	油溶性(矿物油)	水溶性
1	3.3	<0	极易溶解	不溶
4	8.9	<0	易溶解	稍微分散
5	10	<0	可溶解	白色乳浊分散
7	11.7	5	稍难溶	分散乃至溶解
9	12.9	54	难溶乃不溶	易溶解

　　壬基酚聚氧乙烯醚的适用范围、表面活性（即能降低表面张力）与其洗涤性、润湿性、渗透性、乳化性、分散性和增溶性有关。其表面活性取决于引入的乙氧基数目，数目不同，用途也不同。

　　壬基酚聚氧乙烯醚可以和阴离子型、阳离子型表面活性剂混合使用。在化学清洗中，主要用作脱脂程序中的润湿剂。油脂成分在酸液中同水几乎不溶合，即使在碱溶液中也相当难溶解。为了加快乳化、强化油脂成分同碱溶液的互溶，可使用乙氧基数目为 7～10 的非离子表面活性剂壬基酚聚氧乙烯醚作为润湿剂。下述配方可供进行脱脂清洗时选择：

氢氧化钠　　　　　　　　　　　　0.1%～0.3%
碳酸钠　　　　　　　　　　　　　0.1%～0.3%
壬基酚聚氧乙烯醚（OP-10）　　　 0.05%～0.2%

　　按配方量将各组分溶于水中，在 50～60℃下循环清洗 6～8h，即可除去系统内的油污。

　　为加快酸清洗液在硬质致密水垢中的浸透，也可使用壬基酚聚氧乙烯醚之类的非离子表面活性剂。对盐酸酸洗来说，向酸洗液中添加 0.5% 以下的 OP-10，即可加速除锈过程。

　　也可用壬基酚聚氧乙烯醚直接作为酸洗缓蚀剂组分。例如，如下配方的缓蚀剂可在硫酸溶液中使用：

二丁基硫脲　　　　　　　　　　　0.5%
壬基酚聚氧乙烯醚（OP-10）　　　 0.25%

　　将两种组分按配方混合均匀，使用时直接加入清洗液中。在 60～80℃ 的 10%～20% 硫酸溶液中，缓蚀剂对钢的缓蚀效率很高。

　　下述配方的缓蚀剂可用于大型锅炉的氢氟酸清洗：

烷基吡啶氯化物　　　　　　　　　0.02%
硫脲　　　　　　　　　　　　　　0.02%
2-巯基苯并噻唑　　　　　　　　　0.03%
壬基酚聚氧乙烯醚（OP-15）　　　 0.05%

　　将各组分按配方混合均匀，然后加入氢氟酸中混合均匀，制得浓的氢氟酸清洗液。将浓清洗液用脱盐水稀释成 1%～2%HF 溶液并加热到 50～60℃，以大约 0.5m/s 的流速注入系统，流过预先设定的路线后从出口排放。该缓蚀剂对系统中的碳钢、不锈钢和其他合金都有较好的缓蚀效果。

　　下述配方的清洗剂可用于清除钢铁表面的腐蚀产物：

磷酸　　　　　　　　　　　　　　3%～4%
壬基酚聚氧乙烯醚（OP-7）　　　　0.1%
2-巯基苯并噻唑　　　　　　　　　0.02%

　　按配方配制清洗液并将其注入设备，在大约 100℃ 下循环清洗，即可除去钢铁表面的氧化铁而有效保护基体金属。该清洗剂亦可用于钢材和其他钢制品除锈。

（2）脂肪醇聚氧乙烯醚

脂肪醇聚氧乙烯醚别名平平加 O、匀染剂 O。化学式为 $R(C_2H_4O)_nC_2H_5O$，结构式为 $R—O—(CH_2—CH_2—O)_n—CH_2CH_2OH$ 或 $R(CH_2CH_2O)_n—CH_2CH_2OH(R=C_{12}\sim C_{18}$ 烷基，$n=15\sim16)$

脂肪醇聚氧乙烯醚是 1970 年以来发展较快的非离子型表面活性剂。其亲水性和亲油性取决于分子内亲水基和疏水基结构单元的数目。当疏水基中的碳链长度为 m 个碳而乙氧基数目 n 为 $0\sim m/3$ 时，脂肪醇聚氧乙烯醚不溶于水但有良好的油溶性。当 n 为 $m/3\sim m$ 时，产品在油及水中都能适度溶解。当 $n>m$ 时，水溶性很大而油溶性极小。化学清洗中常用的是 R 为 $C_{12}\sim C_{18}$，n 为 $15\sim16$ 的产品，其外观是白色至微黄色膏状物，10％的水溶液在 25℃时澄清透明，10％的氯化钙溶液浊点在 75℃以上。其生物降解性好，抗硬水性与耐电解质性较佳，并且具有良好的乳化、润湿、分散、增溶、去污等性能。

在化学清洗中，主要用作脱脂时的润湿剂。油脂成分在酸液中几乎同水不溶合，即使在碱溶液中也相当难溶解。为了加快乳化、强化同碱溶液的互溶，在碱洗时可使用脂肪醇聚氧乙烯醚等非离子表面活性剂作为湿润剂。为加快清洗液在硬质的致密水垢中的浸透，在酸洗时也可使用表面活性剂。此外，还可作为某些复合型缓蚀剂的组分之一，起协同作用。

可以和阴离子型、阳离子型表面活性剂混合使用。作为油脂成分的润湿剂，下述配方可供进行脱脂清洗时选择：

氢氧化钠	0.1％～0.3％
碳酸钠	0.1％～0.3％
脂肪醇聚氧乙烯醚（平平加 O）	0.05％～0.2％

按配方量将各组分溶于水中，在 $50\sim60$℃下循环清洗 $6\sim8h$，即可除去系统内的油污。

为了加快酸清洗液在硬质致密水垢中的浸透，可将脂肪醇聚氧乙烯醚之类的非离子表面活性剂直接加入清洗液中。对盐酸酸洗来说，向酸洗液中添加 0.5％以下的平平加 O，即可加速除锈过程。

（3）烷醇酰胺

烷醇酰胺别名净洗剂-6501、椰子酸二乙醇胺缩合物、稳泡净洗剂 CD-110。分子式为 $C_{16}H_{33}NO_3$（$R=C_{11}H_{23}$ 时），相对分子质量为 287.44，结构式为：

$$R—\overset{\overset{\displaystyle O}{\|}}{C}—\overset{\overset{\displaystyle CH_2CH_2OH}{|}}{\underset{\underset{\displaystyle CH_2CH_2OH}{|}}{N}}$$

（R 为以 C_{11} 为主的烷烃链）

随着脂肪酸和醇胺的组成和制法的改变，呈现各种不同的外观。一般为白色至淡黄色的液体或固体。具有润湿、抗静电等性能，是良好的泡沫稳定剂，也有柔软化性能。

烷醇酰胺具有优异的渗透力、洗净性和起泡力，与其他表面活性剂配合使用效果更好；具有分散污垢粒子、分散肥皂及增稠作用，而且对皮肤的刺激性小，是轻垢型液体洗涤剂、洗发剂、清洗剂、液体肥皂、刮脸膏、洗面剂等中性洗涤剂中不可或缺的成分。它是鞋油、印刷油墨、绘图用品和蜡笔等膏霜制品的乳化稳定剂，而且是丙纶等合成纤维纺丝油剂的组分之一，一般用作阴离子表面活性剂的泡沫稳定剂，若与肥皂一起使用，耐硬水性好，还可用作纤维处理剂，使织物柔软。

用作金属表面清洗剂，不仅具有清洗性能，并有一定防锈作用。

油脂成分在酸液中几乎同水不溶合，即使在碱溶液中也相当难溶解。为了加快油脂乳化、强化同碱溶液的互溶，可使用烷醇酰胺等非离子表面活性剂作为润湿剂。也可以和阴离子型表面活性剂混合使用，作为油脂成分的润湿剂。下述配方可供进行脱脂清洗时选择：

氢氧化钠	0.1%～0.3%
碳酸钠	0.1%～0.3%
烷醇酰胺	0.05%～0.2%

按配方量将各组分溶于水中，在 50～60℃下循环清洗 6～8h，即可除去系统内的油污。

此外，为加快酸性清洗液在硬质致密水垢中的浸透，也可使用表面活性剂。例如，一种酸性除垢剂的配方如下：

氨基磺酸	95.8%
缓蚀剂	3.8%
烷醇酰胺	0.4%

按配方及系统垢量计算好各个组分的需要量。向清洗系统中注入水并用泵使之循环，用蒸汽将水加热至 60℃，加入需要量的缓蚀剂、氨基磺酸、烷醇酰胺，每加入一样需循环均匀后再加入另一样，然后循环清洗直至达到清洗干净。也可以将三种组分预先混合均匀，制成酸性除垢剂混合物，使用时直接将其加入循环系统。烷醇酰胺的加入使得酸洗液对碳酸钙垢层的润湿或渗透性增强，从而加快了垢的溶解过程。

7.2.5.2 阴离子表面活性剂

（1）琥珀酸二烷酯磺酸钠

琥珀酸二烷酯磺酸钠别名丁二酸二异辛酯磺酸钠、表面活性剂 1292，美国的商品名为 Aerosol OT，日本的商品名为 Airrol OP。分子式为 $C_{20}H_{37}O_7SNa$，相对分子质量为 445.63，结构式为：

$$ROOC — CH_2CH — COOR$$
$$|$$
$$SO_3Na$$

$$（R 一般为 C_8H_{17}）$$

是无色透明的黏稠液体，易溶于水、低级醇、醚、酮、甲乙酮等亲水性溶剂中，亦可溶于苯、四氯化碳、煤油、石油系溶剂中。1% 的水溶液 pH 值为 5.5±1.0。耐酸性、耐硬水性较好，而且能耐一定程度的弱碱。耐电解质性较差，在添加少量电解质时显示表面活性，但超过一定限度时则会恶化。它在电解质水溶液中的溶解度随金属离子的原子价变化，原子价越高越不易溶解。表 7-16 列出 Airrol OP 在水溶液中的渗透力的测定结果，其测定方法是在 25℃时测定 ϕ12mm×12mm 毛毡片在 Airrol OP 试样中的沉降时间。

表 7-16　Airrol OP 在水溶液中的渗透力　　　　　单位：s

浓度/%	1.0	0.5	0.2	0.1	0.05	0.03	0.01
蒸馏水			0.5	1.5	8.4	18.7	＞60
100mg/L $CaCl_2$			0.6	1.6	4.1	8.1	＞60
5% Na_2SO_4	4.2	3.5	＞60				
5% H_2SO_4	2.8	3.7	＞60				

它已广泛应用在金属制品和设备的化学清洗中。将其掺入肥皂、矿物油系、洗涤粉等去垢剂中，可提高润湿力，使去垢剂渗透于金属表面的所有细小处，发挥良好的去垢性。用于乳化型切削油的洗涤，可使金属屑迅速沉降。用作溶剂去垢剂，可清除输油管、贮槽等的污垢及探知贮槽、装置的泄漏等。

可单独与水配制成脱脂清洗液。也可与其他助剂混合配制成清洗液，清洗效果更好。对冷却水系统预膜前的清洗，推荐使用如下配方的清洗剂：

琥珀酸二烷酯磺酸钠	20kg
异丙醇	30kg
水	50kg

清洗时，首先将冷却塔、冷却水池、冷却设备及管道清理干净，然后向水池和循环水系统中注水，打开循环泵进行循环水冲洗，一边补水，一边排污。若冷却塔设有回水旁路管，清洗时水可以不经过冷却塔。当冲洗水的浊度不再增加时，停止补水和排污，然后把系统水的 pH 值控制在 5.5～6.5，向系统中加入已按配方配制好的清洗剂 50～100mg/L，进行循环清洗。若清洗时有大量泡沫产生，应向系统中加入消泡剂消泡。

系统中加入清洗剂后，循环水的浊度和铁离子浓度会迅速增加，然后缓慢增加直至达到稳定。当浊度连续 3h 不再增加时，清洗工作即告完成。清洗过程大约需要 24h。当系统用清水置换后，即可进行预膜处理。

（2）石油磺酸钠

石油磺酸钠别名烷基磺酸钠、表面活性剂 AS、石油皂。分子式为 RSO_3Na（R 为平均 14～18 个碳原子的直链脂肪族烷基），相对分子质量因 R 不同而变化。结构式为：

石油磺酸钠为白色或淡黄色液体，溶于水而成半透明液体。对酸碱和硬水都比较稳定。有臭味，密度为 $1.090g/cm^3$。本品是不同链长的烷烃（$R=C_{14}～C_{18}$）混合物的磺酸盐，工业品一般为含有盐、水和未磺化油的黏稠液体。不同原料磺化产品颜色不同，以馏分油品为原料的磺化产品呈橙黄色，以原油为原料的呈黑色。在水中的溶解度与平均相对分子质量相关，随平均相对分子质量的增加而减小，随水中含盐度增加而减小。含盐度大于 1% 时，经常会产生盐析现象。温度低于 Krafft 点时，从溶液中解析。能同钙离子、镁离子、铁离子等多价金属阳离子形成不溶于水的石油磺酸盐（石油磺酸钙或石油磺酸镁等）沉淀。若溶液中含有低碳醇，溶解度会大大增加。

在化学清洗中，石油磺酸钠用作脱脂时的润湿剂。油脂成分在酸液中几乎同水不溶合，即使在碱溶液中也相当难溶解。为了加快乳化，强化同碱溶液的互溶，可使用石油磺酸钠等阴离子表面活性剂作为湿润剂，也可以和非离子表面活性剂一起使用，作为油脂成分的润湿剂。

作为油脂成分的润湿剂，下述配方可供进行脱脂清洗时选择：

氢氧化钠	0.1%～0.3%
碳酸钠	0.1%～0.3%
石油磺酸钠	0.05%～0.2%

按配方量将各组分溶于水中，在 60～80℃ 下循环清洗 6～8h，即可除去系统内的油污。

对于未使用过的新建锅炉，在使用前要清洗，为了充分除去附着在锅炉内壁的油脂成分和二氧化硅等污垢，推荐使用如下配方的清洗剂：

氢氧化钠或碳酸钠	0.5%～1.0%
磷酸三钠	0.5%～1.0%
石油磺酸钠	0.05%～0.2%

首先按配方将清洗剂各个组分溶于水中，配制成浓清洗液，然后尽可能均匀地把配制好的浓清洗液随上水逐渐注入锅炉，在炉膛点火加热，进行煮炉。碱煮压力一般为锅炉工作压力的 1/5～1/3，最高压力不应超过 2MPa。对于工作压力低于 2MPa 的锅炉，最高压力不应

超过工作压力。为防止发生锅炉损伤，如疲劳裂纹等，锅炉升温和降温速度不应超过 50℃/h。碱煮升压后的保压时间一般为 12～24h，具体时间应根据化学监测结果确定。

为了使不溶于酸的硬质水垢，例如硅酸盐和硫酸盐等转化为可溶性或酸溶性垢，推荐使用如下配方的清洗剂：

氢氧化钠	1%～5%
碳酸钠	0.5%～2.5%
磷酸三钠	0.5%～2.5%
石油磺酸钠	0.05%～0.2%

配方中氢氧化钠、碳酸钠和磷酸三钠的用量可根据实际水垢的成分调整。当水垢成分以硅酸盐为主时，应加大氢氧化钠的用量，适当减小碳酸钠和磷酸三钠的用量。当水垢成分以硫酸盐为主时，三种组分的用量大小则相反。按调整好的配方将清洗剂各个组分溶于水中，配制成浓清洗液，然后尽可能均匀地把配制好的浓清洗液随上水逐渐注入设备，在 80℃ 以上温度下，使清洗液在系统内循环 10～24h。对于锅炉，也可在 0.5MPa 压力下进行煮炉。具体操作方法如前所述。

7.2.6 钝化剂

经化学清洗，完全溶去了锅炉原有的氧化保护膜，金属表面呈"活化"状态。"活化"的金属表面不仅容易在大气中产生锈蚀，还容易产生其他各种形式的腐蚀。为防止化学清洗后锅炉金属表面产生腐蚀，需要对其进行"钝化"处理，即使用某些药剂处理，使金属表面生成致密、均匀的保护膜，以减缓或消除腐蚀介质对"清洁"金属表面的腐蚀。这种处理通常称为钝化处理，钝化处理使用的药剂称为钝化剂。

关于锅炉化学清洗常用的钝化剂。在缓蚀剂章节已讨论过亚硝酸钠、磷酸钠等无机钝化剂，此处不再赘述。这里仅讨论苯甲酸的性能和应用。

苯甲酸，别名安息香酸。分子式为 $C_7H_6O_2$，相对分子质量为 122.12，结构式为：

苯甲酸是鳞片状或针状结晶，具有苯或甲醛的臭味，易燃，密度（15℃）为 1.2659g/cm³，熔点为 121.25℃，沸点为 249.2℃，在 100℃升华。溶于水、甲醇、乙醇、丙酮、乙醚、苯和氯仿中，在水中的溶解度随温度升高而增大，0℃ 时为 0.17g/100g，95℃ 时为 6.8g/100g。

苯甲酸的化学性质主要取决于苯环和羧基。羧基可发生的反应有：与碱反应生成盐，与醇（如甲醇、丁醇、苄醇等）反应生成相应的酯，在催化剂和脱水剂存在下加热时脱水生成酸酐（常用乙酸酐作脱水剂，磷酸作催化剂），羧基中的羰基与五氯化磷、三氯化磷和亚硫酰氯等氯化剂反应生成苯甲酰氯，羧基中的羟基被氨基取代生成苯甲酰胺（一般由苯甲酰氯与氨反应）。

苯甲酸中苯环上的氢原子可被各种原子或原子团取代，但苯甲酸苯环上的羧基是吸电子基，是间位定位基，能使苯环钝化，因此苯甲酸的磺化、硝化和氯化等取代反应比苯的相应反应要困难，想要克服这种钝化趋势需要加入催化剂和提高反应温度。在金属铂作催化剂的条件下，苯甲酸氢化生成六氢化苯甲酸（环己烷羧酸）。苯甲酸对氧不活泼，但提高温度能发生脱羧反应生成苯和二氧化碳，在苯甲酸铜盐催化下可被氧气氧化生成苯酚和二氧化碳。

苯甲酸及其盐是钢铁在中性含氧水中的缓蚀剂，是醇中铜及黄铜的缓蚀剂，是为数很少的有机钝化剂。当作为钢铁钝化剂时，水溶液中需含溶解氧。它们的优点是无毒，且当用量不足时，不会像铬酸盐和亚硝酸盐那样会导致局部腐蚀。

苯甲酸盐类作为钝化剂使钢铁表面钝化的机理是，当有溶解氧存在，且缓蚀剂在金属表面的覆盖度达到某一最低限度值以上时，电位会向正方向移动，使金属进入钝化态。金属的电位愈正，则为达到最低限度覆盖度所需的缓蚀剂体积浓度愈小。钝化后的金属表面未发现大量苯甲酸盐存在的事实说明，当电位向正方向移动并形成氧化膜时，由于苯甲酸根离子与金属表面结合较弱，它们可被吸附性更强的氢氧根离子、氧原子或者成长着的氧化膜所取代。

苯甲酸可单独用于化学清洗后金属表面的防锈处理。化学清洗后，清洗对象的金属表面暴露出来，呈活化状态。这种状态下的金属，特别是碳钢很容易生锈。因此，在酸洗后需要采取措施使金属表面钝化。为此，可向系统中加入 1 ％苯甲酸水溶液。若需要清洗的是汽车冷却系统，则向清洗干净的汽车冷却系统中加入 1.5％苯甲酸钠就可以防止冷却装置生锈。若该冷却装置中有铸铁，还需同时加入亚硝酸钠，以增强缓蚀效果。根据需要，还可将苯甲酸钠掺入包装纸、胶乳涂料、油漆、切削油和机器油中，来防止与之接触的金属的腐蚀。

为了防止清洗后的列管式碳钢换热器生锈，可将换热器内部用氮气吹干，然后尽可能均匀地放入 $2.3kg/m^3$ 苯甲酸铵。待苯甲酸铵挥发到钢铁表面后，即可防止金属表面腐蚀。最好是把苯甲酸铵制成片剂，装入多孔的塑料袋中，然后放入换热器内。苯甲酸铵只能用于保护干燥的近距离金属。

为了保护清洗后的内燃机冷却系统，可向系统内充满由如下配方缓蚀剂组成的防冻液：

苯甲酸钠	18000mg/L
三乙醇胺	10000mg/L
磷酸二氢钠	6000mg/L
2-巯基苯并噻唑	400mg/L
苯并三唑	600mg/L
氢氧化钠	调 pH 值到 6.5～9.5

配合余量的乙二醇-水，即可由该配方制得长效防冻液，能够长期防止金属腐蚀。在88℃的含有氯离子、硫酸根离子和碳酸氢根离子各 100mg/L 的标准腐蚀水中浸泡 14d 后，加入缓蚀剂时铸铝试片的失重为 $0.03mg/cm^2$，而不加时的失重为 $7.78mg/cm^2$。

7.2.7　其他助剂

（1）氟化氢铵（助溶剂）

常用的助溶剂是氟化氢铵，别名二氟化氢铵、酸式氟化铵。分子式为 NH_4HF_2，相对分子质量为 57.05。是无色或白色透明正交晶系结晶，商品呈片状，略带酸味，密度为 $1.210g/cm^3$，熔点为 125.6℃，沸点为 239.5℃。在空气中易潮解，易溶于冷水，微溶于乙醇，在热水中分解。水溶液呈强酸性。在较高温度下能升华。对玻璃有腐蚀性。

油田进行地层酸化处理时，氟化氢铵和盐酸反应生成氢氟酸，与盐酸间接配成土酸。将其注入井下灰岩时，由于在孔隙表面生成一层氟化钙保护层，这个保护层不溶于盐酸，能保护岩石，使岩石的溶解速度显著降低，增加酸化深度。处理砂岩时，可防止产生由氢氟酸所引起的氟硅酸盐，同时增强了溶解硅化物及井壁泥浆的能力，提高了酸化效果，还减少了地面设备及管线的腐蚀。氟化氢铵助溶剂在美国、前苏联等已广泛应用。

在化学清洗设备时，氟化氢铵主要用作清洗主剂的成分和助溶剂。

具体来说，氟化氢铵可用作化学试剂、玻璃蚀刻剂（常与氢氟酸并用）、发酵工业消毒剂和防腐剂，从氧化铍制金属铍的溶剂、硅素钢板的表面处理剂、布劳恩管（阴极射线显像管）洗净剂、各种金属表面处理剂、铝的消光剂、灯泡内面消光剂，还可用于制造陶瓷和镁合金等。

对硅垢的溶解，除氢氟酸和氟化氢铵之外的各种酸均不起作用。因此，当水垢或腐蚀产物成分中含有硅化合物时，可用氢氟酸或者氟化氢铵同其他酸配合使用。氟化氢铵能提供系统所需要的氢氟酸但比氢氟酸安全得多。同时，向其他酸中加入氟化氢铵之后，会使铁氧化物的溶解速度大大提高。表 7-17 是几种常用含有氟化氢铵的清洗配方。

表 7-17 含有氟化氢铵的清洗配方

清洗配方	浓度/%	温度/℃	缓蚀剂	适用范围
盐酸 氟化氢铵 缓蚀剂	5～10 0.5 0.3	40～60	可用盐酸缓蚀剂	普通钢制设备清除水垢和腐蚀产物
硝酸 氟化氢铵 缓蚀剂	5～10 0.5～3 0.3	20～50	Lan-826	不锈钢及其多材质设备清除水垢和腐蚀产物
柠檬酸 氟化氢铵 氨 缓蚀剂	2 0.25 调 pH 至 3.5～4 0.3	80～90	Rodie31A、Lan-826 等	高压锅炉、不锈钢及其多材质设备清除腐蚀产物
羟基乙酸 甲酸 氟化氢铵 缓蚀剂	2 1 0.25 0.3	80～90	Rodie31A、Lan-826 等	高压锅炉、不锈钢及其多材质设备清除腐蚀产物

酸洗液中加入氟化氢铵之后对金属腐蚀的影响因酸种的不同而不同。在氨基磺酸和柠檬酸清洗液中，钢的腐蚀速度随氟化氢铵浓度的提高而略有减小。在盐酸清洗液中，钢的腐蚀速度在氟化氢铵浓度低时有所增加，而在氟化氢铵浓度较高时趋于稳定。在 $5\%H_3PO_4$ 溶液中，钢的腐蚀速度随氟化氢铵浓度的提高而减小，但在 $10\%H_3PO_4$ 溶液中则相反。

（2）二氯化锡（还原剂）

二氯化锡别名氯化亚锡，分子式为 $SnCl_2 \cdot 2H_2O$，相对分子质量为 225.65，无色单斜晶系结晶，密度为 $2.710g/cm^3$，熔点为 37.7℃。加热至 100℃时失去结晶水。无水二氯化锡密度是 $3.950 g/cm^3$（20℃），沸点为 623℃。在熔点下分解为盐酸和碱式盐。在空气中逐渐被氧化成不溶性氯氧化物。易溶于水、醇、冰醋酸中，在浓盐酸中溶解度大大增加，还可以一水物、四水物的形式存在。

中性水溶液加水易分解，生成沉淀。酸性溶液有强还原性，能将氧化铬（Ⅵ）还原为 Cr^{3+}，Cu^{2+} 还原为 Cu^+，Hg^{2+} 还原为 Hg^+ 和 Hg，Ag^+ 还原为 Ag，Fe^{3+} 还原为 Fe^{2+}。并且可以将硝基化合物还原为胺类。与碱作用生成水和氧化物沉淀，但当碱过剩时，则生成能溶解的亚锡酸盐。

在化学清洗中常用作还原剂。在化学清洗过程中，若酸清洗液中含有三价铁离子和二价铜离子等氧化性离子，氧化性离子将按下式与金属铁反应：

在阳极　　　　$Fe \longrightarrow Fe^{2+} + 2e$

在阴极　　　　$Fe^{3+} + e \longrightarrow Fe^{2+}$

　　　　　　　$Cu^{2+} + e \longrightarrow Cu^+$

但是，需要注意，氧化性离子的腐蚀机理与酸腐蚀的机理不同。投加缓蚀剂一般也不能抑制对钢的这种腐蚀。因此，当清洗液中含有氧化性离子时，钢材的腐蚀则明显加快，缓蚀剂的缓蚀效果急剧下降。为了消除氧化性离子对基体金属的加速腐蚀，可向系统中投加还原剂，将系统中存在的氧化性离子还原成相对无害的低价金属离子。

具体使用方法是，开始化学清洗前，通过对计划使用的原料和欲除去的垢样的成分分析，求出高价金属离子浓度，进而根据化学计量：

$$2Fe^{3+} + Sn^{2+} \longrightarrow 2Fe^{2+} + Sn^{4+}$$

求出二氯化锡的需要量。

也可通过清洗试验求出并验证二氯化锡的投加量。若不投加还原剂，钢材腐蚀与三价铁离子浓度成正比。若投加一定浓度的还原剂，则钢材的腐蚀速度几乎不受三价铁离子浓度的影响，这样就抑制了氧化性离子对钢材的腐蚀。

（3）溴酸钾（铜垢清洗剂）

溴酸钾分子式为 $KBrO_3$，相对分子质量为167，结构式为：

$$\begin{array}{c} O \\ \parallel \\ K-Br=O \\ \parallel \\ O \end{array}$$

白色或无色结晶或颗粒，属于三方晶系，密度为 $3.27g/cm^3$，熔点约为370℃，可溶于水，微溶于乙醇，不溶于丙酮。溴酸钾在水中的溶解度（100mL 水）随温度的变化如下：3.09g/0℃；4.72g/10℃；6.91g/20℃；9.64g/30℃；13.1g/40℃；22.7g/60℃；34.1g/80℃；49.9g/100℃。溴酸钾在常温下稳定，加热至370℃时分解，产生溴化钾和氧气。具有强氧化性，溴酸钾的水溶液为强氧化剂，其固体与有机物、硫化物等易被氧化的物质混合研磨时，能引起猛烈爆炸。

溴酸钾可作不锈钢在硫酸中的缓蚀剂和化学清洗时的铜垢去除剂。中高压锅炉的给水加热器和凝汽器往往由铜合金制成。某些化工设备、换热设备及管道等使用铜及其合金作为结构材料也很常见。由于运行时的腐蚀等原因，含有铜质设备的系统，其污垢成分中往往含有铜。用普通的酸清洗剂清洗时，铜难以被溶解；铜氧化物虽然能够被溶解，但其溶解产物铜离子会沉积到已清洗干净的金属例如钢的表面。含有铜离子掩蔽剂组分的酸清洗剂虽然可防止铜离子的沉积，但却难以溶解已沉积在钢铁表面的铜。在这种情况下，必须采用铜清洗剂及其除铜工序。溴酸钾在铜清洗剂中起氧化剂的作用。

当用作不锈钢在硫酸中的缓蚀剂时，可将溴酸钾直接加入硫酸溶液中。向 5mol/L H_2SO_4 和 10mol/L H_2SO_4 溶液中加入溴酸钾时，缓蚀剂在 40～80℃下对不锈钢的缓蚀率可达95%～97%。缓蚀剂的最佳用量与温度有关，随温度的升高而增加。其缓蚀机理是使阴极过程速度增加，不锈钢的电位向钝化区移动。

化学清洗时采用的铜清洗剂的典型配方如下：

氨　　　　　　　1%～3%

溴酸钾　　　　　0.3%～1%

硫脲　　　　　　0.2%

氨虽然对铜有腐蚀性，但单独用氨清洗时，对金属铜的溶解速度很小，所以需要投加氧化剂溴酸钾和铜离子掩蔽剂硫脲，以促进铜的溶解。铜垢溶解后，生成稳定的铜氨络合物，不会再向钢铁表面沉积。

开始清洗时，向系统中注水，当系统水开始循环时按配方加入铜清洗剂，然后在 40～60℃的温度条件下循环清洗 4～6h，即可除去铜垢。清洗终点应当根据清洗液中铜离子的监测结果而定，当系统中铜离子的溶解量不再增加时即为清洗终点。

该清洗剂对金属铜的溶解速度很快。若清洗系统中有铜质设备，会在铜垢溶解的同时发生严重腐蚀。因此，铜质设备应在清洗前与清洗系统隔开。

过量的溴酸钾对钢的腐蚀也必须考虑在内。为此，系统中溴酸钾的浓度不应超过氨浓度的 1/3。

（4）氨（中和剂）

氨分子式为 NH_3，相对分子质量为 17.03，结构式为：

无色气体，有强烈刺激性臭味，密度为 $7.71g/cm^3$（0℃），熔点为 -77.7℃，沸点为 -33.5℃。易溶于水，溶于醇和乙醚。氨在适当压力下可液化，变成无色液体，并放出大量的热；当压力降低时，则汽化而逸出，同时吸收周围大量的热。因此，液氨可用作制冷剂。液氨在 -79℃时的密度是 $0.817 \ g/cm^3$。有水存在时对铜有较强的化学腐蚀作用，当空气中含有 16%～25%氨时，可能发生爆炸。

氨水（氢氧化铵）是氨的水溶液。工业品为无色液体，是约含 10%～25%氨的水溶液，具有浓重辛辣窒息性气味。密度（25℃）为 $0.90 \ g/cm^3$，熔点为 -77℃。能溶于水，呈碱性，与酸类发生中和反应。有极强的刺激性臭味，对人体眼、鼻及破损皮肤有很强的刺激性。

在化学清洗中，氨主要用作水冲洗时的防锈剂、脱脂清洗时的 pH 调整剂、酸清洗时的络合剂、铜垢清洗剂以及中和剂等。

对于有特殊要求的清洗对象，例如采用全挥发处理的高压锅炉和某些化工设备，在进行水压试验和水冲洗时也要采取防腐措施。为此，推荐如下配方的防锈剂：

氨　　　　10mg/L

肼　　　　500mg/L

先将清洗对象充满加有配方量的防锈剂的除盐水，进行水压试验。水压试验合格后，用循环泵使水循环并加热到大约 90℃，循环冲洗约 24h，直至进出口水的电导率之差不超过 50 μS/cm。

当以柠檬酸为清洗剂时，清洗过程中产生的柠檬酸铁沉淀会影响清洗效果，因而常采用加氨柠檬酸，使铁离子与柠檬酸一铵盐生成溶解度很大的柠檬酸铁铵络合物：

柠檬酸　　　　　　　　　2%～3%
氨　　　　　　　　　　　调 pH 至 3.5～4.0
缓蚀剂　　　　　　　　　约 0.3%
葡糖酸钠　　　　　　　　0.1%～0.3%
氟化氢铵　　　　　　　　0.5%～2%
硫脲　　　　　　　　　　0.5%～2%

配方中前三种组分是必需的，后三种组分可根据需要添加。例如，当水垢中不含硅质成分时可不用添加氟化氢铵，当系统中不含铜质水垢时则可不用添加硫脲。具体使用方法见柠檬酸部分。

对于羟基乙酸等有机酸和 EDTA 清洗来说，若系统中含有铜质水垢，则必须用氨作为清洗剂组分。

氨是溴酸钾铜垢清洗剂不可或缺的组分，详细使用方法见溴酸钾部分。

作为酸清洗后的中和剂，氨的使用量甚至超过氢氧化钠等碱性药剂。最常用的中和钝化配方如下：

柠檬酸　　　　　　　　　0.05%～0.1%

| 氨 | 调 pH 值至 9.5 以上 |
| 亚硝酸钠 | 0.5% 以上 |

中和钝化的目的是使因酸清洗而活化的金属表面生成连续致密的保护膜，以防止被腐蚀。配方中的柠檬酸用于去除水冲洗后留在系统内的腐蚀产物。氨的作用是和柠檬酸及铁离子生成稳定的柠檬酸铁铵络合物，这种络合物在碱性条件下也不会析出氢氧化铁，并将清洗液的 pH 值调整到 9.5 以上。亚硝酸钠的作用是使钢铁表面生成有一定防锈作用的 γ-Fe_2O_3 保护膜。

（5）杂醇油（消泡剂）

杂醇油结构式为 R—O—H，分子式为 RHO，相对分子质量不定，是无色至黄色油状液体，有特殊臭味和毒性。密度（20℃）为 $0.811 \sim 0.832 g/cm^3$。主要含有异戊醇、丁醇、丙醇和庚醇等。

在化学清洗中，杂醇油主要用作消泡剂，具有廉价和高效等特点。

用于化学清洗时，在两种情况下是希望产生泡沫的：一种情况是，当清洗对象的容积特别大而需要清洗的表面积较小时，为了节省清洗剂，采用泡沫清洗方案；另一种情况是，当清洗对象为许多独立的单元，每个单元的体积又比较小，需要在清洗槽中进行清洗时，为了防止酸雾逸出和改善操作条件，采用在清洗液表面形成厚的泡沫层的方案。但在大多数情况下，化学清洗时是不希望有泡沫生成的，因为泡沫有可能妨碍清洗液充满系统的全部空间。对每项化学清洗工程，清洗过程不一定要使用消泡剂，但不可不备用消泡剂。一旦有不希望的泡沫生成，且生成的泡沫有可能影响清洗效果时，即向系统中加入杂醇油之类的消泡剂，直至系统完全恢复正常。

7.2.8　化学清洗的发展趋势

20 世纪 60 年代以来，清洗剂的品种、使用工艺及适用性能均取得了长足的进步，化学清洗在国民经济的各个部门获得了越来越广泛的应用。目前，人们正致力于一些长期不能解决的清洗难题的研究，化学清洗总的发展趋势是清洗剂品种绿色化，清洗工艺清洁化和简单实用化。

（1）关于难溶垢清洗的发展趋势

尿素生产设备工艺在运行过程中所形成的污垢曾经是一大清洗难题，国外在经过长期攻关之后，开发了以 EDTA 为主清洗剂，再加上水合肼、特定缓蚀剂和表面活性剂，用去离子水配制成清洗液，在高温下循环清洗的 EDTA 法。但是该法未能在中国使用，因为某些细节不清、原料价格昂贵以及国产 EDTA 工业品不合要求等。

中国广泛使用的尿素设备清洗法是使 Lan-257C 清洗剂按一定工艺同污垢接触，污垢即被彻底除去的 Lan-257C 法。该法溶垢与 EDTA 法比较有多个优点，清洗速度超过 EDTA 法的 3 倍，清洗费用不到 EDTA 法的 1/3。

对于硅垢和硫酸钙之类的难溶垢的清洗，目前尚未取得突破性进展。

（2）关于清洗剂品种的发展趋势

随着人们环保意识的增强，绿色化学已经成为研究开发的热门课题，并将成为一门消除污染和治理环境的学科。

有希望成为绿色清洗剂的化学品，目前已发现的有无磷、非氮和可生物降解的水溶性聚合物聚环氧琥珀酸和受生物代谢启发而合成的水溶性聚合物聚天冬氨酸两种。研究表明，这两种聚合物对钙、镁、铁等离子具有良好的螯合作用，对污垢粒子具有良好的分散作用。

目前使用最多的酸清洗剂是盐酸，但其清洗废液有可能使有限的淡水资源咸化。在国外，例如美国的一些州，已严格禁止排放盐酸清洗废液。一些研究者预计，将来的趋势是，作为酸清洗剂，柠檬酸用量将很快超过盐酸用量。柠檬酸废液与盐酸废液相比较而言，一是易通过焚烧处理，而盐酸废液的处理则十分麻烦。二是柠檬酸酸洗要比盐酸酸洗的废液处理费便宜。

（3）关于清洗工艺的发展趋势

锅炉的 EDTA 铵盐或钠盐清洗法是清洗剂和缓蚀剂注入锅内，在不太高的温度下煮炉，即可除去污垢并最终形成连续致密的保护膜，此种工艺方法甚为简单。虽说 EDTA 价格昂贵，但不需要安装费钱的临时管线，其总清洗费用有可能低于柠檬酸法。目前，国外对此也尚无定论。

到目前为止，国际上对于不停车清洗的研究似乎进展较慢，但有人预测对低压锅炉及冷却水系统，用 EDTA 之类的螯合剂将有可能实现不停车清洗。

7.3　化学清洗时机的确定

7.3.1　新装设备的清洗

20 世纪 60 年代以前，对于投产前的新装设备是否应进行化学清洗有不同意见：一种意见认为，新装设备仅需进行除油处理，酸清洗会使设备金属承受不必要的腐蚀损失，同时花费不菲；另一种意见认为，新装设备必须进行化学清洗，不仅要进行除油处理而且要进行酸清洗。随着缓蚀剂技术的发展，设备金属在酸清洗过程中的腐蚀损失很小，最终的钝化处理将有助于减小设备运行中的腐蚀。相较于酸清洗时的金属腐蚀损失，由轧制铁鳞等污垢物引起的设备运行中的腐蚀则是危险的。化学清洗后的金属表面更干净，能更快地得到合格的产品，工厂由此而获得的效益远远超过清洗费投资。生产实践证明，后一种意见是正确的。目前，各种新装设备，尤其是高压设备、大型设备和生产工艺要求比较严格的设备在投产前都要进行化学清洗。不仅要清洗设备本体，而且要清洗那些与设备连接，有可能把污物带入的其他设备和管道。1976 年，我国开始从国外引进大型工业装置，外商规定这些装置都要进行开工前的化学清洗。最初，清洗工程由外国清洗公司承包，后来我国技术逐渐成熟后则由自己承担。

清洗新建设备，最好在开工前的水压试验之后进行，清洗完成后，应当采用妥善的方法保护清洗过的设备。清洗时间不宜过早，清洗干净的金属表面有可能生锈和再次污染，有时甚至需要在开工时进行补充清洗，清洗时间也不宜太靠后，以免影响正常的开工期或工厂的整体计划。

清洗范围为：

① 蒸汽压力在 9.8MPa 以下的汽包炉，一般只进行碱煮，特殊情况经主管局审定，可进行化学清洗；

② 直流炉、蒸汽压力在 9.8MPa 以上的汽包炉的省煤器、水冷壁必须进行化学清洗；

③ 再热器除非锈蚀情况严重，不进行化学清洗；

④ 蒸汽压力为 13.7MPa 及以上的锅炉、过热器管中铁的氧化物含量大于 $100g/m^2$ 时，一般应进行化学清洗或采用蒸汽加氧吹洗，过热器如进行整体化学清洗，必须有防止 U 形管产生汽塞和铁的氧化物沉积的措施；

⑤ 容量在 200MW 以上的机组，凝结水及高压给水管道的氧化物含量大于 $150g/m^2$ 时应进行化学清洗，低于此值的可不进行化学清洗，只进行水冲洗。

7.3.2　定期清洗

定期清洗，是指在设备运行一段时间之后即进行一次清洗。具体的时间间隔，应根据设备运行周期和结垢之间的关系确定。

运行锅炉的化学清洗的目的，在于除去运行锅炉金属受热面上积聚的氧化铁垢、钙镁水垢、铜垢、硅酸盐垢和油垢等，以免锅内沉积物过多，影响锅炉安全运行。

当水冷壁管内的沉积物量或锅炉化学清洗的间隔时间超过表 7-18 中高一级参数锅炉的沉积物量时，确定化学清洗。

表 7-18   需化学清洗的参照标准

炉型	汽包锅炉			直流炉
主蒸汽压力/MPa	<5.8	5.9~12.6	>12.7	
沉积物量/(g/m²)	600~900	400~600	300~400	200~300
清洗间隔年限/a	一般 12~15	10	6	4

由于担心腐蚀问题，一些国家曾规定了运行设备的限制清洗次数，例如，规定锅炉在其使用年限内最多允许清洗两次。我国有关部门也曾引用过这一规定，但是，化学清洗技术的发展已经表明，在清洗 20 多次以后，锅炉金属的机械性能并没有受到多大影响。如果不及时清洗锅炉，金属表面结垢会引起垢层腐蚀，进而妨碍传热，轻则造成燃料的浪费，重则导致锅炉管爆裂，造成严重事故，因此，在一些新的规定中，不再限制设备清洗次数，代之以定期清洗等方法。

采用定期清洗法，国内外都有大量成功案例。例如，在运行正常，基本上不发生结垢的情况下，对于工作压力为 9.8MPa 的燃煤锅炉，清洗时间间隔可取 5~6 年；对于工作压力为 9.8MPa 的燃油或燃气锅炉，可取 4~5 年。锅炉压力越低，给水品质越差，也就越容易结垢，特别是低压锅炉，给水品质参差不齐，有的甚至没有进行给水化学处理，因而清洗时间间隔不能完全统一，应该根据结垢速度和运行周期的关系确定不同的时间间隔。

在换热器的定期清洗方面，我国引进的大型化工厂是非常成功的案例。在同类型的十几个厂中，某厂每年大检修时都要对换热器进行化学清洗，这不仅保证了设备长周期的运行安全，而且创造了同类设备的最长使用寿命记录。其他采用化学清洗的厂家的设备也都达到了安全运行、延长设备使用寿命的效果。相反，未采用化学清洗的工厂，同类设备有很多因严重的垢层腐蚀而发生泄漏和进行更换。

7.3.3   根据结垢量决定清洗时机

采用这种方法时，最好是从设备中割取一段管样，根据管内结垢的量决定是否清洗。割管的部位，应挑选最易结垢的地方。管段割下以后，先称重，然后用缓蚀酸清洗干净，再次称重并量取管内表面尺寸。可按下式求得结垢量：

$$P = \frac{W - W_0}{A} \tag{7-1}$$

式中，P 为结垢量，g/m²；W 为带垢管重，g；W_0 为清洁管重，g；A 为管段内表面积，m²。

工作压力为 9.8MPa 时，燃煤锅炉和燃油（燃气）锅炉的锅炉管向火侧的垢量分别达到 400~500g/m² 和 300~400g/m² 时，就需要清洗。之所以规定为炉管的向火侧是因为这里容易结垢而热负荷又高。

日本的三菱重工、川崎重工对向火侧垢量的判断标准，不大一致，大体上是：压力小于 9.8MPa 的锅炉和 12.7MPa 级的锅炉垢量分别达 70mg/cm² 和 55mg/cm² 时就需要进行化学清洗。

我们根据传热基本定律，导出计算最大允许垢量估计值的方法，此值可以作为工厂决定其设备清洗时机的依据。根据传热基本定律，管壁的热负荷为：

$$q = \frac{t - t_w}{\dfrac{\delta_1}{\lambda_1} + \dfrac{\delta_2}{\lambda_2} + \dfrac{1}{\alpha}} \tag{7-2}$$

$$\delta_2 = \left(\frac{t - t_w}{q} - \frac{\delta_1}{\lambda_1} - \frac{1}{\alpha} \right) \lambda_2 \tag{7-3}$$

式中，q 为管壁最大热负荷，$W/(m^2 \cdot K)$；t 为管材允许温度，℃；t_w 为饱和水温，℃；δ_1 为管壁厚度，m；δ_2 为最大允许垢厚，m；λ_1 为管材热导率，$W/(m \cdot K)$；λ_2 为水垢热导率，$W/(m \cdot K)$；α 为水侧给热系数，$W/(m^2 \cdot K)$。

举例说明：对 1.28MPa 锅炉来说，取 q 为 17.45×10^4 $W/(m^2 \cdot K)$，t 为 450℃，t_w 为 194℃，δ_1 为 3mm，λ_1 为 46.52 $W/(m \cdot K)$，λ_2 为 1.74 $W/(m \cdot K)$，α 为 5815 $W/(m^2 \cdot K)$，赋值计算得到

$$\delta_2 = 2.1mm$$

此结果说明：压力为 1.28MPa 的锅炉，水冷壁管最大允许垢量为 2.1mm。参考此值，只要测一下其锅炉的结垢速度，工厂就可知道需要隔多长时间清洗一次。

7.3.4 根据设备运行参数决定清洗时机

对装有监测仪器的设备来说，设备内是否发生结垢和结垢的程度，都能从运行参数上反映出来。这时，只要总结出运行参数的变化与结垢程度之间的关系，就可以判断设备是否应该清洗。对锅炉来说，若产汽量降低，排烟温度升高，燃料消耗增大，在没有发现其他故障时，就可断定由内部结垢所致。对水冷换热器来说，只要监测进、出水温度，就可根据温差减小的程度来判断结垢的程度。当然，这些方法既可以用来确定清洗时机，又可以用来判断清洗效果。

7.3.5 从经济上考虑

以上几种清洗时机的确定方法，主要考虑了设备安全和正常生产。若从经济上考虑，也可以按照能量的节约价值大于化学清洗投资的原则来决定化学清洗的时机，但前提要保证安全生产。能量节约价值，对锅炉和换热器来说分别是可以节约燃料费和水、电费的价值。

如某台设备经过一段时间的运行以后，已经结垢。设此设备带垢继续运行 T 个月比清洗干净后运行 T 个月多消耗动力费 ΔE 元，则

$$\Delta E = \int_0^T [f(t) - g(t)] dt \tag{7-4}$$

结垢是个逐渐积累的过程，影响因素较多。为了简化计算，我们不妨近似地认为设备带垢继续运行时和清洗干净后运行时，其动力费消耗随时间增加的趋势相同，则

$$\Delta E = T(E_1 - E_0) \tag{7-5}$$

式中，E_0 为清洗干净后的月动力费，元/月；E_1 为未清洗时的月动力费，元/月。

从经济上考虑，清洗的条件是

$$T(E_1 - E_0) > C + D \tag{7-6}$$

式中，C 为清洗投资，元；D 为清洗期间的生产损失费，元。

若清洗是在设备检修期限内完成，则 D 为零，于是

$$T(E_1 - E_0) > C \tag{7-7}$$

$$T > C / (E_1 - E_0) \tag{7-8}$$

该公式的实际意义是，清洗干净的设备运行 T 个月以后，工厂的清洗投资即可由能量

节约价值收回。换言之，工厂主管人员可以从清洗投资回收的期限来考虑是否合算，从而决定他的设备是否应当清洗。

例如，某厂设备已经结垢。干净设备的水电费为 10000 元/月，大检修前 1 个月的水电费为 10400 元/月，清洗投资需 5000 元。要决定大检修时清洗与否，可将数据代入式（7-8），得

$$T > 12.5 \text{月}$$

这就是说，设备再运行 12.5 个月以后工厂才能收回清洗投资。主管人员认为这不合算，因而没有清洗。第二个大检修前 1 个月的水电费为 10850 元/月，代入式（7-8），得

$$T > 5.9 \text{月}$$

即设备运行 5.9 个月以后就可收回清洗投资，显然清洗是合算的。

运行设备的清洗在大多数情况下都是在工厂的正常大检修期内进行，这时，应当先检修好设备，待水压试验完成后再开始清洗。若工厂没有停工计划（需要计划外清洗时）应提前做好准备，一旦设备停运，立即开始清洗，尽量减小停工损失，甚至可考虑不停工清洗。

本文所述的清洗时机确定方法都是积极的，都将化学清洗作为计划内的保障设备安全运行，维持设备正常生产和节能的重要措施，所要确定的只是时间问题。

但是，在实际遇到的很多例子中，化学清洗常常被看作迫不得已的应急手段。这种清洗时机没有选择的余地，是消极的、被动的化学清洗。因为当锅炉结垢达到使金属过热而发生胀管、爆管的时候，当结垢使蒸汽压力和产量不能符合生产要求而被迫停工的时候，当换热器的效率降低到生产工艺无法继续的时候，才被迫考虑进行化学清洗。

消极的化学清洗由于结垢过于严重，加上检修费、材料费，特别是临时停工损失，工厂的经济损失将是巨大的，难以由清洗后能量的节约弥补，因此本身的花费较大。虽说积极的化学清洗当然也要一定费用，但清洗后取得的节能效益往往比清洗费用大得多。

7.4 主流水清洗和核态清洗

7.4.1 主流水清洗

核态清洗是发生在传热壁面上的一种自然清洗过程。在传热壁面上，蒸气泡核首先在汽化核心处发生、生长、长大，一旦气泡脱离传热壁面，主流水体就以强大的冲击力清洗气泡脱离处的传热壁面，其作用主要是：

① 清洗作用。在蒸气泡核发生、生长、长大过程中，在该处壁面的汽液交界，水中的固形物高度浓缩，甚至沉积结垢，主流水体的清洗使传热壁面得到及时清洁。关于这种浓缩结垢，已有文献证实。关于这种清洗作用力的大小，目前尚无研究，但从能够把各种结垢完全清除干净的事实看，其作用力应该在 100kgf/cm^2（$1 \text{kgf} = 9.80665 \text{N}$）以上。

② 冷却作用。由于蒸汽热阻远比水的热阻大，气泡发生、生长和长大处的传热壁面处于过热状态，主流水体的清洗使传热壁面得到及时冷却，从而避免了传热壁面的过热和失效，保障了传热壁面安全。

7.4.2 核态清洗

那么，主流水体清洗与核态清洗有何关系？是否只要有通过传热壁面向水体的传热就有这种清洗存在？或者说只要有蒸汽发生就有清洗的存在？为阐明这些问题，必须从沸腾换热过程说起。

液体吸热后在其内部产生气泡的汽化过程称为沸腾。当液体沸腾时，液体发生相变汽化

吸收大量的汽化潜热。由于气泡形成和脱离时带走热量，使加热表面不断受到冷流体的冲刷和强烈的扰动，所以沸腾换热强度远大于无相变的换热。

沸腾换热一般分为大容器沸腾和管内沸腾。每种又分为过冷沸腾和饱和沸腾。

大容器沸腾又称池内沸腾，是指加热壁面沉浸在具有自由表面的液体中所发生的沸腾。沸腾时，气泡能自由浮升穿过液体自由面进入容器空间。

管内沸腾又称流动沸腾，即在定向运动的液体中发生的沸腾，流体的运动需加外加的压差才能维持。

饱和沸腾是指液体主体温度达到饱和温度，壁面温度高于饱和温度所发生的沸腾。当饱和沸腾发生时，气泡会经历生成、生长、脱离传热面进入液体然后逸出液面进入气相的过程，且随着传热面过热度的增高，会出现 4 个换热规律全然不同的区域。

过冷沸腾是指液体主体温度低于相应压力下的饱和温度，传热面温度大于该饱和温度所发生的沸腾换热。在此条件下，传热面虽有气泡生成，但会凝结于液体中。

1935 年，Nakiyama 通过试验，得出了著名的沸腾换热曲线。

在盛水的烧杯中置入一根不锈钢细管，通电加热以使其表面产生气泡，烧杯底下的电热器用于将水加热到饱和温度，这样在不锈钢表面上进行的沸腾为饱和沸腾。随着管内通电电流密度的增大，烧杯中的水与不锈钢管表面间的热交换依次会出现以下 4 个换热规律不同的阶段：自然对流、核态沸腾、过渡沸腾和稳定膜态沸腾（图 7-3）。

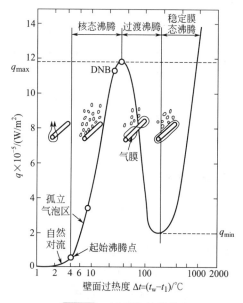

图 7-3　沸腾换热曲线

（1）单相自然对流段（液面汽化段）

在此阶段，传热壁面过热度 Δt 较小（一般 $\Delta t <$ 4℃），加热表面的液体尚未达到饱和温度，但靠近热壁面的液体温度已高于液体主流温度，从而形成自然对流。此时，从加热表面到液体主流，从液体主流到自由液面，热量传输均以自然对流方式进行，而液体的蒸发主要在自由液面上进行，此时为单相自然对流传热阶段，沸腾尚未开始，换热服从单相自然对流规律。在此阶段，传热壁面上气泡的发生速度远小于主体水流的清洗速度，气泡尚未长大就被主体水流杀灭。

（2）核态沸腾段

随着传热壁面过热度 Δt 的上升，在加热面的一些特定点上开始出现汽化核心，并随之生成气泡，该特定点称为起始点。开始阶段，汽化核心产生的气泡互不干扰，称为孤立气泡区。随着 Δt 的上升，汽化核心增加，生成的气泡数量增加，气泡互相影响并合成气块及气柱，称为相互影响区。随着 Δt 的增大，热流密度 q 增大，当 Δt 增大到一定值时，q 增加到最大值，气泡扰动剧烈，汽化核心对换热起决定作用，则称该段为核态沸腾段。在此阶段，温压小，换热强度大，其终点的热流密度 q 达最大值。因而工业设计中均应用该段。在此阶段，传热壁面上气泡的发生速度等于主体水流的清洗速度，气泡一脱离，传热壁面随即受到主体水流的彻底清洗。

（3）过渡沸腾段

从峰值点进一步提高 Δt，热流密度 q 减小；当 Δt 增大到一定值时，热流密度减小到最小 q_{min}，这一阶段称为过渡沸腾。该区段的特点是属于不稳定过程。其原因是，气泡的生长速度大于气泡跃离加热面的速度，使气泡聚集覆盖在加热面上，形成一层蒸汽膜，而蒸汽排除过程恶化，致使热流密度下降。在此阶段，传热壁面上气泡的发生速度大于主体水流的清洗速度，传热壁面不能得到主体水流的彻底清洗。

（4）稳定膜态沸腾段

从 q_{min} 开始，随着 Δt 的上升，气泡生长速度与跃离速度趋于平衡。此时，在加热面上形成稳定的蒸汽膜层，产生的蒸汽有规律地脱离膜层，致使 Δt 上升时，热流密度 q 上升，此阶段称为稳定膜态沸腾。对稳定膜态沸腾，因为热量必须穿过的是热阻较大的气膜，所以换热系数比沸腾小得多。在此阶段，主体水流对传热壁面即已失去清洗作用。

上述热流密度的峰值 q_{max} 有重大意义，称为临界热流密度，亦称烧毁点。

从热力设备的安全考虑，沸腾换热曲线中最关键、最重要的点是核态沸腾转折点，即偏离核态沸腾点 DNB。

在正常情况下，气泡的生成速度不超过主体水流的清洗速度，此时为核态沸腾。如果气泡的生成速度超过了主体水流的清洗速度，就会偏离核态沸腾（DNB）。若偏离核态沸腾继续发展，密集的汽化核心连成一片，一个稳定的蒸汽膜或蒸汽覆盖层就会在金属表面生成，转入膜态沸腾，引起金属过热失效，发生炉管胀大、变形和爆管等事故。

由上述分析可知，主体水流的清洗对传热壁面的安全十分重要，而作用最大的清洗发生在核态沸腾阶段，为强调其特征和重要性，我们把核态沸腾阶段主体水流对传热壁面的清洗称作核态清洗。

DNB 是由锅炉设计、安装不当或局部热负荷过高引起的。设计、安装不当仅在个别场合遇到，而局部热负荷过高的情况在大多数锅炉房都可能发生。因此，DNB 是锅炉安全的一大威胁。

7.5 核态清洗强化

面对这一对锅炉安全至关重要的问题，经过深入研究，本项目组发明了传热面金属核态清洗强化技术，防止了锅炉偏离核态沸腾，提高了锅炉运行的安全性，即通过对传热面金属的化学改性，使气泡不易在传热面上滞留，从而强化了主体水流清洗，使气泡的生成速度持续不超过主体水流的清洗速度，这就保障了核态沸腾，避免了 DNB 的发生。

为对锅炉传热面进行化学改性，研制了 DH 300 型低压锅炉核态清洗强化剂、ZGH 300 型中、高压锅炉核态清洗强化剂和 CH 300 型超临界以上锅炉核态清洗强化剂，使其水溶液在一定条件下与锅炉传热面接触，就能够在传热面上形成光滑的致密保护膜。

核态清洗强化的具体实施方法是：

① 将锅炉金属表面清洗干净；

② 将 DH 300 型（ZGH 300 型、CH 300 型）核态清洗强化剂加入到锅炉系统中，保持系统中药剂的量在 0.1%～0.5% 之间，在相应的高压高温的锅炉系统中运行，直至锅炉钢电位升高到 $-300\sim-200mV$（SCE），再保持 18～24h。

对用 DH 300 型低压锅炉核态清洗强化剂处理前后锅炉传热面进行的 X 射线光电子能谱（XPS）和原子力显微镜（AFM）的测试结果表明，化学改性使金属表面形成了非常光滑的保护膜（图 7-4），其作用是使蒸气泡不易在金属表面停留，使得气泡的生成速度持续不超过周围水流的清洗速度，从而抑制了 DNB 的发生。金属表面电位的改变可能也起到了一定作用。

现场使用情况表明，该技术能够有效抑制 DNB。在采用本套技术的核态清洗强化技术以后，所有锅炉运行至今都没有发生过爆管问题。

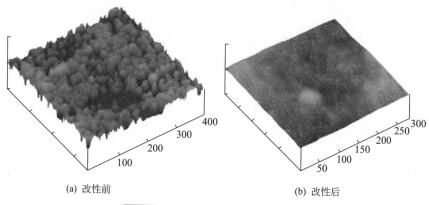

(a) 改性前　　　　　　　　　　　　(b) 改性后

图 7-4　改性前后传热面的 AFM 图

参 考 文 献

[1] 熊蓉春，董雪玲，魏刚. 工业水处理，2001，21（1）：17.

[2] 魏刚，熊蓉春. 腐蚀科学与防护技术，2001，13（1）：33.

[3] 何铁林. 水处理化学品手册. 北京：化学工业出版社，2000.

[4] 魏刚，杨民，熊蓉春. 化工机械，2000，27（4）：190.

[5] 魏刚，熊蓉春. 暖通空调，2000，30（5）：67.

[6] 魏刚，杨民，熊蓉春. 腐蚀科学与防护技术，2000，12（5）：269.

[7] 熊蓉春，等. 工业水处理，1999，19（3）：11.

[8] Ross R J，Kim C，Shannon J E. Materials Performance，1997，36（4）：53.

[9] 魏刚. 缓蚀剂//化工百科全书：第 7 卷. 北京：化学工业出版社，1994：615.

[10] 魏刚. 化学清洗，1990（2）：7.

[11] 魏刚. 化学清洗，1989（3）：50.

[12] 姜少华，魏刚，陈新民. 化学清洗，1989（3）：52.

[13] 魏刚. 化学清洗，1989（3）：19.

[14] Акользин П А. Теплоэнергетика，1988（1）：57.

[15] Антропов Л И，等. 徐俊培，陈明芳，译. 金属的缓蚀剂. 北京：中国铁道出版社，1987.

[16] 魏刚，等. 化工腐蚀与防护，1985（3）：12.

[17] 魏刚，等. 化工腐蚀与防护，1985（4）：4.

[18] Port R D. Materials Performance，1984，23（12）：45.

[19] Розенфельд И Л. Ингибиторы Коррозии. Москва：Изд. Химии，1977.

[20] Nathan C C. Corrosoin Inhibitors. Houston：NACE，1973.

[21] Smith B. Trans Insf Metal Fin，2000，78（2）：56.

[22] Fallot J F. Schweizer Maschinen Markt，1999（39）：51.

[23] 魏刚，熊蓉春. 热水锅炉防腐阻垢技术. 北京：化学工业出版社，2003.

[24] 周本省. 工业水处理技术. 北京：化学工业出版社，2005.

[25] 李德福，张学发. 工业清洗技术. 北京：化学工业出版社，2004.

第 **8** 章 加氧防腐阻垢技术

8.1 概述

氧腐蚀是锅炉安全的另一大威胁。

为保证锅炉安全，发达国家对锅炉给水一般采用除氧器加除氧剂的双重除氧防腐措施，保持锅炉的还原性水工况。一旦除氧器出水氧含量超标，除氧剂就能提供第二道安全保障。仅采用除氧器除氧，锅炉存在氧腐蚀等安全隐患。

1977年，德国发明了一种截然相反的不用除氧就能有效防止锅炉腐蚀的加氧防腐阻垢技术，又称氧化性水工况及其防腐阻垢技术，将锅炉的还原性水工况改为氧化性水工况。由于其突出优点，很快被意大利、荷兰、丹麦、前苏联等国家用于发电锅炉，美国、日本也将此项技术推广应用于火电及核电。该项技术被认为是锅炉水处理技术的重大突破，锅炉防腐蚀技术发展的里程碑，20世纪锅炉运行技术的最有价值的发明。

加氧防腐阻垢技术的原理是在足够量的氧或氧化剂存在下，锅炉钢在高纯度水中处于钝化状态。具体实施方法是向高纯度水中加入适量的氧化剂（氧或者过氧化氢），再用氨调pH值至碱性。

然而，氧化性水工况及其防腐蚀技术应用的前提是必须保证水质纯度（氢电导率小于$0.1\mu S/cm$），一旦水质超标，杂质就可能破坏钝化膜，引起更严重的腐蚀事故。因此，加氧防腐蚀技术仅适用于使用超纯水的发电锅炉。大多数发电锅炉和所有工业锅炉由于没有使用超纯水，因而没有条件采用。另外，对工业锅炉房来说，加氧或过氧化氢的工艺过于复杂而且不够安全。

加氧防腐阻垢技术的实质是在氧存在或不除氧的环境下使锅炉钢处于钝化状态。那么，能否找到更好的加氧防腐剂来突破现有加氧技术仅适用于超纯水的限制呢？对于给水为去离子水以下水质的锅炉来说，还必须同时解决水中的硬度成分的结垢问题。

根据这一思路，本套技术运用腐蚀与防腐化学原理，找到了通过加入特殊的加氧防腐阻垢剂 BV-200（低压锅炉、热水锅炉适用）、BV-300（中压锅炉适用）和 BV-500（高压锅炉适用）就能使锅炉钢处于钝化状态的方法，从而突破加氧防腐蚀技术仅适用于超纯水的限制，发明了不必除氧就能有效防腐的各种锅炉的加氧防腐阻垢技术，同时解决了去掉除氧器后带来的运行腐蚀问题以及锅炉短期停用和长期停用期间的腐蚀问题。

因此，加氧防腐阻垢技术的基础是防腐蚀技术和阻垢剂技术。由于腐蚀与防护技术及理论已在第1章介绍，本章首先介绍阻垢剂技术，然后介绍超纯水加氧防腐蚀技术，最后阐述非超纯水加氧防腐阻垢技术。

8.2 阻垢剂技术

8.2.1 阻垢剂的种类

工业水处理是从锅炉水处理开始的，而锅炉水处理则是从阻垢剂开始的。据说，最初的锅炉水处理是人们偶然发现遗忘在锅炉内的土豆有一定的阻垢作用，受此启发，为减少结垢便向锅炉内扔些土豆。19 世纪后半期，出现了用药剂减少锅炉结垢的专利。20 世纪 30 年代以后，阻结垢技术得到较快发展，并扩展到其他领域。50 年代以后，随着工业的发展，工业用水量剧增，水资源"取之不尽、用之不竭"的时代已经过去，人类面临着全球性的淡水资源枯竭的危险。在此形势下，以安全生产、净化环境和节省资源为目的的水处理技术得到迅速发展，形成了独立的水处理剂产业。目前，全世界对于水处理剂的产业规模中，日本资料估计的年销售额为 40 亿～50 亿美元，另据资料显示，1996 年世界水处理剂的销售额是 34.35 亿美元，其中西欧是 5.51 亿美元，美国是 18.55 亿美元，日本是 6.95 亿美元。

我国水处理虽然历史悠久，但现代水处理技术的利用直到 1970 年代才开始起步。起初，我国引进的大型化工装置配套的水处理剂和技术来自美国、日本等国，起点较高。经过消化吸收国产化，自行研制开发了一系列水处理剂和技术。目前，国产水处理剂的销售额已发展到人民币 20 亿元，其中 30% 以上来自阻垢剂。

可在水系统中起作用的阻垢剂种类繁多。已开发的阻垢剂品种主要有早期的单宁、淀粉、木质素等天然物质和现代的聚磷酸盐、磷酸盐、多元醇磷酸酯、有机多元膦酸、膦羧酸、高分子聚羧酸，包括均聚物、二元或多元共聚物及其变性产品。上述的含磷阻垢剂多有缓蚀作用。工业上使用的阻垢剂和缓蚀剂往往是多种化合物的复配物，以起到"协同作用"的效果。

离子交换法是目前应用最多的锅炉阻垢技术。实际上，早在离子交换法问世以前，阻垢剂锅炉阻结垢技术已得到广泛应用。在离子交换法问世之后，锅内加药法与其配合使用，有较好的效果，获得了更快发展。在发达国家，广泛采用离子交换-阻垢剂法，也可以单独采用阻垢剂法，在我国，采用离子交换-阻垢剂法的锅炉非常少见，这可能是我国锅炉寿命较短的主要原因。表 8-1、表 8-2 列出了锅炉阻垢剂的种类及其作用和分类，可根据锅炉结构和水质特点，灵活运用。

表 8-1 锅炉阻垢剂的种类及其作用

种类	药剂	作用
pH 及碱度调整剂	氢氧化钠、碳酸钠、磷酸盐、聚磷酸盐、磷酸、硫酸	调整给水、锅水碱度，防止锅炉腐蚀和结垢
软化剂	氢氧化钠、磷酸盐、聚磷酸盐	使水中的硬度成分沉淀
螯合剂	EDTA、NTA	使硬度成分溶解
分散剂	木素磺酸钠、单宁、淀粉、有机膦酸盐、聚羧酸	使淤渣悬浮分散于水中，易通过排污排出系统

表 8-2 阻垢剂的分类

类型		结构式举例
聚羧酸盐类	聚丙烯酸	$\left[CH_2 - CH \right]_n$ $\quad\quad\quad\quad |$ $\quad\quad\quad COOH$
	丙烯酸共聚物	$R_m \left[CH_2 - CH \right]_n$ $\quad\quad\quad\quad\quad\quad |$ $\quad\quad\quad\quad\quad COOH$
	聚马来酸	$\left[CH - CH \right]_n$ $\quad |\quad\quad\quad |$ $COOH\quad COOH$

续表

类型		结构式举例
聚羧酸盐类	马来酸共聚物	$R_m\!\!+\!\!\underset{\displaystyle COOH}{CH}\!\!-\!\!\underset{\displaystyle COOH}{CH}\!\!\xrightarrow{}_n$
	聚磺化苯乙烯	$+CH-CH_2\xrightarrow{}_n$ ，苯环，SO_3Na
	磺酸盐共聚物	$R_m\!\!+\!\!CH_2\!\!-\!\!\underset{\displaystyle CH_2SO_4Na}{CH}\!\!\xrightarrow{}_n$
有机磷酸盐类	HEDP	$CH_3-\underset{\displaystyle OH}{C(PO_3H_2)_2}$
	ATMP	$N(CH_2-PO_3H_2)_3$
	EDTMP	$[CH_2-N(CH_2-PO_3H_2)_2]_2$
	AEDP	$CH_3-\underset{\displaystyle NH_2}{C(PO_3H_2)_2}$
	膦羧酸	$CH_3-\underset{\displaystyle NH_2}{C(PO_3H_2)_2}$
有机磷酸酯类	三元醇酯	$H_2O_3POCH_2-\underset{\displaystyle OPO_3H_2}{CH}-CH_2-OPO_3H_2$
	六元醇酯	$H_2O_3POCH_2+\underset{\displaystyle OPO_3H_2}{CH}\xrightarrow{}_4CH_2OPO_3H_2$
	醇胺酯	
天然高分子	腐殖酸钠	
	单宁	
	磺化木质素	

这里主要讨论相对较新的阻垢剂，而不打算专门讨论人们已经熟知的阻垢剂品种，除非必要时提及。水处理剂的发展方向是绿色化，因此，将重点讨论目前国际公认的绿色阻垢剂，对那些虽属古老产品但具有环保新义的品种亦予以讨论，从分子设计的角度讨论阻垢剂的分子结构与可生物降解性的关系以及从最新的绿色化学的观点讨论水处理剂的绿色化方法。

8.2.2　阻垢剂的作用原理

8.2.2.1　水垢的形成

大量的分析鉴定结果显示，锅炉内的水垢组成十分复杂，几乎没有完全相同的定量分析结果的报道，但可大致分为硫酸盐、碳酸盐、硅酸盐以及混合水垢等四类。水垢的具体组成取决于锅炉工况和给水水质。原水中含有大量有潜在结垢倾向的物质，如 HCO_3^-、SO_4^{2-} 等阴离子和 Ca^+、Mg^{2+} 等阳离子。这些离子是水垢的主要成分。经过软化之后的原水，虽然除去了大部分 Ca^{2+}、Mg^{2+} 等阳离子，但仍然存在残余硬度。

水进入锅炉之后，随着水的浓缩特别是在传热面上浓缩膜中的浓缩，以及 HCO_3^- 的热分解，使系统钙离子和碳酸根离子等成垢离子的浓度不断增大。当阴、阳离子的活度积超过一定值时，相应的沉淀就产生了，例如碳酸钙沉淀。

从热力学角度分析，只要 $[CO_3^{2-}][Ca^{2+}] > K_{sp}(CaCO_3)$ 时就会发生 $CaCO_3$ 结垢。但实际上，结垢也是一个动力学过程，驱动力是结晶过程中的过饱和度。因此，只有当 $[CO_3^{2-}][Ca^{2+}]$ 超过碳酸钙的临界饱和浓度时，才能发生碳酸钙结晶沉淀过程。由于水垢热导率小（表 8-3），若在传热面上附着，则传热显著受阻，不仅锅炉的热效率降低，而且在结垢部位引起局部过热，使管材的机械强度降低，从而导致发生炉管鼓包、破裂等事故。图 8-1 为各种水垢对传热效率的影响。阻垢剂的作用就在于减轻或抑制锅炉系统特别是传热面上结垢的发生。

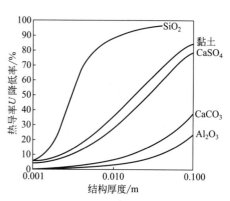

图 8-1　热传导效率曲线

表 8-3　各种物质的热导率

物质	热导率/[kcal/(m·h·℃)]
硅酸盐为主要成分的水垢	0.2～0.4
碳酸盐为主要成分的水垢	0.4～0.6
硫酸盐为主要成分的水垢	0.5～2.0
磷酸盐为主要成分的水垢	0.5～0.7
氧化铁（赤铁矿）	3～5
氧化铁（磁铁矿）	1
软钢	40～60
铜	320～360
水	0.5～0.6

注：1kcal=1.163W/（m·℃）。

8.2.2.2　沉淀软化作用

此类阻垢剂可与硬度成分（Ca^{2+}、Mg^{2+}）反应，将硬度成分变成悬浮状的微细淤渣，经排污即可排出锅炉，从而防止了在传热面上结垢。

例如，向含有硬度成分的水中加入磷酸盐，钙硬度成分与磷酸盐发生反应，在主流水体中生成悬浮状的羟基磷灰石 $[Ca_3(PO_4)_2]_3 \cdot Ca(OH)_2$，防止了传热面结垢：

$$10Ca(HCO_3)_2 + 6Na_3PO_4 + 2NaOH \longrightarrow$$
$$[Ca_3(PO_4)_2]_3 \cdot Ca(OH)_2 + 10Na_2CO_3 + 10CO_2 + 10H_2O$$

该反应是以化学计量进行的，从反应式可计算出 $1mg/L$（以 $CaCO_3$ 计）钙硬度成分需磷酸盐浓度为 $0.57mg/L$（PO_4^{3-}）。由于磷酸镁溶度积大，磷酸盐不与镁硬度成分反应，但可与磷酸钠水解产物氢氧根离子反应，生成悬浮状的氢氧化镁。

$$MgCl_2 + 2NaOH \longrightarrow Mg(OH)_2 + 2NaCl$$
$$MgCl_2 + SiO_2 + 2NaOH \longrightarrow MgSiO_3 + 2NaCl + H_2O$$

8.2.2.3　阈值效应

阈值效应又称低剂量效应，是许多阻垢剂在控制结垢的过程中发生的有趣现象，即在水中投加少量的阻垢剂，可将比按化学计量高得多的钙离子稳定在水中，但在阻垢剂浓度大于一定值后，这种阻结垢作用的提高就不明显了。

这种现象可以用结晶热力学和动力学理论予以解释。由结晶热力学可知，系统碳酸钙在过饱和时处于亚稳态，它要转变为稳定态也要克服一定的能量势垒。而由吉布斯-汤姆逊关系式得知，系统中只有小晶体半径大于临界半径（即晶核的半径）时，晶体才能存在。当界面能为零时，小晶体的临界半径为零；当界面能增大时，临界半径增大，则过饱和溶液中出现结晶的困难增加。由此可知，亚稳态和稳定态之间的势垒来自界面能。由晶体动力学可知，晶体生长的相变驱动力近似正比于溶液的过饱和度。由此，只要过饱和度足够大，相变驱动力完全可以克服能垒，溶液中就会出现晶核，晶体就能长大结晶。而阻垢剂通过物理化学作用可吸附于碳酸钙小晶体上使界面能大大增加，从水中生成碳酸钙结晶就变困难了。在碳酸钙过饱和溶液中，有大量碳酸钙小晶体，而晶体的生长是通过比较少量的活性生长点的发展而进行的。因此，只要活性生长点部位吸附了阻垢剂，碳酸钙小晶体就难以继续生长，大于临界半径的晶体就不会出现。这些低剂量的阻垢剂就可以阻止大量的碳酸钙微溶盐析出结晶，实现了宏观的低剂量效应。

8.2.2.4　晶格畸变作用

这是目前阻垢剂阻垢机理中较为一致的观点。一般认为，阻垢剂不仅与水中钙离子形成稳定螯合物，同时还能与碳酸钙晶体界面上的钙离子发生螯合作用。它首先与晶体扭折位置的钙离子螯合，并且形成的螯合物占据了晶体正常生长的晶格位置。结果晶体就不能按正常规律生长了。不过晶体仍继续长大，螯合物被镶嵌在继续生长的晶体中，这种含镶嵌粒子的晶体是不稳定的。由于晶体中存在着弹性应力，当环境条件变化时，晶体在弹性应力作用下碎裂，形成外形不规则的小晶体，即晶体发生了畸变。

8.2.2.5　分散作用

聚丙烯酸等分散剂在水中遇到碳酸钙小晶体时，由于物理和化学作用，被吸附到颗粒表面，吸附了分散剂的颗粒表面形成双电层，颗粒表面原来的电荷状态被改变，在静电作用下，颗粒相互排斥。如此一来，避免了颗粒碰撞后长大沉积，并将颗粒分散在水中。此外，许多分散剂不仅能吸附到颗粒上，还能吸附于管道和设备的接触面上，形成一个吸附层。吸附层既阻止了颗粒在接触面上的沉积，又可在颗粒大量沉积时，使沉积物与接触面不能紧密相连，这样沉积物只能形成非黏着性的、疏松的沉积，易于被流水冲走。

8.2.2.6　螯合作用

阻垢剂与水中钙离子形成稳定的水溶性螯合物。例如，NTA、EDTA 等螯合剂能够按化学计量与硬度成分反应，将致垢阳离子封锁在其分子内，使致垢阳离子无法与致垢阴离子结合形成垢，使大量的钙离子稳定在水中，相当于增加了微溶性钙盐在水中的溶解度，从而起到了阻垢作用。具有螯合作用的阻垢剂有时甚至可将传热面上原有的碳酸钙垢溶解下来。

8.2.2.7　增溶作用

阻垢剂的络合增溶作用被认为是阻垢性能的一个重要因素。阻垢剂能与钙离子发生络合作用，减少游离的钙离子浓度，从而增大 $CaCO_3$ 的溶解度。对几种阻垢剂的 $CaCO_3$ 增溶作用进行了测定，结果见表 8-4。

由表 8-4 可见，随着阻垢剂的用量增加，$CaCO_3$ 溶解度增加；在相同阻垢剂用量下，丙烯酸共聚物显示了相对最好的增溶性质。

表 8-4　几种阻垢剂的 $CaCO_3$ 增溶作用比较

阻垢剂	阻垢剂不同质量浓度(mg/L)下的 $CaCO_3$ 溶解度(25℃)/(mg/L)			
	10	20	50	100
聚丙烯酸	9.61	12.44	19.95	39.22
丙烯酸共聚物	10.77	20.33	26.41	41.54
马丙共聚物	7.17	11.64	18.91	31.43
含磷聚马来酸	9.25	11.64	24.03	39.40

以上是目前已提出的阻垢剂、分散剂控制水垢沉积的机理。但是，由于水系统的复杂性，要完全弄清阻垢剂的阻垢机理，弄清阻垢剂分子结构与其阻垢性能的内在联系，还需进行大量的理论研究和实验工作。

8.2.3　阻垢剂

8.2.3.1　螯合剂

（1）乙二胺四乙酸（EDTA）

相对分子质量为 292.24，结构式为：

$$\begin{array}{c} HOOCCH_2 \\ \\ HOOCCH_2 \end{array}\!\!>\!\!NCH_2CH_2N\!\!<\!\!\begin{array}{c} CH_2COOH \\ \\ CH_2COOH \end{array}$$

白色或无色晶体，220℃时分解，25℃时在水中的溶解度为 0.5g/L，不溶于普通有机溶剂。游离酸的稳定性不如其盐类，加热到 150℃时，会脱羧基，在水溶液中稳定。

EDTA 是目前广泛应用的螯合剂，用于水处理、化学分析、日用、医药工业及其他工业中。在水处理中主要用于锅炉水处理。在冷却水处理中，可作为其他阻垢剂的补充，控制重金属离子（如铝、铁、铜离子）的成垢。

为防止腐蚀，一般控制锅炉水环境为碱性，而通常用 EDTA 的钠盐来处理锅炉水。为此，可使其与氢氧化钠反应，根据需要制得 EDTA 的二钠盐或四钠盐。

在用 EDTA 处理锅炉水时，为节省起见，锅炉水的硬度（钙硬）应低于 1mg/L。磷酸根离子的存在会降低其处理效果。通常与聚合物分散剂复配在一起来抑制铁垢。

当采用磷酸盐处理后的锅炉系统在运行中出现中等程度结垢时，可用本品进行不停炉清洗。作为清洗剂的 EDTA 的用量应略大于溶解给水（包括冷凝回水和新鲜水）中的硬度和铁所需的量。不宜过快溶解旧有水垢，以免大块水垢脱落堵塞管道。

（2）次氨基三乙酸（NTA）

相对分子质量为 191.16，分子式为 $N(CH_2COOH)_3$，纯品为斜方晶体，熔点为 230～235℃且于此温度下分解；也有报道熔点为 241.5℃且于该温度下分解；溶于水，25℃的溶解度为 0.128g/L，饱和水溶液的 pH 值为 2.3；20℃下测得的酸度常数为：$pK_1=3.03$，$pK_2=$

3.07，$pK_3 = 10.70$。以 NTA 的三钠盐对大鼠经口试验，起始致死量大于 $4000mg/kg$，本可视为无毒，但前些年美国有人提出异议，认为能导致癌症和怪胎，目前对此尚无定论。加拿大则一直在家用洗衣粉中使用本品作磷酸盐的代用品。

NTA 在水处理中用作螯合剂，主要用于锅炉水处理。在冷却水处理中，可作为其他阻垢剂的补充，控制重金属离子（如铝、铁、铜离子）的成垢。此外，也可作合成洗涤剂的组分。

为防止腐蚀，锅炉水环境一般控制为碱性，而通常用 NTA 的钠盐来处理锅炉水。为此，在本品的制备过程中，使氯甲基衍生物在氢氧化钠溶液中进行碱性水解，即可制得 NTA 三钠盐。

对于锅炉水处理，其使用方法与 EDTA 大致相同。

8.2.3.2　磷系阻垢剂

（1）氨基三亚甲基膦酸（ATMP）

分子式为 $C_3H_{12}NO_9P_3$，相对分子质量为 299.05，白色颗粒状固体，熔点为 $210 \sim 210℃$，不易吸潮，$25℃$ 下在水中的溶解度约为 60%；不溶于大多数有机溶剂。为五元酸，分子结构为：

$$
\begin{array}{ccccc}
OH & & & & OH \\
| & & & & | \\
O=P-CH_2 & - & N & - & CH_2-P=O \\
| & & | & & | \\
OH & & CH_2 & & OH \\
& & | & & \\
& HO-P & -OH & & \\
& \| & & & \\
& O & & & \\
\end{array}
$$

结构中第六个氢原子的离解极其困难。$25℃$ 下在 $0.1mol/L$ KNO_3 溶液中测得的酸度常数为：$pK_1 < 2$，$pK_2 < 2$，$pK_3 = 4.30$，$pK_4 = 5.46$，$pK_5 = 6.66$，$pK_6 = 12.30$。ATMP 固体产品的国家标准见表 8-5。抗水解性能比无机聚磷酸盐好，在 $260℃$ 水中经 24h，只有 5.3% 水解为正磷酸。对于同样条件下，无机聚磷酸盐则大部分水解为正磷酸；对水中多价金属离子具有络合能力。在水中常见的几种金属离子的络合稳定常数（在 $25℃$，0.1 mol/L KNO_3 溶液中测定）分别为：Mg 7.2，Ca 7.5，Ba 6.5，Mn 10.2，Fe 14.6，Cu 17.4，Zn 16.37。具有"阈值"（threshold）效应，可将远高于按螯合机制的化学计量相应量的致垢金属离子保持于水中，使水中的致垢金属盐类保持溶解状态。与其他具有"阈值效应"的制剂一样，在一定浓度范围内也能与水中致垢金属阳离子（例如钙离子）生成沉淀。例如，当 Ca^{2+} 浓度为每升几十毫克时，可形成沉淀的 ATMP 的质量浓度范围为 $50 \sim 300mg/L$。

表 8-5　ATMP 固体产品的国家标准

指标名称		指标		
		优等品	一等品	合格品
外观		白色颗粒状固体		
氨基三亚甲基膦酸/%	≥	75	65	55
有机磷酸/%	≥	80	75	70
亚磷酸（以 PO_3 计）/%	≤	2.0	4.0	8.0
磷酸（以 PO_4 计）/%	≤	1.0	1.0	2.0
氯（以 Cl 计）/%	≤	2.5	4.0	6.0
水分/%	≤	12	15	17

指标名称	指标		
	优等品	一等品	合格品
水不溶物/%　　　　　　　≤	0.05	0.05	0.05
1%水溶液的 pH 值	1.4±0.21	1.4±0.20	1.4±0.20

50%ATMP 水溶液的大鼠经口 $LD_{50}=7300mg/kg$，属实际无毒。主要用于工业水处理，是一种高效稳定剂，具有良好的螯合、阈值效应和晶格畸变等作用，可阻止水中成垢盐类形成水垢，特别是碳酸钙垢的形成。也有缓蚀作用，可用作络合剂和缓蚀剂。用作大型火力发电厂、炼油厂的循环冷却水、油田注水系统中以及低压锅炉水中的阻垢剂和缓蚀剂。用于水垢抑制时，主要是抑制碳酸钙垢，投入质量浓度（活性组分）一般为 $1\sim20mg/L$，再高，在一定范围内反而致垢。为更好地发挥其阻垢作用，常与聚羧酸共用。对铜及其合金具有腐蚀作用，因此用来阻垢时，必须与唑类铜缓蚀剂并用。用于锅炉水的螯合处理时，与 EDTA 或 NTA 等常规螯合剂并用可产生协同效应。单独作缓蚀剂使用时，所需剂量较高，故常需与其他缓蚀剂例如锌离子合用。与锌盐配伍，能明显地改善碳钢的抗蚀能力，配方中锌的最佳含量为 $30\%\sim60\%$。由于锌离子与其形成络合物，使锌增溶稳定，因此该配方对水质的变化不敏感。

(2) 亚乙基二胺四亚甲基膦酸（EDTMP）

分子式为 $C_6H_{20}N_2O_{12}P_4$，相对分子质量为 436.0，白色晶体，熔点为 $215\sim217℃$。通常为单水合物，在高于 $125℃$ 下失去结晶水。难溶于水，室温下的溶解度不超过 5%，沸腾温度下可超过 10%。在 $0.1mol/L$ KNO_3 溶液中测得的酸度常数为：$pK_2=1.33$，$pK_3=3.02$，$pK_4=5.17$，$pK_5=6.42$，$pK_6=7.94$，$pK_7=9.78$，$pK_8=12.99$。

25%玉米油悬浮液的大鼠经口试验 $LD_{50}=6900mg/kg$，属于实际无毒。

在工业水处理中，被广泛用作低压锅炉的水处理、循环冷却水系统及油田注水等的缓蚀阻垢剂，还用于重金属离子的络合剂，能够阻抑各种水垢盐的生成，如硫酸钙、碳酸钙、硫酸钡和氧化铁等，但在水处理中主要用来阻抑硫酸钙和硫酸钡结垢。在各种膦酸中，阻硫酸钡垢的性能最好。用于印染用水、循环冷却水及低压锅炉等供水处理使用质量浓度小于 $3mg/L$，与聚羧酸盐复配后阻垢效率可达 95%以上。也可用作螯合剂，用来螯合重金属离子。与铜离子间的络合稳定常数是包括 EDTA 在内的所有螯合剂中最大的，与锌离子的络合稳定常数也比 EDTA 高两个数量级，对碱土金属离子的螯合能力在碱性条件下要比 EDTA 等好。

(3) 羟基亚乙基二膦酸（HEDP）

分子式为 $C_2H_8O_7P_2$，相对分子质量为 206.02。纯品为白色晶状粉末，商品一般为 50％～60％的水溶液。25℃时，在水中的溶解度为 68％，在其他有机溶剂中的溶解度均较低。从水中结晶时，形成单水合物。在 0.5mol/L 四甲基氯化铵中和 25℃下测得的酸度常数为：$pK_1<1$，$pK_2=2.54$，$pK_3=6.97$，$pK_4=11.41$。抗水解性能比无机聚磷酸盐好，在 260℃，pH=11 的水中 12h 后，只有 5.6％转化为正磷酸。抗氧化性较好。对水中多价金属离子具有络合能力，对水中常见的几种金属离子的络合稳定常数（在 25℃和 0.1 mol/L KCl 溶液中用玻璃电极法测定）分别为：Ca 6.04，Mg 6.55，Mn 9.16，Fe 16.21，Zn 10.73。具有"低限"或"阈值"效应，可将远高于按螯合机制的化学计量相应量的致垢金属离子稳定于水中，使致垢金属盐类在水中保持溶解状态。例如，在室温下，欲保持 1600mg 碳酸钙于 pH=8.5 的 1L 水中 7d 不沉淀出来，HEDP 的用量只需 1mg，钙离子与 HEDP 的摩尔比高达 3300∶1，如果按螯合剂的化学计量机制起作用，1mol HEDP 只能将 0.5mol 即 50mg 碳酸钙保持于溶解状态。与其他具有"低限"效应的制剂一样，HEDP 在一定浓度范围内能与水中致垢金属阳离子例如钙离子生成沉淀。例如，当 Ca^{2+} 浓度为每升几十毫克时，能与钙离子形成沉淀的 HEDP 的质量浓度范围为 20～60mg/L，这一浓度在现有市售磷系阻垢剂中最低，范围最窄。

60％水溶液的大鼠口服试验为 $LD_{50}=2400mg/kg$，可视为轻微毒性。

被广泛用于工业水处理中的阻垢剂，也用作缓蚀剂，适用于循环冷却水、锅炉水及油田水的处理，还可用作无氰电镀的络合剂，金属的清洗剂，漂染工业的固色剂、稳定剂，过氧化物的稳定剂。用于水垢抑制时，主要是抑制碳酸钙垢。投加活性组分的质量浓度一般为 1～10mg/L，再高，在一定范围内反而致垢。常与聚羧酸类阻垢分散剂复合使用。对铜及其合金有腐蚀作用。因此，用它来阻垢时，必须与唑类铜缓蚀剂并用。用于锅炉水的螯合处理时，与 NTA 或 EDTA 等螯合剂合用可产生协同效果。单独作缓蚀剂使用时，所需剂量较高，常需与其他缓蚀剂例如锌离子合用以获取协同效果。

由金属离子与 HEDP 形成的六元环螯合物具有相当稳定的结构。表 8-6 是常用的有机磷酸盐和金属离子形成螯合物的稳定常数。稳定常数越高，阻垢性能越好。

螯合物结构式：

表 8-6　有机磷酸盐和金属离子形成螯合物的稳定常数

金属离子＼药剂	HEDP	EDTMP	ATMP	EDTPMP[①]
Mg^{2+}	6.55	5.0	6.49	8.11
Ca^{2+}	6.04	4.95	6.68	7.91
Fe^{2+}	9.05			
Cu^{2+}	12.48	11.14		18.5
Zn^{2+}	10.37	9.90		16.85
Al^{3+}	15.29			
Fe^{3+}	16.21			22.46

①EDTPMP 为二乙烯三胺五亚甲基膦酸。

（4）2-膦酸基丁烷-1,2,4-三羧酸（PBTCA）

分子式为 $C_7H_{11}O_9P$，相对分子质量为 270.13，结构式为：

$$\begin{array}{ccc} & O & CH_2-COOH \\ & \| & | \\ HO-P & -C & -COOH \\ & | & | \\ & OH & CH_2 \\ & & | \\ & & CH_2-COOH \end{array}$$

纯品为玻璃状固体，只有在 100℃ 和真空条件下才能脱去所含的全部水分。可溶于水、50% 的氢氧化钠、37% 的盐酸、98% 的硫酸、85% 的磷酸和 100% 的醋酸中。PBTCA 为五元酸，在 25℃ 和 0.1 mol/L 四甲基硝酸铵溶液中，测得的酸度常数为：$pK_1=1.8$，$pK_2=4.0$，$pK_3=4.9$，$pK_4=6.8$，$pK_5=10.8$。磷含量为 11.5%。由于结构同时具有膦酸和羧酸基，因此，缓蚀阻垢性能良好，优于常用的有机磷酸 HEDP、ATMP、EDTMP，特别是在高温下阻垢性能远远优于有机磷酸，能提高锌的溶解度，甚至在 pH 值为 9.5 时也能使锌处于溶解状态。水解稳定性好，在高达 120℃ 的中性水中，未发现水解作用。且水解稳定性在一定范围内随多价离子（如钙离子）增多或 pH 值的升高而增加。在水中对氯气或氯制剂以及 Fe^{3+} 的耐受力优于其他膦酸盐。与常用水处理剂配伍性好，并会起协同效应。

浓度为 50% 的 PBTCA 水溶液对大鼠经口试验 LD_{50} 大于 6500mg/kg，属实际无毒。对材料有一定的腐蚀作用，因此盛器、管线和泵宜用不锈钢、塑料（如聚乙烯）和玻璃制作。

PBTCA 可用于循环冷却水系统、油田注水系统的防腐防垢，特别适用于高温、高硬、高 pH 值、高浓缩倍数的苛刻水质条件。可用作锅炉给水软化剂，炼钢厂煤气洗涤厂的阻垢分散剂和海水脱盐，还可用作颜料和钻井泥浆等的分散剂，金属表面处理的添加剂。

单独使用时投加量一般为 5～15mg/L，采用连续投加法。可与有机膦酸配合使用。pH 值适用范围为 7.0～9.5。

（5）聚氧乙烯醚丙三醇磷酸酯

结构式：　　　$R^1(C_3H_5)[-O(-CH_2CH_2O-)_zCH_2CH_2]_yR^2R^3$

式中，R^1 为 $(HO-)_x$，其中 $x=2$；或者 $(-O-\overset{\displaystyle O}{\underset{\displaystyle O}{\overset{\|}{\underset{|}{P}}}}-OH)_m$ 或 $(-O-\overset{\displaystyle O}{\underset{\displaystyle O}{\overset{\|}{\underset{|}{P}}}}-O)_m$

其中，$x=0～2$，$m=0～2$，$x+m=2$；

R^2 为 $(-OH)_q$，其中 $q=0～2$；

R^3 为 $(-O-\overset{\displaystyle O}{\underset{\displaystyle O}{\overset{\|}{\underset{|}{P}}}}-OH)_n$ 或 $(-O-\overset{\displaystyle O}{\underset{\displaystyle O}{\overset{\|}{\underset{|}{P}}}}-O)_n$

其中，$n=1～3$，$q+n=y$。

特别适用于油田注水的阻垢。此外也可作阻垢剂用于循环冷却水、低压锅炉水等系统中。还可用作含磷聚氨酯阻燃剂的原料以及表面活性剂。既可阻碳酸钙垢，又可阻硫酸钙、钡垢。与其他缓蚀阻垢剂合用能产生协同效果，但不宜与锌离子合用，否则会出现锌盐沉淀。

8.2.3.3　聚羧酸

（1）聚丙烯酸（PAA）

分子式为 $(C_3H_4O_2)_n$，相对分子质量 <10000，结构式为：

$$\left[CH_2 - \underset{\underset{O}{\overset{\displaystyle C-OH}{|}}}{\overset{\overset{\displaystyle H}{|}}{C}} \right]_n$$

纯品为白色固体，易吸潮，溶于水、甲醇、乙醇、异丙醇、乙二醇、乙酸、二噁烷；不溶于苯、氯仿、丙酮、二乙醚和其他非极性溶剂中。市售品为线型聚合物，无色到琥珀色的清澈或微浑水溶液。

对皮肤和眼有刺激作用，但对人体无急性毒性。大鼠经口 $LD_{50}=5000mg/kg$，属实际无毒。

在水处理中作硫酸钙、碳酸钙和硫酸钡的阻垢剂，以及水中悬浮物质的分散剂，可用于冷却水和锅炉水的处理中，也可用于采矿工业和造纸工业的液体的蒸发浓缩中，以防结垢，可用于油田钻井液和注水中，还可作家用洗碗剂和无磷洗涤剂的组分。

也常与其他水处理剂组成配方使用，例如与有机膦酸盐、聚磷酸盐等复配使用有较好的协同效应。由于系阴离子聚合电解质，忌与阳离子聚合电解质配伍。当相对分子质量比较低时（例如低于2000），其作用主要为阻垢，使水中致垢盐类不沉淀出来；当相对分子质量比较高时（例如4000～10000），其作用主要为分散，使已经沉淀出的致垢盐类不黏附于容器壁或管道壁上。为了使其同时发挥这两种作用，在水处理中，可将这两种相对分子质量的聚丙烯酸混合使用。对于一般水质情况，投药量控制为 $1\sim15mg/L$。

（2）水解聚马来酸酐（HPMA）

相对分子质量 <5000，结构式为：

$$\left[\underset{\underset{HOOC}{|}}{CH} - \underset{\underset{COOH}{|}}{CH_2} \right]_m \left[CH - \underset{\underset{O}{\overset{C}{\|}}}{} \underset{\underset{O}{\overset{C}{\|}}}{} CH_2 \right]_n$$

纯品为乳白色固体，溶于水、甲醇和乙二醇。水处理用工业品含量为 $48\%\sim50\%$ 的棕黄色透明水溶液。热稳定性高，热分解温度高于 $300℃$。HPMA 系酸性物质，对皮肤和眼睛具有刺激作用，具有腐蚀性。大鼠经口 LD_{50} 大于 $5000mg/kg$，属实际无毒。生物降解难，但可吸附于水体中的固体物表面上，在阳光的照射下缓慢地分解为二氧化碳和水。

耐热性及稳定性高，在 pH 值为 8.3 时也有明显的阈值效应，能与水中钙、镁等离子螯合并有晶格畸变能力，能够提高淤积渣的流动性，特别适用于锅炉水等高温水系统的阻垢，也可用作油田输水管线，循环冷却水系统和闪蒸法海水淡化等的沉积物抑制剂，还可用作碱性工业清洗剂配方的组分。通常以 $2\sim5mg/L$ 与有机磷酸盐复配，用于循环冷却水、油田注水、原油脱水、低压锅炉的炉内处理，具有良好的抑制水垢生成和剥离老垢的作用，阻垢效率可达 98%。与 $1\sim2mg/L$ 锌盐复配时，能有效地防止碳钢腐蚀。可与其他水处理剂组成缓蚀、阻垢配方使用，但用于锅炉水处理时，不能与长链脂肪胺合用。此外，虽然 HPMA 可用于任何 pH 值的水系统中，但在配制溶液时，配方的 pH 值应低于 2.5 或高于 9.0，否则会产生沉淀。

HPMA 是水处理剂的拳头产品，自 20 世纪 70 年代问世以来，广泛应用于水质稳定剂、海水闪蒸阻垢剂、金属表面处理剂、分散剂和油田封顶水泥的湍流诱导剂。作为水质稳定剂和海水闪蒸阻垢剂，HPMA 因具有优异的阻垢性能而备受人们的青睐，在已开发出的水质稳定剂中，至今仍是用得最多的产品。但是，HPMA 的传统制备工艺是采用溶剂法，以有毒且价格昂贵的过氧化苯甲酰为引发剂，在甲苯等有毒的有机溶剂中聚合后再水解。该工艺流程长，引发剂和溶剂的用量都很大，反应时间长，反应温度高，需要分离和回收溶剂，生产环境十分恶劣，污染极其严重。因此，近 20 多年以来，研制性能优良、反应时间短、生产过程不污染环境的合成 HPMA 新工艺，一直是水处理等工业关注的热点。国内有不少厂家采用了丙烯酸法，即加入少量（约 1%）丙烯酸与马来酸酐进行水溶性聚合的方法制得 HPMA 同类品，但严格地说产品并不是真正的 HPMA，其性能也比 HPMA 差。也有关于水溶液法的报道，但尚存在相对分子质量低等问题。熊蓉春等根据绿色化学的观点，研究了 HPMA 的清洁生产工艺，并以实现绿色化工过程涉及的四个要素为基点，对其进行了评价。试验结果表明，研究出的 HPMA 生产工艺符合绿色化学要求，采用该工艺制备的 HPMA 的性能优于传统工艺和目前国内采用的丙烯酸法产品。

　　HPMA 的传统生产工艺是溶剂法，其基本过程（图 8-2）是：以马来酸酐（MA）为原料（起始物），加入 2 倍有机溶剂例如甲苯或二甲苯并加热至 70℃ 使之溶解，缓慢滴加已事先溶于有机溶剂（甲苯或二甲苯）的过氧化苯甲酰（BPO）引发剂，在 90～95℃ 下反应约 5h，冷却至 40～50℃，分离上层的有机溶剂后得粗 PMA；用纯甲苯在 90℃ 下搅拌洗涤 1h，冷却，分离上层甲苯后减压蒸馏，即得纯 HPMA；用去离子水在 90℃ 下水解，即得到最终产品 HPMA。完成整个过程大约需要 20～24h。

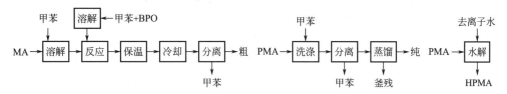

图 8-2 HPMA 的传统生产工艺

　　新研究开发的 HPMA 清洁生产工艺（图 8-3）是：以 MA 为原料，加入少量去离子水和催化剂并加热，缓慢滴加引发剂 H_2O_2，加完后继续保温反应 1h，即得到 HPMA。大约需要 5h 完成整个过程。

图 8-3 HPMA 的清洁生产工艺流程

　　为了进一步说明两种生产工艺的差别，表 8-7 对两者进行了比较。从图 8-2 和图 8-3 两种工艺流程及表 8-7 中的数据可以明显看出，两种工艺所采用的起始物和所得到的目标分子相同，但所采用的转化反应的试剂、反应条件和反应方式是截然不同的：

　　① 化学反应方式　HPMA 的传统生产工艺是一种多步骤的合成和分离反应，采用先聚合，再分离、精制，然后水解的方法，每一分离过程都可能排出对人体和环境有害的物质。新工艺开发了一釜多步串联反应，使溶解、聚合、水解等反应连续进行，不用分离出反应中间体，不产生相应的废弃物。

　　② 转化反应的试剂　传统工艺所用引发剂为毒性较大且价格昂贵的过氧化苯甲酰，新工艺开发和应用了对人和环境无毒、无危险性且价格相对便宜的过氧化氢作为引发剂，从而消除了环境污染。

　　③ 反应条件　传统工艺所用溶剂为有毒性的甲苯等有机溶剂，对环境和人体有害。新工艺采用的聚合溶剂是来源最为丰富、价廉、无毒的水，聚合完成后又成为水解反应的原料。同时，新工艺采用了特殊的催化剂，实现了用普通方法不能进行的反应，缩短了合成步骤且不产生废弃物。

　　表 8-7 中的数据说明，新工艺不仅实现了清洁生产，而且使反应时间缩短，反应温度降低，从而大大提高了生产效率。

表 8-7　两种生产工艺的比较		
比较内容	传统工艺	清洁工艺
目标分子	HPMA	HPMA
起始物	MA	MA
转化反应的试剂	BPO	H_2O_2
反应方式	多步骤合成和分离反应	一釜多步串联反应
反应条件	采用甲苯等有毒有机溶剂	以水为溶剂
三废排放	有	零排放
反应温度/℃	125～132	≤120
反应时间/h	20～24	4～5

参照 GB/T 10535—2014 的评价标准，对清洁生产新工艺合成的目标分子 HPMA 的质量进行了评价，结果见表 8-8。为了便于比较，表中同时列出了传统工艺制备的 HPMA 的质量以及标准要求的质量指标。

表 8-8　目标分子 HPMA 的质量				
指标	传统工艺	清洁工艺	优等品	一等品
固含量/%	48.0	48.0～50.0	48.0	48.0
平均分子量	450～800	900～1500	≥700	≥450
溴值/(mg/g)	80～160	≤80	≤80	≤160
pH 值(1%水溶液)	2.0～3.0	2.0～3.0	2.0～3.0	2.0～3.0
密度/(g/cm³)	1.18	1.19～1.22	≥1.18	≥1.18

从表 8-8 中的数据可以明显看出，采用清洁生产工艺制备的产品的质量指标达到了国家标准优等品的水平。同时，用清洁工艺还能够制得更大相对分子质量的产品。

在标准配制条件下，测定了清洁生产工艺制得的 HPMA 在不同用量时的阻垢率，并与传统工艺生产的 HPMA 的性能进行了比较。测试结果见图 8-4。

由图 8-4 可见，清洁生产工艺制备的 HPMA 在用量只有 1mg/L 时，其阻垢效率已达到90%，而传统工艺生产 HPMA 的阻垢效率仅为 50%，明显优于传统工艺合成的产品；随着增加药剂用量，清洁工艺制备的 HPMA 用量达 2mg/L 时，阻垢效率达 100%，表现出良好的低剂量效应，明显优于传统工艺合成的产品。

测定的清洁生产技术制备的 HPMA 在浓缩水中的阻垢性能（图 8-5）表明，国产 HPMA 的阻垢性能不如清洁生产工艺的产品。清洁生产工艺制备的 HPMA 的阻垢性能与进口 HPMA 相当。

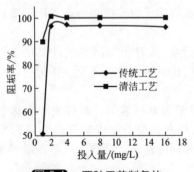

图 8-4　两种工艺制备的
HPMA 配制水阻垢性能的比较

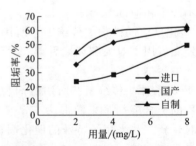

图 8-5　进口、国产和清洁生产工艺
制备的 HPMA 阻垢性能的比较

试验结果表明，使用 H_2O_2 替代 BPO 引发剂，用水替代甲苯作溶剂，通过一釜多步串联反应，可实现 HPMA 的清洁生产。与传统工艺，即先聚合，再分离、精制，然后水解的多步骤合成和分离反应工艺比较，所开发的工艺反应时间大大缩短，生产成本明显降低，彻底消除了环境污染，实现了水处理剂生产方式的绿色化。清洁工艺生产的 HPMA 比传统工艺生产的 HPMA 的性能优异，样品溴值低，反应完全，相对分子质量高，达到了国家优等品质量标准。清洁工艺制备的 HPMA 对配制水和浓缩水的阻垢剂性能均优于目前国内采用加入 1% 的丙烯酸合成的 HPMA 和传统工艺生产的 HPMA。

8.2.3.4 绿色阻垢剂

（1）聚天冬氨酸（PASP）

相对分子质量为 1000~5000，结构式为：

水溶性聚合物，由黄色聚琥珀酰亚胺用碱金属或碱土金属氢氧化物如 NaOH 水解制得的产品为亮黄色水溶液，pH 值为 9.5，具有优良的分散水中多种无机和有机离子的性能，可生物降解为无毒无害物质。不同相对分子质量的 PASP 与葡萄糖对照，生物降解性能的数据（放出 CO_2 百分数）见表 8-9。

表 8-9 聚天冬氨酸的生物降解性能 单位：%

时间/d	葡萄糖	聚天冬氨酸		
		C_5（$4500M_w$）	C_4（$10000M_w$）	C_1（$33000M_w$）
0	0	0	0	0
2	23.9	3.1	7.4	3.1
4	47.0	3.5	8.5	3.9
7	67.7	17.7	9.6	3.9
10	73.3	44.1	18.8	19.5
13	77.5	73.4	47.3	63.7
16	79.6	80.1	63.3	72.7
21	80.1	80.9	67.6	75.4
25	80.4	82.0	71.9	78.9
28	80.8	83.0	73.0	80.5

从环境可接受和消除污染的观点看，该聚合物特别有价值。

PASP 的制备方法有直接法和间接法。直接法以 PASP 的对应单体天冬氨酸为原料，将 L-天冬氨酸于 350~400℃，在有催化剂或无催化剂存在下进行热缩聚获得聚琥珀酰亚胺，再将聚琥珀酰亚胺用 NH_4OH、NaOH、KOH 或其他碱金属或碱土金属氢氧化物进行水解。

间接法以马来酸酐为原料，将氨水和马来酸酐加热反应获得聚琥珀酰亚胺，然后用碱金属或碱土金属氢氧化物水解。例如，一种具体的制备方法是：向反应器内加入 196g（2mol）马来酸酐和 100g 水，加热至 55℃ 并搅拌 45min 使之溶解，冷却至室温，将 408g（6mol）30% 氢氧化铵水溶液慢慢加入到冷却的马来酸酐水溶液中，加热混合溶液至 75~85℃ 并保持 6h，得无色玻璃状物质。将该物质在油浴中加热到 240℃并保持 7h，得到暗黄色脆性产物聚琥珀酰亚胺。将聚琥珀酰亚胺用碱金属或碱土金属氢氧化物水解得 PASP。也可在一反应釜中由马来酸酐或马来酸和氨水或有机溶剂存在下，于 150～300℃下进行反应获得聚琥珀酰亚胺，然后用碱金属或碱土金属氢氧化物水解。

PASP 是优良的分散剂，可以分散水中的 $CaSO_4$、$CaCO_3$、$BaSO_4$、Fe_2O_3、黏土如高岭土、TiO_2、$Ca_3(PO_4)_2$、$Zn(OH)_2$、$Mg(OH)_2$、Mn_2O_3 等沉积物，同时也具有阻垢作用。它可用于工业水处理如冷却水、锅炉水、油田回注水以及脱盐、反渗透、闪蒸器等方面，而自身可被生物降解而不存在环境污染问题。因此，它的应用没有任何环保限制，可以广泛应用于各种工业产品的生产工艺过程中。

相对分子质量范围为 2000～5000 的 PASP 有最佳的碳酸钙垢阻垢作用，使用质量浓度为 3～5mg/L；而阻硫酸钙垢的最佳相对分子质量范围为 1000～4000，使用质量浓度为 2～3mg/L；而阻硫酸钡垢的最佳相对分子质量范围为 3000～4000，使用质量浓度为 4～5mg/L。

（2）聚环氧琥珀酸（PESA）

相对分子质量为 400～5000，结构式为：

$$HO\left(\begin{array}{c} H \\ | \\ C \\ | \\ C=O \\ | \\ OM \end{array} \begin{array}{c} H \\ | \\ C \\ | \\ C=O \\ | \\ OM \end{array}O\right)_n H$$

（$n=2\sim25$；$M=H$，Na，K，NH_4）

水溶性聚合物，其钠盐为白色固体。是一种优异的螯合剂，可以螯合多价金属阳离子。

PESA 的制备是以马来酸酐为原料，将马来酸酐溶于水，加入 NaOH，得马来酸的钠盐，然后在催化剂存在下，用双氧水氧化，获得环氧琥珀酸钠盐，再将环氧琥珀酸的钠盐与 $Ca(OH)_2$ 和水按一定比例混合，在 80℃加热 30min，可得到 93% 的环氧琥珀酸的齐聚物（干基）和 7% 酒石酸盐。相对分子质量分布为 10%（$n=3$），13%（$n=4$）和 69%（$n>4$）。再进一步纯化，将其水溶液酸化到 pH=2，用酸性磺化聚苯乙烯离子交换树脂除去阳离子杂质，然后加入 pH=2.5 的甲醇溶液则聚合物析出，真空干燥即得产品。

制备方程式如下：

$$\begin{array}{c} HC-C \overset{O}{\underset{O}{\diagdown}} \\ | \quad \quad O \\ HC-C \overset{}{\diagup} \end{array} + H_2O \xrightarrow{NaOH} \begin{array}{c} HC-COONa \\ | \\ HC-COONa \end{array} \xrightarrow[A,B]{催化剂} O\begin{array}{c} CH-COONa \\ | \\ CH-COONa \end{array}$$

$$\xrightarrow{引发剂} H\left(O-\begin{array}{c} H \\ | \\ C \\ | \\ NaOOC \end{array}\begin{array}{c} H \\ | \\ C \\ | \\ COONa \end{array}\right)_n OH$$

用于冷却水处理、锅炉水处理，作为阻垢分散剂，适用于高碱度、高温、高硬水条件。与氯离子的相容性好、阻垢性能不受氯离子浓度的影响。在正磷酸盐作为缓蚀剂的配方中加入 PESA 可大大降低正磷酸盐的用量，使含磷污染物排放量达 1mg/L 以下。作为螯合剂，可用作洗涤剂组分，代替聚磷酸盐和含氮化合物如次氨基三乙酸等，制备不含氮、磷元素的洗涤剂。

PESA 具有优异的碳酸钙阻垢作用。在 LSI（朗格利尔饱和指数）为 3.2，Ca^{2+}（以 $CaCO_3$ 计）为 1102mg/L，CO_3^{2-}（以 $CaCO_3$ 计）为 1170mg/L，pH 值为 9.0 的水质条件下，在温度为 70℃ 时，它与 HEDP 和聚丙烯酸进行了静态阻垢试验对比，数据结果见表 8-10。

表 8-10 几种药剂对碳酸钙垢的抑制效果

药剂	用量/(mg/L)	阻垢率/%
PESA （聚环氧琥珀酸）	5 10	92.4 97.7
HEDP （羟基亚乙基二膦酸）	5 10	75.4 76.1
GoodRite K-732 （聚丙烯酸）	5 10	71.4 74.0

表 8-11 显示了 PESA 具有优良的硫酸钡阻垢效果。在 Ba^{2+} 为 2mg/L、SO_4^{2-} 为 1000mg/L、pH 值为 5.5、温度为 60℃ 的水质条件下，对硫酸钡阻垢效果，PESA 明显优于六偏磷酸盐。

表 8-11 PESA 与六偏磷酸盐对硫酸钡垢的抑制作用

药剂	用量/(mg/L)	阻垢率/%
PESA	2.5	100
六偏磷酸盐	2.5	83.2

PESA 与膦羧酸 PBTCA 复合使用具有协同效应。当水质条件为 Ca^{2+}（以 $CaCO_3$ 计）为 150mg/L，CO_4^{2-}（以 $CaCO_3$ 计）为 1000mg/L，温度为 101℃，pH 值为 12.5（室温）时，如单独使用 PESA 或 PBTCA，完全抑制 $CaCO_3$ 生成时，PBTCA 需用量为 20mg/L，PESA 需用量为 30mg/L。如两者复合，则结果为：

PBTCA：PESA＝3：1，完全抑制碳酸钙生成，只需 7.5mg/L；

PBTCA：PESA＝1：1，完全抑制碳酸钙生成，只需 10mg/L；

PBTCA：PESA＝1：3，完全抑制碳酸钙生成，只需 15mg/L。

PESA 可与磷酸盐（有机或无机），丙烯酸（AA）/烯丙基羟丙基磺酸盐醚（AHPSE，3：1）共聚物（相对分子质量为 2000～4000）和甲基苯并三唑（TTA）组成配方处理工业冷却水，可使排放磷（P）含量不大于 1mg/L，并可得到较佳的处理效果。例如：

在 Ca^{2+}（以 $CaCO_3$ 计）为 400mg/L、Mg^{2+}（以 $CaCO_3$ 计）为 150mg/L、SiO_2 为 51mg/L、pH 值为 8.6 的水质条件和传热速率为 $8000 \times 3.1548 W/m^2$、水流速度为 $3 \times 3.28084 m/s$、水温为 41℃、系统保留时间 1.4d 的试验条件下，试验结果见表 8-12。

表 8-12 PESA 使用配方的缓蚀效果

处理剂组成及用量		结果		
组成	用量 /(mg/L)	腐蚀率/(25.4μm/a) (mil/a)		设备状况
		低碳钢	海军铜	
磷酸钠盐 PESA TTA AA/AHPSE	3 15 3 5	0.5	0.2	清洁,表面仅仅有肤浅的局部腐蚀

8.2.3.5　可再生资源型阻垢剂

（1）单宁

单宁是淡黄色至浅棕色的无定形粉末或鳞片状固体，相对分子质量为1701.22，是一种具有五倍子酸、1,2-苯二酚、邻苯三酚等结构基团的复杂分子结构化合物，常与糖类共存，分子结构为：

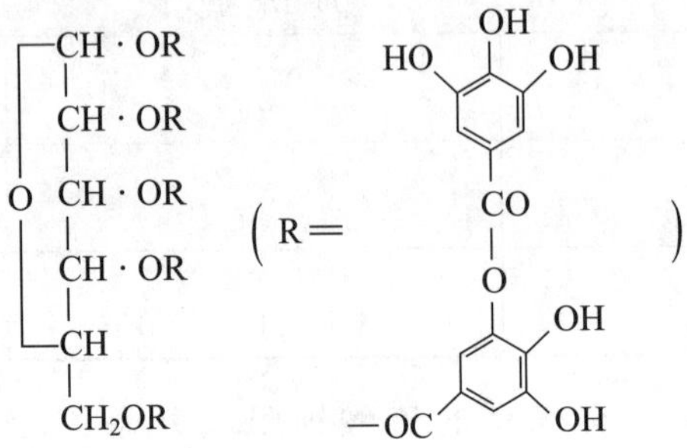

有强烈的涩味，呈酸性。易溶于水、乙醇和丙酮；难溶于苯、氯仿、醚、石油醚、二硫化碳和四氯化碳等。在210～215℃下可分解生成焦油质和二氧化碳。在水溶液中，可以用盐或强酸盐使之沉淀。在碱液中，易被空气氧化使溶液呈深蓝色。单宁为还原剂，能与白蛋白、淀粉、明胶和大多数生物碱反应生成不溶物沉淀。单宁暴露于空气和阳光下易氧化，色泽变暗并吸潮结块，因此应避光、密封保存。

单宁是络合酚类物质，广泛存在于植物的生长部分，如根苗、芽、叶、树皮和果实，以及某些寄生于植物的昆虫所产生的虫瘿中。故此，制取方法因原料不同也略有差异。树皮中含有5%～16%的单宁（表8-13）。

表 8-13　各种植物树皮中单宁的含量　　　　　单位：%

树种	单宁含量	树种	单宁含量
柳树	8～12	落叶松	8～13
云杉	5～6	桦树	5～11
松树	7～8	赤杨	5～10
冷杉	5～12	栎树	5～16

当以树皮为原料时，用鼓式或盘式切碎机将原料破碎，然后用水在常压或加压下萃取。萃取温度因树种而异，对于栎树树皮及木质部和云杉树皮，萃取温度为90～105℃；柳树树皮为60～70℃。萃取时间为6h。萃取后水中单宁浓度较低，一般只有5%～7.5%，需用真空蒸发使之浓缩至40%，再干燥，装袋。

五倍子中含有大量单宁。五倍子是五倍子瘿蚜虫寄生在盐肤木、青麸杨、红麸杨等树叶的基部或翼叶上的虫瘿产物，单宁含量可达60%～70%，盛产于中国的贵州、四川、湖南和湖北一带，国外也有该类产物。以此为原料制取单宁的方法是，先将五倍子破碎，筛选，加水浸渍，取出浸渍水澄清，再真空蒸发提浓，喷雾干燥得到成品。

工业单宁酸的质量指标见表8-14。

表 8-14　工业单宁酸的质量技术指标

指标名称		一级	二级	三级
单宁酸（干基计）含量/%	≥	81.0	78.0	75.0

续表

指标名称		一级	二级	三级
干燥失重/%	≤	9.0	9.0	9.0
水不溶物/%	≤	0.6	0.8	1.0
总颜色	≤	2.0	3.0	4.0

单宁无毒，小鼠经口摄取绝对致死剂量 $LD_{100}=6.0g/kg$。主要用于墨水、医药、印染、皮革、橡胶和冶金等工业以及水处理中。在水处理中，具有脱氧、絮凝、缓蚀、阻垢、杀菌等作用。当用作水处理剂时，为了降低成本，一般使用其粗品"栲胶"。

单宁分子结构中有部分水解后所产生的羧基和大量的羟基，因此能与水中的钙、镁离子生成络合物，阻止锅炉水中的钙、镁离子形成水垢，也可减少冷却水中硫酸钙的沉积，起到分散作用。另外，单宁的凝聚力可将沉淀物聚集成水渣，通过排污排出锅炉系统。

由于钢铁表面的铁离子或氧化铁能与单宁反应生成一种保护膜，因此，它有缓蚀功能。此外，利用单宁在碱性介质中易吸收氧，可较好地防止锅炉氧腐蚀。在 pH 值为 11 时，单宁和亚硫酸钠一样，具有较好的脱氧能力，可抑制碳钢的腐蚀，缓蚀率可达 97%。

对低压、小容量、大水容积、无水冷壁的火管锅炉，为节省水处理设备费用，可以只采用锅内水处理。此时，可采用由磷酸三钠、纯碱、烧碱和单宁组成的复合阻垢剂，阻垢剂与给水中的硬度成分作用，生成松散的泥渣沉淀下来，再使用排污方法除去。复合阻垢剂中各组分的用量可根据进水的硬度参考表 8-15 确定。如果采用这种阻垢方法，就要注意及时排除泥渣。

表 8-15　三钠一胶配方

原水硬度/(mmol/L)	配方/(g/t 水)			
	氢氧化钠	碳酸钠	磷酸钠	单宁(栲胶)
<1.8	3	22	10	5
1.8～3.6	5	30	15	5
3.6～5.4	7	38	20	5
5.4～7.0	9	46	25	5
7.0～9.0	12	53	35	5
9.0～11	15	65	45	5

三钠一胶法就是指上述复合阻垢剂，它是一种以无机药剂为主的防垢剂。配方中的栲胶也可以用木质素磺酸钠或其他有机阻垢剂替代，相应的配方最好通过试验确定。加入锅炉内时，应先将固体阻垢剂配制成溶液。考虑到某些阻垢剂对强碱敏感，在配制溶液时，最好是先将各个组分分别配制好后再混合。不过对三钠一胶的配方来说，也可以预先将四种组分混合在一起，然后用 60℃ 左右的温水溶解、过滤弃去杂质，然后加入锅炉系统中。

阻垢剂的加入方式有两种：一种是将阻垢剂溶液直接加入锅筒内；另一种是将阻垢剂溶液加入给水系统中，再随给水带入锅筒内。阻垢剂溶液直接加入给水系统中，加药设备简单，甚至可由给水箱注入，但应注意防止不均匀注入而发生局部堵塞。因此，最好是参考图 8-6 图示加药系统，将阻垢剂溶液直接加入锅筒中。

也可以采用有机阻垢剂为主的配方，例如聚羧酸

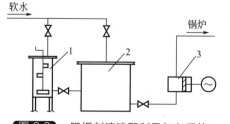

图 8-6　阻垢剂溶液配制及加入系统
1—阻垢剂溶解器；2—溶液箱；3—计量加药泵

盐与有机磷酸盐为主要组分的复合有机阻垢剂。不过使用有机阻垢剂时应充分考虑其温度效应及其影响因素，某些复合有机阻垢剂有可能比其单独使用时的耐温性更好。同时，还应考虑有机阻垢剂会增加锅炉水的有机物质含量，在运行中应注意化验锅水碱度，控制好锅炉排污率（5%～10%）。阻垢剂的用量应根据锅炉运行工况和水质条件由试验确定。

（2）木质素磺酸钠

典型软木磺酸的分子式是 $C_9H_{8.5}O_{2.5}(OCH_3)_{0.85}(SO_3H)_{0.4}$，相对分子质量为 5000～100000，木质素磺酸钠结构式为：

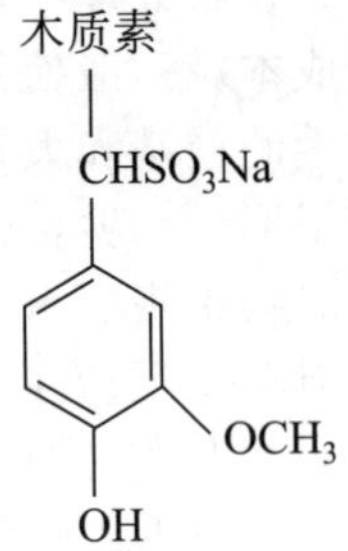

木质素磺酸盐又称亚硫酸盐木质素，产品的相对分子质量差别很大，结构也不尽相同，固体产品为淡棕色粉末，具有吸湿性，易溶于水且不受 pH 值变化的影响，不溶于乙醇、丙酮及其他普通的有机溶剂。水溶液为棕色至黑色，有胶体特性，溶液的黏度随浓度的增加而升高。木质素磺酸盐对降低液体间界面表面张力的作用很小，不能减小水的表面张力或形成胶束，其分散作用主要依靠基质的吸附-脱吸和电荷的生成。木质素磺酸钠无毒，LD_{50} 大于 5g/kg，美国食品和药物管理局已批准允许在各种食品、食品包装和加工过程中使用。

工业木质素磺酸盐是酸性亚硫酸盐法纸浆生产中蒸煮制浆的副产物，在亚硫酸盐纸浆废液中的含量约为 42%～55%。制取方法是在亚硫酸氢钙法的制浆废液（即钙盐红液）中加入石灰乳，提纯木质素磺酸盐，以碱式木质素磺酸钙沉淀形式析出，然后分离并于沉淀滤饼中加硫酸进行酸化，以提高木质素钙盐的可溶性并除去过量钙，随之加入碳酸钠进行盐基置换，使钙盐变成钠盐，然后蒸发、干燥即可得到固体木质素磺酸钠。一般粉状产品由浓度为 50% 的木质素磺酸钠溶液喷雾干燥制得。

木质素磺酸钠具有分散、络合、黏合与乳化稳定作用，可广泛地用作各种行业中。由于能生成不溶性的蛋白质络合物，因此在罐头厂废水处理中，用以去除废水中的蛋白质流出物。在水处理中，可用作冷却水的阻垢分散剂和缓蚀剂，利用其与锌离子的络合作用，使水中的锌离子得以贮备，以不断地提供一定量的锌离子，抑制了水系统的腐蚀。在锅炉水处理中作分散阻垢剂，其热稳定性好，甚至在 250℃ 下仍然保持良好的分散性能。它在水中分散含水氧化物和有机污垢方面也很有效。其最大缺点是组成不稳定，性能常有波动，对现代化的水处理很不利。但由于来源方便、价格低廉、无污染等优点，仍常用于循环冷却水处理剂复合配方中和锅炉水处理中。

（3）腐殖酸

腐殖酸主要是一些天然的芳香族羟基羧酸，相对分子质量为几万至几百万，具有离子交换、络合、吸附等性质，并有良好的分散性和渗透性，能有效分散金属氧化物。作为煤炭腐殖酸的价格低廉，能否用作水处理阻垢缓蚀剂或阻垢分散剂一直是人们关心的问题。

有人将腐殖酸钠（由风化煤经 1%～2%NaOH 溶液加热至 85～90℃，保持 40min，过滤，滤液蒸干后获得）和丙烯酰胺-丙烯磺酸钠共聚物共混，进行应用性能试验。结果表明，两者有明显的增效作用。首先表明，当腐殖酸钠（HA）和共聚物 P（AM-SAS）质量比为 2∶1 时，增效作用最为明显。在此基础上，进行了 $CaCO_3$、$Ca_3(PO_4)_2$ 的阻垢测试和氧化铁分散性试验，结果见表 8-16，表 8-17。

表 8-16 表明共混物对 $CaCO_3$ 阻结垢效率在 10mg/L 时可达 97％以上。

表 8-16　$CaCO_3$ 阻垢剂试验

药剂	不同药剂用量(mg/L)对 $CaCO_3$ 阻垢率/%					
	5	10	15	20	25	30
HA	65.2	70.5	88.7	90.0	91.3	93.5
P(AM-SAS)	76.7	80.1	83.2	86.4	88.2	90.7
HA/P(AM-SAS)	89.9	97.2	98.0	98.9	98.5	98.3

表 8-17 可见，HA/P(AM-SAS) 共混物的阻磷酸钙垢最好。

表 8-17　$Ca_3(PO_4)_2$ 阻垢性能

药剂	不同药剂用量(mg/L)时的阻垢率/%					
	5	10	15	20	25	30
HA	70.5	76.3	81.3	83.4	84.5	85.3
P(AM-SAS)	60.2	68.9	91.6	92.2	93.6	94.8
HA/P(AM-SAS)	87.5	90.2	95.1	95.4	96.8	97.2

表 8-18 表明透光率越小，分散性越好，共混物的分散性明显优于单一药剂。

表 8-18　氧化铁分散性能

药剂	不同药剂用量(mg/L)时的上清液透光率/%					
	5	10	15	20	25	30
HA	91.3	84.5	80.0	71.0	66.5	60.2
P(AM-SAS)	77.9	70.5	66.8	58.2	50.9	47.6
HA/P(AM-SAS)	54.3	51.2	46.1	35.1	33.2	39.8

8.2.4　阻垢剂的可生物降解性

阻垢剂广泛用于锅炉水处理和循环冷却水处理过程中，在节约用水、环境保护和安全生产方面起着重要作用。目前国内外普遍应用的阻垢剂主要是聚羧酸盐类和有机膦酸盐类。对这些阻垢剂的研究，一般都着重于提高阻垢性能方面。随着"绿色化学"概念的提出，阻垢剂的分子设计、研制、生产与应用也必须考虑与自然环境的相容性，不能够在环境中长期积累成为环境不可控制的污染物。因此，可生物降解性已经成为评价阻垢剂性能的一个新的重要标准。然而，对于大多数阻垢剂，尚缺乏可生物降解性的研究和可供参考的数据。参照国际上广泛采用的 OECD 301B 标准，以降解过程中的二氧化碳生成量作为表征指标，研究了八种常用阻垢剂和两种新型阻垢剂的可生物降解性，得出阻垢剂的可生物降解性数据、生物降解规律及聚合物分子结构与可生物降解性的关系。研究结果为阻垢剂的分子设计、研制、生产与应用提供了重要的理论依据。

8.2.4.1　可生物降解性的测定

（1）接种菌液

用 100g 菜园土悬浮于 1000mL 去氯离子水中，搅拌后沉淀 30min。用粗滤纸过滤，弃去最初 200mL 滤液，其余滤液备用。

（2）营养盐及其用量

有机物生物降解所需的无机营养盐为：磷酸盐缓冲液（每升水中含有 KH_2PO_4 8.5g，$K_2HPO_4 \cdot 3H_2O$ 28.5g，Na_2HPO_4 17.7g，NH_4Cl 1.7g），硫酸镁溶液（每升水中含 $MgSO_4 \cdot 7H_2O$ 21.5g），氯化钙溶液（每升水中含 $CaCl_2 \cdot 2H_2O$ 27.5g），氯化铁溶液（每升水中含 $FeCl_3 \cdot H_2O$ 0.25g）及维生素溶液（每升水中含酵母膏 150mg）。在实验中，以上营养盐溶液体积浓度各为 1mL/L。

（3）生物降解实验

在 2000mL 已加入营养盐的溶液中加入一定量的阻垢剂，使溶液中受试阻垢剂能够完全降解的理论生成量 $m(CO_2)$ 为 10mmol，再加入 1mL 接种液。将以上配制好的反应液置于 25℃ 的恒温水浴中，以 12L/h 的流量通入不含 CO_2 的空气，生物降解的实际生成量 $m(CO_2)$ 由 $Ba(OH)_2$ 吸收后用标准盐酸溶液滴定。受试物的生物降解率 B 按下式计算：

$$B = \frac{\text{实际生成量 } m(CO_2)}{\text{理论生成量 } m(CO_2)} \times 100\%$$

8.2.4.2　受试阻垢剂的可生物降解性

测定了氨基三亚甲基膦酸（ATMP，国产）、羟基亚乙基二膦酸（HEDP，国产）、膦酸基丁烷三羧酸（PBTC，国产）、聚丙烯酸（PAA，国产）、丙烯酸-丙烯酸羟丙基酯共聚物（AA-HPA，国产）、马来酸酐-丙烯酸共聚物（MA-AA，国产）、丙烯酸-丙烯酸甲酯-丙烯酸羟乙基酯共聚物（AA-MAA-HEA，国产）、聚天冬氨酸（PASP，北京化工大学）、聚环氧琥珀酸（PESA，北京化工大学）、水解聚马来酸酐（HPMA，进口）等阻垢剂的可生物降解性，测定结果见表 8-19。在试验条件下，10 种阻垢剂的降解性从难到易的顺序已在表中排出。根据试验结果并参考 OECD 标准，可将受试阻垢剂大体分为三类：PAA 和 ATMP 的 28d 降解效率和 10d 降解效率均小于理论值的 10%，为难降解阻垢剂；AA-HPA、HEDP、AA-MAA-HEA、PBTC 和 HPMA 的 28d 降解效率小于 60% 但 10d 降解效率大于理论值的 10%，为可降解阻垢剂；MA-AA、PESA 和 PASP 的 28d 降解效率大于理论值的 60% 且 10d 降解效率大于理论值的 10%，为易降解阻垢剂。

表 8-19　一些阻垢剂的可生物降解性

阻垢剂名称	降解率/%		分类
	10d	28d	
PAA	2.3	3.1	难降解
ATMP	3.3	3.9	难降解
AA-HPA	12.1	15.3	可降解
AA-MAA-HEA	12.1	17.8	可降解
HEDP	18.4	20.3	可降解
PBTC	27.4	32.6	可降解
HPMA	31.6	49.3	可降解
MA-AA	38.4	66.8	易降解
PESA	27.2	79.2	易降解
PASP	28.8	80.2	易降解

影响有机物生物降解性能的因素很多，目前，用于有机物可生物降解性研究的测试指标可根据氧气消耗量（BOD、COD）、有机物减少量（TOC）或二氧化碳生成量（PCD）来衡量。我国多采用 BOD、COD 法，由于影响因素多，测定结果重现性较差。本实验采用的 PCD 法是根据可降解有机物在好氧微生物作用下最终被分解成水和 CO_2，以实验中产生的

CO_2 量与理论 CO_2 值的对比来对阻垢剂生物降解性能进行评价，引起误差因素少，因而以 PCD 作为评估有机物生物降解性能较为合理。

8.2.4.3 聚羧酸分子中羧基数目与可生物降解性的关系

图 8-7 示出 HPMA、PAA 和 MA-AA 生物降解的生成量 $m(CO_2)$ 与 t 的关系。

图 8-7 中空白试验未加入有机物，所测得的 CO_2 量实际上是接种物在试验过程中内源呼吸所释放的 $m(CO_2)$。可以看出，PAA 在试验条件下较稳定，在降解 10d 前所放出的 $m(CO_2)$ 低于接种物所放出的 $m(CO_2)$，说明对微生物的内源呼吸有抑制作用；随着降解时间的增加，抑制作用逐渐减小，最后曲线几乎与微生物内源呼吸曲线重合，说明该阻垢剂不易生物降解。HPMA 在试验前阶段降解较快，10d 后渐渐变慢，表明它比较容易被微生物分解，但分解的产物最终并不能够全部迅速转化为 CO_2，其中一部分以其他有机碳的形式继续存在于溶液中，这些持续存在的有机碳不易被生物氧化分解。MA-AA 共聚物表现出非常好的降解性能，在试验初始阶段降解速度快，不需要驯化过程，是一种可以迅速降解的阻垢剂。

这三种物质都属于聚羧酸，但可生物降解性却有很大的差别。一般来说，影响有机物生物降解性能的因素有三方面：生物因素、物理因素、化学因素。由于生物降解是一种酶催化反应，酶与基质的结合是通过酶的活性中心实现的，因而，有机物的分子结构直接影响到酶活性中心与基质的键合、扩散以及发生化学反应的能力。三种物质的分子结构如下：

可见，PAA 的分子链比较规整，只是单体结构的简单重复，不存在异构体，与羧基相连的碳上都有很长的取代基，对生物降解作用的进行十分不利。HPMA 与 PAA 相比，分子链中多了酸酐结构，并且每个聚合单元中多了一个羧基，羧基强烈的吸电子效应使得 C—C 键间产生较大的电子极化，容易成为反应的活性中心，发生断链反应。断链得到的碎片有的能够进一步降解，有的则较为稳定，不能被进一步降解或降解速度很慢，因而在降解后期速度比较平缓。MA-AA 由 90% 的 MA 与 10% 的 AA 共聚而成，少量 AA 单元的加入，使得聚合链节呈不连续分布，可能会在一个分子链中形成多个活性反应中心，因而降解性能得到显著的提高。后两种物质的分子结构同 PAA 的分子结构相比，其显著特点就是分子链节中羧基的数目有所增加，可见，增加分子链中羧基数目对提高生物降解性能有利。

8.2.4.4 聚羧酸分子中脂基支链的影响

图 8-8 是 AA 的二元和三元共聚物以及 PAA 的生物降解性能曲线。可见，AA 二元聚合物与三元聚合物产生的 $m(CO_2)$ 比接种物所产生的 $m(CO_2)$ 要大，但在反应的后阶段其 PCD 曲线基本上与接种物和聚丙烯酸的 PCD 曲线平行，表明受试阻垢剂在试验后期产生的 $m(CO_2)$ 几乎与微生物内源呼吸产生的 $m(CO_2)$ 相当，即生物降解过程已经几乎不再进行。

从共聚物 AA-HPA、AA-MAA-HEA 的分子结构看，与 AA 相比，两者结构均有带酯基基团的支链，新官能团改变了分子链上电子云的分布，产生较大的电子离域，有利于进行生物反应。在 AA-HPA 共聚物的降解过程中，可以认为生物作用首先发生在 HPA 的支链中，而降解的产物中可能还会含有大段的 PAA 链节，因而进一步降解困难。试验结果也表明，该物质降解的速度越来越慢，降解的程度也不是很高。对于 AA-MAA-HEA 也有类似的过程，由于分子链中含酯基支链数目增多，所以降解性能稍好一些。因此，酯基支链对生物降解性能有促进作用，但增强的效果不是很明显。

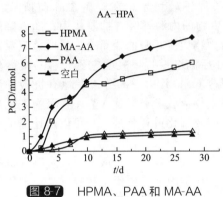

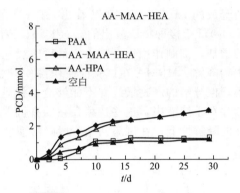

图 8-7　HPMA、PAA 和 MA-AA
的可生物降解性

图 8-8　AA-HPA、AA-MAA-HEA、
PAA 的可生物降解性

8.2.4.5　向聚羧酸分子主链中插入氮的作用

图 8-9 是 PASP 的生物降解性能曲线。可以看出，这种阻垢剂的可生物降解性很好。虽然在试验初期降解效率不很高，但在随后的时间内产生的 $m(CO_2)$ 迅速增多。这一试验结果说明，PASP 的降解需要一个短期驯化过程。

PASP 是一种聚氨基酸，分子链中含有 α、β 两种异构体，结构如下。它具有非常好的生物降解性能，且 α、β 异构体的含量对降解性能无影响。同样是聚羧酸，PAA 不能降解而 PASP 的生物降解性能却非常好，这可能与分子链中插入了 N 原子有很大的关系。

PASP

8.2.4.6　在聚羧酸分子主链中插入氧的作用

在聚羧酸分子主链中插入氧，即为聚氧羧酸，典型代表是 PESA。由其结构式可见，PESA 的分子中无氮、无磷，不会引起水体的富营养化，这对环境保护是极为有利的。试验结果表明，PESA 的可生物降解性也非常好（图 8-10）。

$$HO \left[\begin{array}{c} H \\ C \\ NaOOC \end{array} - \begin{array}{c} H \\ C \\ COONa \end{array} - O \right]_n H$$

PESA

PESA 在降解前也需要一个短期的驯化时间，随后生物降解过程进行得很迅速，并且 $m(CO_2)$ 与时间基本上呈正比例变化，具有良好的可生物降解性。与 PAA 相比，PESA 的每个聚合单元多了一个羧基基团，且在主链上多了一个氧原子。其降解性能大大提高的试验结果说明，氧原子的插入有利于提高化合物的生物降解性能。

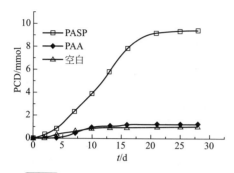

图 8-9　PASP 的生物降解性能曲线

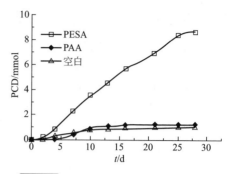

图 8-10　PESA 的生物降解性能曲线

8.2.4.7　分子中磷酸基团的影响

ATMP、HEDP、PBTC 的分子结构如下所示，图 8-11 是有机磷酸生物降解 PCD 变化曲线。

ATMP

HEDP

PBTC

　　ATMP 的降解曲线与接种物所释放 CO_2 曲线在降解试验前期略低于接种物曲线，因此可以拟制内源呼吸作用。随着降解时间的增加，抑制作用逐渐减小，最后曲线几乎与微生物内源呼吸曲线重合，表明 ATMP 在溶液中较为稳定，几乎不降解。PBTC 与 HEDP 有一定程度的降解，但不是很大。

　　虽然这几个阻垢剂不属于聚合物，分子链较短，但是取代基很多，空间位阻大，会影响到基质与酶的结合。在 ATMP 分子中，支链很多，而高支链化合物的生物降解性能一般是很差的，试验结果也说明了这一点。HEDP 在结构上可以认为是乙醇分子被两个

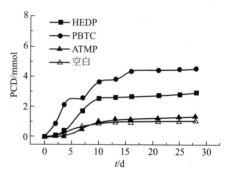

图 8-11　HEDP、ATMP、PBTC 生物降解所产生 CO_2 量与时间的关系

磷酸基所取代，类似于叔丁醇的结构，其降解性能较差的主要原因是取代基的影响。PBTC 分子中支链较少，且是一种三羧酸，所以表现出相对较好的降解性能。总的来说，这三种物质的生物降解性能都不是很好，这与分子中磷酸基的存在不无关系。从试验结果来看，磷酸基取代可能会降低化合物的生物降解性能。

　　考虑到 OECD 301B 标准，从通过试验研究得出的五种常用阻垢剂和两种新型阻垢剂的可生物降解性数据来看，PAA 难降解；AA-HPA、HPMA 和 AA-MAA-HEA 可降解；MA-AA、PASP 和 PESA 易降解。

　　阻垢剂的可生物降解性与分子结构的关系可概括为：在难降解的聚丙烯酸链中增加羧基基团可能会对生物降解性能有促进作用，在难降解的聚羧酸分子中酯基支链的增加会促进降解，但效果不很明显；在难降解的聚羧酸分子主链中插入氧原子，可使其可生物降解性大大提高；在难降解的聚羧酸分子主链中插入氮原子，可使其可生物降解性大大提高；分子中膦酸基团的存在会降低可生物降解性。

8.2.5 绿色化学与水处理剂的发展方向

近年提出了绿色化学的新概念，一门全新的从源头上彻底阻止污染的化学，其影响已迅速扩展到自然科学的各个学科，将给予化学过程有关的学科带来革命性的变化，成为当前和21世纪的学科前沿和重点研究方向。绿色化学正在重新塑造水处理剂的发展方向，改变水处理剂分子的设计思想，并对现有的各种水处理剂产品重新评价和设计。绿色化已成为21世纪水处理剂研发的基本要求。

8.2.5.1 绿色化学的概念

随着工业的高度发展，全球性的生态破坏和环境污染日益严重，保护人类生存环境已刻不容缓。1992年6月，在巴西里约热内卢召开了联合国环境与发展大会，通过了"21世纪议程"，要求各国制定和组织实施可持续发展战略、计划和政策，迎接人类社会面临的共同挑战。随之，社会的可持续发展及其所涉及的生态、环境、资源、经济等方面的问题越来越成为国际社会关注的焦点，并被提高到发展战略的高度。1995年3月16日，美国宣布"总统绿色化学挑战计划"，提出了"绿色化学"的概念。洁净化学、环境友好化学、原子经济性、绿色技术等一系列新的名词也相继出现。

依据P. T. Anastas等的定义，绿色化学就是用化学的技术和方法，从根本上减少或消灭那些对人类健康或环境有害的原料、产物、副产物、溶剂和试剂等的产生和应用。原子经济性概念首先由美国著名有机化学家Trost提出，即高效的化学合成应最大限度地利用原料分子的每一个原子，使之结合到目标分子中（如完全的加成反应：$A+B \longrightarrow C$），达到零排放或近零排放。所谓绿色技术是指在绿色化学基础上发展起来的技术。显然，绿色化学的总体思路是从根本上消除污染源，使得废物不再产生，不再有废物处理问题，因而绿色化学是一门从源头上彻底阻止污染的化学。

根据绿色化学或原子经济性的概念，过去发明的诸多有关化工"三废"治理的方法均不属于绿色化学之列，因为这些方法对污染是终端控制而不是始端预防。另外，运用改进管理的方法实现了环境污染的预防，因其手段不是化学和化学工程，也不属于绿色化学范畴。绿色化学将给环境工程和化学工业带来革命性的变化，是当前和21世纪化学和化工学科的研究重点及学科前沿，是化学家在21世纪重新学习的首要课题，也将成为21世纪可持续发展战略的重要支撑。

8.2.5.2 绿色化学研究的内容

绿色化学研究的内容包括一般化工过程的四个基本要素，即目标分子（最终产品）、原材料（起始物）和转化反应的试剂、反应方式和反应条件。评价一个化工过程是否符合绿色化学的要求，需要将这四个要素联系起来，全盘考虑。

（1）原材料和试剂

开发和应用对人和环境无毒、无危险性的原材料和转化反应的试剂是绿色化学的重要环节。例如，合成芳香胺时，一般都是以氯代芳烃为原料，而已知氯代芳烃对环境有累积性污染，Monsanto公司的Stern等用芳烃代替氯代芳烃，解决了对环境的累积性问题。

氨基甲酸酯是一类重要的工业原料，以往的合成方法是必须使用有毒的光气为原料。杜邦公司改用一氧化碳直接羰基化而合成了氨基甲酸酯，消除了环境污染。

具有剧毒和致癌性的硫酸二甲酯是常用的甲基化试剂，化学家Tundo用碳酸二甲酯代替硫酸二甲酯成功地解决了污染问题。

值得提出的是，Komiya研究开发了在固态熔融的状态下，采用双酚A和碳酸二甲酯聚合生产聚碳酸酯的新技术，取代了常规的光气合成路线，既不使用有毒有害的原料又不使用作为溶剂的甲基氯化物（一种可疑的致癌物），同时实现了两个绿色化学的目标。

（2）目标分子的结构

设计或重新探索对人类健康和生存环境更安全的目标物质是绿色化学的关键，它是依据分子的构-效关系和化学改性以达到效能和毒性之间的最佳平衡。为此，不仅要重视新化合物的设计，同时还要求对现有的多种化工产品重新评价和设计。例如，联苯胺是很好的染料中间体，但有极强的致癌性，已被很多国家禁用，对其分子结构加以改造，变为2,2-二乙基联苯胺后，既保持了染料的功能，又消除了致癌性。

（3）化学反应式

许多专用化学品的合成往往涉及多步骤的分离反应，改变化学合成的方式无疑是绿色技术的重要组成部分。采用近年来发展起来的一釜多步串联反应和一釜多组分反应就是一类绿色化学反应方式。

一釜多步串联反应的方式具有可以使合成反应连续进行，而无需分离出反应中间体，不产生相应的废弃物等优点。一釜多组分反应也是一种高效率的合成方法，它涉及至少三种不同的原料，每步反应都为下一步反应所必需，而且原料分子的主体部分都融进最终产物中，几种原料经一步即可生成较为复杂的产物，没有废弃物产生。Mannich 反应（三组分）和 Ugi 反应（四组分）都是有名的例子。

（4）反应条件

从绿色化学的观点出发，改善反应条件应从改变溶剂和合理使用催化剂两方面着手。

在传统的专用化学品合成中，使用的反应介质、分离和配方中使用的溶剂，绝大部分是挥发性的有机溶剂。这些有机溶剂在使用过程中有的会引起地面臭氧的形成，有的会造成水源污染，严重破坏生态环境，限制这类溶剂的使用是绿色化学重要的研究方向。解决的办法有采用无溶剂化反应、以水为溶剂及以超临界流体（SCF）为溶剂等。无溶剂化反应可在固态或液态（熔融状态或常态）进行，没有废弃物产生，甲基丙烯酸酯的本体聚合就是无溶剂聚合的工业化过程的重要例子。以水为溶剂的优点是，来源最为丰富、无毒、价廉、使用安全、不危害环境，但不能忽略可能产生大量污水的问题。用超临界流体作溶剂，特别是采用超临界二氧化碳流体作溶剂是目前最为活跃的研究课题。超临界流体是指处于超临界温度及超临界压力下的流体，是一种介于气态与液态之间的流体状态，其密度接近于液体，而黏度接近气体，因而既具有常规液态溶剂的溶解度，又具有很高的传质速度和很大的可压缩性。流体的密度、溶剂的溶解度和黏度等性能均可由压力和温度的变化来调节。其中，超临界二氧化碳流体以其临界压力和温度适中、来源广泛、价廉无毒等优点而得到广泛应用。最近，Burk 等人以超临界二氧化碳流体为溶剂提高催化不对称氢化反应的对映选择性就是一种绿色化学合成的方式。

采用各种形式的生物催化和化学催化是实现原子经济性反应的重要途径。应用催化方法还可实现普通方法不能进行的反应，缩短合成步骤。但是，许多传统的酸、碱催化剂会严重腐蚀设备，危害人身健康及社区安全，产生的废渣废液给环境带来严重的污染（如无水三氯化铝催化剂在生产 1t 酰化产物的同时会带来 3t 对环境有害的酸性富铝废弃物和蒸汽），所以，开发环境友好催化剂或绿色催化剂也是绿色化学研究的热点之一。比较成功的例子是，在合成药物中间体对-氯二苯甲酮的傅氏酰化反应中，以 Evirocats EPZG 取代传统的 $AlCl_3$，催化剂用量减少到原来的 1/10，废物 HCl 的排放量减少了 3/4，而产率达到 70%。

8.2.5.3　绿色化学与 21 世纪水处理剂研发战略

从可持续发展战略出发，根据绿色化学的概念，绿色化无疑是 21 世纪水处理剂研发的中心战略。水处理剂产品的绿色化，水处理剂生产用原材料和转化试剂的绿色化，水处理剂生产反应方式的绿色化，水处理剂生产反应条件的绿色化已经成为应用化学、材料学、精细化工和环境化学的学科前沿和重点研究开发方向。当前最重要的课题是目标分子水处理剂产品的绿色化，因为没有目标分子，就不可能有其生产过程。从绿色化学的概念出发，根据作者的实践和体会，水处理剂的绿色化可从以下几方面入手。

（1）现有水处理剂产品的重新评价

从 20 世纪 70 年代初我国开始现代水处理技术和水处理剂的研究开发以来，已取得了许多重要成果。特别是在"八五"和"九五"期间，国家对水处理剂研究开发给以重点支持，大大促进了水处理科技进步，形成了一系列具有自主知识产权的技术和产品。目前，我国水处理化学品的种类主要有缓蚀剂、阻垢剂、杀生剂和絮凝剂，其中缓蚀剂和阻垢剂在品种和开发领域方面都已接近国际先进水平。全国水处理化学品的生产能力为 12 万吨/年，生产企业约 100 家，产品品种约 100 个，实际产量约 10 万吨/年，年产值约 12 亿元。从使用的水处理化学品的类型来看，主要使用有机膦酸类缓蚀剂、聚丙烯酸等聚合物和共聚物阻垢剂。据最近的资料报道，用于处理工业循环冷却水的水质稳定剂的配方以磷系为主，约占 52%～58%，钼系配方占 20%，硅系配方占 5%～8%，钨系配方占 5%，其他配方占 5%～10%。

绿色化学的概念正在重新评价现有水处理化学品的作用和性能。对这些功能早已为人们熟知的产品，可生物降解性是最重要的评价指标。目前正在广泛使用的磷系缓蚀剂、聚丙烯酸等聚合物和共聚物虽然曾经使冷却水处理技术取得了突破性进展，在解决人类面临的水资源枯竭问题上起着重大作用，一直是国内外研究开发的重点并被认为是无毒的。但据近年的一些文献报道，它们或者会使水体富营养化，或者是高度非生物降解的，因而均属于环境不可接受的污染物。对水处理剂的其他品种，也应进行重新评价。

（2）设计更安全的水处理剂

绿色化学的概念正在重新塑造水处理技术和水处理化学品的发展方向。可生物降解，即物质可被微生物分解成简单的、环境所允许的形态，是限制化学物质在环境中累积的一个重要机制。因此，当设计对环境更友好、对人身更安全的新型水处理剂时，可生物降解性应该是首要考虑的。在这方面，突破传统思路是十分重要的，被誉为更新换代的绿色阻垢剂的聚天冬氨酸的研究开发值得借鉴。聚天冬氨酸是由动物代谢过程启发而于近年成功合成的一种生物高分子。A P Wheeler 和 C S Sikes 在对碳酸钙有机体的研究中发现，从渗入牡蛎壳的蛋白母体得到的糖蛋白具阻止无机或生物碳酸钙沉积的作用，是一种潜在的阻垢剂，而不是像过去人们一直认为的那样，是碳酸钙成核和晶体生长的促进剂。进一步的研究发现，在氨基酸聚合物中，聚天冬氨酸的阻垢性能最好，并具有非常好的生物相容性和可生物降解性。我们进行的合成试验表明，相对分子质量高的线型聚天冬氨酸具有优异的分散、缓蚀、螯合等功能，可用作阻垢剂、缓蚀剂和分散剂等。

（3）现有水处理剂产品的重新设计

我们面临的严峻挑战是，必须尽快研究开发性能优异而又符合绿色化学思路的水处理剂。为此，对现有水处理剂产品进行重新设计也是一条可供选择的重要途径。我们通过基础研究发现，聚丙烯酸类水处理剂具有良好阻垢作用，但难以生物降解，若重新对其进行分子设计，向其分子链中插入氧原子，就可能获得既有优良阻垢作用，又容易生物降解的产品。对于聚环氧琥珀酸的最早研发，我们不了解研究者的初衷，但其结果是符合向分子链中插入氧原子这一思路的。现在已经证明，具有无磷、无氮分子结构的聚环氧琥珀酸是一种绿色水溶性聚合物，不会引起水体富营养化，可生物降解性好，对钙、镁、铁等离子的螯合力强，适用于高碱、高固水系，可用于锅炉水处理、冷却水处理、污水处理、海水淡化、膜分离等，是现有阻垢剂的更新换代产品。

（4）原子经济性反应的研发

原子经济性反应是把原料分子中的原子最大限度地结合到目标分子中，不产生副产物或废物，达到废物的零排放。以聚天冬氨酸的合成为例，我们在试验研究中发现，以磷酸为催化剂，可以制得相对分子质量高的线型聚天冬氨酸，但存在副产物的分离和排放问题。若不采用磷酸催化剂，通过改变反应条件，可以获得相同质量的聚天冬氨酸，但无副产物生成，实现了原子经济性合成。

值得注意的是，在水处理剂的合成中，虽然有时存在着有副产物生成，但是不需要分离的情况。这种情况不是原子经济性合成，因为原料分子中的原子并未得到充分利用，反应过程中有副产物生成。虽然副产物当时没有分离，但仍然要随产品排放到水体中。

（5）采用稳定的催化剂，缩短工艺流程

两性聚丙烯酰胺是具有特殊功能的絮凝剂和当前最好的污泥脱水剂，在处理一些难度大的污水时显示出独特的优良性能，可以提高悬浮液的凝聚、澄清、沉降速度，增大絮体的尺寸和坚实度，提高污泥过滤速度，降低滤饼含水率，改善脱水滤饼的剥离性。我们在研究其合成路线时，从制得相对分子质量高的产品考虑，采用反相乳液聚合比较合理，但存在有机溶剂污染问题。采用以水为溶剂的溶液聚合法，虽然反应条件控制较难，但可避免废液排放。因此，选择了后一技术路线。

绿色化学的真正发展需要对传统的、常规的化学和化工的方方面面进行全面的认识和评价，从观念上、理论上和技术上进行发展和创新。随着绿色化学作为学科前沿方向的逐步形成，化学研究和化工生产的面貌将会发生翻天覆地的变化。水处理剂的绿色化战略为我们提供了赶超世界先进水平的极佳机遇。过去，由于起步晚等原因，我国和发达国家之间在科技水平上总存在一定差距，全新的绿色化学则使我们同发达国家站在了同一起跑线上，为消除污染和造福于子孙万代的绿色化学的发展作出贡献是我们科学工作者的机遇和光荣使命。

（6）采用无毒溶剂

阻垢剂对金属离子往往有很强的螯合力，在其合成过程中有可能与金属催化剂反应生成螯合物，增加分离过程和废物排放。若能采用不与阻垢剂反应的稳定催化剂，即可实现洁净生产。例如，在聚环氧琥珀酸的合成过程中，我们发现，聚环氧琥珀酸与金属催化剂生成的螯合物非常稳定，要净化分离聚环氧琥珀酸需要调节 pH 值和减压蒸馏并排放蒸馏废液，而用性能稳定的固体催化剂，则可避免它的净化分离过程和导致的环境污染。

8.3　超纯水加氧防腐阻垢技术

8.3.1　超纯水加氧防腐阻垢技术开发

汉堡电力（HEW）公司 1955 年开始采用全脱盐水处理技术，并尽量降低给水中的含氧量，添加联氨。但运行情况表明，这种处理方式使锅炉内沉积了大量的铁。一次偶然的机会，由于系统泄漏，给水中进入了大量的氧，但却发现水中铁含量大幅度下降。于是人们从中受到启发，着手进行了一系列氧在高温纯水中的行为的研究，终于在 20 世纪 60 年代初成功地提出了给水加氧的中性工况运行方式。至 2000 年，最早使用该处理方式的机组已安全运行了 190000 多小时。

给水加氧处理（OT）是在高纯度给水中加入适量的氧化剂（O_2 或 H_2O_2）以达到减缓热力设备腐蚀的目的。它与给水除氧的全挥发处理（AVT）还原性水工况截然相反，是一种氧化性水工况。20 世纪 70 年代德国开发成功这种新型的锅水处理方式后，不久便用于前苏联、意大利、丹麦等国家。后来，澳大利亚、日本、美国等国家也相继应用了这一技术。OT 处理推广应用较快，主要是由于该处理方式有明显的效益。采用 OT 处理后，锅内沉积物量减少、腐蚀损失降低、直流炉炉管和加热器压降快速升高问题得到了解决、锅炉清洗频率降低、凝结水净化装置运行周期延长、给水管道腐蚀大有改善等。

OT 加氧方式本身也在不断发展。最初是中性处理（NWT），它是将 O_2 加入中性的高纯水中。由于 NWT 处理对水的 pH 值不起任何缓冲性，少量酸性物就会引起 pH 值下降，甚至有导致酸性腐蚀和氢脆的可能，加之人们担心碳钢在低温区的腐蚀速度高和铜合金的腐蚀等问题，研究开发了给水添加少量氨，将给水 pH 值由 $6.5\sim7.0$ 提至 $8.0\sim8.5$，同时加氧处理的方法，称为联合水处理（CWT）。

8.3.2 加氧处理原理

从热力学观点来看，锅炉给水采用除氧的全挥发处理（AVT）时，碳钢的腐蚀电位在 $-0.30V$ 左右，给水 pH 在 $8.8\sim9.5$ 之间，从 $Fe-H_2O$ 电位-pH 图可以看到，处于钝化区，钝化膜是 Fe_3O_4。给水加氧后，碳钢的腐蚀电位会升高数百毫伏达到 $0.15\sim0.30V$，如图 8-12 所示，碳钢表面原 Fe_3O_4 膜中部分 Fe^{2+} 会进一步氧化生成 Fe_2O_3，其反应如下：

$$2Fe^{2+}+\frac{1}{2}O_2+2H_2O \longrightarrow Fe_2O_3+4H^+$$

因此，在有氧纯水中，碳钢表面形成双层氧化膜，内层是磁性氧化铁（Fe_3O_4）膜，外层是三氧化二铁（Fe_2O_3）膜，这样的双层氧化膜能更有效阻止碳钢的腐蚀。大量试验证明：在中性纯水（电导率为 $0.1\mu S/cm$）中、加氧使碳钢的腐蚀速度降低 $2\sim3$ 个数量级。

8.3.3 加氧处理的影响因素

在有氧的高纯水中，影响碳钢和铜合金腐蚀的主要因素有 pH 值、氧浓度和电导率等。

（1）给水 pH 值

碳钢在无氧除盐水中的腐蚀速度与 pH 值有关，随着 pH 值的升高，碳钢的腐蚀速度逐步降低；而在有氧的除盐水中，碳钢的腐蚀速度在 pH 值为 7 时降得很低，并且不再随着 pH 值的升高有所改变。

（2）氧浓度

保持纯水中的氧浓度是为了保证碳钢的腐蚀电位高于其钝化电位。日本等国在这方面做了一些有益的工作。图 8-13 为日本砂川电厂 4 号机组采用 CWT 处理时，溶解氧量与腐蚀电位的关系，当水中溶解氧在 $20\sim50\mu g/L$ 时，电位可以进入 Fe_2O_3 区域，加氧最低浓度为 $20\mu g/L$。但是，世界上绝大多数采用 CWT 处理的国家推荐加氧最低浓度为 $50\mu g/L$。此外，试验还发现维持 Fe_2O_3 的电位所需氧浓度比生成 Fe_2O_3 的电位所需氧浓度低得多。

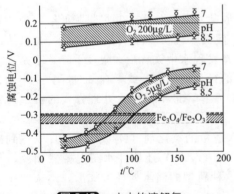

图 8-12 水中的溶解氧引起碳钢腐蚀电位的变化

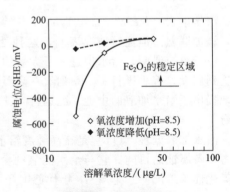

图 8-13 溶解氧量对碳钢腐蚀电位的影响

（3）给水电导率

在加氧水中，电导率与碳钢的腐蚀速度近似于线性关系。随着给水的电导率增加，碳钢的腐蚀速度会显著增加。实际上，水的电导率是水中杂质含量的综合反映。电导率高，杂质含量就多，水中的杂质特别是氯离子妨碍正常的磁性氧化铁保护膜的生成。反应如下：

$$2Fe^{2+} + \frac{1}{2}O_2 + H_2O + 8Cl^- \longrightarrow 2\ [FeCl_4]^- + 2OH^-$$

研究结果表明：当水的电导率为 $0.1\mu S/cm$ 时，随着氧浓度的增加（超过 $50\mu g/L$），碳钢的腐蚀速度会显著下降；而当电导率达到 $0.3\mu S/cm$ 时，腐蚀速度开始增大，这就是为什么世界各国将阳离子电导率等于 $0.1\mu S/cm$ 作为门槛值的原因。当给水电导率大于此值时，应停止加氧处理。

8.3.4　加氧处理的优点

长期现场应用证明，OT 处理具有以下优点：

① 汽水系统中 Fe 浓度显著降低；

② 锅炉的结垢速度明显降低；

③ 锅炉和给水加热器的压降显著降低；

④ 凝结水除盐设备运行周期延长。

实践证明，给水加氧处理所形成的氧化膜具有较强的耐蚀性。给水加氧处理能减少锅炉的压力损失，减少凝水精处理的再生次数，减轻凝汽器铜管的腐蚀，延长锅炉的化学清洗周期。

8.3.5　加氧技术的应用

给水加氧处理最关键的问题是要绝对保证给水品质。如前所述，氧在超纯水中对金属有一定的保护作用，但在含盐水中氧的存在则很危险，尤其是水中有 Cl^- 存在时，将会促进金属的溶解，因而，采用给水加氧处理时，$DD(H^+) < 0.1\mu S/cm$ 是很重要的条件。为满足此要求，必须采用超纯水作锅炉补给水，努力改善凝结水处理工艺，提高混床出水水质，并且应尽可能采取有效措施将水中杂质含量降至最低限度。

在德国和前苏联，很多火电厂采用了加氧防腐阻垢技术都取得了很好的运行效果。当时，日本正在运行的所有直流炉均采用 AVT 给水处理法。为了使加氧防腐阻垢技术应用于日本的直流炉，日本成立了加氧水处理委员会，在三套装置上进行了应用试验，试验结果发现，加氧水处理法优于 AVT 处理法，采用加氧水处理方式时，锅炉管材的铁溶出率和垢量均小于 AVT 处理方式，证实了加氧水处理方式改变了金属表面层的结构，把四氧化三铁（Fe_3O_4）保护层变成了带三氧化二铁（Fe_2O_3）层的保护层：

① 采用 CWT 方式比采用 AVT 方式更能抑制铁成分的溶出量和垢附着量。

② 在 AVT 条件下生成的垢只有四氧化三铁，但采用 CWT 方式时，除生成了四氧化三铁之外，还生成了溶解度更小、粒径更小的三氧化二铁。

③ 从上述结果可以看出，就锅炉管等的抗腐蚀而言，CWT 法优于 AVT 法。

改善系统水质的目标是减少因化学原因导致的锅炉管段及汽轮机叶片的损坏，并且最终希望免除化学清洗。可行的方法之一就是加氧处理（OT）。

与加氧法相比，AVT 法及其他处理法的不足之处表现在以下几个方面：

① 腐蚀产物迁移到锅炉造成不少问题，并使汽轮机结垢。

② 凝汽器管的损坏。

③ 给水管道的腐蚀与冲蚀。

④ 凝结水精处理装置的频繁再生。

其他国家采用加氧技术的经验表明，该技术可以使炉前系统因腐蚀生成的 Fe 量减少 90%或者更多，沉积物的减少使腐蚀减轻。这本身又有利于减少化学清洗次数。

该技术的另一个好处是凝结水精处理装置的再生减少了 75%，相应地减少了再生剂的消耗，并且由于树脂以更经济的 H-OH 型运行可以提高系统回路中水的纯度。几家国外电厂都未发生过与水质有关的问题，而且汽轮机叶片和叶轮也没有发生过问题。

在中国，目前采用加氧防腐阻垢技术的超临界机组锅炉已超过 40 台。测试结果表明，其防腐阻垢效果非常明显：

① 加氧量为 $30 \sim 70 \mu g/L$。

② 取消了剧毒物质联氨的加入。

③ 加氧处理在金属表面形成的保护膜更加致密，更加光滑，水系统腐蚀得到有效抑制，凝结水铁含量$\leqslant 3.0 \mu g/L$；锅炉给水铁含量$\leqslant 1 \mu g/L$；主蒸汽铁含量$\leqslant 1 \mu g/L$。

④ 凝结水精处理混床周期制水量明显增加，再生周期延长。

⑤ 锅炉水冷壁进口节流圈及水冷壁管的结垢问题得到解决，锅炉化学清洗周期延长 $3 \sim 5$ 倍。

8.3.6　加氧技术的主要特点

在传统的 AVT 技术条件下，凝结水在凝汽器及除氧器中进行除氧，并在凝结水净化装置出口（或在除氧器下游）以通常至少为溶氧含量 3 倍的量施加水合联氨之类的除氧剂，在同一位置还要加氨类调节 pH 值的药剂，其加入量应能满足系统冶金学条件所要求的目标 pH 值。

AVT 和 OT 之间的差别主要来自于电化学电位（氧化还原电位）的偏移。AVT 还原环境与 OT 氧化环境间测出的电位差别大约在 $500 \sim 600 mV$。腐蚀率、氧化物的生成和氧化物的溶解都同运行系统的电化学电位直接相关，而且这两类运行方式下所生成的氧化物及其溶解度是不同的。

在除氧的 AVT 条件下，在凝结水和给水系统的高纯水中，容易生成的氧化物是 Fe_3O_4（$FeO \cdot Fe_2O_3$）。而在加氧的高纯水中，容易生成的是水合氧化铁（$\alpha\text{-}FeOOH$）。水合氧化铁在脱水后成为 $\alpha\text{-}Fe_2O_3$。它的生成速度比磁性氧化铁（Fe_3O_4）慢得多，并且可将氧化物的孔隙填上。$\alpha\text{-}FeOOH$ 的溶解性比 Fe_3O_4 约低两个数量级，并且在 $250 \sim 50 ℃$ 的温度下，随温度降低腐蚀率也线性地降低；但在 AVT 条件下，腐蚀速率及 Fe_3O_4 的溶解度都是在大约 130℃ 时为最大，因而沉积量较大。

两类运行方式下氧化产物在生成及溶解方面的这些基本差别，使得在各种运行状态下，加氧技术都使腐蚀速度大大降低。

8.3.7　加 O_2 还是加 H_2O_2

有人认为，注入 H_2O_2 是一种方便的加氧办法。在具体使用中，加 H_2O_2 的水冷壁的沉积速度比加 O_2 的约高 1.74 倍，热阻高 3.5 倍，而且 H_2O_2 生成的薄膜有较高的电导率。从氧化反应时间来讲，H_2O_2 在几秒钟内就可发生，而 O_2 需几分钟。这些情况都说明加 O_2 没有加 H_2O_2 有利。但现在都主张加 O_2。这是因为，H_2O_2 被认为有毒，并且有爆炸特性；此外，还发现 H_2O_2 对阀件所用的碳化铬-银及碳化铬-钒之类的一些合金会引起腐蚀。H_2O_2 引入点的腐蚀率也高。

8.3.8　AVT 与 CWT 的比较

传统的给水 AVT 处理方式是在除氧除盐水中加入除氧剂水合联氨和碱化剂氨，以提高

pH 值使金属表面进入钝化状态而得到保护，但随着水温的升高，氨溶液的离解度及其 pH 值都要下降。只有当 pH 值大于 9.5～9.6（25℃）时，在低于 250～300℃的温度下碳素钢才能得到保护，而此时氨的浓度已大于 1mg/L，可能在凝汽器内部富集而引起黄铜管严重腐蚀，即使是无铜系统，如此高的氨浓度会使凝结水精处理运行周期大大缩短而影响运行。

20 世纪 70 年代中期，德国专家研究发现，在室温下含饱和氧的除盐水中碳钢不发生腐蚀的现象，由此发展成为给水加氧中性处理（NWT）技术。该法虽能抑制腐蚀，但超纯水在中性状态下无缓冲性，微量的空气漏入就会引起给水 pH 值下降而失去防腐作用，为了利用碱性处理和中性加氧处理的各自优点，发展成了加氧技术的 CWT 方式。其原理是基于碳钢及低合金钢在超纯水电导率≤0.1μS/cm、pH 值在 8.0～9.0 之间、在含有 50～300μg/L 的溶氧条件下，其氧化-还原电位从不加氧状态下的活化区上升至钝化区。

经进一步比较，AVT 与 CWT 两种工况下热力系统表面结垢情况和垢样成分分析，前者金属表面由颗粒较大的黑色磁性氧化铁（Fe_3O_4）层组成，表面较粗糙、疏松，水中溶解度较大而保护作用差；后者金属表面由颗粒较小的红色 Fe_2O_3 组成。表面光滑、致密，在水中的溶解度极低，阻止了氧的渗入而起到防腐作用。AVT 与 CWT 工况下结垢模型如图 8-14 所示。

从图 8-14 中可看出 CWT 生成的垢致密、光滑，管表面的摩擦系数大大低于 AVT 管面，同样条件下的运行压差较低；另外，由于 CWT 生成的 Fe_2O_3 在水中的溶解度极低，有效地降低了热力系统中碳钢和低合金钢的腐蚀速率，降低了进入热力系统的金属腐蚀产物，从而降低了结垢速度和运行压差上升的速度，延长了锅炉的化学清洗周期。

锅水加氧处理是在给水中加入适量的氧或氧化剂以达到减缓腐蚀的目的，是一种与给水除氧的还原性水工况截然相反的氧化性水工况。然而，目前该技术仅适用于电导率很低的超纯水中，在含盐水中则很危险。对于绝大多数锅炉，由于水质难以达到要求，该技术尚无法应用。因此，迫切需要研究开发适用于非超纯水的加氧技术。

8.4　非超纯水加氧防腐阻垢技术

8.4.1　加氧防腐阻垢剂研发

对于加氧防腐阻垢技术，腐蚀专家首先想到的是向水中加入亚硝酸钠、重铬酸钾等氧化性缓蚀剂，主要问题是如果加量不足，就会发生加速腐蚀的危险。事实上，早在几十年前，前苏联等国的腐蚀专家就曾将亚硝酸钠等缓蚀剂用于工业锅炉的水处理。然而，现场试验发现，采用亚硝酸钠等缓蚀剂处理的锅炉几乎全都发生了炉管断裂事故。进一步的研究发现，此类缓蚀剂虽然能够很好地保护锅炉给水管道，但在高温下会分解出腐蚀性非常强的原子氧，从而导致炉管加速腐蚀断裂。因此，绝对不能将亚硝酸钠、重铬酸钾等氧化性缓蚀剂用于高温传热面的防腐蚀。

通过大量试验研究，我们终于找到了几种非氧化性药剂，它们能够在含氧水中使锅炉钢钝化，但不会像亚硝酸钠和重铬酸钾等氧化性缓蚀剂那样高温分解，也没有加量不足而发生加速腐蚀的危险。针对不同锅炉运行的压力、温度、水质等条件，以这些药剂与阻垢剂及其他助剂进行协同作用试验和优化试验，获得了多种加氧防腐阻垢剂，其主要品种见表 8-20。

表 8-20　加氧防腐阻垢剂的主要品种

型号	耐温性/℃	适用水质	挥发性	适用锅炉
BV-200	260	普通自来水、高硬水、负硬水、软化水等	无	低压、热水

续表

型号	耐温性/℃	适用水质	挥发性	适用锅炉
BV-300	320	软化水、去离子水	无	中压、高压
BV-500	580	去离子水	全挥发	高压

BV-200 和 BV-300 两种加氧防腐阻垢剂由非挥发性组分组成，只要汽水分离装置工作正常，其组分不会进入蒸汽中。BV-500 由全挥发性物质组成，可随水蒸发全部进入气相，无残留物质。

8.4.2 加氧防腐阻垢剂性能测试

加氧防腐阻垢剂的性能测试在模拟锅炉中进行。

目前文献报道的腐蚀和结垢试验大多数为烧杯试验，将试验用水及添加剂配制好后注入容器，容器内悬挂腐蚀试件，将容器放入恒温水浴中加热并控制试验水的温度。这种试验方法的优点是简单直观；缺点是没有考虑热壁因素，与传热面的实际情况差别太大。为克服烧杯试验的不足，用耐压 13MPa 的高压釜改建了 1 套锅炉试验装置，模拟锅炉如图 8-15 所示。

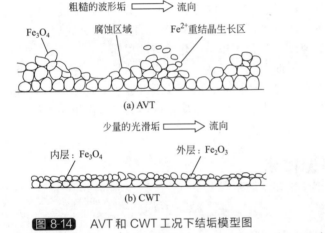

图 8-14 AVT 和 CWT 工况下结垢模型图

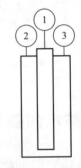

图 8-15 模拟锅炉示意图

1—加热系统；2—压力表；3—温度测量及控制系统

为了模拟锅炉传热面和考察热壁效应，在一根金属管中装入电热丝和埋入用来测定管壁温度的热电偶。加热管材质为我国锅炉最常用的钢种，包括 20G、16Mn、15CrMo、12CrMoV 等。为了研究锅水的腐蚀行为，在锅炉本体装有腐蚀传感器，其工作电极的材质与加热管相同。三种加氧防腐阻垢剂的测试条件见表 8-21。整个系统由计算机跟踪控制。

表 8-21 加氧防腐阻垢剂的性能测试条件

加氧剂	压力/MPa	温度/℃	水质	时间/h
BV-200	2.5	饱和	自来水、软化水、高硬水、去离子水	168
BV-300	3.9	饱和	去离子水	168
BV-500	9.8	饱和	去离子水	168

考虑到我国锅炉用水的实际情况，低压蒸汽锅炉和热水锅炉试验用水主要为北京化工大学（北化）自来水及其软化水，其次为去离子水和取自北京丰台区的高硬度水；中压锅炉和高压锅炉用水均为去离子水。试验用水水质见表 8-22。

表 8-22 试验用水水质

水质	北化自来水	软化水	一次蒸馏水	丰台水
总硬度/(mmol/L)	5.944	0		18.568
总碱度/(mmol/L)	2.561	4.834	0	4.796
pH 值	7.08	8.44	6.50	7.46
SO_4^{2-}/(mg/L)	16	17	0	59
Cl^-/(mg/L)	18	21	0	73
盐含量/(mg/L)	284	303	0	783

试验用水的水质、锅水水质、铁离子和水垢成分分析按 GB/T 1576—2008 标准及 GB/T 12145—2008 标准。水中溶解氧含量用 RSS-5100 型电化学溶解氧分析仪测定。

加氧防腐阻垢剂的防腐阻垢性能用增重法和失重法求出。

试验前，将处理好的金属管称重。试验结束后，将金属管取下，干燥、称重；然后用缓蚀酸除去表面垢层和腐蚀产物，再次干燥、称重，根据试件在测试前后的重量变化来计算结垢速度和腐蚀速度。假设局部腐蚀或内部腐蚀不存在或者另行考虑，则平均结垢速度和平均腐蚀速度可按下式计算：

$$R_s = \frac{W_s - W_c}{At}$$

$$R_c = \frac{W_o - W_c}{At}$$

式中，R_s 为平均结垢速度，$g/(m^2 \cdot h)$；R_c 为平均腐蚀速度，$g/(m^2 \cdot h)$；W_o 为测试前试样质量，g；W_s 为除垢前试样质量，g；W_c 为除垢后试样质量，g；A 为试片表面积，m^2；t 为试片暴露时间，h。

锅炉管表面锈蚀和结垢形貌由目测法得出，必要时用透射电子显微镜（TEM，日立 H-800）观测。

所有试件和钢管在投入试验之前均经过酸洗除锈、钝化和干燥处理，表面覆盖着一层均匀不可见的保护膜，显现出金属光泽。

8.4.3 性能测试结果

在没有加入加氧剂的条件下，锅炉运行 168h 后检查，金属表面已被一层灰白色的沉积物所覆盖（仅自来水和高硬水），垢层下面出现许多大小不等，高低不平，形状不规则，分布不均匀的锈瘤或锈斑，包括锈瘤和锈斑在内的全部金属表面均被灰色和黑色的腐蚀产物所覆盖。当试验结束放置一段时间之后，锈瘤表面的颜色逐渐变为黄褐色或棕红色，其内层为黑色粉末。除去这些腐蚀产物之后，便出现一个一个的腐蚀坑。

在许多文献中，人们把这种腐蚀形态形象地称为溃疡腐蚀。溃疡腐蚀颜色的不同表明了腐蚀产物组成的复杂性。根据钢铁腐蚀产物的颜色和特性（表 8-23）即可判断，这些锈瘤的表层是各种含水氧化铁的混合物，其化学式可用 Fe_2O_3、$FeOOH$、$Fe(OH)_3$ 或 $Fe_2O_3 \cdot nH_2O$ 来表示。内层是磁性氧化铁 Fe_3O_4。紧靠金属的一层是氧化亚铁 FeO。

表 8-23 铁腐蚀产物的颜色和特性

组成	颜色	磁性	密度/(g/cm³)	热稳定性
$Fe(OH)_2$	白	顺磁性	3.40	易氧化,无氧时 100℃分解为 Fe_3O_4
FeO	黑	顺磁性	约 5.6	易氧化、低于 570℃时分解为 Fe, Fe_3O_4

续表

组成	颜色	磁性	密度/(g/cm³)	热稳定性
Fe_3O_4	黑	铁磁性	5.20	1597℃时熔化
$\alpha\text{-FeOOH}$	黄	顺磁性	4.20	约200℃时失水成 $\alpha\text{-Fe}_2O_3$
$\beta\text{-FeOOH}$	淡褐	—	—	约230℃时失水成 $\alpha\text{-Fe}_2O_3$
$\gamma\text{-FeOOH}$	橙	顺磁性	3.97	约200℃时失水成 $\alpha\text{-Fe}_2O_3$
$\gamma\text{-Fe}_2O_3$	褐	铁磁性	4.88	>250℃时转变为 $\alpha\text{-Fe}_2O_3$
$\alpha\text{-Fe}_2O_3$	棕红	顺磁性	5.25	0.981MPa,1457℃分解为 Fe_3O_4

目前，90%以上的低压蒸汽锅炉和热水锅炉采用软化水，个别企业采用去离子水，在某些企业也有采用自来水的情况，因此，试验了在锅炉运行条件下不同给水水质对20G钢腐蚀和结垢的影响，结果如表8-24所示。可以看出，20G钢在自来水、软化水和去离子水作给水时的腐蚀速度都很大。按照锅炉腐蚀评定标准，这些数据均属事故性腐蚀级。表8-24中的数据还说明，钢在几种给水时的腐蚀速度是不同的。腐蚀速度从大到小的排列顺序是：

软化水＞去离子水＞自来水

表8-24中的数据为全面腐蚀速度。实际上，在所有给水水质条件下，钢表面的腐蚀都有局部性质。其中，钢在去离子水给水时的局部腐蚀最严重，其次是软化水。因此，钢在几种给水时的腐蚀比表8-24中的数据还要严重。

表 8-24　给水水质对 20G 钢腐蚀和结垢的影响（测试条件：2.5MPa）

项目	北化自来水	软化水	去离子水	丰台水
腐蚀速度/(g/m²·h)	0.73	0.80	0.78	0.71
结垢速度/(g/m²·h)	0.96	0.87	0.79	0.98
局部腐蚀	有	有	有	有

含有硬度成分的自来水经过钠离子交换之后，水中的钙、镁离子转变为钠离子，从而使软化水的pH值提高了，然而水的腐蚀性却增加了。这种现象可以解释为，随着硬度成分的除去，水中含有的天然缓蚀剂重碳酸钙已不存在。重碳酸钙是一种阴极型缓蚀剂，当其在钢表面同阴极反应产物氢氧根离子相遇时，即生成碳酸钙沉淀而覆盖于阴极表面。

$$Fe \longrightarrow Fe^{2+} + 2e$$

$$O_2 + 2H_2O + 4e \longrightarrow 4OH^-$$

$$Ca(HCO_3)_2 + OH^- \longrightarrow CaCO_3 + HCO_3^- + H_2O$$

由于阴极过程被抑制，钢的腐蚀速度减小。因此，自来水对钢的腐蚀速度比软化水和去离子水都小。在四种水质条件下，钢表面均发生了结垢，如表8-24所示，结垢速度以自来水最大，去离子水最小。在自来水中钢表面垢的成分为钙、镁垢和铁垢的混合物，而在软化水和去离子水中，垢的成分全部为腐蚀产物，因此，那种以为从水中除去硬度成分就可以防止结垢的认识是不符合实际的。

在锅炉现场常常会碰到采用软化水而仍然发生硬度成分结垢的情况，这与软化操作失误，使生水进入锅炉系统有关。在本试验条件下，软化水的质量很高，水中已不含有硬度成分，因而垢的成分全部为腐蚀产物。

根据文献报道以及根据我们试验研究的结果，目前存在的低压蒸汽锅炉和热水锅炉的严重腐蚀问题主要是由给水中溶解氧引起的。溃疡腐蚀的过程是，在钢表面，水中溶解氧腐蚀所生成的腐蚀产物是无保护性的，腐蚀产物周围的金属表面因供氧充分而形成阴极，腐蚀产物下面的金属因供氧不足而成为阳极。腐蚀继续进行的结果，使腐蚀产物越积越多形成鼓包，而鼓包下面的金属因不断腐蚀而形成深坑。

锅炉运行时，最易发生氧腐蚀的部位是入水口附近的金属表面、系统接触大气区的金属表面、循环不畅处和腐蚀产物沉积处的金属。在入水口附近，随给水进入的溶解氧使金属发生严重腐蚀。系统和大气接触区金属的腐蚀是由于大气中氧的进入。循环不畅处和腐蚀产物沉积处金属的腐蚀则是由于差异充气电池引起的。

在试验研究过程中，水中溶解氧含量是用电化学溶解氧测定仪测定的。试验结果表明，补充水中溶解氧的含量也可以由计算得出，其结果与电化学溶解氧测定仪所得结果基本相符。

在锅炉系统，溶解氧按下述反应腐蚀金属：

阳极过程　　　　$Fe \longrightarrow Fe^{2+} + 2e$

阴极过程　　　　$O_2 + 2H_2O + 4e \longrightarrow 4OH^-$

阳极反应产物和阴极反应产物反应，生成铁锈：

$$Fe^{2+} + 2OH^- \longrightarrow Fe(OH)_2$$
$$4Fe(OH)_2 + 2H_2O + O_2 \longrightarrow 4Fe(OH)_3$$
$$Fe(OH)_2 + 2Fe(OH)_3 \longrightarrow Fe_3O_4 + 4H_2O$$

反应进行的速度取决于去极化剂氧的含量、氧的供应或扩散速度、水溶液的 pH 值、温度和水质成分等。

在一般条件下，水中氧含量越多，钢的腐蚀速度越大。在某些特定条件下，氧能使钢发生钝化而使腐蚀速度急剧减小。此时，金属的电位向正方向发生极大的偏移。对铁来说，其电位可以从 0.2~0.3V 增加到 0.5~2.5V。氧的这两种作用有可能使钢表面形成差异充气电池并导致所谓的溃疡腐蚀的发展。

差异充气电池又称 Evans 电池。在含有溶解氧的水溶液中，扩散到达金属表面一部分的氧的量很大，而另一部分却很小。于是，在充气较多的金属表面，阴极过程增强；与此同时，在充气较少的部分，阳极过程增强，从而导致了这部分金属腐蚀的加剧。由于差异充气电池的形成，氧腐蚀变得严重局部化了。

为了查明加氧剂在锅炉运行条件下的作用，测定了加氧剂在其相应水质条件下的防腐阻垢性能，试验结果如表 8-25 所示。

在试验的去离子水条件下，三种加氧剂均具有优异的防腐阻垢效果。

在试验的软化水和去离子水条件下，加入 BV-200 后，直至试验结束，金属仍未发现腐蚀，测得的腐蚀率和结垢率均很小。软化水的试验结果说明，水中硬度成分对防腐阻垢性能几乎没有影响。去离子水的试验结果则说明，水中存在的阴离子对防腐阻垢性能几乎没有影响。因此，当工业锅炉系统以软化水或去离子水为给水时，采用 BV-200 可以获得很好的防腐阻垢效果。

为了进一步查明 BV-200 对给水水质的适应性能，测定了在以丰台自来水为代表的高硬水给水条件下的防腐阻垢效果并与以北化自来水为代表的普通水进行比较，结果说明，BV-200 在两种给水时的防腐阻垢效果都很好，即 BV-200 对给水水质的变化具有很强的适应性。

表 8-25　加氧防腐阻垢剂的防腐阻垢性能

压力/MPa	水质	加氧剂	腐蚀率/[g/(m²·h)]	结垢率/[g/(m²·h)]	严重锈蚀	局部腐蚀
2.5	自来水	0	0.73	0.96	有	有
2.5	自来水	BV-200	0.004	0	无	无
2.5	软化水	0	0.80	0.87	有	有
2.5	软化水	BV-200	0.003	0	无	无

续表

压力/MPa	水质	加氧剂	腐蚀率/[g/(m²·h)]	结垢率/[g/(m²·h)]	严重锈蚀	局部腐蚀
2.5	去离子水	0	0.78	0.79	有	有
2.5	去离子水	BV-200	0.003	0	无	无
2.5	高硬水	0	0.71	0.98	无	无
2.5	高硬水	BV-200	0.005	0	无	无
3.9	去离子水	0	0.81	0.83	有	有
3.9	去离子水	BV-300	0.002	0	无	无
9.8	去离子水	0	0.82	0.84	有	有
9.8	去离子水	BV-500	0.002	0	无	无

试验了加氧剂对 16Mn、15CrMo、12CrMoV 的防腐阻垢效果（表 8-26），并与 20G 钢的试验数据比较，结果说明，加氧剂对这些结构材料的防腐阻垢性能实际上没有差别。

表 8-26　加氧剂对不同材料的防腐阻垢效果

加氧剂	材料	腐蚀率/[g/(m²·h)]	结垢率/[g/(m²·h)]	严重锈蚀	局部腐蚀
BV-200	20G	0.004	0	无	无
BV-200	16Mn	0.003	0	无	无
BV-200	15CrMo	0.005	0	无	无
BV-200	12CrMoV	0.004	0	无	无
BV-300	20G	0.002	0	无	无
BV-300	16Mn	0.002	0	无	无
BV-300	15CrMo	0.003	0	无	无
BV-300	12CrMoV	0.002	0	无	无
BV-500	20G	0.002	0	无	无
BV-500	16Mn	0.003	0	无	无
BV-500	15CrMo	0.003	0	无	无
BV-500	12CrMoV	0.002	0	无	无

注：BV-200 的试验水质为北化自来水。

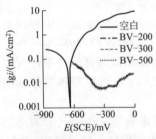

图 8-16　钢在水中的动电位极化曲线

8.4.4　加氧剂的防腐蚀机理

图 8-16 示出加氧剂对钢在水中腐蚀的阳极过程和阴极过程的影响。加氧剂的加入使钢的自腐蚀电位剧烈正移，阳极极化也剧烈增加，但从阴极极化曲线看，虽然加氧剂的加入使氧的离子化过电位减小，但阴极极化却明显增加，由此看来，加氧剂既强烈地抑制了钢腐蚀的阳极过程，又明显地抑制了腐蚀的阴极过程，使钢处于稳定的钝化状态。此时，钢的腐蚀几乎已经停止了。

8.4.5　加氧剂的阻垢作用机理

为了阐明加氧剂的阻垢作用的实质，这里仅以 BV-200 为例，首先进行了水垢溶解试验。试验结果表明，水中钙离子浓度缓慢增加，显示出 BV-200 对水垢具有像螯合剂那样的螯合溶解能力。

典型的螯合剂是乙二胺四乙酸盐（EDTA）和次氨基三乙酸盐（NTA），其阻垢机理是螯合剂同钙离子反应，将致垢阳离子封锁在其分子内，使致垢阳离子无法与致垢阴离子结合成垢，使大量的钙离子稳定在水中，相当于增加了微溶性钙盐在水中的溶解度，从而使钙在锅炉中呈溶解状态，起到了阻垢作用。该反应按化学计量进行，1mg/L 钙硬度成分（以 $CaCO_3$ 计）需用 3.8mg/L EDTA 的四钠盐。

试验结果表明，BV-200 与 EDTA 之类的螯合剂的主要区别，一是 EDTA 是按化学计量与钙离子反应，而 BV-200 对钙离子的螯合溶解并不按化学计量，在理论上达到化学计量值之后仍具有螯合作用；二是与 EDTA 的强的螯合作用相比，BV-200 是将钙离子从固体上逐渐地缓慢地溶解下来，其作用非常温和，在多次试验中都没有发现垢块的分裂和剥落现象。这一情况对运行锅炉十分重要，因为螯合溶解作用将把锅炉内的原有水垢除去，使金属表面恢复洁净状态；但如果发生垢块的分裂剥离现象，就有可能引起垢块堵塞管道的危险。

为了进一步查明 BV-200 的阻垢机理，用透射电子显微镜观测了加和不加 BV-200 时的碳酸钙粒子形貌，如图 8-17 和图 8-18 所示。未加入 BV-200 时，在传热面上生长出规则的方解石结晶。加入 BV-200 后，在传热面上仅发现少量疏松的无定形碳酸钙，很容易被水冲掉。显然，BV-200 使碳酸钙的结晶类型发生了变化，抑制了方解石的结晶生长。

图 8-17　无阻垢剂时的碳酸钙垢

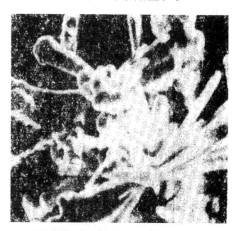

图 8-18　有阻垢剂时的碳酸钙垢

可以认为，碳酸钙晶型的变化和结晶生长的抑制是因为 BV-200 吸附于结晶上或者与碳酸钙晶体界面上的钙离子发生了螯合作用并占据了晶体正常生长的晶格位置，从而使晶体不能按正常规律生长，即晶体发生了畸变。

用浊度计法测定了加氧剂对锅炉内污垢的分散作用（图 8-19）。结果表明，当没有阻垢剂时，原来处于悬浮状态的污垢以较快的速度沉降，上清液的浊度大幅度下降，在 20h 内下降到与无悬浮污垢的水样几乎一致。在加有加氧剂的情况下，试验期间污垢保持悬浮状态，上清液的浊度几乎没有发生变化。由此可知，加氧剂可以使随给水带入或在锅炉中生成的固体粒子分散在锅炉中，防止其沉积在传热面和流动缓慢的部位。试验结果还表明，这种分散作用也是非化学计量的。

产生这种分散作用的可能原因是，加氧剂通过物理和化学作用吸附到固体粒子表面，使粒子表面形成双电层，改变了粒子表面原来的电荷状态，在静电作用下，粒子相互排斥，从而避免了粒子相互结合长大沉积，使其在水中保持分散状态。

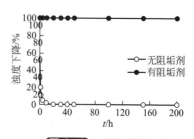

图 8-19　加氧剂对污垢的分散作用

试验表明，加氧剂对水垢的螯合作用、分散作用以及晶格畸变作用都是非化学计量的，向水中投加远低于化学计算量的加氧剂，即可使高浓度的硬度离子保持在水中，即具有明显的阈值效应。因此，当采用加氧防腐阻垢时，只要加量达到一定值以上，就能控制成垢离子结晶生长，表现出良好的阻垢效果，没有必要加入比推荐用量更多的阻垢剂。

从结晶热力学角度分析，$CaCO_3$ 过饱和溶液中存在大量的小于临界半径的 $CaCO_3$ 晶体，这些小晶体的活性生长点吸附了阻垢剂后，$CaCO_3$ 小晶体就难于继续生长，控制了大于临界半径的晶体出现，溶液就不会析出晶体。

8.4.6　加氧防腐阻垢剂的使用方法

当还原性水工况改为氧化性水工况时，首先遇到的问题是由去掉除氧器引起的锅炉给水温度过低，并可能引起省煤器水击、省煤器露点腐蚀等问题。为解决这一问题，最简便的办法是设置系统平衡装置，以便吸收废热、废压来提高给水温度。

加氧防腐阻垢剂的加入量：当设有系统平衡装置时，加氧剂的初始加入量约为 $800\sim1000mg/L$，48h 后的补充加入量为 $20\sim50mg/L$；如果没有安装系统平衡装置，加氧剂的初始加入量约为 $1200\sim1800mg/L$，48h 后的补充加入量为 $50\sim100mg/L$。初始加入量比补充加入量高许多的原因是为了在全系统快速形成保护膜。设置系统平衡装置后加药量少的原因是锅炉排污量减少而使加氧剂的损失减少了。

加氧剂的加入方式：可采用人工加入，最好是采用自动加药控制装置加入。

加氧剂的加入点：为有效保护给水管道和省煤器，加氧剂一般从系统平衡装置的补水口加入；对于没有设置平衡装置的锅炉，应从补水口附近加入。

加氧剂的加入时机：既可在锅炉运行期间加入，也可在停用期间加入。

在锅炉运行期间加入时，采用的具体方法是：随给水向运行锅炉系统水中加入加氧剂；运行期间随补水补充投药；系统停用时，不必排放锅水和冲洗，只需将含有加氧防腐阻垢剂的锅水继续保留即可；系统重新启用时，不必排放锅水、煮炉、冲洗、重新上水和加药，直接启动即可。

在停用期间加入时，采用的具体方法是：随给水向停用锅炉系统水中加入加氧剂，封闭锅炉；系统启用时，不必排放锅水、煮炉、冲洗、重新上水和投加药品，直接启动即可；运行期间随补水补充投药；系统再次停用时，不必排放锅水和冲洗，只需将含有防腐阻垢剂的锅水继续保留即可。

8.4.7　加氧防腐阻垢剂的使用效果

根据调查统计，加氧剂已使用 130 余例，均取得了优异的防腐阻垢效果。

现场测试结果均表明，在运行或者停用期间，随给水向锅炉系统水中加入加氧防腐阻垢剂，循环均匀，即可起到运行防腐阻垢和停用防腐保养的双重作用。加氧剂防止锅炉系统腐蚀和结垢的有效含量为 $5mg/kg$，对运行锅炉的缓蚀率 $\geqslant99\%$，对运行锅炉的阻垢率 $\geqslant99.9\%$，对停用锅炉的缓蚀率 $\geqslant99\%$（以 20G 钢计）。

此方法与现有其他防腐阻垢方法的突出区别是：

① 一种与现有还原性水工况截然相反的氧化性水工况及其防腐阻垢技术，在锅炉运行期间，给水不必除氧和软化，即能有效防止传热面腐蚀和结垢。

② 在锅炉短期停用期间，即锅内充满热水而不发生蒸汽的情况下，能有效防止锅炉腐蚀。

③ 在锅炉长期停用期间，即锅内充满热水并逐渐降温至冷水的情况下，能有效防止锅炉腐蚀。

④ 能够在零排污工况下起高效防腐阻垢作用。

使用加氧剂的锅炉房还取得了下述效果：

① 安全　使用加氧剂后，锅炉金属表面一直处于钝化状态，腐蚀速度大大减小，从而提高了锅炉运行的安全性。

② 增产　目前使用最广泛的除氧器是热力除氧器，其运行要消耗大量的蒸汽。使用加氧剂后，这部分蒸汽不再消耗，因而向用户提供的蒸汽增加了。对于安装了蒸汽计量表的锅炉，蒸汽增产量可由表直接读出。例如，廊坊开发区热力中心在采用 BV-200 后，向用户提供的蒸汽量增加了 20%。

对于没有安装蒸汽计量表的锅炉，采用加氧剂后的蒸汽增产量可由传热公式算出：

$$\Delta Q = \frac{(Q + PQ)(h_2 - h_1)}{(h_3 - h_1)\eta_1}$$

式中，ΔQ 为蒸汽增产量，t/h；Q 为蒸汽毛产量，t/h；P 为锅炉排污率，%；h_2 为除氧器出水的焓，kJ/kg；h_1 为除氧器进水的焓，kJ/kg；h_3 为蒸汽的焓，kJ/kg；η_1 为除氧器效率，一般为 60%～70%。

以 1.25MPa 锅炉为例，h_2 为除氧器出水的焓，取 440kJ/kg；h_1 为除氧器进水的焓，取 88kJ/kg；h_3 为蒸汽的焓，取 2788kJ/kg；锅炉排污率取 10%，除氧器效率取 70%，则

$$\Delta Q = \frac{(Q + 10\%Q)(440 - 88)}{(2788 - 88) \times 70\%} = 20.5\%Q$$

计算结果与表测结果非常接近。

③ 节能　去掉除氧器后，避免了过程损失，达到了节能效果：除氧器的效率一般为 60%～70%，即除氧器所消耗的蒸汽，60%～70% 的热能消耗于加热锅炉水，而 30%～40% 的热能则损失掉。去掉除氧器，也就避免了这部分热能的损失：

$$\Delta H = \frac{(1 - \eta_1)(Q + PQ)(h_2 - h_1)}{F\eta\eta_1}$$

式中，ΔH 为节能量，吨标煤/年；F 为标煤的低发热量，29307kJ/kg；η 为锅炉效率，燃煤锅炉一般为 60%～70%；η_1 为除氧器效率，一般为 60%～70%。

④ 节水　除氧器放空损失一般为产汽量的 2%，去掉除氧器后，因放空而损失的这部分水即节省下来。

参 考 文 献

[1] 何铁林. 水处理化学品手册. 北京：化学工业出版社，2000.

[2] Loraine A. Huchler P E. Chem. Eng Prog.，1998，94（8）：45.

[3] GB 1576—1996.

[4] 熊蓉春，魏刚. 管道技术与设备，1995，(5)：8.

[5] 魏刚. 缓蚀剂//化工百科全书：第7卷. 北京：化学工业出版社，1994：615.

[6] 魏刚. 锅炉供暖，1994，6（1）：2.

[7] 魏刚. 锅炉供暖，1994，6（1）：9.

[8] US 4089796.

[9] Розенфельд И Л. Ингибиторы Коррозии. Москва：Изд. Химии，1977.

[10] Nathan C C. Corrosoin Inhibitors. Houston：NACE，1973.

[11] 熊蓉春. 工业水处理，1998，18（6）：11.

[12] 熊蓉春，滕怀平，魏刚. 工业水处理，2001，21（5）：12.

[13] 熊蓉春. 环境工程，2000，18（2）：22.

[14] 特开平，6-298874.

[15] 中石化总公司生产部，发展部. 冷却水分析和试验方法. 安庆：安庆石化总厂信息处，1993.

[16] 熊蓉春，董雪玲，魏刚. 工业水处理，2001，21（1）：17.

[17] Ross R J，Kim C，Shannon J E. Materials Performance，1997，36（4）：53.

[18] US 5152902.

[19] US 5284512.

[20] Ross R J, Low K C. Materials Perfomence, 1997 (4): 53.

[21] US 5449748.

[22] US 5296578.

[23] US 5714558.

[24] US 5116513.

[25] 熊蓉春, 魏刚, 周娣, 等. 工业水处理, 1999, 19 (3): 11.

[26] 周娣. 适用于高碱高固水质的阻垢剂研究 [D]. 北京: 北京化工大学, 1998.

[27] US 4654159.

[28] US 5147555.

[29] US 5062962.

[30] US 5562830.

[31] US 5256332.

[32] 魏刚, 许亚男, 熊蓉春. 北京化工大学学报, 2001, 28 (1): 59.

[33] 熊蓉春. 环境工程, 2000, 18 (2): 22.

[34] OECD. Guideline for testing of chemicals. OECD, Paris, 1992: 18.

[35] Dias F F, Alexander M. Appl Environ Microbiol, 1971, 22 (6): 1114.

[36] Niemi G J, Veith G D, Regal R R, et al. Environ Toxicol Chem, 1987, 6: 515.

[37] 魏刚, 熊蓉春. 腐蚀科学与防护技术, 2001, 13 (1): 33.

[38] 魏刚, 徐斌, 熊蓉春. 工业水处理, 2000, 20 (3): 1.

[39] 魏刚, 张元晶, 熊蓉春. 工业水处理, 2000, 20 (增刊): 20.

[40] 熊蓉春, 董雪玲, 魏刚. 环境工程, 2000, 18 (2): 22.

[41] 魏刚, 熊蓉春. 热水锅炉防腐阻垢技术. 北京: 化学工业出版社, 2003.

[42] 严瑞瑄. 水处理剂应用手册. 北京: 化学工业出版社, 2003.

[43] 朱志良. 工业水处理, 2001 (6): 7.

第**9**章 乏汽热及凝结水回收技术

9.1 概述

回收凝结水是节水和节能的最有效方法。未污染的凝结水水质接近纯水，可作为最优质的锅炉给水和生产工艺用水。凝结水又是含有能量的水，蒸汽在加热过程中被有效利用的只是蒸汽潜热，而蒸汽显热，即冷凝水的热量几乎没利用，而这部分热量可达到蒸汽总热量的20%～30%。回收凝结水可以获得节水、节能、减少排污、提高锅炉效率等效果。其环境效益也十分显著：因节省燃料而减轻大气污染，因回收凝结水而防止了废水污染、热污染以及减轻蒸汽疏水器的噪声污染。

回收凝结水必须解决的问题是：

① 回收系统设计；

② 回收设备；

③ 凝结水系统的腐蚀与防护；

④ 污染凝结水的精制。

本章将重点讨论这些问题的解决办法。

9.2 凝结水回收系统的设计

9.2.1 开式回收系统

开式回收系统是在凝结水的回收和利用过程中，回收管路的一端是向大气敞开的，通常是凝结水的集水箱敞开于大气。这种系统的优点是设备简单，操作方便，投资小。缺点是由于开式水箱不密闭，系统直接与大气接触，溶解氧浓度增大，容易造成氧腐蚀，凝结水受到二次污染，缩短锅炉、用汽设备及管路的使用寿命，而且还增加了水处理量，经济效益差。

根据凝结水的输送方式，开式凝结水回收与利用系统可以分为开式重力凝结水回收系统、开式余压凝结水回收系统、开式加压凝结水回收系统。

（1）开式重力回收系统

在开式重力凝结水回收系统（图9-1）中，各用汽设备处于高位，凝结水箱处于低位，各用汽设备的凝结水经疏水器与蒸汽分离，靠凝结水本身的重力自流到凝结水箱，水箱通过排气管与大气相通，整个过程不需要附加动力。这种系统的凝结水管大多采用地沟敷设，适宜于小型蒸汽供热系统的凝结水回收，要求地形条件能使凝结水管道流向凝结水箱。

（2）开式余压回收系统

在开式余压凝结水回收系统（图9-2）中，用汽设备的凝结水经疏水器与蒸汽分离，依靠疏水阀的背压送到凝结水箱。整个过程中不需要特殊的回收装置和附加动力。因此，这种方法最简单，成本最低，几乎所有开放式系统都可采用这种方法。但是，仅靠疏水阀背压回收凝结水，其回收距离受到限制，因此，只适用于100m内小规模的凝结水回收。

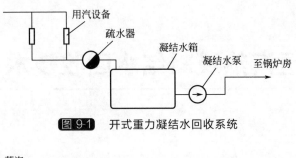

图 9-1　开式重力凝结水回收系统

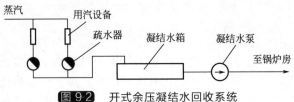

图 9-2　开式余压凝结水回收系统

（3）开式加压回收系统

当疏水阀的背压不足以克服管道阻力，不能把凝结水送回锅炉房时，可在用汽设备的集合点处设置凝结水箱，把各级凝结水收集起来，将产生的二次蒸汽排除或者有效利用后，把剩余的凝结水用回收装置送回锅炉房，这就是开式加压凝结水回收系统（图 9-3）。

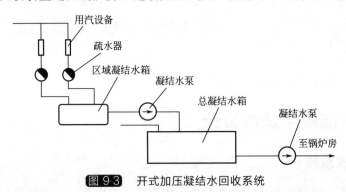

图 9-3　开式加压凝结水回收系统

9.2.2　闭式回收系统

该系统是封闭的，凝结水箱及所有管路都处于恒定的正压下。蒸汽在用汽设备中放出潜热后，其凝结水的显热大部分通过一定的回收设备直接回到锅炉里，凝结水的显热仅有管网散热损失，因而节能减排效果优于开式。其缺点是，比开式系统复杂、投资大、操作要求高。

（1）闭式余压回收系统

依靠疏水阀的疏水背压将凝结水送至锅炉凝结水箱或区域凝结水箱，过程不需要任何附加动力，仅靠蒸汽自身的压力来完成（图 9-4）。与开式余压回收系统不同的是，凝结水箱是封闭的。由于压力降低而产生的闪蒸蒸汽与凝结水一起进入凝结水管路，再经凝结水泵送至锅炉房。该系统由于回收了闪蒸蒸汽，延长了管道的使用寿命，但同时由于凝结水管中二次蒸汽占据了一定的空间，为了防止水击，凝结水流速不能过高，只能增大凝结水管道的直径。

当使用蒸气压力大于 0.3MPa 时，系统中将会闪蒸产生大量二次蒸汽（占 5% 以上），这部分二次蒸汽具有较大的热量，为了充分利用二次蒸汽，在闭式余压回收系统的基础上增

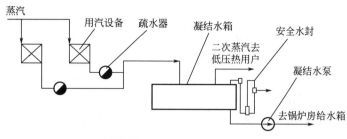

图9-4　闭式余压回收系统

设二次蒸发箱，将二次蒸汽分离出来加以利用。二次蒸汽可以被输送至低压蒸汽设备加以利用，在没有合适的低压用汽设备时也可采用冷却方式进行换热使用。对凝结水回收系统来说，只要疏水器能正常工作并能克服系统的阻力，则利用二次蒸汽的压力越低越好。

当二次蒸汽使用的压力较低时，二次蒸发箱利用多级水封排水；而当二次蒸汽的压力较高时，应使用疏水器排水。这是因为二次蒸发箱内的压力提高时，水封容易被冲破而失效，造成大量的二次蒸汽漏入凝结水回收系统中，给系统的安全有效运行带来威胁。

该系统由于分离出二次蒸汽，凝结水管道中接近单相流动，避免了水击，减小了凝结水管直径。有效地利用了闪蒸蒸汽，增大了凝结水热量利用率，是一种比较实用的凝结水回收系统（图9-5）。

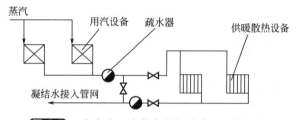

图9-5　分离出二次蒸汽的闭式余压回收系统

（2）闭式加压回收系统

闭式加压回收系统与开式加压回收系统类似，只是系统是封闭的。在该系统中，闪蒸汽的利用有两种方式：一种是像上面所述一样，将二次蒸汽输送至低压蒸汽设备或者低压管网中；另一种是利用喷射压缩器将二次蒸汽加压到中压管网中。

9.2.3　凝结水的利用方式

凝结水具有的热量占蒸汽总热量的 20％～30％，如何有效利用其热量是设计凝结水回收系统首要考虑的。应根据现场的生产工艺、设备条件等选取能取得最大效益的利用方式。

（1）直接利用

该方式是指将蒸汽放出潜热后的凝结水通过回收系统直接返回锅炉房的利用方法。凝结水作为补给水进入锅炉，节省了软化水和补充水，凝结水具有的热量提高了热效率，节省了燃料费用。

凝结水的水质接近纯水，可作为优质的锅炉给水。但是，在实际回收时，往往会因管道、设备锈蚀泄漏等原因使凝结水受到腐蚀产物及泄漏物料等杂质的污染。污染凝结水水质不符合锅炉给水水质要求，必须进行除铁、除油达到符合锅炉给水要求后才能回收。

（2）间接利用

某些化工厂、印染厂凝结水水质较差，要把凝结水直接回收利用需要花费大量的凝结水处理费用，因此，常采用间接利用法。即充分回收利用凝结水的热量，而凝结水则做简单处理达到排放标准后直接排放掉。凝结水的热量可通过热交换器给锅炉给水或流体加热。凝结水温度和被加热流体温差越大，回收的热量就越多，回收效率就越大。因此，应该选择温差较大的被加热的流体。

除凝结水污染严重时采用间接利用法外，当凝结水出口距使用场所较远时，由于回收过程有限，可设置间接回收凝结水热量的工程，先间接回收利用其热能，然后再把热交换后的低温凝结水送至最终的利用场所加以利用。这种方法，比较实用。

（3）闪蒸蒸汽利用

蒸汽在用汽设备中放出汽化潜热形成同温同压下的饱和凝结水。饱和凝结水在未排出疏水阀前，其温度几乎不变。当高温饱和凝结水排放到低压区时，部分凝结水产生再蒸发生成蒸汽。其余则成为低压的饱和凝结水，这种现象叫作闪蒸现象，所生成的蒸汽称为闪蒸蒸汽，即二次蒸汽。闪蒸蒸汽虽然是低压蒸汽，但是仍具有较大的利用价值，而且它通常更加干燥。闪蒸蒸汽一般利用方法是作为低压蒸汽的补充，或者用高压蒸汽通过喷射压缩器将其加压成中压蒸汽进行利用，也可以直接将其回收作为锅炉给水用，或者将其冷却成水，作为热水使用。

凝结水闪蒸成闪蒸蒸汽的量取决于凝结水量和闪蒸前后的压力差。凝结水量越大，闪蒸前压力越高，闪蒸蒸汽的压力越小，生成闪蒸蒸汽的量就越大。因此，在进行闪蒸蒸汽方案设计时，一定要充分核算投资费用和回收效益。同时，如果闪蒸蒸汽量不足或者过剩，则要预先采取相应措施。

9.3 凝结水回收设备

凝结水回收系统的关键设备主要包括疏水器、凝结水箱、凝结水泵、喷射压缩器、热泵等。只有系统中的这些设备都匹配时，整个系统才能正常运行。

9.3.1 疏水器

疏水器，又称疏水阀，是凝结水回收系统中的重要设备，其作用主要是迅速排出蒸汽管道和用汽设备中不断产生的凝结水以保持用汽设备的蒸汽加热效率；阻止蒸汽逸出；排除空气及不可凝性气体，缩短预热运转时间，提高用汽设备的使用效率。

疏水器的种类很多。按照工作原理大致可以分为机械型疏水器、热静力型疏水器和热动力型疏水器。这里仅介绍一些常用品种。

（1）机械型疏水器

最常用的机械型疏水器是倒吊桶式疏水器和浮球式疏水器。

倒吊桶式疏水器（图9-6）也称为"钟形浮子式疏水器"，其浮桶开口向下，吊桶上方设置有通气口。蒸汽进入疏水器后，使设备内的空气进入疏水器，经排气孔排出，接着蒸汽和凝结水进入疏水器，先在吊桶内聚集，然后通过吊桶下缘流到外部，充满疏水器本体和吊桶，同时一小部分凝结水通过阀孔流出。当蒸汽进入吊桶时，把凝结水从吊桶内排挤出去。这时，仍有少量蒸汽通过放气孔和阀孔排出，然后蒸汽把吊桶顶上去，使阀孔关闭。已进入吊桶顶部的蒸汽，有一部分继续慢慢地通过放气孔并凝结于疏水器本体的水中，同时这些凝结水又逐渐充满吊桶。当蒸汽逐渐透过放气孔后，桶内的蒸汽浮力将消失。浮桶下落，在克服蒸汽压力的作用后它使阀芯离开阀孔。这时阀门打开，并进行排水。周而复始地循环下去。

倒吊桶式疏水器间歇排水，密闭性、抗水击性能好，结构坚固、耐用，适用于高压和大排量，可以自动排放空气，对凝结水负荷的变化适应性能非常好，因而应用较多。

浮球式疏水器可分为自由浮球式和杠杆浮球式两种。

自由浮球式疏水器（图 9-7）是把密闭浮球没有约束的置于疏水器内部，当凝结水流入疏水器时，浮球因浮力开始上浮，这时阀口打开，排放凝结水，凝结水量持续增加，疏水器内水位升高，浮球也随着上升，阀口开大，凝结水排放量也增大，当凝结水一旦停止流入，浮球就下降，处在阀体底部呈闭阀状态，疏水阀关闭。如此周而复始地循环工作。

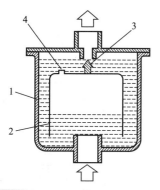

图 9-6　倒吊桶式疏水器的结构图
1—阀体；2—浮子；3—阀瓣；4—排空阀

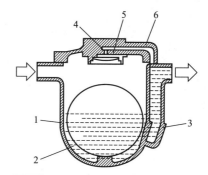

图 9-7　自由浮球式疏水器的结构图
1—阀体；2—浮球；3—主阀口；4—排空阀；
5—双金属；6—排气通道

自由浮球式疏水器的优点是结构简单，体积小，可实现连续排水，漏气量小；缺点是不能自动排除空气，抗水击和抗污能力差。该式疏水器对浮球的几何精度要求较高，否则，圆度不高，关阀时很难达到完全密封，引起漏气。

杠杆浮球式疏水器（图 9-8）是借助于杠杆带动阀瓣达到启闭动作的。当凝结水流入时，疏水器内水位升高，随之浮球上浮，阀门开启，排出凝结水。当凝结水排放到水面降至一定位置时，阀门关闭，此时，疏水器内还会留有一定量的凝结水，不可能将其完全排放掉。当凝结水再次聚集上升，浮球因浮力再次上浮开启阀门，又一次排出凝结水，如此周而复始地循环工作。

杠杆浮球疏水器结构复杂，灵敏度较低，可连续排水，是一种大排量疏水阀，杠杆结构易产生摩擦、间隙、惯性等问题。

（2）热静力型疏水器

热静力型疏水器主要包括波纹管式疏水器、膜盒式疏水器和双金属片式疏水器。

波纹管式疏水器（图 9-9）的感温元件是波纹管。在波纹管内部封入沸点低、易挥发的液体。在波纹管上固定着阀瓣，随着温度的变化，波纹管产生伸缩而启闭疏水器。开始通气时，疏水阀是常温的，波纹管收缩呈最大开启状态，空气和凝结水能顺利排出，凝结水排放后蒸汽进入，波纹管被加热，波纹管伸长而关闭阀门。当凝结水流入时，由于凝结水的温度比蒸汽低，波纹管冷却，波纹管收缩而开启阀门，排放滞留的凝结水，当凝结水排完后，又进入蒸汽，波纹管伸长关闭阀门，如此周而复始地循环工作。

波纹管式疏水器排空气性能较好，间歇排水，反应较慢，抗水击、抗污染能力差，滞留大量的凝结水，动作周期长，适用于伴线和采暖设备上。

膜盒式疏水器的感温元件是金属膜盒，膜盒内充满了沸点比水的饱和温度低的液体。当进入阀腔的介质的温度变化引起膜盒内感温液体汽化或冷凝时，膜盒内的膜片随之伸缩带动阀片做往复移位，从而启闭阀门。用汽设备刚启动，管道内冷凝水温度较低时，膜盒内的液体处于冷凝状态，阀处于开启状态，空气和冷凝水可以连续排出。随着冷凝水温度逐渐升高，膜盒内的液体开始汽化，当膜盒内压力上升到大于膜盒外部压力时，膜片带动阀片向关闭阀的方向移动，直到关闭阀孔。由于关闭阀孔的动作极其迅速，蒸汽不会泄漏。在冷凝水温度达到饱和温度之前，疏水阀完全关闭，膜盒随温度的变化控制阀门开关，从而起到阻汽排水的作用。一旦冷凝水温度降低，膜盒内的感温液体蒸汽便开始放热凝结，膜盒内的蒸汽压力降低，当蒸汽压力降低到小于膜盒外部的压力时，膜片就开启阀孔排水。

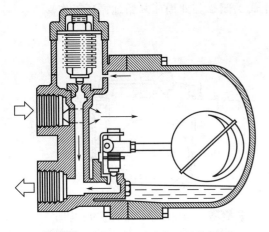

图9-8　杠杆浮球式疏水器的结构图

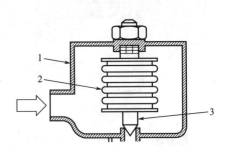

图9-9　波纹管式疏水器的结构图

1—阀体；2—波纹管；3—阀瓣

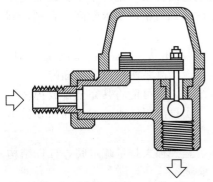

图9-10　双金属片式疏水器的结构图

膜盒式疏水器比较灵敏，耐水击，间歇排水，可自动排出空气，使用寿命长，不易磨损。

双金属片式疏水器（图9-10）是利用蒸汽和凝结水的温度变化引起双金属弯曲来启闭疏水器的。双金属的形状有圆形和矩形。双金属是由两种膨胀系数不同的金属组合而成的。当没有通入蒸汽时，金属是平整的，阀门敞开，进入蒸汽后，空气和低温凝结水经过阀孔释放出去。随着流出的凝结水的温度逐渐增高，双金属逐渐弯曲，直到阀芯盖住阀孔为止。当双金属周围的凝结水冷却时，金属又平整，阀门开启。

双金属片式疏水器连续排水，排空气性能较好，动作灵敏度不高，抗污垢和抗水击能力强，双金属片式疏水器所释放的凝结水温度要比蒸汽温度低很多，可避免闪蒸的问题。

（3）热动力型疏水器

热动力型疏水器是利用蒸汽、凝结水通过启闭件时的不同流速引起被其启闭件隔开的压力室和进口处的压差来启闭疏水器的。当凝结水排到较低压力区时会发生闪蒸，并在黏度、密度等方面与蒸汽存在差异，从而驱动启闭件。疏水器内设置了压力缓冲变压室，当蒸汽与接近饱和温度的凝结水流向变压室时，蒸汽的压力或凝结水二次蒸发产生的压力会使疏水器关闭，停止排出凝结水。当变压室内因凝结水流入或自然冷却而使温度降低时，蒸汽会冷却凝结，在变压室形成低压，使疏水器开启。

热动力型疏水器包括圆盘式、孔板式、脉冲式和迷宫式疏水器（图9-11～图9-13）。

热动力型疏水器的优点是结构简单、体积小、抗水击、抗震动、抗腐蚀，能在较宽的压力变化范围内工作；缺点是不严密，蒸汽有泄漏。

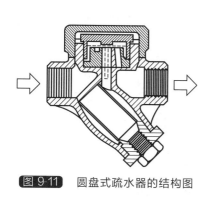

图 9-11　圆盘式疏水器的结构图

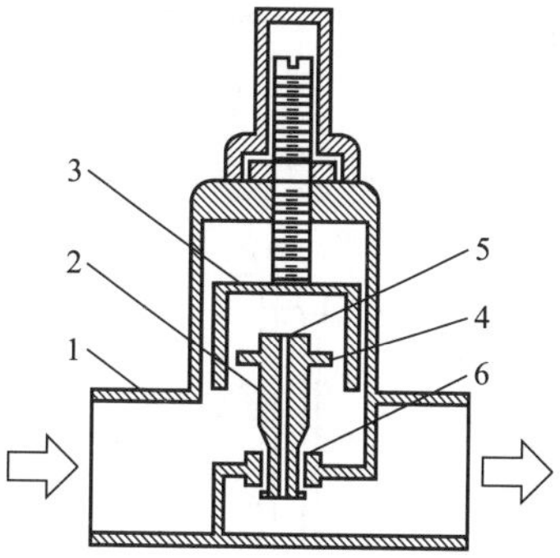

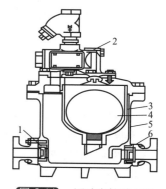

图 9-12　孔板式热动力型疏水器

1—阀体；2—阀瓣；3—控制缸；4—第一孔板；
5—通孔；6—主阀口

（4）泵式疏水器

泵式疏水器是利用蒸汽或空气作动力进行控制的疏水装置，可以代替凝结水泵使用。泵式疏水器阀瓣的切换是靠浮子的沉浮达到的。若利用锅炉本身的蒸汽压力将回收的凝结水送入同一锅炉时，必须把泵式疏水器放置在比锅炉高 2～3m 的地方。泵式疏水器由于可以代替凝结水泵，可以节约设备投资和电耗，同时由于没有压降，避免了闪蒸，目前，这种疏水器在国内外都有较多的推广应用。常见的有浮球自控疏水器（图 9-14）和林绍特疏水器（图 9-15）等。

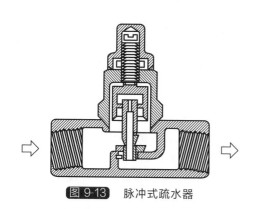

图 9-13　脉冲式疏水器

图 9-14　浮球自控疏水器

1—进口止回阀；2—操作接头；3—浮球支撑；
4—浮球；5—本体；6—出口止回阀

（5）疏水器的选型

选择疏水器时，不能单纯从最大排放量选择，也不能只根据管径大小来套用疏水器。必须根据疏水器选择原则并结合凝结水系统的具体情况来选用。一般情况下，应按以下三个方面选用：

首先根据加热设备和对排出凝结水的要求，选择确定疏水器的型式。

对于要有最快的加热速度，加热温度控制要求严的加热设备，需保持在加热设备中不能积存凝结水，只要有水就得排，则选择能排饱和水的机械型疏水器为最好。因为它是有水就排的疏水器，能及时消除设备中因积水造成的不良后果，迅速提高和保证设备所要求的加热效率。

对于有较大的受热面，对加热速度、加热温度控制要求不严的加热设备，可以允许积水，如蒸汽采暖疏水、工艺伴热管线疏水等，则应选用热静力型疏水器为最好。

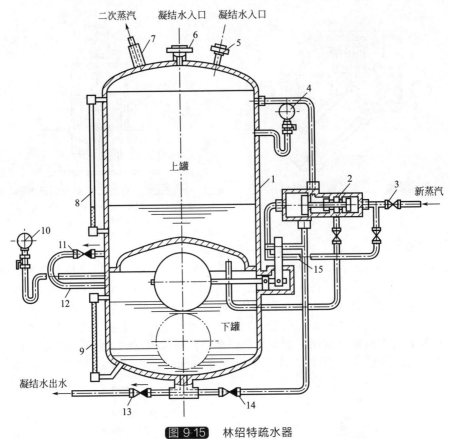

图 9-15 林绍特疏水器

1—上下罐体；2—活塞泵；3—蒸汽阀门；4, 10—压力表；5, 6—凝结水入口管；7—排气管；
8, 9—水位计；11, 13, 14—逆止阀；12—均压阀；15—控制阀

对于中低压蒸汽输送管道，管道中产生的凝结水必须迅速完全排除，否则易造成水击事故。蒸汽中含水率提高，使蒸汽的温度降低，满足不了用汽设备的工艺要求。因此，中低压蒸汽输送管道选用机械型疏水器为最好。

其次，根据用汽设备的最高工作压力、最高工作温度，确定疏水器的公称压力、阀体材质；确定疏水器的连接方式、安装方式等。

疏水器的公称压力一般分为：0.6MPa、1.0MPa、2.0MPa、2.5MPa、4.0MPa、5.0MPa。在选用时，疏水器的公称压力不能低于蒸汽使用设备的最高工作压力。同时，根据疏水器公称压力、最高工作温度、安装环境等选定阀体的材料。公称压力≤1.0MPa，选用铸铁或碳素铸钢；公称压力＞1.0MPa，选用碳素铸钢或合金铸钢。

疏水器的最高工作温度根据蒸汽使用设备所使用的蒸汽来确定，选择时应不低于使用蒸汽的温度。

疏水器有卧式和立式两种安装方式，它由管线与疏水器的连接位置来确定。疏水器的连接方式有螺纹、法兰、焊接、对夹等，必须根据疏水器的最高工作压力、最高工作温度及蒸汽使用设备相应连接部分要求来确定。

根据排水量的大小，选择确定疏水器的性能参数。

除疏水器的压力、温度等参数应与所使用的设备条件相匹配外，疏水器各种压差下的排水量，则是选择疏水器的一个重要因素。如果所选用安装的疏水器排水量太小，就不能及时排除已到达该疏水器的全部凝结水，使凝结水受阻倒流，最终将造成堵塞，使设备加热效率

显著降低。相反，选用排量太大的疏水器将导致阀门关闭件过早的磨损和失效。随着阀体增大，其制造成本也将增大，不经济。因此，对设备或管道内产生的凝结水量，必须正确的测定或根据计算式求出，为正确选用疏水器提供依据。

（6）疏水器的安装

疏水系统并不是一个单独的疏水器，而是由疏水器和必要的辅助装置组合而成的。疏水器的辅助装置包括过滤器、旁通管、逆止阀、检查阀、冲洗管等。这些辅助装置并不都要安装，而是根据具体条件选用。

疏水器原则上应该安装在各种蒸汽使用设备最低点的下方，以避免一部分凝结水滞留而不能彻底排除。要尽量减小疏水器进口处和出口处的阻力，避免疏水器前后压差变小。

疏水器的安装应该按照生产厂的使用说明进行施工，安装的原则是要与旁管配合使用，便于检修、解体和更换。

9.3.2　凝结水泵

（1）主要参数

凝结水泵是将凝结水回收进入锅炉给水系统的设备，一般采用高抗蚀性的卧式或立式离心泵。

离心泵靠叶轮旋转形成的惯性离心力来抽送液体，主要由叶轮、轴、泵壳、轴封及密封环等组成。其参数主要有流量、扬程、汽蚀余量、转数等。

流量是指单位时间内输送的凝结水量。

$$Q_m = Q\rho$$

式中，ρ 为凝结水在该温度下的密度，kg/m^3；Q 为体积流量，m^3/h；Q_m 为质量流量，kg/h。

扬程是指凝结水通过泵后获得的能量，以 H 表示，单位是 m。

$$H = E_2 - E_1$$

式中，E_2 为泵出口处单位重量凝结水的能量，m；E_1 为泵进口处单位重量凝结水的能量，m。

$$E_2 = p_2/(\rho g) + v_2^2/(2g) + Z_2$$
$$E_1 = p_1/(\rho g) + v_1^2/(2g) + Z_1$$
$$H = E_2 - E_1 = (p_2 - p_1)/(\rho g) + (v_2^2 - v_1^2)/(2g) + Z_2 - Z_1$$

式中，p_2，p_1 为泵出口、进口处凝结水的静压力，Pa；v_2，v_1 为泵出口、进口处的液体的速度，m/s；ρ 为液体的密度；g 为重力加速度；Z_2，Z_1 为出口、进口高度。

汽蚀余量用 NPSH（净正吸入水头）表示。

必须汽蚀余量（NPSHr）是指在给定转速和流量下，保证泵不发生汽蚀而具有的汽蚀余量，是由泵制造厂通过试验，按一定性能变化约定获得的。

允许汽蚀余量（NPSHs）是指保证泵内不发生汽蚀，根据实践经验，人为地规定的汽蚀余量。

有效汽蚀余量（NPSHa）是指水流从进水池吸水管到达泵进口时，单位重量的水所具有的总水头减去相应水量的汽化压力水头后的剩余水头，是由水泵的安装条件所确定的汽蚀余量。

凝结水泵是否发生汽蚀受到泵本身和吸入装置两个方面的影响，具体表现就是必须汽蚀余量（NPSHr）和允许汽蚀余量（NPSHa）两者的关系。

当 NPSHa＝NPSHr 时，凝结水泵开始发生汽蚀；

当 NPSHa＜NPSHr 时，凝结水泵严重汽蚀；

当 NPSHa＞NPSHr 时，凝结水泵不汽蚀。

凝结水泵启动前，泵壳内要先灌满凝结水，当原动机带动泵轴和叶轮旋转时，凝结水一方面随叶轮做圆周运动，一方面在离心力的作用下自叶轮中心向外周抛出，凝结水从叶轮获得了静压能和动压能，当凝结水流经蜗壳到排液口时，部分动压能转化为静压能，在凝结水自叶轮抛出时，叶轮中心部分造成低压区，与吸入液面的压力形成压力差，于是凝结水不断地被吸入，并以一定的压力排出。

（2）选型

为确保系统安全性，在选择凝结水泵余量时往往过大，容易出现大马拉小车的现象，造成电耗过大。在凝结水泵选型时，应尽量做到在满足使用要求的前提下，尽量降低其耗电量。根据《火力发电厂设计技术规程》的规定，凝结水泵容量为最大凝结水量的110％，也可根据凝结水泵制造厂推荐的方法进行选择。同时，通过试验也可适当地减少叶轮级数，减少能耗，节约能源。

（3）汽蚀问题

汽蚀是由于液流流道中的局部低压低于该处温度下液体的饱和蒸气压使液体在该处汽化而引起大量微气泡爆发性生长，微气泡急剧生长成大气泡后随液流至压力高处突然溃灭，对流道壁面产生高达几百个大气压的冲击，造成壁面材料剥蚀。

汽蚀的危害：影响水泵的容积效率，使水泵出水量明显下降；气泡溃灭，水泵汽蚀磨损后出现表面凹凸，水泵振动，产生噪声，产生汽蚀共振现象；过流部件剥蚀及腐蚀破坏，影响泵的寿命，增加设备更新维修费用；泵的性能下降。

汽蚀最易发生部位在叶轮进口处或者凝结水高速流动的地方，腐蚀破坏的部位常在叶轮出口或压水室出口。

汽蚀的预防措施：泵发生汽蚀的根本原因是进口压力不足，因而给水泵进水管增压能有效减轻汽蚀，可以把凝结水泵的出水管引入进水管或者利用喷嘴增压；安装水泵时，应使水泵在任何情况下使有效汽蚀余量大于水泵的必须汽蚀余量，应尽可能地降低水泵的安装高度；凝结水泵要合理选用材质，可在发生汽蚀的部位涂一层环氧树脂，同时要充分考虑叶轮设计的合理性，提高自身的抗蚀性能；调节水泵的工况点，使之向左移动，良好的水泵运行工况，可以防止水泵振动产生汽蚀；尽量减少进水管路水头损失，在设计泵站时，应尽量缩短进水管路的长度，减少管路的附件，管道内壁应光滑和适当加大进水管的直径。

9.3.3　凝结水箱与凝结水回收器

凝结水箱是用来回收凝结水的装置，蒸汽在用汽设备中放出潜热变成凝结水，经疏水器进入凝结水箱，再由凝结水泵将其送回锅炉房。凝结水箱有开式和闭式两种形式，闭式凝结水箱用于闭式凝结水回收系统中。闭式凝结水箱中有一定的压力，为增加压头，减少泵的汽蚀，多把凝结水箱安装在高位。但实际上，高位水箱并不能防止凝结水泵汽蚀，且凝结水箱体积庞大，不美观，占地面积大，因此，闭式凝结水箱逐渐被凝结水回收器所取代。

凝结水回收器的作用是取代闭式凝结水箱，收集经疏水器排放的凝结水，形成闭式系统，不与空气接触，减少设备及管道腐蚀，凝结因压力降低产生的二次蒸汽，增加凝结水泵进口的压力，有效防止凝结水泵汽蚀，避免凝结水泵受到损坏。

凝结水回收器一般由除污装置、调压装置、汽蚀消除装置、电动机、高温泵、进出水管、排污阀、排空阀等构成。凝结水回收器有立式（图9-16）和卧式（图9-17）两种形式。

除污装置的作用是除去凝结水带来的油及铁锈等固体杂质，避免固体杂质损坏凝结水泵叶轮。

调压装置一般由多级水封、U形管和单向压力阀构成。在保证正常回水的情况下适当调节阀压，一是有利于二次蒸汽凝结，二是保证水泵防汽蚀的正压头。

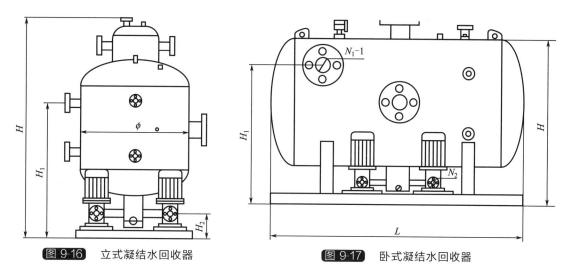

图 9-16 立式凝结水回收器

图 9-17 卧式凝结水回收器

当凝结水降到底部时，原平静的水面会出现水漏斗，二次蒸汽入泵仍会发生汽蚀，汽蚀消除装置大都是用不锈钢做成的多层导流体，在水位下降时，上部导流结构自动闭锁，减少汽蚀发生。

为了美观、装配方便，凝结水回收器罐体的下面直接安装凝结水泵，可形成机电一体化，减少占地面积。

凝结水经疏水器后进入凝结水回收器，凝结水中带有的油和固体杂质通过除污装置由排污阀排出，凝结水经汽水分离器将混有的二次蒸汽和凝结水分离开，二次蒸汽在压力作用下部分凝结，没有凝结的二次蒸汽经排空阀排出，凝结水下降至集水容器中，经汽蚀消除装置进入凝结水泵，被凝结水泵输送至凝结水管路或锅炉房中。

应当注意：凝结水回收器虽然在一定程度上可以减轻水泵的汽蚀，但如果没有达到水泵防汽蚀需要的正压头，仍然存在水泵汽蚀的问题；如果将凝结水回收器的压力调大，疏水器的背压就会增大，疏水器疏水量减少，影响疏水器的正常工作。

9.3.4 热泵

热泵（Heat Pump）是一种能够将难以利用的低品位热能转变为可以利用的高品位热能的装置，有如输送"热能"的"泵"一样。热泵制取的有用热能，总是大于所消耗的电能或燃料能，而用燃烧加热、电加热等装置制热时，所获得的热能永远小于所消耗的电能或燃料能，这是热泵与普通加热装置的根本区别，也是热泵制热最突出的优点。

热泵最主要的性能指标是制热系数，可用符号 COP 表示。制热系数的一般定义为

$$COP = 用户获得的热能/热泵消耗的能$$

制热系数 COP 为无量纲量，表示用户消耗单位电能或燃料能所获得的有用热能。热泵的制热系数永远大于 1，即用户获得的热能总是大于所消耗的电能或燃料能，而锅炉等普通制热装置的制热系数永远小于 1，即用户获得的热能总是小于所消耗的电能或燃料能。

按工作原理，热泵可分为蒸气压缩式（也称为机械压缩式）热泵、吸收式热泵、蒸汽喷射式热泵、化学热泵、热电热泵等，目前技术成熟并已经获得应用的热泵主要是前三种。

（1）蒸汽压缩式热泵

蒸汽压缩式热泵由压缩机（包括驱动装置，如电动机、内燃机等）、冷凝器、节流膨胀部件、蒸发器等基本部件组成封闭回路，在其中充注循环工质，由压缩机推动工质在各部件中循环流动（图 9-18）。其具体工作过程为：热泵工质在蒸发器中吸收低温热源的热能，发

生蒸发相变，成为气体工质；气体工质经压缩机压缩，吸收压缩机的驱动能，由低温低压变为高温、高压的气体工质；高温、高压的气体工质在冷凝器中发生冷凝相变放热，把蒸发、压缩过程中获得的能量供给用户，自身变为高压液体工质；高压液体工质在节流阀中减压，再变成液体工质，重返蒸发器循环。

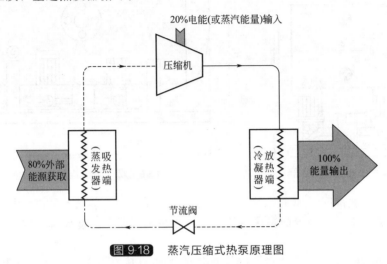

图 9-18   蒸汽压缩式热泵原理图

若压缩式热泵从低位热源获得的热量为 Q_2，所消耗的能量为 W，获得的高位热量为 Q_1，则

$$COP=Q_1/W=(Q_2+W)/W=Q_2/W+1$$

按逆卡诺循环工作时，若以温度来表示，热泵的理论 COP 为：

$$COP=T_1/(T_1-T_2)$$

式中，T_1，T_2 分别为高温物体和低温物体的热力学温度，K。

（2）吸收式热泵

吸收式热泵（图 9-19）由发生器、吸收器、溶液泵、溶液阀共同作用，起到蒸气压缩式热泵中压缩机的作用，并和冷凝器、节流膨胀阀、蒸发器等部件组成封闭系统，在其中充注液态工质（循环工质和吸收剂），吸收剂与循环工质的沸点差很大，且吸收剂对循环工质有极强的吸收作用。由燃料燃烧或其他高温介质加热发生器中的工质，产生温度和压力均较高的循环工质蒸汽，进入冷凝器并在冷凝器中放热变为液态，再经节流膨胀阀降压降温后进入蒸发器，在蒸发器中吸取环境热或废热并变为低温低压蒸汽，最后被吸收器吸收（同时放出吸收热）。与此同时，吸收器、发生器中的浓溶液和稀溶液间也不断通过溶液泵和溶液阀进行质量和热量交换，维持溶液成分及温度的稳定，使系统连续进行。

如果以 Q_a 为在吸收器内放出的热量；Q_g 为发生器中供给的热量；Q_c 为冷凝器冷凝放出的热量；Q_e 为蒸发器自低位热源吸收的热量，在理想情况下可认为 $Q_c+Q_a=Q_g+Q_e$，则这种吸收式热泵的制热系数为：

$$COP=(Q_c+Q_a)/Q_g=(Q_g+Q_e)/Q_g=1+Q_e/Q_g$$

这就是说，其工作系数可大于 1，实际上，通常 $Q_e/Q_g=0.6\sim0.8$，故 COP 一般为 1.6～1.8。

（3）蒸汽喷射式热泵

蒸汽喷射式热泵原理见图 9-20。从喷嘴高速喷出的工作蒸汽形成低压区，使蒸发器中的水在低温下蒸发并吸收低温热源的热能，之后被工作蒸汽压缩，在冷凝器中冷凝并放热给用户。蒸汽喷射式热泵的优点是可以充分利用工艺中的富余蒸汽驱动热泵运行，且无运动部件，工作可靠。其缺点是制热系数较低。

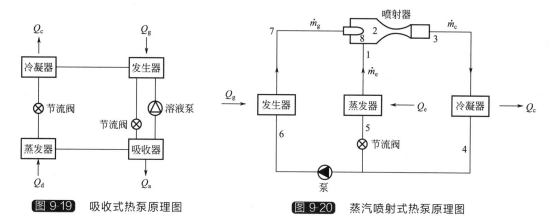

图 9-19　吸收式热泵原理图　　　　图 9-20　蒸汽喷射式热泵原理图

（4）循环冷却水热泵

乏汽是指高温蒸汽利用后产生的低温蒸汽，主要发生于凝汽式发电厂，石化、化工、轻工等企业也有发生。随着人类节能减排意识的深入，越来越多的工业锅炉也配置了发电机组，使乏汽发生的范围越来越广。

目前广泛采用的乏汽排除方法是采用凝汽器首先将乏汽热传入冷却水，然后再通过冷却塔或空冷塔将乏汽热排入大气和水体，乏汽冷却得到的凝结水经精处理后予以回收。该方法能够将乏汽及时排除，但浪费了乏汽热，再加上冷却系统的能量损失，其热损失远超过乏汽热损失。采用热电联产、热电冷联产等技术可有效回收乏汽热并避免乏汽冷却损失，但要用于凝气式机组和其他低位乏汽，还有许多关键技术尚未解决。

为解决低位乏汽热回收问题，研发了以循环冷却水为热源的循环冷却水热泵。如图 9-21 所示，利用热泵系统的蒸发器来吸收乏汽余热，使乏汽凝结成凝结水加以回收，从而同时回收了乏汽余热和凝结水，获得了节能、节水、减排并去掉冷却塔等效果。

（5）乏汽热泵

为更简便地回收乏汽热，研发了乏汽热泵。以乏汽余热为热源，用热泵的蒸发器直接回收乏汽余热，转变为可以利用的热能，其流程如图 9-22 所示。

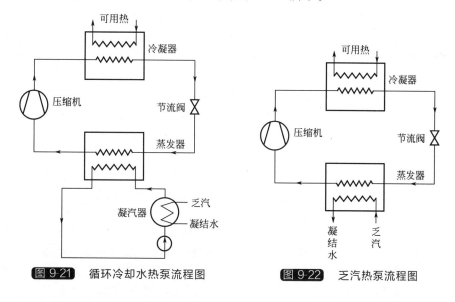

图 9-21　循环冷却水热泵流程图　　　图 9-22　乏汽热泵流程图

乏汽进入热泵系统的蒸发器被制冷剂吸取汽化潜热凝结成凝结水，从而不仅去掉了冷却塔，而且还可去掉凝汽器。

9.4　凝结水系统的腐蚀与防护

9.4.1　凝结水系统的腐蚀

回收凝结水必须解决而最难解决的问题是凝结水系统的腐蚀问题。在全国已建设了凝结水回收系统的企业中，有 60％以上的企业由于凝结水腐蚀的原因不能继续回收，造成热能及水资源的浪费。同时，由于管路及相应设备受到腐蚀、泄漏，增添了大量的清洗、更换、维修的费用，给企业带来巨大的经济负担。因此，必须加强凝结水系统的防腐，以保证凝结水能够安全回收，做到真正的节能减排。

凝结水系统的腐蚀主要来自于氧腐蚀和酸腐蚀。

（1）氧腐蚀

凝结水虽然是经过除氧之后的水，但是由于除氧设备及管理等问题，会遗留部分氧进入蒸汽中，随后进入凝结水系统，另外，在蒸汽使用过程中，也会有少量氧气进入，造成凝结水的氧腐蚀。

铁受凝结水中的溶解氧腐蚀是电化学腐蚀，铁和氧形成了腐蚀电池。铁的电极电位总是比氧的电极电位低，所以在腐蚀电池中，铁是阳极，遭到腐蚀。氧为阴极，发生氧去极化即吸氧腐蚀。凝结水的输送管道一般是钢制管材，其腐蚀产物是铁的氧化物及游离的二价铁离子，其反应方程式如下：

阳极反应：$Fe \longrightarrow Fe^{2+} + 2e$

阴极反应：$O_2 + 2H_2O + 4e \longrightarrow 4OH^-$

以上反应的产物 Fe^{2+} 在水中会与相关物质进一步进行反应，其过程如下：

$$Fe^{2+} + 2OH^- \longrightarrow Fe(OH)_2$$

$$4Fe(OH)_2 + 2H_2O + O_2 \longrightarrow 4Fe(OH)_3$$

$$Fe(OH)_2 + 2Fe(OH)_3 \longrightarrow Fe_3O_4 + 4H_2O$$

凝结水氧腐蚀一旦形成，就很难阻止腐蚀过程的继续，在腐蚀点上，由于腐蚀产物的阻挡，水中溶解氧扩散到这一点的速度减慢，形成了腐蚀点四周氧的浓度大于腐蚀点上氧的浓度，腐蚀点四周成为阴极，腐蚀点（金属表面某点）成为阳极，阳极（Fe）在腐蚀中被消耗，其产物 Fe^{2+} 会缓慢地通过腐蚀产物向溶液中扩散，与溶液中的相关物质继续反应，产生新的腐蚀产物，氧腐蚀这样继续下去。

凝结水中的氧腐蚀的形态一般表现为溃疡和小孔型的局部腐蚀，氧腐蚀发生后在金属表面形成一个个鼓包，直径在 $1 \sim 30mm$ 之间，鼓包的表面是黄褐色到砖红色，由各种氧腐蚀产物组成，去除这些腐蚀产物后，金属的表面是一个个腐蚀凹坑。

氧腐蚀的影响因素很多，主要有溶解氧浓度、溶液流速、温度等。

① 溶解氧浓度　溶解氧的浓度增大时，氧的极限扩散电流密度增大，氧离子化反应的速率也将加快，氧腐蚀的速度加快。但当氧浓度大到一定程度，金属由活性溶解状态转为钝化状态时，则金属的腐蚀速度将显著降低。

② 溶液流速　在氧浓度一定的条件下，极限扩散电流密度与扩散层厚度成反比。溶液流速越大，扩散层厚度越小，氧的极限扩散电流密度就越大，腐蚀速度也就越大。

③ 温度　温度越高，氧在凝结水中的扩散过程和极化反应速率越快，因此，在一定的温度范围内，氧腐蚀速度将随温度升高而加快。但是温度升高氧的溶解度降低，而这将使腐

蚀速度减小。所以在开式回收系统中，铁的腐蚀速度约在 80℃ 达到最大值，然后则随温度的升高而降低；在封闭系统中，温度升高使气相中氧的分压增大，氧分压增大将增加氧在溶液中的溶解度，这就抵消了温度升高使氧溶解度降低的效应，因此，腐蚀速度将随温度升高而增大。

（2）酸腐蚀

凝结水的酸腐蚀主要是由于 CO_2 溶于水引起的，另外有的凝结水系统还因给水处理时遗留下的树脂分解产生的低分子有机酸而引起酸腐蚀。

CO_2 溶于水后生成 H_2CO_3，虽然 H_2CO_3 是弱酸，但是由于凝结水水质比较纯净，含盐量小，缓冲性差，即使溶入少量的二氧化碳也会使凝结水的 pH 值显著降低。实际上，二氧化碳溶于水后形成的碳酸对钢材的侵蚀性比同样 pH 值的强酸溶液如盐酸溶液的侵蚀性更强，和金属的反应过程也更复杂。碳酸电离后产生的氢离子扩散到金属表面放电，或者水中的二氧化碳分子扩散到金属表面，随后与水分子结合形成吸附碳酸分子直接释放出氢使 Fe 氧化。水中二氧化碳的含量越高，电离出来的氢离子就越多，金属腐蚀速度就越快。腐蚀过程所处的温度越高，化学反应速率也越快，将直接促进腐蚀过程。温度越高，碳酸的电离程度加大，氢离子浓度增加，腐蚀速度加快。如果温度在 100℃ 左右，金属腐蚀速度可以达到最大。但如果温度更高，会在金属表面形成一层比较致密而且黏附性好的碳酸铁膜，阻碍了腐蚀过程，腐蚀速度反而变慢了。其反应过程如下：

$$CO_2 + H_2O \rightleftharpoons H_2CO_3 \rightleftharpoons H^+ + HCO_3^- \rightleftharpoons 2H^+ + CO_3^{2-}$$
$$Fe + 2H_2CO_3 \longrightarrow Fe(HCO_3)_2 + H_2$$

由于凝结水中还含有氧气，腐蚀产物为 Fe_2O_3，同时又生成了 CO_2，促使 pH 降低，腐蚀更加严重。

$$2Fe(HCO_3)_2 + \frac{1}{2}O_2 \longrightarrow Fe_2O_3 + 2H_2O + 4CO_2$$

CO_2 的腐蚀形态一般为全面腐蚀，腐蚀均匀地发生在整个表面，金属由于腐蚀而普遍减薄。由于 CO_2 腐蚀的腐蚀产物大部分是易溶的，不会沉积在金属表面，所以不会形成保护膜。

9.4.2 凝结水腐蚀的传统防护方法

凝结水系统的传统防护方法：一是减少或除去凝结水中的溶解氧和二氧化碳；二是加入缓蚀剂。

（1）除氧

为减少凝结水中的氧含量，首先要加强锅炉给水除氧，最好是采用除氧器-除氧剂法。目前相对可靠的除氧器是热力除氧器和真空除氧器，可用的除氧剂主要有亚硫酸钠、联氨、二乙羟胺、碳酰肼等。

为防止氧气从管道、设备、阀门的连接处进入，应采用闭式凝结水回收系统，使管道和设备处在稳定的正压下运行。

（2）减少 CO_2

凝结水中的 CO_2 主要来自锅炉给水中的游离 CO_2 和碳酸盐类受热分解产生的 CO_2。锅炉给水中游离的 CO_2 在除氧方式合适的前提下是不会带入锅炉的。水中的碳酸盐主要是 $NaHCO_3$，控制锅水碱度也就是控制了 $NaHCO_3$ 的量。在进行给水处理时可以通过采用氢-钠离子交换除碱系统减少锅水碱度，减少 $NaHCO_3$ 的量，从而降低锅水碱度。上述措施可以减少 CO_2 的量，但是并没有达到消除，凝结水中依然会有大量的 CO_2 引起酸性腐蚀，所以，还要在蒸汽或凝结水中加入中和剂，使凝结水呈弱碱性，以防止酸性腐蚀发生。

（3）中和胺法

中和胺是氨的有机衍生物，具有弱碱性，碱性比氨水弱，中和胺可以中和凝结水中的酸，达到去除 CO_2 的目的。目前使用比较多的中和胺有吗啉、环己胺、二环己胺等。

（4）缓蚀剂法

为了防止凝结水系统的腐蚀以及腐蚀产物对锅炉的危害，人们已经进行了长期的、大量的研究工作，获得的最重要的凝结水系统防腐保护方法是缓蚀剂法，最优良的缓蚀剂是膜胺例如十八胺、十六胺等。然而，这些缓蚀剂存在着保护膜稳定性差，难以及时修复等问题，致使凝结水铁含量过高，必须经过氧化过滤除铁、离子交换除铁等工序才能符合凝结水回收要求。我国电厂采用联氨为缓蚀剂，认为其效果比中和胺-膜胺好，但凝结水仍然要经过氧化过滤除铁、离子交换除铁等工序才能符合回收要求。这些工艺大多数工业锅炉房没有条件采用，为了防止锅炉发生铁沉积腐蚀的危险，只好将凝结水排放，既浪费了纯水资源和热能，又造成了废水污染和热污染。

9.4.3　超分子缓蚀剂法防腐蚀技术

针对现有缓蚀剂保护膜不够稳定等问题，研发了一种可连续稳定缓蚀的 BV-500 系列和 BV-800 系列超分子缓蚀剂。

从缓蚀剂的结构看，现代气相缓蚀剂的结构基础是两种功能性原子团以化学键结合。例如，二环己胺的缓蚀性能很差，二环己胺基团与亚硝酸基团以共价键结合而成的亚硝酸二环己胺是性能最优异的气相缓蚀剂之一。环己胺的缓蚀性能很差，环己胺基团与碳酸基团以共价键结合而成的碳酸环己胺的缓蚀性能非常好。这种结构大大提高了二环己胺和环己胺的缓蚀性能，但却损失了挥发性和保护半径。基于同样原因，环己胺、吗啉等在凝结水系统仅有中和作用，被称为中和胺而算不上缓蚀剂。十八胺在实验室试验中的缓蚀性能很好，但难以均匀地分布于凝结水系统金属的表面，在宏观上表现为保护膜稳定性差，难以及时修复等问题，致使凝结水铁、铜含量过高。

为了克服环己胺、吗啉类挥发性胺在无约束下缓蚀性能很差而化学键结合过于牢固的问题，本技术首次提出超分子型结构缓蚀剂的概念。这种缓蚀剂由两种以上化合物通过分子间力缔合，利用分子间的结构互补和分子识别关系，使缓蚀剂分子以适宜的速度均匀地扩散到金属表面，达到连续稳定地保护金属的目的。即凝结水系统保护用气相缓蚀剂应当是超分子型结构、物理吸附-化学吸附型保护。

对不同条件下凝结水系统 20G 钢的腐蚀情况的测定表明，在不加入 BV-500 系列或 BV-800 系列超分子缓蚀剂的条件下，锅炉蒸汽凝结水系统经一周运行后，凝结水铁含量为 $5680\mu g/L$，与工业锅炉凝结水回收标准（$Fe<300\mu g/L$）相比已严重超标，更不符合中压锅炉（$Fe<100\mu g/L$）和高压锅炉（$Fe<30\mu g/L$）的凝结水回收标准。当采用吗啉-十八胺及水和联氨防腐时，每班向系统补加一次缓蚀剂，运行一周后凝结水铁含量亦严重超标。因而在这两种情况下，凝结水必须经氧化过滤除铁、离子交换除铁后才能够回收。

当向凝结水系统加入 BV-500 系列或 BV-800 系列超分子缓蚀剂后，腐蚀得到有效抑制，运行一个星期后的凝结水铁含量在 $30\mu g/L$ 以下，明显低于回收标准。对于原来未加缓蚀剂的系统和原来采用吗啉-十八胺的系统，在改用 BV-500 系列或 BV-800 系列超分子缓蚀剂后腐蚀也得到有效抑制。因此，在采用 BV-500 系列或 BV-800 系列超分子缓蚀剂保护之后，凝结水可以直接回收。

本项技术已在现场解决了低压锅炉、中压锅炉及热电联产等凝结水系统运行和停用保护难题，不仅延长了设备使用寿命，而且对提高我国设备管理的总体技术水平，促进和实现我国防腐蚀行业的技术跨越具有重要作用。

为查明 BV-500 系列或 BV-800 系列超分子缓蚀剂对凝结水系统的缓蚀原理，测定了采用超分子缓蚀剂前后 20G 钢电极的动电位极化曲线及交流阻抗谱（图 9-23），结果说明，在超分子缓蚀剂保护下，凝结水系统的钢表面处于钝化状态。这一试验结果很好地说明了超分子缓蚀剂保护效果很高的原因：利用分子间的结构互补和分子识别，使缓蚀剂分子以适宜的速度均匀地扩散到金属表面，使金属钝化。

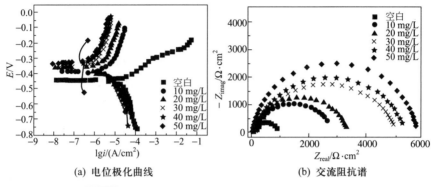

(a) 电位极化曲线　　　　　　(b) 交流阻抗谱

图 9-23　20G 钢电极的动电位极化曲线及交流阻抗谱

9.5 污染凝结水的精制

9.5.1 凝结水的腐蚀产物污染

凝结水的污染物主要是金属腐蚀产物和物料（油类）。

金属杂质主要为铁和铜的腐蚀产物，铁的腐蚀产物一般以胶态、悬浮态和离子状的 Fe^{2+} 存在，铜的腐蚀产物一般是离子态的 Cu^{2+}。

污染凝结水中，铁的固态腐蚀产物主要有 Fe_3O_4、$FeOOH$ 和 Fe_2O_3。一般来说，Fe_3O_4 的颜色是黑色，$\alpha\text{-}FeOOH$ 的颜色是黄色，$\gamma\text{-}FeOOH$ 的颜色是橙色，$\alpha\text{-}Fe_2O_3$ 的颜色是砖红至黑色，$\gamma\text{-}Fe_2O_3$ 的颜色是褐色。由于含有以上腐蚀产物，被污染的凝结水的颜色一般显红褐色，且腐蚀越严重，颜色越深。

腐蚀产物一旦随凝结水进入锅炉，就会沉积在锅炉传热面，导致金属发生沉积物下电化学腐蚀和介质浓缩腐蚀，轻则降低锅炉的热效率，增加燃料消耗，严重时会引起炉管过热爆管等事故。

9.5.2 凝结水的油污染

由于工艺或者设备操作会使凝结水中含有油，大都是烃类，相对分子质量在 $500\sim1500$ 之间。油在水中主要以浮油、分散油、乳化油、溶解油等形态存在。

粒径大于 $100\mu m$ 的油类称浮油，其稍加静置即可浮出水面，采用简单的物理分离方法就可以除去。

粒径在 $10\sim100\mu m$ 之间的油类称分散油，属于一种不稳定的胶体体系或亚稳体系。如果有足够的静置时间，油滴亦可浮出水面，可采用斜板隔油或粗过滤元件等物理方法去除。

粒径在 $0.1\sim10\mu m$ 之间的油类称乳化油，具有一定的稳定性，单纯用静置的方法很难使油水分离，一般用化学和物理化学法去除。

粒径小于 $0.1\mu m$ 的油类称溶解油，已溶于水，以分子状态存在于水体，去除难度大，一般要用生物法、吸附法或强氧化法去除。

在凝结水中，因为水温比较高，故水的密度和绝对黏度均降低，油粒密度和黏度也大大降低，两相黏度降低，导致油水分散的阻力减小，所以在凝结水中，油主要以少量的溶解油和乳化油形式存在。

若油质随凝结水进入锅炉，就会附着在传热壁面上，受热时会分解生成热导率很小的附着物，严重影响管壁的传热，危及锅炉安全。给水中的油会使锅炉水形成泡沫及生成水中漂浮的水渣，促使蒸汽品质恶化。油沫水滴会被蒸汽带到过热器中，受热分解产生热导率很小的附着物，导致过热器管的过热损坏。

9.5.3   凝结水除铁

凝结水的金属腐蚀产物主要是 Fe^{2+} 和不溶性的铁氧化物。必须将凝结水中的 Fe^{2+} 转变为不溶或难溶的金属化合物，才能通过沉淀进行分离。除铁的方式主要有离子交换法、过滤器法和膜法等。

（1）离子交换除铁法

类似于离子交换软化法，当凝结水通过阳离子交换器时，凝结水中的 Fe^{2+} 和 Cu^{2+} 即被交换除去。

该方法的主要问题：一是阳离子交换树脂的耐温性一般只能到 70℃，阴离子交换树脂的耐温性更差，这对于凝汽式电厂的凝结水回收是合适的，而工业锅炉、中压锅炉及其热电联产系统的凝结水温度一般很高，容易使树脂失效，许多企业采用了先降温再除铁的方法，虽回收了凝结水，但损失了宝贵的热能；二是树脂容易被铁污染，污染后很难再生。

（2）过滤器法

可采用的过滤器主要有：覆盖过滤器、粉末树脂覆盖过滤器、磁力过滤器和管状微孔过滤器等。

所谓覆盖过滤器就是将粉末状的滤料覆盖在过滤元件上，使其形成一个均匀的微孔过滤膜，被处理的水通过滤膜过滤后，经滤元汇集送出合格水。如图9-24 所示，滤元是用不锈钢或聚丙烯管为骨架，管外部分刻有纵向齿槽，齿槽管壁上开有许多小圆通孔，在齿槽上刻有螺纹，沿螺纹外绕不锈钢系即构成滤元。滤料也称助滤剂，常用的滤料为棉质纤维素、纸浆粉、活性炭粉等。

覆盖过滤器的运行操作可分为铺膜、过滤、爆膜三个步骤。铺膜即把滤料均匀覆盖在滤元上；过滤是指将介质通过过滤器，除去胶体、悬浮物；爆膜是指将失效的滤膜击破，以便冲洗反洗后重新铺膜使用。

粉末树脂过滤器是在滤元上覆盖粉末树脂。粉末树脂是以高纯度、高剂量的再生剂进行了再生的、完全转型后的强酸性阳离子交换树脂和强碱性阴离子交换树脂，粉碎至一定细度后再混合而成的。粉末树脂过滤器的操作也分为铺膜、过滤、爆膜三个步骤。

覆盖过滤器及粉末树脂过滤器能够除去凝结水中的悬浮物，除铁性能良好，但操作复杂，需要铺膜、爆膜等工序，且由于经常更换滤料，运行费用较高。

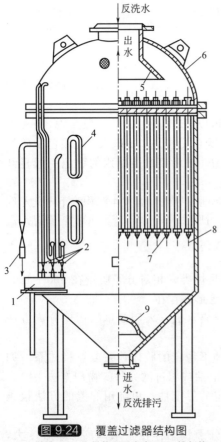

图9-24   覆盖过滤器结构图

1—取样槽；2—取样管及压力表；3—排气管；
4—观测孔；5—集水斗；6—封头；
7—管式滤元；8—筒体；9—配水罩

磁力过滤器内部充填的填料为强磁性物质。过滤器外边装有能改变磁场强度的电磁线圈。通直流电时，线圈产生强磁场，使填充物磁化，再通过填料对水中磁性物质颗粒的磁力吸引，将杂质截留在被磁化了的填料表面。除铁效果较好。

覆盖过滤器、粉末树脂覆盖过滤器、磁力过滤器主要应用于 200MW 以上的发电机组。管状微孔过滤器可用于中低压锅炉的凝结水处理方面。

管式微孔过滤器的结构与覆盖过滤器相似，不同的是覆盖过滤器需要将滤料铺在滤元上进行过滤，而管式微孔过滤器的滤元是用合成纤维、金属丝等绕制成具有一定孔隙度的滤层，利用过滤介质的微孔把水中悬浮物截留下来，从而达到除铁的效果。

微孔布袋过滤器集磁力过滤和微孔过滤为一体，进水首先经过由磁力棒组成的磁力场，凝结水中的具有磁性的铁的腐蚀产物被磁力吸附到磁力棒上，然后凝结水再经过微孔滤袋进一步过滤。与管状微孔过滤器不同，凝结水在微孔滤袋自里向外流动，而管状微孔过滤器是从外向里流动。微孔滤袋有 $10\mu m$、$25\mu m$、$50\mu m$、$100\mu m$、$250\mu m$ 等规格，分别代表能去除的悬浮物大小。当滤袋或磁力棒需清洗时，设备停止运行，然后打开设备卸下滤袋或磁力棒人工清洗。

（3）锰砂接触氧化除铁工艺

锰砂接触氧化除铁工艺的关键设备是锰砂过滤器。其设备外壳由优质碳钢或者不锈钢做成，内衬天然橡胶或其他防腐层，体内配有布水器，内装锰砂。锰砂的主要成分是二氧化锰，可以将凝结水中的二价铁离子氧化成三价铁。当凝结水通过时，悬浮物即被截留。锰砂过滤器除铁一般适用于初滤，后面应配置微孔过滤器等精密过滤器组合使用。

9.5.4　凝结水除油

工业上含油污水的处理主要有物理法、化学法、生物法等。凝结水中油的含量较少，一般采用物理除油法，主要有重力除油、粗粒化除油、气浮除油、过滤、吸附除油等方法。

（1）重力除油

重力除油是利用油和水的密度差使油上浮，达到油水分离的目的。含油污水在重力分离罐中的分离效率为：

$$\eta = uA/Q$$

式中，η 为油珠颗粒的分离效率；u 为油珠颗粒的上浮速度；Q 为处理流量；A 为除油设备水平工作面积。

从上式中可以看出，当除油设备的流量 Q 一定时，增大除油设备水平工作面积 A，可以减小油珠颗粒的上浮速度 u，这就意味着有更小直径的油珠颗粒被分离出来，因此加大表面积 A，可以提高除油效率和提高设备的处理能力。

常见的重力除油设备有立式除油罐和立式斜板除油罐。立式除油罐的工作过程是含油污水经进水管流入罐内中心筒中，经配水管流入沉降区，水中粒径大的油珠首先上浮，粒径小的油珠随水向下游动。同时，一部分粒径小的油珠由于自身在静水中上浮速度不同及水流的推动，不断碰撞聚结成大油珠而上浮，无上浮能力的部分小油珠跟随水流出除油罐。立式斜板除油罐是在立式除油罐中心及反应筒外的分离区一定部位加设了斜板组，含油污水从中心反应筒出来之后，先在上部分离区进行初步的重力分离，较大粒径的油珠先分离出来，然后污水通过斜板区，油水进一步分离。分离后的污水在下部集水区流入集水管，汇集后的污水由中心柱管上部流出除油罐。在斜板区分离出的油珠上浮到水面，进入集油槽后由出油管排出到吸油装置。斜板除油罐的效果要比普通除油罐除油效果要好，除油效率要高。

重力除油法可以去除水中少量的乳化油，但是凝结水中含油量较少，温度较高，油珠受布朗运动的制约自发地做无规则的运动，在动态水中捕捉这种油粒十分困难，重力除油对这类油的分离效果较差，应用较少。

（2）粗粒化除油

该方法是利用油与水两相性质的差异和对聚结材料表面亲和力相差悬殊的特性，在含油凝结水通过填充着粗粒化材料的床层时，油粒被粗粒化材料捕获而滞留于材料表面和孔隙内，随着捕获的油滴物增厚而形成油膜，当油膜达到某一厚度时将产生变形，聚结合并成较大的油珠，聚结后的油珠则易于从水相中分离出来。

粗粒化除油技术的关键是粗粒化材料的选择。粗粒化材料一般是亲油性粒状或纤维状材料。通常，一次性使用主要用纤维性材料，重复性使用主要用粒状材料。

该技术可以去除凝结水中的乳化油，使用前期除油效果较好，但是由于粗粒化材料经常失效、黏结导致除油效果不稳定，粗粒化材料要经常更换或冲洗，运行费用高，操作复杂。粗粒化除油技术运行温度较低，一般在 60℃ 左右，所以凝结水必须先经过降温才能进入除油设备，会损失大量热量。

（3）活性炭法

活性炭具有非常多的微孔和巨大的比表面积，物理吸附能力很强，同时也进行一些化学选择性吸附，能有效地吸收凝结水中的油，使油水分离，达到去除油的目的。

性能较好的活性炭的比表面积一般在 $1000m^2/g$ 以上，细孔一般总容积可达 $0.6\sim1.19mL/g$，孔径为 $1.0\sim10^4 nm$。市售的活性炭有粉末活性炭、无定形颗粒活性炭、圆柱形活性炭和球形活性炭四种。国产工业净化水用产品均为黑色无定形颗粒状活性炭，其亚甲基蓝吸附值一般为 $90\sim120mg/g$ 或 $3\sim6mL$，碘吸附值一般在 $300\sim1000mg/g$。

也可选择活性炭纤维作为吸附材料。与粒状活性炭相比，活性炭纤维具有外表面积大、孔口多、易吸附和脱附、孔径分布窄、吸附容量大等优点。

将活性炭装在活性炭吸附装置中，装置可采用固定床、膨胀床或移动床。当活性炭吸附污染物达到饱和时，把容器中失效的活性炭全部取出，更换新的或再生的活性炭。

活性炭可以将凝结水中的溶解油清除干净。活性炭法的优点是造价较低，可采用自动控制。其缺点是当活性炭达到饱和状态时要停运再生或更换，大约每年要更换滤料 $5\sim6$ 次。除油温度不能过高，因为在高温下吸附与解吸同时存在，无法达到要求的除油效果。

（4）粉末树脂过滤法

粉末树脂可以阻截油粒，其装置与除铁的粉末树脂过滤器基本相同。该方法除油效果较好，比较稳定；缺点是树脂在失效后要及时切换、反冲、清洗、再覆膜，树脂消耗量大，运行费用高，操作烦琐，在高温下阻截效果不理想。

（5）精细过滤法

精细过滤与上述过滤不同，它是采用成型材料来达到去除凝结水中的油的目的的，精细过滤不需要更换滤料及再生，滤芯可以经反冲洗后重复使用，操作简单，除油效果较好。精细过滤一般采用烧结滤芯过滤器和纤维缠绕滤芯过滤器。

烧结滤芯过滤器是由粉末材料通过烧结而成的微孔滤元，滤元材料大致有陶瓷、玻璃砂、塑料等。塑料滤芯的孔径是 $5\sim120\mu m$，操作简便，机械强度高，使用寿命长，耐温性比较好。陶瓷滤芯的微孔一般小于 $2.5\mu m$，水处理量为 $600\sim1599L/h$，一般适用于工作压力小于 $0.3MPa$。

纤维缠绕滤芯是由纺织纤维精密缠绕在多孔管骨架上制成的。常用的纤维缠绕滤芯有聚丙烯纤维-聚丙烯骨架滤芯和脱脂棉纤维-不锈钢骨架滤芯，前者的最高使用温度为 60℃，需要将高温凝结水降温后再除油，后者的最高使用温度是 120℃。滤芯的精度可通过控制滤芯的缠绕密度调节，滤芯的孔径外层大、中心小，这种深层网孔结构使它具有较高的过滤效果。过滤精度为 $0.8\sim100\mu m$。纤维缠绕滤芯不仅可以有效地去除凝结水中的油，还可以有效地去除铁的腐蚀产物。纤维缠绕过滤器具有体积小、过滤面积大、阻力小、使用寿命长等优点。

参 考 文 献

[1] 李颖华, 史利涛, 陈晓娟. 冷凝水闭式回收利用技术初探. 材料科学, 2007 (10 上): 53.

[2] 胡连营, 张军, 乔寿成. 凝结水的回收利用方式. 能源研究与利用, 1999 (1): 45-46.

[3] 陈曦丽, 解清超. 凝结水回收的节能效益. 应用能源技术, 2007 (1): 44-45.

[4] 谭萍. 300MW 机组凝结水泵节能改造. 广东电力, 2008, 21 (11): 50-53.

[5] 王勇, 刘厚林, 谈明高. 泵汽蚀研究现状及展望. 水泵技术, 2008 (1): 1-4.

[6] GB/T 1576—2008 工业锅炉水质.

[7] 李春林, 杨宏伟. 工业蒸汽凝结水的腐蚀与防护. 全面腐蚀控制, 2005, 19 (3): 22-26.

[8] WolfKL, et al. Zphy Chem Abt, 1937, B36.

[9] GB 12459—90 活性炭型号命名法.

[10] 周本省. 工业水处理技术. 北京: 化学工业出版社, 2002.

[11] 武彦辉, 袁金才, 徐波, 等. 对凝结水除油技术应用的研究. 国外油田工程, 2001 (1): 35-39.

[12] 马自俊. 乳状液与含油污水处理技术. 北京: 中国石化出版社, 2006.

[13] 杨秋新. 炼油厂蒸汽凝结水的精处理与回用. 炼油技术与工程, 2006, 36 (1): 12-14.

[14] [日] 高田敏则, 平正登. 凝结水回收与利用. 李坤英译. 北京: 机械工业出版社, 1992.

[15] 程代京, 刘银河. 蒸汽凝结水的回收及利用. 北京: 化学工业出版社, 2007.

[16] 彭琦. 蒸汽冷凝水回收系统热经济性研究 [D]. 杭州: 浙江大学, 2002.

[17] 魏宝明. 金属腐蚀理论及应用. 北京: 化学工业出版社, 2004.

第**10**章　露点腐蚀控制及烟气余热回收技术

10.1　概述

在锅炉、工业炉窑及各种能源转化装置的使用过程中，目前普遍存在着排烟温度过高的问题。例如，发电锅炉的排烟温度的设计值一般为125~130℃，若燃料为褐煤时则为140~150℃，而运行锅炉的排烟温度往往还要高于设计值20~50℃。这种情况致使排烟热损失成为锅炉各项热损失中最大的一项，一般约5%~12%，占锅炉热损失的60%~70%。

排烟温度过高使锅炉热效率降低，同时使除尘效率和脱硫效率降低，脱硫耗水量增加。为利用烟气余热，人们已做了大量工作，以致使烟气余热回收方法成为一个重要的研究方向。

这里有两个显而易见的问题：

① 烟气余热回收有什么复杂的科学技术问题需要人们去研究解决？

② 为什么要把排烟温度设计得那么高？

这两个问题的答案均涉及一个关键问题：露点腐蚀，即导致排烟温度过高的主要原因是露点腐蚀。

本章将主要讨论烟气露点腐蚀的发生以及通过露点腐蚀控制来实现烟气余热回收的方法。

10.2　露点腐蚀

10.2.1　烟气中三氧化硫的发生

煤、重油、未经脱硫处理的煤气、天然气等燃料中都含有硫及硫化物，其燃烧即生成二氧化硫：

$$S+O_2 \longrightarrow SO_2$$

由于燃烧室中有过量的氧气存在，所以又有少量的SO_2进一步与氧结合生成SO_3：

$$SO_2+\frac{1}{2}O_2 \longrightarrow SO_3$$

SO_2转化为SO_3的机理非常复杂，现有两种理论：原子氧氧化理论和分子氧氧化理论。

原子氧氧化理论认为，二氧化硫的氧化是因为在炉膛的高温火焰中有原子氧产生：

$$O_2 \longrightarrow 2[O]$$

原子氧氧化SO_2，生成SO_3：

$$SO_2+[O] \longrightarrow SO_3$$

分子氧氧化理论认为，SO_2是被氧分子氧化的：

$$SO_2+\frac{1}{2}O_2 \longrightarrow SO_3+96.3kJ/mol$$

炉膛内 SO_3 的生成过程是：首先在燃烧区的富氧气氛中均匀进行上述反应，生成一部分 SO_3，然后再依靠换热面上的铁、钒化合物，如 Fe_2O_3、$Fe_2(SO_4)_3$、V_2O_5 等的催化作用，进一步生成另一部分 SO_3。

该反应是可逆的放热反应，当降低温度时，平衡向右移动，生成 SO_3。一般认为，燃烧区温度高于 1127℃ 以上时不会有 SO_3 生成；而燃烧区温度越低，SO_2-SO_3 的转化率就越大。

在通常的过剩空气条件下，全部 SO_2 中约有 1%～3% 转化成 SO_3。

10.2.2 烟气的露点

空气中含有一定量的水蒸气，气温愈低，饱和水蒸气压力愈小。对于含有一定量水蒸气的空气，当在气压不变的情况下降低温度至一定值时，空气中所含的气态水达到饱和而在固体表面凝结成液态水，该温度称为露点（Dew Point），又称露点温度（Dew Point Temperature）。简言之，就是空气中的水蒸气变为露珠时的温度叫露点。

烟气中水蒸气的含量常较空气高些，因此蒸汽的露点也较高，即烟气中的水蒸气在较高的温度下就开始凝结。这个露点只考虑了水蒸气的影响，因此称为水蒸气露点。表 10-1 示出某些不同燃料所产生的烟气中的水蒸气分压及其水蒸气露点。

表 10-1　烟气中的水蒸气分压及其水蒸气露点

燃料	水蒸气分压 p_{H_2O}/atm	露点/℃
褐煤	0.126	50
烟煤	0.092	43
无烟煤	0.033	25
重油	0.097	45

烟气中的二氧化硫经原子氧氧化或分子氧催化氧化生成三氧化硫。在高温区，三氧化硫以气体形态存在，当烟气温度降到 400℃ 以下时，三氧化硫气体与烟气中的水蒸气结合形成硫酸蒸气：

$$SO_3 + H_2O \longrightarrow H_2SO_4$$

烟气中有硫酸蒸气存在时，即使它含量很少，对露点的影响也很大。如图 10-1 所示，在烟气中水蒸气和硫酸蒸气的分压之和为 0 时，无硫酸蒸气存在，烟气露点为 33℃，但只要有极少量的硫酸蒸气存在，露点就会提高到 100℃ 以上。

表 10-2 中给出了在不同的水蒸气分压下，硫酸蒸气分压对露点提高的影响。可明确地看出，硫酸蒸气的分压对露点提高的影响是很大的。

表 10-2　不同硫酸蒸气分压下烟气的露点　　　　　　单位:℃

硫酸蒸气分压 $p_{H_2SO_4}$/atm	水蒸气分压 p_{H_2O}/atm		
	0.051	**0.085**	**0.25**
0	33	43	64
0.0001	40	48	70
0.0005	63	68	87
0.0010	86	91	105
0.0020	116	121	130

总之，燃料中的硫含量与空气过剩系数决定了 SO_3 的量，SO_3 的量影响了露点温度。一般烟气 SO_3 含量超过 6×10^{-6}，可以使烟气露点升高至 150～170℃。

烟气的酸露点可以用下面的经验公式估算：

$$t = \frac{\beta \sqrt[3]{S}}{1.05^{\alpha A}} + t_0$$

式中，t 为烟气的酸露点，℃；t_0 为烟气的水蒸气露点，℃；β 为与过剩空气系数有关的常数，当过剩空气系数为 1.4～1.5 时，β 为 129，当过剩空气系数为 1.2 时，β 为 121；S 为工作基的折算硫分，%；A 为工作基的折算灰分，%；α 为飞灰占总灰分的份额。

10.2.3　烟气的露点腐蚀

当三氧化硫气体与烟气中的水蒸气结合形成硫酸蒸气并在设备表面凝结时，就会引起设备的严重腐蚀。由于只有当设备表面的温度降低到硫酸蒸气的露点时腐蚀才会发生，因而这种腐蚀被称为露点腐蚀。由于腐蚀通常发生在烟气尾部设备的低温端，因而又称低温腐蚀。

露点腐蚀或低温腐蚀的严重程度取决于金属表面上凝结出来的硫酸的浓度。

烟气中水蒸气和硫酸蒸气按图 10-2 中的规律在受热面上凝结。

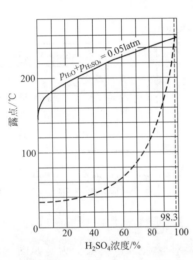

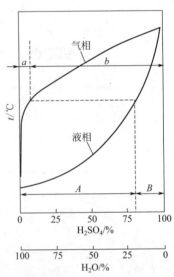

图 10-1　烟气中水蒸气和硫酸蒸气在不同浓度下的露点

图 10-2　烟气中水蒸气、硫酸蒸气的凝结规律

图 10-2 说明，在水蒸气和硫酸蒸气的分压总和为一定值时，硫酸蒸气的浓度增加时，露点按图中气相线升高。当一定混合比的水蒸气、硫酸蒸气与低温表面相遇受到冷却时，它们就会按图中虚线降温并凝结出来。因此，即使气相中硫酸的浓度很低，凝结出来的液体中硫酸的浓度也很高。即凝结液中硫酸的浓度取决于燃气中的水分含量与金属表面温度。当金属表面温度低于露点 20～60℃时，硫酸浓度最大。例如，金属表面温度为 60℃，硫酸浓度为 40%；金属表面温度为 100℃，硫酸浓度为 70%。

烟气中的硫酸蒸气与水蒸气在遇到冷的表面而开始凝结时，凝结出的液体中硫酸的浓度很大。当有一部分蒸气凝结出来以后，烟气中硫酸和水蒸气的浓度都有所降低，烟气的露点也有所降低。但烟气在向尾部流动中会遇到温度更低的壁面，烟气中的蒸气还会继续凝结，不过凝结出的液体中硫酸的浓度也逐渐降低。因此，烟气中的硫酸和水的蒸气在低温壁面上凝结出的液体中的硫酸的浓度是逐渐降低的。

为进一步阐明硫酸蒸气在烟气尾部低温金属表面凝结的规律，按照 Taylor 气液平衡关系绘制了硫酸露点浓度与金属表面温度的对应关系，如图 10-3 所示。

凝结液中硫酸的浓度对金属壁面的腐蚀速度影响很大（图 10-4）。浓硫酸对钢材的腐蚀速度很低，含量为 50% 左右的硫酸对钢的腐蚀速度最大，含量低于 50% 的硫酸的腐蚀速度随硫酸浓度的升高而增加。因此，当低温受热面上开始结露时，硫酸含量较高，腐蚀并不强烈；而当含量达到 40%～50% 时，腐蚀最强烈；对更尾部的受热面，腐蚀则越来越减弱。

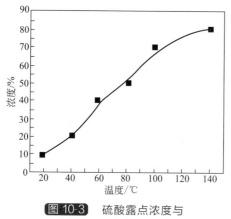

图 10-3 硫酸露点浓度与
金属表面温度的对应关系

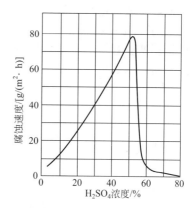

图 10-4 凝结液中硫酸浓度对
金属壁面的腐蚀速度的影响

露点腐蚀不仅与壁面温度有关，而且与凝结出来的硫酸含量及量有关。图 10-5 为实际测出的尾部受热壁面的腐蚀速度与壁面温度的关系。可见，当壁面温度高于酸露点 D 时，腐蚀速度很小。当壁温低于酸露点时，硫酸蒸气开始凝结，发生酸腐蚀，但由于酸含量很高，腐蚀速度不很大。随着壁温降低，凝结酸量增加，酸含量下降，腐蚀速度增大。直至壁面温度低于酸露点 15～50℃ 时，腐蚀速度达到最大值 C。壁温进一步降低 50～90℃ 时，腐蚀速度亦下降，直到腐蚀速度最小点 B。壁温再继续下降，凝结的酸含量接近 50%，凝结量多，腐蚀速度又增大。当壁温达到水蒸气露点，有大量水蒸气及稀硫酸生成，使腐蚀剧烈增加。

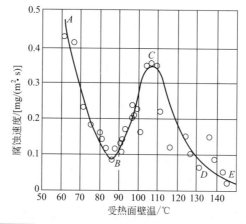

图 10-5 受热壁面的腐蚀速度与壁面温度的关系

（燃烧高硫重油 $S=2.7\%～2.85\%$，过量空气系数 $\alpha=1.15～1.25$，横流冲刷受热面）

10.3 烟气露点腐蚀控制及烟气余热回收的一般方法

为控制烟气露点腐蚀，已开发了一些比较有效的方法，主要有：

①提高空气预热器、省煤器等尾部受热面的壁面温度，使壁温高于烟气露点。例如，提高排烟温度，开热风再循环，加暖风器提高空气预热器入口温度，提高省煤器进水温度。此法的优点是简便易行，缺点是使锅炉效率降低。

②在烟气中加入添加剂，中和SO_3，阻止硫酸蒸气的产生。此法的优点是不降低锅炉效率，缺点是增加运行成本，还要清除中和生成的产物。

③用耐腐蚀的材料制造空气预热器和省煤器，如采用09CrCuSb钢（ND钢），还可采用玻璃管、搪瓷管或用陶瓷材料制作。此法的优点是防腐效果好，不降低锅炉效率，缺点是成本高，漏风系数大。

④采用低氧燃烧，减少烟气中的过剩氧，阻止和减少SO_2转变为SO_3。低氧燃烧可以降低引、送风机电耗，是一项经济价值很高和很有发展前途的技术措施，但低氧燃烧要求锅炉具有完善的燃烧设备和燃烧检测仪表，并且要求运行人员有较高的技术水平。

⑤烟气中硫酸蒸气开始凝结的温度称为酸露点。通过检测酸露点温度，可以准确知道一定工况下的酸露点，由此调整排烟温度，达到节能和延长锅炉寿命的最佳条件。这种方法投资少，收效快，是比较理想的预防措施。

由于缺乏烟气露点腐蚀的有效方法等原因，排烟温度过高已经成为业界一直遵循的设计标准和运行标准，形成了一种长期的积习难返的弊病。为医治这种顽疾，人们已进行了大量的研究，找到了许多烟气余热的回收方法，例如换热器法、热管换热器法、废热锅炉法、热泵法等。为保证烟气余热回收设备的安全经济运行，也必须采用有效的烟气露点腐蚀控制方法。

10.4　纳米膜法烟气露点腐蚀控制及烟气余热回收方法

为有效控制烟气露点腐蚀，发明了一种金属表面纳米膜的制备方法，解决了长期困扰业界的硫酸露点腐蚀问题，实现了锅炉尾部受热面、烟气余热回收装置、脱硫装置及烟囱的完全防腐和长周期保护。

（1）纳米膜的成分

为了分析所得纳米膜的组成成分，对薄膜表面进行X射线光电子能谱（XPS）全谱扫描，扫描结果见图10-6。

图10-6中，横坐标表示各元素的结合能，纵坐标代表的是所电离出光电子的能量。由于不同的原子具有其特征结合能，因此可以根据XPS图中出现峰值的位置确定薄膜的元素组成及各元素的存在状态。由图10-6可以看出，在薄膜表层XPS全图中，存在五个峰值，对照XPS标准谱图可知，这五个峰对应的分别为Si2p、Si2s、C1s、O1s、Na1s峰。表明膜表层中含有并且仅含有Si、C、O、Na元素（H元素除外）。

为了确定薄膜中各种组成元素的化合态及存在状态，通过高分辨率XPS分谱扫描，分析了元素的内层电子结合能及其相关的化学位移，纳米膜XPS谱图的Si2p和Si2s分谱结果见图10-7。

由图10-7可知，纳米膜中Si2p所对应的结合能为103.4eV。对照XPS标准谱图，可知SiO_2中Si元素的特征结合能为103.4eV，本实验测量值与其一致。因此，可以确定所制得薄膜中Si元素的组成状态为SiO_2。

此外，在采用XPS对薄膜表层进行扫描时，还发现图中在$Fe_{3/2}2p$的特征结合能处（710.4eV和711.3eV）没有峰值出现，表明薄膜表层没有Fe元素存在。

用扫描俄歇微探针（SAM）对纳米膜进行了进一步表面分析，结果如图10-8所示。

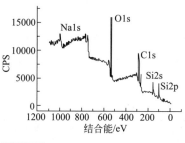

图 10-6　纳米膜表层的 XPS 全图

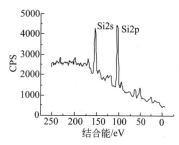

图 10-7　纳米膜 XPS 谱图的 Si2p 和 Si2s 分谱

图 10-8 中，横坐标为原子动能，纵坐标代表的是电子能量。由于不同的原子具有其特征动能，因此可以根据表面分析图中出现峰值的位置确定薄膜的元素组成。由图 10-8 可看出，薄膜的表面剖析图中主要有 Na、O、C 和 Si 峰存在，而在 598eV、651eV、703eV（Fe元素的特征动能）的位置处并没有峰值出现。表明薄膜表层含有 Na、O、C 和 Si 元素，没有 Fe 元素存在，这与 XPS 的分析结果一致。

（2）纳米膜的厚度

用 SAM 对纳米膜的厚度进行了测定。

为了测定薄膜的厚度及分析薄膜中各种元素随薄膜深度的变化，先用扫描型 Ar^+ 枪对薄膜进行蚀刻，然后采用 SAM 测定在薄膜不同深度处的各种组成元素的原子分数。薄膜的扫描俄歇微探针深度剖析图见图 10-9。

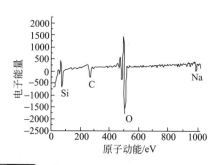

图 10-8　薄膜的扫描俄歇微探针表面分析图

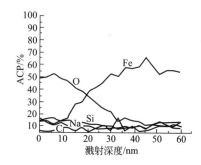

图 10-9　薄膜的扫描俄歇微探针深度剖析图

图 10-9 中，横坐标表示的是溅射深度，纵坐标为薄膜中各组成元素原子的含量。可以看出，随着溅射深度的增大，C、Na 和 Si 元素的含量均基本保持不变，O 元素的原子含量明显下降，Fe 元素的原子含量则有明显的上升。这表明由沉积薄膜的表层到其内层，C 元素、Si 元素和 Na 元素的原子百分比基本没有变化，O 原子的含量明显下降，而 Fe 原子含量明显上升。C 和 Na 原子存在于薄膜的整个厚度范围内并保持固定原子百分比的原因可能是，由于成膜所用原料中含有固定百分比的 C 和 Na，而 C 原子和 Na 原子均具有较小的原子尺寸，在成膜过程中这两种原子作为杂质存在于沉积粒子中原子的空隙里，与成膜物质一起沉积并分布于薄膜的整个厚度范围内。由分析结果可以明显看出，越靠近薄膜内层，O 原子含量越少，Fe 原子含量越多，而 Si 元素的原子含量基本保持恒定。因此可以认为，积薄膜的表层为 SiO_2，而在薄膜的内层，尤其是接近碳钢基底的区域，Si 元素以 Si-O-Fe 的键合方式存在。

由图 10-9 可以看出，当溅射深度为 20nm 时，薄膜中含有 Si、O、Fe、C、Na 元素，并且 O 元素和 Fe 元素的含量相等，表明试验过程中在碳钢表面制得的一次沉积 SiO_2 薄膜的厚度为 20nm。由该图还可以看出，当溅射深度为 60nm 时，薄膜中仍含有上述五种元素，表明在碳钢基层与沉积 SiO_2 薄膜之间含有一层扩散层，扩散层的厚度为 60nm。

（3）纳米膜对硫酸露点腐蚀的防护效果

根据图 10-3 揭示的硫酸露点浓度与金属表面温度的对应关系，设计了模拟硫酸露点腐蚀条件并进行了腐蚀测定。测试结果表明，纳米膜在不同的露点腐蚀条件下对 20G 钢均显示了优异的防护效果（表 10-3）。

表 10-3　硫酸露点腐蚀条件下纳米膜对 20G 钢的防护效果

测试温度/℃	硫酸浓度/%	测试时间/h	腐蚀速度/(mm/a)
20	20	72	0.02
50	30	72	0.03
60	40	72	0.04
70	50	72	0.03
70	50	7200	0.02

（4）基于纳米膜防护的烟气余热回收技术

以纳米膜防护为基础，研发了一系列硫酸露点腐蚀控制及烟气余热回收技术，主要有纳米膜法空气预热器表面防护技术及设备，纳米膜法省煤器表面防护技术及设备，纳米膜法脱硫设备表面防护技术，纳米膜法烟囱内表面防护技术，纳米膜法烟气余热回收设备表面防护技术及设备。这些技术的应用可获得显著的节能减排效益。

参 考 文 献

[1] 车得福. 冷凝式锅炉及其系统. 北京：机械工业出版社，2002.

[2] 贾力，孙金栋，李孝萍. 天然气锅炉烟气冷凝热能回收的研究. 节能与环保，2001 (31)：9.

[3] 贺平，孙刚，等. 供热工程. 北京：中国建筑出版社，1993.

[4] 化工设备设计全书编辑委员会. 废热锅炉//化工设备设计全书. 北京：化学工业出版社，2002.

[5] 张晓晖，刘大为. 燃气锅炉排烟冷凝热回收技术. 工业锅炉，2008 (4)：4.

[6] 李中华，刘洪文. 降低排烟温度减轻低温腐蚀方法研究. 节能技术，1997 (3)：41.

[7] 李彦，武斌，徐旭常. SO_2、SO_3 和 H_2O 对烟气露点温度影响的研究. 环境科学学报，1997，17 (1)：126.

[8] 中国动力工程学会. 火力发电设备技术手册：第一卷，锅炉. 北京：机械工业出版社，2000：9-3，9-6.

[9] 方彬. 锅炉和窑炉节能热管换热器. 哈尔滨：哈尔滨工业大学出版社，1985.

[10] Mitsru Takeshita, Hermine Soud. FGD performance & experience on coal-fired lants. London：IEA Coal Research，1993，58：7.

[11] Andreas P. An overview of current and future sustainabl e gas turbine technologies. Renewable and Sustainable Energy Reviews，2005，9：409-443.

[12] Bisio G，Tagliafico L. On the recovery of LNG physical exergy by means of a simple cycle or a complex system. Exergy，2002，2：34-50.

[13] Ibrahim D，Husain A. Thermodynamic analysis of reheat cycle steam power plants. International Journal of Energy Research，2001，25：727-739.

[14] Bilgen E. Exergetic and engineering analysis of gas turbine based cogeneration system. Energy，2000，25：1215-1229.

[15] 严俊杰，黄锦涛，张凯，等. 发电厂热力系统及设备. 西安：西安交通大学出版社，2003.

第**11**章 锅炉闭路循环运行新工艺的应用

11.1 概述

本成果来源于"十五"国家科技攻关计划。

2003 年，通过国家科技部验收并通过技术鉴定。鉴定意见："该成套技术属国际首创，构思新颖，具有特色，整体技术达到国际领先水平，对提升行业技术水平具有重大意义。"

2005 年，中国锅炉水处理协会以本成果为基础发布了新的行业试行标准（GH 001—2005）。

2006 年，获得中国石油和化工协会技术发明奖一等奖。

2007 年，获得国家技术发明奖二等奖。

本成果已在国产锅炉和引进锅炉上应用，为用户取得了安全、增产、节水、节能、减排等效益。

以本成果为基础的新的国家标准已经发布。标准号：GB/T 29052—2012，2012 年 12 月 31 日发布，2013 年 7 月 1 日实施。

国家科技部已将本成果列入第一批节能减排项目（国家 863 计划），在全国组织推广。

国家质检总局特种设备安全监察局已下达文件将本成果的推广列为十大安全节能重点工程项目进行了部署。

中国锅炉水处理协会已专门召开会议，对本成果的推广应用做了部署。

在国家科技部、中国石油和化学工业协会等的支持下，已召开了本项目的调度会，对本成果的推广应用做了部署。

目前已建设示范工程 120 余套，其中 2 套为按本成果要求设计的新建工程，其余为按本成果要求的技改工程。所有工程的实施均为业主取得了安全、增产、节能、节水、减排等效益。

以原有装置改造为例，现场实施的一般过程如下：

① 由工程实施单位与业主组成联合领导小组，统一领导和指挥工程的实施。实施方主要负责工程设计、设备的采购、安装、调试和试车，向业主方提供相关技术、技术资料和人员培训；业主方负责技术和技术资料的引进、消化、吸收、本地化和本厂化，协助进行设备的采购、安装、调试和试车，解决技术实施过程中遇到的问题，负责调试、试车完成后的示范工程运行管理和操作。

② 对现场运行工艺、燃料、水质、燃烧系统、水汽系统进行详细调研。

③ 根据现场调研获得的信息和参数，并根据业主的意向，设计锅炉节能节水及废水近零排放示范工程，提交业主认可。

④ 根据设计文件，采购工程建设所需要的设备、产品、零配件、管道及其他材料。

⑤ 根据设计文件，进行工程建设。在不影响原装置运行状态的条件下，安装已经防结疤处理的系统平衡装置，安装乏汽热和凝结水回收系统，安装已经纳米膜防腐处理的烟气余

热回收系统，安装其他热回收和水回收系统，安装自动加药控制系统和中央控制系统。在锅炉停用状态下，将新安装系统与锅炉系统对接。

⑥ 在锅炉停用状态下，进行锅炉传热面核态清洗强化处理。

⑦ 系统调试和试车。调试系统平衡装置直至各项技术经济指标合格，关闭定期排污阀，关闭连续排污阀；调试乏汽热和凝结水回收系统直至各项技术经济指标合格，关闭凝结水排放阀，断开冷却塔；调试烟气余热回收系统直至各项技术经济指标合格；调试其他热回收和水回收系统直至各项技术经济指标合格；调试自动加药控制系统直至合格，向系统加药；断开原有软化或除盐系统；关闭除氧器进气阀，向系统加氧；调试中央控制系统直至各项技术经济指标合格；全系统统一调试直至各项技术经济指标合格，试车运行，直至连续稳定运行72h各项技术经济指标合格。

⑧ 提交业主方管理和操作，进入稳定运行。

⑨ 稳定运行30d后，进行工程验收。

从工程角度考虑，锅炉节能节水及废水近零排放技术示范工程主要包括：

a. DNB 控制工程；

b. 高温排污水回收工程；

c. 乏汽余热及凝结水回收工程；

d. 加氧防腐阻垢工程；

e. 高温微有机污染废水回收工程；

f. 高含盐废水回收工程；

g. 烟气余热回收工程。

根据用户的实际情况，这些工程可以单独实施，也可以成套实施。

本章将列举一些有代表性的应用技术来说明本成果的实施方法及效果。

11.2　3×35t/h 蒸汽锅炉示范工程

11.2.1　基础资料和参数

现有 3 台 35t/h 燃煤锅炉，蒸汽压力：1.6MPa，平时保持 2 台运行，1 台备用，为缓解蒸汽供应压力，准备再上 1 台，保持 3 台运行，1 台备用，运行总容量：105t/h，年运行335d。锅炉排污率为 10%，凝结水未回收。锅炉原运行流程如图 11-1 所示。

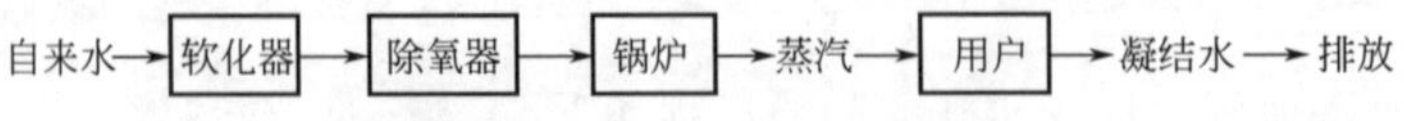

自来水 → 软化器 → 除氧器 → 锅炉 → 蒸汽 → 用户 → 凝结水 → 排放

图 11-1　锅炉原运行流程示意图

自来水进入二级钠离子交换软化，然后进入热力除氧器，除氧后的水由高压泵送进锅炉，在锅炉本体发生蒸汽，蒸汽供周边企事业单位使用。

企业管理严格，重视安全文明生产和节能减排。从运行工艺看，采用了行业内比较先进的软化-除氧-排污技术，节能减排达到一定的效果。目前存在的主要问题是：

① 为防止锅炉的氧腐蚀，采用了热力除氧器，但存在着难以调试至最佳状态，难以保持在最佳状态的问题，致使除氧温度不够稳定，给水氧含量时有超标，主管领导对锅炉的氧腐蚀安全隐患甚为担心。

② 为防止锅炉传热面结垢，锅炉给水采用了二级钠离子交换软化处理，但发现传热面仍有少量结垢现象，希望能采取更好的阻垢技术。

③ 企业对节能减排非常重视，配置了很长的凝结水回收管线，凝结水回收率可达 90%

以上，但没有找到可靠的凝结水系统防腐蚀方法，致使凝结水腐蚀物超标，凝结水显棕红色，为防止锅炉发生铁沉积等安全隐患，只好将收集的凝结水直接排放，造成水资源和热能的浪费。

11.2.2　工程方案

采用锅炉节能节水及废水近零排放技术。根据企业的实际情况，改造后的锅炉闭路运行流程如图 11-2 所示。

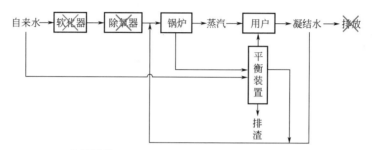

图 11-2　改造后的锅炉闭路运行流程示意图

去掉软化器，去掉除氧器，新增系统平衡装置。平衡装置产水和回收的凝结水进入锅炉，在锅炉中发生蒸气，蒸汽经用户使用后排出凝结水，回收的凝结水进入锅炉发生蒸气，形成闭路循环。锅炉排污水的废热和废压作为主动力，与需补充的自来水进入系统平衡装置，经相变换、相分离，分离出的蒸汽供用户使用，分离出的固形物从排渣口排出，进入燃烧系统。

主要技术措施：

① 消除锅炉的氧腐蚀隐患；

② 消除锅炉的腐蚀结垢隐患；

③ 高温排污水回收；

④ 凝结水的回收；

⑤ 节能减排的自动管理。

（1）锅炉氧腐蚀隐患的消除

为保证锅炉安全，目前发达国家对锅炉给水均采用除氧器加除氧剂的双重除氧防腐措施，保持锅炉的还原性水工况。一旦除氧器出水氧含量超标，除氧剂就能提供第二道安全保障。仅采用除氧器除氧，锅炉存在氧腐蚀等安全隐患。

本方案采用最新的安全性更高的非超纯水加氧防腐阻垢技术，从平衡装置向系统加氧，既能解决锅炉的氧腐蚀等安全隐患问题，使锅炉的运行安全得到保障，又省掉了除氧器，避免了除氧器的蒸气消耗和换热损失，达到节能减排的目的。

（2）锅炉腐蚀结垢隐患的消除

为保障锅炉安全，国内外有关标准都规定了锅炉必须有锅内水处理措施，以防止锅炉腐蚀和结垢。其依据是：

① 自来水软化之后，除去了水中的天然缓蚀剂，使水的腐蚀性增强了，必须进行锅内水处理以防止腐蚀；

② 必须加入阻垢剂，一旦软化器出水硬度超标，阻垢剂就能提供第二道安全保障，仅采用软化器，锅炉存在结垢等安全隐患。

本方案采用本成果的产品加氧防腐阻垢剂 BV-200。该防腐阻垢剂防腐阻垢效果好，不挥发，不会发生碱隐藏，还具有防止碱腐蚀、氧腐蚀等作用。

为充分发挥药剂的作用，采用本成果的锅水水质监测控制系统。

该监测控制系统主要由取样检测单元、中央控制单元、投药执行单元及水质控制执行单元等组成，其主要功能是：

① 锅水中溶解固形物总量和碱度的监测和自动控制。

② 锅水中防腐阻垢剂 BV-200 的监测和自动投加控制。

③ 监测数据显示。

④ 系统的自动保护和声光报警。

⑤ 通信。

本系统除了有好的控制功能以外，还有良好的人机交互界面、方便的操作系统和完善的保护功能。系统操作简单，正常运行时无须人员看守，并具有多种保护功能和报警功能。具体内容参见设备使用说明书。

（3）高温排污水回收

为保障锅炉安全，国内外有关标准都规定了锅炉必须有连续排污和定期排污措施。

本方案采用最新的系统平衡技术，以废热、废压为主驱动力，使排污水和需补充的自来水进入系统，经相变换相分离，分离出的蒸汽供用户使用，分离出的固形物从排渣口排出，进入燃烧系统。其主要作用：

① 实现锅炉在氧化性水工况下的系统平衡，保证锅炉运行安全。

② 将锅炉排污变为排渣，从而降低锅炉排污率，达到节能节水目的。

③ 产出软化水。软化水的产量取决于进入平衡装置的自来水量。当平衡装置产水量与回收的凝结水量之和超过锅炉给水量时，即可去掉水软化装置；当平衡装置产水量与回收的凝结水量之和小于锅炉给水量时，可降低水软化装置的负荷。

由于系统损失的水量只有两项：一是排渣损失，二是凝结水损失。因此也可以说，当进入平衡装置的自来水量超过排渣损失水量与凝结水损失量之和时，即可去掉水软化装置；当进入平衡装置的自来水量小于排渣损失水量与凝结水损失量之和时，可降低水软化装置的负荷。

对于本工程，35t/h 锅炉的产汽量为 35t/h，排渣率小于 1%，凝结水损失率小于 10%，则

$$需补充的自来水量 = 35 \times (0.01 + 0.1) = 3.85 t/h$$

（4）凝结水回收和锅炉铁沉积隐患的消除

以间接加热方式供热的蒸汽，其凝结水是含有热能的纯净水，可作为理想的锅炉补给水。该工程已安装了凝结水回收管线，但缺乏有效的防腐蚀措施，致使回收的凝结水排放。

凝结水回收最需要解决而最难解决的是凝结水系统的腐蚀问题。腐蚀使凝结水管道和设备损坏，使凝结水被泄漏物料和腐蚀产物污染而不能回收，因为腐蚀产物一旦进入锅炉，就会沉积在锅炉金属表面，引起严重的电化学腐蚀等事故。因此，凝结水系统的防腐保护十分重要。

本方案采用一种可连续稳定缓蚀的超分子缓蚀剂 BV-500 来实现凝结水系统的防腐保护。将 BV-500 加入系统之后，它可随蒸汽输送到蒸汽凝结水系统的管网和设备表面并生成保护膜。有了这层保护膜，蒸汽管道和设备的腐蚀得到有效控制，改善了凝结水的品质，使凝结水不需要投资很大的精制系统即可直接达标回用。

在成膜的初始过程中，超分子缓蚀剂 BV-500 的消耗量较大。在保护膜形成以后，还需要一定的药剂量对保护膜进行修复。药剂投加的量过大，会造成浪费；药剂投加量不足，保护膜得不到正常维护而被损坏，会影响管道的防腐保护效果。

为此，采用凝结水水质监测控制系统。该系统主要由取样检测单元、中央控制单元、投

药执行单元等组成，其主要功能是：

① 蒸汽凝结水系统中超分子缓蚀剂 BV-500 的监测和自动投加控制。

② 检测数据显示。

③ 系统的自动保护和声光报警。

④ 通信。

（5）节能减排的自动管理

先进的科学技术和完善的自动控制系统必须有现代化的管理方式。为使用户对锅炉节能节水及废水近零排放技术的管理更加科学化和现代化，有必要建立计算机监测管理系统。

该系统的硬件结构采用计算机、数据模块、智能仪表的工作模式。计算机应用软件具有设备挂接、I/O 通信、动画显示和数据处理等功能；通过局域网络把现场工控机的数据采集上来，同时把实时数据和画面进行发布，使局域网络上的所有计算机都能看到现场运行数据。

系统主要功能：

① 数据的采集和显示。

② 数据存储管理和分析处理 现场工控机把采集到的实时数据用各种图形界面（数字、曲线、表格）完成显示，同时生成历史记录数据库和报警记录数据库。历史数据库按时记录所有运行数据。利用历史数据库的数据，可用历史趋势曲线分析各个参数的变化情况；生成各种历史数据报表。报警记录数据库记录锅炉的开机停机时间。通过实时数据和历史记录，可全面分析现实运行情况和历史运行状况，保证系统安全稳定的运行。

③ 数据库 为了方便办公系统使用运行数据，工控机把运行数据存入数据库，用户可利用数据库进行各种选择性查询生成所需要的各类报表。

④ 网络通信 监控系统支持以太网通信。软件采用 TCP/IP 协议实现了局域网内的通信，可以实现生产过程实时数据的透明传输，把数据传送到公司的运行网络软件的计算机上，也可以用于局域网或 Internet 网络联网的计算机上查询设备运行情况，有利于领导随时了解生产情况。

该系统具有良好的实时性、可靠性和操作的方便性，系统运行中可无人值守。监控系统提供清晰完整的过程数据的动态监测，支持设备运行过程实时数据的接收，设备运行参数的动态显示，用热设备运行数据的数据报表显示、趋势曲线显示及事件报警功能。通过屏幕画面及图表的配合使用，从整体和细则两个方面对生产过程进行监控。整个系统由几级菜单进行管理和控制，各级菜单转换方便、灵活。

11.2.3 实施效果

技术人员对装置运行情况进行了仔细的跟踪测试考核。

（1）运行考核

技术路线合理，运行安全、经济、平稳。锅炉参数正常，设备结构、材料性能、装置流程等均达到要求。系统平衡技术、加氧防腐阻垢技术、核态清洗强化技术、超分子缓蚀剂法防腐蚀技术、实时监测控制技术等关键技术均考核合格，实现了闭路循环，达到了废水近零排放。

（2）主要技术指标考核

a. 锅炉钢腐蚀率 $0 \sim 0.001$ mm/a；

b. 阻垢率 $\geqslant 99.9\%$；

c. 锅水溶解固形物 $\leqslant 2100$ mg/L；

d. 锅炉排污率 $\leqslant 0.3\%$（由平衡装置排渣带出）；

　　e. 吨蒸汽补水量≤0.073m³；

　　f. 吨蒸汽向锅外排出的废水量≤0.003m³（由平衡装置排渣带出）；

　　g. 吨蒸汽向环境排出的废水量＝0（排渣直接用作燃烧助剂加入燃料）。

　　锅炉原来存在的腐蚀和结垢问题已得到解决，凝结水系统原来存在的腐蚀问题已得到有效控制，凝结水全部回用。

　　所达到的节水和废水排放指标在国内外尚无先例。

11.2.4　直接经济效益

　　（1）去掉除氧器的效益

　　采用本技术后，除氧器省去不用。年生产335天，额定蒸汽产量为 $3 \times 35 \times 24 \times 335 = 844200t$。进入除氧器的蒸汽压力为1.25MPa，没有安装蒸汽流量表，所消耗的蒸汽量可由传热公式计算：

$$Q = \frac{W(h_1 - h_0)}{(h_2 - h_0)\eta_1}$$

　　式中，Q 为除氧器消耗的1.25MPa蒸汽量，t/a；W 为除氧器进水量，t/a；h_1 为除氧器出水焓，kJ/kg；h_0 为除氧器进水焓，kJ/kg；h_2 为除氧器进汽焓，kJ/kg；η_1 为除氧器热效率，一般为60%～70%。

　　对本工程，W 取844200t/h；h_1 取439.5 kJ/kg；h_0 取83.6 kJ/kg；h_2 取2784.7 kJ/kg；η_1 取高值70%，则

$$Q = \frac{844200 \times (439.5 - 83.6)}{(2784.7 - 83.6) \times 70\%} = 158903t$$

　　去掉除氧器，原除氧器所消耗的蒸汽变成外供蒸汽，即

新增1.25MPa蒸汽＝158903t

　　根据业主提供的数据，1.25MPa蒸汽价格取200元/t，则

年增产1.25MPa蒸汽价值＝158903×200＝31780600 元≈3178万元

　　新增蒸汽是在没有消耗任何能源的条件下取得，其节能效果可从传热公式算出：

$$E = \frac{Q(h_2 - h_0)}{29271\eta}$$

　　式中，E 为年节能值，t标煤；Q 为年新增蒸汽量，t/a；h_2 为新增1.25MPa蒸汽焓，kJ/kg；h_0 为除氧器进水焓，kJ/kg；29271为标煤的低发热量，kJ/kg；η 为锅炉热效率，燃煤锅炉一般为60%～70%。

　　对本工程，Q 为158903t/a；h_2 为2784.7kJ/kg；h_0 为83.6kJ/kg；η 为锅炉热效率，取高值70%，则

$$年节能 = \frac{Q(h_2 - h_0)}{29271\eta} = \frac{158903 \times (2784.7 - 83.6)}{29271 \times 70\%} = 20955t \ 标煤$$

　　标煤价格取500元/t，则

年节能价值＝20955×500＝10477500 元≈1047万元

　　新增蒸汽是在没有额外消耗水的条件下取得，因而

年节水量＝158903t

　　软化水价格取5元/t，则

年节水价值＝158903×5＝794515 元≈79万元

合计年效益＝3178＋1047＋79＝4304万元

　　（2）高温排污水回收

采用本技术后，锅炉排污率从 10％降低至 1％以下，吨软化水价格取 5 元/t；标煤价格取 500 元/t，年产汽量 844200t，则

$$年减排废水量＝844200×（10\%－1\%）＝75978t$$
$$年减排废水价值＝75978×5＝379890 元≈37 万元$$

锅炉热效率取 70％，1.6MPa 锅炉饱和水焓取 871.96 kJ/kg；则

$$年节能＝\frac{75978×（871.96－83.6）}{29271×70\%}＝2924t 标煤$$
$$年节能价值＝2924×500＝1462000 元≈146 万元$$

略去去掉软化器节省的自来水费，则

$$合计年节约费用＝37＋146＝183 万元$$

（3）凝结水回收

凝结水回收率为 90％，则

$$年回收凝结水量＝90\%×844200＝759780t$$

软化水价格 5 元/t，则

$$年回收凝结水价值＝759780×5＝3798900 元≈379 万元$$

回收至给水箱的凝结水温度为 80℃，焓为 334.4 kJ/kg；则

$$年节能＝\frac{759780×（334.4－83.6）}{29271×70\%}＝9303t 标煤$$

标煤价格取 500 元/t，则

$$年节能价值＝9303×500＝4651500 元≈465 万元$$
$$合计年节约费用＝379＋465＝844 万元$$

以上 3 项总计：

$$年节能减排价值＝4304＋183＋844＝5331 万元$$

11.2.5　环境效益

年节能＝20955＋2924＋9303＝33182t 标煤

年节水＝158903＋75978＋759780＝994661t＝99 万吨

年减排废水＝158903＋75978＋759780＝99 万吨

年减排碳粉尘＝22563t（由节能量折合）

年减排 CO_2＝82706t（由节能量折合）

年减排 SO_2＝2488t（由节能量折合）

年减排 NO_x＝1244t（由节能量折合）

11.3　3×20t/h 蒸汽锅炉示范工程

11.3.1　基础资料和参数

现有 3 台 20t/h 燃煤锅炉，蒸汽压力：1.25MPa，用于周边企事业单位生产和供暖，供暖期 3 台运行，非供暖期 2 台运行，1 台备用，年蒸汽发生量＝2×20×24×365＋20×24×120＝408000t。锅炉排污率为 10％，凝结水未回收。锅炉原运行流程如图 11-3 所示。

自来水 → 软化器 → 除氧器 → 锅炉 → 蒸汽 → 用户 → 凝结水 → 排放

图 11-3　锅炉原运行流程示意图

自来水进入钠离子交换器软化,然后进入热力除氧器,除氧后的水由高压泵送进锅炉,在锅炉本体发生蒸汽,蒸汽供周边企事业单位使用。

企业重视安全文明生产和节能减排。从运行工艺看,采用了行业内比较先进的软化-除氧-排污技术,节能减排达到一定的效果。目前存在的主要问题是:

① 为防止锅炉的氧腐蚀,采用了热力除氧器,但温度往往低于要求温度 105℃,给水氧含量超标,锅炉存在氧腐蚀问题。

② 虽然采用了钠离子交换软化处理,但仍存在结垢问题,每年检修都能从锅内清出几笆筐水垢。

③ 企业对节能减排非常重视,配置了凝结水回收管线,凝结水回收率可达 60% 以上,但没有找到可靠的凝结水系统防腐蚀方法,致使凝结水腐蚀产物超标,凝结水显棕红色,为防止锅炉发生铁沉积等安全隐患,只好将收集的凝结水直接排放,造成水资源和热能的浪费。

11.3.2　首期工程

由于企业向上级申请的技改资金尚未到位,要求工程分期实施,首期工程尽量减少投资,仅上马加氧防腐阻垢技术,解决急需解决的腐蚀结垢问题。技术路线:

$$自来水 \rightarrow \boxed{软化器} \rightarrow \boxed{除氧器} \rightarrow \boxed{锅炉} \rightarrow 蒸汽 \rightarrow \boxed{用户} \rightarrow 凝结水 \rightarrow 排放$$

去掉软化器,去掉除氧器,加有加氧防腐阻垢剂 BV-200 的自来水直接进入锅炉发生蒸汽,其他工艺不变。

实施效果:

经 1 年运行考核,表明锅炉的腐蚀结垢问题已得到解决。而且,由于去掉了除氧器,原来用于除氧的蒸汽变成商品蒸气,根据蒸汽流量表计量,输出的蒸气量增加了 20%。

年新增蒸汽产量 = 20% × 408000 = 81600t

根据业主提供的数据,1.25MPa 蒸汽价格取 200 元/t,则

年增产蒸汽价值 = 81600 × 200 = 16320000 元 ≈ 1632 万元

新增蒸汽是在没有消耗任何能源的条件下取得,其节能效果可由传热公式算出:

$$E = \frac{Q(h_2 - h_0)}{29260\eta}$$

式中,E 为年节能值,t 标煤;Q 为年新增蒸汽量,t/a;h_2 为新增 1.25MPa 蒸汽焓,kJ/kg;h_0 为除氧器进水焓,kJ/kg;29260 为标煤的低发热量,kJ/kg;η 为锅炉热效率,燃煤锅炉一般为 60% ～ 70%。

对本工程,Q 为 81600t/a;h_2 为 2784.7 kJ/kg;h_0 为 83.6 kJ/kg;η 为锅炉热效率,取高值 70%,则

$$年节能 = \frac{Q(h_2 - h_0)}{29271\eta} = \frac{81600 \times (2784.7 - 83.6)}{29260 \times 70\%} = 10761t \text{ 标煤}$$

标煤价格取 500 元/t,则

$$年节能价值 = 10761 \times 500 = 5380500 元 ≈ 538 万元$$

新增蒸汽是在没有额外消耗水的条件下取得,因而

$$年节水量 = 81600t$$

软化水价格取 5 元/t,则

$$年节水价值 = 81600 \times 5 = 408000 元 ≈ 40 万元$$

$$合计年效益 = 1632 + 538 + 40 = 2210 万元$$

存在问题：

① 分析操作难度太大。去掉软化器，分析人员省去了离子交换操作，但加药工作责任更大，劳动强度也比较大。

② 操作、管理人员心理负担重。虽然 BV-200 的防腐阻垢效果早已得到证实，但毕竟是自来水直接进入锅炉，操作、管理人员非常担心因腐蚀结垢而引起堵管、爆管等安全事故。

③ 锅炉排污量增加。为使锅内水渣及时排出，按标准控制的锅炉排污率从 10％增加到 15％，从而使锅炉的补充水量、排污量及热能损失量增加了 5％。

锅炉排污率从 10％增加至 15％，软化水价格取 5 元/t；标煤价格取 500 元/t，年产汽量 408000t，则

$$年减排废水量＝408000(10\%-15\%)＝-20400t$$
$$年减排废水价值＝-20400×5＝-102000 元≈-10 万元$$

锅炉热效率取 70％，1.25MPa 锅炉饱和水焓取 871.96 kJ/kg；则

$$年节能＝\frac{-20400×(871.96-83.6)}{29271×70\%}＝-785t 标煤$$

$$年节能价值＝-785×500＝-392500 元≈-39 万元$$
$$合计年节约费用＝-10-39＝-49 万元$$
$$首期工程总计效益＝2210-49＝2161 万元$$

因此，业主迫切要求实施二期工程。

11.3.3　二期工程

采用成套的锅炉节能节水及废水近零排放技术。根据企业的实际情况，工程方案的技术路线如图 11-4 所示.

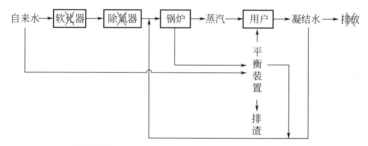

图 11-4　改造后的锅炉闭路运行流程示意图

去掉软化器，去掉除氧器，新增系统平衡装置。平衡装置产水和回收的凝结水进入锅炉，在锅炉中发生蒸汽，蒸汽经用户使用后排出凝结水，回收的凝结水进入锅炉发生蒸汽，形成闭路循环。锅炉排污水的废热和废压作为主动力，与需补充的自来水进入系统平衡装置，经相变换、相分离，分离出的蒸汽供用户使用，分离出的固形物从排渣口排出，进入燃烧系统。

主要技术措施：

① 消除锅炉的氧腐蚀隐患；

② 消除锅炉的腐蚀结垢隐患；

③ 高温排污水回收；

④ 凝结水的回收；

⑤ 节能减排的自动管理。

（1）锅炉氧腐蚀隐患的消除

在首期工程基础上，增加自控装置。

（2）锅炉腐蚀结垢隐患的消除

在首期工程基础上，增加自控装置，加氧防腐阻垢剂 BV-200，从系统平衡装置加入。

（3）高温排污水回收

采用系统平衡技术，以排污废热、废压为主驱动力，使排污水和需补充的自来水进入系统，经相变换相分离，分离出的蒸汽供用户使用，分离出的固形物从排渣口排出。当进入平衡装置的自来水量超过排渣损失水量与凝结水损失量之和时，即可去掉水软化装置；当进入平衡装置的自来水量小于排渣损失水量与凝结水损失量之和时，可降低水软化装置的负荷。

对于本工程，20t/h 锅炉的产汽量为 20t/h，排渣率小于 1%，凝结水损失率小于 5%，则

$$需补充的自来水量 = 20 \times (0.01 + 0.05) = 1.2 t/h$$

即只要进入系统平衡装置的自来水量达到 1.2 t/h，就可去掉水软化装置。

（4）凝结水回收和锅炉铁沉积隐患的消除

现有凝结水回收率为 60%。为减少系统平衡装置投资，采取技术措施和经济措施，增加凝结水回收率：

① 对采用间接加热方式加热的蒸汽凝结水，尚未回收的全部回收；

② 对直接加热方式，在满足生产工艺要求的前提下，尽量改为间接加热方式，以提高凝结水回收率；

③ 对高温微污染废水，采用本成果的净化技术予以回收；

④ 为调动用户回收凝结水的积极性，按返回的合格凝结水量给予经济补偿。

在采取以上措施后，凝结水的回收率从 60% 提高到 95%。

为保证锅炉和用汽系统安全，对凝结水回收管线及设备采取防腐蚀措施，加入本成果的超分子缓蚀剂 BV-500。

为提高加入超分子缓蚀剂 BV-500 的精准性，采用凝结水水质监测控制系统。

（5）节能减排的自动管理

为使管理更加科学化和现代化，建立计算机监测管理系统。

11.3.4   实施效果

（1）运行考核

技术路线合理，运行安全、经济、平稳。锅炉参数正常，关键技术均考核合格，实现了闭路循环，达到了废水近零排放。

（2）主要技术指标考核

a. 锅炉钢腐蚀率 $0 \sim 0.002$ mm/a；

b. 阻垢率 $\geq 99.9\%$；

c. 锅水溶解固形物 ≤ 1900 mg/L；

d. 锅炉排污率 $\leq 0.2\%$（由平衡装置排渣带出）；

e. 吨蒸汽补水量 $\leq 0.05 m^3$；

f. 吨蒸汽向锅外排出的废水量 $\leq 0.002 m^3$（由平衡装置排渣带出）；

g. 吨蒸汽向环境排出的废水量 $= 0$（排渣直接用作燃烧助剂加入燃料）。

锅炉原来存在的腐蚀和结垢问题已得到解决，凝结水系统原来存在的腐蚀问题已得到有效控制，凝结水全部回用。

11.3.5   直接经济效益

（1）去掉除氧器的效益

见首期工程。

（2）高温排污水回收

按原来锅炉工况计，采用本技术后，锅炉排污率从 10％降低至 0.2％，软化水价格取 5 元/t；标煤价格取 500 元/t，年产汽量 408000t，则

$$年减排废水量＝408000×(10\％-0.2\％)＝39984t$$
$$年减排废水价值＝39984×5＝199920 元≈19 万元$$

锅炉热效率取 70％，1.25MPa 锅炉饱和水焓取 822.67 kJ/kg；则

$$年节能＝\frac{39984×(822.67-83.6)}{29271×70\％}＝706t 标煤$$
$$年节能价值＝706×500＝353000 元≈35 万元$$
$$合计年节约费用＝19+35＝54 万元$$

若按首期锅炉工况计，锅炉排污率从首期的 15％降低至二期的 0.2％，软化水价格取 5 元/t；标煤价格取 500 元/t，年产汽量 408000t，则

$$年减排废水量＝408000×(15\％-0.2\％)＝60384t$$
$$年减排废水价值＝60384×5＝301920 元≈30 万元$$

锅炉热效率取 70％，1.25MPa 锅炉饱和水焓取 822.67 kJ/kg；则

$$年节能＝\frac{60384×(822.67-83.6)}{29271×70\％}＝2178t 标煤$$
$$年节能价值＝2178×500＝1089000 元≈108 万元$$

略去去掉软化器节省的自来水费，则

$$合计年节约费用＝30+108＝138 万元$$

由此可以得出，系统平衡法明显优于单纯的锅内处理法。在本工程条件下，与锅内处理法相比，采用系统平衡法年可节约费用 138 万元。

（3）凝结水回收

凝结水回收率为 95％，则

$$年回收凝结水量＝95\％×408000＝387600t$$

软化水价格 5 元/t，则

$$年回收凝结水价值＝387600×5＝1938000 元≈193 万元$$

回收至给水箱的凝结水温度为 70℃，焓 292.5 kJ/kg；则

$$年节能＝\frac{387600×(292.5-83.6)}{29271×70\％}＝3953t 标煤$$

标煤价格取 500 元/t，则

$$年节能价值＝3953×500＝1976500 元＝197 万元$$
$$合计年节约费用＝193+197＝390 万元$$

二期工程总计：

$$年节能减排价值＝54+390＝444 万元$$

首期和二期工程总计：

$$年节能减排价值＝2210+54+390＝2654 万元$$

11.3.6　环境效益

年节能＝10761+706+3953＝15420t 标煤

年节水＝81600+39984+387600＝509184t≈50 万吨

年减排废水＝81600+39984+387600＝509184t≈50 万吨

年减排碳粉尘＝10485t（由节能量折合）

年减排 CO_2＝38434t（由节能量折合）

年减排 SO_2＝1156t（由节能量折合）

年减排 NO_x＝578t（由节能量折合）

11.4　4×7MW 热水锅炉示范工程

11.4.1　基础资料和参数

4 台 7MW 燃天然气热水锅炉，仅在供暖期使用。锅炉型号及运行参数见表 11-1。

表 11-1　锅炉型号及运行参数

型号	WNS7.0-1.0/115/90-QY	备注
额定供热量/MW	7	
额定压力/MPa	1.0	
设计热效率/%	90	
供水温度/℃	115	
回水温度/℃	90	
排污量/(t/d)	6	每班 1 次，每次 2t
补水量/(t/d)	6	每班 1 次，每次 2t
软化器	钠离子交换	5 元/吨水
除氧器	真空式	30 万元/年
年运行时间/d	120	

供暖运行流程如图 11-5 所示。

自来水进入离子交换器软化，然后进入热力除氧器，除氧后的水由泵送进锅炉，在锅炉本体发生 115℃高温热水，高温热水供中间换热器换热生成 90℃回水，返回除氧器水箱循环。换热站产生的二次热水直供社区住户取暖。

锅炉运行流程采用了业内比较先进的软化-除氧-排污技术，节能减排达到一定的效果。目前存在的主要问题是：

① 为防止锅炉的氧腐蚀，采用过几种不需要蒸汽加热的除氧器，效果均不理想，后改用了真空除氧器，除氧效果相对较好，但发现仍有腐蚀现象，主管领导希望能找到更可靠的氧腐蚀控制方法。

② 为防止锅炉传热面结垢，锅炉给水采用了钠离子交换软化处理，但发现传热面仍有少量结垢现象，希望能采用更好的阻垢技术。

③ 换热站二次水不属于锅炉房管理范围，但二次水侧的腐蚀结垢直接影响到换热站的安全，希望能找到经济有效的防腐阻垢方法。

11.4.2　工程方案

采用锅炉节能节水及废水近零排放技术。根据热水锅炉运行的实际情况，工程方案的技术路线如图 11-6 所示。

去掉软化器，关闭除氧器除氧头，水箱留用，关闭锅炉排污阀，新增系统平衡装置。平衡装置产水和循环回水进入除氧器水箱，再进入锅炉发生高温热水，供换热站使用，回水和平衡装置产水进入除氧器水箱，形成闭路循环。锅炉排污水的废热和废压作为主动力，与需补充的自来水进入系统平衡装置，经相变换、相分离，分离出的软水回用，分离出的固形物从排渣口排出。

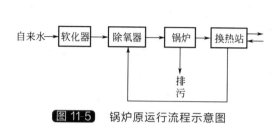

图 11-5　锅炉原运行流程示意图

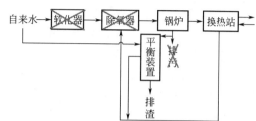

图 11-6　改造后的热水锅炉闭路运行流程示意图

主要技术措施：

① 消除锅炉的氧腐蚀隐患；

② 消除锅炉的腐蚀结垢隐患；

③ 高温排污水回收；

④ 二次水侧的腐蚀结垢控制；

⑤ 节能减排的自动管理。

（1）锅炉氧腐蚀隐患的消除

采用最新的安全性更高的非超纯水加氧防腐阻垢技术，从平衡装置向系统加氧，既能解决锅炉的氧腐蚀等安全隐患问题，使锅炉的运行安全得到保障，又省掉了除氧器，避免了除氧器的能耗，达到节能减排的目的。

（2）锅炉腐蚀结垢隐患的消除

为保障锅炉安全，采用本成果的产品加氧防腐阻垢剂 BV-200。为充分发挥药剂的作用，采用本成果的锅水水质监测控制系统。

（3）高温排污水回收

采用最新的系统平衡技术，关闭排污阀，以废热、废压为主驱动力，使排污水和需补充的自来水进入系统，经相平衡分离，分离出的软水回用，分离出的固形物从排渣口排出。

（4）二次水侧的腐蚀结垢控制

采用本成果的二次水防腐阻垢技术，向水中加入防腐阻垢剂 BW-100。

（5）节能减排的自动管理

为使热水锅炉节能节水及废水近零排放技术的管理更加科学化和现代化，建立简易型的计算机监测管理系统。

11.4.3　实施效果

（1）运行考核

技术路线合理，运行安全、经济、平稳。锅炉参数正常，关键技术均考核合格，实现了闭路循环，达到了废水近零排放。

（2）主要技术指标考核

a. 锅炉钢腐蚀率 $0 \sim 0.002mm/a$；

b. 阻垢率 $\geqslant 99.9\%$；

c. 锅水溶解固形物 $\leqslant 3000mg/L$；

d. 锅炉排污量 $\leqslant 1t/月$（由平衡装置排渣带出）；

e. 锅炉补水量 $\leqslant 1t/月$。

锅炉及换热站二次水侧原来存在的腐蚀和结垢问题已得到有效控制。

11.4.4　直接经济效益

（1）去掉除氧器的效益

采用本技术后，除氧器省去不用，为锅炉房年节省开支30万元。

（2）高温排污水回收

采用本技术后，锅炉排污量从6t/d降低至1t/月以下，软化水价格取5元/t；标煤价格取500元/t，年工作120d，则

年减排废水量＝120×6－1×120/30＝716t

年节水价值＝716×5＝3580元

锅炉热效率为90％，115℃排污水焓取480.7 kJ/kg；则

$$年节能＝\frac{716×(480.7－83.6)}{29271×90\%}＝10.8t 标煤$$

年节能价值＝10.8×500＝5400元

略去去掉软化器节省的自来水费，则

合计年节约费用＝3580＋5400＝8980元≈0.89万元

以上2项总计：

年节能减排价值＝30＋0.89＝30.89万元

11.5　2×60t/h 中压热电联产机组示范工程

11.5.1　基础资料和参数

2台60t/h燃煤锅炉，压力：3.82MPa，过热蒸汽温度：450℃，锅炉热效率80％，年运行8000h。锅炉排污率为5％，凝结水未回收，年用水量140万吨。中压热电联产机组原运行流程如图11-7所示。

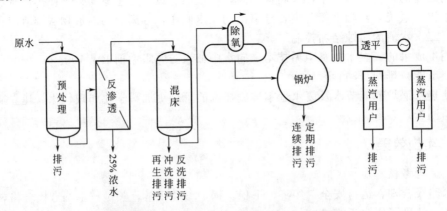

图 11-7　中压热电联产机组原运行流程示意图

原水经预处理后进入反渗透装置，出水进入混床制得去离子水，去离子水进入热力除氧器，除氧后的水由高压泵送进锅炉，在锅炉本体发生蒸汽，蒸汽经过热器加热生成过热蒸汽，再带动背压式汽轮机发电。汽轮机抽汽与乏汽供热用户使用，凝结水因已被污染没有回收。

所排放的废水主要为：①反渗透装置排放的浓盐废水，其量占进水的25％，其主要成分为各种无机盐类；②混床排放的废酸、废碱、反洗水和冲洗水，其量占进水的5％；③锅

炉连续排污和定期排污所产生的热浓盐废水，其主要成分为各种无机盐类，其量为产汽量的5%，其温度与锅水相同；④蒸汽用户排放的被物料和腐蚀产物污染的热凝结水。

企业管理严格，重视安全文明生产和节能减排。从运行工艺看，采用了行业内比较先进的除盐-除氧-排污技术，节能减排达到一定的效果。目前存在的主要问题是：

① 为防止锅炉的氧腐蚀，采用了热力除氧器。在众多品种的除氧器中，热力除氧器是性能最为稳定可靠的一种，但也有难以调试至最佳状态，难以保持最佳状态的问题，因而一般都采用机械除氧器加除氧剂的方法防腐。受目前技术现状的限制，除氧器难以保持在最佳工作温度，也未找到廉价而有效的除氧剂，主管领导对锅炉的氧腐蚀安全隐患非常担心。

② 为防止锅炉传热面结垢和腐蚀，锅水采用磷酸三钠处理，存在碱隐藏的安全隐患——这也是大多数中压机组的普遍做法，亦是长期没有解决的问题。

③ 企业对节能减排非常重视，但受技术现状的限制，至今未找到防止凝结水回收管线和设备腐蚀的有效方法，因担心凝结水腐蚀产物一旦超标，会给锅炉运行带来铁沉积等安全隐患，致使凝结水直接排放，造成水资源与热的浪费。

④ 企业对水处理的管理极为严格，但锅水硅含量却控制不了，致使汽轮机结硅垢现象时有发生，每年都不得不停机二三次处理硅垢，严重影响了机组安全和企业生产。

11.5.2 工程方案

采用锅炉节能节水及废水近零排放技术。根据企业的实际情况，工程方案的技术路线如图 11-8 所示。

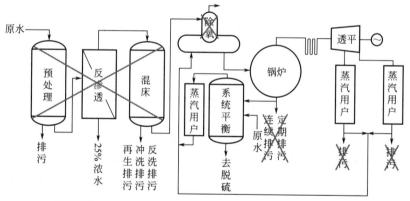

图 11-8 改造后的中压热电联产机组闭路运行流程示意图

去掉反渗透和混床，关闭除氧器进气阀，关闭锅炉连续排污阀和定期排污阀，新增系统平衡装置。平衡装置产水和回收的凝结水进入锅炉，在锅炉中发生蒸汽，蒸汽经过热器加热成过热蒸汽，带动汽轮机发电；汽轮机抽汽和乏汽供用户使用后排出凝结水，凝结水全部回收；平衡装置产水与回收的凝结水进入锅炉发生蒸汽，形成闭路循环。以锅炉排污水的废热和废压作为主驱动力，与需补充的自来水进入系统平衡装置，经相变换、相分离，分离出的蒸汽供用户使用，分离出的固形物从排渣口排出，进入脱硫系统。

主要技术措施：

① 消除锅炉的氧腐蚀隐患；

② 消除锅炉的腐蚀结垢隐患；

③ 高温排污水回收；

④ 凝结水的回收；

⑤ 节能减排的自动管理。

（1）锅炉氧腐蚀隐患的消除

为保证锅炉安全，目前发达国家对锅炉给水均采用除氧器加除氧剂的双重除氧防腐措施，保持锅炉的还原性水工况。一旦除氧器出水氧含量超标，除氧剂就能提供第二道安全保障。仅采用除氧器除氧，锅炉存在氧腐蚀等安全隐患。

本方案采用最新的安全性更高的非超纯水加氧防腐阻垢技术，从平衡装置向系统加氧，既能解决锅炉的氧腐蚀等安全隐患问题，使锅炉的运行安全得到保障，又省掉了除氧器，避免了除氧器的蒸气消耗和换热损失，达到节能减排的目的。

（2）锅炉腐蚀结垢隐患的消除

为保障锅炉安全，国内外有关标准都规定了锅炉必须有锅内水处理措施，以消除锅炉的腐蚀结垢隐患。对中压锅炉，磷酸盐处理是一种较好的方法，但存在碱隐藏危险。

本方案采用本成果的产品中压锅炉防腐阻垢剂 BV-300。该防腐阻垢剂防腐阻垢效果好，不挥发，不会发生碱隐藏，还具有防止碱腐蚀、氧腐蚀等作用。与系统平衡装置配套使用，还具有防止蒸汽硅污染作用。

为充分发挥药剂的作用，采用本成果的锅水水质监测控制系统。

（3）高温排污水回收

为保障锅炉安全，国内外有关标准都规定了锅炉必须有连续排污和定期排污措施。

本方案采用最新的系统平衡技术，以废热、废压为主驱动力，使排污水和需补充的自来水进入系统，经相变换、相分离，分离出的蒸汽供用户使用，分离出的固形物从排渣口排出，进入脱硫系统。其主要作用：

① 实现锅炉在氧化性水工况下的系统平衡，保证锅炉运行安全。

② 将锅炉排污变为排渣，从而降低锅炉排污率，达到节能节水目的。

③ 除硅作用。使锅水中的硅从排渣口排出。

④ 产出去离子水。其产量取决于进入平衡装置的自来水量。当平衡装置产水量与回收的凝结水量之和超过锅炉给水量时，即可去掉除盐装置；当平衡装置产水量与回收的凝结水量之和小于锅炉给水量时，可降低除盐装置的负荷。

由于系统损失的水量只有两项：一是排渣损失，二是凝结水损失。因此也可以说，当进入平衡装置的自来水量超过排渣损失水量与凝结水损失量之和时，即可去掉除盐装置；当进入平衡装置的自来水量小于排渣损失水量与凝结水损失量之和时，可降低除盐装置的负荷。

对于本工程，60t/h 锅炉的产汽量为 60t/h，排渣率小于 0.5%，凝结水损失率小于 20%，则

$$需补充的自来水量＝60×(0.05＋0.2)＝15t/h$$

（4）凝结水回收和锅炉铁沉积隐患的消除

以间接加热方式供热的蒸汽，其凝结水是含有热能的纯净水，可作为理想的锅炉补给水。

① 背压发电机组的抽汽和乏汽，大部分用于间接加热，对其产生的凝结水，采用本技术成果，建立循环管路，凝结水的回收利用率超过 70%。

② 对因生产工艺限制而必须采用直接加热的蒸汽，采用本成果的乏汽回收技术，回收至凝结水主线，使凝结水回收率增加 10%。

③ 使用本技术成果，对凝结水回收管线及设备采取防腐蚀措施。本工程采用一种可连续稳定缓蚀的超分子缓蚀剂 BV-800 来实现凝结水系统的防腐保护。将 BV-800 加入系统之后，它可随蒸汽输送到蒸汽凝结水系统的管网和设备表面并生成保护膜。有了这层保护膜，蒸汽管道和设备的腐蚀得到有效控制，改善了凝结水的品质，使凝结水不需要投资很大的精制系统即可直接达标回用。

为自动调节控制 BV-800 的加入量，采用凝结水水质监测控制系统。

（5）节能减排的自动管理

为使锅炉节能节水及废水近零排放技术的管理更加科学化和现代化，有必要建立计算机监测管理系统。

11.5.3　实施效果

（1）运行考核

跟踪测试结果表明，技术路线合理，运行安全、经济、平稳。机组各项参数正常，设备结构、材料性能、装置流程等均达到要求。系统平衡技术、加氧防腐阻垢技术、核态清洗强化技术、超分子缓蚀剂法防腐蚀技术、实时监测控制技术等关键技术均考核合格，实现了闭路循环，达到了废水近零排放。

（2）主要技术指标考核

a. 锅炉钢腐蚀率 $0 \sim 0.001\ mm/a$；

b. 阻垢率 $\geqslant 99.9\%$；

c. 蒸汽钠含量 $\leqslant 5\mu g/kg$；

d. 蒸汽氢电导率（25℃）$\leqslant 0.15\mu S/cm$；

e. 蒸汽二氧化硅含量 $\leqslant 20\mu g/kg$；

f. 蒸汽铁含量 $\leqslant 15\mu g/kg$；

g. 蒸汽铜含量 $\leqslant 3\mu g/kg$；

h. 锅炉排污率 $\leqslant 0.5\%$（由平衡装置排渣带出）；

i. 吨蒸汽补水量 $\leqslant 0.08m^3$；

j. 吨蒸汽向锅外排出的废水量 $\leqslant 0.005m^3$（由平衡装置排渣带出）。

锅炉原来存在的腐蚀和结垢问题已完全解决；凝结水系统原来存在的腐蚀问题已得到有效控制，凝结水全部回用；汽轮机结硅垢问题已完全消除。

11.5.4　直接经济效益

（1）去掉除氧器的效益

采用本技术后，除氧器省去不用。年生产 8000h，蒸汽产量为 $2 \times 60 \times 8000 = 960000t$。供给除氧器的蒸汽压力为 1.25MPa，没有安装蒸汽流量表，所消耗的蒸汽量可由传热公式估算：

$$Q = \frac{W(h_1 - h_0)}{(h_2 - h_0)\eta_1}$$

式中，Q 为除氧器消耗的 1.25MPa 蒸汽量，t/a；W 为除氧器进水量，t/a；h_1 为除氧器出水焓，kJ/kg；h_0 为除氧器进水焓，kJ/kg；h_2 为除氧器进汽焓，kJ/kg；η_1 为除氧器热效率，%。

对本工程，W 取 960000t/a；h_1 取 439.5kJ/kg；h_0 取 83.6kJ/kg；h_2 取 2784.7kJ/kg；η_1 取 80%，则

$$Q = \frac{960000 \times (439.5 - 83.6)}{(2784.7 - 83.6) \times 80\%} = 158113t$$

去掉除氧器，原除氧器所消耗的蒸汽变成外供蒸汽，即

新增 1.25MPa 蒸汽 $= 158113t$

根据业主提供的数据，1.25MPa 蒸汽价格取 200 元/t，则

年增产 1.25MPa 蒸汽价值 $= 158113 \times 200 = 31622600$ 元 ≈ 3162 万元

新增蒸汽是在没有消耗任何能源的条件下取得，其节能效果可由传热公式算出：

$$E = \frac{Q(h_2 - h_0)}{29260\eta}$$

式中，E 为年节能值，t 标煤；Q 为年新增蒸汽量，t/a；h_2 为新增 1.25MPa 蒸汽焓 kJ/kg；h_0 为除氧器进水焓，kJ/kg；29260 为标煤的低发热量，kJ/kg；η 为锅炉热效率，%。

对本工程，Q 为 180100t/a；h_2 为 2784.7kJ/kg；h_0 为 83.6kJ/kg；η 为锅炉热效率，取 80%，则

$$年节能 = \frac{158113 \times (2784.7 - 83.6)}{29271 \times 80\%} = 18245t \text{ 标煤}$$

标煤价格取 500 元/t，则

$$年节能价值 = 18245 \times 500 = 9122500 \text{ 元} \approx 912 \text{ 万元}$$

新增蒸汽是在没有额外消耗水的条件下取得，因而

$$年节水量 = 158113t$$

去离子水价格取 12 元/t，则

$$年节水价值 = 158113 \times 12 = 1897356 \text{ 元} \approx 189 \text{ 万元}$$
$$合计年效益 = 3162 + 912 + 189 = 4263 \text{ 万元}$$

（2）高温排污水回收

采用本技术后，锅炉排污率从 5% 降低至 0.5% 以下，去离子水价格取 12 元/t；标煤价格取 500 元/t，年产汽量 960000t，则

$$年减排废水量 = 960000(5\% - 0.5\%) = 43200t，即$$
$$年节水量 = 43200t$$
$$年节水价值 = 43200 \times 12 = 518400 \text{ 元} \approx 51 \text{ 万元}$$

锅炉热效率取 80%，3.82MPa 锅炉饱和水焓取 1079.9 kJ/kg；则

$$年节能 = \frac{43200(1079.9 - 83.6)}{29271 \times 80\%} = 1838t \text{ 标煤}$$
$$年节能价值 = 1838 \times 500 = 919000 \text{ 元} \approx 91 \text{ 万元}$$

采用本技术后，系统平衡装置新增产去离子水量为 2×15t/h，年生产 8000h，则
年增产去离子水量 $= 2 \times 15 \times 8000 = 240000t$
去离子水价格 12 元/t，则

$$年增产去离子水价值 = 240000 \times 12 = 2880000 \text{ 元} \approx 288 \text{ 万元}$$

合计年节约费用 $= 51 + 91 + 288 = 430$ 万元

（3）凝结水回收

凝结水回收率为 80%，则
年回收凝结水量 $= 80\% \times 960000 = 768000t$
去离子水价格 12 元/t，则
年回收凝结水价值 $= 768000 \times 12 = 9216000$ 元 ≈ 921 万元
回收至给水箱的凝结水温度为 80℃，焓 334.4 kJ/kg；则

$$年节能 = \frac{768000 \times (334.4 - 83.6)}{29271 \times 80\%} = 8228t \text{ 标煤}$$

标煤价格取 500 元/t，则
年节能价值 $= 8228 \times 500 = 4114000$ 元 ≈ 411 万元
合计年节约费用 $= 921 + 411 = 1332$ 万元

以上 3 项总计：

年节能减排价值＝4263＋430＋1332＝6025 万元

11.5.5　环境效益

年节能＝18245＋1838＋8228＝28311t 标煤

年节水＝158113＋43200＋240000＋76800＝518113t≈51 万吨

年减排废水＝51 万吨

年减排碳粉尘＝19251t（由节能量折合）

年减排 CO_2＝70565t（由节能量折合）

年减排 SO_2＝2123t（由节能量折合）

年减排 NO_x＝1061t（由节能量折合）

11.6　2×300MW 火力发电机组示范工程

11.6.1　概述

本成果已在低压蒸汽锅炉、热水锅炉和中压热电联产机组应用，已建立示范工程 120 余套，节能、节水、减排效果十分显著，经国家科技部验收和专家鉴定，具有国际领先水平，对提升行业技术水平具有重大意义。前述示范工程仅是有代表性的应用例证。然而，对于火电厂高压发电机组，本成果的系统平衡技术、高温排污水回收技术、反渗透浓水回收技术等已有应用，但由于种种原因，目前尚未建成成套技术的应用示范工程。这里，我们特以 2×300MW 发电机组为例，给出简要的技术方案，以抛砖引玉，为我国火电技术的进步作出贡献。

11.6.2　基础资料和参数

表 11-2 为某发电厂 300MW 机组锅炉的主要性能参数。其运行流程见图 11-9。

表 11-2　300MW 机组锅炉主要性能参数

项目	设计	实际
主蒸汽流量/(t/h)	1025	1000
主蒸汽压力/MPa	17.2	17.2
主蒸汽温度/℃	540	540
再热蒸汽流量/(t/h)	849	
再热蒸汽压力（进/出口）/MPa	3.827/3.682	
再热蒸汽温度（进/出口）/℃	329/540	
低压加热蒸汽压力/MPa		1.25
排烟温度/℃	121	142
锅炉效率/%	91.37	90
排污率/%	≤1	3
饱和水焓/(kJ/kg)		1719
供电煤耗/[gce/(kW·h)]		320
反渗透装置制水量/(m³/d)		1000
反渗透装置排污率/%		25
反渗透装置电耗/(kW·h/m³)		6
反渗透装置制水量/(m³/d)		1000

续表

项目	设计	实际
离子交换装置排污率/‰		5
离子交换装置电耗/(kW·h/m³)		3
循环冷却水流量/(m³/h)	30000	30000
循环冷却水进/出水温度/℃	10/24	20/34
年运行时间/h		5000

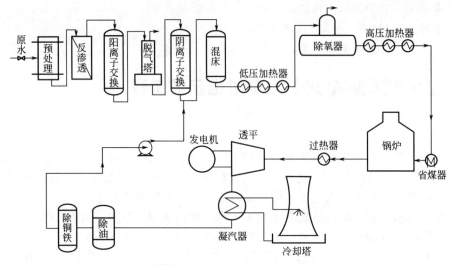

图 11-9　机组原运行流程示意图

自来水经反渗透-离子交换系统除盐，除盐水经低压加热器加热，进入热力除氧器除氧，除氧后的水经高压加热器加热，进入锅炉发生蒸汽，蒸汽经过热器进一步加热形成过热蒸汽，带动汽轮机发电，做功后的高压蒸气变为乏汽，乏汽经凝汽器冷却凝，凝结水经精制后进入低压加热器加热重新进入除氧器除氧。

这是一套现代火电厂通用的"除盐-除氧-排污-冷却"运行模式，即采用除盐法除去水中的阴、阳离子以防止结垢；采用除氧法除去水中的溶解氧以防止腐蚀；采用连续排污和定期排污除去锅水中的过高的悬浮物、硅、碱度和溶解固形物等杂质以防止锅炉腐蚀、结垢和蒸气污染，保证锅炉水质和工况；采用乏汽冷却将乏汽从汽轮机中除去以保证汽轮机的真空度和发电效率。

采用除盐-除氧-排污-冷却工艺使高压锅炉及其发电机组的安全性大大提高，但同时使火电厂成为耗水和废水排放大户、耗能和能源浪费大户、热污染大户。

（1）耗水和废水排放

现代火电厂在运行过程中需要排放预处理废水，反渗透浓盐废水，阳床、阴床、混床离子交换再生废酸水、废碱水、反洗水、冲洗水，被腐蚀产物和物料污染的凝结水，锅炉本体的连续排污水、定期排污水以及冷却塔的排污水等废水；在系统停用时需要大排放和大冲洗；在重新启动时需要大排放、大冲洗、钝化；当锅内不干净时需要水洗、碱洗、酸洗和钝化。

在国家环境保护局发布的《污水综合排放标准》（GB 8978）中，火力发电行业的污水排放标准为 $3.5m^3/(MW\cdot h)$。对于 $2\times300MW$ 机组，年工作 5000h，其年废水量为 $3.5\times2\times300\times5000=1050\times10^4\ m^3$。

反渗透装置和混床排水为常温废水,其他装置废水均伴随有热量排放。因此,有必要考虑由排放所引起的能量浪费和热污染。

上述废水排放会引起一系列环境问题。除盐废水排放会引起淡水咸化,早在 20 世纪 70 年代就受到美国等发达国家的限制。连续排污和定期排污水含有大量盐类,也存在同样问题。锅炉废水中含有的许多种化学物质例如磷酸盐、氨和胺类、水合联氨、腐蚀产物等会引起水体污染。连续排污水、定期排污水和污染凝结水均含有大量热能,其排放会引起热污染。锅炉定期排污和凝结水排放会引起噪声污染。

（2）耗能和能源浪费

在火电厂,锅炉把燃料（煤、油、气、生物质、核）燃烧所产生的热能传给蒸汽,此过程的热损失约 10%；蒸汽做功发电,此过程用能约 35%；做功后的蒸汽即乏汽通过水冷或气冷将热能排入大气和水体中,其能耗约 55%。

也就是说,火电厂的燃料燃烧总发热量中只有 35% 左右转变为电能,而 60% 以上的热能则通过锅炉烟囱、除氧器、锅炉排污和冷却水排放到环境中。这种情况致使火力发电的能源转换热效率很低,一般机组为 25%～35%,超临界机组为 39%,超超临界机组为 44%。

（3）热污染

多年来,人们对火电厂环境影响的认识多注意其排烟对大气环境的污染,往往忽视火电厂排热对环境可能带来的热污染危害。

大量热量和水滴排入大气,会使空气局部温度、湿度升高,轻则形成雾霾,重则会对局部小气候产生影响。

大量热量排入水体:一是对局部受纳水域的水质产生影响,主要表现在水温、溶解氧等指标的变化;二是对水生生物产生影响,主要表现在改变藻类、鱼类等的生活条件;三是对水域富营养化程度产生影响,主要表现在水温升高可能加剧水中富营养化藻类的生长、溶解氧下降。

11.6.3　工程方案

采用锅炉节能节水及废水近零排放技术。根据企业的实际情况,工程方案的技术路线如图 11-10 所示。

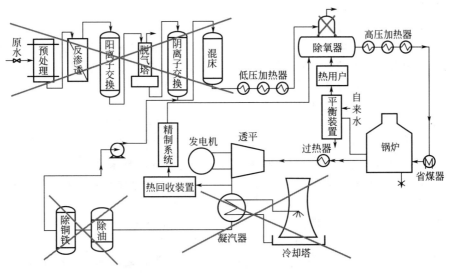

图 11-10　改造后的锅炉闭路运行流程示意图

该工程方案可概括为：改除盐为平衡，改除氧为加氧，改排污为排渣，改冷却为加热，即"平衡-加氧-排渣-加热"模式。平衡装置产水和回收的凝结水经部分高压加热器加热，再进入锅炉发生蒸汽，蒸汽经过热器进一步加热形成过热蒸汽，带动汽轮机发电，做功后的高压蒸汽变为乏汽，经乏汽热回收装置回收热量后凝结，凝结水与平衡装置产水进入部分高压加热器加热，再进入锅炉发生蒸汽，形成闭路循环。锅炉排污水的余热、余压作为主驱动力，与需补充的自来水进入系统平衡装置，经相变换、相分离，分离出的蒸汽供用户使用，分离出的固形物从排渣口排出，进入脱硫系统。

主要技术措施：

① 改除氧为加氧——非超纯水加氧防腐阻垢技术。

② 改除盐为平衡、改排污为排渣——系统平衡技术。

③ 改冷却为加热——乏汽热及凝结水回收技术。

④ 改排热为吸热——纳米膜法烟气露点腐蚀控制及烟气余热回收技术。

11.6.3.1　改除氧为加氧——非超纯水加氧技术

为保证锅炉安全，目前对非超纯水锅炉给水均采用除氧器加除氧剂的双重除氧防腐措施，保持锅炉的还原性水工况。一旦除氧器出水氧含量超标，除氧剂就能提供第二道安全保障。仅采用除氧器除氧，锅炉存在氧腐蚀等安全隐患。

本方案采用最新的安全性更高的非超纯水加氧技术，从平衡装置向系统加氧，既能解决锅炉的氧腐蚀等安全隐患问题，使锅炉的运行安全得到保障，又省掉了除氧器，避免了除氧器的蒸汽消耗和换热损失，达到节能减排的目的。

为进一步保障锅炉安全，国内外有关标准还规定了锅炉必须有锅内水处理措施，以防止锅炉腐蚀和结垢。其依据是：

① 自来水除盐之后，除去了水中的天然缓蚀剂，使水的腐蚀性增强了，必须进行锅内水处理以防止腐蚀。

② 必须加入阻垢剂，一旦除盐水水质超标，阻垢剂就能提供第二道安全保障，仅采用除盐法，锅炉存在结垢等安全隐患。

本方案采用本成果的产品加氧防腐阻垢剂 BV-400。该防腐阻垢剂防腐阻垢效果好，不挥发，不会发生碱隐藏，还具有防止碱腐蚀、氧腐蚀等作用。

为充分发挥药剂的作用，采用本成果的锅水水质监测控制系统。

11.6.3.2　改除盐为平衡、改排污为排渣——系统平衡技术

为保障锅炉安全，国内外有关标准都规定了汽包锅炉必须有连续排污和定期排污措施。

本方案采用最新的系统平衡技术，以废热、废压为主驱动力，使排污水和需补充的自来水进入系统，经相变换相分离，分离出的蒸气供用户使用，分离出的固形物从排渣口排出，进入脱硫或燃烧系统。其主要作用：

① 实现锅炉在氧化性水工况下的系统平衡，保证锅炉运行安全。

② 将锅炉排污变为排渣，从而降低锅炉排污率，达到节能节水目的。

③ 产出去离子水。软化水的产量取决于进入平衡装置的自来水量。当平衡装置产水量与回收的凝结水量之和超过锅炉给水量时，即可去掉水除盐装置；当平衡装置产水量与回收的凝结水量之和小于锅炉给水量时，可降低水除盐装置的负荷。

由于系统损失的水量只有两项：一是排渣损失，二是凝结水损失。因此也可以说，当进入平衡装置的自来水量超过排渣损失水量与凝结水损失量之和时，即可去掉水除盐装置；当进入平衡装置的自来水量小于排渣损失水量与凝结水损失量之和时，可降低水除盐装置的负荷。

对于本工程，产汽量为 1025t/h，排渣率小于 0.3%，凝结水损失率小于 2%，则

$$需补充的自来水量 = 1025 \times (0.003 + 0.02) = 23.6\text{t/h}$$

11.6.3.3　改冷却为加热——乏汽热及凝结水回收技术

目前广泛采用的乏汽排除方法是采用凝汽器首先将乏汽热传入冷却水，然后再通过冷却塔或空冷塔将乏汽热排入大气和水体，乏汽冷却得到的凝结水经精处理后予以回收。该方法能够将乏汽及时排除，但浪费了乏汽热，再加上冷却系统的能量损失，其热损失远超过乏汽热损失。采用热电联产、热电冷联产等技术可有效回收乏汽热并避免乏汽冷却损失，但要用于凝气式机组和其他低位乏汽，还有许多关键技术尚未解决。

采用本成果的乏汽余热回收技术，以乏汽余热为热源，用热泵的蒸发器直接回收乏汽余热，转变为可以利用的热能，乏汽被吸收汽化潜热而凝结，凝结水直接回收，从而不仅去掉了冷却塔，而且还去掉了凝汽器。然而，由于该厂只有发电任务，没有供热任务，本工程对乏汽热回收不予考虑。

凝结水回收最需要解决而最难解决的是凝结水系统的腐蚀问题。腐蚀使凝结水管道和设备损坏，使凝结水被泄漏物料和腐蚀产物污染而不能回收，因为腐蚀产物一旦进入锅炉，就会沉积在锅炉金属表面，引起严重的电化学腐蚀等事故。因此，凝结水系统的防腐保护十分重要。该机组原来采用 NH_3-水合联氨法防腐，效果较好，但主要存在水合联氨的毒性问题。

本方案采用一种可连续稳定缓蚀的超分子缓蚀剂 BV-800 来实现凝结水系统的防腐保护。将 BV-800 加入系统之后，它可随蒸汽输送到蒸汽凝结水系统的管网和设备表面并生成保护膜。有了这层保护膜，蒸汽管道和设备的腐蚀得到有效控制，改善了凝结水的品质，使凝结水不需要投资很大的精制系统即可直接达标回用。

为自动控制 BV-800 的加入量，采用本成果的凝结水水质监测控制系统。

11.6.3.4　改排热为吸热——纳米膜法烟气露点腐蚀控制及烟气余热回收技术

机组原排烟温度设计值为 121℃，为防止露点腐蚀，排烟温度的实际控制值为 142℃。为节能减排，采用本成果的纳米膜法烟气露点腐蚀控制及烟气余热回收技术，在烟道尾部安装一有纳米膜保护的烟气余热回收装置，用余热来加热锅炉给水，使排烟温度从 142℃降低到 85℃。

11.6.3.5　节能减排的自动管理

为使用户对锅炉节能节水及废水近零排放技术的管理更加科学化和现代化，采用本成果的计算机监测管理系统。

11.6.4　预期技术经济指标

a. 锅炉钢腐蚀率 $0 \sim 0.001$ mm/a；

b. 阻垢率 $\geqslant 99.9\%$；

c. 锅炉排污率 $\leqslant 0.3\%$（由平衡装置排渣带出）；

d. 吨蒸汽补水量 $\leqslant 0.003\text{m}^3$；

e. 吨蒸汽向锅外排出的废水量 $\leqslant 0.003\text{m}^3$（由平衡装置排渣带出）；

f. 吨蒸汽向环境排出的废水量 $= 0$（排渣直接用作燃烧助剂加入燃料）。

11.6.5　预期直接经济效益

（1）去掉除氧器的效益

除氧器的能耗可按传热公式计算：

$$E = \frac{W(h_1 - h_0)}{F\eta\eta_1}$$

式中，E 为除氧器能耗，t 标煤/a；W 为除氧器进水量，m^3/a；h_1 为除氧器出水焓，kJ/kg；h_0 为除氧器进水加热前的焓，kJ/kg；F 为标煤的低发热量，kJ/kg；η 为锅炉效率，%；η_1 为除氧器效率，一般为 $60\% \sim 70\%$。

对于本工程，年生产 5000h，则

$$年蒸汽产量 = 2 \times 1025 \times 5000 = 1025 \times 10^4 t/a。$$

对本工程，W 取 1025×10^4 t/a；除氧器水温按 105℃计，h_1 为 439.1kJ/kg；除氧器进水加热前的温度按 20℃计，h_0 为 83.6kJ/kg；F 取 29271.2kJ/kg；η 为 90%；η_1 取高值 70%，则

$$除氧器耗能 = \frac{1025 \times 10^4 \times (439.1 - 20)}{29271.2 \times 90\% \times 70\%} = 23.2 \times 10^4 t 标煤/a$$

关闭除氧器后，这些热能可从自用变为发电，从而增加了发电量。供电煤耗按 320g 标煤/(kW·h) 估算，则

$$年增加电量 = 23.2 \times 10^4 / 0.00032 = 72500 \times 10^4 kW·h$$

1kW·h 电价格取 0.48 元，则

$$年增产价值 = 72500 \times 10^4 \times 0.48 = 34800 \times 10^4 元$$

此供电量是在未耗能、耗水条件下获得，故

$$节能量 = 23.2 \times 10^4 t 标煤/a$$

节水量等于除氧器消耗的蒸汽量，可由传热公式估算：

$$Q = \frac{W(h_1 - h_0)}{(h_2 - h_0)\eta_1}$$

式中，Q 为除氧器消耗的 1.25MPa 蒸汽量，t/a；W 为除氧器进水量，t/a；h_1 为除氧器出水焓，kJ/kg；h_0 为除氧器进水加热前的焓，kJ/kg；h_2 为除氧器进汽焓，kJ/kg；η_1 为除氧器效率，一般为 $60\% \sim 70\%$。

对本工程，W 为 1025×10^4 t/a；h_1 取 439.5kJ/kg；h_0 取 83.6kJ/kg；h_2 取 2784.7kJ/kg；η_1 取高值 70%，则

$$Q = \frac{1025 \times 10^4 \times (439.5 - 83.6)}{(2784.7 - 83.6) \times 70\%} = 192 \times 10^4 t/a$$

按吨蒸汽消耗去离子水 1t 计，则

$$节水量 = 192 \times 10^4 t/a$$

（2）高温排污水回收

采用本技术后，锅炉排污率从 3% 降低至 0.3% 以下，去离子水价格取 12 元/t；标煤价格取 500 元/t，年产汽量 1025×10^4 t，则

年减排废水量 $= 1025 \times 10^4 (3\% - 0.3\%) = 27.6 \times 10^4$ m^3

年节水量 $= 27.6 \times 10^4$ m^3

年节水价值 $= 27.6 \times 10^4 \times 12 = 331 \times 10^4$ 元

锅炉热效率 90%，饱和水焓 1719 kJ/kg，则

$$年节能 = \frac{27.6 \times 10^4 \times (1719 - 83.6)}{29271.2 \times 90\%} = 1.7 \times 10^4 t 标煤$$

年节能价值 $= 1.7 \times 10^4 \times 500 = 850 \times 10^4$ 元

平衡装置增产水量 $= 2 \times 23.6 = 47.2$ m^3/h

年工作 5000h，则

年增产水量 $= 47.2 \times 5000 = 236000 m^3$

吨去离子水价格 12 元，则

年增产价值＝236000×12＝2832000 元≈283×10⁴元

若用反渗透-EDI 装置生产，EDI 装置电耗为 2kW·h/m³，则

EDI 装置年耗电＝3×236000＝708000kW·h

反渗透装置电耗 6kW·h/m³，则

反渗透装置年耗电＝6×236000(1＋5％)＝1486800kW·h

年减少厂自用电量合计＝708000＋1486800＝2194800kW·h

按 EDI 装置排污率为 5％，反渗透装置排污率为 25％估算，则

年减排废水量＝5％×236000(1＋5％)＋25％×236000(1＋5％)(1＋25％)＝77437 m³

合计年增产节约费用＝331×10⁴＋850×10⁴＋283×10⁴＝1464 万元

（3）乏汽热和凝结水回收

由于乏汽热暂不予回收，凝结水原来已经回收，本工程仅将采用的 NH_3-水合联氨防腐改为超分子缓蚀剂 BV-800 防腐，因此，凝结水回收的经济效益也不予考虑。

（4）烟气余热回收

采用本成果的纳米膜法烟气露点腐蚀控制及烟气余热回收技术，使排烟温度从 142℃降低到 85℃。

根据 300MW 机组的统计资料，锅炉排烟温度每升高 10℃，供电煤耗增加 1.66g/(kW·h)。按此估算，排烟温度从 142℃降低到 85℃，则

供电煤耗减少＝1.66(142－85)/10＝9.462 g/(kW·h)

对于本工程，300MW 机组，年工作 5000h，则

年节能＝300×10³×5000×9.462＝14193000000gce＝14193t 标煤

标煤价格 500 元/t，则

年节能价值＝500×14193＝7096500 元≈709 万元

以上 3 项总计：

年节能减排价值＝34800＋1464＋709＝36973 万元

11.6.6　预期环境效益

年增产电量＝72500×10⁴kW·h

年减少自用电＝219×10⁴kW·h

年节能＝232000＋17000＋14193＝263193t 标煤

年节水＝1920000＋276000＋77437＝2273437m³

年减排废水＝2273437m³

年减排碳粉尘＝178971t（由节能量折合）

年减排 CO_2＝392815t（由节能量折合）

年减排 SO_2＝19739t（由节能量折合）

年减排 NO_x＝9869t（由节能量折合）

参 考 文 献

[1] Mikulandric R A，Loncar D M，Cvetinovic D B，et al. Improvement of environmental aspects of thermal power plant operation by advanced control concepts. Thermal Science，2012，16（3）：759-772.

[2] Blanco-Marigorta A M，Victoria Sanchez-Henriquez M，Pena-Quintana J A. Exergetic comparison of two different cooling technologies for the power cycle of a thermal power plant. Energy，2011，36（4）：1966-1972.

[3] Suresh M V J J，Reddy K S，Kolar A K. 4-e（energy，exergy，environment，and economic）analysis of solar thermal aided coal-fired power plants. Energy for Sustainable Development，2010，14（4）：267-279.

[4] Djuric S N，Stanojevic P C，Djuranovic D B，et al. Qualitative analysis of coal combusted in boilers of the thermal

power plants in bosnia and herzegovina. Thermal Science，2012，16（2）：605-612.

［5］ Oro E，Gil A，de Gracia A，et al. Comparative life cycle assessment of thermal energy storage systems for solar power plants. Renew. Energy，2012，44：166-173.

［6］ Niknia I，Yaghoubi M. Transient simulation for developing a combined solar thermal power plant. Appl. Therm. Eng，2012，37：196-207.

［7］ Nazari S，Shahhoseini O，Sohrabi-Kashani A，et al. Experimental determination and analysis of CO_2，SO_2 and nox emission factors in iran's thermal power plants. Energy，2010，35（7）：2992-2998.

［8］ Lu Z，Streets D G. Increase in nox emissions from indian thermal power plants during 1996～2010：Unit-based inventories and multisatellite observations. Environ. Sci. Technol，2012，46（14）：7463-7470.

［9］ Hou D，Shao S，Zhang Y，et al. Exergy analysis of a thermal power plant using a modeling approach. Clean Technologies and Environmental Policy，2012，14（5）：805-813.

［10］ Bihari P，Grof G，Gacs I. Efficiency and cost modelling of thermal power plants. Thermal Science，2010，14（3）：821-834.

［11］ 于海琴. 火力发电厂烟气中 CO_2 捕获技术和膜吸收的应用分析. 电力技术，2010（9）.

［12］ 胡长兴，周劲松，何胜，等. 我国典型电站燃煤锅炉汞排放量估算. 热力发电，2010，39（3）：5.

［13］ Bloom D M. Advanced amines cut condensate corrosion. Power，2001，145（4）：81-87.

［14］ 何健，梁大涛，魏艳艳. 节能型除铁过滤器在蒸气凝结水回收系统中的应用. 工业水处理，2006，26（4）：3.

［15］ GB/T 29052—2012 工业蒸气锅炉节水降耗技术导则.

［16］ GB/T 12145—2008 火力发电机组及蒸气动力设备水汽质量标准.

［17］ GB/T 6423—1995 热电联产系统技术条件.

［18］ GH 001—2005 工业蒸气锅炉节水成套技术工艺导则.